대한수리논리학회 **수리논리 연구 시리즈 5**

# 모델론의 기초

## 수리논리학 모델론의 기초이론

| 김병한 지음 |

KM 경문사

대한수리논리학회 수리논리 연구 시리즈 5

$M \models \varphi(\bar{x})[\bar{a}]$ $\Pi_{i\in I} M_i/\mathcal{U}$

$M \prec N$

$\mathrm{MR}(\psi(\bar{x}))$

$\exists \bar{y}\, \varphi(\bar{x}, \bar{y})$

$\mathrm{l}_{\mathrm{L}}(T)$ $T_\forall$

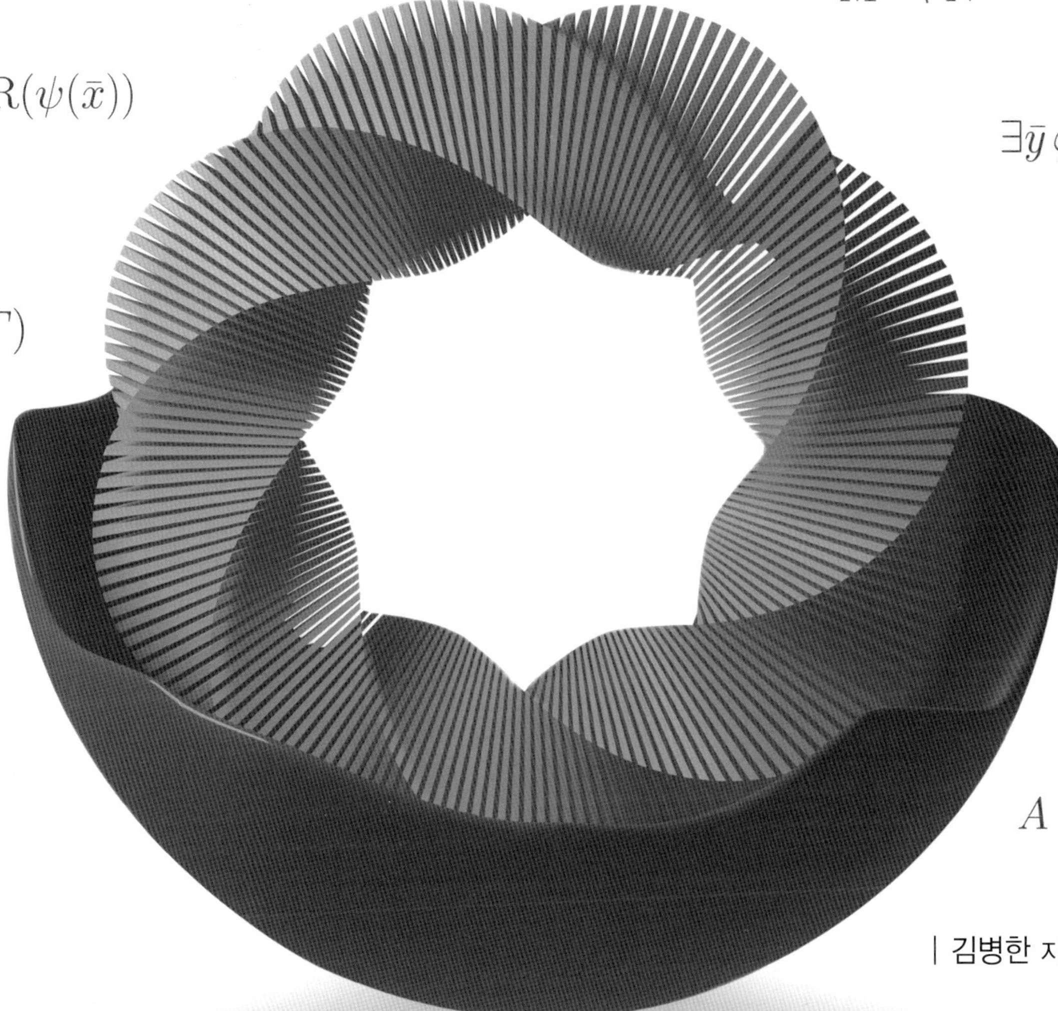

$A \downarrow_B C$

| 김병한 지음 |

# 모델론의 기초

## 수리논리학 모델론의 기초이론

KM 경문사

# 서문

이 책은 수리논리학mathematical logic의 한 분야인 모델론model theory을 소개하는 대학, 대학원 수준의 입문서이다. 수리논리학은 오늘날 매우 다양한 분야가 존재하는데 전통적으로는 크게 집합론set theory, 모델론, 재귀론recursion theory, 증명론proof theory 등으로 나뉜다. 이들 중, 계산가능한 집합, 함수들과 그렇지 않은 집합, 함수들을 비교하는 튜링 차수Turing degree 등을 연구하는 재귀론 또는 재귀함수이론은, 현대 이론전산학theoretical computer science의 발전과 발맞추어 계산가능성이론computability theory이라는 좀 더 포괄적인 이름을 차용하여 발전하고 있다. 한편으로, 계산가능한 함수들 사이의 효율성 정도를 측정하는 연구인 계산복잡도이론computational complexity theory과 계산가능성이론을 합하여 계산이론theory of computation이라 부르기도 한다. 증명론도 수학의 명제를 증명하는 형식적 절차에 대한 고전적인 연구와 함께, 요즘에는 철학적 논리학philosophical logic, 계산이론 등과 접목하여 이론전산의 한 분야로 자리 잡으며 발전하고 있다. 이에 더하여 수치해석 등의 계산과 관련한 응용수학, 공학적 연구를 계산과학computational science으로 부르기에, 그야말로 현대는 디지털 컴퓨터의 발전과 더불어 다양한 분야의 이론과 연구에 계산이라는 이름이 붙어 있고 이들 사이의 융합적 연구가 시도되고 있는 시대이다.

이와 달리, 수리논리학 분야에서 전통적인 수학과 연계성을 깊게 하며 발전하고 있는 분야가 집합론과 모델론[1]이다. (물론 이론전산학과 연관성이 있는, 모델론이나 집합론의 영역도 있다.) 특히 모델론은 최근 수학의 주요 핵심 분야인 대수학, 정수론, 조합론 등과 연계하여 뛰어난 성과를 내며 진보하고 있다. 이 책은 이러한 현대 모델론을 공부할 수 있게 안내하는 국내 최초의 교과서이며 새로운 접근의 결과도 서술한 연구서이기도 하다. '모델'이라는 영어 단어가 이미 한국에서 일상적으로 사

---

[1]응용수학 등 다양한 학문 분야에서 사용하는 모델링modeling은 비슷하게 들리나 다른 의미이기에 구분할 필요가 있다.

용하는 용어이기에 구태여 '모형' 등의 한자어보다는, '모델론'이라 번역하였다. 또한 저자가 대학에서 모델론이라는 제목으로 오랜 기간 동안 수업을 진행해 왔고 해당 분야 학자들을 배출해 왔기에, 이미 한국 학계에서 광범위하게 사용하는 어휘라는 것도 고려하였다.

모델이라는 수학적 개념은 따지고 보면 매우 오래전부터 존재해왔다. 그중 유명한 것은 유클리드 평면기하의 제5공리인 평행선의 공리평행선의 공리(평면에서, 주어진 직선 밖의 한 점을 지나고 해당 직선과 평행한 직선은 하나만 있다)가 다른 공리들에서 유도되지도 또한 그들과 배치되지도 않는다는 것이 로바첸스키Lobachevsky와 리만Riemann의 기하 모델을 통해 증명된 것이다. 하지만 이 책에서 서술하는 현대 모델론의 시작과 본격적 발전은 길게 잡아도 100년 정도에 불과하다. 특히 모델론이 수리논리학 내에서 고유한 연구 영역으로 자리 잡게 된 것에는 20세기 중반 타르스키의 공이 크다. 사실 이 책의 정의대로, '모델'은 수학적 구조를 일반화한 개념이고, 근래에 올수록 모델론의 대수적 구조에 대한 응용의 비중이 커지는 것에 비례하여 구조structure라는 동의어가 흔히 사용되고 있다. 하지만 수학 전체의 대상에 해당하는 모델을 찾는 집합론의 전통적 방식이나, 명제들을 만족하는 대상을 찾는 수리논리학의 의미론을 확립한다는 것에서 모델론이라는 명칭은 그 지위를 확보하고 있다.

앞서 언급한 대로, 모델론은 수리논리학의 의미론으로서의 결과인 괴델의 완전성 정리와 콤팩트성정리, 뢰벤하임-스콜렘 정리 등 고전적 성과들을 기반으로 하여 점차 고유의 연구방법이 개발되면서 수리논리학에서 독립된 분야로 자리를 잡는다. 이러한 초기 발전은 타르스키, 보트, 로빈슨 등에 의해 주도되었다. 이들은 처음부터 모델론의 수학적 응용에 관심을 가졌는데 타르스키의 닫힌 실체에 대한 연구, 로빈슨의 비표준해석학 연구, 액스의 함수체에서의 섀뉴얼Schanuel 예상 해결 등이 유명하다. 한편 1960년대에 몰리는, 이 책을 포함한 현대 모델론 교과서에서 기초 결과로 다루는 범주성정리를 증명하였다. 이는 이후 모델론 학자들의 연구에 시금석 역할을 하였는데, 특히 셸라흐에 의해 발전된 안전성을 가지는 모델들에 대한 연구는 모델론 연구의 중심으로 자리 잡았다. 이후 90년대 중반, 안정성을 포함하는 단순성을 가지는 모델들에 대해서도 안정성을 가지는 모델들에 대한 연구의 방법을 확장할 수 있다는 것이 알려지면서[23], 불안정한 모델들에 대한 연구의 물꼬가 트였다. 이와 관련한 연구는 지금까지 확장 발전하며 계속되고 있다. 한편 90년대 흐루쇼브스키는 안정성의 연구를 대수학, 정수론에 응용하여, 순수 정수론의 문제인 몰델-랑 예상을 모델론 방법으로 해결하는 개가를 올렸다. 이같이 정수론 등 여타 주요 수학 분야에의 모델론 응용은 현재 매우 활발한 상태이고 혁혁한 성과를 내고 있다. 이 책의 본문에서 이러한 연구들을 소개하고 있다. 여러 의미에서, 이 책은 수리논리학을 공부하는 연구자뿐 아니라 수학을 전공하면서 모델론을 이해하려는 학자들에게도 필요한 주제를 다루고 있는 것이다.

1장에서는 수리논리학의 기본이 되는 1계논리를 요약하고, 관련한 기초 개념을 정리하였다. 모델 개념을 정의하고, 완전성정리와 콤팩트성정리, 이들의 응용을 서술했다. 2장에서는 모델론에서 가장 자주 사용하는 콤팩트성정리를 울트라곱이라는 개념을 도입하여, 좀 더 구성적으로 증명하는 방법을 소개하였다. 3장에서는 두 모델 사이의 사상에 관해 다루었다. 특히 기존 대수학에서 다루는 준동형사상이나 매입과 달리, 모델의 1계논리 성질을 보존하는 기본매입 개념과 여기서 파생하는 결과들을 기술하였다. 또한 모델의 '이론' 개념도 다시 정리한다. 의미론적 대상인 모델에 대한 연구는, 구문론적 대상인 그 '이론'의 연구와 차이가 없음을 책 전체를 통해서 이해할 수 있다. 4장과 5장에서 본격적으로, 다양한 특성을 가지는 모델들에 대하여 정의하고, 이러한 특성들의 연관성을 살펴본다. 모델을 이해하는 데 기본이 되는 타입, 이들을 모은 스톤 공간 등의 개념도 도입하고 타입누락정리를 증명한다. 또한 가산범주성의 여러 동등한 요건들을 서술하였다. 6장은 기초 모델론의 대수적 적용에 흔히 사용되는 한정기호 제거를 다루는 중요한 장이다. 대수적 완전체와 닫힌 실순서체에 관한 응용 결과가 담겨있고, 한정기호 제거와 연관성이 있는 여러 개념들을 공부한다. 이러한 연구의 연장선에서 최근에 수립된 모델론의 정수론과 기하학에의 고급 응용 결과들도 소개한다. 끝 절에서는 조합론과 연관성이 있는, 유한모델들의 프헤쓰 극한과 관련한 내용을 다루었다. 7장에서는 균질열을 정의하고 이를 생성하는 데 사용하는 램지의 정리를 소개한다. 스콜렘 이론의 존재성을 증명하고, 이를 균질열 개념과 결합하여 8장의 준비 단계 결과인, 비가산범주적 이론이 $\aleph_0$-안정적임을 보인다. 8장에서 본격적으로 이 책의 핵심 주제인 몰리의 범주성정리를 증명한다. 이를 위해 안정성과 관련한 다양한 개념들의 연관성을 탐구한다. 이들을 통해 비가산범주적 이론에서 보트의 짝이 존재하지 않음을 논증한다. 또한 강한 극소성을 가지는 논리식을 찾을 수 있고, 이의 해집합 안에서 원소들의 독립성 개념이 존재하여 기저의 크기인 차원이 정의됨을 보인다. 이를 통해 증명의 최종 단계를 완성한다. 이후 비가산범주적 이론의 가산모델의 수를 측정하는 볼드윈-라클란 정리를 증명한다. 이를 위해 몰리 급수 개념을 도입하고 공부한다. 9장의 핵심 주제는 단순이론과 가름 개념이다. 단순성이 각각 가름의 대칭성, 추이성과 동등함을 증명한다. 이를 사용하여 볼드윈-라클란 정리의 확대라 할 수 있는, 슈퍼단순이론의 가산모델의 개수에 대한 결과를 얻는다. 또한 나무성질과 다양한 급수 개념도 공부한다. 10장에서는 8장에서 도입한 안정성을 가지는 이론/모델에 대하여 논한다. 모든 안정이론은 단순이론이다. 앞서 언급한 대로 역사적으론 셸라흐의 안정이론 연구가 단순이론에 대한 연구에 선행하였다. 이 책에서는 안정성을 단순성의 특수한 경우로 이해하여, 9장에서 먼저 일반적 단순이론의 여러 속성을 탐구하고, 10장에서 더 강한 성질인 안정성을 가지는 이론/모델의 특성을 조사한다. 특히 안정이론을 연구하는 데 중요한 역할을 하는 타입의 정의가능성 개념을 도입하고, 이의 전개를 위해 필요한 허원 개념을 공부한다. 또한 안정성을 판별하는 가름의 일정성, 열린 사상 정리를 통해 안정이론에서 급수가 가지는 좋은 특성 등을 기술하였다. 11장에서는 라스카 타입 개념을 도입하고, 자기동형군의 몫군인 라스카 군에 대하여 연구하였다. 우선, 안정이론에서 강타입에 대한 가름의 일정성에 대응하는, 단순이론에서의 라스카 타입에 대한 가름의 타입융합을 증명했다. 또한 가름의 일정성이 안정성을 판별하는 것처럼, 가름의 타입융합이 단순이론을 판별함을 보였다. 단순이론에서 강타입과 라스카 타입 개념이 일치하는지는 아직 미해결 문제인데, 안정이론을 포함하는 낮은 이론인 경우의 해결도 담았다. 타입들을 모은 스톤 위상공간을 통해 얻어지는 위상으로, 라스카 군이 준콤팩트위상군이 되는 것을 논증하는 것이 이 장의 후반부 목표다. 여기의 증명은 기존의 문헌과 다른 개선된 접근이라 할 수 있다. 라스카 군이 콤팩트위상군인 김-필레이 군과 일치하게 되는 여러 조건을 보였다. 라스카 타입의 정의와 관련 있는 라스카 군이 라스카 타입에 작용하듯이, 김-필레이 군과 김-필레이 타입의 연관성, 사영유한군인 셸라흐 군과 강타입의 연관성을 증명하였다.

이 책에서 사용하는 용어와 기호는, 뒤따르는 초보 집합론 요약이나, 본문과 뒤편의 찾아보기에서 확인할 수 있다. 수학에서 통상적으로 사용하는 표기를 사용하였기에, 이들을 참고하면 읽는 데 불편함이 없으리라 생각한다. 찾아보기에 수록한 기호나 용어의 페이지 번호는, 해당 기호와 용어가 처음 나온 곳이나 정의된 곳을 중심으로 기입한 것이고, 이들이 나오는 모든 곳의 페이지 번호를 기입한 것은 아니다. 다만 '표기' 항목에서는, 독자들을 위해 표기 방식을 설명하는 거의 모든 곳을 기입하였다. ':='은 정의한다는 기호로, 앞 단어나 기호가 :=의 뒤에 기술하는 의미를 갖는다는 것이다. 본문에서, 참고문헌의 번호를 대괄호를 사용하여 [1],[2]와 같이 표기하였고, §의 바로 뒤 숫자는 장章의 번호다. 일반적으로 수학을 포함한 학술 영역 등에서 사용하는 전문 용어가 기존의 문법에 꼭 부합하는 것은 아니다. 이는 또한 국어에 국한된 현상도 아니다. 이 책에도 불가피하게 수학에서 학술적으로 자주 통용되는 이러한 한국어 수학 어휘나 표현을 사용하였다. 몇 가지 예를 들면, '독립적이다'가 문법적으로 옳지만 '독립이다'라는 표현을 사용하였다. 이는 이미 선형대수 등에서 "벡터들이 일차독립이다"라는 표현으로 공식적으로 사용하고 있다. 또 하나는 '만족하다'이다. "다음 조건들을 만족시키는 해를 구하라"처럼 수동형으로 쓰는 것이 옳지만, 대학 수학 교과서 등에서 이미 '조건들을 만족하는 해'라는 표현이 광범위하게 쓰인다. 특히 모델론에서 모델의 만족성 개념을 정의하는데, 이를 '만족시키다'로 번역하면 문장이 매우 부자연스러운 것도 감안하였다. 또한 이 책에서 '모순(적)이다', '모순된다', '모순을 일으킨다'는 모두 같은 의미를 갖는다. 수학 용어의 한글명은 대한수학회에서 제시하는 어휘를 원칙적으로 선택하였다. 수리논리학이 한국 수학계에서 상대적으로 늦게 출발한 연구 분야이기에, 이와 관련한 용어는 정주희의 ≪수리논리와 집합론 입문≫[1]을 참조하였고, 새로 고안한 조어도 꽤 있다. 대한수학회의 수학 용어 번역의 원칙은, 예를 들면 '콤팩트 부분 집합'이 아닌 '콤팩트부분집합'처럼, 가능한 한 (필요한 예외를 빼고) 붙여서 쓴다는 것이다. 이 책에서도 그 원칙을 준수하였다. 여하튼 이러한 지적들을 무시해도 될 정도로, 평균적이고 상식에 벗어나지 않는 표현을 책 전반에 사용하였다. 다만 [1]에서 새롭게 제시한, 영어의 'iff'(즉, 'if and only if')에 해당하는, '이면이'라는 용어는 이 책을 쓰면서 매우 편리하게 사용한 용어이기에, 앞으로 한국 수학계에서 적극적으로 사용할 것을 제안한다. 정주희 교수의 이러한 선도적 역할 뿐 아니라, 저술에 필요한 기본 서식 파일을 제공해 준 것과 여러 격려 등에 감사를 표한다. 집필 기간 동안 한국연구재단의 연구비 지원(2021R1A2C1009639)에도 감사한다. 이 책을 통해서 수리논리학과 모델론이 한국에 더 알려지고 발전하길 기대한다.

2024년 5월 신촌에서

김병한

# 초보 집합론 요약

여기서 이 책의 이론 전개에 필요한 기초 집합론과 관련 표기 등을 요약한다. 좀 더 자세한 내용은 [17],[38] 등에서 확인할 수 있다. 이 책은 대학 수준 기초 수학에 대한 어느 정도 이해가 있는 독자들을 위해 집필한 것이다. 하지만 수학 전공자라 하더라도 집합론에서 다루는 서수, 초한귀납법 등과 관련한 개념에 익숙하지 않은 경우가 많기에, 특별히 초보 집합론의 내용을 정리하고 소개하는 것이다.

수학에서 집합*set*은 수학적 대상을 모은 것이다. 대상의 조건을 보통 $P(x)$로 표기하고, 이 조건을 만족하는 대상을 다 모은 집합을 $\{x \mid P(x)\}$로 표기한다. $A$가 집합일 때 $a \in A$란 $a$가 $A$의 원소임을 표기한다. 따라서 $a \in \{x \mid P(x)\}$이면이 $P(a)$가 성립(즉 $a$는 조건 $P(x)$를 만족)한다. 예를 들어 $P(x)$가 "$x$는 2 이상의 자연수"라는 조건이면 $\{x \mid x$는 2 이상의 자연수$\} = \{2, 3, 4, \ldots\}$이고, 물론 $a \in \{x \mid x$는 2 이상의 자연수$\}$이면이 $a$는 2 이상의 자연수이다. 사실 엄밀하게는 $\{x \mid P(x)\}$ 형태로 표기되는 것을 집단(또는 클래스*class*)이라 부르고, 집합은 이러한 집단 중 그 존재가 수학에서 보장되는 것들이다. 예를 들어 $P(x)$를 $x = x$로 두면 클래스 $\{x \mid x = x\}$는 집합일 수 없음이 알려져 있다. 또한 $P(x)$를 $x \notin x$로 두면 집단 $\boldsymbol{R} := \{x \mid x \notin x\}$은 집합일 수 없다. 왜냐하면 $\boldsymbol{R}$이 존재한다면, 위에 설명한 이유로 $\boldsymbol{R} \in \boldsymbol{R}$이면이 $\boldsymbol{R} \notin \boldsymbol{R}$라는 모순이 발생하기 때문이다(이를 러셀Russell의 역리라 한다). 수학은 공리적 집합론을 기초로 잘 건설되어 있고, 이 책에서 클래스를 본격적으로 다룰 일은 없기에 모든 대상은 (한두 경우를 빼고) 집합이라고 보면 된다. 집합의 원소 또한 집합이다.

집합 $A$와 $B$가 주어졌을 때, $A \subseteq B$란 $A$가 $B$의 부분집합*subset*, 즉 $A$의 모든 원소가 $B$의 원소라는 것이다. 따라서 $A = B$이면이, $A \subseteq B$이고 $B \subseteq A$이다. $B$의 부분집합 $A$가 $B$와 같지는 않을 때 $A$를 $B$의 진부분집합*proper subset*이라고 한다. 이를 $A \subsetneq B$나 $A \subset B$로 표기하기도 한다. 원소가 하나도 없는 집합인 공(집합)*empty set* $\varnothing (:= \{x \mid x \neq x\})$은 모든 집합의 부분집합이다. 이는 "$x \in \varnothing$이면 $x \in A$"라는 조건문의 전제가 거짓이기에, 허무하게 문장이 항상 성립하기 때문이다. 두 집합 $A, B$의 합집합*union* $A \cup B := \{x \mid x \in A$ 또는 $x \in B\}$는 두 집합의 원소들을 다 모은 것이고, 교집합*intersection* $A \cap B := \{x \mid x \in A$이고 $x \in B\}$는 두 집합에 공통으로 속한 원소들을 모은 것이다. 또한 $A \setminus B := \{x \mid x \in A,\ x \notin B\}$로 정의한다. 집합 $A, B$가 서로소*disjoint*란 것은 공통원소가 없다는 것, 다시 말해 $A \cap B$가 공집합임을 뜻한다. $A$의

멱집합$^{power\ set}$ $\mathcal{P}(A)$는 $A$의 부분집합을 다 모은 집합이다. 즉 $\mathcal{P}(A) := \{B \mid B \subseteq A\}$이다. 집합 $A$ 자신의 합집합 $\bigcup A$는 $A$의 원소들의 원소들을 다 모은 것이다. 자신의 교집합 $\bigcap A$는 $A$의 모든 원소의 공통원소들을 다 모은 것이다. 즉 $A = \{B, C, D\}$라면, $\bigcup A = B \cup C \cup D$이고 $\bigcap A = B \cap C \cap D$이다. 다만 $\bigcap \varnothing$은 형식적으로 $\{x \mid x = x\}$가 되어 집합이 아니기에 정의되지 않는다.

$A, B$의 곱$^{cartesian\ product}$ $A \times B$는 $\{(x, y) \mid x \in A,\ y \in B\}$를 뜻한다. 여기서 $(a, b)$란 집합 $a$와 $b$의 순서쌍$^{ordered\ pair}$인데 $(a, b) := \{\{a\}, \{a, b\}\}$로 놓으면 $a$를 먼저 놓고 $b$를 나중에 놓은 쌍으로 볼 수 있다. 이를 반복하여 $A \times B \times C (:= (A \times B) \times C)$ 등을 정의한다. $A^n = \{(a_1, \ldots, a_n) \mid a_1, \ldots, a_n \in A\}$은 $A$를 $n$번 곱한 것이고 이의 원소를 $A$의 $n$짝$^{tuple}$이라 부른다. 이제 $f \subseteq A \times B$라 하자. $C \subseteq A$일 때, $f(C) := \{b \in B \mid (a, b) \in f$인 $a \in C$가 있다$\} (\subseteq B)$, $f \restriction C := \{(x, y) \in f \mid x \in C\}$를 뜻한다. 한편, 모든 $a \in A$에 대하여 유일한 $b \in B$가 있어 $(a, b) \in f$라 하자. 이때 $f$를 $A$에서 $B$로 가는 함수$^{function}$(또는 사상)라 부르고 $f : A \to B$로 표기한다. (집합으로의 $f (\subseteq A \times B)$를 $f : A \to B$의 그래프라고도 한다.) 또한 $b$를 $f$에서 $a$의 함수값으로 부르고 $f(a)$로 표기한다. (이 대응을 강조하여 $f : A \to B (a \mapsto f(a))$라 쓰기도 한다.) $A$를 $\mathrm{dom}(f)$로 표기하고 $f$의 정의역$^{domain}$이라 하며, $\mathrm{ran}(f) := f(A)$는 $f$의 치역$^{range}$이다. $f$가 상수함수$^{constant\ function}$라는 것은 $\mathrm{ran}(f)$의 원소가 한 개라는 것이다. 특히 $\mathrm{ran}(f) = \{0\}$일 때 $f$를 0함수라 부른다. $f$가 단사함수$^{injective\ function}$ 또는 1-1함수라는 것은, 서로 다른 $a, a' \in A$에 대하여 $f(a) \neq f(a')$인 것이다. $f$가 전사함수$^{surjective\ function}$라는 것은 $B = \mathrm{ran}(f)$라는 것이다. 한편 $f^{-1} := \{(y, x) \mid f(x) = y\}$로 정의하고, $f^{-1} : B \to A$일 필요충분조건은 $f$가 전단사함수$^{bijective\ function}$(즉 전사함수이면서 단사함수)인 것이다. 전단사함수를 1-1대응이라고도 한다. $g, h$가 함수일 때 $h \circ g := \{(x, z) \mid g(x) = y$이고 $h(y) = z$인 $y \in \mathrm{ran}(g)$가 있다$\}$를 이들의 합성함수$^{composition}$라 부른다. 이때 $(h \circ g)^{-1} = g^{-1} \circ h^{-1}$, $f \circ (g \circ h) = (f \circ g) \circ h$가 성립한다. ${}^{A}B := \{f \mid f : A \to B\}$라 쓰고, 그러면 ${}^{\varnothing}B = \{\varnothing\}$이며, $A \neq \varnothing$일 때 ${}^{A}\varnothing = \varnothing$이다. 한편 $e : I \to \mathcal{S} = \{X \mid X \in \mathcal{S}\}$가 전사함수라고 하자. 여기서 $e(i) = X_i$라 두어 첨수를 붙이면$(i \in I)$, $\mathcal{S}$를 $\{X_i \mid i \in I\}$라 쓸 수 있고 $\{X_i\}_{i \in I}$라고도 쓴다($I$를 이의 첨수집합이라 부른다). 이때 $\bigcup_{i \in I} X_i$는 $\bigcup \mathcal{S}$를 뜻하고, ($I$가 공이 아닐 때) $\bigcap_{i \in I} X_i$는 $\bigcap \mathcal{S}$를 표기한다. (합집합을 $\bigsqcup_{i \in I} X_i$로 (또는 $X_0 \sqcup X_1$) 표기할 때는, 서로 다른 첨수 $i, j \in I$에 대하여 $X_i, X_j$가 서로소라는 것이다.) 또한 첨수가 붙은 집합들 $X_i$의 곱 $\prod_{i \in I} X_i$를 $\{f \mid f : I \to \bigcup_{i \in I} X_i$이고 모든 $i \in I$에 대하여 $f(i) \in X_i$이다$\}$로 정의한다. 한편 임의의 함수 $f$에 대하여 $f(\bigcup_{i \in I} A_i) = \bigcup_{i \in I} f(A_i)$, $f^{-1}(\bigcup_{i \in I} A_i) =$

$\bigcup_{i\in I} f^{-1}(A_i)$, $f(\bigcap_{i\in I} A_i) \subseteq \bigcap_{i\in I} f(A_i)$, $f^{-1}(\bigcap_{i\in I} A_i) = \bigcap_{i\in I} f^{-1}(A_i)$가 성립한다. $U$의 부분집합들 $B_i$가 있을 때($i \in I$), 이들 중 유한개의 집합들의 합집합, 교집합, 여집합(즉 $B_i^c := U \setminus B_i$)을 생성하는 과정을 유한 번 반복하여 얻는 집합을 (유한) 부울 결합$^{Boolean\ combination}$이라 부른다. 예를 들어, $B_0, B_1, B_2 (\subseteq U)$에 대하여 $(B_0^c \cap B_1) \cup (B_1^c \cup B_2)^c$는 이들의 부울 결합이다. $1 \leq m \leq n$과 $1 \leq i_1 < \cdots < i_m \leq n$이 주어지고 $C \subseteq A^n$일 때, $\mathrm{Pr} : C \to A^m ((c_1, \ldots, c_n) \mapsto (c_{i_1}, \ldots, c_{i_n}))$을 사영$^{projection}$이라고 한다.

$E(\subseteq A \times A)$가 $A$의 동등관계$^{equivalence\ relation}$라고 하자. 곧, $E$는 반사적$^{reflexive}$(즉 모든 $a \in A$에 대해 $aEa$)이고, 대칭적$^{symmetric}$($xEy$이면 $yEx$)이며, 추이적$^{transitive}$($xEy$, $yEz$이면 $xEz$)이다. $a, b \in A$가 $aEb$일 때 $E$-동등하다고 한다. 이때 $a_E = a/E := \{x \in A \mid xEa\}$를 $a$의 $E$-동등류$^{equivalence\ class}$라 부르고, $a$를 $a/E$의 대표원소$^{representative}$라 부른다. 동등류들을 다 모아 $A/E := \{a/E \mid a \in A\}$라 표기한다. $A/E$가 유한일 때 $E$를 유한동등관계라 부른다. $x_E (\in A/E) \mapsto f(x) (\in B)$로 묘사된 대응이 함수 $f : A/E \to B$로서 잘 정의되었다$^{well\text{-}defined}$는 것은 함수값이 대표원소에 의존하지 않아, $xEy$이면 $f(x) = f(y)$라는 것이다. $F$도 $A$의 동등관계이고 $F \subseteq E$이면, $F$가 $E$보다 섬세하다$^{finer}$고 한다. $A$의 공이 아닌 부분집합들을 모은 $\mathcal{S}$가 다음을 충족하면 $A$의 분할$^{partition}$이라 한다. 즉, $\mathcal{S}$의 서로 다른 원소들은 서로소이고, $\bigcup \mathcal{S} = A$이다. $A/E$는 $A$의 분할이고, 역으로 $\mathcal{S}$가 $A$의 분할이면 $\{(x, y) \in A^2 \mid x, y \in C$인 $C \in \mathcal{S}$가 있다$\}$는 $A$의 동등관계다.

만일 $R \subseteq (A \times A)$이 반사적이고, 반대칭적$^{antisymmetric}$(즉 $xRy, yRx$이면 $x = y$이다)이며, 추이적이면, $A$(정확히는 $(A, R)$)를 순서집합$^{ordered\ set}$이라 부른다. 이는 '작거나 같다'는 개념을 추상화한 것이다. $(A, \leq)$가 순서집합이고 $B \subseteq A$라 하자. 이때 $\leq_B := \{(a, b) \in B^2 \mid a \leq b\}$라 두면 $(B, \leq_B)$도 당연히 순서집합이다. $\leq_B$를 편의상 그냥 $\leq$로 표기하고 문맥으로 구별하기도 한다. $\leq$가 선형순서$^{linear\ ordering}$라는 것은 모든 원소가 비교 가능하여, 임의의 $a, b \in A$가 $a \leq b$이거나 $b \leq a$라는 것이다. $(B, \leq)$가 선형순서집합이면 이를 $A$의 사슬$^{chain}$이라 부른다. $\leq$에서 '같다'는 개념을 빼서, $< := \{(a, b) \in A^2 \mid a \leq b$이지만 $a \neq b\}$로 두면 $<$은 추이적이고, 비반사적$^{irreflexive}$($x < x$인 $x (\in A)$가 없다)이다. 역으로 $\prec (\subseteq A^2)$이 추이적이고 비반사적이면 $\preccurlyeq := \{(a, b) \in A^2 \mid a \prec b$이거나 $a = b\}$는 순서관계이다. 따라서 '작다'는 개념을 추상화한, 추이적이고 비반사적 관계를 순서관계라 일컫기도 하기에, 문맥에서 어떤 관점의 순서관계인지 파악하면 된다. 이런 관점에서, 혼동의 여지가 없다면 $a < b$일 때 $a$가 $b$보다 작다($a$가 $b$ 미만, 또는 $b$가 $a$보다 크다), $a \leq b$일 땐

$a$가 $b$ 이하($b$가 $a$ 이상)라고 얘기한다. $B$의 최대원소는 $B$의 가장 큰 원소를 말한다. $b(\in B)$보다 큰 원소가 $B$에 없으면, $b$를 $B$의 극대$^{maximal}$원소라 부른다. 이들과 대칭적 개념의 원소들을 각각 최소원소, 극소$^{minimal}$원소라 부른다. $a(\in A)$가 $B$의 하계$^{lower\ bound}$/상계$^{upper\ bound}$라는 것은 $B$의 모든 원소 이하/이상이라는 것이다. $B$의 상계들 중 최소원소를 최소상계$^{supremum}$라 부르고 $\sup_A B$로 표기한다. $B$의 하계들 중 최대원소를 최대하계$^{infimum}$라 부르고 $\inf_A B$로 표기한다. 만일 $b(\in A)$가 $B$의 최소/최대원소이면이, $b \in B$이고 $b = \inf_A B/\sup_A B$이다. $B \subseteq A$를, $A$가 $B$를 포함한다고도 말한다(이는 간혹 $B \in A$를 의미하기도 한다). 임의의 집합 $\mathcal{S} = \{B_i \mid i \in I\}$는 항상 포함관계(곧 $\{(B_i, B_j) \mid B_i \subseteq B_j,\ i,j \in I\}$)로 순서를 줄 수 있다. $\mathrm{id}_B : B \to A (x \mapsto x)$를 포함사상이라 한다. 순서집합 $(A, \leq)$와 $(C, \leq_C)$가 (순서)동형$^{(order)\ isomorphic}$이라는 것은, 임의의 $a, b \in A$에 대하여 $a < b$이면이 $f(a) <_C f(b)$가 성립하는 전단사함수 $f : A \to C$(이를 순서동형사상$^{order\ isomorphism}$이라 한다)가 있다는 것이다. $(A, \leq)$가 선형순서집합이고 $A_0, A_1 \subseteq A$일 때, 물론 $A_0 < A_1$은 $A_0$의 모든 원소가 $A_1$의 모든 원소보다 작다는 것이다. $(A, \leq)$가 정렬$^{整列\ well\text{-}ordered}$집합이라는 것은, $A$의 임의의 공이 아닌 부분집합에 항상 최소원소가 있다는 것이다. 정렬집합은 선형순서집합이고 이의 부분집합도 정렬집합이다.

자연수는 귀납적으로 정의할 수 있다. 즉 $0 := \varnothing$이고 $n := \{0, 1, \ldots, n-1\}$으로 정의한다. 자연수집합 $\mathbb{N} = \{0, 1, 2, \ldots\} = \{n \mid n$은 자연수$\}$을 $\omega$로도 표기한다. 자연수는 $\omega$의 원소이면서 동시에 진부분집합이다. $\omega$는 $\in$으로써 순서를 줄 수 있다. 곧 자연수 $m, n$에 대하여 $m < n$을 $m \in n$으로 정의하면, $(\omega, \leq)$는 정렬집합이다. 이때 $m \leq n$이면이 $m \subseteq n$이 성립한다. 또한 덧셈연산 $+$와 곱셈연산 $\cdot$을 정의할 수 있다. $(\mathbb{N}, +, \cdot)$에서 수학적 귀납법이 성립한다. 즉 $P(x)$가 자연수의 산술에 관한 요건일 때, $P(0)$이고, $P(n)$이 성립하면 $P(n+1)$도 성립한다면, 모든 자연수가 $P(x)$를 만족한다. $(\mathbb{N}, +, \cdot)$를 확대하여 정수환 $(\mathbb{Z}, +, \cdot)$와 유리수체 $(\mathbb{Q}, +, \cdot)$, 실수체 $(\mathbb{R}, +, \cdot)$, 복소수체 $(\mathbb{C}, +, \cdot)$를 구성할 수 있다. 물론 자연수의 순서관계도 실수체로 확대된다.

선택공리$^{axiom\ of\ choice}$는, $\mathcal{S}$가 한 집합의 분할이라면 $\mathcal{S}$의 각 원소에서 하나의 원소만 뽑아서 모은 집합이 있다는 것이다. 어찌 보면 자명하게 보이는 이 공리는 집합론 역사에서 논쟁적 주제였다. 선택공리와 관련하여 다음이 성립한다.

**사실 0.1** 선택공리를 제외한 집합론의 공리들에서, 아래 요건 각각이 선택공리와 동등함을 보일 수 있다.

- **(초른**Zorn**의 보조정리)** 순서집합 $(A, \leq)$의 임의의 사슬에 상계가 있다면, $A$에 극대원소가 있다.
- **(정렬원리)** 모든 집합은 정렬할 수 있다.

이 책에서는 선택공리를 받아들여 위의 동등한 요건들을 자유롭게 사용할 것이다.

$\alpha$가 서수序數 *cardinal*라는 것은, $x \in y \in \alpha$이면 $x \in \alpha$이고, $\in$으로 정렬집합이 된다는 것이다(즉 $x, y \in \alpha$에 대하여 $x < y$를 $x \in y$로 정의하면 $(\alpha, \leq)$는 정렬집합이다). 예를 들어 모든 자연수와 $\omega$는 서수다. 또한 서수의 모든 원소가 서수다. 보통 $\alpha, \beta, \gamma \ldots$ 등으로 서수를 표기한다. $\{\alpha \mid \alpha$는 서수$\}$는 (집합은 아니고 집단이지만) $<:=\in$으로 정렬되어 있다. 따라서 서수 $\alpha, \beta$에 대하여 $\alpha \in \beta$, $\beta \in \alpha$, $\alpha = \beta$ 셋 중 하나가 성립한다. 또한, 공이 아닌 $\mathcal{A}$가 서수들의 집합이면 $\bigcap \mathcal{A}$는 $\mathcal{A}$의 최소 서수이고, $\bigcup \mathcal{A}$는 $\mathcal{A}$의 최소상계인 서수이다. $\alpha+1 := \alpha \cup \{\alpha\}$는 $\alpha$ 바로 다음의 서수이다. $\alpha < \beta$이면이 $\alpha \subsetneq \beta$가 성립한다. 임의의 정렬집합은 정확히 하나의 서수와 순서동형이다. 따라서 $\alpha, \beta$가 순서동형이면 $\alpha = \beta$다.

$\alpha + 1$ 형태로 표시될 수 있는 서수를 다음서수*successor ordinal*라 부른다. 0이 아니고 다음서수가 아닌 서수를 극한서수*limit ordinal*라 부른다. 그러므로 서수는 0, 다음서수, 극한서수 셋 중 하나이다. $\alpha$가 극한서수일 필요충분조건은, $\alpha \neq 0$이고 임의의 $\beta(< \alpha)$에 대하여 $\beta+1 < \alpha$인 것이다. 조건 $P(x)$가 있을 때, 수학적 귀납법을 서수들 전체로 확장한 다음과 같은 초한귀납법*transfinite induction*이 성립한다.

- 임의의 서수 $\alpha$에 대하여 "모든 $\beta(< \alpha)$가 $P$를 만족하면 $\alpha$가 $P$를 만족한다"고 하자. 그러면 모든 서수는 $P$를 만족한다.

초한귀납법의 또 다른 버전은 다음과 같다.

- $P(0)$이 성립하고, $P(\alpha)$가 성립하면 $P(\alpha+1)$이 성립하고, 또한 주어진 극한서수 $\delta$에 대하여 "모든 $\beta(< \delta)$가 $P$를 만족하면 $\delta$가 $P$를 만족한다"고 하자. 그러면 모든 서수는 $P$를 만족한다.

초한귀납법을 사용하여, 자연수들의 연산을 확장한 서수들의 덧셈과 곱셈, 승을 정의할 수 있다. 덧셈은 $\alpha + 0 = \alpha$, $\alpha + (\beta + 1) = (\alpha + \beta) + 1$, $\delta$가 극한서수일 때

$\alpha+\delta = \sup\{\alpha+\beta \mid \beta < \delta\}$인 것으로 규정된다. 곱셈은 $\alpha\cdot 0 = 0$, $\alpha\cdot(\beta+1) = \alpha\cdot\beta+\alpha$, $\delta$가 극한서수일 때 $\alpha\cdot\delta = \sup\{\alpha\cdot\beta \mid \beta < \delta\}$라는 요건으로 특정되고, 거듭제곱은 $\alpha^0 = 1$, $\alpha^{\beta+1} = \alpha^\beta\cdot\alpha$, $\delta$가 극한서수일 때 $\alpha^\delta = \sup\{\alpha^\beta \mid \beta < \delta\}$로 특정된다. 서수는 순서 개념을 가진 수이기에, $\alpha+\beta$는 $\alpha$의 순서 뒤에 $\beta$만큼의 순서를 붙인 서수로 이해할 수 있다. 즉 $\alpha+\beta$는 $\alpha$ 뒤에 $\beta$를 붙인 정렬집합과 순서동형인 서수인 것이다. 또한 $\alpha\cdot\beta$는 $\alpha$를 $\beta$만큼 반복한 서수로 이해할 수 있다. (일반적으로 $I, J$가 선형순서집합일 때 $I$ 뒤에 $J$를 붙인 선형순서집합을 $I\oplus J$(혼동할 여지가 없을 경우 그냥 $I+J$)로 표기하고, $I$를 $J$만큼 반복한 역易사전식*antilexicographic*순서집합을 $I\otimes J$로 표기한다.) 이런 이유로 자연수 $n$에 대하여, $n+\omega = \omega$이고, $n\neq 0$이면 $n\cdot\omega = \omega$이며 $\alpha\cdot n = \underbrace{\alpha+\cdots+\alpha}_{n}$이다. 같은 이유로 자연수의 연산과 다르게 일반적인 서수의 덧셈, 곱셈은 교환법칙이 성립하지 않는다. 예를 들어 $1+\omega = \omega < \omega+1$이고 $2\cdot\omega = \omega < \omega+\omega = \omega\cdot 2$이다. 결합법칙은 성립하고, $\alpha\cdot(\beta+\gamma) = \alpha\cdot\beta+\alpha\cdot\gamma$이다. 또한 $\alpha<\gamma$이면이 $\beta+\alpha < \beta+\gamma$이고, $\beta\neq 0$일 때, $\alpha<\gamma$이면이 $\beta\cdot\alpha < \beta\cdot\gamma$이다. 나눗셈 법칙이 성립하여, $\alpha$와 $\beta(\neq 0)$에 대하여 $\alpha = \beta\cdot\delta+\gamma$인 유일한 $\gamma(<\beta)$와 유일한 $\delta$가 있다. 거듭제곱의 경우 $\alpha^\beta\cdot\alpha^\gamma = \alpha^{\beta+\gamma}$이고 $(\alpha^\beta)^\gamma = \alpha^{\beta\cdot\gamma}$이지만, $(2\cdot 2)^\omega = \sup\{4^n \mid n<\omega\} = \omega < 2^\omega\cdot 2^\omega = \omega^2$이다. 일반적으로 다음이 성립한다.

**사실 0.2** **(칸토어**Cantor**)** 0이 아닌 모든 서수 $\alpha$는 $\alpha = \omega^{\alpha_0}\cdot n_0+\cdots+\omega^{\alpha_k}\cdot n_k$로 표시되는 유일한 $\alpha_0 > \cdots > \alpha_k$와 $(0<)n_i(\in\omega)$가 있다$(i = 0,\ldots,k)$.

따라서 임의의 서수 $\alpha,\beta$에 대하여 $\alpha = \omega^{\alpha_0}\cdot n_0+\cdots+\omega^{\alpha_k}\cdot n_k$, $\beta = \omega^{\alpha_0}\cdot m_0+\cdots+\omega^{\alpha_k}\cdot m_k$인 $\alpha_0>\cdots>\alpha_k$와 $m_i, n_i\in\omega$가 있다($m_i$나 $n_i$가 0인 경우를 허용). 이때 $\alpha\oplus\beta := \omega^{\alpha_0}\cdot(n_0+m_0)+\cdots+\omega^{\alpha_k}\cdot(m_k+n_k)$로 정의한다. 위 사실에 의해 $\oplus$는 잘 정의되었고, $\alpha+\beta\le\alpha\oplus\beta = \beta\oplus\alpha$와 $(\alpha+1)\oplus\beta = (\alpha\oplus\beta)+1$이 성립한다. 특히 $m+n = m\oplus n$이다$(m,n\in\omega)$.

$\kappa$가 기수基數 *cardinal*라는 것은, 이가 서수이면서 어떠한 $\beta(<\kappa)$와도 1-1대응을 할 수 없다는 것이다. 모든 자연수와 $\omega$는 기수이기도 하다. 임의의 집합 $A$는 정렬원리에 의해 유일한 기수와 1-1대응이 가능하다. 이를 $A$의 기수(또는 크기)라 부르며 $|A|$ 또는 $\mathrm{Card}(A)$로 표기한다. 고로 자연수나 $\omega$의 기수는 자기 자신이다. $|A| = |B|$이면이 $A$와 $B$ 사이에 1-1대응이 있기에, 기수는 집합의 원소 개수를 측정한다고 보면 된다. 보통, 기수를 $\kappa,\lambda,\mu,\ldots$로 표기한다. $\kappa\le\lambda$일 필요충분조건은 $\kappa$에서 $\lambda$로 가

는 단사함수가 있는 것이다. 따라서 집합 $A$에서 $B$로 가는 단사함수와 $B$에서 $A$로 가는 단사함수가 있으면, 두 집합 사이에 1-1대응이 있다(칸토어-베른슈타인$^{\text{Bernstein}}$). 또한 $|A| < |\mathcal{P}(A)| = |{}^{A}2|$이고 $\omega < \mathrm{Card}(\mathbb{R}) = \mathrm{Card}(\mathcal{P}(\omega))$이다(칸토어). 기수들의 집합 $\{\kappa_i \mid i \in I\}$가 있을 때, $\bigcup_{i\in I}\kappa_i$도 기수다. 자연수와 1-1대응이 있는 집합을 유한$^{\textit{finite}}$집합이라 부르고, 무한$^{\textit{infinite}}$집합은 유한집합이 아닌 집합이다. 가산$^{\textit{countable}}$집합은, 유한집합이거나 $\omega$와 1-1대응이 있는 집합이다. 간혹 가산집합이 무한가산집합만을 의미하기도 하는데 문맥에서 구분하면 된다. 가산집합을 셀 수 있는 집합이라고도 한다. 마찬가지로, 셀 수 없는 집합과 비가산$^{\textit{uncountable}}$집합은 동의어다. 무한집합이면이 자신의 진부분집합과 1-1대응이 있다. 집합 $A, B$가 가산이면 $A \times B$는 가산이다. 가산집합들을 모은 $\{A_n \mid n \in \omega\}$에 대하여 $\bigcup_{n\in\omega} A_n$도 가산이다. 무한기수들은 $\aleph$ (알레프$^{\text{aleph}}$) 기호로 표시한다. 즉 이들을 차례대로 서수로 첨수를 주어, $\aleph_0, \aleph_1, \ldots, \aleph_\omega, \aleph_{\omega+1}, \ldots, \aleph_\alpha, \ldots$ 식으로 표기한다. $\aleph_\alpha$대신 $\omega_\alpha$라 쓰기도 한다. 따라서 $\omega = \omega_0 = \aleph_0$이다. $\kappa^+$는 $\kappa$ 다음의 기수다. 예를 들어 $\kappa = \aleph_\alpha$일 때 $\kappa^+ = \aleph_{\alpha+1}$이다. $\kappa^+$ 꼴로 나타나는 기수를 다음기수라 부른다. 서수의 경우와 마찬가지로, 0이 아니고 다음기수도 아닌 기수를 극한기수라 부른다.

기수들의 연산을 정의한다. 기수 $\kappa, \lambda$에 대하여 $\kappa + \lambda := |\kappa \times \{0\} \cup \lambda \times \{1\}|$, $\kappa \cdot \lambda := |\kappa \times \lambda|$, $\kappa^\lambda := |{}^\lambda\kappa|$로 정의한다. 기수의 연산은 집합들의 원소의 개수를 더하고 곱하는 개념으로 이해할 수 있다. 서수의 연산과 달리 기수의 연산은 교환법칙이 성립하고 결합법칙도 성립한다. 사실 무한기수 $\kappa$에 대하여 $\kappa \cdot \kappa = \kappa$가 성립하기에, $2 \le \lambda \le \kappa$에 대하여 $2^\kappa = \lambda^\kappa = \kappa^\kappa$이다. 또한 $\mu$도 무한기수이면, $\kappa + \mu = \kappa \cdot \mu = \max\{\kappa, \mu\}$가 성립한다. 자연수들의 연산은 이를 기수로 보거나 서수로 보거나 동일하다. 하지만 일반적으로 **서수와 기수의 연산은 다르고, 모두에 같은 기호 $+, \cdot$를 사용하기에 문맥을 통해 이를 구분해야 한다.** 예를 들어 서수의 연산으로 보면 $2 \cdot \omega = 2^\omega = \omega < \omega \cdot 2$이지만 기수의 연산으로 보면 $2 \cdot \omega = \omega \cdot 2 = \omega < 2^\omega$이다. 보통 $\alpha + \beta$, $\alpha \cdot \beta$는 서수의 연산이고, $\kappa + \lambda$, $\kappa \cdot \lambda$ 또는 $\aleph_\alpha$ 기호가 있으면 기수의 연산으로 보면 된다(예로 앞에서 $2 \cdot \aleph_0 = \aleph_0 \cdot 2 = \aleph_0 < 2^{\aleph_0}$). 순서와 관련한 연산은 서수의 연산이고 집합의 크기, 원소의 개수에 관한 연산은 기수의 연산이다. 다만 $\omega$를 $\aleph_0$로 쓰지 않아도 기수의 연산을 의미하는 경우가 많기에 주의해야 한다. 연속체 가설$^{\textit{continuum hypothesis}}$은 $\aleph_1 = 2^{\aleph_0}$라는 주장이다. 이는 수학에서 증명도 반증도 할 수 없음이 알려져 있다. 좀 더 일반적으로 $\aleph_0(\kappa) := \kappa$, $\aleph_{\alpha+1}(\kappa) := \aleph_\alpha(\kappa)^+$, $\delta$가 극한서수일 때 $\aleph_\delta(\kappa) := \bigcup_{\beta<\delta}\aleph_\beta(\kappa)$로 정의한다. 또한 $\beth_0(\kappa) := \kappa$, $\beth_{\alpha+1}(\kappa) := 2^{\beth_\alpha(\kappa)}$, $\delta$가 극한서수일 때 $\beth_\delta(\kappa) := \bigcup_{\beta<\delta}\beth_\beta(\kappa)$라 정의한다($\beth_\alpha := \beth_\alpha(\aleph_0)$). 일반연속체 가설은, 모든 서수 $\alpha$에 대하여 $\aleph_\alpha = \beth_\alpha$라는 주장

이다.

$\kappa, \lambda$가 무한기수라 하자. $f : \lambda \to \kappa$가 공종共終 *cofinal*함수라는 것은 $\mathrm{ran}(f)$가 $\kappa$에서 상계가 없다는 것이다. $\kappa$의 공종도*cofinality* $\mathrm{cf}(\kappa)$는 {무한기수 $\lambda$ | 공종함수 $f : \lambda \to \kappa$가 있다} 안의 최소기수이다. 당연히 $\mathrm{cf}(\kappa) \leq \kappa$이고, $\kappa$가 정칙*regular*기수라는 것은 $\mathrm{cf}(\kappa) = \kappa$라는 것이다. $\omega$와 무한다음기수는 정칙기수이다. 하지만 $\mathrm{cf}(\aleph_\omega) = \omega$이어서, 극한기수 $\aleph_\omega$는 정칙기수가 아니다. 자연수 $m < n$에 대하여 $n$에서 $m$으로 가는 단사함수가 없다는 것이 비둘기집 원리*pigeonhole principle*다. 좀 더 일반적으로, $\mu < \kappa$이고 $f : \kappa \to \mu$일 때 $\kappa$가 정칙기수이면, $f^{-1}(\alpha) = \{\beta \in \kappa \mid f(\beta) = \alpha\}$의 크기가 $\kappa$인 $\alpha \in \mu$가 있다는 것도 비둘기집 원리다. 공동도와 관련한 다음 결과가 있다.

**정리 0.3**

**(쾨니그**$^{\text{König}}$**) 무한기수 $\kappa$에 대하여 $\kappa < \kappa^{\mathrm{cf}(\kappa)}$이고 또한 $\kappa < \mathrm{cf}(2^\kappa)$이다. 따라서 $2^{\aleph_0} \neq \aleph_\omega$이다.**

집합 $A$에 대하여 $A^{<\alpha} := \bigcup\{{}^\beta A \mid \beta < \alpha\}$, $A^{\leq\alpha} := \bigcup\{{}^\beta A \mid \beta \leq \alpha\}$로 정의한다. 특히 $A^{<\omega} = \bigcup_{n\in\omega} {}^n A$이다. 기수 $\kappa, \lambda$에 대하여 $\kappa^{<\lambda}$는 이 집합의 기수를 표기하기도 한다. 예를 들어 문맥에 따라, $\omega^{<\omega}$은 $\bigcup_{n\in\omega} {}^n\omega$이거나 기수 $\omega$이다. 또한 앞에서 $\kappa^\lambda$를 집합 ${}^\lambda\kappa = \{f \mid f : \lambda \to \kappa\}$의 기수로 정의했지만 종종 이 집합 자체를 표기(즉 $\kappa^\lambda = {}^\lambda\kappa$)하기도 하기에 문맥에서 구분해야 한다. (예를 들어 문맥에 따라 $2^\omega$는 $\{f \mid f : \omega \to 2\}$이거나, 서수 $\omega$, 혹은 기수 $2^{\aleph_0}$이다.) $\beta \in \lambda$이고, $f \in {}^\beta\kappa (\subseteq \kappa^{<\lambda})$일 때 이를 열*sequence*로 이해하여 $\langle f(0), f(1), \ldots\rangle = \langle f(i) \mid i < \beta\rangle$로 표기할 수 있다. 따라서 열임을 강조하여 $\kappa^{<\lambda}$의 원소를 $\bar{u}$로 표기하기도 한다. 이때 서수 $\gamma = \mathrm{dom}(\bar{u})(< \lambda)$를 $\bar{u}$의 길이*length*라 부른다. $\bar{v}(\in \kappa^{<\lambda})$의 길이가 $\alpha$이고 $\gamma + \alpha < \lambda$라면, $\bar{u}^\frown\bar{v}$(또는 그냥 $\bar{u}\bar{v}$)는 $\bar{u}$ 뒤에 $\bar{v}$를 붙인 열로서 $\kappa^{<\lambda}$의 원소다. 즉 $\bar{u}\bar{v}$의 길이는 $\gamma+\alpha$이고, $\bar{u}\bar{v} \restriction \gamma = \bar{u}$이며 $\bar{u}\bar{v} \restriction \{\gamma + i \mid i < \alpha\} = \bar{v}$이다. $i \in \omega$일 때, 길이가 $\gamma + 1$인 $\bar{u}^\frown\langle i\rangle$를 그냥 $\bar{u}i$로 표기하기도 한다. 0의 열인 $\langle 0, \ldots, 0\rangle(\in {}^n\omega)$을 $0^n$이라 쓰기도 한다. 열들 $\bar{u}_i (i \in I)$가 있을 때, 각 열의 성분들을 다 모은 것을 편의상 $\bigcup\{\bar{u}_i \mid i \in I\}$(또는 그냥 $\{\bar{u}_i \mid i \in I\}$)라 표기하기도 한다.

지금까지 설명대로 **서로 다른 개념들을 같은 기호로 표시하더라도, 수학에서 관례적으로 사용하는 표기를 크게 벗어나지 않을 것이다.** 이는 수학에서 흔한 일이고, 문맥에서 이러한 차이를 구분하는 것에 독자들은 쉽게 익숙해질 것이다.

앞서 언급한 대로, 독자들은 대학 수준의 기초 수학, 대수학 등에 대한 지식이 있다고 보기에, 이후로 이 책의 이해에 필요한 기초 대수학, 위상수학의 내용을 간단하게만 요약하려 한다. 상세한 사항은 [11],[24],[20],[16] 등을 참고하기 바란다. 군, (순서)환, 정역$^{\text{integral domain}}$, (순서)체 등 기본적인 대수 구조의 정의는 이러한 기본 서적이나 이 책의 본문에서 찾을 수 있다. 군 $G = (G, \cdot, e)$에 대하여 $H \leq G$는 $H$가 $G$의 부분군$^{subgroup}$임을 표기한다. 이때 $H$의 지표$^{index}$ $(G : H)$는 $\{gH \mid g \in G\}$의 크기다. 특히 $G$가 유한군일 때 $(G : H) = \frac{|G|}{|H|}$이다. $H$가 $G$의 정규부분군$^{normal\ subgroup}$ ($H \lhd G$로 표기)일 때 $\{gH \mid g \in G\}$는 몫군$^{quotient\ group}$ $G/H$를 형성한다. $G(\neq \{e\})$의 정규부분군이 자신과 $\{e\}$만 있을 때 $G$를 단순군$^{simple\ group}$이라 한다. 두 군 (또는 환) 사이의 연산을 보존하는 함수를 준동형사상$^{homomorphism}$이라 부르고, 전단사인 준동형사상을 동형사상$^{isomorphism}$이라 부른다. 두 군/환 사이에 동형사상이 있을 때 두 군/환이 동형$^{isomorphic}$이라고 한다. $h : G_1 \to G_2$가 두 군 사이의 전사인 준동형사상이고 $e_2$가 $G_2$의 항등원$^{identity}$일 때, $K = \text{Ker}(h) := \{g \in G_1 \mid h(g) = e_2\} \lhd G_1$이고 $\hat{h} : G_1/K \to G_2(gK \mapsto h(g))$는 잘 정의된 군동형사상이다.

$F$가 환일 때 $F[x_1, \ldots, x_n]$는 $F$을 계수로 갖고 $x_1, \ldots, x_n$을 변수로 가지는 다항식$^{polynomial}$ 환이다. 다항식 $(0 \neq)q(x_1, \ldots, x_n)(\in F[x_1, \ldots, x_n])$의 차수$^{(total)\ degree}$는 계수가 0이 아닌 항의 각 변수들의 차수를 합한 것 중 최고값이다. 임의의 정역은 이의 유일한 몫체$^{quotient\ field}$로 확대할 수 있다. 순서환은 정역이고 이의 순서는 몫체로 유일하게 확대된다.

$F$가 체라 하자. $F$의 표수$^{characteristic}$는 소수 $p$(이때 $\underbrace{1 + \cdots + 1}_{p} = 0$)이거나, 0(이때 모든 $n \geq 1$에 대하여 $\underbrace{1 + \cdots + 1}_{n} \neq 0$)이다. 표수가 소수 $p$이면 소체$^{prime\ field}$ $\mathbb{F}_p$를 부분체로 가지며, 0이면 소체 $\mathbb{Q}$를 부분체로 가진다. 유한체는 (동형을 무시하면) $\mathbb{F}_{p^n}$ 꼴이다($p$는 소수, $0 < n$). $F$가 완전체$^{perfect\ field}$라는 것은 표수가 0이거나, 표수가 소수 $p$이고 $x \mapsto x^p$인 프로베니우스$^{\text{Frobenius}}$ 사상이 자기동형사상이라는 것이다. $F^{\text{alg}}$는 대수적으로 닫힌 체$^{algebraically\ closed\ field}$로서(즉 차수가 1 이상인 임의의 다항식 $p(x) \in F^{\text{alg}}[x]$는 $F^{\text{alg}}$에 근이 있다), $F$의 대수적 폐포$^{algebraic\ closure}$를 표기한다. $F$를 포함하는 $F^{\text{alg}}$의 부분체를 $F$의 대수적 확대체$^{algebraic\ extension}$라 부른다.

**사실 0.4** **(힐베르트Hilbert 기저정리)** 다항식환 $F[x_1, \ldots, x_n]$의 아이디얼*ideal* $S$는 유한생성되기에 항상 $g_1, \ldots, g_m \in S$이 있어서$(1 \le m)$,

$$S = \langle g_1, \ldots, g_n \rangle := \{f_1 g_1 + \cdots + f_m g_m \mid f_1, \ldots, f_m \in F[x_1, \ldots, x_n]\}$$

가 성립한다.

$S$가 $F[x_1, \ldots, x_n]$의 아이디얼이라 하자. 이때 몫환 $F[x_1, \ldots, x_n]/S = \{h + S \mid h \in F[x_1, \ldots, x_n]\}$을 정의할 수 있다. $S$가 소*prime*아이디얼(곧 $S \subsetneq F[x_1, \ldots, x_n]$이고, $fg \in S$이면 $f \in S$이거나 $g \in S$)일 필요충분조건은 $F[x_1, \ldots, x_n]/S$가 정역인 것이다. 특히 $F$가 대수적으로 닫혀 있다면, $S$가 소아이디얼이면이 $Z(S) := \{(a_1, \ldots, a_n) \in F^n \mid$ 모든 $f \in S$에 대하여 $f(a_1, \ldots, a_n) = 0\}$가 기약*irreducible*$(Z(S) = Z(S_1) \cup Z(S_2)$이고 $Z(S_i) \subsetneq Z(S)$인 아이디얼 $S_i$가 $(i = 1, 2)$ 없다)이다. $S$가 극대아이디얼($S(\neq F[x_1, \ldots, x_n])$가 아이디얼들의 포함관계로 극대)일 필요충분조건은 $F[x_1, \ldots, x_n]/S$가 체인 것이다. 따라서 극대아이디얼은 소아이디얼이다. $F[x]$의 아이디얼은 항상 $\langle p(x) \rangle$ 꼴로 나타난다$(p(x) \in F[x])$. 차수가 1 이상인 다항식 $p(x) \in F[x]$가 ($F$의) 기약다항식*irreducible polynomial*이라는 것은, 만일 $p(x) = q(x)r(x)$라면 $(q(x), r(x) \in F[x])$ $q(x) \in F$이거나 $r(x) \in F$라는 것이다. $p(x)$가 $F$의 기약다항식이면이, $\langle p(x) \rangle$가 $F[x]$의 $\{0\}$이 아닌 소아이디얼이면이, $\langle p(x) \rangle$가 극대아이디얼이다. 따라서 몫환 $F[x]/\langle p(x) \rangle$가 체가 될 필요충분조건은 $p(x)$가 기약다항식인 것이다. 이때 체 $F[x]/\langle p(x) \rangle$는 $F$의 대수적 확대체이고, 여기서 $x$(정확히는 $x + \langle p(x) \rangle$)는 기약다항식 $p(x)$의 근 역할을 한다. 역으로, 주어진 $a \in F^{\mathrm{alg}}$를 해로 가지는 기약다항식 $p_a(x) \in F[x]$가 항상 존재한다. 이때 $F$와 $a$로 생성되는 체 $F(a)$(즉, $F$와 $a$를 포함하는 $F^{\mathrm{alg}}$의 가장 작은 부분체)와 $F[x]/\langle p_a(x) \rangle$는 동형인 체이다. 좀 더 구체적으로 $p_a(x)$의 차수를 $(1 \le)m$이라 하면 $F(a)$는 $\{1, a, \ldots, a^{m-1}\}$을 기저*basis*로 갖는 차원이 $m$인, $F$ 위의 벡터공간*vector space*으로 이해할 수 있다. 따라서 임의의 $b \in F(a)$에 대하여 $b = b_0 + b_1 a + \cdots + b_{m-1}a^{m-1}$로 표현되는 유일한 $m$짝 $(b_0, \ldots, b_{m-1}) \in F^m$이 있다. 이때 $\phi : F(a) \to F[x]/\langle p_a(x) \rangle (b_0 + b_1 a + \cdots + b_{m-1}a^{m-1} \mapsto b_0 + b_1 x + \cdots + b_{m-1}x^{m-1})$는 $\phi \restriction F = \mathrm{id}_F$인, 두 체 사이의 동형사상이다. 특히 $a' \in F^{\mathrm{alg}}$에 대하여 이의 $F$ 위 기약다항식 $p_{a'}(x)$가 $p_a(x)$와 같으면, $f \restriction F = \mathrm{id}_F$이면서 $f(a) = a'$인 자기동형사상 $f : F^{\mathrm{alg}} \to F^{\mathrm{alg}}$가 있다. 이제 $F \le K$, 즉 $K$가 $F$의 확대체라 하자. 이때 역시 $K$를 $F$ 위 벡터공간으로 이해할 수 있고 이의 차원을 $[K : F]$로 표기하고, 이를

$K$의 ($F$ 위) 차수라고도 한다. $L$이 $K$의 확대체라면, $[L:F]=[L:K][K:F]$이다. $[K:F]$가 유한이면 $K$는 $F$의 대수적 확대체이다. 역은 성립하지 않는다. $\mathbb{F}_{p^n}^{\mathrm{alg}}$에서, 차수가 $(0<)m$인 $\mathbb{F}_{p^n}$의 대수적 확대체는 $\mathbb{F}_{p^{nm}}$ 하나뿐이다. $b\in K$가 $F$ 위로 대수적*algebraic*이란 것은 $b\in F^{\mathrm{alg}}$, 곧 $b$를 근으로 갖는 다항식 $p(x)\in F[x]$가 있다는 것이다. $b$가 $F$ 위로 초월적*transcendental*이란 것은 대수적이 아니라는 것이다. 특히 복소수 $c\in\mathbb{C}$가 초월수라는 것은 소체 $\mathbb{Q}$에 대해 초월적이라는 것이다. $S(\subseteq K)$가 $F$ 위로 대수적(으로) 독립*algebraically independent*이라는 것은, 임의의 서로 다른 $b_1,\ldots,b_n\in S$에 대하여 $(b_1,\ldots,b_n)$을 해로 가지는 0이 아닌 다변수 다항식 $q(x_1,\ldots,x_n)\in F[x_1,\ldots,x_n]$가 없다는 것이다. $B\subseteq K$일 때, $F$ 위로 대수적으로 독립이고 포함관계로 극대인 $B'(\subseteq B)$이 있다. $B'$의 크기를 $\mathrm{tr.deg}(B/F)$로 표기하고 이는 $B'$의 선택과 상관없이 일정하다. 특히 $B=K$일 때, $B'$을 $K$의 $F$ 위 초월기저*transcendence base*라 부르고 $\mathrm{tr.deg}(K/F)$를 $K$의 $F$ 위 초월차수*transcendence degree*라 한다. $F\le L_1,L_2(\le K)$일 때 두 체 $L_1,L_2$가 $F$ 위로 대수적으로 독립이란 것은, 임의의 유한집합 $B(\subseteq L_1)$에 대하여 $\mathrm{tr.deg}(B/F)=\mathrm{tr.deg}(B/L_2)$란 것이다.

$(X,\mathcal{T})$가 위상공간*topological space*이라 하자. 즉 $(\varnothing,X\in)\mathcal{T}(\subseteq\mathcal{P}(X))$는 자신의 임의의 원소들의 합집합과 유한개 원소들의 교집합에 닫혀 있다. $\mathcal{T}$의 원소 $A$를 열린 집합*open set*이라 부르고 이의 여집합 $A^c=X\setminus A$를 닫힌 집합*closed set*이라 부른다. 열린 닫힌 집합*clopen set*은 열린 집합이면서 닫힌 집합이다. $\mathcal{B}(\subseteq\mathcal{T})$가 주어지고, 임의의 $A\in\mathcal{T}$가 $\mathcal{B}$의 원소들의 합으로 표시될 수 있다면 $\mathcal{B}$가 위상 $\mathcal{T}$를 생성한다고 하며, $\mathcal{B}$의 원소를 기본 열린 집합*basic open*이라 부른다. $\mathcal{T}=\mathcal{P}(X)$일 때는 이산위상*discrete topology*이라 부른다. $A(\subseteq X)$라 하자. 이때 $A$를 $\{A\cap U\mid U\in\mathcal{T}\}$로 위상이 주어진 부분위상공간으로 이해한다. $V(\subseteq X)$가 $x(\in X)$의 근방*neighborhood*이란 것은 $x\in U\subseteq V$인 열린 집합 $U$가 있다는 것이다. $X$가 하우스도르프*Hausdorff*라는 것은, 임의의 서로 다른 $x,y\in X$에 대하여 서로소인 열린 근방 $(x\in)U$, $(y\in)V$가 있다는 것이다. (따라서 하우스도르프공간에서 한 원소만 갖는 부분집합은 닫힌 집합이다.) $\mathrm{int}(A):=\{x\in A\mid A$가 $x$의 근방$\}$으로 정의하고, $A$의 폐포*closure* $\overline{A}:=\bigcap\{F\mid(A\subseteq)F$는 닫힌 집합$\}$으로 정의한다. $A$가 준準콤팩드*quasi-compact*라는 것은, $A\subseteq\bigcup\mathcal{B}$인 $\mathcal{B}(\subseteq\mathcal{T})$가 있다면 이의 어떤 유한부분집합 $\{B_1,\ldots,B_n\}$이 있어서 $A\subseteq B_1\cup\cdots\cup B_n$이 성립한다는 것이다. $A$가 콤팩트라는 것은 하우스도르프이고 준콤팩트라는 것이다. $X$가 준컴팩트하고 $A$가 닫힌 집합이면 $A$도 준콤팩트하다. $X$가 하우스도르프이고 $A$가 준콤팩트이면 $A$는 닫힌 집합이다. $A$가 분리된*disconnected* (또는 비연결된) 공간이라는 것은 $A$가 서로소이면서 공이 아닌

두 열린 집합의 합으로 표시될 수 있다는 것이다. 연결된*connected* 공간은 분리되지 않은 공간이다. $x(\in X)$의 연결성분*connected component*은 $x$를 포함하는 연결된 $X$의 부분집합을 모두 합한 것이다. 이는 $x$를 원소로 갖는 $X$의 가장 큰 연결된 부분집합이다. $X$의 연결성분들을 다 모은 것은 $X$의 분할이고, 각 연결성분은 닫힌 집합이다. $A$가 완전분리*totally disconnected*공간이라는 것은, 모든 $x \in A$의 연결성분이 $\{x\}$라는 것이다. 위상공간 $(Y, \mathcal{S})$에 대하여 함수 $f : X \to Y$가 연속이라는 것은, 임의의 열린 집합 $B \in \mathcal{S}$에 대하여 $f^{-1}(B)$가 $X$의 열린 집합이라는 것이다. $f$가 열린/닫힌 함수라는 것은 $A$가 $X$의 열린/닫힌 집합일 때 $f(A)$도 $Y$의 열린/닫힌 집합이라는 것이다. $f$가 연속일 때, $A$가 준콤팩트이면 $f(A)$도 준콤팩트하고, $A$가 연결되었으면 $f(A)$도 그러하다. $f$가 연속이면서 열린 전단사함수일 때 $f$를 위상동형사상*homeomorphism*이라 부른다. 집합 $Z$와 전사함수 $g : X \to Z$가 있을 때, $Z$에 $g$로 주어지는 몫위상*quotient*을 줄 수 있다. 즉, $C(\subseteq Z)$가 열린 집합일 필요충분조건은 $g^{-1}(C)$가 열린 집합인 것이다. 이때 당연히 $g$는 연속이다. 선형순서집합 $(X, <)$는 $(a, b) := \{x \in X \mid a < x < b\}$ $(a \in \{-\infty\} \sqcup X,\ b \in X \sqcup \{\infty\})$ 형태의 열린 구간*open interval*들을 기본 열린 집합으로 하는 순서위상을 가진다. $(X_i, \mathcal{T}_i)$가 $(i \in I \neq \varnothing)$ 위상공간들일 때 이들의 곱 $\prod_{i\in I} X_i$에, $\prod_{i\in I} U_i$ (여기서 $U_i$는 $X_i$의 열린 집합이고, 유한개만 뺀 $i(\in I)$에 대해 $U_i = X_i$이다) 형태의 집합들을 기본 열린 집합으로 갖는 곱위상*product topology*을 준다. 이때 각 $X_i$가 준콤팩트공간이면이 $\prod_{i\in I} X_i$는 준콤팩트이다(티코노프Tychonoff). 순서위상의 곱위상이 주어진 $\mathbb{R}^n$의 부분집합 $A$가 콤팩트할 필요충분조건은 유계 $(A \subseteq \{(x_1, \ldots, x_n) \in \mathbb{R}^n \mid x_1^2 + \cdots + x_n^2 \leq r\}$인 $r > 0$이 있다)이고 닫힌 집합인 것이다. $\mathbb{R}$의 부분집합 $A$가 연결된 집합일 필요충분조건은 $A$가 구간($A$의 두 원소 사이의 실수들도 모두 $A$의 원소)인 것이다. $X$가 콤팩트공간이라 하자. 그러면 하우스도르프인 것보다 강한 성질을 가진다. 예를 들어 임의의 서로소인 두 닫힌 부분집합에 대하여 이들 각각을 포함하고 서로소인 두 열린 집합이 있다. 또한 닫힌 $B \subseteq X^2$가 있고 닫힌 $C_0, C_1 \subseteq X$이 있어, $B \cap (C_0 \times C_1) = \varnothing$이면, $X^2$의 열린 집합 $(B \subseteq)V$와 열린 $(C_i \subseteq)U_i$가 $(i = 0, 1)$ 있어서 $V \cap (U_0 \times U_1) = \varnothing$이 성립한다.

군 $(G, \cdot, 1)$에 위상 $\mathcal{T}$가 주어졌을 때 $G$의 연산 $\cdot : G \times G \to G((x, y) \mapsto x \cdot y)$과 역사상 $x(\in G) \mapsto x^{-1}(\in G)$이 연속이면 $(G, \mathcal{T})$를 위상군*topological group*이라 부른다. $H$가 위상군 $G$의 부분군이면, $\mathcal{T}$의 부분위상으로써 $H$도 위상군이 된다. 위상군 $G_i$가 있을 때$(i \in I \neq \varnothing)$, 군 $\prod_{i\in I} G_i$에 곱위상을 주면 이도 위상군이다. 정규부분군 $H \lhd G$에 대하여 몫군 $G/H$에 몫사상 $g(\in G) \mapsto gH(\in G/H)$로 주어지는 몫위상을 주면, 몫사

상은 연속이고 $G/H$는 다시 위상군이 된다. 이때 몫군 $G/H$가 하우스도르프일 필요충분조건은 $H$가 $G$의 닫힌 집합인 것이다. $\{1\}$의 폐포 $\overline{\{1\}}$은 $G$의 닫힌 정규부분군이 된다. 따라서 $G$가 준콤팩트위상군이면, $G/\overline{\{1\}}$은 콤팩트위상군이다. $\{1\}$을 포함하는 연결성분을 $G^0$라 하면 이 또한 $G$의 닫힌 정규부분군이다. 이때 $G/G^0$는 완전분리되었다. 위상군 $G$가 사영유한군*profinite group*이란 것은, 이산위상이 주어진 유한군들의 곱의 닫힌 부분군과 위상군으로서 동형이란 것이다. $G$가 사영유한군일 필요충분조건은 콤팩트하고 완전분리된 위상군인 것이다. $G$가 준콤팩트하면, $H(\leq G)$가 열린 부분군일 필요충분조건은, $H$가 닫힌 부분군이면서 $(G:H)$가 유한인 것이다. 특히 $G$가 사영유한군일 때,

$$\{1\} = \bigcap\{H \lhd G \mid H\text{는 } G\text{의 열린 부분군}\}$$

이 성립한다. 따라서 $G$가 준콤팩트위상군이면, $G/G^0$는 사영유한군이고

$$G^0 = \bigcap\{H \lhd G \mid H\text{는 지표가 유한인 } G\text{의 열린 닫힌 부분군}\}$$

이다.

# 차 례


**서문** iii

**초보 집합론 요약** ix

**제 1 장 수리논리학 기본이론 요약** 1

1.1 1계논리 2

1.2 콤팩트성정리와 응용 15

1.3 연습문제 19

**제 2 장 울트라곱과 콤팩트성정리** 23

2.1 필터 23

2.2 울트라곱 26

2.3 콤팩트성정리 증명 28

2.4 연습문제 34

**제 3 장 매입과 기본매입** 35

3.1 매입과 동형사상 38

3.2 도해 47

3.3 기본매입 50

3.4 연습문제 59

**제 4 장 소모델** 65

4.1 타입 65

4.2 원자모델과 소모델 72

4.2.1 칸토어-벤딕손 급수 76

4.3 연습문제 84

**제 5 장 포화모델과 동질모델** 87

5.1 포화모델 87

5.2 동질모델과 보편모델 90
5.2.1 동질성과 기본사상 91
5.2.2 가산 포화모델과 동질모델 97
5.3 가산모델의 개수 99
5.4 연습문제 106

**제 6 장 한정기호 제거 109**
6.1 한정기호 제거 판별 113
6.2 대수적으로 닫힌 체 117
6.3 실체 119
6.4 모델-완진성 126
6.4.1 존재한정에 닫힘 129
6.5 응용 135
6.5.1 o-극소성 136
6.6 유한모델들의 합성과 한정제거 139
6.6.1 응용 145
6.7 연습문제 149

**제 7 장 스콜렘 이론 153**
7.1 균질열 153
7.1.1 램지의 정리와 균질열 155
7.2 스콜렘 함수 157
7.3 연습문제 166

**제 8 장 몰리의 범주성정리 169**
8.1 $\omega$-안정성과 소모델 171
8.2 보트의 짝 174
8.2.1 후계와 안정성 174
8.2.2 보트의 짝 179
8.3 강한 극소성 184
8.3.1 존재성 185
8.3.2 기저 187
8.3.3 범주성정리 증명 192

8.4 몰리 급수 193
8.5 볼드윈-라클란 정리 198
8.6 연습문제 204

**제 9 장 가름과 단순성 207**
9.1 나눔과 가름 208
9.2 단순성과 독립성 214
9.2.1 몰리 열과 김의 보조정리 215
9.2.2 대칭성과 추이성 220
9.3 급수와 나무성질 222
9.4 가름의 기본정리 232
9.5 슈퍼단순성 235
9.5.1 급수 235
9.5.2 가산 슈퍼단순모델 245
9.6 연습문제 250

**제 10 장 안정성 253**
10.1 안정성과 정의가능성 254
10.2 허원과 $T^{\mathrm{eq}}$ 269
10.3 가름과 안정성 277
10.3.1 급수와 안정성 284
10.4 연습문제 288

**제 11 장 라스카 군과 타입 291**
11.1 라스카 타입 292
11.2 타입융합 296
11.3 낮은 이론 303
11.4 라스카 위상군 307
11.4.1 라스카 군의 몫군 319
11.5 연습문제 331

**참고문헌 333**

**찾아보기 336**

# 1

# 수리논리학 기본이론 요약

이 장에서는 모델론의 기초를 익히기 위한 수리논리학의 기초를 요약한다. 수리논리학의 기본은 1계논리로 시작한다. 1계논리에서는 한정기호들이 변수만을 한정하는 논리식을 다룬다. 이에 반해 (이 책에서는 다루지 않지만) 2계논리에서는 한정기호들이 변수와 술어기호를 모두 한정한다. 더 강력해 보이는 2계논리 대신에 1계논리를 수리논리학의 기본으로 채택하는 이유는, 2계논리에서는 완전성정리(정리 1.16)가 성립하지 않기 때문이다. 완전성정리는 이후에 따르는 이론전개에 있어 절대적으로 중요한 요소이기에, 완전성정리가 성립하지 않는 논리체계는 (오류가 있는 것은 아니고 연구할 가치가 있지만) 무엇인가 자연스럽지 않다고 볼 수 있다. 이는 수학에서 연구대상을 설정할 때 흔히 나타나는 현상이다. 더 많은 대상을 포함하여 연구하면 더 일반적인 결과를 얻겠지만 대상이 너무 많아 전체 대상에서 성립하는 결과들이 만족스럽지 않는 경우가 흔하다. 대신 대상을 너무 줄이면 광범위하게 적용할 수 있는 결과를 얻기 힘들다. 따라서 적당히 자연스러운 연구대상을 설정하는 것은 수학연구에서 대단히 중요하다. 뿐만 아니라 모든 수학의 토대가 되는 집합론이 1계논리로 전개되기에, 1계논리는 수리논리학을 넘어서 수학의 기초로서 역할을 하는 것이다.

## 1.1 1계논리

**정의 1.1**

1계논리의 언어$^{language}$ $\mathcal{L}$은 공통(또는 논리)기호와 특정기호로 구성된다.

- 공통기호는 다음 기호들로 이루어져 있다.[1]
  - 연결기호: $\neg$ (부정否定기호), $\wedge$ (논리곱).
  - 등호: $=$.
  - 한정기호: $\exists$ (존재한정기호).
  - 변수: $v_0, v_1, v_2, \ldots$.
  - 보조기호: (, ) (괄호).
- 특정기호는 다음과 같다.
  - 임의의 $n \geq 1$에 대하여 $n$항술어기호들의 집합 $\mathcal{P}_n$.
  - 임의의 $n \geq 1$에 대하여 $n$항함수기호들의 집합 $\mathcal{F}_n$.
  - 상수기호들의 집합 $\mathcal{C}$.

이 책에서 기호 =는 1계언어의 등호로도 사용하고, '같다'라는 의미를 표기하기도 한다. 독자는 문맥에서 이러한 구분을 헷갈리지 않게 할 수 있을 것이다. 또한 =는 **공통기호이면서 동시에 2항술어기호이기도 하다.** 공통기호는 모든 1계논리의 언어가 가지고 있다. 따라서 특정기호들의 차이로 1계언어들 사이의 다름이 정해지기에 보통 공통기호를 생략하여

$$\mathcal{L} = \mathcal{P} \sqcup \mathcal{F} \sqcup \mathcal{C} \quad (\text{여기서 } \mathcal{P} = \bigsqcup_{1 \leq n} \mathcal{P}_n,\ \mathcal{F} = \bigsqcup_{1 \leq n} \mathcal{F}_n)$$

로 나타낸다. 특정기호에서 $\mathcal{P}_n, \mathcal{F}_n, \mathcal{C}$ 각각은 공집합일 수 있다. 즉 $\mathcal{L} = \varnothing$란 것은 $\mathcal{L}$이 특정기호를 하나도 가지지 않는 경우이고, 하지만 이때도 2항술어기호 =는 가지고 있는 것이다. 또한 언어의 크기인 Card($\mathcal{L}$)도 특정기호 집합의 기수를 의미하기에

[1]한정기호를 양화사라고도 부르며, 보조기호를 빼기도 한다.

(공통기호로 무한한 변수를 가지고 있지만) 유한일 수 있다.

술어기호로 주로 $P, Q, R, \ldots$ 등을 사용하고, 함수기호는 $f, g, h, \ldots$ (또는 $F$, $G$,$H$,$\ldots$), 상수기호는 $c, d, \ldots$를 사용한다. 또한 임의의 변수 $v_i$를 $x, y, z$ 등으로 나타낸다.

**보기 1.2**

다음 언어들은 이 책에서 반복하여 사용할 것이다. 그 외의 언어들은 그때그때 정의하여 사용할 것이다.

- 군group 언어 $\mathcal{L}_{\mathrm{gp}} := \{\cdot, e, ^{-1}\}$. 여기서 $\cdot$은 2항함수기호, $^{-1}$은 1항함수기호, $e$는 상수기호이다.
- 환ring 또는 체field의 언어 $\mathcal{L}_{\mathrm{r}} = \mathcal{L}_{\mathrm{fd}} := \{+, -\cdot, 0, 1\}$. 여기서 $+, -\cdot$은 모두 2항함수기호, $0, 1$은 상수기호다.
- 순서환ordered ring, 순서체ordered field의 언어 $\mathcal{L}_{\mathrm{or}} = \mathcal{L}_{\mathrm{ofd}} := \mathcal{L}_{\mathrm{r}} \cup \{<\}$. 여기서 $<$은 2항술어기호이다.

이제 이 장 끝까지의 이론 전개를 위해 임의의 1계언어 $\mathcal{L}$을 고정하자. 정의 1.3, 1.5, 1.7 등에서 정확히는 $\mathcal{L}$을 앞에 붙여 $\mathcal{L}$-논리항, ..., $\mathcal{L}$-명제, $\mathcal{L}$-모델로 부르나, 문맥상 명확할 경우 보통 $\mathcal{L}$-을 생략한다.

**정의 1.3**

- 논리항은 다음과 같이 재귀적으로 정의한다.
  - 임의의 상수기호 $c$와 변수 $x$는 논리항이다.
  - $\tau_1, \ldots, \tau_n$이 논리항이고 $f$가 임의의 $n$항함수기호이면 $f\tau_1 \ldots \tau_n$은 논리항이다.
  - 위의 과정을 유한 반복하여 얻는 것만이 논리항이다.
- 원자*atomic*논리식은 $P\tau_1 \ldots \tau_n$ 형태의 기호 열인데 여기서 $P$는 $n$항술어기호이고 $\tau_i$는 논리항이다($i = 1, \ldots, n$).
- 논리식*formula*은 다음과 같이 재귀적으로 정의한다.

- 임의의 원자논리식은 논리식이다.
- $\varphi, \psi$가 논리식이고 $x$가 임의의 변수면 $(\neg\varphi)$, $(\varphi \wedge \psi)$, $\exists x\varphi$, 각각은 논리식이다.
- 위의 과정을 유한 반복하여 얻는 것만이 논리식이다.

논리항은 일상 언어와 비교하면 명사에 해당한다. 술어기호는 술어에 해당하여, 원자논리식 $P\tau_1 \ldots \tau_n$은 "$\tau_1, \ldots, \tau_n$이 $P$ 관계를 만족한다"는 것을 표기한다. $(\neg\varphi)$는 $\varphi$의 부정, 즉 "$\varphi$가 아니다", $(\varphi \wedge \psi)$는 "$\varphi$이고 $\psi$이다"를 표기한다. $\exists x\varphi$는 "$\varphi$가 성립하는 $x$가 있다"는 것을 표기한다. 위와 같이 정의된 모든 논리식이 주어진 성질 $P$를 만족하는 것을 보일 때는 통상적으로, 우선 모든 원자논리식이 $P$를 만족하는 것을 보이고, 이후에 만일 논리식 $\varphi$와 $\psi$가 $P$를 만족한다고 귀납가정을 하면 논리식 $(\neg\varphi)$, $(\varphi \wedge \psi)$, $\exists x\varphi$ 각각이 조건 $P$를 충족하는 것을 논증하면 된다. 논리항에 대한 증명도 마찬가지로 변수, 상수기호의 경우를 먼저 보이고, 논리항 $\tau_1, \ldots, \tau_n$에 대한 귀납가정을 한 후 새 논리항 $f\tau_1 \ldots \tau_n$에 대하여 논증하면 된다. 예를 들어 정리 2.12, 3.8 등의 증명에서 이러한 귀납적 방식이 사용된다.

**표기 1.4** 편의상 앞으로 이 책에서는 아래와 같이 좀 더 이해하기 쉬운 생략된 논리식 표기를 사용한다. 이는 단지 서술과 독자의 읽기 편의를 위한 것으로, 정의 1.3의 형식적 정의는 그대로 유지된다.
우선 괄호는 가능한 한 생략한다. $\neg$ 기호가 $\wedge$ 기호보다, 바로 옆의 기호와 더 연결되어 있다고 축약의 원칙을 정하면, 많은 경우 괄호를 생략해도 의미가 분명하다. 예를 들어 이 원칙에 의해, $\neg\varphi \wedge \psi$는 논리식 $((\neg\varphi) \wedge \psi)$을 뜻하고 $(\neg(\varphi \wedge \psi))$와는 다르다.
또한 새 연결기호와 한정기호를 도입한다. 즉, $\varphi, \psi$가 논리식일 때, $\varphi \vee \psi$는 $\neg(\neg\varphi \wedge \neg\psi)$를 축약한 것이고, $\varphi \to \psi$는 $\neg\varphi \vee \psi$를, $\varphi \leftrightarrow \psi$는 $(\varphi \to \neg\psi) \wedge (\psi \to \neg\varphi)$를 축약한 것이다. 처음부터 연결기호 $\vee$(논리합), $\to$(유도기호), $\leftrightarrow$(동등기호)를 $\mathcal{L}$의 공통기호로 도입할 수도 있다. $\varphi \vee \psi$, $\varphi \to \psi$, $\varphi \leftrightarrow \psi$는 각각 "$\varphi$이거나 $\psi$", "$\varphi$이면 $\psi$", "$\varphi$와 $\psi$는 동등하다"를 표기한다. 다음으로 전칭한정기호 $\forall$을 사용한다. 즉 $\forall x\varphi$가 $\neg\exists x\neg\varphi$를 축약하여, "모든 $x$에 대하여 $\varphi$가 성립한다"는 것을 표기한다. $\forall x_1 \ldots x_n\varphi$, $\exists x_1 \ldots x_n\varphi$는 각각 $\forall x_1 \forall x_2 \ldots \forall x_n\varphi$,

$\exists x_1 \exists x_2 \ldots \exists x_n \varphi$의 축약이다. 논리식 $\varphi$에 한정기호가 없을 때, $\forall x_1 \ldots x_n \varphi$, $\exists x_1 \ldots x_n \varphi$ 형태의 논리식을 각각 전칭논리식, 존재논리식이라 부른다. 이때 $n = 0$ 인 경우도 허용하기에, 한정기호 없는 논리식도 전칭논리식이고 또한 존재논리식이다.

괄호 생략의 또 한 가지 원칙은, 한정기호가 연결기호들보다, 연결기호들 중에서는 $\vee, \wedge$이 $\rightarrow, \leftrightarrow$ 보다 바로 옆의 기호와 더 연결되어 있다고 정하는 것이다. 즉 연결의 강세를 $\forall, \exists, \neg > \vee, \wedge > \rightarrow, \leftrightarrow$로 준다. 예를 들어 $\forall x \neg \varphi \vee \psi \rightarrow \exists y \chi$는 $(\forall x(\neg \varphi) \vee \psi) \rightarrow \exists y \chi$를 표기하고, $\forall x(\neg \varphi \vee \psi) \rightarrow \exists y \chi$나, $\forall x \neg \varphi \vee (\psi \rightarrow \exists y \chi)$, $\forall x(\neg \varphi \vee \psi \rightarrow \exists y \chi)$가 아니다. 따라서 후자들 표기에서는 괄호를 생략하지 않는다. 연결의 강세가 동등하면 괄호를 계속 사용한다. 예를 들어 $\varphi \wedge \chi \vee \psi$로만 표기하면 $(\varphi \wedge \chi) \vee \psi$인지 $\varphi \wedge (\chi \vee \psi)$인지가 불분명하기에 괄호를 살려 구분한다.

그 외 종종 관습적이거나 더 익숙한 표기도 사용한다. 특히 논리항 $\tau, \mu$와 등호가 사용된 원자논리식 $= \tau\mu$은 $\tau = \mu$로 표기하고, 이의 부정을 $\tau \neq \mu$로 표기한다. 일반적으로 $R$이 2항술어기호이면, 원자논리식 $R\tau\mu$를 $\tau R \mu$로도 표기한다. $\bigwedge_{i=1}^{n} \varphi_i$, $\bigvee_{i=1}^{n} \varphi_i$는 물론 각각 $\varphi_1 \wedge \cdots \wedge \varphi_n$과 $\varphi_1 \vee \cdots \vee \varphi_n$을 표기한다. 또한 명확성을 위해 오히려 괄호를 추가할 수도 있다. 예를 들어 $\exists x \tau = \mu$를 $\exists x(\tau = \mu)$로 표기하는 것 등이다. 한 논리식에 나오는 변수를 $x, y, z, \ldots$ 등으로 표기하면 이는 보통 서로 다른 변수를 지칭한다. 그렇지 않은 경우는 문맥을 통해 판단할 수 있다. 앞으로 논리식을 $\varphi, \psi, \ldots$ 등으로 표기하고 $\Sigma, \Gamma, \ldots$ 등은 논리식들의 집합을 표기한다.

**정의 1.5**

- 논리식의 자유변수를 다음과 같이 정의한다.
  - 원자논리식에 있는 모든 변수는 자유변수다.
  - 논리식 $\neg\varphi$의 자유변수는 $\varphi$의 자유변수와 같고, $\varphi \wedge \psi$의 자유변수는, $\varphi$나 $\psi$의 자유변수를 말한다.
  - $\exists x \varphi$의 자유변수는 $\varphi$의 자유변수 중에서 $x$를 제외한 것이다.

논리식 $\varphi$를 서로 다른 변수들 $x_1, \ldots, x_n$에 대하여 $\varphi(x_1, \ldots, x_n)$으로 (또는 변수들의 유한짝을 간략히 $\bar{x}$로 표기하여 $\varphi(\bar{x})$로) 표기하면, 이는 $\varphi$의 모든 자유변수가 $x_1, \ldots, x_n$ 중에 있다는 의미다. $x$가 논리식 $\varphi$의 자유변수라고 해도, $\varphi$에 나오는 모든 $x$가 다 자유변수로 나타나는 것은 아니다. 예를 들어 $\forall xPx \to Qxy$에서 처음 나오는 $x$는 $\forall$로 한정된 변수이고, 두 번째 나오는 $x$가 자유변수로 나타난다. 논리식 $\forall x(Px \to Qxy)$에서는 물론 $x$는 자유변수가 아니다.

- 자유변수가 없는 논리식을 명제$^{sentence}$라고 한다.

**보기 1.6**

환의 언어 $\mathcal{L}_{\mathrm{r}} = \{+, -\cdot, 0, 1\}$을 예로 들자. $\mathcal{L}_{\mathrm{r}}$-논리항 $+xx$, $+xy$, $\cdot xx$, $\cdot xy$, $+11$, $-01$ 등을 각각 더 익숙한 $2x$, $x+y$, $x^2$, $xy$, $2$, $-1$ 등으로 표기하면, $2x^2y - y^2$ 등 모든 정수 계수의 다항식이 $\mathcal{L}_{\mathrm{r}}$-논리항임을 알 수 있다. 따라서 다항식 $p(x,y), q(x,y) \in \mathbb{Z}[x,y]$에 대하여 $p(x,y) = q(x,y)$, $p(x,y) \neq 0$ 등은 $\mathcal{L}_{\mathrm{r}}$-논리식이다. 순서환의 언어 $\mathcal{L}_{\mathrm{or}} = \{+, -\cdot, 0, 1, <\}$에서는 $p(x,y) < q(x,y)$도 $\mathcal{L}_{\mathrm{or}}$-원자논리식이다. 이때 물론 $p(x,y) \leq q(x,y)$는 논리식 $p(x,y) < q(x,y) \vee p(x,y) = q(x,y)$를 뜻한다.
한편 한정기호가 있는 $\mathcal{L}_{\mathrm{r}}$-논리식 $\exists z(x^2 - y = z^2)$를 생각하자. 여기서 $x, y$만 자유변수이기에 이를 $\sigma(x,y)$라 하면, $\forall xy\sigma(x,y)$나 $\forall x\exists y\sigma(x,y)$는 $\mathcal{L}_{\mathrm{r}}$-명제다.

이제 이 책의 주제인 모델(또는 구조)을 정의하자. 모델 개념은, 형식적으로는 의미가 없는 논리식에 기호의 해석을 통해 의미를 부여하기에, 모델과 관련한 개념 전개를 '의미론적' 이해라 부르기도 한다.

**정의 1.7**

언어 $\mathcal{L}$의 모델(또는 구조) $M$이란, 이의 영역$^{domain,\ universe}$인 공이 아닌 집합 $|M|$에 $\mathcal{L}$의 특정기호 각각에 대한 아래와 같은 해석이 첨부된 것이다.

- $n$항술어기호 $P$에 대하여 이의 해석 $P^M$이란 $|M|^n$의 한 부분집합이다. 이때 $(a_1, \ldots, a_n) \in |M|^n$에 대하여, $(a_1, \ldots, a_n) \in P^M$을 $P^M(a_1, \ldots, a_n)$

으로도 표기한다.

- $n$항함수기호 $f$의 해석 $f^M$은 $|M|^n$에서 $|M|$으로 가는 함수이다.
- 상수기호 $c$의 해석 $c^M$은 $|M|$의 한 원소다.

즉

$$M = (|M|, P^M, f^M, c^M \mid P \in \mathcal{P},\ f \in \mathcal{F},\ c \in \mathcal{C})$$

이고 $|M| \neq \varnothing$이다. 또한 등호 $=$의 해석 $=^M$은 언제나 같음관계이어야 한다 (즉 $\{(a,a) \mid a \in |M|\}$). 유한/무한모델이란 $|M|$의 기수가 유한/무한이란 얘기다. 더 일반적으로, $M$의 크기 $\text{Card}(M)$은 $|M|$의 기수를 말한다.[2]

- $\mathcal{L} \subseteq \mathcal{L}'$이고 $M$은 $\mathcal{L}$-모델이고 $M'$은 $\mathcal{L}' \setminus \mathcal{L}$에 있는 특정기호들의 해석만 새롭게 $M$에 추가한 것이라면(따라서 $|M| = |M'|$), $M'$을 $M$의 ($\mathcal{L}'$-) 확장$^{expansion}$, $M$을 $M'$의 ($\mathcal{L}$-)축약$^{reduct}$이라 부르고 $M = M' \restriction \mathcal{L}$로 표기한다.

**정의 1.8**

서로 다른 변수 $x_1, \ldots, x_n$이 주어지고, 논리항 $\tau$의 모든 변수가 이들 중에 있다고 하자. 이때 함수 $\tau^M : |M|^n \to |M|$을 다음과 같이 정의한다. 즉 주어진 $\bar{a} = (a_1, \ldots, a_n) \in |M|^n$에 대하여, $\tau^M(\bar{a})$를 $|M|$의 원소로 재귀적으로 정의한다.

- $\tau$가 변수 $x_i$이면 $\tau^M(\bar{a})$를 $a_i$로 놓는다.
- $\tau$가 상수 $c$이면 $\tau^M(\bar{a})$는 항상 $c^M$이다.
- $\tau$가 $f\tau_1 \ldots \tau_n$이고 $\tau_i^M(\bar{a}) = b_i (\in |M|)$라면, $\tau^M(\bar{a}) := f^M(b_1, \ldots, b_n)$이다.

---

[2] $\text{Card}(M)$을 통상적으로 $|M|$으로도 표기한다. 따라서 $|M|$은 모델 $M$의 영역을 표기하기도 하고, 때론 그것의 크기를 표기하기도 한다. 문맥에서 이를 구분하는 것에 어려움이 없을 것이다.

**정의 1.9**

모델 $M$, 논리식 $\varphi(x_1, \ldots, x_n)$, $n$짝 $\bar{a} = (a_1, \ldots, a_n) \in |M|^n$이 있을 때, $M \models \varphi[\bar{a}]$라는 개념을 다음과 같이 재귀적으로 정의한다. 이를 $M$이 $\varphi$를 $\bar{a}$로 만족한다, 또는 $\bar{a}$가 $\varphi$를 $M$에서 만족한다(구현한다), 또는 $M$에서 $\varphi$가 $\bar{a}$로 참이다라고 한다. 물론, $M$이 $\varphi$를 만족한다는 것은 $M \models \varphi[\bar{a}]$인 $\bar{a}$가 $|M|^n$에 있다는 것이다.

- $\varphi$가 원자논리식 $P\tau_1 \ldots \tau_m$이면, $M \models \varphi[\bar{a}]$는 $P^M(\tau_1^M(\bar{a}), \ldots, \tau_m^M(\bar{a}))$임을 뜻한다.
- $\varphi$가 $\neg\psi$라면, $M \models \varphi[\bar{a}]$는 $M \models \psi[\bar{a}]$가 아니라는 것(이를 $M \not\models \psi[\bar{a}]$로도 표기)이다.
- $\varphi$가 $\chi \wedge \psi$인 경우 $M \models \varphi[\bar{a}]$는, $M \models \chi[\bar{a}]$이고 동시에 $M \models \psi[\bar{a}]$임을 뜻한다.
- $\varphi$가 $\exists x\psi$인 경우, $M \models \varphi[\bar{a}]$의 의미는 다음과 같다. 우선 $x \notin \{x_1, \ldots, x_n\}$이면 이는 어떤 $b \in |M|$가 있어 $M \models \psi(x, x_1, \ldots, x_n)[b, \bar{a}]$라는 것이고, $x = x_i$라면 $(1 \leq i \leq n)$ 역시 적당한 $b \in |M|$가 있어 $M \models \psi(x_1, \ldots, x_n)[a_1, \ldots, a_{i-1}, b, a_{i+1}, \ldots, a_n]$이라는 것이다 (연습문제 §1.3.2 참조). (이를 매번 구분하는 것이 번거롭기에, $M \models \exists x\psi(x_1, \ldots, x_n)[\bar{a}]$의 의미를 첫째 경우로만 표기하여, 적당한 $b \in |M|$가 있어 $M \models \psi(x, x_1, \ldots, x_n)[b, \bar{a}]$라는 것이라 쓴다. 하지만 이렇게 쓰더라도 $x$가 $x_i$면, $a_i$와 무관한 두 번째 경우로 이해해야 한다.)

여기서 $\varphi(M) := \{\bar{a} \in |M|^n \mid M \models \varphi[\bar{a}]\}$로 정의하고, $M$에서 $\varphi(\bar{x})$의 해집합(또는 $\varphi(\bar{x})$로 정의된/정의가능한 집합)이라 부른다. $\varphi$가 명제이면 $M \models \varphi$이거나(즉 모든 $\bar{a} \in |M|^n$에 대하여 $M \models \varphi[\bar{a}]$), $M \models \neg\varphi$이다(연습문제 §1.3.1). 전자의 경우를 $M$에서 $\varphi$가 참이다, 후자를 $M$에서 $\varphi$가 거짓이다라고 한다. 논리식 $\varphi$가 항진恒眞 *logically valid*이라는 것은[3] 모든 모델 $M$과 $\bar{a} \in |M|^n$에 대하여, $M \models \varphi[\bar{a}]$가 성립한다는 것이다.

논리식들의 집합 $\Sigma(x_0, x_1, \ldots)$과 (즉 $\Sigma$에 있는 논리식들의 자유변수들은 $\{x_i \mid i < \omega\}$ 중에 있다) 원소들 $a_i \in |M|$에 대하여$(i < \omega)$, $M \models \Sigma[a_0, a_1, \ldots]$은 $\Sigma$에 있는 모든 논리식 $\varphi(x_{i_0}, \ldots, x_{i_n})$에 대하여 $M \models \varphi[a_{i_0}, \ldots, a_{i_n}]$이 성립한다는

것이다. $\Sigma$가 만족가능하다는 것은, $M \models \Sigma[a_0, a_1, \dots]$이 되는 적당한 모델 $M$과 $a_i \in |M|$가 있다는 뜻이다. 이때 $M$을 $\Sigma$의 모델이라 부른다. $\Sigma$가 유한만족가능하다는 것은, $\Sigma$의 모든 유한부분집합이 만족가능하다는 것이다.

**보기 1.10**

다시 언어 $\mathcal{L}_{\mathrm{r}} = \mathcal{L}_{\mathrm{fd}} = \{+, -\cdot, 0, 1\}$을 예로 들자. 임의의 환이나 체 $F$는 $\mathcal{L}_{\mathrm{r}}$-모델이다. 여기서 각 특정기호는 표준적으로 해석하여, $+^F, -^F, \cdot^F, 0^F, 1^F$를 차례로 $F$의 합, 차, 곱, 합의 항등원, 곱의 항등원으로 둔다. 이러한 표준적 해석에서는 (또는 혼동의 여지가 없는 경우) 편의상, 언어의 특정기호와 이의 해석을 구태여 구분하지 않고 같은 기호로 표기를 한다. 예를 들어 $+^F$를 사용하지 않고, $+$만으로 특정기호와 이의 해석을 동시에 표기한다. 이의 구분은 문맥을 통해 쉽게 가능하다. 보기 1.2의 군, 순서환, 순서체, 또한 일반적으로 익숙한 대수구조에서도 마찬가지다. 예를 들어 자연수 구조를 $\mathbb{N} = (\omega, +, \cdot, <, 0, 1)$로 표기하면, 이의 언어는 $\{+, \cdot, <, 0, 1\}$이다. 즉 이 경우도 특정기호와 이의 표준적 해석을 같은 기호로 쓴다.

물론 대수구조 기호의 비표준적 해석도 가능하다. 이런 경우는 표기에 차이를 두어 의미를 분명히 할 것이다. 뿐만 아니라 전혀 대수적 구조가 아니어도 모델일 수 있다. 예를 들어 공이 아닌 집합 $A$에 대하여

$$M = (A, +^M, -^M, \cdot^M, 0^M, 1^M, <^M)$$

이라 하고 $+^M, -^M, \cdot^M$ 모두 $A^2$에서 $A$로 가는 같은 한 함수, $0^M, 1^M$은 모두 $A$의 한 원소, $<^M$은 $A^2$의 한 부분집합이라 두면, $M$은 정의에 따라 $\mathcal{L}_{\mathrm{or}}$-모델인 것이다. 즉 모델 개념은 지극히 일반적인 개념이다.

모델에서 논리식의 만족성에 대하여, 체 $F$가 $\mathbb{Q}$, 또는 $\mathbb{R}$, $\mathbb{C}$인 경우를 예로 살펴보자. 우선 보기 1.6에서처럼, 정수계수의 다항식은 $\mathcal{L}_{\mathrm{fd}}$-논리항이다. 예를 들어 $\mathcal{L}_{\mathrm{fd}}$-논리항 $\tau := 2x^2y - y^2 + 3$에 대하여, $\tau^F : F^2 \to F$는 해당 다항식 연산이 된다. 즉 $a, b \in F$에 대하여, $\tau^F(a, b) = 2a^2b - b^2 + 3 (\in F)$이다. 이를 $c$라 놓으

[3]이 책에서 명제논리$^{propostional\ logic}$를 다루진 않지만, 명제논리에서의 항진(토톨로지) 개념과 1계논리의 항진 개념은 차이가 있다.

면, $\mathcal{L}_{\rm fd}$-원자논리식 $2x^2y-y^2+3=z$에 대하여, $F \vDash 2x^2y-y^2+3=z[a,b,c]$가 성립한다. 이제 보기 1.6의 $\mathcal{L}_{\rm fd}$-논리식 $\sigma(x,y) := \exists z(x^2-y=z^2)$을 다시 생각하자. $F$에서 이 논리식이 참인지 거짓인지는 $x, y$에 원소들을 대입함으로써 결정된다. 예를 들어 $\mathbb{Q} \vDash \sigma(x,y)[3,5]$는 성립하지만, 2는 $\mathbb{Q}$에서 제곱수가 아니기에 $\mathbb{Q} \vDash \sigma(x,y)[3,7]$은 성립하지 않는다. 즉, $\mathbb{Q} \vDash \neg\sigma(x,y)[3,7]$이다. 하지만, $\mathbb{R} \vDash \sigma(x,y)[3,7]$이고 또한 $\mathbb{C} \vDash \sigma(x,y)[3,7]$이다. 명제는 대입할 원소들이 없기에, 한 모델에서 그 자체로 참이거나 거짓이다. 예를 들어 명제 $\forall x\exists y\sigma(x,y)$는 $\mathbb{Q}$, $\mathbb{R}$, $\mathbb{C}$ 모두에서 참이다. 하지만 명제 $\forall xy\sigma(x,y)$는 $\mathbb{Q}$, $\mathbb{R}$에서는 거짓이고(따라서 $\mathbb{Q}, \mathbb{R} \vDash \neg\forall xy\sigma(x,y)$), $\mathbb{C}$에서는 참이다.

전술한 대로 임의의 정수계수 1변수 다항식 $p(x) \in \mathbb{Z}[x]$는 $\mathcal{L}_{\rm fd}$-논리항이다. 이제 $\mathcal{L}_{\rm fd}$-논리식들의 집합 $\Sigma := \{p(x) \neq 0 \mid p(x) \in \mathbb{Z}[x]\}$와 $\Gamma := \{\exists x(p(x)=0) \mid p(x) \in \mathbb{Z}[x]\}$를 생각하자. 이때 $\mathbb{Q}$, $\mathbb{Q}^{\rm alg}$ 모두 $\Sigma$의 모델이 아니다. 하지만 초월수는 $\Sigma$를 만족하기에 $\mathbb{R}$과 $\mathbb{C}$는 $\Sigma$의 모델이고, $\Sigma$는 만족가능하다. 또한 $\mathbb{Q}$, $\mathbb{R}$은 $\Gamma$의 모델이 아니지만, $\mathbb{Q}^{\rm alg}$, $\mathbb{C}$는 $\Gamma$를 만족한다.

**정의 1.11**

- $\mathrm{Th}(M) := \{\sigma \mid \sigma$는 명제이고 $M \vDash \sigma\}$.
- 두 모델 $M, N$이 기본동등하다*elementarily equivalent*는 것은 $\mathrm{Th}(M) = \mathrm{Th}(N)$이란 의미로, $M \equiv N$으로 쓴다.

이제 논리식들 사이의 유도 개념을 정의하려 한다. 우선 모델에서의 만족성 개념을 사용하여, 논리식들 사이의 의미론적 유도 개념을 아래와 같이 정의한다.

**정의 1.12**

논리식들의 집합 $\Sigma$와 논리식 $\alpha$가 있을 때, $\Sigma \vDash \alpha$는 $\Sigma$에서 $\alpha$가 논리적으로 유도된다고 읽으며, 이는 임의의 모델 $M$과 $a_i \in |M|$에 대하여($i < \omega$), 만일 $M \vDash \Sigma[a_0, a_1, \ldots]$이 성립하면 $M \vDash \alpha[a_0, \ldots, a_n]$도 또한 성립한다는 것이다. 물론 $\Gamma$가 논리식들의 집합일 때 $\Sigma \vDash \Gamma$는, 임의의 논리식 $\gamma(\in \Gamma)$에 대하여 $\Sigma \vDash \gamma$라

는 것이다.
논리식 $\alpha, \beta$가 논리적으로 동등하다는 것은 $\models \alpha \leftrightarrow \beta$가 성립한다는 것, 즉 모든 모델 $M$과 $a_i \in |M|$에 대하여, $M \models \alpha[a_0, \ldots, a_n]$이면이 $M \models \beta[a_0, \ldots, a_n]$이라는 것이다.

**보충설명** 1.13

(1) 주의할 것은 모두 $\models$ 기호를 사용하지만, 정의 1.12에서의 $\models$ 개념은, 정의 1.9에서의 $\models$ 개념을 사용하여 정의한다. 정의 1.9에서는 왼쪽에 모델 오른쪽엔 논리식이 있고, 정의 1.12에서는 왼쪽에 논리식 또는 논리식들의 집합이 있고, 오른쪽에 논리식이 있다.

(2) 정의 1.12에 따라서, 논리식 $\alpha$가 항진이면이 $\models \alpha$이다. 또한 $\Sigma \models \alpha$이면이 $\Sigma \cup \{\neg\alpha\}$가 만족가능하지 않다.

(3) 예를 살펴보자. $\mathcal{L}_{\text{gp}}$에서 군 공리들의 집합

- $T_{\text{gp}} := \{\forall x(x \cdot e = e \cdot x = x),\ \forall x \exists y(x \cdot y = y \cdot x = e),$
  $\forall xyz((x \cdot y) \cdot z = x \cdot (y \cdot z))\}$

를 생각하자. 이때 $T_{\text{gp}} \models \forall xyz(x{\cdot}z = y{\cdot}z \to x = y)$가 성립한다. 왜냐하면 $T_{\text{gp}}$를 만족하는 $\mathcal{L}_{\text{gp}}$-모델은 군이고, 군에서는 $\forall xyz(x{\cdot}z = y{\cdot}z \to x = y)$가 참이기 때문이다.

$\mathcal{L}_{\text{fd}}$에서 $T_{\text{ring}}$을 환의 공리들을 모은 것이라 하자. 즉

- $\{+, 0\}$으로써 가환$^{\text{commutative}}$$(\forall xy(x + y = y + x))$군을 묘사하는 명제들
- $\forall xyz((x \cdot y) \cdot z = x \cdot (y \cdot z)) \wedge \forall x(x \cdot 1 = 1 \cdot x = x)$
- $\forall xyz((x + y) \cdot z = x \cdot z + y \cdot z \wedge z \cdot (x + y) = z \cdot x + z \cdot y))$

을 합한 것이다.

$T_{\text{fd}}$는 체의 공리들의 집합이다. 곧

$$T_{\text{fd}} := T_{\text{ring}} \cup \{0 \neq 1, \forall xy(x \cdot y = y \cdot x), \forall x(x \neq 0 \to \exists y(x \cdot y = 1))\}$$

이다. 마찬가지로 $T_{\text{fd}}$는 $\forall xyz(z \neq 0 \wedge x \cdot z = y \cdot z \to x = y)$을 논리적으로 유도한다. $T_{\text{ring}} \cup \{0 \neq 1, \forall xy(x \cdot y = y \cdot x), \forall xy(x \cdot y = 0 \to x = 0 \vee y = 0)\}$은 정역*integral domain*의 공리를 모은 것이다. 모든 체는 정역이기에 $T_{\text{fd}} \models \forall xy(x \cdot y = 0 \to x = 0 \vee y = 0)$도 성립한다.

다음으로 구문론적 유도 개념인 증명에 대하여 정의하려 한다. 이를 위해 우선 주어진 1계언어 $\mathcal{L}$의 논리적 공리들을 정의해야 한다.

**정의 1.14**

아래와 같은 형태의 논리식 $\phi$와, 여기에 유한 번의 전칭한정기호를 붙인 $\forall x_1 \ldots \forall x_n \phi$ 형태의 논리식을, ($\mathcal{L}$의) 논리적 공리라 부른다.[4] 아래에서 $\varphi, \psi, \varphi$는 임의의 $\mathcal{L}$-논리식들이다.

- $\varphi \to (\psi \to \varphi)$.
- $(\varphi \to (\psi \to \chi)) \to ((\varphi \to \psi) \to (\varphi \to \chi))$.
- $(\neg\psi \to \neg\varphi) \to (\varphi \to \psi)$.
- $\varphi^x_t \to \exists x\varphi$. 여기서 논리항 $t$와 변수 $x$에 대하여 $\varphi^x_t$는, $\varphi$에서 자유변수로 나타나는 위치의 $x$를 $t$로 모두 바꾼 논리식이다. (따라서 $x$가 $\varphi$의 자유변수가 아니면, $\varphi^x_t$는 그냥 $\varphi$이다. 또한 당연히, $\varphi^x_x$도 $\varphi$이다. $\varphi$를 $\varphi(x, \bar{y})$로 표기할 때, 물론 $\varphi(t, \bar{y})$는 $\varphi^x_t$를 의미한다.) 또한 $\varphi$에서 $t$를 $x$에 대입할 수 있다는 조건이 필요하다. 즉, $\varphi$에서 $\varphi^x_t$로 바뀔 때, $t$에 변수기호 $y$가 있어서, 그것이 $\varphi$에 있는 한정기호 $\exists y$나 $\forall y$로 한정되는 경우가 생기지 않아야 한다(연습문제 §1.3.3 참조). 이런 기준에서, $\varphi \to \exists x\varphi$는 여기에 해당되어 논리적 공리다. 또한 $t$에 변수가 하나도 없다면, 이를 어느 변수에나 대입할 수 있기에 $\varphi^x_t \to \exists x\varphi$는 논리적 공리다.
- $\exists x\varphi \to \varphi$. 단, $x$는 $\varphi$의 자유변수가 아니다.

- $\forall x(\varphi \to \psi) \to (\forall x\varphi \to \forall x\psi)$.
- $x = x$. 즉 모든 $i < \omega$에 대하여, $v_i = v_i$.
- $x = y \to (\alpha \to \alpha')$. 여기서 $x, y$는 같은 변수일 수 있다. 또한 $\alpha$는 임의의 원자논리식이고, $\alpha'$은 $\alpha$에 나오는 변수 $x$ 일부(전무, 또는 전부 경우 포함)를 $y$로 바꾼 원자논리식이다.

논리적 공리들은 모두 항진이다(연습문제 §1.3.6). 논리적 공리들을 사용하여 구문론적 유도 개념인 증명 개념을 정의할 수 있다.

**정의 1.15**

논리식들의 집합 $\Sigma$와 논리식 $\alpha$가 있다.

- 이때 아래를 만족하는 유한 논리식 열 $\alpha_0, \ldots, \alpha_n$을 $\Sigma$에서 나온 증명이라고 한다.
  - 모든 $i \leq n$에 대해여 $\alpha_i$는 $\Sigma$의 원소이거나, 또는 논리적 공리이거나, 또는 이를 앞의 논리식들에서 전건긍정으로 얻는다(즉 $j, k < i$가 있어 $\alpha_k$가 $\alpha_j \to \alpha_i$이다).
- $\Sigma \vdash \alpha$는 $\alpha$가 $\Sigma$에서 증명된다고 읽으며, 이는 $\Sigma$에서 나온 증명 $\alpha_0, \ldots, \alpha_n$ 중에 마지막 $\alpha_n$이 $\alpha$인 것이 있다는 뜻이다. $\Sigma \vdash \neg\alpha$이면 $\alpha$가 $\Sigma$에서 반증된다고 한다.
- $\Sigma$가 일관적이다(또는 $\Sigma$에 모순이 없다)는 것은, $\Sigma$에서 증명이 되면서 또한 반증도 되는 논리식은 없다는 것이다. (모순이 있다, 모순(적)이다, 모순된다라는 서술 모두, 반대 의미인 '일관적이지 않음'을 표현한다.)

정의 1.12와 1.15에서, 정확히는 이 개념들이 언어 $\mathcal{L}$에서 이루어진다는 의미로 각각 $\models_{\mathcal{L}}$, $\vdash_{\mathcal{L}}$로 표기해야 하나 문맥상 명확하면 보통 $\mathcal{L}$을 생략한다. 의미론적 유도 개념과 구문론적 유도 개념은 동등하다. 이를 완전성정리라 부른다.

---

[4]논리적 공리들에 대한 정의는 저술마다 차이가 있지만 결국 모두 동등하다.

**정리 1.16**

**(괴델[Gödel]의 완전성정리)**

$$\Sigma \vDash \alpha\text{이면이 } \Sigma \vdash \alpha\text{이다.}$$

**보충설명** 1.17

(1) 위 완전성정리에 의해, $\Sigma \vDash \alpha$이면 $\Sigma$의 유한부분집합 $\Sigma_0$가 있어 $\Sigma_0 \vDash \alpha$ 임을 알 수 있다.

(2) 완전성정리의 한 방향인, $\Sigma \vdash \alpha$이면 $\Sigma \vDash \alpha$인 것을 안전성정리*Soundness Theorem*라 부르며 이는 상대적으로 증명이 어렵지 않다(연습문제 §1.3.8). 좁은 의미로 이의 역인, $\Sigma \vDash \alpha$이면 $\Sigma \vdash \alpha$임을 완전성정리라고도 부른다.

(3) 완전성정리는 만족성과 무모순성 개념이 일치한다는 다음 정리 1.18과 동등하기에, 이를 완전성정리라 부르기도 한다. 모델론의 이론 전개에서 앞으로 볼 수 있듯이, 정리 1.16 형태의 완전성정리보다는 정리 1.18 형태의 완전성정리가 절대적으로 자주 사용된다. 완전성정리는 괴델이 처음 증명했지만 오늘날에는 대부분의 교과서에서, 정리 1.18의 일관적인 논리식들을 만족하는 모델을 헨킨[Henkin]이 구성한 방법으로 찾는 증명을 소개한다([10] 참조).

**정리 1.18**

$\Sigma$가 만족가능한 것과, $\Sigma$에 모순이 없는 (즉 일관적인) 것은 동등한 개념이다.

증명 이 정리의 대우를 증명하자. 우선 $\Sigma$에 모순이 있어 $\Sigma \vdash \alpha, \neg\alpha$라 하자. 그러면 완전성정리 1.16에 의해 $\Sigma \vDash \alpha, \neg\alpha$고, 이는 $\Sigma$를 만족하는 모델이 없다는 얘기가 된다. 왜냐하면 만일 $M \vDash \Sigma[\bar{a}]$라면, $\Sigma \vDash \alpha, \neg\alpha$이기에 정의에 의해

$M \models \alpha[\bar{a}]$이면서 동시에 $M \not\models \alpha[\bar{a}]$가 되기에 모순이다. 따라서 $\Sigma$는 만족가능하지 않다.
역으로 $\Sigma$가 만족가능하지 않다고 가정하자. 그러면 정의에 의해 허무하게도, 모든 논리식은 $\Sigma$에서 논리적으로 유도된다. 특히 $\Sigma \models \alpha, \neg\alpha$이다. 그러면 완전성정리 1.16에 의해 $\Sigma \vdash \alpha, \neg\alpha$이기에 $\Sigma$는 모순이 있다. □

## 1.2 콤팩트성정리와 응용

**정리 1.19**

**(괴델의 콤팩트성정리)**

$\Sigma$가 만족가능한 것과 $\Sigma$가 유한만족가능한 것은 동등하다.

증명 $\Sigma$를 만족하는 모델이 있다면 당연히 같은 모델로 $\Sigma$는 유한만족가능하다. 역으로 $\Sigma$가 유한만족가능하다고 하자. 그러면 정리 1.18에 의해 $\Sigma$의 모든 유한부분집합은 일관적이다. 그렇다면 $\Sigma$도 일관적이다. 왜냐하면 증명의 정의에 따라 만일 $\Sigma$에 모순이 있다면 이를 제공하는 $\Sigma$의 한 유한부분집합에 모순이 있기 때문이다. 따라서 다시 정리 1.18에 의해 $\Sigma$는 만족가능하다. □

**정리 1.20**

**(뢰벤하임[Löwenheim]-스콜렘[Skolem] 정리)** 무한기수 $\kappa \geq \mathrm{Card}(\mathcal{L})$가 있다.

(1) (하향) 논리식의 집합 $\Sigma$가 만족가능하면, 이의 모델로 크기가 $\kappa$ 이하인 것이 있다.

(2) (상향) $\Sigma$를 만족하는 무한모델이 있다고 하자. 그러면 크기가 $\kappa$인 모델로 $\Sigma$를 만족하는 것이 있다.

증명 (1) 모순 없는 논리식 집합 $\Sigma$를 만족하는 모델을 건설하는 표준적 방법인 헨킨의 구성을 보면(보충설명 1.17, [10] 참조), 크기가 $\max\{\text{Card}(\mathcal{L}), \aleph_0\}$ 이하인 것을 찾을 수 있다.

(2) $\Sigma$를 만족하는 무한모델을 $N$이라 하자. 한편 언어 $\mathcal{L}$에 새로운 상수기호 집합 $\mathcal{C}' = \{c_i \mid i < \kappa\}$를 추가하여 $\mathcal{L}' := \mathcal{L} \sqcup \mathcal{C}'$로 놓고, $\mathcal{L}'$-논리식 집합으로

$$\Gamma := \Sigma \sqcup \{c_i \neq c_j \mid i < j < \kappa\}$$

라 놓자. 만일 $\Gamma_0$가 $\Gamma$의 임의의 유한집합이라고 한다면 적당한 $n(< \omega)$과 $c_{i_0}, \ldots, c_{i_n}$이 있어서($i_0 < \cdots < i_n < \kappa$),

$$\Gamma_0 \subseteq \Sigma_0 := \Sigma \sqcup \{c_{i_j} \neq c_{i_k} \mid j < k \leq n\}$$

이 성립한다. 이때 $N$이 무한이기에 $c_{i_0}, \ldots, c_{i_n}$의 해석을 $|N|$의 원소들로 서로 다르게 줄 수 있다. 이렇게 상수기호들의 해석이 $N$에 추가된 확장모델은, 당연히 $\Sigma$를 만족하고 따라서 $\Sigma_0$을 만족하기에 $\Gamma_0$를 만족한다. 즉 $\Gamma$는 언어 $\mathcal{L}'$에서 유한만족가능하다. 따라서 콤팩트성정리에 의해 $\Gamma$는 $\mathcal{L}'$에서 만족가능하다. 그렇다면 (1)에 의해 $\Gamma$를 만족하는 $\mathcal{L}'$-모델로 크기가 $\leq \kappa$인 $M$이 있다. 하지만 $M$은 $\Gamma$를 만족하기에, $c_i^M \in |M|$은 ($i < \kappa$) 모두 달라야 하고 이는 $M$의 크기가 $\kappa$ 이상이라는 것이다. 따라서 정확히 $\text{Card}(M) = \kappa$이다. 그러면 $M$에서 $\mathcal{C}'$에 있는 상수기호들의 해석을 뺀 축약모델이 우리가 원하는, $\Sigma$를 만족하는 $\kappa$ 크기의 $\mathcal{L}$-모델이다. □

뢰벤하임-스콜렘 정리를 가산언어에 적용하면 다음이 쉽게 따른다.

**따름정리 1.21** $\mathcal{L}$이 셀 수 있다고 하자.

(1) $\Sigma$가 일관적이면 이는 셀 수 있는 모델을 가진다.

(2) $\Sigma$가 무한모델을 가지면, $\Sigma$는 임의의 무한기수 크기의 모델을 갖는다.

(3) 모델 $M$이 무한이라 하자. 그러면 임의의 무한기수 $\lambda$에 대하여, $M$과 기본동등하면서 $\lambda$ 크기의 모델이 있다.

**보기 1.22**

따름정리 1.21에 따라, $\mathbb{N} = (\omega, +, \cdot, <, 0, 1)$과 기본동등하면서 셀 수 없는 크기의 모델이 있다. 이러한 모델을 $\mathrm{Th}(\mathbb{N})$의 비표준모델이라 부른다. 기본동등하기에 $\mathbb{N}$에서 참인 산술명제들이 여기서도 참이다. 예를 들면 페르마의 마지막 정리를 만족하여, 임의의 $3 \leq n$에 대하여 $\forall xyz(x^n + y^n = z^n \rightarrow xyz = 0)$이 비표준모델에서도 참이다.

콤팩트성정리를 적용하면, $\mathbb{N}$과 기본동등하면서 서로 동형이 아닌 가산모델들이 최대 개수로 있음을 알 수 있다(연습문제 §1.3.11). 다음은 이런 비표준 가산모델을 찾는 한 방법이다. 우선 상수기호 $c$를 추가한 후, 명제들의 집합 $\Gamma := \mathrm{Th}(\mathbb{N}) \cup \{c \neq \underbrace{1 + \cdots + 1}_{n} \mid 1 \leq n\}$을 생각한다. $\Gamma$가, $\mathbb{N}$에서 $c$를 적당히 해석함으로 유한만족가능한 것은 쉽게 알 수 있다. 따라서 정리 1.20에 의해, $\Gamma$를 만족하는 가산모델이 있다. 여기서 $c$의 해석을 빼면 이는 언어 $\{+, \cdot, <, 0, 1\}$에서, $\mathbb{N}$과 기본동등하지만 동형일 수는 없다.

모델론은 대수구조 이해에, 이러한 비표준모델들을 통한 연구로 새롭고 유용한 방식을 제공한다. 이와 관련한 대표적인 연구로, 비표준실수체에 대한 연구를 통한 하디[Hardy]의 예상 해결[8], 리 군[Lie group]의 비표준적 모델의 연구를 통한 힐베르트 5번 문제 해결[13], 그리고 수체[number field]에서 정의된 타원곡선들의 급수의 상계 존재성에 관한 이정욱 교수의 연구[26] 등을 꼽을 수 있다. 이외에도 6장 등에서 모델론 연구의 여러 방면의 응용에 대하여 살필 것이다.

이 장을 마치며, 앞으로 자유로이 사용할 사실과 표기를 설명하겠다. 다음 사실은 어렵지 않게 귀납적으로 증명할 수 있다(연습문제 §1.3.12).

**사실 1.23** 논리식 $\varphi$에 한정기호 $\forall, \exists$가 없다고 하자. 이때 원자논리식들이나 원자논리식의 부정들을 유한논리곱한 논리식 $\psi_i$가 있어서($1 \leq i \leq n$), $\varphi$는 논리식 $\bigvee_{i=1}^{n} \psi_i$과 논리적으로 동등하다. 또한 원자논리식들이나 원자논리식의 부정들을 유한논리합한 논리식 $\psi_i'$이 있어서($1 \leq i \leq m$), $\varphi$는 논리식 $\bigwedge_{i=1}^{m} \psi_i'$과도 논리적으로 동등하다.

**표기 1.24** 변수들의 짝 $\bar{x}_1 := (x_1^1, \ldots, x_k^1)$, $\bar{x}_2 := (x_1^2, \ldots, x_k^2)$에 대하여, $\bar{x}_1 = \bar{x}_2$는 논리식 $\bigwedge_{i=1}^k x_i^1 = x_i^2$를 표기한다. 물론 $\bar{x}_1 \neq \bar{x}_2$는 논리식 $\neg(\bar{x}_1 = \bar{x}_2)$를 표기한다. 만일 $\bar{x}_1 := (x_i^1 \mid i \in I)$, $\bar{x}_2 := (x_i^2 \mid i \in I)$가 무한한 길이의 짝이라면, $\bar{x}_1 = \bar{x}_2$는 논리식들의 집합 (또는 무한논리곱)

$$\{x_{i_1}^1 = x_{i_1}^2 \wedge \cdots \wedge x_{i_n}^1 = x_{i_n}^2 \mid i_1, \ldots, i_n \in I,\ n \in \omega\}$$

을 뜻한다. 하지만 이때, 논리식들의 무한논리합으로 표현되는 $\bar{x}_1 \neq \bar{x}_2$는 일반적으로 논리식들의 집합으로 묘사할 수 없다.

변수들의 짝 $\bar{x} = (x_1, \ldots, x_k)$, $\bar{y} = (y_1, \ldots, y_m)$과 논리식 $\varphi(\bar{x}, \bar{y})$, 양의 자연수 $n$에 대하여, $\exists^{\geq n}\bar{x}\varphi(\bar{x}, \bar{y})$는

$$\exists \bar{x}_1 \ldots \bar{x}_n (\bigwedge_{1 \leq i < j \leq n} \bar{x}_i \neq \bar{x}_j \ \wedge \ \bigwedge_{i=1}^n \varphi(\bar{x}_i, \bar{y}))$$

의 축약이다. $\exists^{=n}\bar{x}\varphi(\bar{x}, \bar{y})$는 $\exists^{\geq n}\bar{x}\varphi(\bar{x}, \bar{y}) \wedge \neg\exists^{\geq n+1}\bar{x}\varphi(\bar{x}, \bar{y})$를 표기한다. 마찬가지로, $\exists^{>n}\bar{x}\varphi(\bar{x}, \bar{y})$, $\exists^{\leq n}\bar{x}\varphi(\bar{x}, \bar{y})$, $\exists^{<n}\bar{x}\varphi(\bar{x}, \bar{y})$는 각각 $\exists^{\geq n+1}\bar{x}\varphi(\bar{x}, \bar{y})$, $\neg\exists^{>n}\bar{x}\varphi(\bar{x}, \bar{y})$, $\neg\exists^{\geq n}\bar{x}\varphi(\bar{x}, \bar{y})$의 축약이다. 이때 물론 $\neg\exists\bar{x}\varphi \models \exists^{\leq n}\bar{x}\varphi$가 성립한다.

끝으로, $\exists x_1 \ldots x_n(\bigwedge_{1 \leq i < j \leq n} x_i \neq x_j)$를 간략히 $\exists^{\geq n}x$로 표기하고, 비슷하게 $\exists^{=n}x$, $\exists^{>n}x$, $\exists^{\leq n}x$, $\exists^{<n}x$도 사용한다.

## 1.3 연습문제

1. 논리식의 만족성은 자유변수에만 의존함을 보이라. 구체적으로, 논리식 $\varphi(x_1, \ldots, x_n)$과 모델 $M$, $(a_1, \ldots, a_n), (a'_1, \ldots, a'_n) \in |M|^n$이 있고 만일 $x_i$가 $\varphi$의 자유변수면 $a_i = a'_i$라 하자($1 \leq i \leq n$). 이때 $M \vDash \varphi[a_1, \ldots, a_n]$이면이 $M \vDash \varphi[a'_1, \ldots, a'_n]$임을 보이라. 특히 $\varphi$가 명제이면, 어떤 $\bar{a} \in |M|^n$에 대하여 $M \vDash \varphi[\bar{a}]$이면이 모든 $\bar{b} \in |M|^n$에 대하여 $M \vDash \varphi[\bar{b}]$이다.

2. 구간 $[0, 3)$의 순서구조 $M := ([0, 3), <)$을 생각하자. $x, y, z$는 서로 다른 변수들이고, $y, z$에 각각 $2, 1$을 대응시킬 때 다음을 확인하라.

$$M \vDash \exists x(x < z \wedge z < y)[1, 2],\ \ M \nvDash y < z[2, 1],\ \ M \vDash \exists y y < z[2, 1].$$

3. 서로 다른 변수 $x, y, z$에 대하여, $\forall x \exists y Pxy \to \exists y Pyy$는 항진이 아니고, $\forall x \exists y Pxy \to \exists y Pzy$는 항진임을 보이라. 이를 통해 정의 1.14의 네 번째 공리에서, $\varphi$에서 $t$를 $x$에 대입할 수 있다는 조건이 필요함을 논증하라.

4. 논리식 $\varphi(x_1, \ldots, x_n)$이 있고 논리항 $t$의 변수들이 모두 $\{x_1, \ldots, x_n\}$에 있다고 하자. 또한 $\varphi$에서 $t$를 $x_i$에 대입할 수 있다고 하자. 이때 모델 $M$과 $\bar{a} = (a_1, \ldots, a_n) \in |M|^n$에 대하여

$$M \vDash \varphi_t^{x_i}[\bar{a}]\text{이면이 } M \vDash \varphi[a_1, \ldots, a_{i-1}, t^M(\bar{a}), a_{i+1}, \ldots, a_n]$$

이 성립함을 보이라.

5. $\mathcal{L}'$은 $\mathcal{L}$에 새 상수기호 $d_1, \ldots, d_n$을 추가한 것이다. $\mathcal{L}$-모델 $M$과 $\mathcal{L}$-논리식 $\varphi(x_1, \ldots, x_n)$, $(a_1, \ldots, a_n) \in |M|^n$, 그리고 $d_i^{M'}$은 $a_i$인 $(i = 1, \ldots, n)$ $M$의 $\mathcal{L}'$-확장 $M'$에 대하여 다음을 보이라.

$$M \vDash \varphi[a_1, \ldots, a_n]\text{이면이 } M' \vDash \varphi_{d_1 \ldots d_n}^{x_1 \ldots x_n}\text{이다.}$$

6. 정의 1.14의 논리적 공리들이 모두 항진임을 보이라.

7. 아래 논리식들은 어느 하나도 다른 두 논리식들에서 논리적으로 유도되지 않음을 보이라. 여기서 $x, y, z$는 서로 다른 변수들이다.

(a) $\forall x \exists y Pxy \wedge Qyz \to Pzx$.

(b) $\forall x \exists y (Pxy \wedge Qyz) \to Pzx$.

(c) $\forall x \exists y (Pxy \wedge Qyz \to Pzx)$.

8. 안전성정리($\Sigma \vdash \alpha$이면 $\Sigma \vDash \alpha$)를 증명하라. (힌트: 문제 6을 사용하여 $\Sigma_0 := \{\alpha \mid \Sigma \vDash \alpha\}$가 논리적 공리들과 $\Sigma$를 포함하고, 전건긍정에 닫혀 있음(즉 $\beta$, $\beta \to \gamma \in \Sigma_0$이면 $\gamma \in \Sigma$)을 보이라. 따라서 $\{\alpha \mid \Sigma \vdash \alpha\} \subseteq \Sigma_0$임을 논증하라.)

9. 따름정리 1.21(3)을 증명하라.

10. 무한모델 $M = (|M|, <^M, \dots)$이 $<^M$으로 정렬되어 있다고 하자. 이때 $M$과 기본동등한 모델 $N = (|N|, <^N, \dots)$과 $a_{i+1} <^N a_i$가 성립하는 원소들 $a_i \in |N|$가 $(i < \omega)$ 있음을 콤팩트성정리를 사용하여 보이라.

11. $p_n$을 $n$번째 소수라 하자$(1 \leq n)$. 또한 자연수체계 $\mathbb{N} = (\omega, +, \cdot, <, 0, 1)$의 언어에서 논리식 $\exists y(\underbrace{y + \cdots + y}_{p_n} = x)$를 $\varphi_n(x)$라 하자.

    (a) 주어진 $A \subseteq \omega \setminus \{0\}$에 대하여

    $$\Sigma_A(x) := \mathrm{Th}(\mathbb{N}) \cup \{\varphi_n(x) \mid n \in A\} \cup \{\neg\varphi_m(x) \mid 0 < m \notin A\}$$

    가 일관적임을 보이라.

    (b) (a)를 이용하여 $\mathbb{N}$과 기본동등한 서로 동형이 아닌 가산모델들이 $2^{\aleph_0}$개 이상 있음을 증명하라. (그러면 연습문제 §3.4.7에 의해 해당 모델들이 정확히 $2^{\aleph_0}$개 있다.)

    (c) $\mathrm{Th}(\mathbb{N})$의 모든 비표준모델의 순서구조는 $\mathbb{N} \oplus (\mathbb{Z} \otimes \mathbb{Q})$의 순서구조와 순서동형임을 보이라.

12. 사실 1.23을 증명하라.

13. 논리식들의 집합 $\{\varphi_i(\bar{x}_i) \mid i \in I\}$가 일관적일 필요충분조건은 $\{\exists \bar{x}_{i_1} \dots \bar{x}_{i_n}(\varphi_{i_1}(\bar{x}_{i_1}) \wedge \cdots \wedge \varphi_{i_n}(\bar{x}_{i_n})) \mid i_1, \dots, i_n \in I,\ 0 < n\}$이 일관적인 것임을 보이라.

14. 논리식들의 집합 $\Gamma$와 논리식 $\varphi$가 있다. 또한 상수기호 $c$가 $\varphi$에 없고 $\Gamma$의 어떠한 논리식에도 없다고 하자. 이때 $\Gamma \vDash \varphi^x_c$이면 $\Gamma \vDash \forall x \varphi$가 성립함을 보이라.

15. §10.2절에서 사용될 다종many-sorted언어와 다종1계논리를 소개하려 한다. 공이 아닌 집합 $I$가 있다고 하자(이의 원소를 '종'이라 부른다). 다종언어의 공통기호는 기존 정의 1.1의 공통기호와 같고, 다만 기존의 변수 대신 각 종 $i$에 대하여 변수 $v_0^i, v_1^i, v_2^i, \ldots$가 있다. 다종언어의 특정기호는, 종들의 $(1 \leq)n$짝 $(i_1, \ldots, i_n) \in I^n$에 대하여 $n$항술어기호들의 집합 $\mathcal{P}_{(i_1,\ldots,i_n)}$, $(n+1)$짝 $(i_1, \ldots, i_n; i_{n+1}) \in I^{n+1}$에 대하여 $n$항함수기호들의 집합 $\mathcal{F}_{(i_1,\ldots,i_n;i_{n+1})}$, 그리고 각 종 $i$의 상수기호들의 집합 $\mathcal{C}_i$로 구성된다. 정의 1.1에서와 같이 각 $\mathcal{P}_{(i_1,\ldots,i_n)}$, $\mathcal{F}_{(i_1,\ldots,i_n;i_{n+1})}$, $\mathcal{C}_i$는 공집합일 수 있다. 등호 $=$는 각 $(i,i) \in I^2$에 대한 2항술어기호라고도 본다.

    종 $i$의 논리항은 다음을 유한 번 반복하여 얻는 것이다. 우선 각 변수 $v_j^i$와 상수기호 $c(\in \mathcal{C}_i)$는 $i$-논리항이다. 또한 $\tau_j$가 $i_j$-논리항이고($j = 1, \ldots, n$), $f \in \mathcal{F}_{(i_1,\ldots,i_n;i)}$이면 $f\tau_1 \ldots \tau_n$은 $i$-논리항이다. 다종언어의 원자논리식은 $Pt_1 \ldots t_n$ 형태의 논리식인데, 여기서 $P \in \mathcal{P}_{(i_1,\ldots,i_n)}$이고 각 $t_j$는 $i_j$-논리항이다($j = 1, \ldots, n$). 다종언어의 나머지 논리식을 구성하는 것은 정의 1.3의 경우와 같다.

    다종언어의 모델 $M$은 우선 각 종 $i$에 대응하는 (또는 종을 해석하는) 공이 아닌 집합 $M_i$가 있고($M$의 영역은 $\bigcup_{i \in I} M_i$), 주어진 $P \in \mathcal{P}_{(i_1,\ldots,i_n)}$에 대하여 이의 해석 $P^M (\subseteq M_{i_1} \times \cdots \times M_{i_n})$(등호의 해석은 같음관계), $f \in \mathcal{F}_{(i_1,\ldots,i_n;i_{n+1})}$에 대하여 이의 해석 $f^M : M_{i_1} \times \cdots \times M_{i_n} \to M_{i_{n+1}}$, 상수기호 $c \in \mathcal{C}_i$에 대한 해석 $c^M (\in M_i)$이 붙은 것이다.

    다종언어에서 논리식의 자유변수, 명제, 모델이 논리식을 만족하는 개념 등도 기존의 정의를 확장하여 자연스럽게 정의할 수 있다. (물론 $x$가 종 $i$의 변수일 때, $M \models \exists x \varphi(x, \bar{z})[\bar{b}]$는 $M \models \varphi(x, \bar{z})[a, \bar{b}]$인 $a$가 $M_i$에 있다는 것이다.) 사실 다종1계논리는 기존의 1계논리와 궁극적 차이가 없다. 1계언어는 당연히 종이 하나뿐인 다종언어이고, 역으로 다종1계언어를 다음과 같이 기존의 1계언어로 환원할 수 있다. 우선 종의 차이를 무시하고 다종언어의 $n$항술어기호, $n$항함수기호, 상수기호들을 1계언어의 $n$항술어기호, $n$항함수기호, 상수기호로 각각 이해한다. 한편으로 각 종 $i$에 대응하는 1항술어기호 $S_i$를 추가한다. 이제, 다종언어의 논리항은 (나타나는 유한개의 변수들을 1계언어의 변수로 바꿔주면) 그대로 1계언어의 논리항이 된다. 마찬가지로 다종언어 논리식 $\varphi(\bar{x})$가 원자논리식이면, 다종언어의 변수들 $\bar{x}$를 적당한 1계언어의 변수 $\bar{y}$로 바꿔준 $\varphi(\bar{y})$는 1계언어의 원자논리식이 된다. 이를 $\varphi^*$라 두자. 재귀적으로, $(\neg\psi)^*$와 $(\phi \wedge \psi)^*$는 각각 $(\neg\psi^*)$, $(\phi^* \wedge \psi^*)$로 놓는다. 끝으로 다종언어 논리식 $\psi(x, \bar{z})$에 대하여($x$

는 종 $i$의 변수), 이에 대응하는 1계논리식이 $\psi^*(y, \bar{w})$이라면, $(\exists x\psi(x, \bar{z}))^*$는 $\exists y(S_i y \wedge \psi^*(y, \bar{w}))$로 둔다. 한편 $M$이 다종언어의 모델일 때 이를 기존 1계언어의 모델 $M^*$로 다음과 같이 이해할 수 있다. 우선 영역 $|M^*|$은 $\bigcup_{i \in I} M_i$로 둔다. 이때 술어기호와 상수기호의 해석은 동일하다. 또한 추가된 1항술어기호 $S_i$의 해석은 $M_i$이다. $n$항함수기호 $f$에 대한 해석은, $f^M$의 정의역을 $|M^*|^n$으로 확대한 임의의 함수로 둔다. 이런 의미에서 $M^*$이 유일하게 정해지는 것은 아니지만 다음이 성립하기에 여분의 정보는 기본적 영향을 미치지 않는다.

(a) 다종언어의 모델 $M$과 명제 $\sigma$에 대하여, $M \vDash \sigma$이면이 $M^* \vDash \sigma^*$임을 보이라.

(b) (콤팩트성정리) 다종언어의 논리식들의 집합 $\Sigma$가 유한만족가능하면 만족가능함을 보이라.

(c) 다종언어에서 뢰벤하임-스콜렘 정리가 성립함을 보이라.

# 2

# 울트라곱과 콤팩트성정리

이 장에서는 모델론의 전개에 있어서 핵심 요소인 콤팩트성 정리 1.19를 울트라곱이라는 개념을 사용하여 새롭게 증명하려 한다. 정리 1.19에서는, 증명을 서술하지 않는 완정성정리 1.16에 의존한 증명을 소개하였는데 이 장의 증명은 다른 결과에 의존하지 않는 자족적인 증명이다. 증명의 과정 또한 직접적이다. 즉, 주어진 논리식 집합 $\Gamma$의 유한만족성을 입증하는 모델들을 울트라곱한 하나의 모델이 $\Gamma$를 만족한다는 것을 보이기에, 목적에 부합하는 모델을 제시하는 구체적 증명이다. 집합의 울트라곱은 모델론과 독립적인 개념으로 기존 수학에서도 유용한 개념이다. 모델의 울트라곱 개념은 모델론, 대수학, 정수론 등에서도 사용되는 중요한 개념이다.

## 2.1 필터

집합론, 위상수학 등에서 자주 사용하는 필터 개념을 정의하자.

**정의 2.1**

공이 아닌 집합 $I$가 있고, 이의 부분집합들의 모임인 공이 아닌 $\mathcal{F}$가 다음을 만족하면 이를 $I$의 필터$^{filter}$라 부른다.

(1) $\varnothing \notin \mathcal{F}$,

(2) $A, B \in \mathcal{F}$이면 $A \cap B \in \mathcal{F}$,

(3) $A \in \mathcal{F}$이면 모든 $I$의 부분집합 $(A \subseteq)B$가 $\mathcal{F}$에 있다(따라서 항상 $I \in \mathcal{F}$).

$I$의 필터 $\mathcal{F}$가, $I$의 필터 중에 포함관계로 극대일 때, 다시 말해 $\mathcal{F}$를 진부분집

합으로 가지는 $I$의 필터가 없을 때, $\mathcal{F}$를 울트라$^{ultra}$필터라 부른다. $I$의 공이 아닌 부분집합 $A$가 있어 $\mathcal{F} = \{B \subseteq I \mid A \subseteq B\}$일 때 $\mathcal{F}$를 $I$의 주主 $^{principal}$필터라 부른다.

**정의 2.2**

$\mathcal{S}$를 집합 $I$의 부분집합의 모임이라 하자(즉 $\mathcal{S} \subseteq \mathcal{P}(I)$). 이때 임의의 $\{A_1, \ldots, A_n\} \subseteq \mathcal{S}$에 대하여 $A_1 \cap \cdots \cap A_n \neq \varnothing$이 항상 성립하면 $\mathcal{S}$가 유한교차성을 가진다고 한다.

**보조정리 2.3**

공이 아닌 집합 $I$가 있고, 이의 부분집합들의 공이 아닌 모임 $\mathcal{S}$가 있다. 이때, $\mathcal{S}$를 포함하는 $I$의 필터 $\mathcal{F}$가 있을 필요충분조건은 $\mathcal{S}$가 유한교차성을 가지는 것이다.

증명 ($\Rightarrow$) 왼쪽을 가정하여 $\mathcal{S} \subseteq \mathcal{F}$인 필터 $\mathcal{F}$가 있으면, 임의의 $A_1, \ldots, A_n \in \mathcal{S}$은 $\mathcal{F}$의 원소들이기에 정의 2.1(2)를 유한 번 적용하면 $A_1 \cap \cdots \cap A_n \in \mathcal{F}$이다. 이는 다시 2.1(1)에 의해 공이 아니다. 따라서 $\mathcal{S}$는 유한교차성을 가진다.

($\Leftarrow$) $\mathcal{S}$에 유한교차성에 있으면, 부분집합의 모임인

$$\mathcal{F} := \{A \subseteq I \mid A_1 \cap \cdots \cap A_n \subseteq A\text{인 } A_1, \ldots, A_n\text{이 } \mathcal{S}\text{에 있다}\}$$

가 $\mathcal{S}$를 포함하는 필터인 것을 어렵지 않게 확인할 수 있다. □

위 ($\Leftarrow$) 증명에서 정의한 $I$의 필터 $\mathcal{F}$를 $\mathcal{S}$가 생성하는 필터라 부른다.

**예제 2.4**

(1) $\mathcal{S}(\subseteq \mathcal{P}(I))$에 유한교차성이 있으면, $I$의 임의의 부분집합 $A$에 대하여 $\mathcal{S} \cup \{A\}$나 $\mathcal{S} \cup \{A^c\}$는 유한교차성을 가짐을 보이라(여기서 $A^c$는 여집합 $I \setminus A$).

(2) 임의의 첨수 $j \in J$에 대하여 $\mathcal{S}_j(\subseteq \mathcal{P}(I))$가 유한교차성을 가진다고 하자. 또한 임의의 $i, j \in J$에 대하여 $k \in J$가 있어 $S_i \cup S_j \subseteq S_k$가 성립한다고 하자. 이때 합집합 $\bigcup_{j \in J} S_j$에 유한교차성이 있음을 보이라.

**보조정리 2.5**

집합 $I(\neq \varnothing)$의 필터 $\mathcal{F}$가 있다. 여기서, $\mathcal{F}$가 $I$의 울트라필터이면이 모든 $A(\subseteq I)$에 대하여 $A \in \mathcal{F}$이거나 $A^c \in \mathcal{F}$이다. (여기서 정의 2.1에 의해 $A, A^c \in \mathcal{F}$일 수는 없다.)

증명 ($\Rightarrow$) 왼쪽을 가정하자. 예제 2.4에 의해 $\mathcal{F} \cup \{A\}$나 $\mathcal{F} \cup \{A^c\}$에 유한교차성이 있다. 따라서 보조정리 2.3에 의해 $\mathcal{F} \cup \{A\}$나 $\mathcal{F} \cup \{A^c\}$를 포함하는 필터 $\mathcal{G}$가 있다. 하지만 $\mathcal{F}$가 포함관계로 극대이기에 $\mathcal{F} = \mathcal{G}$이고, 결국 $A \in \mathcal{F}$이거나 $A^c \in \mathcal{F}$이다.

($\Leftarrow$) 오른쪽을 가정하자. $\mathcal{F}$가 울트라필터가 아니라면 $\mathcal{F}$를 진부분집합으로 갖는 $I$의 필터 $\mathcal{G}$가 있다. 즉, $I$의 적당한 부분집합 $A$가 $\mathcal{G} \setminus \mathcal{F}$에 있다. 고로 오른쪽 가정에 의해 $A^c \in \mathcal{F}$이다. 그러면 $\mathcal{G}$가 $\mathcal{F}$를 포함하기에, $A, A^c$ 모두 필터 $\mathcal{G}$의 원소이고 $\varnothing = A \cap A^c \in \mathcal{G}$가 되어 모순이다. 따라서 반드시 $\mathcal{F}$는 울트라필터여야만 한다. □

**예제 2.6**

공이 아닌 집합 $I$의 울트라필터 $\mathcal{U}$가 있다.

(1) $A_0, \ldots, A_n \subseteq I$이고 $A_0 \cup \cdots \cup A_n \in \mathcal{U}$라 하자. 이때 어떤 $j \leq n$가 있어 $A_j \in \mathcal{U}$임을 보이라.

(2) 아래 세 조건이 동등함을 보이라.

(a) $\mathcal{U}$가 주필터이다.

(b) $\mathcal{U}$의 한 원소는 유한이다.

(c) $\mathcal{U} = \{A \subseteq I \mid a \in A\}$인 원소 $a \in I$가 있다.

**정리 2.7**

공이 아닌 집합 $I$의 필터 $\mathcal{F}$가 있다. 이때 $\mathcal{F} \subseteq \mathcal{U}$인 $I$의 울트라필터 $\mathcal{U}$를 찾을 수 있다.

증명 초른의 보조정리를 사용하면 쉽게 증명할 수 있다(연습문제 §2.4.1). □

이제 보조정리 2.3에 따라 다음을 곧장 얻는다.

따름정리 2.8 공이 아닌 집합 $I$가 있고 이의 부분집합들의 공이 아닌 모임 $\mathcal{S}$가 있다. 만일 $\mathcal{S}$에 유한교차성이 있으면, $\mathcal{S}$를 포함하는 $I$의 울트라필터가 존재한다.

## 2.2 울트라곱

울트라필터 개념을 사용하여 울트라곱을 정의할 수 있다. 우선 집합들의 울트라곱을 정의하고, 이를 기반으로 모델들의 울트라곱을 정의한다.

**정의 2.9**

$\{A_i \mid i \in I\}$가 첨수가 주어진 집합들의 모임이고($I \neq \varnothing$), $A := \prod_{i\in I} A_i$라 하자. $\mathfrak{U}$는 $I$의 울트라필터고, $f, g \in A$라 하자. 이때

- $f \sim_{\mathfrak{U}} g$는 $\{i \in I \mid f(i) = g(i)\} \in \mathfrak{U}$임을 표기한다.

여기서 정의 2.1에 의해, $\sim_{\mathfrak{U}}$가 $A$에서 동등관계임을 확인할 수 있다(연습문제 §2.4.2). 따라서

- 임의의 $f \in A$에 대해 $f/\mathfrak{U}$는 $\sim_{\mathfrak{U}}$의 동등류를 표기한다.
- $\prod_{\mathfrak{U}} A_i$(또는 $\prod_{i\in I} A_i/\mathfrak{U}$)는 $\sim_{\mathfrak{U}}$의 동등류를 다 모은 것, 즉 $\{f/\mathfrak{U} \mid f \in A\}$를 표기하고, 이를 ($I$의 울트라필터 $\mathfrak{U}$에서) 집합들 $A_i(i \in I)$의 울트라곱이라 부른다.

**정의 2.10**

1계언어 $\mathcal{L}$을 고정하자. 모든 첨수 $i \in I(\neq \varnothing)$에 대하여 $M_i$가 $\mathcal{L}$-구조이고, $\mathfrak{U}$는 $I$의 울트라필터라 하자. 이때 $M_i$들의 울트라곱 $\prod_{\mathfrak{U}} M_i$(또는 $\prod_{i\in I} M_i/\mathfrak{U}$)를 $\mathcal{L}$-모델로서 다음과 같이 정의한다. (표기의 편의상 아래에서 $\prod_{\mathfrak{U}} M_i$을 $M$으로 쓰자.)

- $M$의 영역 $|M|$은, 각 영역 $|M_i|$의 울트라곱인

$$\prod_{\mathfrak{U}} |M_i| = \{f/\mathfrak{U} \mid f \in \prod_{i\in I} |M_i|\}$$

  로 놓는다.

- 임의의 $n$항술어기호 $P \in \mathcal{L}$의 해석 $P^M (\subseteq |M|^n)$은

$$\{(f_1/\mathfrak{U}, \ldots, f_n/\mathfrak{U}) \in |M|^n \mid \{i \in I \mid \ P^{M_i}(f_1(i), \ldots, f_n(i))\} \in \mathfrak{U}\}$$

이다. 즉

$$P^M(f_1/\mathcal{U}, \ldots, f_n/\mathcal{U})\text{이면이 } \{i \in I \mid P^{M_i}(f_1(i), \ldots, f_n(i))\} \in \mathcal{U}$$

이다.

- $n$항함수기호 $F \in \mathcal{L}$의 해석 $F^M : |M|^n \to |M|$은 다음과 같이 정의한다. 즉

  $$F^M(f_1/\mathcal{U}, \ldots, f_n/\mathcal{U}) = g/\mathcal{U}(\in |M|)$$

  라 하면(여기서 물론 $(f_1/\mathcal{U}, \ldots, f_n/\mathcal{U}) \in |M|^n$), $g$는 $g(i) = F^{M_i}(f_1(i), \ldots, f_n(i))$인 $\prod_{i \in I} |M_i|$의 원소다.
- 상수기호 $c \in \mathcal{L}$의 해석 $c^M$은, 임의의 $i \in I$에 대하여 $f(i) = c^{M_i}$인 $\prod_{\mathcal{U}} M_i$의 원소 $f/\mathcal{U}$이다.
- 만일 모든 $i \in I$에 대하여 $M_i$가 같은 모델 $N$이라면, $\prod_{\mathcal{U}} M_i$를 $N^I/\mathcal{U}$로 표기한다.

**예제 2.11**

(1) 위의 정의 2.10에서 술어기호와 함수기호의 해석이 동등류의 대표원소 선택에 독립적으로 잘 정의되어 있음을 보이라.

(2) 등호 $=$의 해석 $=^M$은 위 술어기호 해석 정의에 따르면 $\{(f/\mathcal{U}, f/\mathcal{U}) \in |M|^2 \mid f/\mathcal{U} \in |M|\}$으로, 적합하게 정의되어 있음을 보이라.

## 2.3 콤팩트성정리 증명

이 장의 서두에서 언급한 것처럼, 콤팩트성정리는 모델론 이론 전개에서 절대적으로 중요한 요소다. 이 절에서는 정리 1.19의 증명보다 구체적인 증명을 제시한다. 즉, 명제들의 집합 $\Sigma$가 유한만족가능하여 이의 유한부분집합들을 만족하는 모델들이 있을 때, 이 모델들의 울트라곱이 어떻게 $\Sigma$ 전체를 만족하는 모델이 되는지 살펴볼 것이다.

이를 위해 우선 울트라곱의 기본정리를 증명할 것이다.

**정리 2.12**

**(울트라곱의 기본정리)** $\mathcal{L}$-모델들의 모임 $\{M_i \mid i \in I\}(I \neq \varnothing)$가 있고, $I$의 울트라필터 $\mathcal{U}$가 있다. 이때 임의의 $\mathcal{L}$-논리식 $\varphi(x_1, \dots, x_n)$과 $n$짝 $(f_1/\mathcal{U}, \dots, f_n/\mathcal{U}) \in |\prod_{\mathcal{U}} M_i|^n$에 대하여,

$$\prod_{\mathcal{U}} M_i \vDash \varphi[f_1/\mathcal{U}, \dots, f_n/\mathcal{U}]\text{이면이 } \{i \in I \mid M_i \vDash \varphi[f_1(i), \dots, f_n(i)]\} \in \mathcal{U}\text{이다.}$$

증명 표기의 편의상 $M = \prod_{\mathcal{U}} M_i$라 하자.

중간요건 $\tau$가 $\mathcal{L}$-논리항으로 이의 변수들이 $x_1, \dots, x_n$ 중에 있다고 하자. 정의 1.8에서 정의한 $\tau^M(f_1/\mathcal{U}, \dots, f_n/\mathcal{U})$을 $g/\mathcal{U}(\in |M|)$라 할 때, $g$는 모든 첨수 $i \in I$에 대해 $g(i) = \tau^{M_i}(f_1(i), \dots, f_n(i))$인 곱집합 $\prod_{i \in I} |M_i|$의 원소이다.

중간요건 증명 만일 $\tau$가 상수기호 $c$이거나 변수 $x_i$이면 이는 정의 1.8과 2.10에 의해 자동적으로 따른다. 이제 $\tau$가 $Ft_1 \dots t_m$이라 하고($F$는 $m$항함수기호, $t_1, \dots, t_m$은 논리항), $t_j$에 귀납가정을 하자. 즉, $j = 1, \dots, m$에 대하여 $t_j$가 중간요건을 만족하여

$$t_j^M(f_1/\mathcal{U}, \dots, f_n/\mathcal{U}) = g_j/\mathcal{U}\text{이고,}$$
$$\text{여기서 } g_j(i) = t_j^{M_i}(f_1(i), \dots, f_n(i))\text{이다}(i \in I). \quad (*)$$

이때 $\tau$도 중간요건을 만족함을 보이면 된다. 즉

$$\begin{aligned}
&\tau^M(f_1/\mathcal{U}, \dots, f_n/\mathcal{U}) \\
&\quad = F^M(t_1^M(f_1/\mathcal{U}, \dots, f_n/\mathcal{U}), \dots, t_m^M(f_1/\mathcal{U}, \dots, f_n/\mathcal{U})) \quad (\text{정의 1.8에 의해}) \\
&\quad = F^M(g_1/\mathcal{U}, \dots, g_m/\mathcal{U}) \quad (\text{위 } (*)\text{에 의해}) \\
&\quad = h/\mathcal{U} \in M\text{이고, 여기서}
\end{aligned}$$

$h(i)$
$= F^{M_i}(g_1(i), \ldots, g_m(i)) \quad (i \in I)$ (정의 2.10에 의해)
$= F^{M_i}(t_1^{M_i}(f_1(i), \ldots, f_n(i)), \ldots, t_m^{M_i}(f_1(i), \ldots, f_n(i))$ ((∗)에 의해)
$= \tau^{M_i}(f_1(i), \ldots, f_n(i))$ (정의 1.8에 의해)

이므로 중간요건을 증명하였다. □

정리 2.12의 증명을 계속하자.

- 먼저 논리식 $\varphi$가 원자논리식 $P\tau_1 \ldots \tau_m$인 경우를 살펴보자. 우선 $k_j$를 $(j = 1, \ldots, m)$ 모든 $i \in I$에 대하여 $k_j(i) = \tau_j^{M_i}(f_1(i), \ldots, f_n(i))$인 $\prod_{i \in I} |M_i|$의 원소로 놓자. 또한 $(f_1/\mathcal{U}, \ldots, f_n/\mathcal{U})$를 $\overline{f}/\mathcal{U}$로, $(f_1(i), \ldots, f_n(i))$를 $\overline{f}(i)$로 간략히 표기하자. 이때

  $M \vDash \varphi[\overline{f}/\mathcal{U}]$이면이
  $P^M(\tau_1^M(\overline{f}/\mathcal{U}), \ldots, \tau_m^M(\overline{f}/\mathcal{U}))$이면이
  $P^M(k_1/\mathcal{U}, \ldots, k_m/\mathcal{U})$이면이 (위 중간요건에 의해)
  $\{i \in I \mid P^{M_i}(k_1(i), \ldots, k_m(i))\} \in \mathcal{U}$이면이 ($P^M$의 정의에 의해)
  $\{i \in I \mid M_i \vDash \varphi[\overline{f}(i)] \in \mathcal{U}$이다. (정의 1.9에 의해)

  따라서 이 경우 정리 2.12가 성립한다.

- 이제 $\varphi$가 $\neg\psi$이고 $\psi$가 귀납가정을 만족한다고 하자. 그러면

  $M \vDash \varphi[\overline{f}/\mathcal{U}]$이면이
  $M \nvDash \psi[\overline{f}/\mathcal{U}]$이면이
  $\{i \in I \mid M_i \vDash \psi[\overline{f}(i)]\} \notin \mathcal{U}$이면이 (귀납가정에 의해)
  $\{i \in I \mid M_i \vDash \psi[\overline{f}(i)]\}^c \in \mathcal{U}$이면이 (보조정리 2.5에 의해)
  $\{i \in I \mid M_i \nvDash \psi[\overline{f}(i)]\} \in \mathcal{U}$이면이
  $\{i \in I \mid M_i \vDash \varphi[\overline{f}(i)]\} \in \mathcal{U}$이다.

- $\varphi$가 $\psi \wedge \chi$이고 $\psi, \chi$에 귀납가정을 하자.

$M \vDash \varphi[\overline{f}/\mathfrak{U}]$이면이
$M \vDash \psi[\overline{f}/\mathfrak{U}]$이고 $M \vDash \chi[\overline{f}/\mathfrak{U}]$이면이 (정의 1.9)
$\{i \in I \mid M_i \vDash \psi[\overline{f}(i)]\}, \{i \in I \mid M_i \vDash \chi[\overline{f}(i)]\} \in \mathfrak{U}$이면이 (귀납가정)
$\{i \in I \mid M_i \vDash \psi \wedge \chi[\overline{f}(i)]\} \in \mathfrak{U}$이다. (정의 2.1)

- 끝으로 $\varphi$가 $\exists x\psi$라 하고, $\psi$에 귀납가정을 하자.

$M \vDash \varphi[\overline{f}/\mathfrak{U}]$이면이
어떤 $g/\mathfrak{U} \in |M|$가 있어, $M \vDash \psi[g/\mathfrak{U}, \overline{f}/\mathfrak{U}]$이면이 (정의 1.9)
① 어떤 $g/\mathfrak{U} \in |M|$가 있어,
$\{i \in I \mid M_i \vDash \psi[g(i), \overline{f}(i)]\} \in \mathfrak{U}$이면이 (귀납가정)
② $\{i \in I \mid M_i \vDash \psi[a_i, \overline{f}(i)]$인 $a_i \in |M_i|$가 있다$\} \in \mathfrak{U}$이다.

여기서 ①과 ②가 왜 동등한지 살펴보자. ①의 $\{i \in I \mid M_i \vDash \psi[g(i), \overline{f}(i)]\}$를 $V_1$로 놓고 ②의 $\{i \in I \mid M_i \vDash \psi[a_i, \overline{f}(i)]$인 $a_i \in |M_i|$가 있다$\}$를 $V_2$로 놓자. 이때 명백히 $V_1 \subseteq V_2 (\subseteq I)$이다. 따라서 ①⇒②가 성립한다. 역으로 ②를 가정하자. 이제 함수 $g : I \to \bigcup_{i \in I} |M_i|$를 다음과 같이 정의하자. 임의의 첨수 $i \in I$가 만일 $V_2$에 있으면 $g(i)$를 $M_i \vDash \psi[a_i, \overline{f}(i)]$인 적당한 $a_i \in |M_i|$로 놓는다. 만일 $i \in V^c$이면 $g(i)$를 $|M_i|$의 임의의 원소로 선택한다. 이렇게 정의된 $g$는 $\prod_{i \in I} |M_i|$의 원소이고 ①을 만족한다.

다시 증명을 계속하여, 정의 1.9에 의해

②이면이 $\{i \in I \mid M_i \vDash \exists x\psi[\overline{f}(i)]\} \in \mathfrak{U}$

이기에, 정리 2.12의 증명을 완료하였다. □

정리 2.12를 논리식이 명제인 경우만으로 다시 서술하면 다음과 같다.

따름정리 2.13 $\sigma$를 언어 $\mathcal{L}$의 명제라 하자. 그러면 정리 2.12에서

$$\prod_{\mathcal{U}} M_i \vDash \sigma \text{이면이 } \{i \in I \mid M_i \vDash \sigma\} \in \mathcal{U}\text{이다.}$$

특히 임의의 $\mathcal{L}$-모델 $N$과 $N^I/\mathcal{U}$는 기본동등하다.

이제 약속했던, 울트라곱을 사용한 콤팩트성정리 증명을 서술한다. 먼저, 해당 집합이 명제들의 집합인 경우에 대하여 증명한다.

**정리 2.14**

**(콤팩트성정리)** $\Lambda$를 언어 $\mathcal{L}$의 명제들을 모은 집합이라 하자. 만일 $\Lambda$의 임의의 유한부분집합이 모델을 가지면, $\Lambda$ 자신을 만족하는 모델이 존재한다.

증명 $I$를 $\Lambda$의 유한부분집합을 다 모은 모임이라 하자. 따라서 가정에 의해 임의의 $i \in I$에 대하여 모델 $M_i$가 있어 $i$에 있는 모든 명제들을 만족한다.
이제 주어진 명제 $\sigma \in \Lambda$에 대하여 $I_\sigma := \{i \in I \mid \sigma \in i\}$라 하고

$$\mathcal{S} := \{I_\sigma \mid \sigma \in \Lambda\}(\subseteq \mathcal{P}(I))$$

라 놓자. 그러면 임의의 $\sigma_1, \ldots, \sigma_n \in \Lambda$에 대하여

$$\{\sigma_1, \ldots, \sigma_n\} \in I_{\sigma_1} \cap \cdots \cap I_{\sigma_n}$$

이기에 $\mathcal{S}$는 유한교차성을 가진다. 따라서 따름정리 2.8에 의해 $\mathcal{S} \subseteq \mathcal{U}$인 $I$의 울트라필터 $\mathcal{U}$가 있다. 이제 모델 $M := \prod_{\mathcal{U}} M_i$라 하자. 그러면 따름정리 2.13에 의해, 임의의 $\delta \in \Lambda$에 대하여

$$M \vDash \delta \text{이면이 } \{i \in I \mid M_i \vDash \delta\} \in \mathcal{U}\text{이다.}$$

한편 $I_\delta(\in \mathcal{U}) \subseteq \{i \in I \mid M_i \vDash \delta\}$이기에, $\{i \in I \mid M_i \vDash \delta\} \in \mathcal{U}$이고 따라서 $M \vDash \delta$이다. 즉 $M$은 $\Lambda$를 만족한다. □

위 정리는 사실 일반적인 논리식들의 집합인 경우도 커버한다. 즉 언어 $\mathcal{L}$의 유한만족가능한 논리식 집합 $\Sigma$가 있다고 하자. 이때 언어 $\mathcal{L}$에 새 상수기호 집합 $\{d_i \mid i < \omega\}$를 추가하여 $\mathcal{L}'$이라 하자. 우선 $\mathcal{L}$-논리식 $\varphi(\in \Sigma)$에 나타나는 자유변수들 $v_i$를 $d_i$로 바꾼 $\mathcal{L}'$-명제를 $\varphi'$이라 하자. 그러면 $\Sigma' := \{\varphi' \mid \varphi \in \Sigma\}$은 $\mathcal{L}'$-명제들의 집합이다. 또한 $\Sigma$가 $\mathcal{L}$-에서 유한만족가능하기에, $\Sigma'$도 $\mathcal{L}'$-에서 유한만족가능함을 알 수 있다 (연습문제 §1.3.5). 따라서 정리 2.14를 $\Sigma'$에 적용하면, $\Sigma'$을 만족하는 $\mathcal{L}'$-모델 $N$이 있다. 이때 $v_i$가 $\Sigma$의 논리식의 자유변수라면 여기에 $d_i^N(\in |N|)$을 대입하면, $N \upharpoonright \mathcal{L}$이 $\Sigma$의 모델임을 알 수 있다.

**예제 2.15**

콤팩트성정리를 사용하여 다음을 증명하라. $\Sigma$는 논리식들의 집합, $\varphi$는 논리식이다.

(1) 보충설명 1.17(1)을 콤팩트성정리만 사용하여 보이라.

(2) 임의의 $n < \omega$에 대하여 크기가 $n$ 이상인 모델이 있어 $\Sigma$를 만족한다. 이때 임의의 무한기수 $\kappa$에 대하여, $\Sigma$를 만족하는 크기가 $\kappa$ 이상인 모델이 있다.

(3) 모든 $\Sigma$의 모델 $M$에 대하여 해집합 $\varphi(M)$이 유한이다. 이때 적당한 $n < \omega$이 있어, $\Sigma \models \exists^{\leq n}\bar{x}\varphi(\bar{x})$이다(표기 1.24 참조).

다음 정리를 증명 없이 소개하는 것으로 이 장을 마치겠다(증명은 [6] 참조).

**정리 2.16**

**(키슬러$^{\text{Keisler}}$-셸라흐$^{\text{Shelah}}$)** $\mathcal{L}$-모델 $M, N$에 대하여, $M \equiv N$이면이 어떤 공이 아닌 집합 $I$와 이의 울트라필터 $\mathcal{U}$가 있어, $M^I/\mathcal{U}$와 $N^I/\mathcal{U}$는 동형(정의 3.4)이다.

## 2.4 연습문제

1. 정리 2.7을 보이라.

2. $\mathcal{U}$가 공이 아닌 $I$의 임의의 필터라 하자. 이 경우라도 정의 2.9에서 $\sim_{\mathcal{U}}$가 동등관계임을 보이라. 또한 이 경우에도 예제 2.11이 성립함을 보이라.

3. 정렬순서구조 $N := (\mathbb{N}, <)$을 생각하자. $\mathcal{U}$가 $\omega$의 주필터가 아닌 울트라필터일 때, $N^\omega/\mathcal{U}$의 순서관계는 정렬이 아님을 보이라.

4. "어떤 $i < \omega$가 있어 $v_i = c$이다"를 묘사하는 논리식들의 집합 $\Gamma(v_0, v_1, \dots)$가 없음을 다음 두 가지 방식으로 보이라. 일단 그러한 $\Gamma(v_0, v_1, \dots)$가 있다고 가정하자.

   (a) 콤팩트성에 의해 $\Gamma(v_0, v_1, \dots) \cup \{v_i \neq c \mid i < \omega\}$가 일관적이 되서 모순이 발생함을 보이라.

   (b) 영역이 $\omega$이고 $c^{M_i}$은 $i(\in \omega)$인 $\mathcal{L}$-모델 $M_i$를 생각하자. 이때 $\omega$의 주필터가 아닌 울트라필터 $\mathcal{U}$와 상수함수 $f_i : \omega \to \{i\}$에 대하여, $\prod_{\mathcal{U}} M_i \models \Gamma[f_0/\mathcal{U}, f_1/\mathcal{U}, \dots]$이지만, $\prod_{\mathcal{U}} M_i \models v_i \neq c[f_i/\mathcal{U}]$이어서 모순임을 논증하라.

5. $\mathcal{U}$는 $\omega$의 주필터가 아닌 울트라필터다. 또한 각 $i \in \omega$에 대하여 $A_i$는 크기가 $2^i$ 이상인 가산집합이다. 이때 $\mathrm{Card}(\prod_{\mathcal{U}} A_i) = 2^{\aleph_0}$임을 보이라. 하지만 만일 모든 $i \in \omega$에 대하여 $|A_i| = n(< \omega)$이라면, $|\prod_{\mathcal{U}} A_i| = n$임을 보이라.

6. 모델을 모은 $\{M_i \mid i \in I\}(I \neq \varnothing)$와 $I$의 울트라필터 $\mathcal{U}$가 있고, $f_i \sim_{\mathcal{U}} g_i \in \prod_{i \in I} |M_i|$이라 하자$(i = 1, \dots, n)$. 논리식 $\varphi(x_1, \dots, x_n)$에 대하여 $\{i \in I \mid M_i \models \varphi[f_1(i), \dots, f_n(i)]\} \in \mathcal{U}$이면이 $\{i \in I \mid M_i \models \varphi[g_1(i), \dots, g_n(i)]\} \in \mathcal{U}$임을, 필터의 정의를 사용하여 보이라.

7. $P := \{p \mid p$는 소수$\}$이고, $\mathcal{U}$는 $P$의 주필터가 아닌 울트라필터라 하자. 이때 $K := \prod_{p \in P} \mathbb{F}_p/\mathcal{U}$라 놓자.

   (a) 체 $K$의 표수가 0임을 보이라.

   (b) $K^{\mathrm{alg}}$ 안에서, 주어진 $(0 <)n$에 대하여 차수가 $n$인 $K$의 확대체가 하나만 있음을 보이라.

# 3

# 매입과 기본매입

이 장에서는 모델들 사이의 사상mapping에 대해서 공부할 것이다. 그 내용을 다루기 전에 먼저 모델과 이론 개념에 대하여 정리해 보겠다.

1계언어 $\mathcal{L}$을 고정하자. ($\mathcal{L}$-)이론[1]이라는 것은 임의의 $\mathcal{L}$-명제들의 집합을 뜻한다. 이론을 보통 $T$로 표기한다. 이때 $\mathrm{Thm}(T)$은 $\{\sigma \mid \sigma$는 $\mathcal{L}$-명제이고 $T \vDash \sigma\}$을 표기한다. 따라서 $T$가 일관적이면이 $\mathrm{Thm}(T)$가 일관적이면이 $T$의 모델이 있다. 이론 $T$가 완전하다는 것은 $\mathrm{Thm}(T)$가 일관적인 $\mathcal{L}$-명제 집합들의 포함관계로 극대라는 것이다. $T$가 일관적이면 이를 포함하는 완전한 $\mathcal{L}$-이론을 찾을 수 있다(연습문제 §3.4.1). $\mathcal{L}$-모델 $M$에 대하여 $\mathrm{Th}(M)$을 모델 $M$의 이론이라 부른다. 이는 항상 완전한 이론이고, $\mathrm{Th}(M) = \mathrm{Thm}(\mathrm{Th}(M))$이다. 명제들의 집합 $S(\subseteq \mathrm{Thm}(T))$가 이론 $T$의 공리(집합이)라는 것은 $S \vDash T$, 즉 모든 명제 $\sigma \in T$에 대하여 $S \vDash \sigma$란 뜻이다. 이론 $T$가 유한공리를 가진다는 것은 $T$의 공리로 유한집합이 있다는 것이다.

$T_\forall, T_\exists$는 각각 다음을 의미한다.

$$T_\forall := \{\sigma \in \mathrm{Thm}(T) \mid \sigma\text{는 전칭명제와 논리적으로 동등한 명제}\},$$
$$T_\exists := \{\sigma \in \mathrm{Thm}(T) \mid \sigma\text{는 존재명제와 논리적으로 동등한 명제}\}$$

[1]일반 용어로의 '이론'이란 말도 병행하여 사용하는데(예를 들어 '모델론 이론 전개'), 문맥을 통한 구분이 가능하다.

**예제 3.1**

다음이 동등함을 증명하라(연습문제 §3.4.1 사용).

(1) 이론 $T$가 완전하다.

(2) $T$에 모순이 없고, 임의의 명제 $\sigma$에 대하여 $T \models \sigma$이거나 $T \models \neg\sigma$이다.

(3) $T$의 모델이 있고, 임의의 $T$의 모델들 $M, N$은 항상 기본동등하다.

(4) 모델 $M$이 있어 $\mathrm{Th}(M) = \mathrm{Thm}(T)$이다.

이제 $S$를 ($\mathcal{L}$-)이론, $\mathcal{K}$를 ($\mathcal{L}$-)모델들을 모은 집단이라 하자. 이때 $\mathrm{Mod}(S)$는 $S$의 모든 모델을 다 모은 집단을 표기한다. 즉

$$\mathrm{Mod}(S) := \{M\text{은 } \mathcal{L}\text{-모델} \mid M \models S\}$$

이다. 또한

$$\mathrm{Th}(\mathcal{K}) := \{\sigma\text{는 } \mathcal{L}\text{-명제} \mid \text{ 모든 } M \in \mathcal{K}\text{에 대하여, } M \models \sigma\}$$

인 이론이다.

**예제 3.2**

$\mathcal{K}, \mathcal{K}_1, \mathcal{K}_2$는 모델들을 모은 집단들이고, $M$은 모델, $S, S_1, S_2$는 이론들이다. 다음을 보이라.

(1) $\mathcal{K}_1 \subseteq \mathcal{K}_2$이면 $\mathrm{Th}(\mathcal{K}_2) \subseteq \mathrm{Th}(\mathcal{K}_1)$이다. 또한, $S_1 \subseteq S_2$이면 $\mathrm{Mod}(S_2) \subseteq \mathrm{Mod}(S_1)$이다.

(2) $\mathcal{K} \subseteq \mathrm{Mod}(\mathrm{Th}(\mathcal{K}))$이고 일반적으로 등호는 성립하지 않는다. 또한 $S \models \mathrm{Th}(\mathrm{Mod}(S)) \supseteq S$이다.

(3) $\mathrm{Th}(\mathcal{K})$는 일관적이지만, 일반적으로 완전하지는 않다. (하지만 물론 $\mathrm{Th}(M)$은 완전하다.)

**보기 3.3**

아래는 이론의 예들이다.

(1) $\mathcal{L} = \varnothing$에서 $T_\infty := \{\exists^{\geq n} x \mid 1 \leq n\}$, 즉 원소가 무한히 많다는 것을 표현하는 이론이다. $T_\infty$는 완전한 이론이다(연습문제 §3.4.11).

(2) $\mathcal{L} = \{<\}$에서 $T_{\text{DLO}}$는 조밀한 선형순서를 표현하는 이론이다. 즉 선형순서를 나타내는 $\{\forall x \neg(x < x),\ \forall xyz(x < y \wedge y < z \to x < z),\ \forall xy(x < y \vee x = y \vee y < x)\}$와 조밀함을 서술하는 $\{\forall xy(x < y \to \exists z(x < z \wedge z < y)\}$을 합한 것이다. 따라서 $T_{\text{DLO}} \cup \{\forall x \exists y(x < y) \wedge \forall x \exists y(y < x)\}$은 최대, 최소가 없는 조밀한 선형순서를 표현한다. 이는 완전한 이론이다(연습문제 §3.4.13).

(3) $\mathcal{L}_{\text{fd}}$에서 $T_{\text{ACF}}$는 대수적으로 닫힌 체를 서술하는 이론이다. 즉

$$\begin{aligned} T_{\text{ACF}} := \ & \{\text{체의 공리들}\} \cup \{\forall x_0 \ldots x_n (x_n \neq 0 \to \\ & \exists y(x_0 + x_1 y + \cdots + x_n y^n = 0)) \mid 1 \leq n\} \end{aligned}$$

이다. 또한 소수 $p$나 0에 대해서, $T_{\text{ACF}_p}$, $T_{\text{ACF}_0}$는 각각 표수가 $p$ 또는 0인 대수적으로 닫힌 체를 표현한다. 즉,

$$T_{\text{ACF}_p} := T_{\text{ACF}} \cup \{p(= \underbrace{1 + \cdots + 1}_{p}) = 0\}$$

이고

$$T_{\text{ACF}_0} := T_{\text{ACF}} \cup \{p \neq 0 \mid p\text{는 소수}\}$$

이다. $T_{\text{ACF}_p}, T_{\text{ACF}_0}$는 모두 완전한 이론이다(따름정리 3.14).

이 책에서 계속 관례로 사용할 표기에 대해서도 언급하겠다. 앞으로 예외적 경우가 아니면 언어 $\mathcal{L}$은 고정되었다고 보고, '$\mathcal{L}$-'을 보통 생략한다. 모델은 $M, N, \ldots$ 등으로 표기하고, 이들 영역의 부분집합은 $A, B, \ldots$ 등으로 표기한다. 또한 모델 $M$의 영역 $|M|$을 그냥 $M$으로 표기하기도 한다. 따라서 $a \in M$, $A \subseteq M$, $f : M \to N$은 각각 $a \in |M|$, $A \subseteq |M|$, $f : |M| \to |N|$을 의미한다. 이러한 표기는 수학에서 보통 사용하는 방식이기에 독자에게 혼동을 주지는 않을 것이다. 정의 1.7의 각주에서처럼, 문맥에

따라 $|M|$이 $\mathrm{Card}(M)$을 표기하기도 한다. $\bar{a}$가 $A$의 유한짝, 즉 $\bar{a} = (a_1, \ldots, a_n) \in A^n$일 때 보통 첨자 $n$을 생략하여, $\bar{a} \in A$로 표기한다($a \in A$는 통상, $a \in A^1$을 뜻한다). 따라서 $\bar{a} \in M$은 $\bar{a} \in |M|^n$을 의미한다. 이때 함수 $f : |M| \to |N|$에 대하여, $f(\bar{a})$는 물론 $(f(a_1), \ldots, f(a_n))(\in |N|^n)$을 뜻한다. 또한 만족성 표기에서, $\bar{a} \in M$에 대하여 $M \models \varphi[\bar{a}]$를 소괄호를 사용하여 $M \models \varphi(\bar{a})$로도 표기한다. 이와 관련하여 표기 3.16을 참조하라.

## 3.1 매입과 동형사상

**정의 3.4**

$\mathcal{L}$-구조 $M, N$과 함수 $f : M \to N$이 있다.

- $f$가 $\mathcal{L}$의 해석들을 보존하면 이를 매입埋入 *embedding*이라 부른다. 좀 더 구체적으로 아래를 만족할 때 매입이라 한다.
  - 임의의 상수기호 $c$에 대하여 $f(c^M) = c^N$이다.
  - 임의의 $n$항술어기호 $P$와 $(a_1, \ldots, a_n) \in M^n$에 대하여

    $$P^M(a_1, \ldots, a_n)\text{이면이 } P^N(f(a_1), \ldots, f(a_n))\text{이다.}$$

  - 임의의 $n$항술어기호 $F$와 $(a_1, \ldots, a_n) \in M^n$에 대하여

    $$f(F^M(a_1, \ldots, a_n)) = F^N(f(a_1), \ldots, f(a_n)).$$

- $f$가 매입이면서 전사함수이면 이를 동형사상*isomorphism*이라 부른다. $M$에서 $N$으로 가는 매입이 있을 때, $M$을 $N$에 매입할 수 있다고 한다. $M, N$ 사이에 동형사상이 있을 때 $M, N$을 동형이라 부르고 $M \cong N$으로 표기한다.

  특히 $f : M \to M$이 동형사상일 때 $f$를 $M$의 자기동형사상*automorphism*이라 한다. $M$의 자기동형사상들을 다 모은 것을 $\mathrm{Aut}(M)$으로 표기한다. 당연히 $\mathrm{Aut}(M)$은 함수의 합성을 연산으로 가지는 자기동형군*automorphism group*이다.

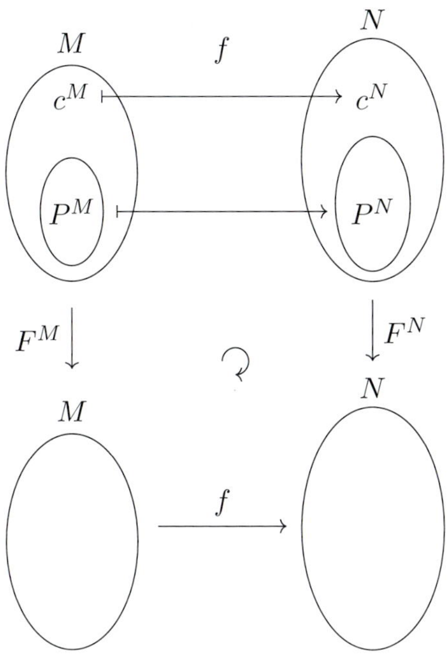


Aut$(M)$은 $M^n$에 작용$^{act}$하고, $H \leq \text{Aut}(M)$일 때 $\{f(\bar{a}) \in M^n \mid f \in H\}$을 $\bar{a}(\in M^n)$의 $H$-궤도$^{orbit}$라 부른다. $\bar{x}, \bar{y}(\in M^n)$의 $H$-궤도가 같다는 것은 동등관계다. $A$가 $M$의 부분집합일 때

$$\text{Aut}(M/A) := \{f \in \text{Aut}(M) \mid f \restriction A = \text{id}_A\}$$

로 정의하고, $A$ 위 $M$의 자기동형군이라 부른다.

**정의 3.5**

$\mathcal{L}$-구조 $M, N$의 영역이 집합으로 포함관계, 즉 $|M| \subseteq |N|$이라 하자. 여기서 포함사상이 매입이면 $M$을 $N$의 부분구조(모델), 동시에 $N$을 $M$의 확대라 부르며, $M \subseteq N$으로 표기한다. (이는 단순히 $|M| \subseteq |N|$만을 의미하는 것이 아니니 주의가 필요하다.) $M \subseteq N$이지만 $M \neq N$이면, $M$을 $N$의 진부분모델, $N$을 $M$의 진확대라 부른다.

**보충설명** 3.6

(1) 모든 매입은 단사함수이다. 왜냐하면 주어진 $a, b \in M$에 대하여, $a = b$이면이 $=^M (a, b)$이면이 $=^N (f(a), f(b))$이면이 $f(a) = f(b)$이기 때문이다. 일반적으로, 매입 $f : M \to N$가 술어기호 $P$의 해석 $P^M$과 $P^N$ 사이의 전단사함수를 주는 것은 아니다.

(2) 정의에 의해, $M \subseteq N$일 필요충분조건은 아래와 같다.

(a) $|M| \subseteq |N|$.

(b) 모든 상수기호 $c$에 대하여 $c^M = c^N$이다.

(c) 모든 $n$항술어기호 $P$에 대하여 $P^M = P^N \cap |M|^n$이다.

(d) 모든 $n$항함수기호 $F$에 대하여 $F^M = F^N \restriction |M|^n$이다.

(3) $A$가 모델 $N$의 임의의 부분집합이라 하자(즉, $A \subseteq |N|$).

이때 (2)에 의해 $A$가 $N$의 부분모델의 영역(즉 $A = |M|$이고 $M \subseteq N$)일 필요충분조건은 모든 상수기호 $c$에 대하여 $c^N \in A$이고, $A$가 모든 함수기호 $F$의 해석 $F^N$에 닫혀 있는 것이다(즉, 임의의 $\bar{a} \in A$에 대하여 $F^N(\bar{a}) \in A$).

또한 $A$를 포함하는 $N$의 부분모델 중 가장 작은 모델이 존재한다. 이를 $\mathcal{H}(A)$ 또는 $\langle A \rangle$로 표기하고, $N$에서 $A$의 껍질(또는 $A$로 생성된 부분모델)이라 부른다. $N = \mathcal{H}(A)$이고 $A$가 유한이면 모델 $N$이 유한생성됐다고 한다. 사실 위 문단의 설명에 따라 영역 $|\langle A \rangle|$는 $\bigcup_{i \in \omega} A_i$인데, 여기서 $A_0 := A \cup \{c^N \mid c$는 $\mathcal{L}$의 상수기호$\}$이고

$$A_{i+1} := A_i \cup \{F^N(\bar{a}) \mid F\text{는 } \mathcal{L}\text{의 } n\text{항함수기호이고}(n \geq 1),\ \bar{a} \in A^n\}\text{이다.}$$

따라서 $\langle A \rangle$의 임의의 원소 $b$는, 적당한 논리항 $\tau(x_1, \ldots, x_m)$이 있어 $b = \tau^N(\bar{a})$의 ($\bar{a} \in A^m$) 형태로 나타난다.

한 가지 주의할 것은 만일 $\mathcal{L}$에 상수기호가 없다면 $\mathcal{H}(\varnothing) = \varnothing$이다. 원래 모델의 영역은 공이 아니지만(정의 1.7), 모델의 부분구조로 $\varnothing$을 허용한다.

**보기 3.7**

군, 환, 체 등 대수적 구조에서 기존의 동형 개념이, 각 구조의 언어(보기 1.2)에서 정의 3.4의 모델론적 동형 개념과 일치한다.
부분구조는 언어의 선택에 의존적이다. 예를 들어 환의 언어 $\mathcal{L}_r$에서, 체의 부분구조는 환이다. 좀 더 정확히는 $\mathcal{L}_r$에서 $K$가 체 $F$의 부분집합일 때, $K \subseteq F$이면이 $K$는 정역이다(연습문제 §3.4.4). 하지만 언어 $\{+, \cdot, 0, 1\}$에서는 환이 아닌 $(\mathbb{N}, +, \cdot, 0, 1)$도 유리수체 $\mathbb{Q}$의 부분구조다.

**정리 3.8**

모델 $M, N$과 함수 $f : M \to N$이 있다.

(1) $f$가 매입일 필요충분조건은, 한정기호가 없는 임의의 논리식 $\varphi$와 $\bar{a} \in M$에 대하여

$$M \vDash \varphi(\bar{a})\text{이면이 } N \vDash \varphi(f(\bar{a}))\text{이다.}$$

(2) $f$가 동형사상이라면, 임의의 논리식 $\varphi$와 $\bar{a} \in M$에 대하여

$$M \vDash \varphi(\bar{a})\text{이면이 } N \vDash \varphi(f(\bar{a}))\text{이다.}$$

증명 우선 (1)($\Rightarrow$)의 증명을 위해 $f$가 매입이라 하자.

중간요건 임의의 논리항 $\tau(\bar{x})$과 $\bar{a} \in M^n$에 대하여, $f(\tau^M(\bar{a})) = \tau^N(f(\bar{a}))$이다.

중간요건 증명 만일 $\tau$가 상수기호 $c$이면 매입의 정의에 의해, $f(\tau^M(\bar{a})) = f(c^M) = c^N = \tau^N(f(\bar{a}))$이다. 또한 $\tau$가 변수 $x_i$이면 역시 $f(\tau^M(\bar{a})) = f(a_i) = \tau^N(f(\bar{a}))$이다. 이제 $\tau$가 $Ft_1 \ldots t_m$이고 ($F$는 $m$항함수기호, $t_j$는 $(j = 1, \ldots, m)$ 논리항) $t_j$에 귀납가정을 하여 $f(t_j^M(\bar{a})) = t_j^N(f(\bar{a}))$라 하자.

이때 $\tau$도 중간요건을 만족한다. 즉

$$\begin{aligned} f(\tau^M(\bar{a})) &= f(F^M(t_1^M(\bar{a}),\ldots,t_m^M(\bar{a}))) && \text{(정의 1.8에 의해)} \\ &= F^N(f(t_1^M(\bar{a})),\ldots,f(t_m^M(\bar{a}))) && \text{(정의 3.4에 의해)} \\ &= F^N(t_1^N(f(\bar{a})),\ldots,t_m^N(f(\bar{a}))) && \text{(귀납가정에 의해)} \\ &= \tau^N(f(\bar{a})) && \text{(정의 1.8에 의해)} \end{aligned}$$

이기에 중간요건을 증명하였다. □

증명을 계속하자. 먼저 $\varphi$가 원자논리식 $P\tau_1\ldots\tau_m$이라 하자.

$M \models \varphi(\bar{a})$이면이
$P^M(\tau_1^M(\bar{a}),\ldots,\tau_m^M(\bar{a}))$이면이
$P^N(f(\tau_1^M(\bar{a})),\ldots,f(\tau_m^M(\bar{a})))$이면이 (정의 3.4에 의해)
$P^N(\tau_1^N(f(\bar{a})),\ldots,\tau_m^N(f(\bar{a})))$이면이 (위 중간요건에 의해)
$N \models \varphi(f(\bar{a}))$이다.

이제 $\varphi$가 $\neg\psi$이고 $\psi$에 귀납가정을 하자. 이때

$M \models \varphi(\bar{a})$이면이 $M \not\models \psi(\bar{a})$이면이
$N \not\models \psi(f(\bar{a}))$이면이 (귀납가정에 의해)
$N \models \varphi(f(\bar{a}))$이다.

또한 $\varphi$가 $\psi \wedge \chi$이고 $\psi, \chi$가 귀납가정을 만족할 때, $M \models \varphi(\bar{a})$이면이 $N \models \varphi(f(\bar{a}))$임도 쉽게 따른다. 여기까지의 증명으로 한정기호가 없는 논리식 $\varphi$에 대한 (1)($\Rightarrow$)의 증명을 완료하였다.

이제 (2)의 증명은, 추가로 $f$가 전사함수(따라서 동형사상)라 가정하고, 위 (1)($\Rightarrow$)의 증명에 더해 다음을 증명하면 된다. 즉, $\varphi$가 $\exists x\psi$이고 $\psi$에 귀납가정을

하자. 그러면

$M \vDash \varphi(\bar{a})$이면이
어떤 $b \in |M|$가 있어, $M \vDash \psi(b, \bar{a})$이면이 (정의 1.9)
① 어떤 $b \in |M|$가 있어, $N \vDash \psi(f(b), f(\bar{a}))$이면이 (귀납가정)
② 어떤 $d \in |N|$가 있어, $N \vDash \psi(d, f(\bar{a}))$이면이
$N \vDash \varphi(f(\bar{a}))$이다.

여기서 왜 ①,②가 동등한지 살펴보자. ①이 성립하면 $d$를 $f(b)$로 잡으면 되기에 ②가 성립한다. 역으로 ②가 성립하면, $f$가 전사함수이기에 $f(b) = d$인 $b$를 $|M|$에서 찾으면 ①이 성립한다.

끝으로 (1)($\Leftarrow$)을 증명하면 된다. 따라서 (1)의 후자 절을 가정하고 $f$가 매입임을 보이자. 우선 $c$가 상수기호이면 원자논리식 $x = c$에 대하여 $M \vDash x = c[c^M]$이 성립하기에, 가정에 의해 $N \vDash x = c[f(c^M)]$이고, 고로 $f(c^M) = c^N$이다. 또한 $n$항술어기호 $P$에 대하여 원자논리식 $Px_1 \ldots x_n$을 생각하면, 임의의 $n$짝 $(a_1, \ldots, a_n) \in M^n$에 대하여

$P^M(a_1, \ldots, a_n)$이면이
$M \vDash Px_1 \ldots x_n[a_1, \ldots, a_n]$이면이 (정의 1.9)
$N \vDash Px_1 \ldots x_n[f(a_1), \ldots, f(a_n)]$이면이 (가정에 의해)
$P^N(f(a_1), \ldots, f(a_n))$이다.

$n$항함수기호 $F$에 대해서는 원자논리식 $y = Fx_1 \ldots x_n$을 생각하자. 이때 $n$짝 $(a_1, \ldots, a_n) \in M^n$에 대하여 $a := F^M(a_1, \ldots, a_n)(\in M)$이라 놓자. 그러면 $M \vDash y = Fx_1 \ldots x_n[a, a_1, \ldots, a_n]$이기에 가정에 의해 $N \vDash y = Fx_1 \ldots x_n[f(a), f(a_1), \ldots, f(a_n)]$이고, 따라서

$$F^N(f(a_1), \ldots, f(a_n)) = f(a) = f(F^M(a_1, \ldots, a_n))$$

이 성립한다. 그러므로 $f$는 매입이다. □

정리 3.8(2)에 의해 곧바로 다음이 유도된다.

**따름정리 3.9** $M \cong N$이면 $M \equiv N$이다.

이제 모델론에서 매우 중요한 개념인 범주성을 정의한다. 그리고 이와 관련한 워시-보트 테스트를 소개한다. 이 테스트는 이론의 완전성을 체크하는 데 자주 사용한다.

**정의 3.10**

$T$는 $\mathcal{L}$-이론이고 $\kappa$는 기수다. 만일 $T$가 $\kappa$ 크기의 모델을 가지며, 임의의 두 $\kappa$ 크기의 $T$의 모델이 항상 동형이면 (즉 $T$가 $\kappa$-크기의 모델을 (동형인 경우를 빼고) 하나만 가지면) $T$를 $\kappa$-범주적$^{categorical}$이라 부른다.

**정리 3.11**

**(워시$^{\text{Łoś}}$-보트$^{\text{Vaught}}$ 테스트)** 이론 $T$의 모델들이 모두 무한이고, $T$가 $\kappa$-범주적인 무한기수 $\kappa(\geq |\mathcal{L}|)$가 있으면 $T$는 완전하다.

증명 $T$는 $\kappa$-범주적이고 따라서 모델이 있기에 일관적이다. 그러므로 예제 3.1 (3)에 의해 모델 $M, N \vDash T$라 하고, $M \equiv N$을 증명하면 된다. 가정에 의해 $M, N$은 무한이다. 따라서 $\text{Th}(M), \text{Th}(N)$을 뢰벤하임-스콜렘(정리 1.20(2))에 적용하면 $M' \vDash \text{Th}(M)(\supseteq T)$이고 $N' \vDash \text{Th}(N)$인 $\kappa$ 크기의 모델 $M', N'$이 존재한다. 고로 $M' \equiv M$이고 $N' \equiv N$이다. 또한 $M', N' \vDash T$이고 $T$가 $\kappa$-범주적이기에 $M' \cong N'$이다. 따라서 원하던 대로 $M \equiv M' \equiv N'$(따름정리 3.9)$\equiv N$이다. □

**보충설명** 3.12

(1) $T$가 완전한 이론이라 하자. $T$가 무한모델을 가지면 모든 $n \geq 1$에 대하여 $T \vDash \exists^{\geq n} x$이기에, $T$의 모든 모델은 무한이다. $T$가 크기 $n$의 유한모델을 가지면 $T \vDash \exists^{=n} x$이기에 $T$의 모든 모델의 크기는 $n$이고 모두 동형이다. 왜냐하면 모델 $M$이 유한이면이 모든 모델 $N \vDash \text{Th}(M)$에 대하여 $N \cong M$이기 때문이다(연습문제 §4.3.7).

이 책에서 대부분의 결과는 유한모델의 경우 자명하기에, 기본적으로 **모델론은 무한모델에 대한 이론**이라 할 수 있다. 예외적 경우가 아니면, 앞으로 다루는 모델은 모두 모한모델이라 보아도 무방하다.

(2) 정리 3.11에서 $T$의 모든 모델이 무한이란 전제는 필수적이다. 예를 들어 $\varnothing$ 언어에서 $T := \{\exists^{\geq 5} x\}$는 유한, 무한모델이 있으며 또한 $\aleph_0$-범주적이다. 하지만 $T$는 완전하지 않아 $T \not\models \exists^{\geq 6} x$이고 $T \not\models \neg\exists^{\geq 6} x$이다.

이제 워시-보트 테스트를 체 이론에 응용하여 $T_{\mathrm{ACF}_p}$가 완전한 이론임을 보일 수 있다. 이에 필요한 다음 결과를 소개하겠다. 증명은 연습문제 §3.4.6에 남긴다. 이론의 완전성을 증명하는 다른 예는 연습문제에서 더 찾아볼 수 있다.

**사실 3.13** **(슈타이니츠**[Steinitz]**)** $F_1, F_2$가 대수적으로 닫힌 체일 때(즉 $F_1, F_2 \models T_{\mathrm{ACF}}$), $F_1, F_2$가 동형일 필요충분조건은 $F_1, F_2$의 표수가 같고, 소체[prime field]에 대한 초월차수가 같은 것이다.

**따름정리 3.14** $p$는 0이나 소수이다.

(1) 기수 $\kappa(>\omega)$에 대하여 $T_{\mathrm{ACF}_p}$는 $\kappa$-범주적이다.

(2) $T_{\mathrm{ACF}_p}$는 완전하다.

(3) $F_1, F_2 \models T_{\mathrm{ACF}}$라 하자. 이때 $F_1 \equiv F_2$이면이 $F_1, F_2$의 표수가 같다.

증명 (1) 임의의 소수나 0을 표수로 가지는 대수적으로 닫힌 체가 존재하기에, $T_{\mathrm{ACF}_p}$는 모델이 있고 이는 항상 무한 크기다(연습문제 §3.4.6). 따라서 뢰벤하임-스콜렘 정리에 의해 임의의 기수 $\kappa(>\omega)$에 대하여 $\kappa$-크기의 대수적으로 닫힌 체 $F \models T_{\mathrm{ACF}_p}$가 있다. 이제 $F_1, F_2 \models T_{\mathrm{ACF}_p}$이고 둘 다 크기가 $\kappa$라 하자. 그러면 일단 두 체의 표수는 같다. 또한 소체는 셀 수 있는 크기이고 $\kappa > \omega$이기에 $F_1, F_1$의 초월차수가 모두 $\kappa$임을 쉽게 알 수 있다. 따라서 위 사실 3.13에 의해 $F_1 \cong F_2$이다. 결론적으로 $T_{\mathrm{ACF}_p}$는 $\kappa$-범주적이다.

(2)는 대수적으로 닫힌 체는 모두 무한이기에, (1)과 워시-보트 테스트에 의해 따른다.

(3)($\Rightarrow$) 왼쪽을 가정하면 $\mathrm{Th}(F_1) = \mathrm{Th}(F_2)$이고 이를 $T$라 하자. 그러면 소수 $q$가 있어 $\underbrace{1+\cdots+1}_{q} = 0 \in T$이거나 $\{\underbrace{1+\cdots+1}_{q} \neq 0 \mid q$는 소수$\} \subset T$이다. 어느 경우든 $F_1, F_2$의 표수는 소수 또는 0으로 같다.

($\Leftarrow$) $F_1, F_2 \vDash T_{\mathrm{ACF}}$이고 $F_1, F_2$의 표수가 $p$로 같으면 $F_1, F_2 \vDash T_{\mathrm{ACF}_p}$이다. 그러면 (2)에 의해 $F_1 \equiv F_2$이다. □

위와 같이 대수적 이해와 모델론적 이해는 상호 깊은 연관성이 있다. 다음은 대수적 결과를 모델론을 사용하여 얻는 예이다.

**정리 3.15**

**(액스[Ax])** $K$가 대수적으로 닫힌 체라 하고 $h_i \in K[x_1, \ldots, x_n]$는 $(i = 1, \ldots, n)$ $K$-계수를 갖는 $n$변수 다항식이다. 즉 $h = (h_1, \ldots, h_n) : K^n \to K^n$는 다항식 함수다. 이때 $h$가 단사함수면 $h$는 전단사함수다.

증명 (1단계) 먼저 $p > 0$를 임의의 소수라 하고 $K$가 $\mathbb{F}_p^{\mathrm{alg}}$, 즉 소체 $\mathbb{F}_p$의 대수적 폐포인 경우를 생각하자. 이제 $h = (h_1, \ldots, h_n) : K^n \to K^n$가 1-1이라 하고 전사함수가 됨을 보이자. 주어진 $\bar{b} = (b_1, \ldots, b_n) \in K^n$에 대하여 $F$를 $K$에서 $b_1, \ldots, b_n$과 $h_1, \ldots, h_n$의 계수들로 생성된 체라 하자. 표수가 $p$이고 $b_i$와 계수는 $\mathbb{F}_p$에 대수적이기에, $F$는 유한체이다. 또한 $h$는 다항식 함수이기에 $h \restriction F^n$의 치역은 $F^n$에 포함되어 $h \restriction F^n : F^n \to F^n$이고 이 또한 단사함수다. 따라서 $h \restriction F^n : F^n \to F^n$은 비둘기집 원리에 의해 전단사함수다. $\bar{b}$는 $K^n$의 임의의 원소이기에, 이는 사실 $h : K^n \to K^n$이 전단사함수임을 의미한다.

(2단계) 자연수 $d > 0$를 고정하자. 그러면 $\mathcal{L}_{\mathrm{fd}}$-명제로 다음을 의미하는 $\sigma_d$를 쓸 수 있다. 즉, 모든 체 $L$에 대해여 $L \vDash \sigma_d$이면이 $g_i(\in L[x_1, \ldots, x_n]$, $i =$

$1, \dots, n$)의 차수[degree]가 $\leq d$인 임의의 다항식 함수 $g = (g_1, \dots, g_n) : L^n \to L^n$에 대하여 $g$가 단사함수이면 전단사함수이다.
여기서 1단계 증명에 의해 $\{\sigma_d \mid 0 < d \in \omega\} \subset \mathrm{Th}(\mathbb{F}_p^{\mathrm{alg}})$이고, 따름정리 3.14(2)에 의해 $T_{\mathrm{ACF}_p} \models \mathrm{Th}(\mathbb{F}_p^{\mathrm{alg}})$이기에 $T_{\mathrm{ACF}_p} \models \{\sigma_d \mid 0 < d \in \omega\}$이다(*). 즉 정리 3.15는 $K$의 표수가 소수 $p > 0$일 때 성립한다. 이제 $T_{\mathrm{ACF}_0} \models \{\sigma_d \mid 0 < d \in \omega\}$임을 증명하면 된다. 만일 그렇지 않아 적당한 $d' > 0$이 있어 $T_{\mathrm{ACF}_0} \not\models \sigma_{d'}$이라면, 역시 따름정리 3.14(2)에 의해 $T_{\mathrm{ACF}_0} \models \neg\sigma_{d'}$이다. 그러면 보충설명 1.17에 의해, 유한한 명제집합 $\Phi = \{\alpha_1, \dots, \alpha_k\} \subset T_{\mathrm{ACF}}$와 $\Psi := \{\underbrace{1 + \cdots + 1}_{p_i} \neq 0 \mid i = 1, \dots, m,\ p_1 < \cdots < p_m$은 소수$\}$가 있어 $\Phi \cup \Psi \models \neg\sigma_{d'}$이다. 이제 $q > p_m$인 소수 $q$를 잡으면 $T_{\mathrm{ACF}_q} \models \Phi \cup \Psi$이기에 $T_{\mathrm{ACF}_q} \models \neg\sigma_{d'}$이다. 이는 위 (*)에 모순되기에 $T_{\mathrm{ACF}_0} \models \{\sigma_d \mid 0 < d \in \omega\}$여야만 해 증명을 완료하였다. □

## 3.2 도해

**표기 3.16** $M$은 $\mathcal{L}$-모델이고 $A \subseteq M$이라 하자. 이때 $\mathcal{L}(A)$는 $\mathcal{L}$에 새로운 상수기호 $c_a$를 ($a \in A$) 추가한 언어다. 즉 $\mathcal{L}(A) = \mathcal{L} \sqcup \{c_a \mid a \in A\}$이다. $\mathcal{L}(A)$-논리식을 $A$ 위(의) 논리식이라고도 부른다. 또한 $M_A$는 모델 $M$의 $\mathcal{L}(A)$-확장인데(즉 $M = M_A \restriction \mathcal{L}$), 새 상수기호 $c_a$의 ($a \in A$) 해석 $c_a^{M_A}$는 다시 $a$로 두는 아주 자연스런 확장이다. $M_A$를 $(M, A)$로도 표기하며, $M$에 $A$의 이름[name]을 준 구조라 부른다. 따라서 $\mathrm{Aut}(M_A) = \mathrm{Aut}(M/A)$이다.
이때 $\mathcal{L}$-논리식 $\varphi(x_1, \dots x_n)$과 $\bar{a} = (a_1, \dots, a_n) \in A^n$에 대하여, $\varphi(\bar{a})$는 사실은 $\varphi$에서 $x_i$가 ($1 \leq i \leq n$) 자유변수로 나타날 때 이를 상수기호 $c_{a_i}$로 바꾼 것을 의미한다. 따라서 $\varphi(\bar{a})$는 $\mathcal{L}(A)$-명제인 것이다. 그러므로, $M \models \varphi(\bar{x})[\bar{a}]$(물론 우리는 이를 $M \models \varphi(\bar{a})$로도 표기한다)이면이 $M_A \models \varphi(\bar{a})$이다(연습문제 §1.3.5 참조). 즉 표기 $\varphi(\bar{a})$가 전자에서는 $\bar{a} \in A^n$가 $\varphi(\bar{x})$의 해라는 의미이고, 후자에서는 방금 설명한 $\mathcal{L}(A)$-명제라는 의미이지만, 만족 개념($\models$)에서 두 개념이 같다는 것이다. 따라서 필요한 경우가 아니라면 구태여 구분하여 표기하지 않는다.
같은 식으로, $A$ 위의 논리식은 $\mathcal{L}$-논리식 $\psi(\bar{x}, \bar{y})$가 있고 $\bar{b} \in A^m$가 있어 $\psi(\bar{x}, \bar{b})$

꼴로 표시된다. 이러한 형태의 논리식을 매개변수가 있는 논리식이라고도 부른다. 이때 물론 $\psi(M, \bar{b})$는 $M_A$에서 $\psi(\bar{x}, \bar{b})$의 해집합 $\{\bar{c} \in |M|^n \mid M_A \models \psi(\bar{x}, \bar{b})[\bar{c}]\}$을 의미한다.

**정의 3.17**

$M$은 $\mathcal{L}$-모델이고 $A \subseteq M$라 하자. $M$에서 $A$의 도해$^{diagram}$란 $M_A$에서 참인, 한정기호가 없는 $\mathcal{L}(A)$-명제들을 다 모은 집합이다. 이를 $\mathrm{Diag}_M(A)$로 표기하며, 한정기호가 없는 도해, 또는 로빈슨[Robinson] 도해라고도 부른다. 즉

$$\begin{aligned}\mathrm{Diag}_M(A) := \; & \{\varphi(\bar{a})\text{는 } \mathcal{L}(A)\text{-명제} \mid M \models \varphi(\bar{a}),\ \varphi(\bar{x})\text{는} \\ & \text{한정기호 없는 } \mathcal{L}\text{-논리식},\ \bar{a} \in A\}\end{aligned}$$

이다. 특히 $\mathrm{Diag}(M)$은 $\mathrm{Diag}_M(|M|)$을 뜻하고 $M$의 도해라 부른다.

**보조정리 3.18**

$M, N$은 $\mathcal{L}$-모델이고, $A \subseteq M$이며 $M = \langle A \rangle$이다. 이때 아래 두 조건은 동등하다.

(1) $M$을 $N$에 매입할 수 있다.

(2) $\mathrm{Diag}_M(A)$의 모델인 $N$의 $\mathcal{L}(A)$-확장이 있다.

증명 (1)⇒(2) $f: M \to N$이 매입이라 하고 $B = f(A)$라 하자. 여기서 $a \in A$에 대하여 $c_a^{N_B}$를 $f(a) \in N$로 놓으면 $N_B$는 $N$의 $\mathcal{L}(A)$-확장이 된다. 이때 $N_B \models \mathrm{Diag}_M(A)$이다. 왜냐하면, 한정기호가 없는 $\mathcal{L}$-논리식 $\varphi(\bar{x})$와 $\bar{a} \in A$에 대하여 $M_A \models \varphi(\bar{a})$이면이 $M \models \varphi(\bar{a})$이면이 (정리 3.8(1)에 의해) $N \models \varphi(f(\bar{a}))$이면이 $N_B \models \varphi(\bar{a})$이기 때문이다. (독자는 각 식에서 $\bar{a}$가 상수기호 열인지, $A$의 원소들의 열인지 구분해 보기 바란다.)

(2)⇒(1) (2)를 가정하자. 고로 $N$의 부분집합 $B$가 있어 $N_B \models \mathrm{Diag}_M(A)$이다. 따라서 임의의 $a \in A$에 대하여 $c_a^{N_B} = g(a)$인 전단사함수 $g: A \to B$가 있다. 이제 함수 $g': M \to N$을 다음과 같이 정의하자. $M = \langle A \rangle$이기에 임의의

**원소 $d \in M$에 대하여 $\mathcal{L}$-논리항 $\tau(\bar{x})$가 있어 $d = \tau^M(\bar{a})$ $(\bar{a} \in A)$ 형태로 표시된다(보충설명 3.6(3)). 이때 $g'(d) := \tau^N(g(\bar{a}))$로 놓는다. 특히 $b \in A$이면 $g'(b) = x^N(g(b)) = g(b)$이다. 즉 $g' \restriction A = g$이다. $g'$는 잘 정의됐으며 매입임을 어렵지 않게 확인할 수 있다(연습문제 §3.4.17).** □

**표기 3.19** **이 책에서 앞으로, 별다는 얘기가 없으면 $\mathcal{L}$-이론 $T$는 항상 일관적인 것으로 간주한다. 또한 $|T|$는 사실은 $\mathrm{Thm}(T)$의 기수를 표기하여 항상 무한이다. 즉 $|T| = |\mathcal{L}| + \aleph_0$이다.**

**정리 3.20**

$\mathcal{L}$-이론 $T$가 있다. 다음 두 조건은 동등하다.

(1) $\mathcal{L}$-모델 $M$을 $T$의 한 모델에 매입할 수 있다.

(2) $M \vDash T_\forall$이다.

증명 (1)⇒(2) $f : M \to N$이 매입이고 $N \vDash T$라 하자. 그러면 임의의 전칭명제 $\forall\bar{x}\varphi(\bar{x}) \in T_\forall$에 대하여 (여기서 $\varphi(\bar{x})$는 한정기호가 없다) 당연히 $N \vDash \forall\bar{x}\varphi(\bar{x})$이기에, 모든 $\bar{a} \in N$에 대하여 $N \vDash \varphi(\bar{a})$이다. 따라서 정리 3.8(1)에 의해 모든 $\bar{b} \in M$에 대하여 $M \vDash \varphi(\bar{b})$가 성립하고 이는 $M \vDash \forall\bar{x}\varphi(\bar{x})$를 유도한다. 그러므로 $M \vDash T_\forall$이다.

(2)⇒(1) $M \vDash T_\forall$이라 하자. 보조정리 3.18에 의해 $T \cup \mathrm{Diag}(M)$의 $\mathcal{L}(M)$-모델이 있음을 보이면 충분하다. 콤팩트성정리에 의해, $D = \{\sigma_1, \ldots, \sigma_m\}$을 $\mathrm{Diag}(M)$의 임의의 유한부분집합이라 할 때 $T \cup D$의 모델이 있음을 보이면 된다. 만일 그러한 모델이 없다면, $\sigma := \sigma_1 \wedge \cdots \wedge \sigma_m$라 할 때 $T \vDash \neg\sigma$이고 여기서 모순이 유도됨을 보이자. $\mathrm{Diag}(M)$의 정의에 의해 각각의 $\sigma_i$는 $M_{|M|}$에서 참인 한정기호 없는 $\mathcal{L}(M)$-명제다. 따라서 $c_{a_1}, \ldots, c_{a_n}$을 $\mathcal{L}$에는 없고 $\sigma$에는 있는 새 상수기호라 하면 $\sigma$는 $\varphi(\bar{a})$로 표기되는데, 여기서 $\varphi(\bar{x})$는 한정기호 없는 $\mathcal{L}$-논리식이고 $\bar{a} := (a_1, \ldots, a_n) \in M$이다(표기 3.16 참조). 즉 $T \vDash \neg\varphi(\bar{a})$

이다. 여기서 $c_{a_i} \notin \mathcal{L}$이고 $T$는 $\mathcal{L}$-이론이기에, 사실 $T \models \forall \bar{x}(\neg\varphi(\bar{x}))$임을 알 수 있다(연습문제 §1.3.14). 한편 $M \models T_\forall$이기에 $M \models \forall \bar{x}(\neg\varphi(\bar{x}))$이고 따라서 $M \models \neg\varphi(\bar{a})$이고 $M_{|M|} \models \neg\sigma$이다. 하지만 $\sigma_i \in \mathrm{Diag}(M)$, 즉 $M_{|M|} \models \sigma_i$이고 고로 당연히 $M_{|M|} \models \sigma$이기에 모순이다. □

**따름정리 3.21** **(워시[Łoś]-타르스키[Tarski] 정리)** 다음 두 문장은 동등하다.

(1) $T_\forall$은 $T$의 공리다(즉 $T_\forall \models T$).

(2) $T$의 임의의 모델의 (공이 아닌) 부분모델은 또한 $T$의 모델이다.

증명 (1)⇒(2) $M \subseteq N \models T$라 하자. 그러면 정리 3.20에 의해 $M \models T_\forall$이다. 따라서 (1)을 가정하면 $M \models T$가 따른다.

(2)⇒(1) (2)를 가정하자. $T_\forall \models T$를 보이기 위해 $M$이 $T_\forall$의 모델이라 하자. 이제 $M$이 $T$의 모델임을 보이면 된다. 우선, 정리 3.20에 의해 모델 $N$이 있어 $M \subseteq N \models T$가 성립한다. 따라서 가정 (2)에 의해 예상대로 $M \models T$이다. □

## 3.3 기본매입

정리 3.8(1)에서 묘사한 것처럼, 매입은 한정기호가 없는 논리식의 성질을 보존한다. 하지만 모델론에서 더 중요하고 핵심적인 개념은 정리 3.8(2)에서 묘사한, 모든 논리식의 성질을 보존하는 사상이다. 이는 동형사상과 동일한 개념은 아니기에(보기 3.30), 이를 따로 정의해 줄 필요가 있다.

**정의 3.22**

$M, N$은 $\mathcal{L}$-모델이고, $A \subseteq M$, $f : A \to N$이다.

- 모든 $\mathcal{L}$-논리식 $\varphi(\bar{x})$와 $\bar{a} \in A$에 대하여

$$M \models \varphi(\bar{a})\text{이면이 } N \models \varphi(f(\bar{a}))$$

일 때, $f$를 기본사상$^{elementary\ map}$이라 부른다. 만일 $A = |M|$이면 $f$를 기본매입이라 부른다. $M$에서 $N$으로 가는 기본매입이 있으면 $M$을 $N$에 기본매입할 수 있다고 한다. (주의할 것은 $f : A \to N$가 기본사상이라는 것은 $f$의 정의역 $A$를 포함하는 모델 $M$에 의존하기에, $f : A(\subseteq M) \to N$으로 표기하는 식으로, 해당 모델 $M$이 문맥상 명확해야 한다.)

- $M \subseteq N$이라 하자. 이때 포함사상이 기본매입이면 $M$을 $N$의 기본부분구조(모델)이라 하고 동시에 $N$을 $M$의 기본확대라 부르며, $M \prec N$으로 표기한다. $M \prec N$이지만 $M \neq N$이면, $M \precneq N$이라 쓰고, $M$을 $N$의 진기본부분모델, $N$을 $M$의 진기본확대라 부른다.

**보충설명** 3.23

(1) $f : A(\subseteq M) \to N$이 기본사상이면 이는 정의에 의해 1-1함수이다. 이때 $f^{-1} : f(A)(\subseteq N) \to M$도 기본사상이다. 한편 정리 3.8에 의해 모든 기본매입은 매입이다.

(2) $M \prec N$일 필요충분조건은, $|M| \subseteq |N|$이고 모든 $\mathcal{L}$-논리식 $\varphi(\bar{x})$와 $\bar{a} \in M$에 대하여 $M \models \varphi(\bar{a})$이면이 $N \models \varphi(\bar{a})$인 것이다.

(3) $\mathcal{L}_1 \subseteq \mathcal{L}$일 때, $M \prec N$이면 $M \restriction \mathcal{L}_1 \prec N \restriction \mathcal{L}_1$이다.

**보기 3.24**

$(2\mathbb{Z}, +) \subseteq (\mathbb{Z}, +)$이고, $2n \mapsto n$인 사상으로 $(2\mathbb{Z}, +) \cong (\mathbb{Z}, +)$임도 알 수 있다. 하지만 $\mathbb{Z} \models \exists y(y + y = x)[2]$이고 $2\mathbb{Z} \not\models \exists y(y + y = x)[2]$이기에, $(2\mathbb{Z}, +) \not\prec (\mathbb{Z}, +)$이다. 즉 2의 1계논리 성질이 $(2\mathbb{Z}, +)$와 $(\mathbb{Z}, +)$에서 다르다는 것이다. 기본부분구조의 예는 보기 3.30과 §6.4절 등에서 찾아볼 수 있다.

**예제 3.25**

$\mathcal{U}$는 공이 아닌 집합 $I$의 울트라필터다. 다음을 보이라.

(1) 함수 $f : M \to M^I/\mathcal{U}(a \mapsto g/\mathcal{U})$는 (여기서 $g(i) = a$) 기본매입이다.

(2) $M_i \prec N_i$이면$(i \in I)$, $\prod_{\mathcal{U}} M_i \prec \prod_{\mathcal{U}} N_i$이다.

**보조정리 3.26**

$M, N$은 $\mathcal{L}$-모델이고 $A \subseteq M$이다.

(1) $N$의 $\mathcal{L}(A)$-확장 $N_B$가 $(B \subseteq N)$ 있어 $N_B \models \mathrm{Th}(M_A)$이면, $a \in A$에 대하여 $f(a)$를 새 상수기호 $c_a$의 해석 $c_a^{N_B} \in B$로 놓는 함수 $f : A \to N$은 기본사상이다.

(2) 함수 $h : A \to N$가 기본사상일 필요충분조건은 $M_A \equiv N_{h(A)}$이다. (물론 여기서 $a \in A$에 대한 상수 $c_a$의 $N_{h(A)}$에서의 해석은 $h(a)(\in N)$이다.)

(3) $A$에서 $N$으로 가는 기본사상이 있을 필요충분조건은 $N$의 $\mathcal{L}(A)$-확장으로 $\mathrm{Th}(M_A)$의 모델이 있는 것이다.

(4) $A$로 생성된 $M$의 부분구조를 $M_1$이라 하자(즉 $M_1 = \langle A \rangle$). 그러면 임의의 기본사상 $f : A(\subseteq M) \to N$에 대하여, 이를 유일하게 확대하는 기본사상 $\bar{f} : M_1(\subseteq M) \to N$가 있다. (하지만 $\bar{f} : M_1(\subseteq M_1) \to N$이 기본매입은 아닐 수 있다.)

증명 (1) 이는 사실 표기 3.16에서 설명한 것의 반복이다. 즉 $\mathcal{L}$-논리식 $\varphi(x_1, \ldots, x_n)$과 $a_1, \ldots, a_n \in A$, 대응되는 상수기호 $c_{a_1}, \ldots, c_{a_n}$에 대하여 $M \models \varphi[a_1, \ldots, a_n]$이면이 $M_A \models \varphi(c_{a_1}, \ldots, c_{a_n})$이면이 $N_B \models \varphi(c_{a_1}, \ldots, c_{a_n})$이면이 $N \models \varphi[f(a_1), \ldots, f(a_n)]$이다.

(2) 마찬가지로, $h : A \to N$가 기본사상이면 임의의 $\mathcal{L}(A)$-명제는 $\varphi(c_{a_1}, \ldots, c_{a_n})$ 형태로 표시된다. (여기서 $\varphi(x_1, \ldots, x_n)$는 $\mathcal{L}$-논리식이고 $a_1, \ldots, a_n \in A$이다.) 따라서 $M_A \models \varphi(c_{a_1}, \ldots, c_{a_n})$이면이 $M \models \varphi(a_1, \ldots, a_n)$이면이 $N \models \varphi(h(a_1), \ldots, h(a_n))$이면이 $N_{h(A)} \models \varphi(c_{a_1}, \ldots, c_{a_n})$이기에, $M_A \equiv N_{h(A)}$이다.
역으로 $M_A \equiv N_{h(A)}$이면 (1)에 의해 $h : A \to N$는 기본사상이다.

(3)은 (1),(2)에 의해 금방 유도된다.

(4) $M_1 = \langle A \rangle$이기에 임의의 원소 $b \in M_1$는 $b = \tau^M(\bar{a})$로 나타나는 적당한 $\mathcal{L}$-논리항 $\tau(\bar{x})$와 $\bar{a} \in A$가 있다(보충설명 3.6(3)). 이때 함수 $\bar{f} : M_1 \to N$를

$\bar{f}(b) = \tau^N(f(\bar{a}))$로 정해준다. 그러면 $\bar{f}$가 ($\tau(\bar{x})$와 $\bar{a}$의 선택에 무관하게) 잘 정의되어 있고, 기본사상으로 $f$의 $M_1$으로의 유일한 확대임을 어렵지 않게 확인할 수 있다(연습문제 §3.4.17).
한편 $A := \{0, 2\}$, $M = N := (\mathbb{Z}, +)$라 두고 포함사상 $\mathrm{id}_A$를 생각하면 괄호 안 문장의 예가 된다. □

주어진 모델의 부분구조는 일반적으로 모델의 이론을 보존하지도 않기에, 1계논리적 성질을 보존하는 기본부분구조가 더 근본적으로 중요한 개념이다. 부분구조를 찾는 것은 상수기호의 해석을 포함하고, 함수기호의 해석에 닫혀 있는지만 확인하면 되기에 상대적으로 쉽지만, 기본부분구조를 찾는 것은 통상 쉽지 않다. 아래 테스트는 기본부분모델 여부를 판정하는 한 방법을 제공한다. 6장에서 배울 한정제거 또한 부분구조가 기본부분구조인지 확인하는 중요한 도구이다(보충설명 6.24).

**정리 3.27**

**(타르스키-보트 테스트)** $M, N$이 $\mathcal{L}$-모델이고, $M \subseteq N$이라 하자. 이때 아래 세 조건은 동등하다.

(1) $M \prec N$.

(2) 임의의 $\mathcal{L}$-논리식 $\varphi(y, \bar{x})$와 $\bar{a} \in M$에 대하여, 만일 $N \models \exists y \varphi(y, \bar{a})$이면 $M$의 한 원소 $b$가 있어 $N \models \varphi(b, \bar{a})$이다.

(3) 임의의 $\mathcal{L}$-논리식 $\varphi(y, \bar{x})$와 $\bar{a} \in M$에 대하여, 만일 $N \models \exists y \varphi(y, \bar{a})$이면 $M$의 한 원소 $b$가 있어 $M \models \varphi(b, \bar{a})$이다.

증명 (1)⇒(2),(3) $M \prec N$이고 논리식 $\varphi(y, \bar{x})$와 $\bar{a} \in M$에 대하여, $N \models \exists y \varphi(y, \bar{a})$라 하자. 그러면 $M \prec N$이기에 $M \models \exists y \varphi(y, \bar{a})$이고 따라서 $b (\in M)$가 있어 $M \models \varphi(b, \bar{a})$이다. 즉 (3)이 따른다. 또한 역시 $M \prec N$이기에 $N \models \varphi(b, \bar{a})$이어서 (2)도 따른다.

(2)∨(3)⇒(1) (2)나 (3)을 가정하자. $M \prec N$을 보이려면 임의의 논리식 $\psi(\bar{x})$

과 $\bar{a} \in M$에 대하여 $M \models \psi(\bar{a})$이면이 $N \models \psi(\bar{a})$임(*)을 확인하면 된다. 이를 논리식에 대해서 귀납적으로 증명하자. 우선 $\psi(\bar{x})$가 원자논리식이면, $M \subseteq N$이기에 정리 3.8(1)에 의해 (*)가 따른다. $\psi(\bar{x})$가 $\neg\phi(\bar{x})$이거나 $\phi(\bar{x}) \wedge \chi(\bar{x})$이고 $\phi(\bar{x}), \chi(\bar{x})$에 귀납가정을하면 $\psi(\bar{x})$가 (*)를 만족하는 것을 쉽게 보일 수 있다. 끝으로 $\psi(\bar{x})$가 $\exists y\varphi(y,\bar{x})$라 하고 $\varphi$에 귀납가정을 하여 (*)를 보이자.

$M \models \psi(\bar{a})$이면이 $M \models \exists y\varphi(y,\bar{a})$이면이
어떤 $b \in M$가 있어, $M \models \varphi(b,\bar{a})$이면이
①어떤 $b \in M$가 있어, $N \models \varphi(b,\bar{a})$이면이 (귀납가정)
②$N \models \exists y\varphi(y,\bar{a})$이면이
$N \models \psi(\bar{a})$이다.

①,②가 왜 동등한지 살펴보자. ①은 당연히 ②를 이끈다. (2)가 성립하면 또한 당연히 ②⇒①이 따른다. (3)이 성립하고 ②를 가정하면 어떤 $b \in M$가 있어, $M \models \varphi(b,\bar{a})$이고 $\varphi$에 대한 귀납가정에 의해 $N \models \varphi(b,\bar{a})$, 즉 ①이 성립한다. □

**따름정리 3.28**

(1) $M \subseteq N$이다. 임의의 $\bar{a} \in M$과 $b \in N$에 대하여 자기동형사상 $f: N \to N$이 있어 $f(\bar{a}) = \bar{a}$이고 $f(b) \in M$이라고 하면, $M \prec N$이다.

(2) $N$은 $\mathcal{L}$-모델이고 $A \subseteq N$이다. 이때 $A$가 $N$의 기본부분모델의 영역, 즉 모델 $M \prec N$이 있어 $A = |M|$이 될 필요충분조건은 임의의 $\bar{a} \in A$와 $\mathcal{L}$-논리식 $\exists y\varphi(y,\bar{x})$에 대하여 $N \models \exists y\varphi(y,\bar{a})$이면 어떤 $b \in A$가 있어 $N \models \varphi(b,\bar{a})$가 성립하는 것이다.

증명 (1) $N \models \exists y\varphi(y,\bar{a})$라 하자($\bar{a} \in M$). 따라서 $b \in N$가 있어 $N \models \varphi(b,\bar{a})$이다. 그러면 전제와 정리 3.8(2)에 의해 $N \models \varphi(f(b),\bar{a})$이고 $f(b) \in M$이다. 그러므로 타르스키-보트 테스트 3.27(2)에 의해 $M \prec N$이다.

(2)(⇒) 전자를 가정할 때 $N \models \exists y\varphi(y,\bar{a})$이면 $A = |M|$이고 $M \prec N$이기에

$M \models \exists y \varphi(y, \bar{a})$이다. 따라서 어떤 $b \in A$가 있어 $M \models \varphi(b, \bar{a})$이고 다시 $M \prec N$이기에 $N \models \varphi(b, \bar{a})$가 성립한다.

($\Leftarrow$) 후자를 가정하자. $c$가 상수기호일 때 $N \models \exists y\ y = c$가 성립하고 그러면 후자에 의해 $c^N \in A$이다. 또한 $f$가 함수기호이면 $\bar{a} \in A$에 대하여 $N \models \exists y\ y = f(\bar{a})$가 성립하고 역시 후자에 의해 $f^N(\bar{a}) \in A$이다. 따라서 보충설명 3.6(3)에 의해 $A$는 $N$의 부분구조 $M$의 영역이다(즉 $A = |M|$이고 $M \subseteq N$). 따라서 타르스키-보트 테스트에 의해 $M \prec N$이다. □

**보충설명** 3.29

위 따름정리 3.28(2)는 기본부분모델의 영역일 조건으로, 부분모델의 영역일 조건인 보충설명 3.6(3)과 대비된다. 기본부분모델의 영역은 공집합일 수 없다. 주어진 $A \subseteq N$에 대하여, 이의 껍질 $\mathcal{H}(A)$는 항상 있지만, 따름정리 3.28(2)에서 $b$의 선택이 유일하지 않기에, $A$로 생성된 기본부분모델 개념은 일반적으로 존재하지 않는다. 하지만 기본 뢰벤하임-스콜렘 정리 3.31이나 스콜렘 정리 7.9 증명 등에서 타르스키-보트 테스트가 절대적으로 사용된다.

**보기 3.30**

(1) 따름정리 3.28(1)을 사용하면 $(\mathbb{Q}, <) \prec (\mathbb{R}, <)$임을 알 수 있다. 왜냐하면 임의의 유리수 $r_1 < \cdots < r_n$과 실수 $r$에 대하여, $(r_1, \ldots, r_n)$을 고정하면서 $r$을 유리수로 보내는 $(\mathbb{R}, <)$의 자기동형사상을 쉽게 찾을 수 있기 때문이다. 마찬가지 이유로 실수 $a < b \leq c \in \mathbb{R}$와 구간 $[a, b), [a, c)$에 대하여 $([a, b) \cap \mathbb{Q}, <) \prec ([a, c), <)$ 등이 성립한다. 하지만 물론 $([b, c), <) \not\prec ([a, c), <)$이다.

또한 $\{t_i \mid i < \omega\}$가 ($\mathbb{Q}$ 위로) 대수적으로 독립인 복소수들의 집합이라면, $\mathcal{L}_{\text{fd}}$에서 $\mathbb{Q}(t_i \mid i < \omega)^{\text{alg}} \prec \mathbb{C}$임도 따름정리 3.28(1)을 사용하여 증명할 수 있다(연습문제 §3.4.18). 사실, 두 대수적으로 닫힌 체 $F, K$에 대하여, $F \subseteq K$이면 $F \prec K$가 성립한다(보충설명 6.24).

(2) $R$을 환이라 하자. 그리고 $X \subseteq Y$가 변수들의 무한집합이라 하자. 이

때 $\mathcal{L}_{\mathrm{r}}$에서 다항식환 $R[X]$는 $R[Y]$의 기본부분구조이다. 이유를 살펴보자. 우선 당연히 $R[X]$는 $R[Y]$의 부분구조다. 이제 유한한 다항식 집합 $\{f_1, \ldots, f_n\} \subset R[X]$가 있고 $g \in R[Y]$라 하자. 그리고 $X_1 := \{x_1, \ldots, x_m\}(\subset X)$은 $f_1, \ldots, f_n$에 나오는 모든 변수들의 집합이고, $Y_1 := \{y_1, \ldots, y_k\}(\subset Y)$은 $g$에 나오는 모든 변수들의 집합이라 하자. 이때 $h(x_i) = x_i$이고$(i = 1, \ldots, m)$, $Y_1 \setminus X_1$을 $X \setminus X_1$의 부분집합으로 보내는, 전단사함수 $h : Y \to Y$가 존재한다. 이는 $X, Y$가 무한이기에 가능하다. 그러면 $h$는 $R[Y]$의 자기동형사상 $\hat{h}$를 생성한다. 즉 임의의 다항식 $f \in R[Y]$에 대하여 $\hat{h}(f)(\in R[Y])$는 $f$의 $R$-계수들을 고정하고 $f$의 임의의 변수 $y(\in Y)$를 $h(y)$로 바꾼 다항식이다. 따라서 $\hat{h}(f_j) = f_j$이고$(j = 1, \ldots, n)$, $\hat{h}(g) \in R[X]$이다. 고로 따름정리 3.28(1)에 의해 $R[X] \prec R[Y]$이다.

뢰벤하임-스콜렘 정리 1.20은 이미 소개하였지만, 모델론 전개에서 더 중요한 기본 뢰벤하임-스콜렘 정리를 소개한다. 이의 증명은 따름정리 3.28(2)에 의존한다.

**정리 3.31**

**(기본 뢰벤하임-스콜렘 정리)**

(1) (하향) $\mathcal{L}$-모델 $N$과 부분집합 $B \subseteq N$, 무한기수 $\kappa(\geq |\mathcal{L}|)$가 있어 $|B| \leq \kappa \leq |N|$이라 하자. 그러면 $B \subseteq M \prec N$이 성립하는 $\kappa$ 크기의 모델 $M$이 있다.

(2) (상향) $\mathcal{L}$-무한모델 $M$과 기수 $\kappa(\geq |M| + |\mathcal{L}|)$가 있다. 그러면 $M \prec N$인 $\kappa$-크기의 모델 $N$이 있다.

증명 (1) 우선 $B \subseteq B_0 \subseteq N$인 $\kappa$ 크기의 집합 $B_0$를 찾는다. 이제 부분집합 $B_n \subseteq N$을 $(n \in \omega)$ 다음과 같이 귀납적으로 정한다. $B_n$을 찾았다면 $B_{n+1}$은 $B_n$에 다음과 같은 $N$의 원소들을 첨가하여 구성하는 집합이다. 즉 임의의 $\mathcal{L}$-논리식 $\exists y \varphi(y, \bar{x})$와 $\bar{a} \in B_n$에 대하여 만일 $N \models \exists y \varphi(y, \bar{a})$라면, $N \models \varphi(b, \bar{a})$가 성립하는 원소 $b \in N$가 있어야 하고 그러한 원소들 중 하나를 첨가한다.

이제 $A := \bigcup_{n\in\omega} B_n \subseteq N$으로 놓으면 $A$는 따름정리 3.28(2)의 후자 조건을 충족한다. 따라서 $A$는 $M \prec N$인 모델 $M$의 영역이 된다. 또한 $\kappa = |B_0|$이고, $B_{n+1}$의 구성방식에 의해 $|B_{n+1}| \leq |B_n^{<\omega}| \cdot (|\mathcal{L}| + \omega)$임을 알 수 있다. 따라서 $|A| = \kappa$이다.

(2) $M$의 $\mathcal{L}(M)$-확장 $M_{|M|}$을 생각하자. 그러면 뢰벤하임-스콜렘 정리 1.20(2)에 의해 크기가 $\kappa$인 $\mathcal{L}(M)$-모델 $N_0$가 있어 $N_0 \models \mathrm{Th}(M_{|M|})$이다. 이제 $N := N_0 \upharpoonright \mathcal{L}$이라 하고 $f : M \to N$를, 임의의 $a \in M$에 대하여 $f(a) = c_a^{N_0}$인 함수로 정의하자. 그러면 보조정리 3.26(1)에 의해 $f$는 기본매입이다. 따라서 $M \cong f(M) \prec N$이기에 $M \prec N$이 성립한다고 보아도 무방하다. □

이제 모델들의 사슬 개념을 서술한다.

**정의 3.32**

$(I, \leq)$가 선형순서집합이라 하자. 모든 $i \in I$에 대하여 $M_i$는 $\mathcal{L}$-모델이고, $i \leq j \in I$이면 $M_i \subseteq M_j$일 때, 열 $\langle M_i \mid i \in I \rangle$을 모델들 $M_i$의 사슬이라 부른다. 이때 이 사슬의 합이라 부르는 다음과 같은 모델 $M$이 유일하게 존재한다. 즉 영역 $|M| := \bigcup_{i\in I} |M_i|$이고 모든 $i \in I$에 대하여 $M_i \subseteq M$이다. 이 $M$을 $\bigcup_{i\in I} M_i$로 표기한다. 만일 모든 $i \leq j \in I$에 대하여 $M_i \prec M_j$라면 이 사슬을 기본사슬이라 부르며, 이때 모든 $i \in I$에 대하여 $M_i \prec \bigcup_{i\in I} M_i$임을 알 수 있다(연습문제 §3.4.20).

이 장을 마치며, 1계논리를 확대하는 접근으로 두 가산모델이 동형임을 결정하는 결과를 간략히 소개한다.

**보충설명** 3.33

1계언어 $\mathcal{L}$이 있을 때, $\mathcal{L}_{\omega_1,\omega}$-논리식을 정의 1.3과 동일하게 재귀적으로 정의하되, 다만 다음을 허용한다.

- 주어진 $\{\psi_i \mid \psi_i$는 $\mathcal{L}_{\omega_1,\omega}$-논리식, $i < \alpha < \omega_1\}$에 대하여

$$\bigvee_{i<\alpha} \phi_i \text{와 } \bigwedge_{i<\alpha} \phi_i$$

  도 $\mathcal{L}_{\omega_1,\omega}$-논리식이다.

이 경우도 $\mathcal{L}_{\omega_1,\omega}$-모델 $M$은 $\mathcal{L}$-모델과 동일하다. 또한 $\varphi$가 $\mathcal{L}_{\omega_1,\omega}$-논리식이고 $\vec{a}$가 $M$의 원소들의 열일 때, $M \models \varphi[\vec{a}]$도 정의 1.9와 같은 방식에 논리합, 논리곱의 경우만 자연스럽게 확대하여 정의한다. $\mathcal{L}_{\omega_1,\omega}$-명제는 일반적으로 $\mathcal{L}$-명제의 경우와 달리 모델을 결정할 수 있다. 이와 관련한 중요 결과는 다음과 같다(증명은 [28] 참조).

**(스콧[Scott]의 동형사상정리)** $\mathcal{L}$이 가산이라 하자. 임의의 가산인 $\mathcal{L}$-모델 $M$에 대하여 $\mathcal{L}_{\omega_1,\omega}$-명제 $\sigma_M$이 있어, 임의의 $\mathcal{L}$-가산모델 $N$에 대하여 $N \models \sigma_M$이면이 $M$과 $N$은 동형이다.

마찬가지로 임의의 무한기수 $\kappa$에 대하여 $\mathcal{L}_{\kappa,\omega}$-논리식을 정의할 수 있고, 이러한 논리식들을 다루는 이론을 1계무한논리[*infinitary logic*]라 부른다. 이 책에서는 무한논리를 다루지 않고 참조로만 설명하였다.

## 3.4 연습문제

1. (린덴바움[Lindenbaum]) $\Sigma(\bar{x})$가 논리식들의 집합으로 일관적이라 하자. 이때 초른의 보조정리를 사용하여, 포함관계로 극대인 논리식들의 집합으로 일관적인 $(\Sigma(\bar{x}) \subseteq)\Sigma'(\bar{x})$가 있음을 보이라. 또한, $\Gamma(\bar{x})$가 (자유변수가 $\bar{x}$에 있는) 논리식들을 모은 일관적인 집합으로서 포함관계로 극대일 필요충분조건은 $\Gamma(\bar{x})$가 일관적이면서 임의의 논리식 $\varphi(\bar{x})$에 대하여, $\varphi(\bar{x}) \in \Gamma$이거나 $\neg\varphi(\bar{x}) \in \Gamma$인 것임을 증명하라.

2. 이론 $T$가 있고, 임의의 $k > 0$에 대하여 크기가 $k$ 이상인 $T$의 유한모델이 항상 있다고 하자(예를 들어 $T$는 군의 공리들 집합).

   (a) 콤팩트성을 사용하여, $\mathrm{Mod}(S) = \{M \mid M$은 $T$의 유한모델$\}$이 성립하는 이론 $S$가 없음을 보이라.

   (b) $\mathrm{Mod}(T') = \{M \mid M$은 $T$의 무한모델$\}$이 성립하는 이론 $T'$을 찾으라.

   (c) $\mathrm{Mod}(\{\sigma\}) = \{M \mid M$은 $T$의 무한모델$\}$이 성립하는 명제 $\sigma$가 없음을 보이라.

3. 이론 $T_1$과 $T_2$가 있고, 이 두 이론을 동시에 만족하는 모델은 없다고 하자. 이때 $\mathrm{Mod}(T_1) \subseteq \mathrm{Mod}(\{\sigma\})$, $\mathrm{Mod}(T_2) \subseteq \mathrm{Mod}(\{\neg\sigma\})$가 성립하는 명제 $\sigma$를 찾으라.

4. 환의 언어 $\mathcal{L}_{\mathrm{r}} = \{+, -, \cdot, 0, 1\}$에서 $K$가 체 $F$의 부분집합일 때, $K \subseteq F$이면이 $K$는 정역임을 보이라.

5. $M, N$은 $\mathcal{L}$-모델이고 $h_\alpha(\alpha < \kappa)$는 증가하는 (즉 $\alpha < \beta < \kappa$일 때, $h_\alpha \subseteq h_\beta$) $M, N$의 부분구조들 사이의 동형사상이라 하자. $h := \bigcup_{\alpha<\kappa} h_\alpha$에 대하여 $\mathrm{dom}(h) = M$이라면 $h : M \to N$는 매입임을 보이라.

6. (a) 사실 3.13을, 체의 대수적 폐포가 (동형인 경우를 무시하면) 유일하다는 다음 결과를 사용하여 보이라. 즉, $K_1, K_2$가 체 $F$의 대수적 확대체로서 대수적으로 닫혀 있으면 $h \restriction F = \mathrm{id}_F$인 체의 동형사상 $h : K_1 \to K_2$가 있다(증명은 [24] 참조).

   (b) $K = \{a_1, \ldots, a_n\}$가 유한체이면 대수적으로 닫혀 있지 않음을 보이라. (힌트: 다항식 $(x - a_1)\cdots(x - a_n) + 1$의 근을 생각하라.)

7. 모델 $M, N$이 동형일 필요충분조건은 전단사함수 $f : M \to N$이 있어서 $M_M \equiv N_{f(M)}$이 성립하는 것임을 보이라. 따라서 이론 $T$와 무한기수 $\kappa(\geq |T|)$에 대하여, 크기가 $\kappa$인 $T$의 모델은 동형인 경우 한 번만 세면 $2^\kappa$개 이하로 있음을 논증하라.

8. $M, N$은 $\mathcal{L}$-모델이다. 다음을 보이라.

   (a) $M \equiv N$이면 $\mathcal{L} \sqcup \{c_a \mid a \in M\} \sqcup \{c_b \mid b \in N\}$-이론 $\mathrm{Th}(M_{|M|}) \cup \mathrm{Th}(N_{|N|})$은 일관적이다.

   (b) $M \equiv N$이면이 $N \prec N'$인 $\mathcal{L}$-모델 $N'$이 있어서 $M$을 $N'$에 기본매입할 수 있다.

   (c) $M$을 $N$의 기본확대모델에 매입가능할 필요충분조건은 $M \models \mathrm{Th}(N)_\forall$이다.

9. 일관적인 $\mathcal{L}$-논리식들의 집합 $\Sigma(\vec{x}; \bar{y})$가 있다(여기서 $\vec{x} := (x_i \mid i < \omega)$). 이때 $\exists \vec{x} \Sigma(\vec{x}, \bar{y})$는

$$\{\exists \bar{x}_0 \ldots \bar{x}_n(\varphi_0(\bar{x}_0, \bar{y}) \wedge \cdots \wedge \varphi_n(\bar{x}_n, \bar{y})) \mid \varphi_i(\bar{x}_i, \bar{y}) \in \Sigma,\ i = 0, \ldots, n \in \omega\}$$

   을 표기한다. $\Gamma(\bar{y}) := \exists \vec{x} \Sigma(\vec{x}, \bar{y})$라 할 때, $\mathcal{L}$-모델 $M$과 $\bar{b} \in M$에 대하여 아래 두 요건이 동등함을 보이라.

   (1) $M \models \Gamma(\bar{x})[\bar{b}]$이다.

   (2) $\mathcal{L}$-모델 $(M \prec)N$과 $\vec{a}_i := (a_i \mid i < \omega)$가 있어서$(a_i \in N)$, $N \models \Sigma(\vec{x}, \bar{y})[\vec{a}, \bar{b}]$가 성립한다.

10. $\mathcal{L}$-모델 $M, N$과 $\mathcal{L}$-이론 $T$가 있다. 다음이 동등한 요건임을 보이라.

    (a) $M$과 $N$이 $T$의 한 모델에 공통으로 매입될 수 있다.

    (b) 임의의 $\mathcal{L}$-전칭명제 $\sigma$와 $\tau$에 대하여 만일 $T \models \sigma \vee \tau$이면 $M, N$이 모두 $\sigma$를 만족하거나, $M, N$이 모두 $\tau$를 만족한다.

11. $\mathcal{L} = \varnothing$에서 완전한 이론들을 (이들의 $\mathrm{Thm}(-)$ 차이로) 분류하라.

12. 다음을 보이라.

(a) (칸토어) $(A, <_A)$, $(B, <_B)$가 최대, 최소가 없는 조밀한 가산의 선형순서구조(보기 3.3(2))일 때 두 구조가 동형임을 보이라. (힌트: $A = \{a_i \mid i < \omega\}$, $B = \{b_i \mid i < \omega\}$일 때 귀납법을 양방향으로 사용하여, $h_i \subseteq h_{i+1}$이고 $\{a_0, \ldots, a_i\} \subseteq \mathrm{dom}(h_{2i})$, $\{b_0, \ldots, b_i\} \subseteq \mathrm{dom}(h_{2i+1})$인, 순서를 보존하는 유한인 1-1함수 $h_i \subset A \times B$가 있음을 보이라($i \in \omega$). 그러면 $\bigcup_{i \in \omega} h_i$가 원하던 동형사상이다.)

(b) 임의의 가산 선형순서집합은 $(\mathbb{Q}, <)$에 매입됨을 보이라.

13. $\mathcal{L} = \{<\}$일 때, $T_{\mathrm{DLO}}$를 포함하는 완전한 이론들을 (이들의 $\mathrm{Thm}(-)$이 다른 것들로) 분류하라. 문제 12(a) 칸토어의 정리와 워시-보트 테스트를 사용하라.

14. $\sigma$가 $\mathcal{L}_{\mathrm{fd}}$-명제일 때 다음을 보이라. $T_{\mathrm{ACF}_0} \models \sigma$이면이 유한개를 뺀 모든 소수 $p$에 대하여 $T_{\mathrm{ACF}_p} \models \sigma$가 성립한다.

15. $F$가 체라 하자. $\mathcal{L}_{\mathrm{VS}/F} := \{+, 0\} \sqcup \{\lambda_a \mid a \in F\}$라 둘 때(여기서 각 $\lambda_a$는 1항 함수기호이고 체의 기호는 포함되지 않는다), $\mathcal{L}_{\mathrm{VS}/F}$-이론 $T_{\mathrm{VS}/F}$는 $F$위 벡터 공간의 공리들이다. 즉, $\{+, 0\}$으로 쓰인 가환군의 공리들에

$$\begin{aligned}&\{\forall x(\lambda_a \lambda_b x = \lambda_{ab} x),\ \forall x(\lambda_{a+b} x = \lambda_a x + \lambda_b x),\\ &\forall xy(\lambda_a(x+y) = \lambda_a x + \lambda_a y),\ \forall x(\lambda_1 x = x) \qquad \mid a, b \in F\}\end{aligned}$$

을 합한 것이다. $F$가 유한체일 때 $T_{\mathrm{VS}/F}$를 포함하는 완전한 이론들을 분류하라.

16. 다음 이론들이 모든 무한기수 $\kappa(> |\mathcal{L}|)$에 대하여 $\kappa$-범주적임을 보이고, 따라서 완전한 이론임을 논증하라.

(a) $\mathcal{L} := \{+, 0\}$이고 $T$는 $\{+, 0\}$으로 쓰인 가환군의 공리들에

$$\begin{aligned}&\{\exists x(x \neq 0),\ \forall x(x \neq 0 \to \underbrace{x + \cdots + x}_{n} \neq 0),\\ &\forall x \exists y(\underbrace{y + \cdots + y}_{n} = x) \mid 0 < n\}\end{aligned}$$

을 합한 것이다.

(b) $\mathcal{L} := \{f\}$이고($f$는 1항함수기호),

$$T := \{\forall xy(fx = fy \to x = y), \forall y\exists x(fx = y)\} \cup \{\forall x(\underbrace{f\cdots f}_{n}x \neq x) \mid 0 < n\}$$

이다.

(c) $F$가 무한체일 때 $T_{\mathrm{VS}/F} \cup \{\exists x(x \neq 0)\}$.

17. 보조정리 3.18(2)⇒(1) 증명에서 $g'$이 잘 정의된 매입임을 논증하라. 또한 보조정리 3.26(4)의 증명에서 $\bar{f}$가 잘 정의되었고 $f$를 확대하는 유일한 기본사상임을 논증하라.

18. $\{t_i \mid i < \omega\}$가 $\mathbb{Q}$ 위로 대수적으로 독립인 복소수들의 집합일 때, $\mathcal{L}_{\mathrm{fd}}$에서 $\mathbb{Q}(t_i \mid i < \omega)^{\mathrm{alg}} \prec \mathbb{C}$임을 따름정리 3.28(1)을 사용하여 증명하라.

19. $G$가 무한단순군이고 $\kappa$는 $|G|$ 이하의 무한기수일 때, $G$의 부분군으로 $\kappa$ 크기의 단순군이 있음을 보이라. (힌트: 기본 뢰벤하임-스콜렘 정리를 사용하라.)

20. 선형순서인 $I$가 첨수집합인 기본사슬 $\{M_i \mid i \in I\}$가 있을 때, 모든 $i \in I$에 대하여 $M_i \prec \bigcup_{i\in I} M_i$임을 논증하라.

21. $M, N$이 각각 $\mathcal{L}_1, \mathcal{L}_2$-모델이고 $\mathcal{L} := \mathcal{L}_1 \cap \mathcal{L}_2$에 대하여 $M \restriction \mathcal{L}_1 \equiv N \restriction \mathcal{L}_2$라 하자. 이때 $\mathcal{L}_1(M \sqcup N)$에서 $\mathrm{Th}(M_M) \cup \mathrm{Th}((N \restriction \mathcal{L})_N)$이 일관적임을 보이라.

22. (로빈슨) $T_i$는 일관적인 $\mathcal{L}_i$-이론이고($i = 1, 2$), $\mathrm{Thm}(T_1) \cap \mathrm{Thm}(T_2)$는 완전한 $\mathcal{L}(:= \mathcal{L}_1 \cap \mathcal{L}_2)$-이론이다. 이때 $\mathcal{L}_1 \cup \mathcal{L}_2$에서 $T_1 \cup T_2$가 일관적임을 보이라.

(주의: 여기서 $\mathrm{Thm}(T_1) \cap \mathrm{Thm}(T_2)$이 완전한 이론이라는 전제는 반드시 필요하다. 만일 $P$가 1항 술어기호이고 $\mathcal{L} = \mathcal{L}_1 = \mathcal{L}_2 = \{P\}$이며, $T_1 = \{\forall xPx\}$, $T_2 = \{\neg\forall xPx\}$라 하면 $T_1 \cup T_2$는 모순적이지만 (완전하지 않은) $\mathrm{Thm}(T_1) \cap \mathrm{Thm}(T_2)$는 일관적이다.)

(힌트: 문제 21을 양방향으로 귀납적으로 적용하여

$$M_0 \restriction \mathcal{L} \prec N_1 \restriction \mathcal{L} \prec M_1 \restriction \mathcal{L} \prec \cdots \prec M_i \restriction \mathcal{L} \prec N_{i+1} \restriction \mathcal{L} \prec M_{i+1} \restriction \mathcal{L} \prec \cdots$$

이 성립하는, 각각 $T_1$과 $T_2$의 모델들의 기본사슬 $\langle M_i \mid i < \omega \rangle$와 $\langle N_i \mid i < \omega \rangle$를 구성하고 이들의 합 $M, N$을 생각하면 $M \restriction \mathcal{L} = N \restriction \mathcal{L}$임을 알 수 있다. 이의 $\mathcal{L}_1 \cup \mathcal{L}_2$-확장을 생각하라.)

23. (크레이그[Craig]) $\sigma_i$가 $\mathcal{L}_i$-명제이고$(i = 1, 2)$, $\mathcal{L}_1 \cup \mathcal{L}_2$에서 $\sigma_1 \vDash \sigma_2$가 성립한다. 이때 $\sigma_1 \vDash \theta$이고 $\theta \vDash \sigma_2$인 $\mathcal{L}(:= \mathcal{L}_1 \cap \mathcal{L}_2)$-명제 $\theta$가 있음을 보이라.

    (힌트: $\{\mathcal{L}$-명제 $\sigma \mid \sigma_1 \vDash \sigma\} \vDash \sigma_2$임을 보이면 된다. 이를 부정하고 문제 22를 적용하여 모순을 이끌라.)

# 4
# 소모델

4장과 5장에서 다양한 특성을 가지는 모델에 대하여 공부할 것이다. 이 장에서는 소모델과 원자모델에 대하여 알아볼 것이다. 소모델은 모든 기본동등한 다른 모델에 기본매입이 가능한 모델이다. 이런 의미에서 가장 작은 모델이라 할 수 있다. 하지만 작다는 의미의 소小모델이 아니라 근원적 모델이라는 의미의 소素 prime모델이다. 모든 완전한 이론이 소모델을 가지는 것은 아니기에, 소모델을 가질 필요충분조건을 살펴볼 것이다. 소모델을 이해하는 다른 접근으로 가산원자모델 개념을 소개하고, 가산언어에서 두 개념이 같음도 보일 것이다.

앞으로 항상 사용할 타입 개념과, 완전한 타입들을 모은 스톤 공간을 소개하는 것으로 이 장을 시작할 것이다.

## 4.1 타입

**정의 4.1**

- $T$는 완전한 $\mathcal{L}$-이론이고 $\bar{x} = (x_1, \ldots, x_n)$는 변수들의 짝이다.
  - $p = p(\bar{x})$를 자유변수가 $\bar{x}$ 중에 있는 $\mathcal{L}$-논리식들의 집합이라 하자. 이때 $T \cup p(\bar{x})$가 일관적이면(동등하게, $\mathcal{L}$-모델 $M \models T$과 $\bar{a} \in M$가 있어 $M \models p(\bar{a})$가 성립하면), $p$를 $T$의 (부분)$n$타입이라 부른다. (문맥상 혼동이 없으면 종종 $n$을 언급하지 않는다.)
  - 만일 $T \cup p(\bar{x})$가 일관적이면서 포함관계로 극대이면(그러면 사실 $\mathrm{Thm}(T) \subseteq p$이다), $p$를 $T$의 완전한 $n$타입이라 부른다. $M \models T$이고

$\bar{a} \in M$일 때

$$\mathrm{tp}_{M,\bar{x}}(\bar{a}) := \{\varphi(\bar{x})\text{는 } \mathcal{L}\text{-논리식} \mid M \vDash \varphi(\bar{a})\}$$

로 정의하고 ($M$에서) $\bar{a}$의 타입이라 부른다. $T$의 임의의 완전한 타입은 모두 이러한 형태로 나타난다(예제 4.2(1)). 보통 $\bar{x}$를 생략하고, 문맥상 $\bar{a} \in M$ 관계가 분명하면 $M$도 생략하여 $\mathrm{tp}(\bar{a})$로 표기한다.

- $T$의 모든 완전한 $n$타입을 다 모든 집합을 $S_{\bar{x}}(T)$로 표기하는데, 보통 $\bar{x}$를 생략하고 $S_n(T)$으로 쓴다. 문맥에서 분명하면 $T$ 대신 $\varnothing$을 사용하여 $S_n(\varnothing)$으로도 표기한다. 또한 $S(T) := \bigcup_{1 \le n} S_n(T)$로 정의한다.

• $\mathrm{Thm}(T) = \mathrm{Th}(N)$이고 $A \subseteq N$이다.

- $p(\bar{x})$를 자유변수가 $\bar{x}$ 중에 있는 $A$ 위 논리식들의 집합이라 하자. 이때 $T \cup p(\bar{x})$가 일관적이면, $p$를 $T$의 $A$ 위 (부분)$n$타입이라 부른다. (이러한 타입 $p$를 매개변수가 있는 타입이라고도 부르며, $\mathrm{dom}(p)$는 실제 사용된 매개변수들을 다 모은 $\bigcup\{\bar{a} \in A \mid \varphi(\bar{x}, \bar{a}) \in p\}(\subseteq A)$을 뜻한다.) $T \cup p(\bar{x})$가 일관적이면서 $A$ 위 논리식 집합 중 포함관계로 극대이면, $p$를 $A$ 위 완전한 $n$타입이라 부른다(이때 $\mathrm{dom}(p) = A$). 한편 $\bar{c} \in N$에 대하여

$$\mathrm{tp}_N(\bar{c}/A) := \{\varphi(\bar{x})\text{는 } A \text{ 위 논리식} \mid N_A \vDash \varphi(\bar{c})\}$$

로 정의하고, ($N$에서) $A$ 위 $\bar{c}$의 타입이라 부른다. $T$의 $A$위 모든 완전한 타입은, 적당한 $(N \prec)M$과 $\bar{a} \in M$가 있어 $\mathrm{tp}_M(\bar{a}/A)$ 형태로 나타난다(예제 4.2(2)).

- $T$의 $A$위 모든 완전한 $n$타입을 다 모든 집합을 $S^N_{\bar{x}}(A) = S^N_n(A)$로 표기한다. 한편 $N \prec M$이라 하자. 그러면 $S^N_n(A) = S^M_n(A)$이기에 (예제 4.2(2)), 문맥상 $N$이나 이의 기본확대가 무엇인지 분명하면 생략하여 $S_n(A)$라 쓰고, $S(A) := \bigcup_{1 \le n} S_n(A)$로 정의한다. (따라서 $|S(A)| \le 2^{|T|+|A|}$이다.) 마찬가지로 이때 $\mathrm{Th}(N_A) = \mathrm{Th}(M_A)$이기

에, 이를 $T_A$로도 쓴다. 또한 $\bar{c} \in N$에 대하여 $\mathrm{tp}_N(\bar{c}/A) = \mathrm{tp}_M(\bar{c}/A)$이기에, 이를 $\mathrm{tp}(\bar{c}/A)$로 표기한다. $B \subseteq A$이고 $p(\bar{x}) = \mathrm{tp}(\bar{c}/A)$라면, $p \upharpoonright B$는 물론 $\mathrm{tp}(\bar{c}/B)$를 뜻한다. $f \in \mathrm{Aut}(N)$일 때, $f(p(\bar{x})) := \{\varphi(\bar{x}, f(\bar{b})) \mid \varphi(\bar{x}, \bar{b}) \in p\}(\in S(f(A))$이다.

**예제 4.2**

$T$는 완전한 $\mathcal{L}$-이론이다. 다음을 보이라.

(1) $p(\bar{x})$가 $T$의 완전한 타입이면이 모델 $M \models T$과 $\bar{a} \in M$가 있어 $p(\bar{x}) = \mathrm{tp}_M(\bar{a})$이다.

(2) $A \subseteq M \models T$이다.

(a) 아래 조건은 동등하다.

① $p(\bar{x})$는 $A$ 위의 완전한 $n$타입이다.

② $p(\bar{x})$는 $T_A$의 완전한 $n$타입이다.

③ 적당한 모델 $(M \prec)N$과 $\bar{b} \in N$가 있어 $p = \mathrm{tp}_N(\bar{b}/A)$이다.

(b) $p(\bar{x})$가 $A$ 위 타입이면 $p(\bar{x})$를 포함하는 $q(\bar{x}) \in S_n(A)$가 있다.

(c) $M \prec N$이면, $S_n^M(A) = S_n^N(A)$이다.

(3) $q(\bar{x}, \bar{y})$가 $T$의 완전한 타입이면 $\exists\bar{x}q(\bar{x}, \bar{y}) := \{\exists\bar{x}\varphi(\bar{x}, \bar{y}) \mid \varphi \in q\}$는 완전한 타입을 결정한다(즉 이를 포함하는 완전한 타입은 $S_{\bar{y}}(T)$에 하나만 있다).

완전한 타입은 아래와 같이 위상공간 $S_n(T)$의 점으로 이해할 수 있다. 콤팩트성 정리는 이 위상공간이 콤팩트하다는 것을 의미한다.

**정의 4.3**

$T$는 완전한 $\mathcal{L}$-이론이다.

- $S_n(T) = S_n(\varnothing)$에 다음과 같은 위상$^{\text{topology}}$을 줄 수 있다. 즉 기본 열린

집합은 임의의 $\mathcal{L}$-논리식 $\varphi(\bar{x})$에 대하여 $\mathcal{O}_\varphi := \{p(\bar{x}) \in S_n(T) \mid \varphi(\bar{x}) \in p\}$ 꼴의 집합으로 정한다. 그러면 이는 사실 열린 닫힌 집합이 되는데, $\mathcal{O}_{\neg\varphi}$도 열린 집합이기 때문이다. 이 $S_n(T)$ 위상공간을 스톤[Stone] 위상공간이라 부른다. 이는 완전분리공간[totally disconnected space]이고, 콤팩트성정리에 의해 콤팩트(즉, 하우스도르프[Hausdorff] 준콤팩트[quasi-compact])공간이다(예제 4.4(1)).

$A \subseteq M \models T$일 때, $S_n(A) = S_n(T_A)$이기에, 마찬가지로 $S_n(A)$도 ($\mathcal{L}(A)$에서 정의되는) 콤팩트한 위상공간이다.

- $p(\bar{x})$는 $T$의 타입이다.

  - 만일 $T$와 일관적인 한 논리식 $\varphi(\bar{x})$가 있어, 모든 $\psi(\bar{x}) \in p$에 대하여 $T \models \varphi(\bar{x}) \to \psi(\bar{x})$이면 $p$를 $T$의 주[*principal*]타입 또는 ($\varphi(\bar{x})$로써) 고립된[*isolated*] 타입이라 부른다. 만일 $p$가 $T$의 완전한 타입일 때, $p$가 고립된 타입이면이 $p$는 스톤 공간 $S_n(T)$에서 고립된 점이다(예제 4.4(2)). $T$와 일관적인 논리식 $\psi(\bar{x})$가 완전한 타입을 고립시키면 $\psi(\bar{x})$를 주논리식이라 부른다.

    $A \subseteq M \models T$인 경우도 마찬가지로, $T$의 $A$ 위 타입이 ($A$ 위) 고립된 타입, 또 $A$ 위 논리식이 ($A$ 위) 주논리식이란 것은 $T_A$에서 각각 그렇다는 것이다.

  - 정의 1.9에서처럼, $M \models T$일 때 $M$이 $p$를 ($\bar{a} \in M$로써) 만족한다(또는, $M$에서 $\bar{a}$가 $p$를 구현한다)는 것은 $M \models p(\bar{a})$인 것이다(즉 모든 $\psi(\bar{x}) \in p$에 대하여 $M \models \psi(\bar{a})$). $M$이 $p$를 거른다[*omit*]는 것은 $M$이 $p$를 만족하지 않는 것이다(즉 모든 $\bar{c} \in M$에 대하여 어떤 $\varphi(\bar{x}) \in p$가 있어 $M \not\models \varphi(\bar{c})$).

**예제 4.4**

완전한 이론 $T$에 대하여, 아래를 보이라.

(1) 스톤 공간 $S_n(T)$는 완전분리공간이고 콤팩트 공간이다.

(2) $p$는 $T$의 완전한 타입이다.

(a) $p$가 고립된 타입이면이 $p$는 스톤 공간 $S_n(T)$에서 고립된 점이다. 따라서 $p, q \in S_n(T)$가 모두 $\varphi(\bar{x})$로써 고립됐다면 $p = q$이다.

(b) $p$가 고립된 타입이면 $T$의 모든 모델은 $p$를 만족한다.

(c) $p$가 $\varphi(\bar{x})$로써 고립된 타입이면이, $\varphi(\bar{x}) \in p$이고 임의의 $\mathcal{L}$-논리식 $\psi(\bar{x})$에 대하여 $T \vDash \varphi \to \psi$이거나 $T \vDash \varphi \to \neg\psi$이다.

이제 완전한 타입, 고립된 타입의 예들을 살펴보자.

**보기 4.5**

(1) $T = \mathrm{Th}(\mathbb{Q}, <)$이라 하자. 즉 $T = \mathrm{Thm}(T_{\mathrm{DLO}} \cup \{\forall x \exists y (x < y) \land \forall x \exists y (y < x)\})$이다(연습문제 §3.4.13 참조). $T$는 한정기호 제거가 가능하다(보기 6.8). 이를 이용하면, $|S_1(T)| = 1$, $|S_2(T)| = 3$임을 보일 수 있다. 특히, $S_1(T)$에 있는 유일한 1타입은 논리식 $x = x$로써 고립되었고, $S_2(T)$에 있는 완전한 타입들은 각각 논리식 $x = y$, $x < y$, $y < x$로써 고립된 타입들이다.

이때 $\mathbb{Q}$ 위의 완전한 1타입들을 모은 $S_1(\mathbb{Q})$을 생각하면, $(\mathbb{Q}, <) \prec (\mathbb{R}, <)$이기에(보기 3.30(1))

$$S_1(\mathbb{Q}) = \{\mathrm{tp}(r/\mathbb{Q}) \mid r \in \mathbb{R} \cup \{+\infty, -\infty\}\}$$

임을 확인할 수 있다. 고로 $|S_1(\mathbb{Q})| = 2^{\aleph_0}$이다. 물론 이때 $r \in \mathbb{Q}$이면 $\mathrm{tp}(r/\mathbb{Q})$는 논리식 $x = r$로써 고립되었고, $r \notin \mathbb{Q}$이면 $\mathrm{tp}(r/\mathbb{Q})$는 $\{a < x,\ x < b \mid a < r < b$이고 $a, b \in \mathbb{Q}\}$로써 결정된다.

(2) $T = T_{\mathrm{ACF}_p}$일 때($p = 0$ 또는 소수), $S_1(T)$를 조사해보자. 우선 $T$에서 한정기호 제거가 가능하다(정리 6.9). 이제 $F$를 표수가 $p$인 소체라 하고, $K := F^{\mathrm{alg}} (\vDash T)$라 놓자. 또한 환 $R$을, $p = 0$이면 $\mathbb{Z}$, $p$가 소수이면 그냥 $F$라 두자. 이때 원소 $a \in K$에 대하여, $a$를 해로 가지는 1변수 기약다항식 $f_a(x) (\in R[x])$가 있다. 그러면 $\mathrm{tp}_K(a)$는 원자논리식 $f_a(x) = 0$로써 고립된 것을 알 수 있다. 따라서 $b \in K$도 $f_a(x)$의 해이면 $\mathrm{tp}(a) = \mathrm{tp}(b)$

이다. 또한 논리식 집합 $\Sigma(x) := \{f_a(x) \neq 0 \mid a \in K\}$는 타입이고, 이는 완전한 타입 $p(x) \in S_1(T)$를 결정한다(즉 $T \cup \Sigma(x) \vDash p(x)$이다). 이때 $S_1(T) = \{\text{tp}(a) \mid a \in K\} \cup \{p(x)\}$임도 알 수 있다. 따라서 $|S_1(T)| = \aleph_0$이다. 이를 일반화하여 $S_n(T)$를 분석할 수 있고 사실 $|S(T)| = \aleph_0$이다 (연습문제 §4.3.2, 또는 따름정리 7.15와 연습문제 §8.6.1).

다음 정리는 완정성정리, 뢰벤하임-스콜렘 정리 등에 버금가는, 모델론의 기초 정리다. 이는 이 장의 주요 결과인 소모델의 성질(정리 4.8, 4.9)을 증명하는 데 사용된다.

**정리 4.6**

**(타입누락정리)** $T$는 가산언어 $\mathcal{L}$의 완전한 이론이다. $p_i(\bar{x}_i)$가 ($i \in \omega$, $|\bar{x}_i| = n_i < \omega$) $T$의 고립되지 않은 $n_i$타입들이라 하자. 이때 $p_i$를 ($i < \omega$) 모두 거르는 가산무한모델 $M \vDash T$이 있다.

증명 증명은 오늘날 완전성정리 1.18의 표준적 증명인 헨킨의 구성방법을 사용한다. 즉 구문론적 개념의 새 상수기호들로, 우리가 원하는 의미론적 개념인 모델를 구성하는 것이다.

우선 $\mathcal{L}$에 가산의 새 상수기호 집합 $\mathcal{C} = \{c_i \mid i < \omega\}$를 더하여 $\mathcal{L}'$으로 놓자(즉 $\mathcal{L}' = \mathcal{L} \sqcup \mathcal{C}$). $\mathcal{L}'$도 역시 가산이기에 $\mathcal{L}'$-명제는 가산개만큼 있고 이를 다 나열하여 $\langle \sigma_i \mid i < \omega \rangle$라 하자. 또한 $\{(i, \bar{c}) \mid i < \omega,\ \bar{c} \in \mathcal{C}^{n_i}\}$도 가산이므로 이를 나열하여 $\langle s_j \mid j < \omega \rangle$라 놓자.

중간요건 증가하는 일관적인 $\mathcal{L}'$-이론들 $T = T_0 \subseteq T_1 \subseteq T_2 \ldots$이 있어 모든 $i < \omega$에 대하여 다음을 만족한다.

(1) $\sigma_{i-1} \in T_i$이거나 $\neg\sigma_{i-1} \in T_i$이다. 또한 $T_i \setminus T$는 유한이다.

(2) $\mathcal{L}'$-명제 $\sigma_{i-1}$가 $T_i$에 있고 $\exists y \varphi(y)$ 형태라면 적당한 $c_m \in \mathcal{C}$이 있어 $\varphi(c_m) \in T_i$이다.

(3) $s_{i-1} = (k, \bar{a})$이면($\bar{a} \in \mathcal{C}^{n_k}$), 어떤 $\alpha(\bar{x}_k) \in p_k(\bar{x}_k)$가 있어서, $\neg\alpha(\bar{a}) \in T_i$

이다.

중간요건 증명 $i = 0$이면 증명할 것이 없다. 이제 $T_0 \subseteq \cdots \subseteq T_i$를 찾았다면 $T_{i+1}$을 찾아보자. $T_i$가 일관적이기에 모델이 있고 이는 $\sigma_i$나 $\neg\sigma_i$를 만족한다. 따라서 $T_i \cup \{\sigma_i\}$가 일관적이면 이를 $T'_{i+1}$로 놓고 그렇지 않으면 $T_i \cup \{\neg\sigma_i\}$가 일관적이고 이를 $T'_{i+1}$로 놓는다. 또한 만일 $\sigma_i = \exists y\varphi(y) \in T'_{i+1}$이라면 $\varphi(y)$에도 나타나지 않고 $T'_{i+1}$의 어느 원소에도 나타나지 않는 새 상수기호 $c_m$이, (1)의 둘째 조건 때문에 반드시 존재한다. 이때 $T'_{i+1} \cup \{\varphi(c_m)\}$은 일관적이다. 왜냐하면 그렇지 않으면 $T'_{i+1} \vDash \neg\varphi(c_m)$이기에 $T'_{i+1} \vDash \forall y\neg\varphi(y)$이어서(연습문제 §1.3.14), $T'_{i+1} \vDash \neg\sigma_i$로 모순이 발생한다. 이제 일관적인 $T'_{i+1} \cup \{\varphi(c_m)\}$를 $T''_{i+1}$으로 놓고 이를 늘려 (3)을 만족하는 $T_{i+1}$을 찾자. $s_i = (j, \bar{b})$라 하자. 만일 모든 $\psi(\bar{x}_j) \in p_j$에 대하여 $T''_{i+1} \cup \{\neg\psi(\bar{b})\}$에 모순이 있다면(*), 모든 $\psi \in p_j$에 대하여 $T''_{i+1} \vDash \psi(\bar{b})$이다. 그러면 (1)에 의해 $T''_{i+1} \smallsetminus T$도 유한이고 여기의 $\mathcal{L}'$-명제들을 논리곱으로 연결한 $\mathcal{L}'$-명제 $\phi(\bar{c})$가 있어 (여기서 $\bar{c}$는 새 상수기호 열이고 $\phi(\bar{y})$는 $\mathcal{L}$-논리식이다), 모든 $\psi \in p_j$에 대하여 $T \vDash \phi(\bar{c}) \to \psi(\bar{b})$이 성립한다. 여기서 $\bar{b}$가 $\bar{c}$의 부분열이라 해도 일반성을 잃지 않기에 표기의 편의상 $\bar{c} = \bar{a}\bar{b}$라 하고 $\bar{y} = \bar{z}\bar{x}$라 하자. 그러면 $T \vDash \exists\bar{z}\phi(\bar{z}\bar{x}_j) \to \psi(\bar{x}_j)$가 되고, $T''_{i+1}$이 일관적이기에 당연히 $T \cup \{\exists\bar{z}\phi(\bar{z}\bar{x}_j)\}$는 일관적이어서, $p_j(\bar{x}_j)$가 $T$의 고립되지 않은 타입이라는 가정에 모순된다. 결론적으로 (*)가 부정되기에, 한 $\psi_0(\bar{x}_j) \in p_j$가 있어 $T''_{i+1} \cup \{\neg\psi_0(\bar{b})\}$가 일관적이다. 따라서 이제 $T_{i+1} := T''_{i+1} \cup \{\neg\psi_0(\bar{b})\}$로 놓으면 이는 (1),(2),(3)을 $i+1$로 만족하기에, 중간요건을 증명하였다. □

이제 $T' := \bigcup_{i<\omega} T_i$라 하자. 그러면 $T'$은 일관적인 $\mathcal{L}'$-이론이고 (1)에 의해 $T' = \mathrm{Thm}(T')$이다. 따라서 임의의 $\mathcal{L}'$-명제 $\sigma$에 대하여, $T' \cup \{\sigma\}$가 일관적이면이 $\sigma \in T'$이다. 지금부터는 중간요건을 사용하여 우선 $T'$을 만족하는 $\mathcal{L}'$-모델 $M'$을 구성하려 한다. 먼저 $\mathfrak{C}$의 관계 $\sim$을 정의한다. 즉 만일 명제 $c_i = c_j \in T'$이면 $c_i \sim c_j$라 정의한다. 이때 $\sim$은 $\mathfrak{C}$의 동등관계임이 쉽게 따른다. 동등류들을 다 모은 $\mathfrak{C}/\sim = \{[c_i] \mid i \in \omega\}$를 우리가 찾는 $\mathcal{L}'$-모델 $M'$의 영역으로 둔다(즉 $|M'| = \mathfrak{C}/\sim$). 이제 $\mathcal{L}'$의 기호들을 다음과 같이 해석한다. 우선 $c$가 상수기호이면 $\exists y(c = y)$는 항진이기에 $T'$에 있고, 그러면 (2)에 의해 적당한 $c_m \in \mathfrak{C}$이 있어 $c = c_m \in T'$이다. 이때 $c^{M'} = [c_m]$으로 둔다. $P \in \mathcal{L}$가 술어기호이면, $P^{M'}([c_{i_1}], \ldots, [c_{i_n}])$이면이 $\mathcal{L}'$-원자명제

$Pc_{i_1} \ldots c_{i_n} \in T'$인 것으로 정의한다. 그러면 $\sim$의 정의에 의해 $=^{M'}$은 실제 등호관계이다. 끝으로 $f \in \mathcal{L}$이 $n$항함수기호이고 $([c_{i_1}], \ldots, [c_{i_n}]) \in |M'|^n$이면, $\mathcal{L}'$-명제 $\exists y(y = fc_{i_1} \ldots c_{i_n})$는 항진이기에 $T'$의 원소이고 따라서 (2)에 의해 적당한 $c_j \in \mathcal{C}$가 있어 $c_j = fc_{i_1} \ldots c_{i_n} \in T'$이다. 이때 $f^{M'}([c_{i_1}], \ldots, [c_{i_n}]) := [c_j]$로 정의한다. 이 $\mathcal{L}'$ 기호 해석들의 정의가 동등류 집합의 대표원 선정에 무관하게 잘 정의되어 있음을 어렵지 않게 확인할 수 있다(연습문제 §4.3.3).

이제 $M' \models T'$임을 확인해 보자. 사실, 임의의 $\mathcal{L}'$-논리식 $\varphi(\bar{x})$와 $c_{i_1}, \ldots, c_{i_n} \in \mathcal{C}$에 대하여

$$M' \models \varphi([c_{i_1}], \ldots, [c_{i_n}])\text{이면이 } \varphi(c_{i_1}, \ldots, c_{i_n}) \in T' \quad (*)$$

임을 통상적인 $\mathcal{L}'$-논리식들에 대한 귀납법으로 보일 수 있다(연습문제 §4.3.3). 따라서 특히 $M' \models T'$이다. 이제 원하던 $M$을 $M'$의 $\mathcal{L}$-축약으로 놓자. 그러면 당연히 $M \models T$이다. 이제 $M$이 모든 $p_i(\bar{x}_i)$를 거르는 것을 보이자. 만일 그렇지 않아 한 $j \in \omega$와 $\bar{c}_j = (c_{i_1}, \ldots, c_{i_{n_j}}) \in \mathcal{C}^{n_j}$가 있어 $M$이 $p_j(\bar{x}_j)$를 $([c_{i_1}], \ldots, [c_{i_{n_j}}])$로 만족한다고 하자. 그러면 위 $(*)$에 의해 모든 $\alpha(\bar{x}_j) \in p_j$에 대하여 $\alpha(\bar{c}_j) \in T'$이다. 이는 중간요건 (3)을 위배한다. 따라서 $M$은 모든 $p_i(\bar{x}_i)$를 거른다. 마지막으로 $M$이 유한이라면 $T$의 타입은 고립된 것만 있기에(연습문제 §4.3.7), $M$의 크기는 $\omega$이어야 한다. □

가산언어가 아닐 경우 타입누락정리는 일반적으로 성립하지 않는다([6] 참조).

## 4.2 원자모델과 소모델

이 장의 주제인 소모델과 원자모델 개념을 소개하고, 두 개념이 가산언어의 가산모델에서 같다는 것을 보일 것이다. 또한 가산언어의 완전한 이론에서, 소모델의 유일성과 소모델을 가질 필요충분조건도 살펴볼 것이다.

**정의 4.7**

$T$는 완전한 $\mathcal{L}$-이론이고 $M \models T$이다.

- $M$을 $T$의 모든 모델에 기본매입할 수 있으면 이를 $T$의 소素 *prime*모델이라 부른다.
- 모든 $\bar{a} \in M$에 대하여 $\text{tp}(\bar{a})$가 고립되었다면 $M$을 원자*atomic*모델이라 부른다.
- $T$의 고립된 타입들이 조밀하게 있다는 것은, $T$와 일관적인 모든 $\mathcal{L}$-논리식 $\varphi(\bar{x})$에 대하여 $\varphi(\bar{x}) \subset p$인 고립된 타입 $p(\bar{x}) \in S_n(T)$가 있다는 것이다.

예를 들어 $T = T_{\mathrm{ACF}_p}$일 때($p = 0$ 또는 소수), $\mathbb{Q}^{\mathrm{alg}}$나 $\mathbb{F}_p^{\mathrm{alg}}$는 각각 소모델이다. 이는 원자 모델이기도 하다(응용 6.10, 정리 4.9).

**정리 4.8**

$T$는 가산인 $\mathcal{L}$의 완전한 이론이다. $T$가 원자모델을 가질 필요충분조건은 고립된 타입들이 조밀하게 있는 것이다.

증명 ($\Rightarrow$) $M \models T$이 원자모델이라 하자. 한편, 만일 $\varphi(\bar{x})$가 $T$와 일관적이면 $T$가 완전하기에 $T \models \exists\bar{x}\varphi(\bar{x})$이다. 따라서 $M \models \exists\bar{x}\varphi(\bar{x})$이고 적당한 $\bar{a} \in M$가 있어 $M \models \varphi(\bar{a})$이다. 그러므로 $\varphi(\bar{x}) \in \text{tp}_M(\bar{a})$이고, $M$이 원자모델이기에 $\text{tp}(\bar{a})$는 고립된 완전한 타입이다.

($\Leftarrow$) 오른편을 가정하자. 이제 $1 \leq n$에 대하여

$$\Gamma_n := \{\neg\varphi(\bar{x}) \mid \varphi(\bar{x})\text{로써 고립되는 } T\text{의 완전한 } n\text{타입이 있다}\}$$

이라 하자. (여기서 물론 $\varphi(\bar{x})$는 $T$와 일관적이다.)

중간요건 만일 $\Gamma_n$이 $T$와 일관적이면 이는 고립되지 않은 $n$타입이다.

중간요건 증명 $\Gamma_n$이 $T$와 일관적이어서 $T$의 $n$타입이라 하자. 이때 $\Gamma_n$이 $T$와

일관적인 $\psi(\bar{x})$로 고립됐다면, 오른편 가정에 의해 $T$와 일관적인 $\phi(\bar{x})$가 있어 $T \models \phi(\bar{x}) \to \psi(\bar{x})$이고 또한 $\neg\phi(\bar{x}) \in \Gamma_n$이다. 따라서 $T \models \phi(\bar{x}) \to \neg\phi(\bar{x})$이기에 모순이다. 중간요건을 증명하였다. □

이제 타입누락정리 4.6을 중간요건에 적용하면, 모든 $\Gamma_n$을 $(n \geq 1)$ 거르는 $T$의 모델 $M$이 있다. ($\Gamma_n$이 $T$에 모순되면 이미 $T$의 모든 모델이 $\Gamma_n$을 만족하지 않기에, 이 경우는 무시해도 된다.) 이 $M$은 $T$의 원자모델이다. 왜냐하면 임의의 $\bar{a} \in M^n$에 대하여, $M \not\models \Gamma_n(\bar{a})$이기에 $\neg\varphi_0(\bar{x}) \in \Gamma_n$가 있어 $M \models \varphi_0(\bar{a})$이고 $\varphi_0(\bar{x})$는 하나의 완전한 타입을 고립시킨다. 이때 그 완전한 타입은 $\mathrm{tp}(\bar{a})$이어야 한다. 왼쪽을 증명하였다. □

**정리 4.9**

$T$는 가산인 $\mathcal{L}$의 완전한 이론이고, $M, N \models T$라 하자.

(1) $M$이 소모델이면이 $M$은 가산의 원자모델이다.

(2) $M, N$이 모두 소모델이면 $M$과 $N$은 동형이다.

증명 (1)($\Rightarrow$) 뢰벤하임-스콜렘 정리에 의해 가산인 $T$의 모델이 있기에 소모델 $M$은 가산이다. 이제 $\bar{a} \in M$이라 하자. 만일 $p(\bar{x}) := \mathrm{tp}(\bar{a})$가 고립되지 않았다면 타입누락정리에 의해 가산인 $T$의 모델 $N$이 있어 $p(\bar{x})$를 거른다. 하지만 $M$이 소모델이기에 기본매입 $f : M \to N$이 있고 따라서 $p(\bar{x})$는 $N$에서 $f(\bar{a}) \in N$로 구현되기에 모순이다. 그러므로 $M$의 임의의 $n$짝의 타입은 고립되었고 $M$은 원자모델이다.

($\Leftarrow$) $M \models T$이 가산의 원자모델이라 하고 $N \models T$라 하자. $M$을 $N$에 기본매입할 수 있음을 보이자. $M$의 기수를 $k(\leq \omega)$라 하고, 원소들을 모두 나열하여 $\langle a_i \mid i < k \rangle$라 하자. 그러면 $n < k$에 대하여, $\mathrm{tp}_M(a_0 \ldots a_n)$은 고립되어 있기에 $\mathcal{L}$-논리식 $\varphi_n(x_0, \ldots, x_n)$이 이를 고립시킨다고 하자. 이때 $n+1 < k$이면, $T \models \varphi_n(x_0, \ldots, x_n) \to \exists x_{n+1}\varphi_{n+1}(x_0, \ldots, x_n, x_{n+1})$이다(†). 왜냐하면 $M \models \exists x_{n+1}\varphi_{n+1}(x_0, \ldots, x_n, x_{n+1})[a_0 \ldots a_n]$이기에 $\exists x_{n+1}\varphi_{n+1}(x_0, \ldots, x_n, x_{n+1}) \in$

$\text{tp}_M(a_0 \ldots a_n)$이 되기 때문이다.
한편 $T$가 완전하기에 우선 $T \models \exists x_0\varphi_0(x_0)$이고, 고로 $N \models \exists x_0\varphi_0(x_0)$이기에, 어떤 $b_0 \in N$가 있어서 $\text{tp}_M(a_0)$를 $N$에서 만족한다. 따라서 $a_0 \mapsto b_0$인 사상은 기본사상이다. 이제 이를 확장한 기본사상 $f_n : \{a_0, \ldots, a_n\}(\subset M) \to \{b_0, \ldots, b_n\}(\subset N)$을 $(f_n(a_i) = b_i)$ 찾았다고 하자$(n+1 < k)$. 따라서 $\text{tp}_M(a_0 \ldots a_n) = \text{tp}_N(b_0 \ldots b_n)$이고, 언급한 것처럼 이는 $\varphi_n(x_0, \ldots, x_n)$로 고립되어 있다. 그러면 (†)에 의해 $N \models \exists x_{n+1}\varphi_{n+1}(x_0, \ldots, x_n, x_{n+1})[b_0 \ldots b_n]$이고, 적당한 $b_{n+1} \in N$이 있어 $N \models \varphi_{n+1}[b_0 \ldots b_{n+1}]$이다. 그러므로 $f_{n+1} : \{a_0, \ldots, a_n, a_{n+1}\}(\subset M) \to \{b_0, \ldots, b_n, b_{n+1}\}(\subset N)$은 $(a_i \mapsto b_i)$ $f_n$을 늘린 기본사상이다. 이제 $\bigcup_{i<k} f_i$는 $M$을 $N$에 기본매입한다.

(2) 이의 증명은 위 (1)(⇐) 증명과 방식이 비슷하다. 구체적으론 연습문제 §3.4.12(a)의 양방향 귀납법을 사용한다. 우선 $T$의 가산인 원자모델 $M, N$의 원소들을 나열하여 $|M| = \{a_i \mid i \in \omega\}$, $|N| = \{b_i \mid i \in \omega\}$라 놓자. ($M$이 유한 모델이면 $T$가 완전하기에 $M, N$이 동형인 것은 자명하다.) $\text{tp}_M(a_0)$가 $\varphi_0(x)$로써 고립됐다면 $T \models \exists x\varphi_0(x)$이고 따라서 $b_{j_0} \in N$이 있어 $N \models \varphi_0(b_{j_0})$이기에 $a_0 \mapsto b_{j_0}$인 대응은 기본사상이다. 이제 $b_{j_1}$을 위의 $|N|$의 원소들 나열에서 $b_{j_0}$를 제외하고 처음 나오는 원소라 하자(즉 $j_0 = 0$이면 $j_1 = 1$이고, 그 외에는 $j_1 = 0$이다). 이때 $\varphi_1(x, y)$가 $\text{tp}_N(b_{j_0}b_{j_1})$을 고립시키면 $\exists y\varphi_1(x, y) \in \text{tp}_N(b_{j_0}) = \text{tp}_M(a_0)$이기에 적당한 $i_1(\neq 0)$이 있어 $M \models \varphi_1(a_0 a_{i_1})$을 만족한다($i_0 = 0$으로 놓는다). 그러면 $\text{tp}_M(a_{i_0}a_{i_1}) = \text{tp}_N(b_{j_0}b_{j_1})$이다. 이제 서로 다른 원소들인 $a_{i_0}, \ldots a_{i_n} \in M$과 $b_{j_0}, \ldots b_{j_n} \in N$이 있어 $\text{tp}_M(a_{i_0} \ldots a_{i_n}) = \text{tp}_N(b_{j_0} \ldots b_{j_n})$이라 하자. 우선 $a_{i_{n+1}}$은 위의 $|M|$의 원소들 나열에서 $a_{i_0}, \ldots, a_{i_n}$을 제외하고 처음 나오는 원소라 정한다. 이때 $\text{tp}_M(a_{i_0} \ldots a_{i_{n+1}})$이 $\varphi_{n+1}(\bar{x}, y)$로써 $(\bar{x} = x_0 \ldots x_n)$ 고립됐다면, (1)(⇐) 증명에서처럼 적당한 $b_{j_{n+1}} \in N$이 있어 $N \models \varphi_{n+1}(b_{j_0} \ldots b_{j_n} b_{j_{n+1}})$이 성립한다. 이제 $b_{i_{n+2}}$를 $|N|$의 원소들 나열에서 $b_{j_0}, \ldots, b_{j_{n+1}}$을 제외하고 처음 나오는 원소로 둔다. 그러면 마찬가지로 $\text{tp}_M(a_{i_0} \ldots a_{i_{n+2}}) = \text{tp}_N(b_{j_0} \ldots b_{j_{n+2}})$가 성립하는 적당한 $a_{i_{n+2}} \in M$가 있다. 이렇게 계속하면 $\{a_{i_k} \mid k \in \omega\}$와 $\{b_{j_k} \mid k \in \omega\}$는 중복 없이 각각 $M, N$의 원소들을 모두 나열한 것이 되고, $a_{i_k} \mapsto b_{j_k}$인 사상은 동형사상임을 알 수 있다. 따라서 $M \cong N$이다. □

### 4.2.1 칸토어-벤딕슨 급수

가산의 완전한 이론이 '작다'는 것은 이의 완전한 타입이 가산개만 있다는 것이다. 여러 중요한 특성을 가지는 작은 이론에 대하여 공부하기 위해, 우선 칸토어-벤딕손 급수 개념을 도입하고 고찰할 것이다. 칸토에-벤딕손 급수는 §8.4절의 몰리 급수 개념을 이해하기 위한 전 단계 개념이라 볼 수 있다.

**정의 4.10**

$T$는 완전한 $\mathcal{L}$-이론이다. 이때 $\mathcal{L}$-논리식 $\varphi(\bar{x})$의 ($T$에서의) 칸토어Cantor-벤딕손Bendixon 급수 (CB-급수) $\mathrm{CB}_T(\varphi(\bar{x})) = \mathrm{CB}(\varphi(\bar{x}))$를 다음과 같이 정의한다.

(1) 우선 임의의 서수 $\alpha$에 대하여 $\mathrm{CB}(\varphi(\bar{x})) \geq \alpha$를 아래와 같이 재귀적으로 정의한다.

(a) 만일 $\varphi(\bar{x})$가 $T$와 일관적이면, $\mathrm{CB}(\varphi(\bar{x})) \geq 0$이다.

(b) $\mathcal{L}$-논리식 $\psi_i(\bar{x})$가 있어($i < \omega$), 각 2짝은 $T$와 모순되면서 (즉 임의의 $i < j$에 대하여 $T \models \neg\exists\bar{x}(\psi_i(\bar{x}) \wedge \psi_j(\bar{x}))$) 모든 $i \in \omega$에 대하여 $\mathrm{CB}(\varphi(\bar{x}) \wedge \psi_i(\bar{x})) \geq \alpha$이면, $\mathrm{CB}(\varphi(\bar{x})) \geq \alpha + 1$이다.

(c) $\delta$가 극한서수일 때 만일 모든 $\alpha < \delta$에 대하여 $\mathrm{CB}(\varphi(\bar{x})) \geq \alpha$이면, $\mathrm{CB}(\varphi(\bar{x})) \geq \delta$이다.

(2) 이제 $\mathrm{CB}(\varphi(\bar{x})) = \alpha$라는 것은 $\mathrm{CB}(\varphi(\bar{x})) \geq \alpha$이지만 $\mathrm{CB}(\varphi(\bar{x})) \not\geq \alpha + 1$인 것을 뜻한다. ($\varphi(\bar{x})$가 $T$와 모순되면 $\mathrm{CB}(\varphi)$는 정의되지 않거나 $-1$로 놓기도 한다.)

(3) $\mathrm{CB}(\varphi(\bar{x})) = \infty$라는 것은 모든 서수 $\alpha$에 대하여 $\mathrm{CB}(\varphi(\bar{x})) \geq \alpha$임을 뜻한다.

(4) 만일 $p(\bar{x})$가 $T$의 타입이면

$$\mathrm{CB}(p(\bar{x})) := \min\{\mathrm{CB}(\varphi(\bar{x})) \mid T \cup p \models \varphi(\bar{x})\}$$

로 정한다.

**보조정리 4.11**

$T$는 완전한 $\mathcal{L}$-이론이고 $p(\bar{x}), q(\bar{x})$는 $T$의 타입, $\varphi(\bar{x}), \psi(\bar{x})$는 $\mathcal{L}$-논리식, $\alpha$는 서수다.

(1) $T \cup \{\varphi(\bar{x})\} \models \psi(\bar{x})$이면 $\mathrm{CB}(\varphi) \leq \mathrm{CB}(\psi)$이다. 따라서 정의 4.10(4)는 $p(\bar{x})$가 단지 하나의 논리식인 때도 일관성을 잃지 않는다. 또한 $T \cup p(\bar{x}) \models q(\bar{x})$이면 $\mathrm{CB}(p) \leq \mathrm{CB}(q)$이고, $p \neq \varnothing$이면

$$\mathrm{CB}(p(\bar{x})) := \min\{\mathrm{CB}(\varphi_0(\bar{x}) \wedge \cdots \wedge \varphi_n(\bar{x})) \mid \varphi_i(\bar{x}) \in p,\ i \leq n < \omega\}$$

이다.

(2) $\mathrm{CB}(\varphi \vee \psi) = \max\{\mathrm{CB}(\varphi), \mathrm{CB}(\psi)\}$이다.

(3) $\mathrm{CB}(p)$는 $\mathrm{CB}(p \cup \{\varphi\})$이거나 $\mathrm{CB}(p \cup \{\neg\varphi\})$이다.

(4) 타입 $p(\bar{x})$에 대하여, $p \subseteq p'$이고 $\mathrm{CB}(p) = \mathrm{CB}(p')$인 $p'(\bar{x}) \in S_n(T)$가 있다.

(5) $\mathrm{CB}(\varphi) = \alpha$이면이 $\{p \in S_n(T) \mid \varphi \in p$이고 $\mathrm{CB}(p) \geq \alpha\}$는 공이 아닌 유한집합이다.

(6) $p \in S_n(T)$이고 $\mathrm{CB}(p) = \alpha$라 하자. 그러면 $\mathrm{CB}(\varphi) = \alpha$인 $\varphi \in p$가 있어

$$\{p\} = \{q \in S_n(T) \mid \varphi \in q \text{이고 } \mathrm{CB}(q) \geq \alpha\}$$

가 성립한다.

(7) $p \in S_n(T)$일 때, $\mathrm{CB}(p) = 0$이면이 $p$는 고립된 타입이다.

증명 (1)은 첫째 문장만 증명하면 나머지는 쉽게 따라온다. 첫 문장을 보이기 위해 $T \cup \{\varphi(\bar{x})\} \models \psi(\bar{x})$라 전제하자. 증명은 서수에 대한 통상적 초한귀납법을 사용한다. 먼저 $\mathrm{CB}(\varphi) \geq 0$이면 $\varphi$가 $T$와 일관적이고, 따라서 전제에 의해 $\psi$도 $T$와 일관적이기에 $\mathrm{CB}(\psi) \geq 0$이다. 이제 $\mathrm{CB}(\varphi) \geq \alpha$이면 $\mathrm{CB}(\psi) \geq \alpha$라 하자

(*). 이때 $\mathrm{CB}(\varphi) \geq \alpha+1$라 가정하고, $\mathrm{CB}(\psi) \geq \alpha+1$임을 보이자. 우선 $\psi_i$가 있어 $(i<\omega)$, 각 2짝은 $T$와 모순되면서 모든 $i \in \omega$에 대하여 $\mathrm{CB}(\varphi \wedge \psi_i) \geq \alpha$이다. 이제 전제에 의해 $T \cup \{\varphi \wedge \psi_i\} \models \psi \wedge \psi_i$이고, (*)를 $\varphi \wedge \psi_i$와 $\psi(\bar{x}) \wedge \psi_i$에 적용하면, 모든 $i \in \omega$에 대하여 $\mathrm{CB}(\psi \wedge \psi_i) \geq \alpha$이다. 따라서 정의에 의해, 원하던 대로 $\mathrm{CB}(\psi) \geq \alpha+1$이다. 끝으로 $\delta$가 극한기수이고 임의의 $\beta<\delta$에 대하여, $\mathrm{CB}(\varphi) \geq \beta$이면 $\mathrm{CB}(\psi) \geq \beta$라 하자. 그러면 정의에 의해 $\mathrm{CB}(\varphi) \geq \delta$이면 $\mathrm{CB}(\psi) \geq \delta$이다. 결론적으로 $\mathrm{CB}(\varphi) \leq \mathrm{CB}(\psi)$임을 증명하였다.

(2) $\mathrm{CB}(\varphi \vee \psi) \geq \max\{\mathrm{CB}(\varphi), \mathrm{CB}(\psi)\}$임은 (1)에 의해 따른다. $\mathrm{CB}(\varphi \vee \psi) \leq \max\{\mathrm{CB}(\varphi), \mathrm{CB}(\psi)\}$의 증명은 역시 초한귀납법으로, 임의의 서수 $\alpha$에 대하여 $\mathrm{CB}(\varphi \vee \psi) \geq \alpha$이면 $\max\{\mathrm{CB}(\varphi), \mathrm{CB}(\psi)\} \geq \alpha$임(**)을 보이면 된다. $\alpha=0$이나 극한서수인 경우는 쉽게 증명되기에, (**)을 가정하고 (**)가 $\alpha+1$일 때도 성립함을 확인하자. 이제 $\mathrm{CB}(\varphi \vee \psi) \geq \alpha+1$이면, $\psi_i$가 있어 $(i<\omega)$, 각 2짝은 $T$와 모순되면서 모든 $i \in \omega$에 대하여 $\mathrm{CB}((\varphi \vee \psi) \wedge \psi_i) \geq \alpha$이다. 따라서 (**)에 의해, 모든 $i \in \omega$에 대하여 $\max\{\mathrm{CB}(\varphi \wedge \psi_i), \mathrm{CB}(\psi \wedge \psi_i)\} \geq \alpha$이다. 그러면 비둘기집 원리에 의해 $\omega$의 무한부분집합 $\tau$가 있고 $\phi \in \{\varphi, \psi\}$가 있어 모든 $i \in \tau$에 대하여 $\mathrm{CB}(\phi \wedge \psi_i) \geq \alpha$이다. 이때 $\tau$와 $\omega$는 일대일대응이 되기에, 정의에 의해 $\mathrm{CB}(\phi) \geq \alpha+1$이고 따라서 $\max\{\mathrm{CB}(\varphi), \mathrm{CB}(\psi)\} \geq \alpha+1$이다.

(3) (1)에 의해 $T \cup p \models \psi', \psi_0, \psi_1$이 있어 각각 $\mathrm{CB}(p)=\mathrm{CB}(\psi')$, $\mathrm{CB}(p \cup \{\neg\varphi\})=\mathrm{CB}(\psi_0 \wedge \neg\varphi)$, $\mathrm{CB}(p \cup \{\varphi\})=\mathrm{CB}(\psi_1 \wedge \varphi)$이다. 이때 $\psi:=\psi' \wedge \psi_0 \wedge \psi_1$라 두면 $\mathrm{CB}(p)=\mathrm{CB}(\psi)$이기도 하다. 그러면

$$\begin{aligned} \mathrm{CB}(\psi) = &\ \mathrm{CB}((\psi \wedge \varphi) \vee (\psi \wedge \neg\varphi)) && \text{((1)에 의해)} \\ = &\ \mathrm{CB}(\psi \wedge \phi_i)\ (i \in \{0,1\},\ \phi_0 := \neg\varphi,\ \phi_1 := \varphi\}) && \text{((2)에 의해)} \end{aligned}$$

이다. 다시 (1)에 의해 $\mathrm{CB}(p \cup \{\phi_i\}) \leq \mathrm{CB}(p)=\mathrm{CB}(\psi \wedge \phi_i) \leq \mathrm{CB}(\psi_i \wedge \phi_i)=\mathrm{CB}(p \cup \{\phi_i\})$이기에, $\mathrm{CB}(p)=\mathrm{CB}(p \cup \{\phi_i\})$이다.

(4) 먼저 $\varphi(\bar{x})$ 형태의 모든 $\mathcal{L}$-논리식들을 나열한다. (3)에 의해서, $p$로 시작하여 각 단계에서 $\varphi(\bar{x})$나 $\neg\varphi(\bar{x})$를 더하며 급수를 유지할 수 있기에 원하는 완전한 타입 $p'$을 얻을 수 있다.

(5)($\Rightarrow$) $\mathrm{CB}(\varphi) = \alpha$이면 (4)에 의해 $S_{\varphi,\alpha} := \{p \in S_n(T) \mid \varphi \in p$이고 $\mathrm{CB}(p) \geq \alpha\} \neq \varnothing$이다. 만일 $S_{\varphi,\alpha}$가 무한집합이라면 연습문제 §4.3.8에 의해 $\{p_i \mid i \in \omega\} \subseteq S_{\varphi,\alpha}$와, 각 2짝이 $T$와 모순되는 $\psi_i(\bar{x}) \in p_i$가 있다. 당연히 $\varphi \wedge \psi_i \in p_i$이고 따라서 모든 $i < \omega$에 대해 $\mathrm{CB}(\varphi \wedge \psi_i) \geq \alpha$이기에, $\mathrm{CB}(\varphi) \geq \alpha + 1$이 되어 모순이다. 그러므로 $S_{\varphi,\alpha}$는 유한집합이다.

($\Leftarrow$) $S_{\varphi,\alpha} \neq \varnothing$이기에 $\mathrm{CB}(\varphi) \geq \alpha$이다. 만일 $\mathrm{CB}(\varphi) \geq \alpha + 1$이라면 각 2짝이 $T$와 모순되는 $\psi_i(\bar{x})$가 있어($i < \omega$), $\mathrm{CB}(\varphi \wedge \psi_i) \geq \alpha$이다. 따라서 (4)에 의해 $\varphi \wedge \psi_i \in p_i$이고 $\mathrm{CB}(p_i) \geq \alpha$인 $p_i \in S_n(T)$가 있다($i < \omega$). 그러면 $\varphi \in p_i$이기에 $S_{\varphi,\alpha}$가 유한이라는 것에 모순된다. 결국 $\mathrm{CB}(\varphi) \not\geq \alpha + 1$이고 $\mathrm{CB}(\varphi) = \alpha$이다.

(6) $p \in S_n(T)$이고 $\mathrm{CB}(p) = \alpha$이기에 $\phi \in p$가 있어 $\mathrm{CB}(\phi) = \alpha$이다. 그러면 (5)에 의해 $S_{\phi,\alpha} = \{q \in S_n(T) \mid \phi \in q$이고 $\mathrm{CB}(q) \geq \alpha\}$를 $\{q_i \mid i = 0, \ldots, m\}$이라 쓸 수 있다($0 \leq m$, $q_0 = p$). 이때 모든 $i = 1, \ldots, m$에 대해서 $\neg\psi_i \in q_i$인 $\psi_i \in p$가 있다. 이제 $\varphi := \phi \wedge \psi_1 \wedge \cdots \wedge \psi_m$이라 하자. 이는 물론 $p$에 있고, $\mathrm{CB}(\varphi) = \alpha$이며 $p \in S_{\varphi,\alpha}$이다. 또한 $S_{\varphi,\alpha} \subseteq S_{\phi,\alpha}$이지만, $i = 1, \ldots, m$에 대하여 $q_i \notin S_{\varphi,\alpha}$이다. 따라서 $S_{\varphi,\alpha} = \{p\}$이다.

(7)($\Rightarrow$) $\mathrm{CB}(p) = 0$이라 하자. (6)에 의해 $\varphi \in p$가 있어 $S_{\varphi,0} = \{p\}$이다. 이제 $\psi \in p$일 때 만일 $T \not\models \varphi \to \psi$이면 $\varphi \wedge \neg\psi \in q \in S_n(T)$가 있다. 이때 $q \neq p$이면서 $q \in S_{\varphi,0}$이기에 모순이다. 따라서 $T \models \varphi \to \psi$이고 $p$는 $\varphi$로써 고립된 타입이다.

($\Leftarrow$) $p \in S_n(T)$가 $\varphi$로 고립됐다고 하자($\star$). 만일 $\mathrm{CB}(p) \geq 1$이라면 $\mathrm{CB}(\varphi) \geq 1$이다. 그러면 $T$에서 모순되는 $\mathcal{L}$-논리식 $\psi_0, \psi_1$가 있어, $\varphi \wedge \psi_i$는 ($i = 0, 1$) $T$와 일관적이다. 따라서 $T \not\models \varphi \to \psi_0$이고 $T \not\models \varphi \to \neg\psi_0$이다. 이때 반드시 $\psi_0 \in p$이거나 $\neg\psi_0 \in p$이기에 ($\star$)에 모순된다. 따라서 $\mathrm{CB}(p) = 0$이다. □

아래 정리 4.13(1),(2)의 서술은 칸토어-벤딕슨 급수와 관련이 없지만, 이들이 동등함을 증명하는 것에 CB-급수가 쓰인다.

**보조정리 4.12**

$T$는 가산 $\mathcal{L}$의 완전한 이론이다. 만일 $\mathcal{L}$-논리식 $\varphi(\bar{x})$가 ($|\bar{x}| = n$) 있어 $\mathrm{CB}(\varphi) \geq \aleph_1$이면, $\mathrm{CB}(\varphi) = \infty$이고 $|S_n(T)| = 2^{\aleph_0}$이다.

증명 모든 서수 $\alpha < \aleph_1$에 대하여 $\mathrm{CB}(\varphi) \geq \alpha + 1$이기에, 정의에 의해 ($T$에서) 서로 모순되는 $\psi_0^\alpha(\bar{x}), \psi_1^\alpha(\bar{x})$가 있어, $T \vDash \psi_i^\alpha \to \varphi$이고 ($i = 0, 1$) $\mathrm{CB}(\psi_i^\alpha) \geq \alpha$이다. 그러면 $\mathcal{L}$이 가산이기에 비둘기집 원리에 의해 $\aleph_1$개의 서수 $\alpha$에 대하여 $(\psi_0^\alpha, \psi_1^\alpha)$는 같은 논리식 짝인 $(\psi_0, \psi_1)$이 된다. 따라서 $\psi_0, \psi_1$은 모순되고 $T \vDash \psi_i \to \varphi$이며 $\mathrm{CB}(\psi_i) \geq \aleph_1$이다($i = 0, 1$). 이를 반복하면 임의의 $s \in 2^{<\omega}(= \bigcup_{n \in \omega} {}^n 2$, 관련표기는 xvi쪽 참조)에 대하여 $\psi_s(\bar{x})$가 있어, $\mathrm{CB}(\psi_s) \geq \aleph_1$이고 $T \vDash \psi_{si} \to \psi_s$이며, $\psi_{s0}$와 $\psi_{s1}$은 $T$에서 모순된다(†). (여기서 $\psi_{\langle\rangle} = \varphi$이고 $\psi_{\langle i \rangle} = \psi_i$이다. 따라서 $T \vDash \psi_s \to \varphi$이다.) 고로 임의의 $f \in 2^\omega$에 대하여 $\{\psi_s \mid s = f \upharpoonright m \in 2^{<\omega},\ m \in \omega\}$는 일관적이기에 이를 포함하는 완전한 타입 $p_f \in S_n(T)$가 있다. 뿐만 아니라 $f \neq g \in 2^\omega$이면 (†)에 의해 $p_f \neq p_g$이다. 그러므로 $|S_n(T)| \geq 2^{\aleph_0}$이고, $|S_n(T)| \leq 2^{\aleph_0}$은 항상 성립하기에 $|S_n(T)| = 2^{\aleph_0}$이다.

끝으로 임의의 $s \in 2^{<\omega}$와 서수 $\alpha$에 대하여 $\mathrm{CB}(\psi_s) \geq \alpha$임을 보이자(고로 $\mathrm{CB}(\varphi) = \infty$). 이미 $\mathrm{CB}(\psi_s) \geq \aleph_1 \geq 0$이고, $\alpha$가 극한서수일 때는 귀납가정에서 곧장 따른다. 이제 모든 $t \in 2^{<\omega}$에 대해 $\mathrm{CB}(\psi_t) \geq \alpha$라 하고, $\mathrm{CB}(\psi_s) \geq \alpha + 1$임을 보이면 된다. 임의의 $i < \omega$에 대해 $\phi_i := \psi_{s0^i1}$라 하면 $\phi_i, \phi_j$는 ($i \neq j$) 모순되고 $T \vDash \phi_i \to \psi_s$이며 $\mathrm{CB}(\phi_i) \geq \alpha$이기에 $\mathrm{CB}(\psi_s) \geq \alpha + 1$이다. □

**보조정리 4.13**

$T$는 가산인 $\mathcal{L}$의 완전한 이론이다. 아래 조건들은 모두 동등하다.

(1) $|S_n(T)| \leq \aleph_0$이다.

(2) $|S_n(T)| < 2^{\aleph_0}$이다.

(3) 모든 $p \in S_n(T)$에 대하여 $\mathrm{CB}(p)$는 ($\aleph_1$보다 작은) 서수이다.

*Proof.* (1)⇒(2)는 당연하다.

(2)⇒(3) 보조정리 4.12에서 곧장 유도된다.

(3)⇒(1) 임의의 $p \in S_n(T)$에 대하여 CB($p$)가 서수값을 갖는다고 하자. 그러면 보조정리 4.11(6)에 의해 $\varphi_p \in p$가 있어, $\varphi_p$를 원소로 가지면서 CB-급수값을 보존하는 완전한 $n$타입은 $p$뿐이게 된다. 이때 이러한 대응 $p \mapsto \varphi_p$는 $S_n(T)$에서 $\mathcal{L}$-논리식들의 집합으로 가는 일대일함수가 된다. 그러면 $\mathcal{L}$이 가산이기에 $|S_n(T)| \leq \aleph_0$이다. □

**정의 4.14**

$T$가 가산언어의 완전한 이론이고 $|S(T)| = \aleph_0$이면, $T$가 작다, 또는 $T$는 작은*small* 이론이라고 한다.

**보기 4.15**

(1) $\mathcal{L}$-이론이 작으면 보조정리 4.13에 의해, 모든 (일관적인) $\mathcal{L}$-논리식은 서수값의 CB-급수를 갖는다. 예를 들어 Th($\mathbb{Q}, <$)은 작은 이론이고, 여기서 CB($x = x$) = 0이다. 하지만 모든 원소에 이름을 준 $(\mathbb{Q}, <)_{\mathbb{Q}}$의 이론은 작지 않다. 여기서 CB($x = x$) = $\infty$이다.

$T_{\mathrm{ACF}_p}$도 작은 이론이고($p = 0$또는 소수), CB($x = x$) = 1이다(보기 4.5 (2)).

(2) 가산서수 $(2 \leq)\alpha(< \aleph_1)$에 대하여, $\mathcal{L}$은 2항술어기호 $E_i$들로만 $(0 < i < \alpha)$ 구성됐다고 하자. 또한 $\mathcal{L}$-이론 $T$는 각 $E_i$가 동등관계이고 $E_i$-동등류가 무한개 있고, 모든 $E_i$-동등류는 무한집합이며, $0 < i < j < \alpha$에 대하여 $xE_iy \to xE_jy$가 성립하고 (즉 $E_i$가 $E_j$보다 섬세하고) 각 $E_j$-동등류 안에 무한개의 $E_i$-동등류들이 있다는 것을 묘사한다고 하자. 그러면 $T$는 완전한 작은 이론임을 보일 수 있다. 이때 $\mathrm{CB}_T(x = x) = 0$이다. $M$이 $T$의 가산모델일 때, $M$의 이름을 준 $T_M$도 작은 이론이지만, $\mathrm{CB}_{T_M}(x = x) = \alpha$이다(연습문제 §6.7.7).

**보조정리 4.16**

$T$가 작은 이론이면, $T$의 고립된 타입들이 조밀하게 있다.

증명 $\varphi(\bar{x})$가 $T$와 일관적인 논리식이라 하자. 이때 $\mathcal{O}_\varphi = \{p(\bar{x}) \in S_n(T) \mid \varphi \in p\}$의 원소들은 보조정리 4.13에 의해 서수값의 CB-급수를 갖는다. 따라서 그중에, CB-급수가 가장 작은 서수값(이를 $\alpha$라 하자)을 가지는 타입 $q$를 생각하자. 이 $q$가 고립된 타입임을 보이면 된다. 우선 보조정리 4.11(6)에 의해 $\psi \in q$가 있어, $\psi$를 원소로 가지면서 CB-급수를 $\alpha$ 이상으로 보존하는 완전한 $n$타입은 $q$만 있게 된다. 그러면 $\varphi \wedge \psi \in q$는 $q$를 고립시킨다. 왜냐하면 만일 $\varphi \wedge \psi \in p_0 \in S_n(T)$라면 $p_0 \in \mathcal{O}_\varphi$이기에 $\mathrm{CB}(p_0) \geq \alpha$이며, 또한 $\psi \in p_0$이어서 $p_0 = q$가 되기 때문이다. □

정리 4.8, 4.9, 3.31과 보조정리 4.16에 의해 다음이 유도된다. 이의 서술에는 CB-급수가 언급되지 않지만, 증명에 이미 사용되었다.

**따름정리 4.17** 작은 이론은 가산의 소모델을 가진다.

다음은 보기 겸 보충설명이다.

**보기 4.18**

(1) 정리 4.17의 역은 성립하지 않는다. $T$가 $(\mathbb{Q}, <)_\mathbb{Q}$의 이론이라면 $T$는 작지 않지만(보기 4.5), $(\mathbb{Q}, <)_\mathbb{Q}$는 $T$의 가산원자모델이기에 소모델이다.

(2) $\mathrm{Th}(\mathbb{Z}, +)$는 원자모델을 갖지 않는다[2]. 또한 영역 $|M| := \{A \subseteq \omega \mid A$는 유한집합$\}$이고, $n \in \omega$에 대하여 1항관계 $P_n := \{A \in |M| \mid n \in A\}$이라 할 때, 모델 $M = (|M|, P_n \mid n \in \omega)$의 이론도 소모델을 갖지 않는다(연습문제 §6.7.7).

(3) 정리 3.8(2)(또는 연습문제 §3.7)에 의해, $\mathcal{L}$-모델 $N, N'$에 대하여 $N \cong N'$이면이 전단사 함수 $f : N \to N'$이 있어, $N_N \equiv N'_{f(M)}$이 성립한다. 즉

$\mathcal{L}(\mathcal{C})$-이론 (여기서 $\mathcal{C}$는 $|N|$ 크기의 새 상수기호 집합) $\mathrm{Th}(N_N)$이 $N$과 동형인 모델들을 결정한다.

따라서, $T$가 가산언어의 완전한 이론이면, 이의 가산모델들은 (동형인 경우를 제외하면) $2^{|\mathcal{L}(\mathcal{C})|} = 2^{\aleph_0}$개 이하로 있다(연습문제 §3.4.7). 이때 $T$가 작지 않으면, 보조정리 4.13에 의해 $|S(T)| = 2^{\aleph_0}$이고, 각 $p \in S(T)$는 $T$의 가산모델에서 구현되기에 $T$의 가산모델들은 동형인 경우를 제외하고 $2^{\aleph_0}$개 있어야 한다. 하지만 역은 다음 예에서 성립하지 않는다.

$\omega' := \omega \setminus \{0\}$라 할 때 영역 $|M| := \omega \times \omega'$이고, $i \in \omega$, $j \in \omega'$에 대하여 1항관계 $R_i := \{(i,n) \in |M| \mid n \in \omega'\}$, 상수 $c_{ij} := (i,j) \in |M|$를 가지는 모델

$$M = (|M|, R_i, c_{ij} \mid i \in \omega,\ j \in \omega')$$

을 생각하자. 한편 $f \in 2^\omega$에 대하여 $A_f := \{(i,0) \in \omega \times \{0\} \mid f(i) = 0\}$라 하고, $|M_f| := |M| \sqcup A_f (\subseteq \omega^2)$라 정의하자. 이때 $M_f := (|M_f|, R_i, c_{ij} \mid i \in \omega,\ j \in \omega')$라 두면, $M_f \equiv M$이다. 하지만 $f \neq g \in 2^\omega$이면, $M_f \not\cong M_g$이다. 즉, $\mathrm{Th}(M)$의 가산모델들은 동형인 경우를 제외하고도 $2^{\aleph_0}$개 있다. 그러나 $\mathrm{Th}(M)$은 작은 이론임을 쉽게 알 수 있다(연습문제 §6.7.7).

## 4.3 연습문제

1. 체에서의 대수적이라는 개념을 모델론에서 다음과 같이 일반화한다. $A \subseteq M$일 때 $A$ 위의 논리식 $\varphi(\bar{x})$가 $A$ 위로 대수적$^{algebraic}$이라 것은 $\varphi(M)$이 유한이라는 것이다. $A$ 위 타입 $p(\bar{x})$가 대수적이라는 것도 $p(M) = \{\bar{a} \in M \mid M \vDash p[\bar{a}]\}$이 유한이라는 것이다. 또한 $M$의 원소 $c$가 $A$ 위로 대수적이라는 것은 $\mathrm{tp}(c/A)$가 대수적이라는 것이다. 이때

$$\mathrm{acl}(A) := \{c \in M^1 \mid \mathrm{tp}(c/A)\text{는 대수적이다}\},$$
$$\mathrm{dcl}(A) := \{c \in M^1 \mid \mathrm{tp}(c/A)\text{의 해가 } c\text{뿐이다}\}$$

로 각각 정의한다. 따라서 $A \subseteq \mathrm{dcl}(A) \subseteq \mathrm{acl}(A)$이다. 이제 $T = \mathrm{Th}(M)$이고, $p(\bar{x})$는 $A$ 위 타입이라 하자. 다음을 논증하라.

   (a) $p(\bar{x})$가 대수적이라 하자. 그러면 $p(\bar{x})$를 고립시키고 $p(M) = \varphi(M)$이 되는 $A$ 위 대수적 논리식 $\varphi(\bar{x})$가 있다. 또한 $M \prec N$이면 $p(M) = p(N)$이다.

   (b) $A \subseteq M' \prec M$이면 $\mathrm{acl}(A) \subseteq M'$이다. 또한 $|\mathrm{acl}(A)| \leq |T| + |A|$이다.

   (c) $p(\bar{x}) \in S_n(A)$일 때, $p(\bar{x})$를 포함하는 $\mathrm{dcl}(A)$ 위의 완전한 $n$타입은 하나만 있다.

   (d) $\psi(\bar{x}, \bar{a})$가 $(\bar{a} \in)A$ 위 대수적 논리식이고 $|\psi(M, \bar{a})| = n$이면, 어떤 $\phi(\bar{y})(\in \mathrm{tp}(\bar{a}))$가 있어서 $T \vDash \forall \bar{y} \exists^{=n} \bar{x}(\psi(\bar{x}, \bar{y}) \wedge \phi(\bar{y}))$가 성립한다.

   (e) $|T| \leq |M| \leq \lambda$라 하자. 그러면 임의의 $A$위 대수적이지 않은 논리식 $\varphi(\bar{x})$에 대하여 항상 $\varphi(N) = \lambda$이 성립하는, 크기가 $\lambda$인 $(M \prec)N$이 있다.

   (f) $\mathcal{L}_{\mathrm{fd}}$에서 $K$가 대수적으로 닫힌 체이고 $A$가 $K$의 부분집합일 때, $\mathrm{acl}(A) = \langle A \rangle^{\mathrm{alg}}(\leq K)$이다(물론 여기서 $\langle A \rangle$는 $A$로 생성되는 $K$의 부분체이다).

   (g) $F$가 체일 때 $\mathcal{L}_{\mathrm{VS}/F}$에서 $V(\vDash T_{\mathrm{VS}/F})$가 벡터공간이라면(연습문제 §3.4.15), 부분집합 $A$에 대하여 $\mathrm{acl}(A)$는 $A$로 생성되는 $V$의 부분벡터공간이다. 따라서 이때 $\mathrm{acl}(A) = \mathrm{dcl}(A)$이다.

2. $T := T_{\mathrm{ACF}_p}$에서 ($p = 0$ 또는 소수) 한정제거가 가능함을 자유로이 사용하여 $S_n(T)$를 분석하고$(n \geq 2)$, 특히 $|S_n(T)| = \aleph_0$임을 보이라.

3. 정리 4.6 증명에서 다음을 논증하라.

(a) $M'$에서 $\mathcal{L}'$ 기호 해석이 잘 정의되어 있음을 확인하라.

(b) $M' \models \varphi([c_{i_1}], \ldots, [c_{i_n}])$이면이 $\varphi(c_{i_1}, \ldots, c_{i_n}) \in T'$임을 확인하라.

4. 완전한 이론 $T$에 대하여, $\{p(\bar{x}) \in S_n(T) \mid \varphi_0(\bar{x}) \in p(\bar{x})\} = \{p(\bar{x}) \in S_n(T) \mid \varphi_1(\bar{x}) \in p(\bar{x})\}$이면이 $T \models \varphi_0(\bar{x}) \leftrightarrow \varphi_1(\bar{x})$임을 보이라.

5. $T$는 완전한 이론이다. 다음을 보이라.

   (a) $T$가 가산일 때, $n$타입 $p(\bar{x})$가 고립됐을 필요충분조건은 $p(\bar{x})$가 $T$의 모든 모델에서 구현되는 것이다.

   (b) 논리식 $\varphi(\bar{x})$에 대하여 $\mathcal{O}_\varphi = \{p(\bar{x}) \in S_n(T) \mid \varphi(\bar{x}) \in p(\bar{x})\}$가 유한집합이라면, 모든 $p \in \mathcal{O}_\varphi$는 고립된 타입이다.

6. 완전한 이론 $T$의 스톤 공간 $S_n(T)$에서, $X(\subseteq S_n(T))$가 열린 닫힌 집합일 필요충분조건은 $X = \mathcal{O}_\varphi$인 논리식 $\varphi(\bar{x})$가 있는 것임을 보이라.

7. $M$이 유한모델이라 하자. 이때 $\mathrm{Th}(M)$의 모든 타입은 고립되어 있음을 보이라. 따라서 $N \equiv M$이면 $M \cong N$임을 논증하라.

8. 완전한 이론 $T$와 서로 다른 $p_i(\bar{x}) \in S_n(T)$가 있을 때$(i < \omega)$, 적당한 무한집합 $X(\subseteq \omega)$와 논리식 $\psi_i(\bar{x}) \in p_i(\bar{x})$가 있어서$(i \in X)$, 임의의 서로 다른 $i, j(\in X)$에 대하여 $T \models \neg\exists\bar{x}(\psi_i(\bar{x}) \wedge \psi_j(\bar{x}))$가 성립함을 보이라. (주의: 콤팩트성 정리를 사용할 필요가 없고, 직접 증명할 수 있다.)

9. $\bar{a}, \bar{b} \in M$이라 하자.

   (a) $\mathrm{tp}(\bar{a}\bar{b})$가 고립됐을 필요충분조건은 $\mathrm{tp}(\bar{a}/\bar{b})$, $\mathrm{tp}(\bar{b})$ 모두가 고립된 것임을 보이라(주의, 보충설명 9.46(3)).

   (b) $M$이 원자모델이면 $(M, \bar{b})$도 원자모델임을 보이라. 역으로 $(M, \bar{b})$가 원자모델이고 $\mathrm{tp}(\bar{b})$가 고립됐다면 $M$은 원자모델임을 논증하라.

10. $T = \mathrm{Th}(\mathbb{N}, +)$일 때 $|S_1(T)| = 2^{\aleph_0}$임을 보이라(연습문제 §1.3.11(a) 참조).

11. $|S_1(T)| = 1$이고 $|S_2(T)| = 2^{\aleph_0}$인 가산언어의 완전한 이론 $T$를 찾으라.

# 5

# 포화모델과 동질모델

이 장에서는 포화모델과 동질모델, 보편모델 등의 개념을 배운다. 포화모델은 4장에서 공부한 소모델과 대비가 되는 개념이라 볼 수 있다. 소모델이 자신과 기본동등한 모든 모델에 기본매입되는 모델이라면, 포화모델은 자신의 크기 이하인 모든 기본 동등한 모델들이 자신에게 기본매입된다. 사실 후자의 성질을 가지는 모델을 보편모델이라 정의하고, 포화모델은 후자의 성질에 더하여 동질성 개념도 가지고 있다. 동질모델 개념은 독특한 성질로 모든 가산원자모델도 동질모델이다.

이러한 개념들을 사용하여 3절에서 $\aleph_0$-범주적인 이론에 대한 결과와 보트의 정리 5.23 등을 얻을 수 있다. 모델의 포화성은 매우 중요한 개념으로 이후에도 계속 언급될 것이다.

## 5.1 포화모델

이 절에서 $\kappa$-포화모델을 정의하고 이의 존재성을 증명한다. 아래에서 모델 $M$과 스톤 공간 $S(A)$를 ($A \subseteq M$) 언급할 때, 물론 완전한 이론 $\mathrm{Th}(M)$를 대상 이론으로 두고 있는 것이다.

**정의 5.1**

$M$은 $\mathcal{L}$-구조이고 $\kappa$는 무한기수라 하자.

- 만일 $\kappa$보다 작은 크기의 모든 부분집합 $A \subseteq M$에 대하여 $M$이 $S_1(A)$의 모든 타입을 만족하면, $M$을 $\kappa$-포화$^{saturated}$모델이라 (또는 $M$이 $\kappa$-포화되었다고) 한다.
- 무한모델 $M$이 포화모델이라는 것은 $\mathrm{Card}(M)$-포화모델인 것을 의미한다.

**보충설명** 5.2

(1) $M$이 $\kappa$-포화모델이면 ($\aleph_0 \le \kappa$) 임의의 $A \subseteq M$에 대하여($|A| < \kappa$), $M$은 $S(A)$의 (특히 $S(\varnothing)$의) 모든 완전한 타입을 만족한다. 그 이유는 다음과 같다. $M$이 $S_n(A)$의 타입들을 다 만족한다고 가정하자($n = 1$일 때는 정의에 의해 성립한다). 이제 $p(y\bar{x}) \in S_{n+1}(A)$라 하자($|\bar{x}| = n$). 이때 $\exists yp(y\bar{x}) := \{\exists y\varphi(y\bar{x}) \mid \varphi \in p\}$라 하면 이를 포함하는 $A$ 위의 완전한 타입이 ($p$가 $A$ 위의 완전한 타입이기에) 유일하게 존재한다(예제 4.2(3)). 그것을 $q(\bar{x})$라 하자. 그러면 가정에 의해 $\bar{a} \in M$가 있어 $M_A \models q(\bar{a})$가 성립한다. 이때 $A' := A \cup \{\bar{a}\}$라 하면 $|A'| < \kappa$이고, $p'(y) := \{\varphi(y, \bar{a}) \mid \varphi(y, \bar{x}) \in p\}$는 $A'$ 위의 완전한 1타입이기에 $b \in M$가 있어 $M_{A'} \models p'(b)$가 성립한다. 따라서 $M_A \models p(b\bar{a})$가 성립한다.

(2) $\mathcal{L}_{\text{fd}}$-언어에서, 대수적으로 닫힌 체가 $\omega$-포화됐을 필요충분조건은 소체에 대한 초월차수가 무한인 것이다(연습문제 §5.4.1).

(3) $\kappa$-포화모델의 축약은 또한 $\kappa$-포화모델이다. $\kappa \le \lambda$일 때 $\lambda$-포화모델은 물론 $\kappa$-포화모델이다.

(4) $M$이 $\mathcal{L}$에서 $\kappa$-포화모델이면이, $|A| < \kappa$인 모든 $A \subseteq M$에 대하여 $M_A$가 $\mathcal{L}(A)$에서 $\kappa$-포화모델임이 정의에서 곧장 따른다.

(5) 모든 유한모델은 $\omega$-포화모델이다. (통상 유한모델도 포화모델이라고 한다.) 무한모델 $M$은 $|M|^+$-포화모델일 수 없다. 왜냐하면 $M$이 무한이기에 $\{x \neq a \mid a \in M\}$은 일관적이지만 $M$은 이를 거른다.

**정리 5.3**

**($\kappa^+$-포화모델의 존재성)** $T$는 완전한 $\mathcal{L}$-이론이고 $\kappa(\ge |T|)$는 무한기수다. $M$은 $T$의 모델이고 크기가 $\le 2^\kappa$이다. 그러면 $\kappa^+$-포화되고 크기가 $2^\kappa$ 이하인, 기본확대 $(M \prec)N$이 존재한다.

증명 다음을 먼저 증명하려 한다.

중간요건 $\mathrm{Card}(M') \leq 2^\kappa$인 $M \prec M'$이 있어서, 모든 $A \subseteq M$에 대하여($|A| \leq \kappa$), $S_1(A)$의 모든 타입을 $M'$이 만족한다.

중간요건 증명 $P := \bigcup\{S_1(A) \mid A \subseteq M,\ |A| \leq \kappa\}$라 하자. 또한 $\lambda := |P|$라 하고, $P = \{p_i(x) \mid i \in \lambda\}$, $\mathrm{dom}(p_i) = A_i(\subseteq M)$라 쓰자(물론 $i \neq j$이지만 $A_i = A_j$일 수 있다). 이때 각 $|S_1(A_i)| \leq 2^\kappa$이기에(정의 4.1),

$$\lambda \leq |\{A \subseteq M \mid |A| \leq \kappa\}| \cdot 2^\kappa = (2^\kappa)^\kappa \cdot 2^\kappa = 2^\kappa$$

이다. 이제 새 상수기호 집합 $\mathcal{C} = \{c_i \mid i < \lambda\}$와 $\mathcal{L}' := \mathcal{L}(M) \sqcup \mathcal{C}$을 생각하고, $\mathcal{L}'$-명제들의 집합 $T' := \mathrm{Th}(M_M) \cup \bigcup\{p_i(c_i) \mid i < \lambda\}$를 생각하자. 여기서 $p_i(c_i) := \{\varphi(c_i) \mid \varphi(x) \in p_i(x)\}$이다. 우리는 $T'$이 일관적인 $\mathcal{L}'$-이론임을 아래와 같이 증명하려 한다.

우선 $\bigcup\{p_i(c_i) \mid i < \lambda\}$의 유한집합 $\Gamma := \{\psi_j(c_j, \bar{a}_j) \mid j \in \tau\}$를 생각하여 (여기서 $\tau$는 $\lambda$의 임의의 유한부분집합이고, $\psi_j(x, \bar{a}_j) \in p_j(x)$, $\bar{a}_j \in A_j$, $\psi_j(x, \bar{y})$는 $\mathcal{L}$-논리식), $\mathrm{Th}(M_M) \cup \Gamma$가 일관적임을 보이면 충분하다. 표기의 편의상 $\tau = \{0, \ldots, n\}$이라 하자. 이때 $j \in \tau$에 대하여 $\exists x_j \psi_j(x_j, \bar{a}_j) \in \mathrm{Th}(M_M)$이고 또한 $\exists \bar{x}(\psi_0(x_0, \bar{a}_0) \wedge \cdots \wedge \psi_n(x_n, \bar{a}_n)) \in \mathrm{Th}(M_M)$이다($\bar{x} = x_0 \ldots x_n$). 따라서 $b_j \in M$가 있어 $M_M \models \psi_0(x_0, \bar{a}_0) \wedge \cdots \wedge \psi_n(x_n, \bar{a}_n)[b_0, \ldots, b_n]$이 성립한다. 그러면 새 상수기호 $c_j$를 원소 $b_j$로 해석한 $M_M$의 확장이 $\mathrm{Th}(M_M) \cup \Gamma$를 만족하기에, $\mathrm{Th}(M_M) \cup \Gamma$는 일관적이다.

$T'$이 일관적이기에, 뢰벤하임-스콜렘 정리에 의해 크기가 $\leq 2^\kappa$인 $\mathcal{L}'$-모델 $M''$이 있어 $T'$을 만족한다. 이제 $M' = M'' \restriction \mathcal{L}$이라 하자. 보조정리 3.26에 의해 $M \prec M'$이라 할 수 있고, 또한 모든 $i < \lambda$에 대하여 $M'_{A_i} \models p_i[c_i^{M''}]$이기에 $M'$은 원하던 모델이다. 중간요건을 증명하였다. □

이제 중간요건을 사용하여 증명을 계속하자. 원하는 모델 $N$을 찾기 위해, $M$으로 시작하는 길이 $\kappa^+$의 모델들의 기본사슬(정의 3.32)을 구성한다. 즉

$$M = N_0 \prec N_1 \prec \cdots \prec N_\alpha \prec \cdots \quad (\alpha < \kappa^+) \qquad ①$$

이고 $|N_\alpha| \le 2^\kappa$인 사슬을 다음과 같이 찾는다. 임의의 $\beta < \kappa^+$와 모든 $\alpha < \beta$에 대하여, $|N_\alpha| \le 2^\kappa$이고 $M = N_0 \prec N_1 \prec \cdots \prec N_\alpha \prec \cdots$인 모델들의 기본사슬을 찾았다고 가정하자. 첫째, $\beta$가 극한서수라면 $M_\beta$는 이 사슬의 합으로 둔다. 이때 $|M_\beta| \le 2^\kappa \cdot \kappa = 2^\kappa$이다. 둘째, $\beta$가 다음서수여서 $\beta = \gamma + 1$이라 하자. 이때 $N_\gamma \models T$이고, 중간요건을 $N_\gamma$에 적용하여 $N_\gamma \prec N_\beta$이고 $|N_\beta| \le 2^\kappa$이며, 모든 $A \subseteq M_\gamma$에 대하여 $(|A| \le \kappa)$ $S_1(A)$의 타입들을 다 만족하는 $N_\beta$가 존재한다. 이제 최종적으로 원하던 모델 $N$을 사슬 ①의 합으로 둔다. 그러면 역시 $|N| \le 2^\kappa$이고 $M \prec N$이다. 또한 $A \subseteq N$이고 $|A| \le \kappa$이면, ①의 사슬의 길이가 $\kappa^+$이기에 적당한 $\alpha_0 < \kappa^+$가 있어 $A \subseteq N_{\alpha_0}$이다. 따라서 위의 구성방식에 의해 $S_1(A)$의 모든 타입을 $N_{\alpha_0+1}$이 만족한다. $N_{\alpha_0+1} \prec N$이기에 $N$은 $\kappa^+$-포화모델이다. □

## 5.2 동질모델과 보편모델

모델의 동질성, 강한 동질성, 보편성을 정의하고 이들 서로와 포화성과의 관계에 대하여 살펴볼 것이다.

**정의 5.4**

$\kappa$는 무한기수이고 $M$은 $\mathcal{L}$-모델이다.

(1) $M$이 $\kappa$-동질모델(또는 $\kappa$-동질적$^{homogeneous}$)이라는 것은 다음을 뜻한다. 즉 임의의 $A(\subseteq M)$와$(|A| < \kappa)$, 원소 $a \in M$에 대하여 모든 기본사상 $f : A \to M$이 기본사상 $\hat{f} : A \cup \{a\} \to M$으로 확대될 수 있다는 것이다.

(2) $M$이 $\kappa$-보편모델(또는 $\kappa$-보편적$^{universal}$)이라는 것은, $M$과 기본동등하며 $\kappa$보다 작은 크기의 모든 모델을 $M$에 기본매입할 수 있다는 것이다.

(3) $M$이 동질모델이라는 것은 $\text{Card}(M)$-동질모델인 것을 의미한다. 그리고 $M$이 보편모델이라는 것은 $\text{Card}(M)^+$-보편모델인 것을 의미한다. (모든 유한모델도 동질모델이고 보편모델이다.)

(4) $M$이 강한 $\kappa$-동질모델이라는 것은, 임의의 $A \subseteq M$에 대하여$(|A| < \kappa)$, $A$에서 $M$으로 가는 모든 기본사상이 $M$의 자기동형사상으로 확대될 수

있다는 것이다. $M$이 강한 동질모델이라는 것은, (유한모델이거나) 강한 $\mathrm{Card}(M)$-동질모델임을 의미한다.

**보충설명** 5.5

(1) 정의에 의해 강한 $\kappa$-동질모델은 $\kappa$-동질모델이다.

(2) 또한 $M$이 $\kappa$-포화모델이면 $\kappa$-동질모델이다. 그 이유는 다음과 같다. $M$이 $\kappa$-포화모델이고, $A \subseteq M$, $|A| < \kappa$, $f : A \to M$은 기본사상이라 하자. 이제 $d$가 $M$의 원소이고 $p(x, A) := \mathrm{tp}(d/A)$라 하자. 또한 $B = f(A) \subseteq M$이라 하고

$$p(x, B) := \{\varphi(x, f(\bar{a})) \mid \varphi(x, \bar{a}) \in p(x, A)\}$$

라 두자(여기서 물론 $\bar{a} \in A$이고 $\varphi(x, \bar{y})$는 $\mathcal{L}$-논리식). 그러면 당연히 $p(x, B) \in S_1(B)$이고 $|B| = |A| < \kappa$이다. 따라서 $M$이 $\kappa$-포화모델이기에 적당한 $b \in M$가 있어 $M \vDash p(x, B)[b]$가 성립한다. 즉, $p(x, B) = \mathrm{tp}(b/B)$이다. 그러면 $f \cup \{(d, b)\}$는 $A \cup \{d\}$에서 $M$으로 가는 기본사상이 된다.

역은 성립하지 않는다. $\mathbb{Q}^{\mathrm{alg}}(\vDash T_{\mathrm{ACF}_0})$는 동질모델이지만(정리 5.20), 포화모델은 아니다(보충설명 5.2(2)).

### 5.2.1 동질성과 기본사상

우선 타입도해 개념을 정의한다.

**정의 5.6**

$A$는 모델 $M$의 부분집합이다. 이때 ($M$에서) $A$의 타입도해(또는 EM-타입[1]이)란 $\{\mathrm{tp}_M(\bar{a}) \mid \bar{a} \in A^n,\ 1 \leq n < \omega\}(\subseteq S(\varnothing))$를 뜻하며, $D_M(A) = D(A)$로 표기한다. 특히 $D(M)$은 $D_M(M)$을 뜻한다.

[1] 에렌포이트[Ehrenfeucht]-모스토프스키[Mostowski] 타입의 약자

다음은 매우 유용한 보조정리이다. $\kappa$-동질모델이 타입도해와 관련한 적당한 조건을 만족하면, 주어진 기본사상의 확대가 가능하다는 것으로, 이후의 주요 결과들을 얻는 데 결정적으로 사용된다.

**보조정리 5.7**

$\kappa$는 무한기수이고 $N$은 $\kappa$-동질모델이다. $M$은 $N$과 기본동등하며, $A \subseteq B \subseteq M$이고 $|A| < \kappa$, $|B| \le \kappa$이다. 또한 $D_M(B) \subseteq D(N)$이다. 그러면 임의의 기본사상 $f : A(\subseteq M) \to N$는, $B$에서 $N$으로 가는 기본사상으로 확대할 수 있다.

증명 다음을 먼저 증명하자.

중간요건 $b \in B$이고, $B' \subseteq B$이며 $|B'| < \kappa$라 하자. 또 $g : B' \to N$는 기본사상이라 하자. 만일 $B' \cup \{b\}$에서 $N$으로 가는 기본사상이 있다면, $g$를 확대한 기본사상 $\hat{g} : B' \cup \{b\} \to N$이 존재한다.

중간요건 증명 $B' \cup \{b\}$에서 $N$으로 가는 기본사상을 $g_0$라 하자. 그러면 임의의 $d \in g_0(B')$에 대해여 $h(d) := g \circ g_0^{-1}(d)$로 정의한 함수 $h : g_0(B')(\subseteq N) \to N$은 기본사상임을 알 수 있다. 이때 $N$이 $\kappa$-동질적이고 $|g_0(B')| = |B'| < \kappa$이기에 $h$를 확대한 기본사상 $h' : g_0(B') \cup \{g_0(b)\} \to N$이 있다.

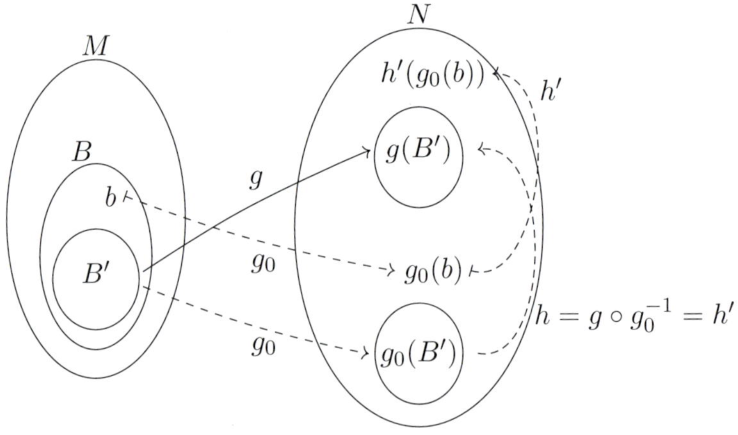


이제 함수 $\hat{g} : B' \cup \{b\} \to N$를 $\hat{g} \restriction B' = g$라 하고 $\hat{g}(b) := h'(g_0(b))$로 정하면 $\hat{g} = h' \circ g_0$가 되어 기본사상임을 쉽게 확인할 수 있다. 중간요건을 증명하였다.

□

이제 중간요건을 사용하여 보조정리 5.7을 증명하자. 우선 $|A| = \mu_0 \leq |B| = \lambda(\leq \kappa)$라 놓자.
한편 $D_M(B) \subseteq D(N)$이기에, 임의의 $\bar{b} \in B^n$에 대하여 $\bar{c} \in N$가 있어 $\mathrm{tp}_M(\bar{b}) = \mathrm{tp}_N(\bar{c})$이고 $\bar{b} \mapsto \bar{c}$인 대응은 기본사상이 된다. 따라서 중간요건을 사용하면 사실 $B$의 임의의 가산인 부분집합에서 $N$으로 가는 기본사상이 있음을 알 수 있다. 이제 만일 임의의 무한기수 $\tau \leq \lambda$와 모든 무한기수 $\mu(< \tau)$에 대하여 만일 $B_0(\subseteq B)$의 크기가 $\leq \mu$라면 $B_0(\subseteq M)$에서 $N$으로 가는 기본사상이 있다고 귀납가정을 하자. 이제 임의의 부분집합 $B' = \{b_i \mid i < \tau\}(\subseteq B)$에서 $N$으로 가는 기본사상이 있음을 증명하자. 우선 모든 서수 $i < \tau$에 대하여 $B'_i := \{b_j \mid j < i\}$의 크기는 $\tau(\leq \kappa)$보다 작기에, 귀납가정에 의해 $B'_i$에서 $N$으로 가는 기본사상이 있다. 따라서 중간요건을 계속 적용하면, 예를 들어 $B'_\omega$에서 $N$으로 가는 기본사상을 계속 확대하여 $B'$에서 $N$으로 가는 기본사상으로까지 확대할 수 있는 것이다. 이 귀납적 증명의 결론으로 사실, $B$에서 $N$으로 가는 기본사상이 존재한다.
그러면 이제 $B = \{b_i \mid i < \lambda\}$, $A = \{b_i \mid i < \mu_0(< \kappa)\}$라 둘 수 있고, 임의의 $i < \lambda$에 대하여 $|\{b_j \mid j < i\}| < \lambda$이기에 다시 중간요건을 사용하여 $f : A \to N$를 $B$에서 $N$으로 가는 기본사상으로 확대할 수 있다. □

**따름정리 5.8** $N$이 $\kappa(\geq \omega)$-동질적이고, $M \equiv N$이며 $|M| \leq \kappa$라 하자. 만일 $D(M) \subseteq D(N)$이면, $M$을 $N$에 기본매입할 수 있다.

**따름정리 5.9** $M$과 $N$은 기본동등하며, 크기가 같은 동질모델이다. 또한 타입도해 $D(M) = D(N)$이고, $A \subseteq M$이며 $|A| < |M|$이라 하자. 그러면 $A$에서 $N$으로 가는 기본사상은 항상 $M$에서 $N$으로 가는 동형사상으로 확대할 수 있다.

증명 $M, N$이 무한인 경우만 증명하면 된다. $|A| = \mu < |M| = |N| = \kappa(\geq \omega)$라 하자. 또 $f : A \to N$이 기본사상이라고 하자. 이때 $B := M \setminus A$와 $D := N \setminus f(A)$의 크기도 $\kappa$이기에 $B = \{b_i \mid i < \kappa\}$, $D = \{d_i \mid i < \kappa\}$라 나열할 수 있다.

한편 임의의 서수 $\alpha$를 $\beta + n$으로 유일하게 표시할 수 있다(여기서 $\beta$는 0이거나 극한서수이고 $n < \omega$이다)(사실 0.2). 이때 $\alpha' := \beta + 2n$으로 정하자. 이제 정리 4.9 등의 증명에서처럼 귀납법을 양방향으로 적용하여, $f$를 확대한 $M$에서 $N$으로 가는 동형사상을 다음과 같이 찾는다.

우선 서수 $\alpha < \kappa$를 고정하자. 이때 모든 $\beta < \alpha$가 다음 귀납가정을 만족한다고 하자. 즉 서로 다른 원소 $b_{j_0}, \ldots, b_{j_i}, \ldots$와 $d_{j_0}, \ldots, d_{j_i}, \ldots$가 $(i < \beta')$ 있어 $f_\beta := f \cup \{(b_{j_i}, d_{j_i}) \mid i < \beta'\}$은 $A \sqcup \{b_{j_i} \mid i < \beta'\}$ 에서 $f(A) \sqcup \{d_{j_i} \mid i < \beta'\}$로 가는 기본사상이며, $\{b_i \mid i < \beta\} \subseteq \{b_{j_i} \mid i < \beta'\}$, $\{d_i \mid i < \beta\} \subseteq \{d_{j_i} \mid i < \beta'\}$이고, 또한 모든 $\gamma < \beta$에 대하여 $f_\gamma \subseteq f_\beta$이다.

이제 귀납가정을 만족하는 $f_\alpha$를 찾자. $\alpha$가 0이면 $f_0 = f$, 극한서수이면 $f_\alpha := \bigcup_{\beta<\alpha} f_\beta$로 놓으면 되기에, $\alpha = \beta + 1$인 경우만 생각하면 된다. 즉 추가로 $b_{j_{\beta'}}$, $b_{j_{\beta'+1}}$, $d_{j_{\beta'}}$, $d_{j_{\beta'+1}}$을 다음과 같이 찾는다. 우선 $B \setminus \{b_{j_i} \mid i < \beta'\}$은 크기가 $\kappa$이고 여기에 처음 나타나는 $B = \{b_i \mid i < \kappa\}$의 원소가 있다. 이를 $b_{j_{\beta'}}$로 둔다. 그러면 가정에 의해 $\{b_i \mid i \leq \beta\} \subseteq \{b_{j_i} \mid i \leq \beta'\}$이 성립한다. 여기서 보조정리 5.7을 적용하면, 적당한 $d_{j_{\beta'}} \in D \setminus \{d_{j_i} \mid i < \beta'\}$이 있어 $f_\beta \cup \{(b_{j_{\beta'}}, d_{j_{\beta'}})\}$은 기본사상이 된다. 이제 $d_{j_{\beta'+1}}$을 $D \setminus \{d_{j_i} \mid i \leq \beta'\}$에 처음 나타나는 $D$의 원소로 둔다. 그러면 역시 가정에 의해 $\{d_i \mid i \leq \beta\} = \{d_i \mid i < \alpha\} \subseteq \{d_{j_i} \mid i < \beta' + 2 = \alpha'\}$이 성립한다. 또한 $f_\beta^{-1} \cup \{(d_{j_{\beta'}}, b_{j_{\beta'}})\}$도 $N$의 부분집합에서 $M$으로 가는 기본사상이기에, 역시 보조정리 5.7을 적용하면, 적당한 $b_{j_{\beta'+1}} \in B \setminus \{b_{j_i} \mid i \leq \beta'\}$이 있어 $f_\beta \cup \{(b_{j_{\beta'}}, d_{j_{\beta'}}), (b_{j_{\beta'+1}}, d_{j_{\beta'+1}})\}$은 기본사상이 되고 이를 $f_\alpha$로 두면 된다. 따라서 귀납가정은 모든 $\alpha < \kappa$에서 성립한다.

이제 $f_\kappa := \bigcup_{\alpha<\kappa} f_\alpha$라 하면, 가정에 의해 $\mathrm{dom}(f_\kappa) = M$, $\mathrm{ran}(f_\kappa) = N$이 되기에, $f_\kappa$는 $f$를 확대한 $M$에서 $N$으로 가는 동형사상이다. □

따름정리 5.9와 보충설명 5.5에서 곧장 아래 따름정리들을 얻는다. 특히 포화모델의 유일성과, 포화성이 동질성과 보편성을 합친 것임을 보인다.

따름정리 5.10 $M \equiv N$인 두 모델은 크기가 같은 동질모델이며 또한 $D(M) = D(N)$이다. 그러면 $M$과 $N$은 동형이다.

따름정리 5.11 $M \equiv N$인 두 모델은 크기가 같은 포화모델이다. 그러면 $M$과 $N$은 동형이다. 즉 $\kappa$ 크기의 포화모델은 동형인 경우를 제외하면 많아야 하나만 있다.

따름정리 5.12 $M$이 동질모델이면이 $M$은 강한 동질모델이다. 따라서 포화모델은 강한 동질모델이다.

**정리 5.13**

**(포화모델=동질모델+보편모델)** $\kappa$는 무한기수이다.

(1) $N$이 $\kappa$-포화모델이면 $N$은 $\kappa$-동질적이고 $\kappa^+$-보편적이다.

(2) $N$이 $\kappa$-동질모델이고 또한 $S(T)$의 $(T := \text{Th}(N))$ 모든 타입을 만족하면 (즉 $D(N) = S(T)$), $N$은 $\kappa$-포화모델이다.

증명 (1)은 보충설명 5.5와 따름정리 5.8에 의해 얻어진다.

(2) $N$이 전제를 만족한다고 하자. $|A| < \kappa$, $A \subseteq N$이고 $p \in S_1(A)$일 때 $N$이 $p$를 만족하는 것을 보이자. 예제 4.2에 의해, $(N \prec)M$과 $b \in M$가 있어 $M \models p(x)[b]$가 성립한다. 여기서 당연히 포함사상 $\text{id}_A : A(\subseteq M) \to N$은 기본사상이다. 따라서 보조정리 5.7에 의해, 이를 확대한 기본사상 $f : A \cup \{b\}(\subseteq M) \to N$이 존재한다. 그러면 $f(b) \in N$는 $p$를 구현한다. □

충분히 큰 기수 $\kappa$에 대하여, $\kappa$-포화되고 강하게 $\kappa$-동질적인 모델은 8장 이후에, 주어진 완전한 이론의 바탕으로 사용하는 모델로 등장한다. 다음 정리는 이러한 모델의 존재를 보장한다.

**정리 5.14**

**(강한 $\kappa^+$-동질모델의 존재성)** 모델 $M$의 크기가 무한기수 $\kappa(\geq |\mathcal{L}|)$ 이하라고 하자. 그러면 크기가 $\beth_{\kappa^+}(\kappa)$ 이하이면서 ($\mathcal{L}$에서) $\kappa^+$-포화된 기본확대 $(M \prec)N$이 있어서, 임의의 $\mathcal{L}'(\subseteq \mathcal{L})$에 대하여 $N \restriction \mathcal{L}'$은 강하게 $\kappa^+$-동질적이다.

증명 우선 $M$의 크기가 $|\mathcal{L}|$ 이상인 무한이라 보아도 된다(정리 3.31). 이제 길이가 $\kappa^+$인, $\mathcal{L}$-모델들의 기본사슬

$$M = M_0 \prec M_1 \prec \dots M_i \prec M_{i+1} \prec \dots \quad (i < \kappa^+)$$

을 다음과 같이 구성한다. 임의의 $i < \kappa^+$에 대하여 정리 5.3에 의해, $(M_i \prec)M_{i+1}$을 $|M_i|^+$-포화모델이면서 크기가 $2^{|M_i|}$ 이하인 모델로 정할 수 있다. 한편 $i$가 극한서수이면 $M_i = \bigcup_{j<i} M_j$로 둔다. 그러면 모든 $i < \kappa^+$에 대하여 $|M_i| \leq \beth_i(\kappa)$임을 알 수 있다. 이제 $N = \bigcup_{i<\kappa^+} M_i$로 놓으면 $\mathrm{Card}(N) \leq \beth_{\kappa^+}(\kappa)$이다.
먼저, $N$이 ($\mathcal{L}$에서) $\kappa^+$-포화모델임을 확인하자. 이를 위해 $A \subseteq N$이고 $|A| \leq \kappa$라 하자. 그러면 적당한 $j < \kappa^+$가 있어 $A \subseteq M_j$이다. 따라서 $|M_j|^+$-포화모델인 $M_{j+1}(\prec N)$은 $S_1(A)$의 모든 타입을 만족한다.
다음으로, $N' := N \restriction \mathcal{L}'$이 강한 $\kappa^+$-동질모델임을 보이자. (아래에서 $M'_i := M_i \restriction \mathcal{L}'$이다.) 이를 위해 $f : A(\subseteq N') \to N'$이 ($\mathcal{L}'$-)기본사상이라고 가정하자. 이때 역시 적당한 $j' < \kappa^+$이 있어 $A \cup f(A) \subseteq M'_{j'}$이 성립한다. 그러면 $M'_{j'+1}$은 ($\mathcal{L}'$에서) $|M'_{j'}|^+$-동질모델이기도 하기에, 연습문제 §5.4.2에서 $B = D = M_{j'}$로 두면, 다음을 충족하는 집합 $A_{j'}(\subseteq M'_{j'+1})$과 $f$를 확대한 기본사상 $f_{j'} : A_{j'}(\subseteq M'_{j'+1}) \to M'_{j'+1}$를 찾을 수 있다. 즉, $M'_{j'} \subseteq A_{j'} \cap f_{j'}(A_{j'})$이고 $|A_{j'}| \leq |M'_{j'}|^+$이다. 그러면 역시 연습문제 §5.4.2에 의해(이번에는 $B = D = M_{j'+1}$로 두면), $f_{j'}$를 확대한 기본사상 $f_{j'+1} : A_{j'+1}(\subseteq M'_{j'+2}) \to M'_{j'+2}$가 있어서, $M'_{j'+1} \subseteq A_{j'+1} \cap f_{j'+1}(A_{j'+1})$이고 $|A_{j'+1}| \leq |M'_{j'+1}|^+$이다. 이를 계속 반복하여 $f$를 확대한 $N'$의 자기동형사상을 찾을 수 있다. □

### 5.2.2 가산 포화모델과 동질모델

가산언어에서 임의의 가산개의 타입들을 만족하는 가산동질모델이 있음을 보이고, 이를 이용하여 가산포화모델이 존재할 필요충분조건을 살펴 볼 것이다(정리 5.17).

**따름정리 5.15**

(1) $M \equiv N$이고 두 모델 모두 가산의 포화모델이면 $M \cong N$이다.

(2) $M, N$이 $M \equiv N$인 가산모델이고, $N$은 포화모델이면 $M$을 $N$에 기본매입할 수 있다.

(3) $M$이 가산의 동질모델이면 모든 $\bar{a}, \bar{b} \in M^n$에 대하여, $\mathrm{tp}(\bar{a}) = \mathrm{tp}(\bar{b})$이면 이 $f(\bar{a}) = \bar{b}$인 $M$의 자기동형사상 $f$가 있다.

증명 (1),(2)는 따름정리 5.11과 정리 5.13을 가산인 경우에 적용한 것이다. (3)($\Rightarrow$)은 따름정리 5.12에서 곧장 나오고, ($\Leftarrow$)은 언제나 성립한다. □

**정리 5.16**

$T$는 가산인 $\mathcal{L}$의 완전한 이론이고, $\{p_i(\bar{x}_i) \mid i < \omega\}$는 $T$의 타입들의 집합이다. 이때 모든 $p_i$를 만족하는 $T$의 가산인 동질모델이 있다.

증명 정리 5.3에 의해 모든 $p_i$를 만족하는 $T$의 $\omega$-포화모델인 $N$이 있다. 즉 $\bar{a}_i \in N$이 있어 $N \models p_i(\bar{a}_i)$이다. 그러면 기본 뢰벤하임-스콜렘 3.31에 의해 $\{\bar{a}_i \mid i < \omega\} \subseteq M_0$인 가산의 모델 $M_0(\prec N)$이 있다. 따라서 $T$의 모델 $M_0$은 모든 $p_i$를 만족한다. 이제 $\omega$ 길이의 가산모델들의 기본사슬 $M_0 \prec M_1 \prec \cdots \prec M_i \prec \cdots (\prec N)$로서 $(i < \omega)$ 다음을 만족하는 것을 찾는다. 즉 $\bar{a}, \bar{b}, d \in M_i \prec N$라 하고, $\mathrm{tp}_{M_i}(\bar{a}) = \mathrm{tp}_{M_i}(\bar{b})$이면 $c \in M_{i+1}$가 있어 $\mathrm{tp}_{M_i}(\bar{a}d) = \mathrm{tp}_{M_{i+1}}(\bar{b}c)$가 성립하는 것이다. 이러한 $(M_i \prec)M_{i+1}$을 $N$의 가산인 기본부분모델로 찾을 수

있다. 왜냐하면, 우선 $M_i \prec N$이고 $N$이 $\omega$-동질적이기에 해당 $c$를 $N$에서 찾을 수 있고, $M_i$가 가산이기에 $M_i$의 원소들의 유한열들도 가산개 있다. 따라서 해당되는 $c$도 가산개 있기에 기본 뢰벤하임-스콜렘 3.31을 적용하여 이러한 $c$들을 다 포함하는 가산의 $(M_i \subseteq) M_{i+1} (\prec N)$을 찾을 수 있는 것이다. 이때 $M_i \prec N$이고 $M_{i+1} \prec N$이기에 $M_i \prec M_{i+1}$이 성립한다. 이제 $M = \bigcup_{i<\omega} M_i$로 두면 $M$은 $T$의 가산의 동질모델이고 모든 $p_i$를 만족한다. □

**정리 5.17**

가산언어의 완전한 이론 $T$가 있다. 이때 다음은 동등하다.

(1) $T$의 가산인 포화모델이 있다.

(2) $T$의 가산인 보편모델이 있다.

(3) $T$는 작다.

증명 (1)⇒(2)는 정리 5.13에서 이미 증명하였다.

(2)⇒(3) $M(\models T)$을 가산의 보편모델이라 하자. 임의의 $p \in S(T)$는 $T$의 한 가산모델에서 구현되기에, $M$도 $p$를 만족한다. 따라서 $S(T) = D(M)$이기에, $|S(T)| = \omega$이고 $T$는 작다.

(3)⇒(1) $|S(T)| = \omega$이기에 정리 5.16에 의해 $S(T)$의 모든 타입을 만족하는 가산 동질모델 $M \models T$이 있다. 따라서 정리 5.13에 의해 $M$은 포화모델이다. □

정리 5.17과 따름정리 4.17에 의해 다음 결과를 얻는다.

**따름정리 5.18** $T$는 가산언어의 완전한 이론이다. 만일 $T$가 가산인, 포화모델이나 보편모델을 가지면, $T$의 (가산인) 소모델이 있다.

**보기 5.19**

(1) 앞서 언급해온 것처럼 $T = T_{\mathrm{ACF}_p}$는 ($p = 0$ 또는 소수) 작은 이론이고, $\mathbb{Q}^{\mathrm{alg}}$와 $\mathbb{F}_p^{\mathrm{alg}}$는 각각 소모델이며, 대수적으로 독립인 $\{t_i \mid i < \omega\}$에 대하여 $\mathbb{Q}(t_i \mid i < \omega)^{\mathrm{alg}}$와 $\mathbb{F}_p(t_i \mid i < \omega)^{\mathrm{alg}}$는 포화모델이다.

(2) 보기 4.18에서 언급한 것처럼, $(\mathbb{Q}, <)_{\mathbb{Q}}$는 자신의 이론 $T$의 소모델이고 따라서 동질모델이다(정리 5.20). 하지만, $T$는 작지 않기에 가산의 포화모델이 없다. 한편 $\mathbb{Q}^- := \{q \in \mathbb{Q} \mid q < 0\}$라 두면, 순서를 보전하는 순서동형사상 $f : \mathbb{Q} \to \mathbb{Q}^-$가 있다(연습문제 §3.4.12(a)). 이때 $(\mathbb{Q}, <)_{\mathbb{Q}^-}$를, 유리수 $q$에 대응하는 상수기호를 $c_q$를 $f(q)$로 해석한 구조라 생각하면, $(\mathbb{Q}, <)_{\mathbb{Q}^-}$도 $T$의 가산모델이다. 이는 소모델이 아니고, 동질모델도 아니다. 하지만 $T$의 또 다른 가산모델인 $(\mathbb{Q} \setminus \{0\}, <)_{\mathbb{Q}^-}$는 소모델은 아니지만 동질모델이다(연습문제 §5.4.3).

(3) 이번에는 $A := \{-\frac{1}{n} \mid 0 < n \in \omega\}$, $T := \mathrm{Th}((\mathbb{Q}^-, <)_A)$라 하면 $T$는 작고, $(\mathbb{Q}^-, <)_A$는 $T$의 소모델이다. (물론 $-\frac{1}{n}(\in A)$을 $n - 1 \in \mathbb{N}$로 해석하면 $(\mathbb{Q}^-, <)_A \cong (\mathbb{Q}, <)_{\mathbb{N}}$이다.) $T$의 가산모델은 동형인 경우를 빼면 3개 있는데, 나머지 둘은 $(\mathbb{Q}, <)_A$와 $(\mathbb{Q} \setminus \{0\}, <)_A$이다. 전자는 동질모델도 포화모델도 아니지만, 가산의 보편모델이다. 후자는 포화모델이기에 동질모델이고 보편모델이다(연습문제 §5.4.3).

## 5.3 가산모델의 개수

이 절에서는 앞 절의 결과들을 사용하여 가산모델이 (서로 동형이 아닌) 유한개의 기본동등한 가산모델을 가질 경우에 대해 살펴볼 것이다. 우선 다음 결과를 소개한다.

**정리 5.20**

모든 가산의 원자모델은 강한 동질모델이다.

증명 $M$을 가산의 원자모델이라고 하자. 따름정리 5.12에 의해 $M$이 동질모델임을 보이면 충분하다. 즉 임의의 $\bar{a}, \bar{b}, d \in M$에 대하여 $\mathrm{tp}(\bar{a}) = \mathrm{tp}(\bar{b})$라 하고, $\mathrm{tp}(d\bar{a}) = \mathrm{tp}(c\bar{b})$가 성립하는 $c \in M$를 찾으면 된다. 우선 $M$이 원자모델이기에, $\mathrm{tp}(d\bar{a})$는 예를 들어 논리식 $\varphi(y, \bar{x})$로 고립되었다. 따라서 $\exists y \varphi(y, \bar{x}) \in \mathrm{tp}(\bar{a}) = \mathrm{tp}(\bar{b})$이고, $M \models \exists y \varphi(y, \bar{b})$가 성립한다. 그러므로 적당한 $c \in M$가 있어 $M \models \varphi(c, \bar{b})$이기에, $\mathrm{tp}(d\bar{a}) = \mathrm{tp}(c\bar{b})$이다. □

$\aleph_0$-범주성과 동등한 여러 요건들을 살펴보는 다음 정리는 모델론에서 자주 언급되는 기본정리다.

**정리 5.21**

**(엥겔러Engeler, 릴-나르제브스키Ryll-Nardzewski, 스벤오니우스Svenonius 정리)** $T$는 가산인 $\mathcal{L}$의 완전한 이론이다. 이때 아래 조건들은 모두 동등하다.

(1) $T$는 $\aleph_0$-범주적이거나 유한모델을 가진다.

(2) 임의의 완전한 타입 $p \in S(T)$는 고립되어 있다. 즉 $T$의 모든 모델은 원자모델이다.

(3) 모든 $1 \le n$에 대하여 $S_n(T)$는 유한하다.

(4) 주어진 변수들의 $(1 \le)n$짝 $\bar{x}$에 대하여, $\varphi(\bar{x})$ 형태의 $\mathcal{L}$-논리식은 $T$에서 동등한 경우를 제외하면 유한개뿐이다.

(5) $M$이 $T$의 가산모델이면, 모든 $n \ge 1$에 대하여 $M^n$에 $\mathrm{Aut}(M)$-궤도가 유한개만 있다.

(6) $T$의 가산모델 $M$이 있어서, 모든 $n \ge 1$에 대하여 $M^n$에 $\mathrm{Aut}(M)$-궤도가 유한개만 있다.

증명 (1)⇒(2) (1)을 가정하면 $|S(T)| = \omega$이기에 $T$는 작다. 따라서 정리 5.17, 따름정리 5.18에 의해 $T$는 가산의 포화모델 $M$과 소모델 $N$을 가진다. 그러

므로 가정에 의해 $M \cong N$이고, $M$이 $S(T)$의 모든 타입을 만족하기에 $N$도 그러하다. 또한 정리 4.9에 의해 $N$은 원자모델이기에 모든 완전한 타입은 고립되어 있다.

(2)⇒(3) (2)를 가정하자. (3)를 부정하여 모순을 이끌려 한다. 즉 $1 \leq m$이 있어 $\omega \leq |S_m(T)| = \mu$라 하고, $S_m(T) = \{p_i(\bar{x}) \mid i < \mu\}$라 나열할 수 있다. 가정에 의해 각 $p_i$를 고립시키는, $T$와 일관적인 논리식 $\varphi_i(\bar{x}) \in p_i$가 있다. $i < j < \mu$에 대하여 $p_i \neq p_j$이기에 $T \cup \{\varphi_i(\bar{x})\} \vDash \neg\varphi_j(\bar{x})(\in p_i)$가 성립한다. 따라서 $q(\bar{x}) := \{\neg\varphi_i(\bar{x}) \mid i < \mu\}$의 임의의 유한집합은, 적당한 $i_0 < \mu$가 있어 $T \cup \{\varphi_{i_0}(\bar{x})\}$에서 유도되기에 $T$와 일관적이다. 결국 $q(\bar{x})$는 $T$와 일관적이기에 이를 포함하는 $p_j \in S_m(T)$가 있다(예제 4.2(2)). 이때 $(q \subseteq)p_j$는 $T$에서 $\varphi_j$로 고립되기에, $T \cup \{\varphi_j\} \vDash \neg\varphi_j$가 성립해야 하고, 이는 $\varphi_j$가 $T$와 일관적이라는 것에 모순된다. 이 모순은 (3)을 부정한 것에서 오기에, (3)이 성립해야 한다.

(3)⇒(4) $\varphi_0(\bar{x}), \varphi_1(\bar{x})$가 $\mathcal{L}$-논리식이라고 하자. 이때 $\{p(\bar{x}) \in S_n(T) \mid \varphi_0(\bar{x}) \in p(\bar{x})\} = \{p(\bar{x}) \in S_n(T) \mid \varphi_1(\bar{x}) \in p(\bar{x})\}$이면이 $T \vDash \varphi_0(\bar{x}) \leftrightarrow \varphi_1(\bar{x})$이 성립한다(연습문제 §4.3.4). 이제 (3)을 가정하자. 그러면 $S_n(T)$의 부분집합들도 유한 개만 있기에, $\{p \in S_n(T) \mid \varphi \in p\}$ 형태의 집합은, 예를 들어 $m(< \omega)$개뿐이다. 따라서 $T$에서 동등한 경우에는 한 번만 센다면, $\varphi(\bar{x})$ 형태의 $\mathcal{L}$-논리식은 $m$개 있다.

(4)⇒(2) (4)를 가정하자. $M \vDash T$라 하고 $\bar{a} \in M^n$를 고정하자. $\varphi_1(\bar{x}), \ldots, \varphi_m(\bar{x})$가($|\bar{x}| = n$), $\bar{x}$에 자유변수를 가지는 $\mathcal{L}$-논리식들 중에서, $T$에서 서로 동등하지 않은 것들로 최대로 선택한 논리식들이라 하자. 이제 $\mathrm{tp}(\bar{a})$가 $\psi(\bar{x}) := \bigwedge\{\varphi_i(\bar{x}) \mid M \vDash \varphi_i(\bar{a}),\ 1 \leq i \leq m\}$로 고립된 것을 증명하면 된다. 만일 $\phi(\bar{x}) \in \mathrm{tp}(\bar{a})$이면, 적당한 $1 \leq k \leq m$가 있어, $T \vDash \phi(\bar{x}) \leftrightarrow \varphi_k(\bar{x})$가 성립한다. 그러므로 $M \vDash \varphi_k(\bar{a})$이기에 $T \vDash \psi(\bar{x}) \rightarrow \varphi_k(\bar{x})$가 성립하고, 따라서 $T \vDash \psi(\bar{x}) \rightarrow \phi(\bar{x})$이다. 즉, $\mathrm{tp}(\bar{a})$는 $\psi(\bar{x})$로 고립되었다.

(2)⇒(1) 이는 정리 4.9에서 곧장 나온다.

(2),(3)⇒(5) $M$이 $T$의 가산인 모델이라고 하자. 그러면 (2)와 정리 5.20에 의해 $M$은 강한 동질모델이다. 그러므로 모든 $\bar{a}, \bar{b} \in M^n$에 대하여, $\mathrm{tp}_M(\bar{a}) = \mathrm{tp}_M(\bar{b})$이면이 $f(\bar{a}) = \bar{b}$인 $f \in \mathrm{Aut}(M)$가 있다. 따라서 (3)에 의해 $M^n$에 $\mathrm{Aut}(M)$-궤

도가 유한개만 있다.

(5)⇒(6)은 당연하다.

(6)⇒(3) $M \models T$이 (6)을 만족하는 가산모델이라 하자. 한편 모든 $\bar{a}, \bar{b} \in M^n$와 $f \in \mathrm{Aut}(M)$에 대하여, $f(\bar{a}) = \bar{b}$이면 $\mathrm{tp}(\bar{a}) = \mathrm{tp}(\bar{b})$이기에, $M$이 만족하는 $S_n(T)$의 타입의 개수는, $M^n$에서 $\mathrm{Aut}(M)$-궤도의 개수 이하이다. 따라서 $M$이 임의의 $p \in S_n(T)$를 만족함을 보이면 (3)이 유도된다. 이제 $\{\bar{a}_1, \ldots, \bar{a}_m\}$이 $M^n$에서 $\mathrm{Aut}(M)$-궤도들의 대표원소들을 모은 것이라 하자. 만일 $M$이 $p \in S_n(T)$를 만족하지 못하면, $\varphi_i(\bar{x}) \in \mathrm{tp}(\bar{a}_i)$가 있어 $(1 \leq i \leq m)$ $\neg\varphi_i \in p$이다. 이제 $\sigma(\bar{x}) := \neg\varphi_1(\bar{x}) \wedge \cdots \wedge \neg\varphi_m(\bar{x})$라 두면, 이도 $p$에 있고 $T$와 일관적이기에 $T \models \exists\bar{x}\sigma(\bar{x})$가 성립한다. 따라서 $M \models \exists\bar{x}\sigma(\bar{x})$이고 적당한 $\bar{c} \subset M^n$가 있어 $M \models \sigma(\bar{c})$이다(*). 한편 $\bar{c}$는 적당한 $\bar{a}_j$와 $(j \in \{1, \ldots, m\})$ 같은 궤도에 있기에 $\mathrm{tp}(\bar{c}) = \mathrm{tp}(\bar{a}_j)$이고 따라서 $M \models \varphi_j(\bar{c})$가 성립한다. 이는 (*)에 모순된다. 결국 $M$은 $S_n(T)$의 모든 타입을 만족하고 $S_n(T)$는 유한하다. □

**보조정리 5.22**

가산인 $\mathcal{L}$의 완전한 이론 $T$가, 서로 동형이 아닌 가산모델들을 하나보다 많은 유한개 가진다고 하자. 그러면 포화모델이 아닌 가산모델 $M \models T$이 있어 $S(T)$의 모든 완전한 타입을 만족하고(따라서 $M$은 소모델도 동질모델도 아니다), 또한 $\bar{a} \in M$가 있어 $M_{\bar{a}}$는 $\mathcal{L}(\bar{a})$에서 소모델이다(그러면 $\mathrm{tp}_M(\bar{a})$는 고립되지 않았다).

증명 $p \in S(T)$이면 이를 만족하는 $T$의 가산모델이 있기에, $T$가 유한개의 (서로 동형이 아닌) 가산모델만 가지므로 $T$는 작다. 따라서 $S(T) = \{p_i \mid i < \omega\}$라 나열할 수 있다. 또한, 정리 5.17과 따름정리 5.18에 의해 $T$는 가산의 포화모델 $N$과 소모델을 가진다. 이때 $N$이 $p_i$를 만족하기에, 이를 구현하는 $N$의 유한 원소열을 $\bar{e}_i$로 두고 $\bar{d}_i := \bar{e}_0 \ldots \bar{e}_i (\in N)$로 정하자$(i < \omega)$. 우선 $\bar{d}_i$위의 모든 완전한 타입을 모은 $S(\bar{d}_i)$의 기수는 $\omega$이다. 왜냐하면 만일 $q(\bar{x}, \bar{d}_i) \in S(\bar{d}_i)$이면 대응하는 $q(\bar{x}, \bar{y})$가 $S(T)$에 있고$(|\bar{d}_i| = |\bar{y}|)$, 이 대응은 1-1이기에 $\omega \leq$

$|S(\bar{d}_i)| \le |S(T)| = \omega$이다. 즉 $T_{\bar{d}_i}$도 ($\mathcal{L}(\bar{d}_i)$ 언어에서) 작기에 이의 가산 소모델 $(M_i, \bar{d}_i)$가 있다(표기 3.16 참조). 또한 $(N, \bar{d}_i)$도 $\mathcal{L}(\bar{d}_i)$에서 포화모델이다. 따라서 $(M_i, \bar{d}_i) \prec (N, \bar{d}_i)$라 해도 무방하다$(i < \omega)$. 한편 $T$의 가산모델이 유한개 있기에, $j < \omega$가 있어 무한히 많은 $i < \omega$에 대하여 $M_j \cong (\bar{d}_i \in) M_i$가 성립하고 $\bar{d}_i$의 정의에 의해 $M := M_j$는 $S(T)$의 모든 타입을 만족한다. $T$가 $\aleph_0$-범주적이지 않기에, 정리 5.21(2)에 의해 $M$은 소모델이 아니다.
이제 $M$이 포화모델이 아님을 보이자(그러면 정리 5.13에 의해 동질모델도 아니다). $T$가 $\aleph_0$-범주적이지 않기에, 정리 5.21에 의해 $S_n(T)$가 무한인 $n \ge 1$이 있다. 따라서 $S_n(\bar{d}_j)$도 무한하고 다시 정리 5.21에 의해 $\mathrm{Th}(M, \bar{d}_j)$는 $\aleph_0$-범주적이지 않다. 그러면 다시 5.21에 의해 고립되지 않은 타입 $q_0 \in S(\bar{d}_j)$가 있다. 따라서 원자모델인 $(M, \bar{d}_j)$는 $q_0$를 거르기에, ($\mathcal{L}(\bar{d}_j)$에서) 포화모델이 아니고, $\mathcal{L}$-모델 $M$ 또한 포화모델이 될 수 없다. 끝으로 $\mathrm{tp}(\bar{d}_j)$가 ($\mathcal{L}$-이론 $T$에서) 고립되지 않은 것을 확인하자. 5.21에 의해 고립되지 않은 $p_0 \in S(T)$가 있고, 이를 $\bar{b} \in M$가 구현한다고 하자(즉 $p_0 = \mathrm{tp}(\bar{b})$). 한편 $(M, \bar{d}_j)$가 원자모델이기에 $\mathrm{tp}(\bar{b}/\bar{d}_j)$가 고립되었고, 따라서 연습문제 §4.3.9에 의해 $\mathrm{tp}(\bar{d}_j)$는 고립된 타입일 수 없다. □

위 보조정리를 사용하면 보트의 흥미로운 결과를 얻는다.

**정리 5.23**

**(보트)** $T$는 가산인 $\mathcal{L}$의 완전한 이론이다. 그러면 $T$의 서로 동형이 아닌 가산모델들이 두 개만 있는 경우는 없다.

증명 모순을 이끌기 위해 $T$의 서로 동형이 아닌 가산모델들이 정확히 두 개 있다고 가정하자. 그러면 $T$는 작다. 따라서 정리 5.17과 따름정리 5.18에 의해 $T$는 가산의 소모델 $M$과 포화모델 $N$을 가진다. 이때 보조정리 5.22에 의해, $M$이나 $N$과 동형이 아닌 $T$의 가산모델이 있다. 따라서 가정에 의해 $M \cong N$이어야 한다. 한편 임의의 $p \in S(T)$는 포화모델 $N$이 만족하고 따라서 $M$도 만족하기에 $p$는 고립되어 있다. 그러면 정리 5.21에 의해 $T$는 $\aleph_0$-범주적이어야 하기에 모순이다. □

**보기 5.24**

(1) 정리 5.23에서, $T$의 $\aleph_1$ 크기의 동형이 아닌 모델들이 두 개만 있을 수는 있다. $E$가 2항술어기호이고, $\mathcal{L} = \{E\}$, $T$는 $E$가 두 개의 무한인 동등류만을 가지는 동등관계임을 기술한다고 하자. $T$는 $\aleph_0$-범주적인 완전한 이론이다. $T$의 $\aleph_1$-크기의 모델은 (동형을 빼면) 딱 다음 두 개다. ①두 동등류 모두 크기가 $\aleph_1$인 것과, ②하나는 $\aleph_1$, 다른 하나는 $\aleph_0$ 크기인 모델이다.

(2) 보기 5.19에서 이미, 가산모델이 3개만 있는 이론의 예를 보았다. 이를 변형하여 가산모델의 개수가 $(3 \leq)n$인 이론을 찾을 수 있다.

$\{S_1, \ldots, S_{n-2}\}$는 $\mathbb{Q}$의 분할로서, 각 $S_i$는 $\mathbb{Q}$의 조밀한 무한부분집합이라 하자(즉 $\overline{S_i} = \mathbb{Q}$, $i = 1, \ldots, n-2$). 이때 각 $S_i$를 1항관계로 보며, $\mathbb{N}$의 이름을 준 구조 $(\mathbb{Q}, <, S_1, \ldots, S_{n-1})_{\mathbb{N}}$을 생각하자. 따라서 임의의 $m \in \mathbb{N}$에 대하여, $m \in S_i$인 유일한 $i(\in \{1, \ldots, n-2\})$가 있다. 이의 이론 $T$는 (동형을 빼면) 다음과 같은 $n$개의 가산모델만을 가진다(연습문제 §5.4.5).

① 모델에서 $\mathbb{N}$의 이름을 준 열에 상계가 없다. 즉 $(\mathbb{Q}, <, S_1, \ldots, S_{n-1})_{\mathbb{N}}$ 자신으로 이는 소모델이다.

② 모델에서 $\mathbb{N}$의 이름에 상계가 있지만 최소상계는 없다. 이는 포화모델이다.

③ 모델에서 $\mathbb{N}$의 이름의 최소상계가 $S_i$에 있다($i = 1, \ldots, n-2$). 이들 각각은 보조정리 5.22에서 묘사된 모델로, 소모델도 포화모델도 동질모델도 아니지만 모든 타입을 만족하는 보편모델이다. 또한 각 모델의 최소상계에 새 상수기호로 이름을 준 확장모델은 소모델이다.

**보충설명** 5.25

가산언어의 완전한 이론 $T$의 가산모델의 개수를 따지는 연구는 모델론 역사에서 매우 중요한 주제였다. 이와 관련하여 이 장의 결과들을 포함하여, 아래와 같은 주요 논제, 결과들이 있다.

(1) $T$의 완전한 타입들의 개수는 보조정리 4.13에서처럼, $\aleph_0$개이거나, $2^{\aleph_0}$개

이다. 보트는 비슷한 결과가 가산모델들의 개수에도 나타날 것이라 추측하였다. 즉 $T$의 서로 동형이 아닌 가산모델들의 개수는 $\aleph_0$개 이하이거나, $2^{\aleph_0}$개라는 것이 보트의 예상이다. 물론 $|S(T)| = 2^{\aleph_0}$이면 후자가 성립하고 연속체 가설하에서 보트의 예상은 참이지만(보기 4.18(3)), 가설 없이 보트의 예상을 해결하는 것은 아직 어려운 문제로 남아있다. 몰리[Morley]는 가산모델들의 개수가 $\aleph_0$개 이하이거나, $\aleph_1$ 또는 $2^{\aleph_0}$개라는, 현재까지 최적의 결과를 보였다[31].

(2) 8장에서 다룰 몰리의 범주성정리는, 만일 $T$가 $\kappa(> \aleph_0)$-범주적이면, 모든 기수 $\lambda(> \aleph_0)$에 대하여 $\lambda$-범주적이라는 것이다. 역시 8장의 볼드윈-라클란 정리 8.35는, 이러한 $\aleph_1$-범주적 이론의 가산모델의 개수는 1 또는 $\aleph_0$라는 것이다.

이를 더 확장하여 정리 9.50에서, $T$가 슈퍼단순이론이면 ($\aleph_1$-범주적이면 슈퍼단순하다) 이의 가산모델의 개수는 1 또는 $\geq \aleph_0$라는 것을 보인다. 이는 슈퍼단순성을 가지면 보조정리 5.22의 경우가 생기지 않는다는 것이다.

## 5.4 연습문제

1. 대수적으로 닫힌 체의 이론에서 한정제거가능한 것(정리 6.9)을 사용하여 보충설명 5.2(2)를 보이라.

2. $M, N$은 기본동등한 무한모델이고 $D(M) = D(N)$이며 둘 다 $(\omega \leq)\kappa$-동질모델이다. 또한 집합 $A \subseteq B(\subseteq M)$와 기본사상 $f : A \to N$, 집합 $f(A) \subseteq D(\subseteq N)$가 있어서 $|A| < \kappa$, $|B|, |D| \leq \kappa$라 하자. 이때 $B \subseteq \mathrm{dom}(\bar{f})$, $D \subseteq \mathrm{ran}(\bar{f})$가 성립하는, $f$를 확대한 기본사상 $\bar{f}$가 있음을 다음 순서로 보이라.

   (a) $M \setminus A$나 $N \setminus f(A)$가 유한이라 하자. 이때 보조정리 5.7을 사용하여, $M \setminus A$와 $N \setminus f(A)$의 크기가 같고 $f$는 $M$과 $N$ 사이의 동형사상으로 확대됨을 보이라.

   (b) 일반성을 잃지 않고 $\aleph_0 \leq \mu := |B \setminus A| = |D \setminus f(A)| \leq \kappa$라 가정할 수 있음을 설명하라.

   (c) $B \setminus A = \{b_i \mid i < \mu\}$, $D \setminus f(A) = \{d_i \mid i < \mu\}$라 나열하자. 양방향 초한귀납적으로 보조정리 5.7을 적용하여, 임의의 서수 $\alpha(= \delta(\text{극한서수}) + n(< \omega)) < \mu$에 대하여 다음이 성립하는 $\{b'_i \mid i < \alpha'\}(\subseteq M \setminus A)$과 $\{d'_i \mid i < \alpha'\}(\subseteq N \setminus f(A))$을 $(\alpha' := \delta + 2n)$ 찾을 수 있음을 보이라. 즉 $f_\alpha := f \sqcup \{(b'_i, d'_i) \mid i < \alpha'\}$는 기본사상이고 $\{b_i \mid i < \alpha\} \subseteq \{b'_i \mid i < \alpha'\}$, $\{d_i \mid i < \alpha\} \subseteq \{d'_i \mid i < \alpha'\}$이며, 모든 $\beta(< \alpha)$에 대하여 $f_\beta \subseteq f_\alpha$이다. 이제 $\bar{f} := \bigcup_{\alpha<\mu} f_\alpha$로 두면 된다.

3. 보기 5.19(2)에서 $(\mathbb{Q}^-, <)_{\mathbb{Q}^-} \prec (\mathbb{Q} \setminus \{0\}, <)_{\mathbb{Q}^-} \prec (\mathbb{Q}, <)_{\mathbb{Q}^-}$임을 보이고, $(\mathbb{Q}, <)_{\mathbb{Q}^-}$은 동질모델이 아니지만 $(\mathbb{Q} \setminus \{0\}, <)_{\mathbb{Q}^-}$는 동질모델임을 논증하라. 또한 보기 5.19(3)의 서술을 논증하라.

4. 다음이 (한정제거가능함을 사용하여) 작은 이론임을 논증하고 이의 소모델과 가산포화모델을 묘사하라.

   (a) $\mathrm{Th}(\mathbb{N}, <)$.

   (b) $\mathrm{Th}(\mathbb{Z}, S)(S(n) = n + 1)$.

   (c) 보기 4.18(3)의 예.

5. 보기 5.24(2)의 서술을 논증하라.

6. $P$는 $n$항 술어기호이고 $\mathcal{L} = \mathcal{L}_0 \sqcup \{P\}$라 하자. $M$은 $\omega$-포화된 $\mathcal{L}$-모델이고 $M_0 := M \upharpoonright \mathcal{L}_0$은 ($\mathcal{L}_0$에서) 강한 $\omega$-동질모델이라 하자. 이때 아래 두 요건이 동등함을 보이라.

   (a) $P^M(\subseteq M^n)$은 $M_0$에서 $\mathcal{L}_0$-논리식으로 정의가능하다.

   (b) $M_0$의 임의의 자기동형사상 $f$에 대하여, 집합으로서 $P^M = f(P^M)$이 성립한다.

   (힌트: (a)를 부정하고, $\mathrm{tp}_{M_0}(\bar{a}) \cup \{\neg P\bar{x}\} \cup \mathrm{Th}(M)$이 일관적인 $\bar{a} \in P^M$가 있음을 증명하라. 이를 위해 $\{\mathcal{L}_0\text{-논리식 } \varphi(\bar{x}) \mid M \models \forall \bar{x}(\neg P\bar{x} \to \varphi(\bar{x}))\} \cup \{P\bar{x}\} \cup \mathrm{Th}(M)$이 일관적임을 보이라.)

7. $M$은 가산언어의 가산모델이고 $\mathrm{Th}(M)$은 $\omega$-범주적이다. $H$가 $\mathrm{Aut}(M)$의 열린 부분군일 때 $H \le K \le \mathrm{Aut}(M)$인 부분군 $K$가 유한개만 있음을 보이라. ($\mathrm{Aut}(M)$의 위상은, 임의의 $\bar{a}, \bar{b} \in M^n$에 대하여 $\{f \in \mathrm{Aut}(M) \mid f(\bar{a}) = \bar{b}\}$를 기본 열린 집합으로 가진다.)

8. $F$가 무한체일 때, $\mathcal{L}_{\mathrm{fd}}$에서 $\mathrm{Th}(F)$가 $\aleph_0$-범주적이지 않음을 논증하라.

9. $T$는 가산언어의 완전한 이론이다. 만일 $T$가 $\aleph_0$-범주적이지 않으면, $T$의 강한 $\aleph_0$-동질적인 (동형이 아닌) 가산모델이 두 개 이상 있음을 보이라.

10. $A \subseteq M$이고 $M$은 강한 $(|A| + |T|)^+$-동질모델이다. 이때 $p(\bar{x}) \in S(A)$이고 $(p(\bar{x}) \subseteq) q_0(\bar{x}), q_1(\bar{x}) \in S(\mathrm{acl}(A))$이면 $f \in \mathrm{Aut}(M/A)$가 있어서 $q_1(\bar{x}) = f(q_0(\bar{x}))$가 성립함을 논하라.

# 6 한정기호 제거

이 장에서 한정기호 제거와 관련한 여러 개념과 판별법 등을 공부한다. 특정 대수구조의 이론에서 한정기호 제거가 가능하면, 그 대수구조가 가지는 여러 성질을 모델론 방법으로 증명할 수 있고 대수적 이해를 넘어서는 새로운 관점도 제공한다. 한정기호 제거는 언어의 선택에 의존하기에, 주어진 대수구조에 대해서 어떤 언어를 선택해야 한정기호 제거가 가능한 지에 대한 연구는 해당 대수구조 이해에 주요 요소를 제공한다.

**정의 6.1**

$T$는 $\mathcal{L}$-이론이다. (완전한 이론일 필요는 없다.) $T$에서 한정기호를 제거할 수 있다 (또는 $T$는 한정제거가능하다)는 것은 임의의 $\mathcal{L}$-논리식 $\varphi(\bar{x})$에 대하여, 한정기호가 없는 $\mathcal{L}$-논리식 $\psi(\bar{x})$가 있어서 (다만 $\varphi$가 $\mathcal{L}$-명제이면 $\psi(x)$로 자유변수가 하나 있는 경우를 허용한다) $T \vDash \varphi(\bar{x}) \leftrightarrow \psi(\bar{x})$가 성립한다는 것이다.

**보충설명** 6.2

(1) $T$에서 만일 명제가 아닌 논리식의 한정기호를 제거할 수 있다면, 명제 $\sigma$에 대하여 한정기호가 없는 $\psi(x)$가 있어

$$T \vDash \sigma \ \leftrightarrow \ (\sigma \wedge x = x) \ \leftrightarrow \ \psi(x)$$

가 성립한다. 또한 만일 $\mathcal{L}$에 상수기호 $c$가 있으면 $T \vDash \sigma \leftrightarrow \psi(c)$가 성

립한다(그러면 $\psi(c)$는 한정기호 없는 명제다). 하지만 $\mathcal{L}$에 상수기호가 없다면, 한정기호가 없는 명제는 존재하지 않는다.

(2) $\mathcal{L}$-이론들 $T \subseteq T'$이 있을 때, 만일 $T$가 한정제거가능하면 당연히 $T'$도 그러하다.

(3) 만일 $T := \mathrm{Th}(M)$가 한정제거가능하면 임의의 $A \subseteq M$에 대하여 $T_A = \mathrm{Th}(M_A)$도 같은 성질을 가진다. 그 이유는 다음과 같다. $\varphi(\bar{x}, \bar{a})$를 임의의 $\mathcal{L}(A)$-논리식이라 하자. 물론 이때 $\varphi(\bar{x}, \bar{y})$는 $\mathcal{L}$-논리식이고 $\bar{a} \in A$이다. 그러면 한정기호가 없는 $\psi(\bar{x}, \bar{y})$가 있어 $T \vDash \varphi(\bar{x}, \bar{y}) \leftrightarrow \psi(\bar{x}, \bar{y})$가 성립하고 따라서 $T \vDash \forall\bar{x}\forall\bar{y}(\varphi(\bar{x}, \bar{y}) \leftrightarrow \psi(\bar{x}, \bar{y}))$이다. 그러므로 $T_A \vDash \varphi(\bar{x}, \bar{a}) \leftrightarrow \psi(\bar{x}, \bar{a})$도 성립한다.

(4) 하지만 (3)의 역은 성립하지 않는다. 예를 들어 구간 $[0, 1)$에 대하여 $\mathrm{Th}([0, 1), <, 0)$에서 한정제거가능하지만 $\mathrm{Th}([0, 1), <)$에선 0을 정의하는 $\forall y(x \leq y)$의 한정제거가 가능하지 않다(보기 6.8). 일반적으로 $\mathcal{L} \subset \mathcal{L}'$이고 $N$이 $\mathcal{L}'$-모델일 때 $\mathrm{Th}(N)$의 $\mathcal{L}'$-논리식에 대한 한정제거가능성과, $\mathrm{Th}(N \restriction \mathcal{L})$의 $\mathcal{L}$-논리식에 대한 한정제거가능성은 서로 독립적인 성질이다. 3절에 나오는 것처럼, $\mathbb{R}$을 $\mathcal{L}_{\mathrm{or}}$ 언어의 실수순서체로 볼 때 이의 이론에서 한정제거가능하지만, $\mathbb{R} \restriction \mathcal{L}_{\mathrm{r}}$의 이론에선 그렇지 않다. $\mathbb{R}$을 $\varnothing$ 언어에서 무한집합으로만 보거나, 순서관계만 생각한 경우에도 한정제거가 가능하다.

(5) $\mathcal{L}$-모델 $M$의 정의가능(한) 집합*definable set*이란, 정의 1.9에서처럼 한 $\mathcal{L}$-논리식 $\varphi(\bar{x})$의 해집합 $\varphi(M)$을 뜻한다. $A \subseteq M$일 때, $M$의 $A$ 위 (또는 $A$-)정의가능한 집합은 $A$ 위 한 논리식 $\psi(\bar{x}, \bar{a})$로 정의된 집합 $\psi(M, \bar{a})$를 뜻한다($\bar{a} \in A$). 이때 $\mathrm{Def}_{\mathcal{L}}(M) = \mathrm{Def}(M)$은 $M$의 정의가능 집합들을 다 모은 것이다. 즉

$$\mathrm{Def}(M) = \{\varphi(M) \mid \varphi(\bar{x})\text{는 } \mathcal{L}\text{-논리식}\}$$

이다. 따라서 $\mathrm{Def}(M_A)$은, $M$의 $A$ 위 정의가능한 집합을 다 모은 것이다. 정의가능한 집합은, 모델론이 이들에 대한 연구라 할 수 있을 정도로

매우 중요한 개념이다. 두 모델 $M, N$의 영역이 같고, 언어는 다르지만 $\mathrm{Def}(M) = \mathrm{Def}(N)$이라면, 두 모델은 궁극적으로 같은 모델이라 볼 수 있다는 것이 그 이유 중 하나다. (이때 임의의 $A \subseteq |M| = |N|$에 대하여 $\mathrm{Def}(M_A) = \mathrm{Def}(N_A)$도 따른다.) 예를 들어 $(\omega, +, \times)$에서 $<, 0, 1$ 모두 정의가능하기에(연습문제 §6.7.1), 보기 1.22의 $\mathbb{N} = (\omega, +, \cdot, <, 0, 1)$과 $(\omega, +, \times)$은 궁극적으로 같은 구조라 볼 수 있다. 또한 $(\omega, +, \times)$에서 승의 연산 $x^y$도 정의가능한 것으로 알려져 있다[10]. 하지만 $(\omega, \times)$에서는 $+$를 정의할 수 없고(연습문제 §6.7.2), 역으로 $(\omega, +)$에서 $\times$를 정의할 수 없다[10]. 주어진 언어의 구조에서 어떠한 집합이 정의가능한지 파악하는 것은 때때로 어려운 문제다. 예를 들어 환 $\mathbb{Z}$에서 집합 $\mathbb{N}$이 정의가능한지 물을 수 있는데, 이는 임의의 자연수가 4개의 제곱수의 합으로 표시된다는 라그랑주Lagrange의 제곱수 정리를 사용하여 긍정적 답을 얻는다. 즉, $\mathbb{N}$은 논리식 $\mathbb{N}(x) := \exists uvyz(x = u^2 + v^2 + y^2 + z^2)$으로 정의된다. 따라서 환 $\mathbb{Z}$에서 $x < y$는 $x \neq y \wedge \exists z(\mathbb{N}(z) \wedge x + z = y)$로 정의된다. 또한 실수체 $\mathbb{R}$에서 $<$은 $\exists z(x + z^2 = y) \wedge x \neq y$로 정의됨을 쉽게 알 수 있다. 유리수체 $\mathbb{Q}$에서도 $<$이 정의가능한데 이는 언급한 라그랑주의 정리를 사용하여 얻는다(연습문제 §6.7.4). 쥴리아 로빈슨Julia Robinson은 유리수체에서 집합 $\mathbb{Z}$가 (따라서 $\mathbb{N}$도) 정의가능함을 증명하였다[28].

이론 $T$에서 한정제거가능하다는 것은, 이의 모든 모델의 정의가능 집합이 한정기호 없는 논리식으로 정의된다는 것이다. 한편 임의의 $\mathcal{L}$-모델 $M$에 대하여 $\mathcal{L}$에 술어기호들을 추가한 언어 $\mathcal{L}'$과 $M$의 $\mathcal{L}'$-확장모델 $M'$으로, $\mathrm{Def}(M) = \mathrm{Def}(M')$이면서 $\mathrm{Th}(M')$은 $\mathcal{L}'$에서 한정제거가능한 것을 찾을 수 있다(연습문제 §6.7.5). 즉 정의가능한 집합들을 보존하는, 모델의 확장에서 한정기호 제거가 항상 가능하다. 하지만 이 장의 서두에 언급한 것처럼, 한정기호 제거가 가능한 '적절한' 언어를 찾는 것은 중요한 연구 주제이다.

한정기호 제거는 다음 정리와 같이, 이론의 완전성을 확인하는 데 유용하다.

**정리 6.3**

$\mathcal{L}$-이론 $T$는 한정제거가능하다. 이때 $T$의 모든 모델에 매입되는 (공이 아닌) 모델 $M$이 있다면, $T$는 완전하다.

증명 $N_0, N_1 \models T$라 하고, $N_0 \equiv N_1$임을 보이면 된다. 이때 $M \subseteq N_1$이고 $M \subseteq N_1$라고 해도 일반성을 잃지 않는다. 이제 임의의 $\mathcal{L}$-명제 $\sigma$에 대하여 한정기호 없는 논리식 $\gamma(x)$가 있어, $T \models \sigma \leftrightarrow \gamma(x)$가 성립한다. 따라서 정리 3.8(2)에 의해, $c \in M$에 대하여

$$N_0 \models \sigma \text{이면이, } N_0 \models \gamma(c) \text{이면이,}$$
$$M \models \gamma(c) \text{이면이, } N_1 \models \gamma(c) \text{이면이, } N_1 \models \sigma$$

가 성립한다. 즉, 예상대로 $N_0 \equiv N_1$임을 증명하였다.

**보충설명** 6.4

계속해서 왜 한정기호 제거가 중요한지 살펴보려 한다.

(1) 이론 $T$에서 한정기호 제거가 가능하면 $T$의 모델에 대한 이해나 타입에 대한 정보를 쉽게 얻을 수 있다. 예를 들어 한정제거를 통해, 고립된 경우를 포함해서 타입들이 어떠한 논리식들로 결정되는지 분석할 수 있다. 또한 논리식이나 타입의 여러 급수값을 계산할 때 유용하다(보기 4.5, 연습문제 §6.7.7 등). 한정제거는 두 모델 사이의 관계를 이해하는 데도 중요한 역할을 한다. 특히 한 모델의 부분모델이 기본부분모델인지 확인하는 상대적으로 쉬운 방법을 제공한다(보충설명 6.24).

(2) 한정제거가능성은 결정가능성과 관련이 있다. 가산인 $\mathcal{L}$의 이론 $T$가 결정가능하다$^{decidable}$는 것은, 컴퓨터 프로그램 같은 유한하게 기술된 판별방식이 있어 임의의 $\mathcal{L}$-명제 $\sigma$를 주면 (또는 입력하면) 그 판별방식에 따라 유한 시간 내에 $T \models \sigma$인지 아닌지 (즉 $T \not\models \sigma$) 여부를 결정(판별)할 수 있다는 것이다.

이제 $\mathcal{L}$에 상수기호가 있고 $T$에서 한정제거가능하여, 모든 $\mathcal{L}$-명제가 한정기호 없는 $\mathcal{L}$-명제와 $T$에서 동등하다고 하자. 그러면 $T$의 결정가능성은 ①임의의 $\mathcal{L}$-명제에 대하여 이와 $T$에서 동등한 한정기호 없는 명제를 찾는 것과 ②그러한 명제들의 $T$에서의 결정 문제로 줄어든다. 즉, ①, ②를 실현하는 프로그램 작성이 가능하다면 $T$는 결정가능하다.

한편 임의의 $\mathcal{L}$-명제 $\sigma$가 $T$의 원소인지 아닌지 여부가 판별가능하다고 하자. 이때 정리 6.3 등으로 $T$의 완전성을 보일 수 있다면, $T$는 결정가능하다(연습문제 §6.7.6). 실제로 $T_{\mathrm{RCOF}}$가 완전하고 결정가능한 것을 따름정리 6.19에서 이 방법으로 보인다.

(3) 한정기호 제거를 통해 대수/해석학 구조의 기하적 성질을 이해할 수 있다. 예를 들어 $T_{\mathrm{ACF}}$에서 한정제거가 가능하다는 것은 대수적 다양체의 사상의 이미지와 관련한 슈발레의 정리를 이끈다(응용 6.10). 또한 $T_{\mathrm{RCOF}}$에서 한정제거가 가능하다는 것은 준대수적 집합의 사영 또한 준대수적 집합이라는 기하학적 결과를 유도한다(응용 6.22). 더불어 $T_{\mathrm{RCOF}}$가 o-극소성을 가진다는 것도 유도한다(정리 6.37). 실수순서체 $\mathbb{R}$에 지수함수를 추가한 구조의 이론이 모델-완전하며 o-극소성을 가진다는 윌키의 결과(사실 6.38, 따름정리 6.40) 등, o-극소성을 가지는 구조들에 대한 연구는 수학의 해석학, 정수론과 관련한 주요 미해결 문제들을 해결하는 데 크게 기여하였다(5절 참조).

## 6.1 한정기호 제거 판별

이제 한정제거가능성을 확인하는 구체적인 방법을 알아보자. 기본적으로, 구문론적 개념인 한정기호 제거와 동등한, 모델들 사이의 관계로 기술된 의미론적 개념을 찾는 것이다. 이 모델론 방법은 다음 절에서 보듯이 대표적 대수구조들에 적용하는데, 기존의 대수적 방법보다 훨씬 간략하고 편리하다.

**정리 6.5**

$\varphi(\bar{x})$는 $\mathcal{L}$-논리식이고 $T$는 $\mathcal{L}$-이론이다. 이때 아래 두 요건은 동등하다.

(1) $T \vDash \varphi(\bar{x}) \leftrightarrow \psi(\bar{x})$가 성립하는 한정기호 없는 $\mathcal{L}$-논리식 $\psi(\bar{x})$가 있다. (단 $\varphi$가 명제이면 $|\bar{x}| = 1$인 경우를 용인한다.)

(2) $T \vDash \varphi(\bar{x}) \leftrightarrow \psi(\bar{x}')$가 성립하는 한정기호 없는 $\mathcal{L}$-논리식 $\psi(\bar{x}')$이 있다 $(\bar{x} \subseteq \bar{x}')$.

(3) $M, N \vDash T$라 하자. 이때 $M, N$의 임의의 공통 부분구조 $M_0(\neq \varnothing)$와 $\bar{c} \in M_0$에 대하여,

$$M \vDash \varphi(\bar{c})\text{이면이} \quad N \vDash \varphi(\bar{c})$$

가 성립한다.

증명 (1)⇒(2)는 당연하다.

(2)⇒(3) 표기의 편의상 $\bar{x}' = \bar{x}\bar{y}$라 하고, (2)를 가정하여 $T \vDash \forall\bar{x}\forall\bar{y}(\varphi(\bar{x}) \leftrightarrow \psi(\bar{x}\bar{y}))$가 성립한다 하자. 또한 (3)의 전제를 가정하여 $M_0 \subseteq M, N \vDash T$이고 $\bar{c}, \bar{d} \in M_0$라 하자($|\bar{c}| = |\bar{x}|, |\bar{d}| = |\bar{y}|$). 그러면 $\psi$에 한정기호가 없기에,

$$M \vDash \varphi(\bar{c})\text{이면이, } M \vDash \psi(\bar{c}\bar{d})\text{이면이,}$$
$$M_0 \vDash \psi(\bar{c}\bar{d})\text{이면이, } N \vDash \psi(\bar{c}\bar{d})\text{이면이, } M \vDash \varphi(\bar{c})$$

가 성립한다.

(3)⇒(1) (3)을 가정하고

$$\Gamma(\bar{x}) := \{\phi(\bar{x}) \mid \phi(\bar{x})\text{는 한정기호 없는 } \mathcal{L}\text{-논리식이고, } T \vDash \varphi(\bar{x}) \to \phi(\bar{x})\}$$

로 놓자. 단 $\varphi$가 명제이면 $x = x$를 $\Gamma$에 넣어, 언제나 $\Gamma \neq \varnothing$이고 $|\bar{x}| = k \geq 1$이다. 이제 다음을 증명하자.

중간요건 새로운 상수기호 $d_1, \ldots, d_k$를 추가하고 $\bar{d} = d_1 \ldots d_k$라 하면, $T \cup \Gamma(\bar{d}) \vDash \varphi(\bar{d})$가 성립한다.

중간요건 증명 중간요건이 성립하지 않는다고 가정하자. 즉 $T \cup \Gamma(\bar{d}) \cup \{\neg\varphi(\bar{d})\}$의 모델 $K$가 있고 $\bar{d} \in K$라 하자(관례대로 $\bar{d}$와 이의 $K$에서의 해석을 같은 기호로 표기하였다). 이제 $V (\neq \varnothing)$를 $\bar{d}$가 생성하는 $K$의 부분구조라 하자. 그러면 $\bar{d} \in V \subseteq K \vDash \Gamma(\bar{d})$이고 $\Gamma$의 논리식들에 한정기호가 없기에, $V \vDash \Gamma(\bar{d})$ 또한 성립한다(*).
따라서 $\Sigma := T \cup \{\varphi(\bar{d})\} \cup \mathrm{Diag}_V(\bar{d})$가 일관적임을 알 수 있다. 왜냐하면 그렇지 않다면

$$T \vDash \varphi(\bar{x}) \to \neg\phi_1(\bar{x}) \vee \cdots \vee \neg\phi_n(\bar{x})$$

가 성립하는 $\phi_i(\bar{d})$를 $(i = 1, \ldots, n)$ $\mathrm{Diag}_V(\bar{d})$에서 찾을 수 있다. 여기서 $\phi_i(\bar{x})$는 한정기호 없는 $\mathcal{L}$-논리식이기에, $\Gamma$의 정의에 의해 $\alpha(\bar{x}) := \neg\phi_1(\bar{x}) \vee \cdots \vee \neg\phi_n(\bar{x}) \in \Gamma$이다. 그러면 (*)에 의해 $V \vDash \alpha(\bar{d})$이고 $\alpha(\bar{d}) \in \mathrm{Diag}_V(\bar{d})$가 되기에 모순이 발생한다.
그러므로 보조정리 3.18에 의해 $V$의 확대모델 $(\bar{d} \in) W$가 있어 $W \vDash \Sigma$가 성립한다. 특히 $W \vDash \varphi(\bar{d})$이고 $W \vDash T$이다. 하지만 $K \vDash \neg\varphi(\bar{d})$이며 $V \subseteq K \vDash T$이다. 이는 (3)에 모순된다. 결국 중간요건은 반드시 성립해야 한다. □

$d_1, \ldots, d_k \notin \mathcal{L}$이기에 중간요건에 의해 $\psi_i(\bar{x}) \in \Gamma$가 있어$(i = 1, \ldots, m)$, $\psi(\bar{x}) := \psi_1(\bar{x}) \wedge \cdots \wedge \psi_m(\bar{x})$에 대하여 $T \vDash \psi(\bar{x}) \to \varphi(\bar{x})$가 성립한다. 또한 $\Gamma$의 정의에 의해 사실 $T \vDash \psi(\bar{x}) \leftrightarrow \varphi(\bar{x})$가 성립한다. $\psi(\bar{x})$에 한정기호가 없기에 (1)을 유도하였다. □

위 정리 6.5(3)에서, 일반적으론 $\bar{c} \in M_0 \subseteq M, N$이고 $M \equiv N$이어도 $\mathrm{tp}_M(\bar{c}) \neq \mathrm{tp}_N(\bar{c})$일 수 있다. 보기 3.24에서처럼, $M_0 = M := (2\mathbb{Z}, +)$, $N := (\mathbb{Z}, +)$라 할 때, $\mathrm{tp}_M(2) \neq \mathrm{tp}_N(2)$이다.

**보조정리 6.6**

$\mathcal{L}$-이론 $T$에서 한정제거가능할 필요충분조건은 임의의 한정기호 없는 $\mathcal{L}$-논리식 $\varphi(y, \bar{x})$에 대하여, $\exists y \varphi(y, \bar{x})$가 $T$에서 한정기호 없는 논리식과 동등한 것이다.

증명 후자를 가정하면, 귀납가정을 사용한 통상의 방법으로 모든 $\mathcal{L}$-논리식들이 $T$에서 한정제거가 가능한 것을 쉽게 보일 수 있다(연습문제 §6.7.8). □

**정리 6.7**

$\mathcal{L}$-이론 $T$가 있다. 아래 두 조건은 동등하다.

(1) $T$는 한정제거가능하다.

(2) $M, N \vDash T$이고 $N$은 $|T|^+$-포화되었으며, 또한 $M, N$의 공통의 부분구조로서, 유한생성된 $M_0(\neq \varnothing)$가 있다고 하자. 그러면 임의의 $b \in M$와 껍질 $M_1 := \langle M_0, b\rangle(\subseteq M)$에 대하여, $f \upharpoonright M_0 = \mathrm{id}$인 매입 $f : M_1 \to N$가 있다.

증명 (1)⇒(2) $p(x, M_0) := \mathrm{tp}_M(b/M_0)$라 하고 $\varphi(x, \bar{a}) \in p(x, M_0)$라 하자 ($\bar{a} \in M_0$). 한편 (1)에 의해 $T \vDash \exists x\varphi(x, \bar{y}) \leftrightarrow \psi(\bar{y})$가 성립하는 한정기호 없는 $\mathcal{L}$-논리식 $\psi(\bar{y})$가 있다. 그러면

$$M \vDash \exists x\varphi(x, \bar{a})\text{이면이, } M \vDash \psi(\bar{a})\text{이면이, } M_0 \vDash \psi(\bar{a})\text{이면이, } N \vDash \exists x\varphi(x, \bar{a})$$

가 성립한다. 따라서 콤팩트성정리에 의해 $p(x, M_0)$는 $\mathrm{Th}(N_{M_0})$와 일관적이다. (주의할 것은 보조정리 6.6 전에 언급한 것처럼, 일반적으론 $M \equiv N$인 경우에도 $\mathrm{Th}(M_{M_0}) = \mathrm{Th}(N_{M_0})$일 이유가 없다.) 이때 $N$이 $|T|^+$-포화모델이기에 적당한 $b' \in N$이 있어 $p(x, M_0)$를 $N$에서 구현한다. 즉 $\mathrm{tp}_M(b/M_0) = \mathrm{tp}_N(b'/M_0)$이다(*).

이제 $\mathrm{id} : M_0 \to M_0$와 $b \mapsto b'$인 사상을 확장한 $M_1$에서 $N$으로 가는 매입 $f$를 찾으려 한다($b \in M$이면 (*)에 의해 $b = b'$이다). 이를 위해서는, 보조정리 3.18에 의해 임의의 한정기호 없는 $\mathcal{L}$-논리식 $\psi(x, \bar{y})$과 $\bar{a} \in M_0$에 대하여,

$M_1 \vDash \psi(b, \bar{a})$이면이 $N \vDash \psi(b', \bar{a})$이 성립하는 것을 보이면 충분하다. 그런데

$$M_1 \vDash \psi(b,\bar{a})\text{이면이} \quad M \vDash \psi(b,\bar{a})\text{이면이} \quad (M_1 \subseteq M\text{이기에})$$
$$N \vDash \psi(b',\bar{a})\text{이다.} \quad (\text{위 (*)에 의해})$$

(2)⇒(1) (2)를 가정하자. $M', N' \vDash T$이고 $M_0(\neq \varnothing) \subseteq M'$, $M_0 \subseteq N'$이라 하자. 이제 $\bar{c} \in M_0$이고, $\varphi(x, \bar{y})$는 한정기호 없는 $\mathcal{L}$-논리식이라 하자. 이때 정리 6.5와 보조정리 6.6에 의해, $M' \vDash \exists x \varphi(x, \bar{c})$이면이 $N' \vDash \exists x\varphi(x, \bar{c})$임을 보이면 (1)이 증명된다.

우선 정리 5.3에 의해, $N' \prec N$이고 $|T|^+$-포화된 $T$의 모델 $N$을 찾을 수 있다. 이제 $M' \vDash \exists x\varphi(x, \bar{c})$이라 가정하자. 그러면 $b \in M'$가 있어 $M' \vDash \varphi(b, \bar{c})$이다. 따라서 $b$와 $\bar{c}$로 생성된 $M_1(\subseteq M')$에서도 $\vDash \varphi(b, \bar{c})$가 성립한다. 그러므로 (2)에 의해 적당한 $b' \in N$이 있어 $N \vDash \varphi(b', \bar{c})$가 성립하기에, $N \vDash \exists x\varphi(x, \bar{c})$이다. 그러면 $N' \prec N$이기에 $N' \vDash \exists x \varphi(x, \bar{c})$이 성립한다.

역으로 $N' \vDash \exists x\varphi(x, \bar{c})$라 가정하자. 마찬가지로 $M' \prec M$이고 $|T|^+$-포화된 $T$의 모델 $M$을 찾을 수 있다. 그러면 (2)를 $N', M$에 적용하여 $M' \vDash \exists x\varphi(x, \bar{c})$이 성립함을 같은 방식으로 보일 수 있다. □

**보기 6.8**

$\mathcal{L} = \{<\}$일 때 $T := T_{\mathrm{DLO}} \cup \{\forall x \exists y(x < y) \wedge \forall x \exists y (y < x)\}$는 완전한 이론이고(연습문제 §3.4.13), 정리 6.7을 사용하면 $T$에서 한정제거가능함을 알 수 있다. 하지만 $T_{\mathrm{DLO}} \cup \{\exists^{\geq 2} x\}$를 포함하는 완전한 $\mathcal{L}$-이론에서 최소나 최대원소의 존재를 보장하면, 각각 $\forall y(x \leq y)$와 $\forall y(y \leq x)$의 한정기호를 제거할 수 없음도 보일 수 있다. 한편으론 상수기호 $c$를 추가하여 최대 또는 최소원소로 지칭하는 명제 $\forall y(c \leq y)$나 $\forall y(y \leq c)$를 추가하면 한정제거가능하다(연습문제 §6.7.11).

## 6.2 대수적으로 닫힌 체

이 절에서는 $\mathcal{L}_{\mathrm{fd}}$-이론인 $T_{\mathrm{ACF}}$가 한정제거가능한 것을 정리 6.5를 사용하여 보이려 한다. 이를 통해 슈발레의 정리를 증명할 수 있고, $T_{\mathrm{ACF}_p}$가 결정가능한 것도 알 수

있다(응용 6.10).

**정리 6.9**

언어 $\mathcal{L}_{\mathrm{fd}} = \{+, \times, -, 0.1\}$의 이론인 $T_{\mathrm{ACF}}$에서 한정기호 제거가 가능하다.

증명 $K, L \vDash T_{\mathrm{ACF}}$이고(즉, $K$와 $L$은 대수적으로 닫힌 체), $F$를 공통 부분구조로 가지고 있다고 하자. 따라서 $F$는 환이고, $K$와 $L$의 표수는 0이나 소수 $p$로 같다. 또한 $F_K, F_L$을 각각 $K$와 $L$에서 $F$로 생성되는 체라 하면 $f \upharpoonright F = \mathrm{id}$인 동형사상 $f : (F_K)^{\mathrm{alg}}(\leq K) \to (F_L)^{\mathrm{alg}}(\leq L)$이 있다.

이제 $\varphi(x, \bar{y})$를 한정기호 없는 $\mathcal{L}_{\mathrm{r}}$-논리식이라 하고, $\bar{a} \in F$라 하자. 또한 $K \vDash \exists x\varphi(x, \bar{a})$라 가정하자. 정리 6.5와 이의 대칭성, 그리고 보조정리 6.6에 의해 $L \vDash \exists x\varphi(x, \bar{a})$가 성립함을 보이면 충분하다.

한편 $\mathcal{L}_{\mathrm{fd}}$에는 술어기호가 =만 있다. 따라서 $F$-계수의 적당한 다항식 $g_{ij}(x), h_{ik}(x) \in F[x]$가 있어, $\varphi(x, \bar{a})$는 $T_{\mathrm{ACF}}$에서 아래 논리식

$$\bigvee_i (\bigwedge_j g_{ij}(x) = 0 \wedge \bigwedge_k h_{ik}(x) \neq 0)$$

과 동등하다(사실 1.23 참조). 그러면 가정에 의해 적당한 $b \in K$와 $i_0$가 있어 $K \vDash \bigwedge_j g_j(b) = 0 \wedge \bigwedge_k h_k(b) \neq 0$가 성립한다(여기서 $g_j = g_{i_0 j}$, $h_k = h_{i_0 k}$).

우선 이때 한 $j_0$가 있어 $g_{j_0}$가 0함수가 아닌 경우를 생각하자. 그러면 $b$가 $F$에 대수적이기에 $b \in (F_K)^{\mathrm{alg}}$이다. 따라서 $b' := f(b) \in (F_L)^{\mathrm{alg}} \leq L$이고 $L \vDash \bigwedge_j g_j(b') = 0 \wedge \bigwedge_k h_k(b') \neq 0$이 성립하기에, 원하던 대로 $L \vDash \exists x\varphi(x, \bar{a})$가 유도된다.

다음 경우로, 모든 $j$에 대하여 $g_j$가 영함수라 하자. 한편 각각의 다항식 $h_k$는 유한개의 근만 가질 수 있고 $L$은 무한 체이기에 $L \vDash \bigwedge_k h_k(b'') \neq 0$인 $b'' \in L$를 찾을 수 있다. 따라서 이 경우에도 $L \vDash \exists x\varphi(x, \bar{a})$가 성립한다. □

**응용 6.10** • $K$가 대수적으로 닫힌 체라고 하자. $K^n$의 자리스키[Zariski] 폐집합이란 유한개의 $n$변수 다항식 $p_1(\bar{x}), \ldots, p_r(\bar{x}) \in K[\bar{x}]$가 있어서($1 \leq r$, $\bar{x} = x_1, \ldots, x_n$)

$$\{\bar{x} \in K^n \mid p_i(\bar{x}) = 0 \ (i = 1, \ldots, r)\}$$

형태로 나타나는 $K^n$의 부분집합이다. 자리스키 폐집합들의 유한 부울 결합을 $K^n$의 구성가능$^{constructible}$ 집합이라 부른다. 따라서 정리 6.9에 의해, $X(\subseteq K^n)$가 $\mathcal{L}_{\text{fd}}(K)$-정의가능 집합이면이, $X$는 구성가능한 집합임을 알 수 있다(연습문제 §6.7.12).

- 또한 슈발레$^{\text{Chevalley}}$의 정리도 따른다. 즉, $f : K^n \to K^m$가 다항식 함수이고(곧 $q_i(\bar{x}) \in K[\bar{x}]$가$(i = 1, \ldots, m)$ 있어, $f = (q_1(\bar{x}), \ldots, q_m(\bar{x})))$, $X$가 구성가능 집합이면, $f(X)(\subseteq K^m)$도 구성가능 집합이다. 특히 구성가능한 집합의 사영도 구성가능 집합이다(연습문제 §6.7.12).
- 따름정리 3.14에서 이미 $T_{\text{ACF}_p}$가 $(p = 0$ 또는 소수) 완전한 이론임을 보였지만, 정리 6.3을 사용하면, 소체의 존재에 의해 $T_{\text{ACF}_p}$가 완전한 이론임을 다시 확인할 수 있다. 더불어, 한정제거를 통해 $S_n(T_{\text{ACF}_p})$의 타입들이 어떻게 결정되는지도 쉽게 알 수 있다. 특히 완전한 1타입은 1변수 기약다항식이 0이라는 원자논리식으로 고립되거나, 이러한 모든 원자논리식의 부정 논리식들로 결정되거나 둘 중 하나다(보기 4.5(2)). 또한 $T_{\text{ACF}_p}$가 모델-완전하기에(보충설명 6.24), $\mathbb{Q}^{\text{alg}}$나 $\mathbb{F}_p^{\text{alg}}$가 소모델임이 확증된다.
- 주어진 $\mathcal{L}_{\text{fd}}$-명제가 $T_{\text{ACF}_p}$의 원소인지 여부가 쉽게 판별가능하기에, 연습문제 §6.7.6에 의해 $T_{\text{ACF}_p}$는 결정가능하다. 사실 $T_{\text{ACF}}$도 결정가능하다[39].

## 6.3 실체

이 절에서는 실수체 $(\mathbb{R}, +, \cdot, -, 0, 1)$, 또는 여기에 선형순서 $<$을 추가한 실수순서체의 이론에 대하여 공부한다.

**정의 6.11**

$\mathcal{L}_{\text{ofd}}(= \mathcal{L}_{\text{or}} = \mathcal{L}_{\text{fd}} \cup \{<\})$에서 $T_{\text{OF}}$는 순서체를 서술하는 이론이다. 즉

$$\begin{aligned} T_{\text{OF}} := \quad & T_{\text{fd}} \cup \{<\text{이 선형순서임을 나타내는 공리}\} \cup \\ & \{\forall xyz(x < y \to x + z < y + z),\ \forall xyz(x < y \land 0 < z \to xz < yz)\} \end{aligned}$$

이다.

$T_{\mathrm{OF}} \setminus \{\forall x(x \neq 0 \rightarrow \exists y(x \cdot y = 1))\}$는 순서환을 묘사한다. 순서환은 정역이고, 순서환에서 항상 $-1 < 0 < 1$이기에 표수는 0이다. 또한 $0 < x \leftrightarrow -x < 0$이 성립하기에, $x \neq 0 \rightarrow 0 < x^2$이다. 따라서 $-1$은 제곱수들의 합일 수 없다. 이는 앞으로 다룰 '실체'를 정의하는 특성이다. 한편 $x < y \rightarrow x < \frac{x+y}{2} < y$이고 $x - 1 < x < x + 1$이기에, $<$은 최대, 최소가 없는 조밀한 선형순서이다. 모든 순서환의 순서는 자신의 몫체에 선형순서로 유일하게 확대되어 순서체 구조를 제공한다. 따라서 유리수순서체 $(\mathbb{Q}, +, -, \cdot, 0, 1, <)$는 모든 순서체에 매입된다

**정의 6.12**

- $F$가 체이고 $-1$이 제곱수들의 합이 아니면 $F$를 실체*real field*라 부른다.
- $F$가 닫힌 실체*real closed field*라는 것은 $F$가 실체이면서 이의 대수적 진확대 실체가 없다는 것이다.
- 체 $F \leq K$가 있고, $F$가 실체일 때, $K$가 닫힌 실체이면서 $F$의 대수적 확대체이면 $K$를 $F$의 실폐포*real closure*라 부른다.

정의에 의해 $F \leq K$가 모두 닫힌 실체이고 $b \in K$가 $F$에 대수적이면 $b \in F$이다. 실체와 관련한 몇 가지 기초 결과들을 서술하겠다. 증명은 [24]에서 찾을 수 있다.

**사실 6.13** $F$가 실체이고 $a \in F$가 제곱들의 합이 아니면, $a$를 음수로 두는 순서를 주어 $F$가 순서체가 될 수 있다.

순서체는 실(순서)체이고, 역으로 사실 6.13에 의해 모든 실체는 실순서체가 되는 순서를 줄 수 있다. 이때 실순서체가 되는 순서가 유일할 필요는 없다. 예를 들어 실체 $\mathbb{Q}(\pi)$에서 초월수 $\pi$는 ($\pi \mapsto -\pi$인 $\mathbb{Q}(\pi)$의 동형사상을 생각하면) 제곱들의 합이 될 수 없고, 따라서 순서체 $\mathbb{Q}$의 확대로 $\pi$가 음수가 되는 순서체가 있다. 하지만 닫힌 실체의 경우는 유일하다(사실 6.14(2)).

**사실 6.14**

(1) $F$가 실체이면 이의 실폐포가 있다. 좀 더 구체적으로 $(F, <) \vDash T_{\mathrm{OF}}$이

면 $(F,<)$의 확대구조 $(F',<')$로서, $F'$이 $F$의 실폐포인 것이 있다. 또한, $(F,<) \subseteq (F'',<'')$이고 $F''$이 $F$의 실폐포이면 $f \restriction F = \mathrm{id}_F$인 동형사상 $f : (F',<') \to (F'',<'')$가 유일하게 있다. 곧, 순서체 $(F,<)$의 순서를 보존하는 실폐포는 동형인 경우를 빼면 하나만 있다.

(2) $F$가 닫힌 실체이면 이를 순서체가 되게 하는 순서 $<$은 하나만 있다(연습문제 §6.7.13). 이때 $\{x \in F \mid 0 \leq x\} = \{x^2 \mid x \in F\}$이다.

(3) $F$는 실체이고 이의 확대체 $K$는 닫힌 실체라면, $F^{\mathrm{alg}} \cap K$는 $F$의 실폐포이다.

주의할 것은 사실 6.14(1)에도 불구하고, 앞서 언급한 것처럼 $F$가 실체일 때 이에 순서를 주는 방법이 유일하지 않기에, 일반적으로 $F^{\mathrm{alg}}$ 내에서 $F$의 실폐포는 유일하지 않다. 예를 들어 실체 $\mathbb{Q}(\pi)$에 순서를 줄 때 $\pi$가 양이냐 음이냐에 따라 $\mathbb{Q}(\pi)$의 실폐포로서 실수체의 부분체인 것이 있고 아닌 것이 있다(사실 6.15(3) 참조).

**사실 6.15** **(아르틴Artin, 슈레이어Schreier)** $(F,<) \models T_{\mathrm{OF}}$라 하자. 아래 요건들은 동등하다.

(1) $F$는 닫힌 실체다. 즉 $F$의 모든 대수적 진확대체에서 $-1$은 제곱수들의 합이다.

(2) $F(\sqrt{-1})$은 대수적으로 닫힌 체이다.

(3) 임의의 $a \in F$에 대하여 $a$ 또는 $-a$는 제곱수이고, $F$-계수의 모든 홀수 차수 일변수 다항식은 근을 가진다.

(4) 중간값의 정리를 만족한다. 즉 다항식 $p(x) \in F[x]$가 있고, 원소 $a, b \in F$에 대하여 $a < b$이고 $p(a) < 0 < p(b)$라면, $a < c < b$인 $c \in F$가 있어 $p(c) = 0$이다.

**정의 6.16**

- $\mathcal{L}_{\rm fd}$에서, 실체를 묘사하는

$$\{체의\ 공리들\} \cup \{\forall x_0 \ldots \forall x_n (x_0^2 + \cdots + x_n^2 + 1 \neq 0) \mid n < \omega\}$$

에 사실 6.15(3)을 묘사하는

$$\{\forall x \exists y (y^2 + x = 0 \vee y^2 - x = 0)\} \cup \{\forall z_0 \ldots \forall z_{2n+1} (z_{2n+1} \neq 0 \to \exists x (z_0 + z_1 x + \cdots + z_{2n+1} x^{2n+1} = 0)) \mid n < \omega\}$$

을 추가한 이론을 닫힌 실체 이론 $T_{\rm RCF}$로 정의한다.

- $\mathcal{L}_{\rm ofd}$에서, $T_{\rm OF}$에 사실 6.15(4)의 중간값정리를 묘사하는

$$\{\forall x \forall y \forall z_0 \ldots \forall z_n \\ (x < y \ \wedge \ (z_0 + z_1 x + \cdots + z_n x^n) \cdot (z_0 + z_1 y + \cdots + z_n y^n) < 0 \\ \to \exists w \ (x < w < y \ \wedge \ z_0 + z_1 w + \cdots + z_n w^n = 0)) \mid 1 \leq n < \omega\}$$

을 추가한 것을 닫힌 실순서체 이론 $T_{\rm RCOF}$로 정의한다.

**보충설명** 6.17

사실 6.15에 의해 $\mathcal{L}_{\rm or}$에서, $\mathrm{Thm}(T_{\rm RCOF}) = \mathrm{Thm}(T_{\rm OF} \cup T_{\rm RCF})$이다. 또한 실수체는 닫힌 실체이고(즉 $(\mathbb{R}, +, \cdot, -, 0, 1) \models T_{\rm RCF}$, $(\mathbb{R}, +, \cdot, -, 0, 1, <) \models T_{\rm RCOF}$), 한편으론 가산의 닫힌 실체가 있다. 사실 6.15(2)에 의해, 닫힌 실체 위의 기약다항식의 차수는 2 이하이다.

이제 실수체 이론의 한정제거를 논하려 한다.

**정리 6.18**

**(타르스키)** $\mathcal{L}_{\rm or}$에서 $T_{\rm RCOF}$는 한정제거가능하다.

증명 증명에 정리 6.7을 사용한다. 즉 $(K_0,<),(K_1,<) \models T_{\mathrm{RCOF}}$이고 $(K_1,<)$은 $\aleph_1$-포화됐고, $(F,<)$은 유한 생성된 공통의 부분구조라 하자(각 구조에서의 순서를 모두 $<$으로 표기하지만 증명을 따라가는 데 혼동을 주지는 않을 것이다). 따라서 $F$는 환이다. 이제 $b \in K_0 \setminus F$일 때, $K_0$의 부분환인 껍질 $F_b := \langle F, b \rangle$에 대하여 $g \restriction F = \mathrm{id}$인 매입 $g : (F_b,<) \to (K_1,<)$를 찾으면 된다.

이를 위해 $K_i$에서 $F$로 생성되는 체 즉 $F$의 몫체를 $F_i$라 하고$(i=0,1)$, $\overline{F_i} := K_i \cap F_i^{\mathrm{alg}}$라 두자. 그러면 사실 6.14(3)에 의해 $(\overline{F_i},<) \models T_{\mathrm{RCOF}}$이고, 또한 정의 6.12 직전의 설명과 사실 6.14(1)에 의해, $f \restriction F = \mathrm{id}$인 (유일한) 동형사상 $f : (\overline{F_0},<) \to (\overline{F_1},<)$가 있다. 따라서 $b \in \overline{F_0}$이면 증명이 되었다.

이제 $b \in K_0 \setminus \overline{F_0}$인 경우를 증명하자. 그러면 $\overline{F_0}$가 닫힌 실체이기에 $b$는 $\overline{F_0}$에 대하여 초월적이다. 이제

$$\Gamma_1(x) := \{x < f(c) \mid c \in \overline{F_0}\text{이고 } b < c\} \cup \{f(a) < x \mid a \in \overline{F_0}\text{이고 } a < b\}$$

라 놓자. 여기서 $<$은 끝점을 갖지 않는 조밀한 선형순서이기에, $\Gamma_1$은 $\overline{F_1}$에서 유한만족가능하다. 그러면, $(K_1,<)$은 $\aleph_1$-포화됐고 $\overline{F_1}$은 가산이기에, $\Gamma_1$을 $K_1$에서 구현하는 원소 $b' \in K_1$이 있다. 고로 임의의 $a \in \overline{F_0}$에 대하여, $a < b$이면이 $f(a) < b'$이 성립한다(*). 또한 $\Gamma_1$의 정의에 의해 $b' \notin \overline{F_1}$이고 따라서 $b'$는 $\overline{F_1}$에 대하여 초월적이다. 그러므로 환으로 볼 때 $f$를 확대한 $\bar{f} : \overline{F_0}[b] \to \overline{F_1}[b'] (\subseteq K_1)$는 (여기서 $\bar{f}(b) = b'$) 동형사상이다. 이때 $F_b$는 $\overline{F_0}[b]$의 부분환이기에, $\bar{f}$가 순서를 보존하는 것을 보이기만 하면 된다. 즉 임의의 $c, d \in \overline{F_0}[b]$에 대하여, $c < d$이면이 $\bar{f}(c) < \bar{f}(d)$임을 확인하면 된다.

한편 $\overline{F_0}[b]$의 임의의 원소는 $p(b)$ 꼴인데 여기서 $p(x)$는 $\overline{F_0}$-계수의 다항식이다. 즉, $p(x) = c_0 + c_1x + \cdots c_nx^n \in \overline{F_0}[x]$이고 이때 $f(p) := f(c_0) + f(c_1)x + \cdots + f(c_n)x^n (\in \overline{F_1}[x])$을 뜻한다. 또한 $p(x), q(x) \in \overline{F_0}[x]$에 대하여 $p(b) < q(b)$는 $0 < (q-p)(b)$인 것과 동등하다. 따라서 $0 < p(b)$이면이 $0 < f(p)(b')$임(**)을 보이면 충분하다.

우선 $p(x)$가 상수함수라면 이미 $f$가 동형사상이기에 추가로 증명할 것이 없다. 또한 $p(x)$가 ($\overline{F_0}$ 위의) 기약다항식이라 가정해도 된다. 왜냐하면 만일 $p(x) = p_0(x)p_1(x)$이고 $(p_i(x) \in \overline{F_0}[x],\ i = 0,1)$ $p_i(x)$ 각각이 (**)을 만족한다면

$p(x)$도 (**)을 만족하기 때문이다. 더불어서 (*)에 의해 $c_0, c_1 \in \overline{F_0}$에 대하여, $0 < c_0 + c_1 b$이면이 $0 < f(c_0) + f(c_1)b'$이 성립한다. 고로 이제 $p(x)$의 차수가 1보다 큰 경우만 증명하면 된다. 이때 $p$가 기약다항식이므로 $p$는 $\overline{F_0}$에 근이 없다. 따라서 $p$는 $K_0$에도 근이 없고, $f(p)$도 역시 $K_1$에 근이 없다(***). 특히 $0 < p(0)$이거나 $p(0) < 0$이다. 만일 $0 < p(0)$라면 $0 < f(p)(0)$이기에, (***)과 사실 6.15(4) 중간값의 정리에 의해 모든 $z_i \in K_i (i = 0, 1)$에 대하여 $0 < p(z_0), f(p)(z_1)$이 성립한다. 따라서, $0 < p(b), f(p)(b')$이다. 한편 $p(0) < 0$이라면 마찬가지로 $p(b), f(p)(b') < 0$이 성립하기에 (**)을 증명하였다. □

한편 정의 6.11 이후에 언급한 것처럼 유리수순서체 $(\mathbb{Q}, +, -, \cdot, 0, 1, <)$는 모든 순서체에 매입된다. 따라서 정리 6.18, 6.3과 보충설명 6.17, 연습문제 §6.7.6에 의해 다음의 결과를 얻는다.

**따름정리 6.19** $\mathcal{L}_{\text{ofd}}$에서 $T_{\text{RCOF}}$는 완전한 이론이고 결정가능하다. 또한 $\mathcal{L}_{\text{fd}}$에서,

$$\{\sigma\text{는 } \mathcal{L}_{\text{r}}\text{-명제} \mid T_{\text{RCOF}} \models \sigma\} = \text{Thm}(T_{\text{RCF}})$$

이기에 $T_{\text{RCF}}$도 완전하고 결정가능하다. 특히 실수체 구조 $\mathbb{R}$에 대하여, $\text{Th}(\mathbb{R}) = \text{Thm}(T_{\text{RCF}})$이고, $\text{Th}(\mathbb{R}, <) = \text{Thm}(T_{\text{RCOF}})$이다.

정리 6.5를 사용하면, $T_{\text{RCF}}$에서 $\exists y(x = y^2)$나 $\exists z(x + z^2 = y)$의 한정제거가 불가능함을 보일 수 있지만(연습문제 §6.7.14), $T_{\text{RCOF}}$에선 각각 $0 \leq x$, $x \leq y$와 동등하다. 특히 $x < y$가 $\exists z(x + z^2 = y) \wedge x \neq y$로 정의되기에, 닫힌 실체 $F$와 닫힌 실순서체 $(F, <)$ 그리고 임의의 $A \subseteq F$에 대하여, $\text{Def}(F_A) = \text{Def}((F, <)_A)$가 성립한다. 즉 같은 정의가능집합들을 갖는 두 구조이지만 한정제거 가능성에서는 차이가 있다.

위 따름정리로써, 실수체 $\mathbb{R}$의 1계논리 성질을 모든 닫힌 실체가 공유하는 것을 알 수 있다. 이는 실체에 관한 대수적 특성을, 모델론으로 증명하는 하나의 방식이다. 특히 대수적으로 닫힌 체의 슈발레 정리에 대응되는, 닫힌 실순서체에서의 응용 결과를 얻는다(응용 6.22).

**정의 6.20**

$(F,<) \vDash T_{\mathrm{RCOF}}$라 하자. $F^n$의 부분집합 $X$가 준대수적*semialgebraic*이라는 것은 $X$가 $\{\bar{x} \in F^n \mid 0 < f(\bar{x})\}$나 $\{\bar{x} \in F^n \mid f(\bar{x}) = 0\}$ (여기서 $f(\bar{x}) \in F[\bar{x}]$) 형태의 집합들의 부울 결합으로 표시될 수 있다는 것이다.

**보충설명** 6.21

따라서 $(F,<) \vDash T_{\mathrm{RCOF}}$일 때 $X(\subseteq F^n)$가 준대수적이라는 것은 $X$가 $F$ 위의 한정기호 없는 논리식으로 정의가능한 집합이라는 얘기이고, 이는 다시 정리 6.18에 의해 $X$가 $F$ 위의 논리식으로 정의가능한 집합이라는 의미이다.

**응용 6.22** $(F,<) \vDash T_{\mathrm{RCOF}}$이고, $X$는 $F^n$의 준대수적 부분집합이다.

(1) $X$를 $F^{n-1}$으로 사영한 집합 $\{(x_1,\ldots,x_{n-1}) \in F^{n-1} \mid \exists x_0(x_0,x_1,\ldots,x_{n-1}) \in X\}$은 또한 준대수적이다.

(2) $X$의 폐포 $\mathrm{cl}(X) := \{\bar{x} \in F^n \mid \forall\varepsilon > 0\ \exists\bar{y}(\bar{y} \in X \wedge d(\bar{x},\bar{y}) < \varepsilon)\}$도 준대수적이다.

(3) $X$가 유계의 닫힌 집합이고, $f : X \to F^m$는 연속이며 또한 $f$의 그래프가 준대수적이면, $f(X)$도 유계의 닫힌 집합이다.

증명 (1),(2)는 $X$를 사영한 집합이나 $\mathrm{cl}(X)$가 모두 정의가능한 집합이기에 그러하다.

(3)은 우선 $(\mathbb{R},<)$에서는, $f$의 그래프가 준대수적인 여부와 상관 없이 성립하는 위상수학적 기본정리이다. 뿐만 아니라 (3)을 의미하는 것을 $\mathcal{L}_{\mathrm{ofd}}$-논리식들로 표현할 수 있다. 즉 주어진 $\mathcal{L}_{\mathrm{ofd}}$-논리식 $\varphi(\bar{x},\bar{y})$와 $\psi(\bar{z},\bar{w})$에 대하여(여기서 $|\bar{x}| = n, |\bar{z}| = n+m$), '임의의 $\bar{y}$에 대하여 $\varphi(\bar{x},\bar{y})$가 유계의 닫힌 집합 $X_{\bar{y}}$을 정의하고, 임의의 $\bar{w}$에 대하여 $\psi(\bar{z},\bar{w})$가 연속함수 $f_{\bar{w}} : X_{\bar{y}} \to F^m$의 그래프를 정의한다면 $f_{\bar{w}}(X_{\bar{y}})$도 유계의 닫힌 집합이다'를 의미하는 $\mathcal{L}_{\mathrm{ofd}}$-명제 $\sigma_{\varphi,\psi}$를 쓸 수 있고, 이러한 명제들은 $(\mathbb{R},<)$에서 참이다. 따라서 이러한 명제들은 $\mathrm{Thm}(T_{\mathrm{RCOF}})$에 속하기에, $(F,<)$에서도 (3)이 성립한다. □

## 6.4 모델-완전성

한정제거 가능성보다는 약하지만, 못지않게 중요한 특성인 모델-완전성과 이와 관련한 개념, 응용에 대하여 공부한다.

**정의 6.23**

$\mathcal{L}$-이론 $T$가 (완전한 이론일 필요는 없다) 모델-완전하다$^{model\text{-}complete}$는 것은 임의의 $\mathcal{L}$-모델 $M, N$이 $T$의 모델이고 $M \subseteq N$이면 $M \prec N$이 성립한다는 것이다.

**보충설명** 6.24

$T$가 한정제거가능한 $\mathcal{L}$-이론이면, $T$는 모델-완전하다. 그 이유는 다음과 같다. $T$에서 한정기호 제거가 가능하고, $M, N \models T$이고 $M \subseteq N$이라 하자. 우선 임의의 $\mathcal{L}$-논리식 $\varphi(\bar{x})$에 대하여 한정기호 없는 논리식 $\psi(\bar{x})$가 있어 $T \models \varphi(\bar{x}) \leftrightarrow \psi(\bar{x})$가 성립한다. 따라서 $\bar{a} \in M$에 대하여, $M \models \varphi(\bar{a})$이면이 $M \models \psi(\bar{a})$이면이 $N \models \psi(\bar{a})$이면이 $N \models \varphi(\bar{a})$이다. 즉, $M \prec N$이 성립한다.
그러므로 한정제거가능한 $T_{\mathrm{ACF}}$, $T_{\mathrm{RCOF}}$ 등은 모델-완전하다.

여기서 잠시 이 절의 이론 전개와 관련한 수리논리 기본 개념을 살펴보려 한다.

**보충설명** 6.25

- **(프리넥스$^{\text{prenex}}$ 표준형정리)** 언어 $\mathcal{L}$의 논리식이 프리넥스[1]표준형이라는 것은 적당한 $n(\geq 0)$이 있어, $Q_1x_1 \ldots Q_nx_n\psi$ 형태라는 것인데, 여기서 $Q_i$는 한정기호로 $\forall$이나 $\exists$ 둘 중 하나고, $\psi$는 한정기호 없는 논리식이다. 임의의 $\mathcal{L}$-논리식은 논리적으로 프리넥스 표준형의 논리식과 동등하다 ([10] 참조).

- 언어 $\mathcal{L}$을 고정하자. 한정기호가 없는 논리식과 논리적으로 동등한 논리식들을 다 모은 집합을 $\Sigma_0(\mathcal{L}) = \Pi_0(\mathcal{L})$로 표기한다(보통 $\mathcal{L}$을 생략하여 $\Sigma_0, \Pi_0$로 표기). $\Sigma_n, \Pi_n$은 다음과 같이 귀납적으로 정의한다. 즉 $\Sigma_n, \Pi_n$이 정의되었을 때,

- $\Sigma_{n+1}$은, $\exists\bar{y}\psi$ 형태(여기서 $\psi \in \Pi_n$)의 논리식과 논리적으로 동등한 논리식들을 다 모은 집합으로 정의하고,
- $\Pi_{n+1}$은, $\forall\bar{y}\psi$ 형태(여기서 $\psi \in \Sigma_n$)의 논리식과 논리적으로 동등한 논리식들을 다 모은 집합으로 정의한다.
- 즉 한정기호 없는 논리식 $\alpha$에 대하여

$$\underbrace{\exists\bar{y}_1\forall\bar{y}_2\exists\bar{y}_3\ldots}_{n\text{번}}\alpha \in \Sigma_n\text{이고,}\ \underbrace{\forall\bar{y}_1\exists\bar{y}_2\forall\bar{y}_3\ldots}_{n\text{번}}\alpha \in \Pi_n$$

이다. 그리고 $\Delta_n := \Sigma_n \cap \Pi_n$으로 정의한다. 이때 $\Delta_1 = \Sigma_0 = \Pi_0$이 성립한다(연습문제 §6.7.15).

정의에서 $\exists\bar{y}\psi$, $\forall\bar{y}\psi$는 그냥 $\psi$인 경우도 포함하기에 $\Sigma_n \cup \Pi_n \subseteq \Delta_{n+1}$이 성립한다. 논리식 $\varphi \in \Sigma_n$이면 이를 $\Sigma_n$-논리식이라 부른다. 마찬가지로 $\varphi \in \Pi_n$이면 이를 $\Pi_n$-논리식이라 부른다. 따라서 $\Sigma_1$-논리식, $\Pi_1$-논리식은 각각 존재논리식, 전칭논리식과 동등한 논리식을 뜻한다. $\Sigma_2$-논리식, $\Pi_2$-논리식을 각각 $\exists\forall$-논리식, $\forall\exists$-논리식으로 부르기도 한다.

프넥스 표준형정리에 의해 임의의 논리식은 적당한 $n \geq 0$에 대하여, $\Sigma_n$-논리식이거나 $\Pi_n$-논리식이다. 또한 $\varphi \in \Sigma_n$이면이 $\neg\varphi \in \Pi_n$이 성립한다.

$$\begin{array}{ccccccccc}
 & & \Sigma_1 & & & & \Sigma_2 & & \cdots \\
 & \subseteq & & \supseteq & & \subseteq & & \supseteq & \\
\Delta_0 = \Sigma_0 = \Pi_0 = \Delta_1 & & & & \Delta_2 & & & & \Delta_3 \quad \cdots \\
 & \subseteq & & \supseteq & & \subseteq & & \supseteq & \\
 & & \Pi_1 & & & & \Pi_2 & & \cdots
\end{array}$$

$T$가 $\mathcal{L}$-이론일 때 정의에 의해, $T_\forall = \mathrm{Thm}(T) \cap \Pi_1$, $T_\exists = \mathrm{Thm}(T) \cap \Sigma_1$이 성립한다. (주의할 것은 일반적으로 $\{\sigma \in \mathrm{Thm}(T) \mid T \vDash \sigma \leftrightarrow \alpha,\ \alpha \in \Pi_1\}$, $\{\sigma \in \mathrm{Thm}(T) \mid T \vDash \sigma \leftrightarrow \alpha,\ \alpha \in \Sigma_1\}$은 각각 $T_\forall, T_\exists$보다 더 큰 집합이다(정리 6.26, 6.30 참조).) $\mathrm{Thm}(T) \cap \Sigma_n \vDash T$이거나 $\mathrm{Thm}(T) \cap \Pi_n \vDash T$일 때 각각 $T$를 $\Sigma_n$-이론, $\Pi_n$-이론이라 부른다. 이때 $\Sigma_2$-이론, $\Pi_2$-이론

을 각각 $\exists\forall$-이론, $\forall\exists$-이론으로도 부른다. 또한

$$T_{\exists\forall} := \mathrm{Thm}(T) \cap \Sigma_2 = \{\sigma \in \mathrm{Thm}(T) \mid \sigma\text{는 } \Sigma_2\text{-명제와 논리적으로 동등하다}\},$$

$$T_{\forall\exists} := \mathrm{Thm}(T) \cap \Pi_2 = \{\sigma \in \mathrm{Thm}(T) \mid \sigma\text{는 } \Pi_2\text{-명제와 논리적으로 동등하다}\}$$

로 정의한다.

**정리 6.26**

아래 조건들은 동등하다.

(1) $\mathcal{L}$-이론 $T$는 모델-완전하다.

(2) 임의의 $\mathcal{L}$-논리식 $\varphi(\bar{x})$에 대하여 전칭논리식 $\forall\bar{y}\psi(\bar{y},\bar{x})$이 있어 ($\psi(\bar{y},\bar{x})$는 한정기호 없는 논리식) $T \vDash \varphi(\bar{x}) \leftrightarrow \forall\bar{y}\psi(\bar{y},\bar{x})$가 성립한다.

(3) 임의의 $\mathcal{L}$-논리식 $\varphi(\bar{x})$에 대하여, $T$에서 동등한 존재논리식 $\exists\bar{y}\psi(\bar{y},\bar{x})$이 ($\psi(\bar{y},\bar{x})$는 한정기호 없는 논리식) 있다.

증명 (1)⇒(2) (1)을 가정하고 $\varphi(\bar{x})$가 $\mathcal{L}$-논리식이라 하자. 그리고

$$\Gamma(\bar{x}) = \Gamma_\varphi(\bar{x}) := \{\psi(\bar{x}) \mid \psi(\bar{x})\text{는 } \mathcal{L}\text{의 전칭논리식이고 } T \vDash \varphi(\bar{x}) \to \psi(\bar{x})\}$$

라 두자. 그러면 $\forall\bar{x}(\bar{x} = \bar{x}) \in \Gamma$이기에 $\Gamma \neq \varnothing$이다.

중간요건 $T \cup \Gamma(\bar{x}) \vDash \varphi(\bar{x})$가 성립한다.

중간요건 증명 중간요건이 틀렸다고 가정하자. 그러면 $T$의 모델 $M$과 $\bar{d} \in M$가 있어, $M \vDash \Gamma[\bar{d}]$이지만 $M \vDash \neg\varphi[\bar{d}]$가 성립한다(*). 한편 $\Gamma$의 정의에 의해, 변수 $\bar{x}$를 상수기호 $\bar{d}$로 바꾼 $\mathcal{L}(\bar{d})$-이론 $\Gamma(\bar{d})$는 $(T \cup \{\varphi(\bar{d})\})_\forall$을 유도한다. 따라서

[1]'앞에 묶인'의 뜻을 가진 라틴어 'praenexus'에서 온 말이다.

$(M,\bar{d}) \vDash \Gamma(\bar{d})$이기에 $(M,\bar{d}) \vDash (T \cup \{\varphi(\bar{d})\})_\forall$이 성립한다.
그러면 정리 3.20에 의해 $\mathcal{L}(\bar{d})$-모델 $(N,\bar{d})$가 있어 $(M,\bar{d}) \subseteq (N,\bar{d}) \vDash T \cup \{\varphi(\bar{d})\}$이 성립한다. 따라서 (1)에 의해 $(M,\bar{d}) \prec (N,\bar{d})$가 성립하고, $N \vDash \varphi[\bar{d}]$이기에 $M \vDash \varphi[\bar{d}]$도 성립하여 (*)에 모순된다. 결론적으로 중간요건이 옳음을 증명하였다. □

중간요건에 의해 적당한 $\psi_i \in \Gamma$가 있어$(i \le n)$, $T \vDash (\bigwedge_{i\le n} \psi_i(\bar{x})) \to \varphi(\bar{x})$가 성립한다. 또한 $T \vDash \varphi \to \psi_i$이기에 사실 $T \vDash (\bigwedge_{i\le n} \psi_i(\bar{x})) \leftrightarrow \varphi(\bar{x})$이다. 한편 $\bigwedge_{i\le n} \psi_i(\bar{x})$는 하나의 전칭논리식과 논리적으로 동등함을 쉽게 알 수 있고 따라서 (2)를 증명하였다.

(2)⇒(3) $T \vDash \varphi(\bar{x}) \leftrightarrow \forall \bar{y}\psi(\bar{y},\bar{x})$이라 하자($\psi(\bar{y},\bar{x})$는 한정기호 없는 논리식). 곧, $T \vDash \varphi(\bar{x}) \leftrightarrow \neg\exists\bar{y}\neg\psi(\bar{y},\bar{x})$이다. 다시 (2)를 $\exists\bar{y}\neg\psi(\bar{y},\bar{x})$에 적용하면, 이와 $T$에서 동등한 적당한 전칭논리식 $\forall z\sigma(\bar{z},\bar{x})$가 있기에($\sigma(\bar{z},\bar{x})$는 한정기호 없는 논리식), $T \vDash \varphi(\bar{x}) \leftrightarrow \neg\forall z\sigma(\bar{z},\bar{x})$이 성립한다. 이는 다시 $T \vDash \varphi(\bar{x}) \leftrightarrow \exists z\neg\sigma(\bar{z},\bar{x})$을 이끌기에 (3)이 증명되었다.

(3)⇒(2)의 증명은 위 (2)⇒(3) 증명의 쌍대적 방법으로 비슷하게 할 수 있다.

(2),(3)⇒(1) (2)와 (3)을 가정하자. 또한 $M, N \vDash T$이고 $M \subseteq N$이며 $\varphi(\bar{x})$는 $\mathcal{L}$-논리식이라 하자. 그러면 한정기호 없는 논리식 $\sigma(\bar{y},\bar{x}), \delta(\bar{z},\bar{x})$가 있어

$$T \vDash \varphi(\bar{x}) \leftrightarrow \exists\bar{y}\sigma(\bar{y},\bar{x}) \leftrightarrow \forall\bar{z}\delta(\bar{z},\bar{x})$$

가 성립한다.
이제 $\bar{a} \in M$에 대하여, $M \vDash \varphi(\bar{a})$라 하자. 그러면, 어떤 $\bar{b} \in M$가 있어 $M \vDash \sigma(\bar{b},\bar{a})$가 성립하기에, $N \vDash \sigma(\bar{b},\bar{a})$이고, $N \vDash \exists\bar{y}\sigma(\bar{y},\bar{a})$이기에 $N \vDash \varphi(\bar{a})$가 성립한다. 역으로 $N \vDash \varphi(\bar{a})$라 가정하면, 모든 $\bar{c} \in N$에 대하여 $N \vDash \delta(\bar{c},\bar{a})$이고, 따라서 모든 $\bar{c} \in M$에 대하여 $M \vDash \delta(\bar{c},\bar{a})$가 성립하기에 $M \vDash \forall\bar{z}\delta(\bar{z},\bar{a})$이고, $M \vDash \varphi(\bar{a})$를 얻는다. 다시 말해, $M \prec N$이 성립하기에 $T$는 모델-완전하다. □

### 6.4.1 존재한정에 닫힘

존재한정에 닫혀 있다는 개념을 정의하고 모델-완전성과의 연관성을 살펴볼 것이다. 이러한 조사를 통해 모델-완전한 이론의 특성을 알아낼 수 있다.

**정의 6.27**

$\mathcal{L}$-모델 $M$과 이론 $T$가 있다.

- $M \subseteq N$일 때, $M$이 $N$에서 존재한정에 닫혀 있다*existentially closed*는 것은, 임의의 존재논리식 $\varphi(\bar{x})$와 $\bar{a} \in M$에 대하여 $N \models \varphi(\bar{a})$이면 $M \models \varphi(\bar{a})$가 성립한다는 것이며, 이를 $M \subseteq_{\text{e.c.}} N$으로 표기한다.
- $M$이 $T$의 *e.c.*-모델이라는 것은 $M \models T$이고 모든 $T$의 모델 $N$에 대하여 $M \subseteq N$이면 $M \subseteq_{\text{e.c.}} N$이라는 것이다.

$M \subseteq_{\text{e.c.}} N$의 개념과 타르스키-보트 테스트 3.27의 차이점에 주의하기 바란다. $M \prec N$이면 $M \subseteq_{\text{e.c.}} N$이지만, 역은 일반적으로 성립하지 않는다. 사실 $M \subseteq_{\text{e.c.}} N$이 $M \equiv N$을 유도하지도 않는다. 예를 들어 $\mathcal{L}_{\text{fd}}$에서 대수적으로 닫힌 체는 $T_{\text{fd}}$의 e.c.-모델이다(연습문제 §6.7.16). 또한 $\mathcal{L} = \{<\}$에서 최대, 최소가 없는 조밀한 선형순서는 $T_{\text{DLO}}$의 e.c.-모델이지만 최대나 최소가 있다면 그렇지 않다.

**정리 6.28**

$\mathcal{L}$-모델 $M \subseteq N$이 있다. 이때 $M \subseteq_{\text{e.c.}} N$일 필요충분조건은, 적당한 $(M \prec)M'$이 있어서 $N \subseteq M'$이 성립하는 것이다.

증명 (⇒) $M \subseteq_{\text{e.c.}} N$이라 하자.

중간요건 $T' := \text{Th}(M_M) \cup \text{Diag}(N)$은 $\mathcal{L}(N)$의 일관적인 이론이다.

중간요건 증명 중간요건을 부정하자. 그러면 한정기호 없는 $\mathcal{L}$-논리식 $\varphi(\bar{y}, \bar{x})$와 $\bar{a} \in M$, $\bar{b} \in N \setminus M$가 있어, $N \models \varphi(\bar{b}, \bar{a}) \in \text{Diag}(N)$이지만 $\text{Th}(M_M) \models \neg\varphi(\bar{b}, \bar{a})$이 성립한다. 이때 $\bar{b} \notin M$이기에 사실 $\text{Th}(M_M) \models \forall\bar{y}\neg\varphi(\bar{y}, \bar{a})$, 즉 $\forall\bar{y}\neg\varphi(\bar{y}, \bar{a}) \in \text{Th}(M_M)$이다. 따라서 $\neg\exists\bar{y}\varphi(\bar{y}, \bar{a}) \in \text{Th}(M_M)$이고, $M \not\models \exists\bar{y}\varphi(\bar{y}, \bar{a})$가 성립한다. 하지만 $N \models \exists\bar{y}\varphi(\bar{y}, \bar{a})$이기에, $M \subseteq_{\text{e.c.}} N$인 것에 모순된다. 결국 중간요건은 참이다. □

중간요건에 의해 $T'$의 $\mathcal{L}(N)$-모델 $M''$이 있고 $M' := M'' \upharpoonright \mathcal{L}$로 두자. 그러면 $M'' \models \text{Th}(M_M)$이기에 $M \prec M'$이다(보조정리 3.26(3)). 또한 $M'' \models \text{Diag}(N)$

이기에 보조정리 3.18에 의해 $N \subseteq M'$이 성립한다.

($\Leftarrow$) $\psi(\bar{y}, \bar{x})$가 한정기호 없는 논리식이고 $\bar{a} \in M$에 대하여 $N \vDash \exists\bar{y}\psi(\bar{y}, \bar{a})$가 성립한다고 가정하자. 따라서 적당한 $\bar{b} \in N$이 있어 $N \vDash \psi(\bar{b}, \bar{a})$이다. 그러면 오른편 가정에 의해 $N \subseteq M'$이기에 $M' \vDash \psi(\bar{b}, \bar{a})$가 성립하고 $M' \vDash \exists\bar{y}\psi(\bar{y}, \bar{a})$이다. 또한 $M \prec M'$이기에 $M \vDash \exists\bar{y}\psi(\bar{y}, \bar{a})$도 성립하여 $M \subseteq_{\text{e.c.}} N$임을 증명하였다. □

**정리 6.29**

$\mathcal{L}$의 모델 $M$과 이론 $T$가 있을 때, $M \vDash T_{\forall\exists}$이면이 $M \subseteq_{\text{e.c.}} N$인 $T$의 모델 $N$이 있다.

증명 ($\Rightarrow$) $T' := T \cup \mathrm{Diag}(M) \cup \mathrm{Th}(M_M)_\forall$이라 놓자.

중간요건 $T'$은 $\mathcal{L}(M)$의 일관적인 이론이다.

중간요건 증명 중간요건을 부정하자. 그러면 적당한 $\bar{a} \in M$와 한정기호 없는 $\mathcal{L}$-논리식 $\varphi(\bar{x})$, $\psi_i(\bar{y}_i, \bar{x})$가 있어($i \leq n$), $\varphi(\bar{a}) \in \mathrm{Diag}(M)$이고

$$T \vDash \varphi(\bar{a}) \to \neg(\bigwedge_{i \leq n} \forall\bar{y}_i\psi_i(\bar{y}_i, \bar{a}))$$

가 성립한다. 이때 $\bar{y} := \bar{y}_0 \ldots \bar{y}_n$, $\psi(\bar{y}, \bar{x}) := \bigwedge_{i \leq n} \psi_i(\bar{y}_i, \bar{x})$라 두면 $\bigwedge_{i \leq n} \forall\bar{y}_i\psi_i(\bar{y}_i, \bar{a})$은 $\mathcal{L}(M)$-전칭명제 $\forall\bar{y}\psi(\bar{y}, \bar{a})(\in \mathrm{Th}(M_M)_\forall)$와 논리적으로 동등하다. 따라서 $T \vDash \varphi(\bar{a}) \to \neg\forall\bar{y}\psi(\bar{y}, \bar{a})$이고, 또한 상수기호 $\bar{a} \notin \mathcal{L}$이기에

$$T \vDash \forall\bar{x}(\neg\varphi(\bar{x}) \vee \exists\bar{y}\neg\psi(\bar{y}, \bar{x}))$$

가 성립한다. 여기서 $\mathcal{L}$-명제 $\forall\bar{x}(\neg\varphi(\bar{x}) \vee \exists\bar{y}\neg\psi(\bar{y}, \bar{x}))$은 $\forall\bar{x}\exists\bar{y}(\neg\varphi(\bar{x}) \vee \neg\psi(\bar{y}, \bar{x}))(\in T_{\forall\exists})$와 논리적으로 동등하다. 한편 왼쪽 전제에 의해 $M \vDash T_{\forall\exists}$이기에 $M \vDash \forall\bar{x}(\neg\varphi(\bar{x}) \vee \exists\bar{y}\neg\psi(\bar{y}, \bar{x}))$이고, 따라서 $M \vDash \neg\varphi[\bar{a}]$이거나 $M \vDash \exists\bar{y}\neg\psi(\bar{y}, \bar{x})[\bar{a}]$이어야 한다. 하지만 $\varphi(\bar{a}) \in \mathrm{Diag}(M)$이기에 전자가 성립하지

않고, 또한 $\forall\bar{y}\psi(\bar{y},\bar{a}) \in \mathrm{Th}(M_M)$이기에 $M \vDash \neg\exists\bar{y}\neg\psi(\bar{y},\bar{a})$이고 후자도 성립하지 않는다. 결국 중간요건은 성립해야 한다. □

중간요건에 의해 $T'$을 만족하는 $\mathcal{L}(M)$-모델 $N'$이 있다. 이때 $N := N' \upharpoonright \mathcal{L}$로 놓자. 그러면 $N' \vDash \mathrm{Diag}(M) \cup T$이기에 보조정리 3.18에 의해 $M \subseteq N$이라 할 수 있고 $N \vDash T$이다. 또한 $N' \vDash \mathrm{Th}(M_M)_\forall$이기에 정리 3.20에 의해 $\mathcal{L}(M)$-모델 $M'' \vDash \mathrm{Th}(M_M)$이 있어 $N' \subseteq M''$이 성립한다. 따라서 $M' := M'' \upharpoonright \mathcal{L}$이라 하면, $M \prec M'$이고 $N \subseteq M'$이 성립한다. 그러므로 정리 6.28에 의해 $M \subseteq_{\text{e.c.}} N$이다.

($\Leftarrow$) 한정기호 없는 $\mathcal{L}$-논리식 $\varphi(\bar{y},\bar{x})$에 대하여 $\forall\bar{y}\exists\bar{x}\varphi(\bar{y},\bar{x}) \in T_{\forall\exists}$라 하자. 그러면 $N \vDash T$이기에, $N \vDash \forall\bar{y}\exists\bar{x}\varphi(\bar{y},\bar{x})$이다. 따라서, $M \subseteq N$이기에 임의의 $\bar{a} \in M$에 대하여, $N \vDash \exists\bar{y}\varphi(\bar{y},\bar{a})$이 성립한다. 또한 $M \subseteq_{\text{e.c.}} N$이기에 $M \vDash \exists\bar{y}\varphi(\bar{y},\bar{a})$도 성립한다. 그러므로 $M \vDash \forall\bar{y}\exists\bar{x}\varphi(\bar{y},\bar{x})$이고, 결국 $M \vDash T_{\forall\exists}$임을 증명하였다. □

위에서 살펴본 $\subseteq_{\text{e.c.}}$ 개념의 파생 결과를 사용하여, 모델-완전한 이론에 대한 이해를 심화한다.

**정리 6.30**

$\mathcal{L}$-이론 $T$는 모델-완전하다. 그러면 $T_{\forall\exists} \vDash T$이다.

증명 임의의 $\mathcal{L}$-모델 $M_0$가 $T_{\forall\exists}$를 만족한다고 가정하자. 이제 $M_0 \vDash T$임을 보이면 된다. 정리 6.29에 의해 $N_0 \vDash T$가 있어 $M_0 \subseteq_{\text{e.c.}} N_0$이 성립한다. 그러면 정리 6.28에 의해 $M_0 \prec M_1 \vDash T_{\forall\exists}$이고 $N_0 \subseteq M_1$인 모델 $M_1$이 있다. 이를 반복하면 다음과 같은 사슬

$$M_0 \subseteq_{\text{e.c.}} N_0 \subseteq M_1 \subseteq_{\text{e.c.}} N_1 \subseteq \cdots \subseteq M_i \subseteq_{\text{e.c.}} N_i \subseteq \ldots$$

이 있어, 모든 $i \in \omega$에 대하여 $M_i \prec M_{i+1}$이고 $N_i \subseteq N_{i+1}$이며, $N_i \vDash T$가 성립한다. 이때 $T$가 모델-완전하기에 사실 $N_i \prec N_{i+1}$이 성립한다. 따라서

$M := \bigcup_{i<\omega} M_i$로 두면 $M = \bigcup_{i<\omega} N_i$도 되어 $N_i \prec M$이기에 $M \models T$가 성립한다. 또한 $M_i \prec M$도 성립하고 특히 $M_0 \prec M$이기에 $M_0 \models T$임을 증명하였다. □

정리 6.30의 역이 성립하지 않은 예는 $T_{\text{gp}}, T_{\text{ring}}, T_{\text{fd}}$ 등 많이 있다. 한편으론 사슬의 합에 닫혀 있는 것은 ∀∃-이론을 판별하는 특성이다(연습문제 §6.7.17).

**정리 6.31**

**(로빈슨)** 이론 $T$가 모델-완전할 필요충분조건은 $T$의 모든 모델이 e.c.-모델인 것이다.

증명 (⇒)은 당연하다. 왜냐하면 $T$가 모델-완전하고 $M, N \models T$이고 $M \subseteq N$이면, $M \prec N$이기에 $M \subseteq_{\text{e.c.}} N$이 된다.

(⇐) 증명은 정리 6.30의 증명과 비슷하다. 오른쪽을 가정하자. 이제 $M_0, N_0 \models T$이고 $M_0 \subseteq N_0$이라 하자. 그러면 $M_0 \prec N_0$임을 증명하면 된다. 가정에 의해 $M_0 \subseteq_{\text{e.c.}} N_0$이고 따라서 정리 6.28에 의해 $M_0 \prec M_1 \models T$이고 $N_0 \subseteq M_1$인 모델 $M_1$이 있다. 그러면 역시 가정에 의해 $N_0 \subseteq_{\text{e.c.}} M_1$이다. 이를 반복하면 사슬

$$M_0 \subseteq_{\text{e.c.}} N_0 \subseteq_{\text{e.c.}} M_1 \subseteq_{\text{e.c.}} N_1 \subseteq_{\text{e.c.}} \cdots \subseteq_{\text{e.c.}} M_i \subseteq_{\text{e.c.}} N_i \subseteq_{\text{e.c.}} \cdots$$

이 있어, 모든 $i \in \omega$에 대하여 $M_i \prec M_{i+1}$이고 $N_i \prec N_{i+1}$이다. 이제 $M := \bigcup_{i<\omega} M_i$로 두면 $M_0 \prec M$이고, 또한 $M = \bigcup_{i<\omega} N_i$도 되기에 $N_0 \prec M$도 성립한다. 따라서 $M_0 \prec N_0$임을 증명하였다. □

다음 정리는 범주적 이론에서 정리 6.30보다 강화된 결과이다.

**정리 6.32**

완전한 이론 $T$가 무한기수 $\lambda(\geq |\mathcal{L}|)$에 대하여 $\lambda$-범주적이다. 이때 $T$가 $\forall\exists$-이론이면이 $T$는 모델-완전하다.

증명 정리 6.30에 의해 $T$가 모델-완전하면 $T$는 $\forall\exists$-이론이다.
역으로 $T_{\forall\exists} \vDash T$라 가정하자. 모순을 이끌기 위해 $T$가 모델-완전하지 않다고 하자. 그러면 로빈슨 정리 6.31에 의해 $T$의 모델로 e.c.가 아닌 $M$이 있다. 즉 $M \subseteq N \vDash T$이 있고 한정기호 없는 $\mathcal{L}$-논리식 $\varphi(\bar{x},\bar{y})$가 있어($|\bar{x}| = n, |\bar{y}| = m$), 어떤 $\bar{a} \in M$에 대하여 $N \vDash \exists\bar{x}\varphi(\bar{x},\bar{a})$이지만 $M \vDash \neg\exists\bar{x}\varphi(\bar{x},\bar{a})$이다(*). $T$가 완전하기에 $M$은 무한이다. 이제 새 1항술어기호 $P$를 추가하여 $\mathcal{L}_P := \mathcal{L} \sqcup \{P\}$로 놓자. 그리고 $N$의 $\mathcal{L}_P$-확장모델로서 $P^{N^+} := |M|$으로 둔 $N^+$를 생각하고, $T^+ := \mathrm{Th}(N^+)$라 하자. 그러면 $T \subset T^+$이고, 임의의 $\forall z_1 \dots z_k \exists w_1 \dots w_\ell \psi(\bar{z},\bar{w}) \in T_{\forall\exists}$에 대하여($\psi(\bar{z},\bar{w})$는 한정기호 없는 $\mathcal{L}$-논리식),

$$\begin{aligned}\forall z_1 \dots z_k (P(z_1) \wedge \cdots \wedge P(z_k) \to \ &\exists w_1 \dots w_\ell (P(w_1) \wedge \cdots \wedge \\ &P(w_\ell) \wedge \psi(\bar{z},\bar{w}))) \in T^+\end{aligned}$$

이다(†). 또한 $\exists z \neg P(z) \in T^+$이고, (*)에 의해

$$\begin{aligned}\exists y_1 \dots \ & y_m (P(y_1) \wedge \cdots \wedge P(y_m) \wedge \exists\bar{z}\varphi(\bar{z},\bar{y}) \wedge \\ &\neg\exists x_1 \dots x_n (P(x_1) \wedge \cdots \wedge P(x_n) \wedge \varphi(\bar{x},\bar{y}))) \in T^+\end{aligned}$$

이다(‡).
그러면 $M$이 무한이기에, 콤팩트성정리(연습문제 §4.3.1 참조)에 의해 $T^+$의 한 모델 $N_0^+$가 있어 크기가 $\lambda$이고 $P^{N_0^+}$의 크기도 $\lambda$이다. 이때 $N_0 := N_0^+ \restriction \mathcal{L}$이라 하면 당연히 $N_0 \vDash T$이다. 이제 $M_0 := P^{N_0^+}$라 하자. (†)에 의해 $\mathcal{L}$의 상수기호의 해석이 모두 $M_0$에 있고 함수기호의 해석이 $M_0$에서 닫혀 있기에, $n$항 술어기호 해석을 $M^n$과의 교집합으로 추가하면, $M_0$는 크기가 $\lambda$인 $\mathcal{L}$-모델이 되고 또한 $M_0 \subseteq N_0$이다. 뿐만 아니라 (†)는 $M_0$가 $T_{\forall\exists}(\vDash T)$의 모델이 됨을 얘기하고 있다. 한편 (‡)에 의해 적당한 $\bar{b} \in M_0$이 있어 $M_0 \vDash \neg\exists\bar{x}\varphi(\bar{x},\bar{b})$이

고 $N_0 \models \exists \bar{x}\varphi(\bar{x}, \bar{b})$이다. 따라서 $M_0$는 $T$의 e.c.-모델이 아니다. 한편 연습문제 §6.7.18에 의해, $M_0 \subseteq N_1 \models T$이고 크기가 $\lambda$인 e.c.-모델 $N_1$이 있다. $T$가 $\lambda$-범주적이기에 그러면 $N_1$과 $M_0$은 동형이고, 따라서 $M_0$도 e.c.-모델이 되기에 모순이 발생한다. 결론적으로 $T$는 모델-완전해야 한다. □

## 6.5 응용

이 장에서 공부한 한정제거와 모델-완전성 결과를 응용하여 어떻게 대수적 결과를 얻는지 살펴본다. 또한 모델론의 정수론, 기하, 해석학 등에의 응용에 핵심적 역할을 하는 o-극소성에 대하여 소개한다.

**정리 6.33**

**(힐베르트**[Hilbert] **영점정리)** $F$**는 대수적으로 닫힌 체이고** $S$**는 다변수 다항식 환** $F[\bar{x}]$**의 소아이디얼이다**($\bar{x} = x_1 \dots x_n$). **그러면**

$$Z(S) := \{\bar{a} \in F^n \mid \text{모든 다항식 } f(\bar{x}) \in S\text{에 대하여 } f(\bar{a}) = 0\}$$

**는 공이 아니다.**

증명 $S$가 $F[\bar{x}]$의 소아이디얼이기에, $F[\bar{x}]/S$는 정역이다. 이의 몫체의 대수적 폐포를 $K$라 하면, $F$는 $K$의 부분체이다. 또한 변수 $x_1, \dots, x_n$은 $K$의 원소가 되고, 임의의 다항식 $f \in S$에 이 원소들을 대입하면 $f(x_1, \dots, x_n) = 0$이 성립한다.

한편 힐베르트 기저정리(사실 0.4)에 의해 $S$를 생성하는 유한집합 $\{f_1(\bar{x}), \dots, f_m(\bar{x})\} \subset S$이 있다. 따라서 $K$의 원소 $x_1, \dots, x_n$로 인해 $K \models \exists \bar{x}(f_1(\bar{x}) = 0 \wedge \dots \wedge f_m(\bar{x}) = 0)$이 성립한다(즉 원소가 다시 변수로 바뀐 $\mathcal{L}_{\mathrm{fd}}(F)$-명제를 만족한다). 이때 $T_{\mathrm{ACF}}$가 모델-완전하기에 $F \prec K$이고 따라서 $F$의 이름을 준 $F_F \prec K_F$도 유지된다. 그러므로 $F \models \exists \bar{x}(f_1(\bar{x}) = 0 \wedge \dots \wedge f_m(\bar{x}) = 0)$ 또한 성립하기에, 적당한 $\bar{a} \in F$가 있어 모든 $i = 1, \dots, m$에 대하여 $f_i(\bar{a}) = 0$이 된다. $\{f_1(\bar{x}), \dots, f_m(\bar{x})\}$이 $S$를 생성하기에 실은 모든 다항식 $f \in S$에 대하여 $f(\bar{a}) = 0$이다. □

**정리 6.34**

**(아르틴: 힐베르트 17번 문제)** $(R, <) \models T_{\text{RCOF}}$이고 $f \in R(\bar{x})$, 즉 $f$는 $R$-계수의 $n$변수 유리함수이다. 만일 $f$가 음이 아닌 함수, 즉 모든 $\bar{a} \in R^n$에 대하여 $0 \leq f(\bar{a})$이라면 $f$는 유리함수들의 제곱의 합(즉, $f = \sum_{i=1}^{k} f_i^2$ $(f_i \in R(\bar{x}))$)으로 나타낼 수 있다. (예를 들면, $\frac{1}{x^2+1} = \frac{x^2}{(x^2+1)^2} + \frac{1}{(x^2+1)^2}$.)

증명 우선 유리함수체 $R(\bar{x})$는 실체다. 왜냐하면 여기서 $-1$이 유리함수들의 제곱의 합이라면 각 함수에 $R$의 원소들을 대입하면 $-1$이 $R$에서 제곱수들의 합이되어 모순이 발생하기 때문이다.
한편 $f$가 만일 제곱들의 합으로 표시되지 않는다면 사실 6.13에 의해 $R(\bar{x})$에 순서 $<^*$를 주어 $f <^* 0$이 되게 할 수 있다. 이때 $R$이 닫힌 실체이기에, 사실 6.14(2)에 의해 $(R(\bar{x}), <^*)$은 $(R, <)$을 확대한 것이 된다. 이제 6.14(1)에 의해, $(R(\bar{x}), <^*)$를 확대한 $R(\bar{x})$의 실폐포 $(K, <^*)$가 있다. 특히 $(R, <) \subseteq (K, <^*)$이고 두 순서체 모두 $T_{\text{RCOF}}$의 모델이다. 그러면 $T_{\text{RCOF}}$가 모델-완전하기에(정리 6.18, 보충설명 6.24), $(R, <) \prec (K, <^*)$가 되고 $R$의 이름을 주면 $(R, <)_R \prec (K, <^*)_R$도 성립한다. 여기서 $K$는 변수 $(\bar{x} =)x_1, \ldots, x_n$을 원소로 가지고 있고, 따라서 이들로 인해 $K \models \exists \bar{z}(f(\bar{z}) <^* 0)$이 성립한다. 따라서 $(R, <)_R \models \exists \bar{z}(f(\bar{z}) < 0)$도 성립해야 한다. 이는 $f$가 음이 아닌 함수라는 전제에 위배되기에, $f$는 제곱들의 합으로 표시되어야 한다. □

### 6.5.1 o-극소성

한정제거로 인해, 실수순서체에서 매개변수가 있는 1변수 논리식으로 정의되는 집합은 구간들의 유한 합으로 나타난다. o-극소성이라 불리는 이러한 특질을 가지는 선형순서 구조들에 대한 연구는 현대 모델론에서 매우 중요한 연구 주제 중 하나다. 이는 특히 모델론의 정수론, 해석학 등에의 응용에 공헌하였다([31],[21] 참조).

**정의 6.35**

언어 $\mathcal{L}$에 2항술어기호 $<$이 들어가고 $M = (|M|, <^M, \dots)$이 $\mathcal{L}$-모델일 때, $M$이 o-극소[o-minimal] (오-극소) 또는 순서극소라는 것은

- 우선 $<^M$이 $M$에서 선형순서를 이루고,
- 또한 $M$ 위의 논리식 $\varphi(x)$로 $|M|$에서 정의되는 집합들이 모두 점(즉 $\{a\}$, $a \in |M|$)이나 구간(즉 적당한 $a, b \in |M|$에 대하여 $\{c \in M \mid a < c < b\}$, 또는 $\{c \in M \mid a < c\}$, $\{c \in M \mid c < b\}$ 꼴)의 유한 합집합이라는 것이다.

**사실 6.36** [37] o-극소성은 모델의 이론에만 의존한다. 즉, 만일 $(M, <^M, \dots)$이 o-극소이고 $(M, <^M, \dots) \equiv (N, <^N, \dots)$이라면 $(N, <^N, \dots)$도 o-극소이다.

따라서 완전한 $(<\in)\mathcal{L}$-이론 $T$가 o-극소라는 것은 $T$의 한 (모든) 모델이 o-극소라는 것이다.

**정리 6.37**

$\mathcal{L}_{\text{or}}$-이론 $T_{\text{RCOF}}$는 o-극소다.

증명 $(F, <) \models T_{\text{RCOF}}$라 하자. 정리 6.18과 보충설명 6.2(3)에 의해 임의의 $F$ 위의 논리식 $\varphi(x)$는 $\mathcal{L}_{\text{or}}(F)$의 한정기호 없는 논리식과 ($T_F := \text{Th}((F, <)_F)$에서) 동등하다. 이때 $\mathcal{L}_{\text{or}}(F)$의 원자논리식은 임의의 다항식 $p(x) \in F[x]$에 대하여 $0 < p(x)$나 $p(x) = 0$과 ($T_F$에서) 동등하다. $(F, <)$에서 당연히 $\{a \in F \mid p(a) = 0\}$는 점집합들의 유한 합이고, $\{a \in F \mid 0 < p(a)\}$는 중간값정리에 의해 구간의 유한 합과 동등하다. 마찬가지로 $\{x \in F \mid p(x) \neq 0\}$, $\{x \in F \mid p(x) \leq 0\}$도 점이나 구간의 유한 합과 동등하다. 따라서 사실 1.23에 의해 $(F, <)$에서 $\varphi(x)$로 정의되는 집합도 점이나 구간의 유한 합이기에, $T_{\text{RCOF}}$는 o-극소다. □

실수순서체 $\mathbb{R}$에 지수함수 $\exp : \mathbb{R} \to \mathbb{R}(x \mapsto e^x)$를 추가한 구조에 대한 모델론 연구의 기반이 된 윌키의 결과를 증명 없이 소개한다.

**사실 6.38** (**윌키**Wilkie) [43] $(\mathbb{R}, +, \cdot, -, 0, 1, <, \exp)$을 $\mathbb{R}_{\exp}$로 표기하자. 이때 $\mathcal{L}_{\exp}(:= \mathcal{L}_{\text{ofd}} \cup \{\exp\})$-이론 $\text{Th}(\mathbb{R}_{\exp})$는 모델-완전하다(한정제거는 가능하지 않다). 좀 더 구체적으로, 임의의 $\mathcal{L}_{\exp}$-논리식 $\varphi(\bar{x})$에 대하여, 어떤 $f_1, \ldots, f_s \in \mathbb{Z}[\bar{x}, \bar{y}, e^{\bar{x}}, e^{\bar{y}}]$가 있어(여기서 $\bar{x} := x_1, \ldots, x_n$, $\bar{y} := y_1, \ldots, y_m$, $e^{\bar{x}} := e^{x_1}, \ldots, e^{x_n}$, $e^{\bar{y}} := e^{y_1}, \ldots, e^{y_m}$),

$$\text{Th}(\mathbb{R}_{\exp}) \vDash \varphi(\bar{x}) \leftrightarrow \exists \bar{y}(f_1(\bar{x}, \bar{y}, e^{\bar{x}}, e^{\bar{y}}) = \cdots = f_s(\bar{x}, \bar{y}, e^{\bar{x}}, e^{\bar{y}}) = 0)$$

이 성립한다.

위 정리에서 오른쪽 식에는 $<$ 기호가 없는데, 예를 들어 $f \in \mathbb{Z}[\bar{x}]$에 대하여 $0 \leq f(\bar{x})$는 (이미 $T_{\text{RCOF}}$에서) $\exists y(f(\bar{x}) - y^2 = 0)$과 동등하다. 아래 코반스키의 정리를 사용하면 $\mathbb{R}_{\exp}$이 o-극소임을 알 수 있다.

**사실 6.39** (**코반스키**Khovanski) [22] 주어진 $f_1, \ldots, f_s \in \mathbb{R}[\bar{x}, e^{\bar{x}}]$에 대하여, 집합

$$\{\bar{x} \in \mathbb{R}^n \mid f_1(\bar{x}, e^{\bar{x}}) = \cdots = f_s(\bar{x}, e^{\bar{x}}) = 0\}$$

은 $\mathbb{R}^n$에서 유한개의 연결성분을 가진다.

**따름정리 6.40** $\text{Th}(\mathbb{R}_{\exp})$은 o-극소다.

증명 $X(\subseteq \mathbb{R})$가 1변수 $\mathcal{L}_{\exp}(\mathbb{R})$-논리식으로 정의된 집합이라 하자. 그러면 (매개변수가 있는 경우를 다루는 보충설명 6.2(3)의 방식을 적용한) 윌키의 정리와 코반스키의 정리에 의해, $X$는 $\mathbb{R}^n$에서 유한개의 연결성분을 가진 집합의 사영으로 나타난다. 따라서 (xx쪽에서 설명한 이유로) $X$도 역시 $\mathbb{R}$에서 유한

개의 연결성분을 가지기에, 점이나 구간의 유한 합으로 표시된다. 고로 $\mathbb{R}_{\exp}$은 o-극소다. □

앞서 언급한 것처럼 o-극소성에 대한 연구는 현대 모델론의 정수론, 기하학에의 응용으로 발전하였다. 특히 정수론 연구에서 시무라[Shimura] 다양체와 관련한 안드레-올트[André-Oort] 예상이 최근 필라[Pila] 등에 의해 해결된 것은[34], 모델론의 o-극소성에 대한 윌키 등의 선행 연구에 기반하고 있다.

## 6.6 유한모델들의 합성과 한정제거

이 마지막 절에서는 지금까지와 다른 주제를 다룬다. 즉 프헤쓰 극한이라 불리는 유한모델들의 합성과 관련한 내용을 서술하고 이의 파생 결과를 공부한다. 프헤쓰 극한 개념은 모델론뿐만 아니라 조합론이나 계산이론 등 다양한 분야에서 활용된다. 이 절에서 $\mathcal{L}$은 가산이고, 가산집합 $\mathcal{K}(\neq \varnothing)$는 유한생성된 (공이 아닌) $\mathcal{L}$-구조들의 모임이다.

**정의 6.41**

$\mathcal{L}$-구조 $M$이 $\mathcal{K}$의 프헤쓰 극한[Fraïssé limit]이라는 것은 $M$이 가산모델이면서 다음 두 가지를 충족한다는 것이다.

(1) $\mathcal{K}$는 (동형인 경우 같다고 보면) $M$의 유한생성된 부분구조들을 다 모은 것이다. 곧 임의의 $A \in \mathcal{K}$에 대하여 $A \cong A'$인 부분구조 $A'(\subseteq M)$이 있고, $B'(\neq \varnothing) \subseteq M$이 유한생성된 부분구조라면 $(B' \cong)B$가 $\mathcal{K}$에 있다.

(2) $M$은 울트라동질적[*ultrahomogeneous*]이다. 즉 $M$의 임의의 두 유한생성된 부분구조의 동형사상은 $M$ 전체의 동형사상으로 확대된다.

$M$이 울트라동질적이면 당연히 강하게 $\omega$-동질적이다. 하지만 역은, 최대나 최소가 있는 무한의 조밀한 선형순서구조 등에서 성립하지 않는다.

**보조정리 6.42**

$\mathcal{L}$-구조 $M, N$이 각각 $\mathcal{K}$의 프헤쓰 극한이면 두 모델은 동형이다.

증명 이의 증명은 연습문제 §3.4.12(a)나 정리 4.9(2)의 증명에서처럼 양방향 귀납법을 사용한다. 우선 $M, N$이 가산이기에 유한생성된 $M$의 부분구조들 $A_0 \subseteq A_1 \subseteq \ldots$과 역시 유한생성된 $N$의 부분구조들 $B_0 \subseteq B_1 \subseteq \ldots$이 있어, $M = \bigcup_{n<\omega} A_n$, $N = \bigcup_{n<\omega} B_n$으로 나타낼 수 있다.
이때 $A_n \subseteq C_{2n}$이고 $B_n \subseteq D_{2n+1}$이 성립하는, 유한생성된 $M$의 부분구조들 $C_0 \subseteq C_1 \subseteq \ldots$과 유한생성된 $N$의 부분구조들 $D_0 \subseteq D_1 \subseteq \ldots$, 그리고 증가하는 동형사상 $h_n : C_n \to D_n$을 찾을 수 있다($n < \omega$). 그 이유는 다음과 같다. 우선 이것이 성립하는 $h_0 \subseteq h_1 \subseteq \cdots \subseteq h_{2n-2} \subseteq h_{2n-1}$을 찾았다고 하자. 이제 $C_{2n} := \langle A_n \cup C_{2n-1} \rangle$로 두면 이는 유한생성된 $M$의 부분구조다. 이때 정의 6.41(1)에 의해 $(C_{2n} \overset{f}{\cong}) D'_{2n} \subseteq N$이 있다. 또한 $D'_{2n-1} := f(C_{2n-1})$, $g := h_{2n-1} \circ f^{-1}$로 두면 $D'_{2n-1} \overset{g}{\cong} D_{2n-1}$이다. $N$이 울트라동질모델이기에, $(D_{2n-1} \subseteq) D_{2n}$과 $g$를 확대한 동형사상 $g' : D'_{2n} \to D_{2n}$이 존재한다.
이제 $h_{2n} := g' \circ f$로 두면 $h_{2n-1} \subseteq h_{2n}$이고 $C_{2n} \overset{h_{2n}}{\cong} D_{2n}$이 성립한다. 다음 단계는 $D_{2n+1} := \langle B_n \cup D_{2n} \rangle$으로 놓고, $N$을 기준으로 하여 같은 방식으로 $\mathrm{ran}(h_{2n+1}) = D_{2n+1}$이고 $h_{2n} \subseteq h_{2n+1}$인 동형사상 $h_{2n+1}$을 찾으면 된다. 여기서 $C_{2n+1} = \mathrm{dom}(h_{2n+1})$으로 둔다.
이제 $h := \bigcup_{n<\omega} h_n$이라 하면 $M \overset{h}{\cong} N$이 성립한다(연습문제 §3.4.5). □

아래 제시하는 요건이 프헤쓰 극한을 판별하는 것을 양방향 귀납법으로 어렵지 않게 논증할 수 있다(연습문제 §6.7.22). 프헤쓰 극한이 항상 존재하는 것은 아니기에, 이를 자유롭게 사용하여 프헤쓰 극한의 존재성을 특정하는 세 가지 성질을 밝힐 것이다(정리 6.44).

**보충설명** 6.43

$M$이 $\mathcal{K}$의 프헤쓰 극한일 필요충분조건은 다음 두 가지다.

- 정의 6.41의 (1)이 성립한다.
- 임의의 유한생성된 부분구조 $A(\subseteq M)$가 있고 이의 확대구조 $(A \subseteq)B$가 $\mathcal{K}$의 한 원소와 동형이라면, $f \restriction A = \mathrm{id}_A$인 매입 $f : B \to M$를 찾을 수 있다.

**정리 6.44**

$\mathcal{K}$의 프헤쓰 극한이 존재할 필요충분조건은 다음과 같다.

(1) $A \in \mathcal{K}$이면 $A$의 (공이 아닌) 임의의 유한생성된 부분구조와 동형인 구조가 $\mathcal{K}$에 있다.

(2) 임의의 $B_0, B_1 \in \mathcal{K}$에 대하여, 이들이 공통으로 매입되는 $C \in \mathcal{K}$(즉 매입 $h_i : B_i \to C$, $i = 0, 1$)가 있다.

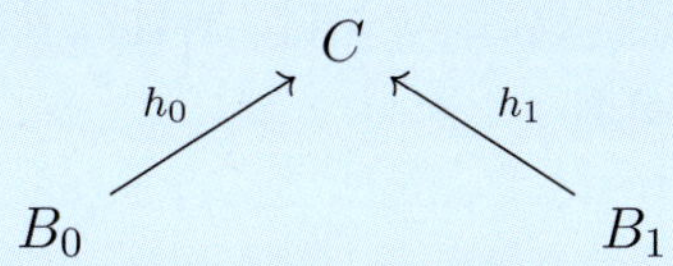


(3) $A, B_0, B_1 \in \mathcal{K}$이고 $g_i : A \to B_i$가 매입이면($i = 0, 1$), 어떤 $C \in \mathcal{K}$와 매입 $h_i : B_i \to C$가 있어 $h_0 \circ g_0 = h_1 \circ g_1$이 성립한다.

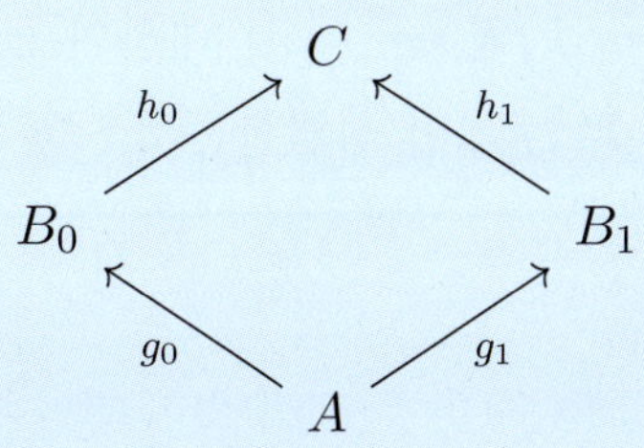

증명 먼저 $M$이 $\mathcal{K}$의 프레쓰 극한이라 하자. 당연히 $\mathcal{K}$는 (1)을 만족한다. 또한 $\mathcal{K}$가 (2),(3)을 충족하는 것은, 모든 $D \in \mathcal{K}$가 실제로 $M$의 유한생성된 부분구조인 경우만 증명하면 충분함을 어렵지 않게 확인할 수 있다. 이 경우 (2)는 당연히 만족된다. (3)이 성립함을 보이자. $A_0 := g_0(A)$, $A_1 := g_1(A)$라 두고 $h := g_1 \circ (g_0^{-1} \upharpoonright A_0)$라 하면, $A_0 \overset{h}{\cong} A_1$이다. $M$이 울트라동질적이기에 $h$를 확대한 $h_0$와 $(A_1 \subseteq) B_1' (\subseteq M)$이 있어서 $B_0 \overset{h_0}{\cong} B_1'$이 성립한다. 이때 $C := \langle B_1' \cup B_1 \rangle$로 두면 이 또한 유한생성된 $M$의 부분구조다. 이제 $h_1 := \mathrm{id}_{B_1}$으로 두면 $h_0 \circ g_0 = g_1 = h_1 \circ g_1$이 성립한다.

역으로 $\mathcal{K}$가 (1),(2),(3)을 충족한다고 가정하고 프레쓰 극한을 찾자. 우선 (1), (2),(3)에서 $A, B_0, B_1$이 각각 $\mathcal{K}$의 원소와 동형인 경우라고 조건을 약화해도 같은 결론을 얻는 것을 쉽게 알 수 있고 이를 자유로이 사용할 것이다. 한편 모든 $i, j \in \omega$에 대하여 $\pi(i,j) \geq i$가 성립하는 전단사함수 $\pi : \omega \times \omega \to \omega$를 고정하자(이러한 $\pi$를 쉽게 찾을 수 있다). 이제 유한생성되는 $\mathcal{L}$-구조들의 사슬

$$D_0 \subseteq D_1 \subseteq \ldots D_n \subseteq D_{n+1} \subseteq \ldots$$

을, 각 $D_n$이 적당한 $\mathcal{K}$의 원소와 동형인 것으로 다음과 같이 구성할 것이다. 우선 $\mathcal{K}$의 임의의 원소를 $D_0$로 놓는다. 귀납가정으로 $\mathcal{K}$의 한 원소와 동형인 $D_n$을 찾았다고 하자. 이때

$$\mathcal{Q}_n := \{(A, B) \mid A, B \in \mathcal{K}\text{이고, } A\text{는 각각 } B\text{와 } D_n\text{에 매입할 수 있다}\}$$

라 둔다. 이는 가산집합이기에, 2중첨자를 붙여 $\mathcal{Q}_n = \{(A_{ni}, B_{ni}) \mid i < \omega\}$라 나열하자. 각 $(A_{ni}, B_{ni}) \in \mathcal{Q}_n$에 대하여 매입 $f_{ni} : A_{ni} \to B_{ni}$와 $g_{ni} : A_{ni} \to D_n$을 선택하자. 유일한 $(m, k)$에 $(m \leq n)$ 대하여 $\pi(m, k) = n$이고, (3)에 의해 $D'_{n+1} \in \mathcal{K}$과 $h \circ g_{mk} = h' \circ f_{mk}$이 성립하는 $h : D_n \to D'_{n+1}$, $h' : B_{mk} \to D'_{n+1}$

이 있다.

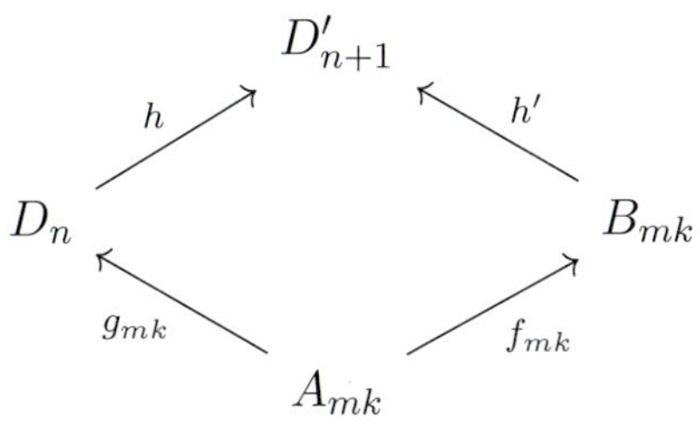


이때 $h$를 확대한 동형사상 $\hat{h}$으로 $\mathrm{ran}(\hat{h}) = D'_{n+1}$인 것이 있고, $(D_n \subseteq)D_{n+1} := \mathrm{dom}(\hat{h})$로 놓으면 된다.

이제 사슬의 합 $D := \bigcup_{n<\omega} D_n$이 찾고자 하던 프레쓰 극한임을 확인하자. $C(\in \mathcal{K})$가 있을 때 (2)에 의해 $C$와 $D_0$가 매입되는 $C'(\in \mathcal{K})$이 있다. 따라서 $(D_0, C') \in \mathcal{Q}_0$이고 위 구성에 의해 ($C$와) $C'$은 $D$에 매입된다. 역으로 $D$의 유한생성된 부분구조는 적당한 $D_k$의 부분구조이고, 이는 (1)에 의해 $\mathcal{K}$의 원소와 동형이다. 끝으로 $D$가 보충설명 6.43의 둘째 조건을 충족함을 보이면 된다. 유한생성된 $A(\subseteq D)$가 있을 때 적당한 $k$가 있어서 $A \subseteq D_k$이고, 동형사상 $g : A_0(\in \mathcal{K}) \to A$가 있다. 한편 $A \subseteq B$이고 $f : B \to B_0(\in \mathcal{K})$가 동형사상이라면 $f \circ g : A_0 \to B_0$는 매입이다. 이때 $D$의 구성에 의해, $h \upharpoonright A = \mathrm{id}_A$인 매입 $h : B \to D$를 찾을 수 있다. □

**보충설명** 6.45

- 만일 $\mathcal{K}$가 정리 6.44의 (1),(2)를 만족하면 정의 6.41(1)이 성립하는 가산 모델을 찾을 수 있고, 또한 역도 성립한다.
- 정리 6.44의 조건 (2)와 (3)은 독립적이어서 서로를 유도하지 않는다.

위 보충설명의 증명은 어렵지 않고 독자에게 맡긴다(연습문제 §6.7.23). 이제 한정제거와 관련한 결과를 서술하겠다.

**보조정리 6.46**

특정기호들이 모두 술어기호인 유한언어 $\mathcal{L}$의 완전한 이론 $T$가 있다. 다음 조건들은 동등하다.

(1) $T$에서 한정기호를 제거할 수 있다.

(2) $T$의 한/모든 가산모델 $M$은 울트라동질적이다.

또한 위 동등한 조건하에서 $T$는 유한모델을 갖거나 $\aleph_0$-범주적이다.

증명 (1)이 성립하면 $\mathcal{L}$의 요건에 의해, 임의의 $p \in S_n(T)$를 고립시키는 한정기호 없는 논리식이 있다(연습문제 §6.7.24). 따라서 정리 5.21에 의해 마지막 결론을 얻는다. (1)과 (2)가 동등함을 증명하자.

(1)⇒(2) (1)을 가정하면 방금 설명에 의해 $T$의 가산모델 $M$은 강하게 동질적이다(정리 5.20). 따라서 $A = \{a_1, \ldots, a_n\}$, $B = \{b_1, \ldots, b_n\}(\subseteq M)$이고 $a_i \mapsto b_i$가 $(1 \le i \le n)$ 두 부분구조 $A, B$ 사이의 동형사상일 때, $\mathrm{tp}_M(a_1 \ldots a_n) = \mathrm{tp}_M(b_1 \ldots b_n)$임을 확인하면 충분하다. 이는 역시 (1)에서 바로 나온다.

(2)⇒(1) 가산인 $M$이 $T$의 울트라동질모델이라 하자. 정리 6.7을 사용하여 (1)을 증명할 것이다. 즉 $L, N \models T$이고 공통의 유한부분구조 $L_0 = \{d_1, \ldots, d_n\}$이 있다고 하자. 이때 $L_0$의 동형구조를 결정하는, 원자논리식들의 논리합으로 구성된 $\mathcal{L}$-논리식 $\psi_0(\bar{x})$가 있다($|\bar{x}| = n$). (즉 임의의 $\mathcal{L}$-구조 $A = \{a_1, \ldots, a_n\}$에 대하여, $A \models \psi_0(a_1, \ldots, a_n)$이면이 $f : A \to L_0(a_i \mapsto d_i)$는 동형사상이다.) 따라서 $T \models \exists \bar{x} \psi_0(\bar{x})$이다. 한편 $b \in L \setminus L_0$이면 또한 $L_1 := L_0 \cup \{b\}$의 동형구조를 결정하는 한정기호 없는 $\mathcal{L}$-논리식 $\psi_1(\bar{x}, y)$가 있다. 역시 $T \models \exists \bar{x} y \psi_1(\bar{x}, y)$이기에, $(L_1 \cong) M_1 (\subseteq M)$을 찾을 수 있다. 이때 $M$이 울트라동질적이기에 $M \models \forall \bar{x}(\psi_0(\bar{x}) \to \exists y \psi_1(\bar{x}, y))$이고, 따라서

$$T \models \forall \bar{x}(\psi_0(\bar{x}) \to \exists y \psi_1(\bar{x}, y))$$

가 성립한다. 이때 $N \models T$이기에 원하던 대로 어떤 $b' \in N$이 있어 $L_1 \cong L_0 \cup \{b'\}$이 성립한다. □

보조정리 6.46에서 다음 결론을 바로 얻는다.

**따름정리 6.47** $\mathcal{L}$이 유한개의 술어기호로만 구성됐고 $\mathcal{K}$의 프헤쓰 극한 $M$이 존재한다고 하자. 그러면 $T := \mathrm{Th}(M)$에서 한정제거가능하고, $M$은 유한모델이거나 $T$는 $\aleph_0$-범주적이다.

### 6.6.1 응용

여기에선 앞서 다룬 프헤쓰 극한의 예와 응용을 살피려 한다.

**예제 6.48**

유한한 선형순서구조들을 다 모은 것은 정리 6.44의 조건 (1),(2),(3)을 충족하고 이의 프헤쓰 극한은 $(\mathbb{Q}, <)$임을 확인하라. 특히 $(\mathbb{Q}, <)$는 울트라동질적이다. 이는 $T_{\mathrm{DLO}} \cup \{\forall x \exists y(x < y) \wedge \forall x \exists y(y < x)\}$가 $\aleph_0$-범주적이고 한정기호를 제거할 수 있음(보기 6.8)을 재확인하는 것이다.

**보기 6.49**

그래프*graph*는[2]집합에 2항관계 $E$가 붙은 구조로, 여기서 $E$는 대칭적이고 (즉 $xEy \to yEx$) 비반사적(즉 $\forall x\ \neg xEx$)이다. 랜덤그래프*random graph*는 무한 크기의 그래프로서 다음 성질을 만족하는 것이다. 즉 그래프의 임의의 서로소인 유한부분집합 $X, Y$에 대하여 어떤 원소 $z(\notin X \cup Y)$가 존재하여, 모든 $x \in X$에 대하여 $zEx$가 성립하고 모든 $y \in Y$에 대하여 $\neg zEy$가 성립한다. 다음 정리에서 랜덤그래프가 유한그래프들의 프헤쓰 극한임을 논증한다.

**정리 6.50**

$\mathcal{K}$는 공이 아닌 유한그래프를 (동형인 경우는 중복하지 않고) 다 모든 집합이라 하자. 이때 $M$이 $\mathcal{K}$의 프헤쓰 극한이면이 $M$은 가산의 랜덤그래프이다. 따라서 랜덤그래프의 이론은 $\aleph_0$-범주적이고 한정제거가능하다.

---

[2]같은 명칭이지만 함수의 그래프와는 다른 개념이다.

증명 우선 $\mathcal{K}$가 정리 6.44의 (1),(2),(3)을 충족하는 것은 쉽게 알 수 있다. 따라서 이의 프레쓰 극한 $M$이 있다. $M$은 울트라동질적이기에 $M$이 랜덤그래프임은 어렵지 않게 확인할 수 있다(연습문제 6.7.22).
역으로 $M$이 가산의 랜덤그래프일 때 우선 다음을 보이자.

중간요건 $A(\subset M)$가 $M$의 유한부분그래프이고, $B(= A \cup \{b\})$가 $A$의 확대그래프라 하자($b \notin A$). 이때 $b' \in M \setminus A$이 있어서, $f \restriction A = \mathrm{id}_A$이고 $f(b) = b'$인 $f : B \to A \cup \{b'\}$는 두 유한그래프 사이의 동형사상이다.

중간요건 증명 $A_b := \{a \in A \mid bEa\}$, $A'_b := \{a' \in A \mid \neg bEa'\}$라 놓으면 $A = A_b \sqcup A'_b$이다. 이때 $M$이 랜덤그래프이기에, 모든 $a \in A_b$에 대하여 $b'Ea$이고 모든 $a' \in A'_b$에 대하여 $\neg b'Ea'$인 $b'(\in M \setminus A)$을 찾을 수 있다. 이때, 묘사된 $f$는 당연히 $B$와 $A \cup \{b'\}$ 사이의 동형사상이다. □

중간요건을 반복해서 사용하면 $M$이 $\mathcal{K}$의 프레쓰 극한임을 알 수 있다(보충설명 6.43). □

다음으로 이 절의 결과를 사용하여, 0-1법칙이라 불리는 유한모델들의 극한에 대한 정리를 서술하려 한다.

**보충설명** 6.51

이 절의 남은 전개에서 사용할 가정과 용어를 설명한다. $\mathcal{L}$은 유한개의 술어기호만 가지는 언어다. 또한 $\mathcal{K}$는 $\mathcal{L}$의 (서로 동형이 아닌) 유한구조를 다 모은 집합이다. 따라서 $\mathcal{K}$는 정리 6.44의 (1),(2),(3)을 충족하여 프레쓰 극한이 있고, $T$는 이의 이론이다.
임의의 $\mathcal{L}$-명제 $\sigma$에 대하여 $\mu_n(\sigma)$는 다음과 같이 정의한다($n \geq 1$). 우선 $\sigma$를 만족하는, 영역이 $n = \{0, \ldots, n-1\}$인 $\mathcal{L}$-구조들의 총 개수를 $\rho_n(\sigma)$라 두자. (동형이어도 $\mathcal{L}$-구조로서 다르면 각각 센다.) 이때 $\mu_n(\sigma) := \rho_n(\sigma)/\rho_n(\forall x x = x)$로 정의한다. 물론 $\rho_n(\forall x x = x)$은 영역이 $n$인 $\mathcal{L}$-구조들의 개수다. 따라서 $\mu_n(\neg\sigma) = 1 - \mu_n(\sigma)$이다.
한편 동형인 경우 무시하는 계산도 있다. 즉 $\sigma$를 만족하는, 크기가 $n$인 $\mathcal{L}$-구조들의 (동형인 경우 한 번만 센) 총 개수를 $\rho'_n(\sigma)$라 두자. 이때 $\mu'_n(\sigma) := \rho'_n(\sigma)/\rho'_n(\forall xx = x)$라 둔다. 이때도 당연히 $\mu'_n(\neg\sigma) = 1 - \mu'_n(\sigma)$이다.

**보조정리 6.52**

$\sigma \in T$이면 $\lim_{n\to\infty} \mu_n(\sigma) = 1$이다.

증명 $A = \{a_0, \ldots, a_{m-1}\} \in \mathcal{K}$라 하면 $A$의 동형구조를 결정하는 한정기호 없는 $\mathcal{L}$-논리식 $\psi_A(\bar{x})$가 있다($\bar{x} = (x_0, \ldots, x_{m-1})$). 이때 물론 $\psi_A(\bar{x}) \models \bigwedge_{i<j<m} x_i \neq x_j$이다. 이제 $B = A \cup \{b\}$가 ($b \notin A$) $\mathcal{L}$-구조일 때

$$\sigma_{A,B} := \forall \bar{x}(\psi_A(\bar{x}) \to \exists y \psi_B(\bar{x}, y))$$

라 하자($\sigma_{\varnothing,\{b\}}$는 $\exists y \psi_{\{b\}}(y)$로 둔다). 이러한 형태의 논리식들을 다 모은 것을 $T_0$라 하면 이는 $T$와 논리적으로 동등하다(보충설명 6.43, 보조정리 6.42 참조). 즉 임의의 $\sigma \in T$에 대하여 $\sigma_1, \ldots, \sigma_k \in T_0$가 있어서 $\sigma_0 \wedge \cdots \wedge \sigma_k \models \sigma$가 성립한다. 따라서 모든 $i(\leq k)$에 대하여 $\lim_{n\to\infty} \mu_n(\sigma_i) = 1$이라면, $\lim_{n\to\infty} \mu_n(\sigma) = 1$도 성립한다. 그러므로 $\sigma = \sigma_{A,B}$일 때 $\lim_{n\to\infty} \mu_n(\neg\sigma) = 0$임을 보이면 충분하다.

위의 $a_i$가 $i$라 ($i < m$) 가정하여 $A$의 영역이 $m$이라 하자. 이때 $(m <)n$을 고정하고,

$$\mathcal{A}_n := \{D\text{는 } \mathcal{L}\text{-구조} \mid (A \subset)D\text{의 영역은 } n\},$$

$m \leq j < n$에 대하여 $\mathcal{A}_n^j := \{C$는 $\mathcal{L}$-구조 $\mid (A \subset)C$의 영역은 $m \cup \{j\}\}$라 놓자. 이때 각 $(m \leq)j < n$가 독립적이기에 $|\mathcal{A}_n^j|$은 모두 같다. 또한 각 $C_j \in \mathcal{A}_n^j$에 대하여

$$C_j \models \neg\psi_B(0, 1, \ldots, m-1, j)$$

일 확률도 모두 $q$로 같고, $B$의 존재로 인해 $q < 1$이다. 한편 주어진 $C_j \in \mathcal{A}_n^j$에 대하여 $|\{D \in \mathcal{A}_n \mid C_j \subset D,\ m \leq j < n\}|$는 $(C_m, \ldots, C_{n-1})$의 선택에 무관하게 같다. 왜냐하면 $C_m \cup \cdots \cup C_{n-1}$을 제외한 나머지 $D$의 구성은 선택에 독

립적이기 때문이다. 따라서 $D(\in \mathcal{A}_n) \vDash \forall y \neg \psi_B(0, \ldots, m-1, y)$일 확률은 $q$에 $(n-m)$승을 한 $q^{n-m}$이다. 이때 $s := |\mathcal{A}_n|$이라 하면 $q^{n-m} = \frac{t}{s}$인 자연수 $t$가 있다. 또한 당연히 $s \leq \rho_n(\forall xx = x)$이다. 한편 임의의 $J = \{j_0, j_1, \ldots, j_{m-1}\} \subset n$에 대하여 $J$를 영역으로 가지고 $\vDash \psi_A(j_0, \ldots, j_{m-1})$이 성립하는 $\mathcal{L}$-구조가 유일하게 있다. ($J$를 다르게 나열한 것이 같은 모델일 수는 있다.) 따라서 $\rho_n(\neg\sigma)$는 $\{0, \ldots, n-1\}$에서 서로 다른 수들의 $m$짝을 선택할 경우의 수에 $t$를 곱한 $\frac{n!}{(n-m)!}t$ 이하이다. $\frac{n!}{(n-m)!} \leq n^m$이기에, 결국 $\mu_n(\neg\sigma) \leq n^m \cdot q^{n-m}$이 성립한다. $q < 1$이기에, $n \to \infty$이면 우변이 0으로 수렴하여 $\lim_{n\to\infty} \mu_n(\neg\sigma) = 0$이다. □

**정리 6.53**

**(0-1법칙)** $\theta$가 임의의 $\mathcal{L}$-명제이면, $\lim_{n\to\infty} \mu_n(\theta) = 0$이거나 $\lim_{n\to\infty} \mu_n(\theta) = 1$이다.

증명 $\theta \in T$이거나 $\neg\theta \in T$이다. 따라서 보조정리 6.52에 의해 정리가 성립한다. □

0-1법칙은 동형이면 같게 본 경우에도 성립한다. 이의 자세한 증명은 [9]에서 찾을 수 있다.

**사실 6.54** **(0-1법칙)** $\theta$가 임의의 $\mathcal{L}$-명제이면, $\lim_{n\to\infty} \mu'_n(\theta) = 0$이거나 $\lim_{n\to\infty} \mu'_n(\theta) = 1$이다.

## 6.7 연습문제

1. $(\omega, +)$에서 $<$을 정의하는 논리식과, 임의의 $n \in \omega$에 대하여 $\{n\}$을 정의하는 논리식을 찾으라.

2. $(\omega, \times)$에서 연산 $+$를 정의할 수 없음을 보이라. (힌트: 두 소수를 바꾸는 $(\omega, \times)$의 동형사상을 찾으라.)

3. $(\mathbb{Z}, +)$에서 $\times$가 정의되지 않음을 보이라. (힌트: 우선 $\{1\}$이 정의되지 않음을 보이라.)

4. $\mathcal{L}_{\mathrm{fd}}$-구조인 유리수체 $\mathbb{Q}$에서 $<$을 정의하는 논리식을 찾으라. (힌트: 라그랑주 제곱수 정리를 사용하라.)

5. 언어 $\mathcal{L}$에 대하여 $\mathcal{L}' := \mathcal{L} \sqcup \{n\text{항 술어기호 } P_\varphi \mid \varphi(x_1, \ldots, x_n)\text{은 } \mathcal{L}\text{-논리식}, 1 \leq n\}$으로 두고, $\mathcal{L}'$-이론 $T' := \{\forall \bar{x}(P_\varphi \bar{x} \leftrightarrow \varphi(\bar{x})) \mid \varphi(\bar{x})\text{는 } \mathcal{L}\text{-논리식}, 1 \leq |\bar{x}|\}$로 정의하자. 다음을 논증하라.

   (a) $\psi(\bar{x})$은 $\mathcal{L}'$-논리식이다. 이때 $\mathcal{L}$-논리식 $\varphi(\bar{x})$가 있어서 $T' \vDash \psi(\bar{x}) \leftrightarrow \varphi(\bar{x})$가 성립한다. 또한 $1 \leq |\bar{x}|$이면 $T' \vDash \psi(\bar{x}) \leftrightarrow P\bar{x}$인 $\mathcal{L}'$-원자논리식 $P\bar{x}$가 있다. 즉 $T'$에서 (원자논리식들만으로) 한정제거가능하다.

   (b) 임의의 $\mathcal{L}$-모델 $M$에 대하여 이의 $\mathcal{L}'$-확장 $M'$으로 $T'$을 만족하는 것은 유일하게 있다. 또한 $\mathrm{Def}_{\mathcal{L}}(M) = \mathrm{Def}_{\mathcal{L}'}(M')$이다.

6. $T$는 가산언어 $\mathcal{L}$의 완전한 이론이고, 임의의 $\mathcal{L}$-명제 $\sigma$가 $T$의 원소인지 아닌지 여부가 판별가능하다고 하자. 이때 $T$가 결정가능함을 설명하라. (힌트: $\mathcal{L}$의 논리적 공리들이 판별가능하기에 $\mathrm{Thm}(T)$의 원소들을 빠뜨리지 않고 나열하는 프로그램을 구성할 수 있음을 사용하라.)

7. 다음 각 이론에서 한정제거가 가능함을 보이고 이를 통해 해당 이론에 대한 관련 서술을 논증하라.

   (a) 보기 4.15(2)의 완전한 이론 $T$와 $T_M$.

   (b) 보기 4.18(2)의 $\mathrm{Th}(M)$. (주논리식이 없음을 보이라.)

   (c) 보기 4.18(3)의 $\mathrm{Th}(M)$.

8. 보조정리 6.6의 증명을 완결하라.

9. $\mathrm{Th}(\mathbb{Z}, S)$에서 한정제거가능함을 보이라($S(n) = n+1$). 하지만 $\mathrm{Th}(\mathbb{N}, S)$에서 $\forall y(Sy \neq x)$의 한정기호를 제거할 수 없음도 보이라.

10. (a) $F$가 무한체일 때 $T_{\mathrm{VS}/F} \cup \{\exists x(x \neq 0)\}$에서 한정제거가능하지만, $T_{\mathrm{VS}/F}$에서는 $\exists x(x \neq 0)$의 한정기호 제거가 가능치 않음을 보이라. $F$가 유한체일 땐 $T_{\mathrm{VS}/F} \cup \{\exists x(x \neq 0)\}$에서도 한정제거가 불가능함을 보이라.

    (b) 연습문제 §3.4.16(a)의 $T$에서 한정제거가능함을 보이라.

11. 보기 6.8의 서술을 논증하라.

12. $K$가 대수적으로 닫힌 체일 때, $X(\subseteq K^n)$가 $\mathcal{L}_{\mathrm{fd}}(K)$-정의가능 집합이면이 $X$는 구성가능한 집합임을 보이라. 또한 정리 6.9를 사용하여 슈발레의 정리(응용 6.10)를 증명하라.

13. 사실 6.14(2)를 사실 6.15(3)을 사용하여 증명하라.

14. 정리 6.5를 사용하여 $T_{\mathrm{RCF}}$에서 $\exists y(x = y^2)$과 $\exists z(x + z^2 = y)$의 한정제거가 불가능함을 보이라.

15. 언어 $\mathcal{L}$에서 $\Delta_1 = \Sigma_0 = \Pi_0$이 성립함을 보이라. (힌트: 정리 6.5를 사용하라.)

16. $\mathcal{L}_{\mathrm{fd}}$에서 대수적으로 닫힌 체는 $T_{\mathrm{fd}}$의 e.c.-모델임을 논하라.

17. 이론 $T$가 사슬의 합에 닫혀 있다는 것은, 임의의 $T$의 모델들의 사슬 $M_0 \subseteq M_1 \subseteq \cdots \subseteq M_i \subseteq \ldots$이 있을 때 이의 합 $\bigcup_{i \in \omega} M_i$도 $T$의 모델이 되는 것이라 하자. 다음을 보이라.

    (a) $T$가 모델-완전하면 사슬의 합에 닫혀 있다.

    (b) 아래 요건들은 동등하다.

        ① $T$는 사슬의 합에 닫혀 있다.

        ② $T_{\forall\exists} \models T$이다.

        ③ 임의의 선형순서집합 $I$에 대하여 $\langle M_i \mid i \in I \rangle$가 $T$의 모델들의 사슬이면 $\bigcup_{i \in I} M_i \models T$가 성립한다.

18. $T_{\forall\exists} \models T$이면 임의의 $M \models T$에 대하여 $M \subseteq N$이고 $|N| \leq |M| + |T|$인 $T$의 e.c.-모델 $N$이 있음을 보이라.

19. $\mathcal{L}$-이론 $T'$가 다음을 만족할 때 이를 $\mathcal{L}$-이론 $T$의 모델-동반*model-campanion*이라 부른다. $T'$은 모델-완전하고, 임의의 $T$의 모델은 $T'$을 만족하는 확대가 있으며, 또한 임의의 $T'$의 모델은 $T$를 만족하는 확대가 있다. 다음을 보이라.

   (a) $\mathcal{L}_{\mathrm{fd}}$에서 $T_{\mathrm{ACF}}$는 $T_{\mathrm{fd}}$의 모델-동반이다. 또한 $\mathcal{L} = \{<\}$에서 $T_{\mathrm{DLO}} \cup \{\forall x \exists y(x < y) \wedge \forall x \exists y(y < x)\}$는 선형순서이론의 모델-동반이다.

   (b) 임의의 이론 $T$의 모델-동반 $T'$은 (없거나) 있다면 ($\mathrm{Thm}(T')$을 볼 때) 하나만 있다.

   (c) $T$가 $\forall\exists$-이론이라 하자. 만일 $T'$이 $T$의 모델-동반이면

$$\mathrm{Thm}(T') = \mathrm{Th}(\{M \mid M\text{은 } T\text{의 e.c.-모델이다}\})$$

   이다.

20. $\mathcal{L}$에서 $T'$은 $T$의 모델-동반이다. 이때 아래 두 조건이 동등함을 보이라. (이를 충족하는 $T$의 모델-동반을 $T$의 모델-완비*model-completion*라 부른다.)

   (a) 임의의 $M \models T$에 대하여 $T' \cup \mathrm{Diag}(M)$은 완전한 $\mathcal{L}(M)$-이론이다.

   (b) $T$의 모델들이 정리 6.44(3)에서 묘사한 성질을 충족한다(이를 융합성질*amalgamation property*이라 부른다). 즉 $M, M_0, M_1 \models T$이고 $g_i : M \to M_i$가 매입이면($i = 0, 1$), 어떤 $N(\models T)$과 매입 $h_i : M_i \to N$가 있어 $h_0 \circ g_0 = h_1 \circ g_1$이 성립한다.

21. $F$는 순서체이다. $\mathcal{L}_{\mathrm{ofd}}$에서 $F$가 o-극소이면이 $F$는 닫힌 실순서체임을 보이라. (힌트: o-극소인 순서체는 중간값정리를 만족함을 보이라.)

22. 가산언어 $\mathcal{L}$의 가산모델 $M$에 대하여 다음 요건이 동등함을 보이라.

   (a) $M$은 울트라동질적이다.

   (b) 임의의 유한생성된 부분구조 $A(\subseteq M)$에 대하여 이의 확대구조 $(A \subseteq)B$가 $M$의 어떤 유한생성된 부분구조와 동형이라면, $f \restriction A = \mathrm{id}_A$인 매입 $f : B \to M$가 존재한다.

23. 보충설명 6.45를 논증하라. 예를 들어 집합 $\mathbb{Z}$에 $E = \{(n, n+1), (n+1, n) \mid n \in \mathbb{Z}\}$가 붙은 무한그래프의 공이 아닌 유한부분그래프들을 다 모은 것은 프헤쓰 극한이 없음을 확인하라.

24. $T$는 특정기호들이 모두 술어기호인 유한언어 $\mathcal{L}$의 완전한 이론이고 한정제거가 능하다. 이때 임의의 $p \in S(T)$가 고립되어 있음을 보이라.

25. 가산언어 $\mathcal{L}$의 완전한 이론 $T$가 유한모델을 갖거나 $\aleph_0$-범주적이라 하자. 이때 $T$의 한/모든 가산모델 $M$이 울트라동질적이면이 $T$에서 한정제거가능함을 보이라.

# 7
# 스콜렘 이론

앞으로 계속 중요하게 사용하는 균질열 개념을 도입하고, 조합론의 기본 결과인 램지의 정리를 사용하여 균질열을 찾아내는 방법을 공부한다. 또한 주어진 이론 $T$에 대응하는 스콜렘 이론 $T^*$에 대해서도 공부한다. 이 개념 자체도 중요하며, 특히 이를 응용하여 파생되는 결과에 주목할 것이다. 즉, 균질열로 생성되는 스콜렘 이론 $T^*$의 모델을 사용하여, 상대적으로 적은 타입을 구현하는 $T$의 모델을 찾을 수 있다(보조정리 7.14). 이의 따름정리 7.15는 다음 장에 소개하는 몰리의 범주성정리 증명의 출발점이 된다.

## 7.1 균질열

원소들의 열이 균질하다는 것은 이의 타입이 순서관계에만 의존한다는 것이다. 균질열은 앞으로 계속 사용할 매우 중요한 개념이다. 특히 9장에서 정의할 논리식의 나눔 개념의 이해에 핵심적 역할을 한다. 정확한 정의에 앞서, 두 타입이 같다는 표기를 우선 소개한다.

**표기 7.1** $\bar{a}, \bar{b} \in M$이고 $A \subseteq M$일 때, $\mathrm{tp}(\bar{a}/A) = \mathrm{tp}(\bar{b}/A)$인 것을 $\bar{a} \equiv_A \bar{b}$로 표기한다. 물론 $\bar{a} \equiv \bar{b}$는 $\mathrm{tp}(\bar{a}) = \mathrm{tp}(\bar{b})$임을 표기한다.

**정의 7.2**

$M$은 모델이고 $A \subseteq M$이다. $\Lambda$가 공이 아닌 (유한인 경우도 포함하여) 선형순서집합이고, $I = \langle \bar{a}_i \mid i \in \Lambda \rangle$는 $M$의 $n$짝들의 열이라 하자. 이때 $I$가 $A$-균질열*indiscernible sequence* 또는 $A$ 위에서 균질하다는 것은, 임의의 $i_0 < \cdots < i_m$, $j_0 < \cdots < j_m \in \Lambda$에 $(m \in \omega)$ 대하여

$$\bar{a}_{i_0} \ldots \bar{a}_{i_m} \equiv_A \bar{a}_{j_0} \ldots \bar{a}_{j_m}$$

임을 뜻한다(특히 모든 $\bar{a}_i$의 $A$ 위 타입이 같으며$(i \in \Lambda)$, 모든 $\bar{a}_i$가 같거나 모두 다르거나 둘 중 하나다). $I$가 $A$-균질열이면 이를 $\mathrm{tp}(\bar{a}_0/A)$ 안의 균질열이라고도 한다.

$I$가 $A$ 위의 균질집합이라는 것은 순서에 상관없이 서로 다른 $i_0, \ldots, i_m \in \Lambda$과, 서로 다른 $j_0, \ldots, j_m \in \Lambda$에 대하여 $\bar{a}_{i_0} \ldots \bar{a}_{i_m} \equiv_A \bar{a}_{j_0} \ldots \bar{a}_{j_m}$이 성립한다는 것이다.

두 경우 모두 만일 $A$가 공집합이면 $A$를 생략하여, $I$를 균질열, 균질집합이라 부른다.

**보기 7.3**

- $(\mathbb{Q}, <)$에서 증가하는 열 $\langle a_i \in \mathbb{Q} \mid i < \omega \rangle$을 생각하면 이는 한정제거에 의해 (보기 6.8) 균질열임을 알 수 있다. 하지만 이는 균질집합은 아니다.
- 복소수체 $\mathbb{C}$에서 $I$를 대수적으로 독립인 초월수들의 집합이라 하면, 역시 한정제거에 의해 (정리 6.9) $I$가 균질집합임을 알 수 있다.

**정리 7.4**

무한한 선형순서집합 $\mathcal{I}$로 첨수가 주어진 균질열 $I = \langle \bar{a}_i \in M^n \mid i \in \mathcal{I} \rangle$가 있고, $\Lambda$는 임의의 무한한 선형순서집합이라 하자. 그러면 모델 $N(\equiv M)$과, EM-타입 $D_M(I)$와 $D_N(J)$가 같은(정확히는 $I, J$의 증가하는 유한열의 타입들이 같은), $\Lambda$로 첨수가 주어진 $N^n$ 원소들의 균질열 $J$가 있다.

증명 $\Gamma := \mathrm{Th}(M) \cup \{p_{j_0 \ldots j_m}(\bar{x}_{j_0}, \ldots, \bar{x}_{j_m}) \mid j_0 < \cdots < j_m \in \Lambda\}$라 두자(여기서 $p_{j_0 \ldots j_m}(\bar{x}_0, \ldots, \bar{x}_m) := \mathrm{tp}(\bar{a}_{i_0}, \ldots, \bar{a}_{i_m})$이고 $i_0 < \cdots < i_m \in \mathcal{I}$). 이때 $\mathcal{I}$가 무한이고 $I$는 균질열이기에 $\Gamma$는 $I$로 유한만족가능하다. 따라서 $\Gamma$는 일관적이고 이를 만족하는 모델 $N$과 이의 원소열을 찾으면 된다. □

### 7.1.1 램지의 정리와 균질열

조합론의 기초 정리인 램지의 정리와, 조합론적 집합론에서 자주 사용하는 에르되시, 라도의 결과를 소개한다. 램지의 정리는 정리 7.7의 증명이나 9장에서 (예를 들어 정리 9.6) 균질열의 존재를 증명하는 데 중요하게 사용된다. 에르되시, 라도의 정리 또한 좀 더 미묘한 상황에서 균질열의 존재를 증명하는 데 사용된다(보조정리 9.12).

**표기 7.5**

- $A$가 임의의 집합일 때 $[A]^n$은 $A$의 $n$개 원소들의 집합을 다 모은 $\{S \subseteq A \mid |S| = n\}$을 뜻한다. 만일 $A$에 선형순서가 주어졌다면 $[A]^n$을 $\{(a_1, \ldots, a_n) \mid a_1 < \cdots < a_n \in A\}$로 보아도 된다.
- 한편 $\lambda, \kappa, \mu$가 기수이고 $n \in \omega$일 때, $\lambda \to (\mu)^n_\kappa$란 임의의 함수 $f : [\lambda]^n \to \kappa$에 대하여 적당한 $\tau \subseteq \lambda$가 있어 $|\tau| = \mu$이고 $f \restriction [\tau]^n$은 상수함수가 된다는 것이다.

**사실 7.6**

(1) **(램지**Ramsey**의 정리)** 임의의 양의 자연수 $n, m$에 대하여 $\omega \to (\omega)^n_m$이 성립한다.

(2) **(에르되시**Erdös**, 라도**Rado**)** 임의의 무한기수 $\lambda$와 $n \in \omega$에 대하여 $\beth_n(\lambda)^+ \to (\lambda^+)^{n+1}_\lambda$가 성립한다. 특히 $(2^{\aleph_0})^+ \to (\aleph_1)^2_{\aleph_0}$이다.

증명은 각각 연습문제 §7.3.1과 [28]을 참조하기 바란다. 언급한 대로 램지의 정리는 균질열을 얻는 과정에서 사용하는데, 모델론의 논문 등에서 구체적으로 어떻게 균질열을 찾는 지에 대한 설명이 없이 램지의 정리로 인해 해당 균질열이 존재한다는 언급만 하는 경우가 허다하다. 일반적으로 주어진 성질이 타입, 즉 논리식들의 집합으로 묘사가 가능할 때 해당 성질을 만족하는 균질열을 찾는 것이 램지의 정리로 인해 가능하다. 이 장과 이후의 램지의 정리를 사용하는 결과들과 연습문제 등을 익히며 이러한 과정에 익숙해질 수 있다.

**정리 7.7**

**$(\Lambda, <)$는 무한의 선형순서집합이고 $T$는 유한모델을 갖지 않는 완전한 $\mathcal{L}$-이론이다. $p(\bar{x})$가 $T$의 대수적이지 않은 $n$타입이면, $T$의 모델 $M$과 $M \models p(\bar{a}_i)$인 ($i \in \Lambda$이고, $i \neq j \in \Lambda$이면 $\bar{a}_i \neq \bar{a}_j \in M$) 균질열 $\langle \bar{a}_i \mid i \in \Lambda \rangle$가 있다.**

증명 표기의 편의상 $n = 1$인 경우만 증명하겠다. 일반적인 경우도 같은 방식으로 증명하면 된다. 우선 언어 $\mathcal{L}$을 확대한 $\mathcal{L}(\Lambda) = \mathcal{L} \sqcup \{c \mid c \in \Lambda\}$을 생각하자. 그리고

$$\begin{aligned} T' := \quad & T \cup \bigcup \{p(c) \mid c \in \Lambda\} \cup \{c \neq d \mid \text{서로 다른 } c, d \in \Lambda\} \cup \\ & \{\varphi(c_1, \ldots, c_m) \leftrightarrow \varphi(d_1, \ldots, d_m) \mid c_1 < \cdots < c_m, \\ & d_1 < \cdots < d_m \in \Lambda \text{이고 } \varphi(\bar{x})\text{는 } \mathcal{L}\text{-논리식}\} \end{aligned}$$

이 일관적인 $\mathcal{L}(\Lambda)$-이론임을 증명하려 한다. 그러면 $T'$을 만족하는 모델 $M'$이 있고, 이의 축약 $M := M' \restriction \mathcal{L}$의 원소들의 열 $\langle c^{M'} \mid c \in \Lambda \rangle$을 찾으면 원하던 균질열이 된다.
콤팩트성정리에 의해 주어진 $m$변수 $\mathcal{L}$-논리식 $\varphi_1(\bar{x}), \ldots, \varphi_k(\bar{x})$와 유한의 $\Lambda_0 \subseteq \Lambda$에 대하여($m \leq |\Lambda_0|$),

$$\begin{aligned} T_0 := \quad & T \cup \bigcup \{p(c) \mid c \in \Lambda_0\} \cup \{c \neq d \mid \text{서로 다른 } c, d \in \Lambda_0\} \cup \\ & \{\varphi_i(c_1, \ldots, c_m) \leftrightarrow \varphi_i(d_1, \ldots, d_m) \mid c_1 < \cdots < c_m, \\ & d_1 < \cdots < d_m \in \Lambda_0, \ 1 \leq i \leq k\} \end{aligned}$$

가 일관적임을 보이면 충분하다.
한편 $p(x)$가 대수적이 아니기에 $T$의 모델로서, $p(x)$를 만족하는 원소들이 무한

이 많은 $N$이 존재한다. 이 서로 다른 원소들을 모은 $A = \{u_i \mid i < \omega\}(\subseteq N)$를 생각하자. 이제 $[A]^m$을 $A$의 증가하는 $m$짝들의 집합으로 보고, 여기에 관계 $\sim$을 다음과 같이 준다. 즉 $\bar{u}, \bar{v} \in [A]^m$에 대하여,

$$\bar{u} \sim \bar{v}\text{이면이 } N \models \bigwedge_{i=1}^{k} (\varphi_i(\bar{u}) \leftrightarrow \varphi_i(\bar{v})).$$

그러면 $\sim$은 $[A]^m$에서 동등관계이고 $\ell(\leq 2^k)$개의 동등류를 가진다. 이제 램지의 정리에 의해 $|A| = \omega \to (\omega)^m_\ell$이기에, $A$의 무한부분집합 $B$가 있어 $[B]^m$의 원소들은 모두 하나의 동등류의 원소가 된다. 즉, 모든 $\bar{u}, \bar{v} \in [B]^m$에 대하여 $\bigwedge_{i=1}^{k} (\varphi_i(\bar{u}) \leftrightarrow \varphi_i(\bar{v}))$가 성립한다. 또한 이미 모든 $u \in B$에 대하여. $N \models p(u)$이기에, 상수 $c \in \Lambda_0$에 대하여 $c^{N_B}$를 $B$의 적당한 원소로 두면 $N_B$는 $T_0$의 모델이 된다. 즉 $T_0$은 일관적이다. □

## 7.2 스콜렘 함수

보충설명 3.6에서, 모델 $M$의 부분집합 $A$에 대하여 이의 껍질 $\mathcal{H}(A)$가 존재함을 설명하였다. 즉 $\mathcal{H}(A)$는 $A$로 생성되는 $M$의 부분구조이지만, $A$로 생성되는 기본부분구조는 일반적으로 존재하지 않는다. 하지만 주어진 이론에 스콜렘 함수라 불리는 특정한 조건을 추가한 스콜렘 이론에서는, 모델의 부분집합으로 생성되는 기본부분구조가 존재한다. 이러한 용법은 그 자체로도 흥미로울 뿐 아니라, 스콜렘 이론과 관련이 없어 보이는 결과를 얻는 데도 중간 과정으로 유용하게 사용된다.

**정의 7.8**

$T$는 $\mathcal{L}$-이론이다. 만일 $(\mathcal{L} \subseteq)\mathcal{L}^*$-이론 $(T \subseteq)T^*$가 아래 두 조건을 만족하면 이를 $T$의 스콜렘 이론이라 부른다.

(1) $\mathcal{L}$-모델 $M \models T$이면, $M$의 $\mathcal{L}^*$-확장이 있어 $T^*$의 모델이 된다.

(2) $\mathcal{L}^*$-모델들 $M^*, N^*$에 대하여, $N^* \models T^*$이고 $M^* \subseteq N^*$이면 $M^* \prec N^*$이 성립한다.

$T$가 자신의 스콜렘 이론이면, $T$를 스콜렘 이론이라 부르며 $T$가 스콜렘 함수를 가

진다고도 한다. $M$이 스콜렘 이론의 모델이면 임의의 $(\varnothing \neq)A(\subseteq M)$에 대하여 $\mathcal{H}(A) \prec M$이 성립한다.

**정리 7.9**

(스콜렘) 임의의 이론 $T$에 대하여, 이의 $|T|$-크기의 스콜렘 이론이 있다.

증명 우선 임의의 언어 $L$의 이론 $S$에서 $(L \subseteq)L'$-이론 $(S \subseteq)S'$을 다음과 같이 구성한다. 임의의 $L$-논리식 $\varphi(\bar{x}, y)$에 대하여($|\bar{x}| \geq 1$), 새로운 $|\bar{x}|$항함수기호 $F_\varphi$를 추가하여

$$L' := L \sqcup \{F_\varphi \mid \varphi(\bar{x}, y)\text{는 } L\text{-논리식},\ |\bar{x}| \geq 1\}$$

이라 놓는다. 그리고

$$S' := S \sqcup \{\forall \bar{x}(\exists y \varphi(\bar{x}, y) \to \varphi(\bar{x}, F_\varphi \bar{x})) \mid \varphi(\bar{x}, y)\text{는 } L\text{-논리식}\}$$

라 정한다(여기서 $F_\varphi \bar{x}$는 $L'$-논리항이다).
이제 시작하는 언어 $\mathcal{L}$을 $\mathcal{L}_0$, 이론 $T$를 $T_0$라 두고, 귀납적으로 $\mathcal{L}_{n+1} := \mathcal{L}'_n$, $T_{n+1} := T'_n$이라 둔다. 끝으로 $\mathcal{L}^* := \bigcup_{n<\omega} \mathcal{L}_n$, $T^* := \bigcup_{n<\omega} T_n$이라 정한다.

중간요건 $T^*$는 $T$의 스콜렘 이론이고 $|T^*| = |T|$이다.

중간요건 증명 $T^*$의 구성방법에 의해, $|T^*| = |T|$이기에(표기 3.19), $T^*$가 $T$의 스콜렘 이론임을 보이면 된다.
첫째로, 정의 7.8(1)을 보이기 위해 $M \vDash T$라 하자. $T_n$의 모델인 $M$의 확장 $M_n$이 있다고 귀납가정을 하고, $T_{n+1} = T'_n$을 만족하는 $M_n$의 확장모델 $M_{n+1}$을 찾으면 된다. $F_{\varphi(\bar{x},y)} \in \mathcal{L}_{n+1} \smallsetminus \mathcal{L}_n$이고($|\bar{x}| = m$), $\bar{a} \in (M_n)^m$가 주어졌다고 하자. 이제 $F_\varphi$의 해석 $F_\varphi^{M_{n+1}}$을 $M_n$에 추가하여 $M_{n+1}$을 구성하려 한다. 만일 $M_n \vDash \varphi(\bar{a}, b)$가 성립하는 $b \in M_n$가 있다면 $F_\varphi^{M_{n+1}}(\bar{a})$를 이러한 $b$들 중 적당한 한 원소로 둔다. 만일 이러한 $b$가 전혀 $M_n$에 없다면 $F_\varphi^{M_{n+1}}(\bar{a})$를 $\bar{a}$의 첫째 성분으로 정한다. 그러면 $T'_n$의 정의에 따라 목적대로 $M_{n+1} \vDash T'_n(= T_{n+1})$이

성립한다. 이제 $\mathcal{L}^*$에 추가된 모든 새 함수기호들의 해석을 $M$에 덧붙인 $M$의 확장은 $T^*$의 모델이 된다.
둘째로, 정의 7.8(2)를 위해 $M^* \subseteq N^* \vDash T^*$라 가정하자. 타르스키-보트 테스트 3.27을 사용하여 $M^* \prec N^*$임을 보이려 한다. 그래서, $\mathcal{L}^*$-논리식 $\varphi(\bar{x}, y)$와 $\bar{a} \in M^*$에 대하여 $N^* \vDash \exists y \varphi(\bar{a}, y)$라고 하자. 이때 물론 $b := F_\varphi^{M^*}(\bar{a}) \in M^*$이다. 그러면 $M^* \subseteq N^*$이기에, $b = F_\varphi^{N^*}(\bar{a})$이기도 하다. 따라서 위의 해석을 주는 방법에 의해 $N^* \vDash \varphi(\bar{a}, b)$가 성립한다. 그러므로 정리 3.27에 의해 $M^* \prec N^*$이다. 중간요건과 정리 7.9의 증명을 완료하였다. □

위 정리의 증명에서 요점은, $T$에 타르스키-보트 테스트를 만족시키는 함수기호와 조건을 부여하여 $T^*$를 구성하는 것이다. 따라서 $T^*$의 모델의 부분구조는, 추가로 부여된 함수로 인해 자동적으로 기본부분구조가 된다. 이러한 의미에서 $T$가 이미 스콜렘 이론이면 스콜렘 함수를 가진다고 하는 것이다(연습문제 §7.3.5). 특히 닫힌 실체의 이론에서는 논리식들로 정의가능한 스콜렘 함수(연습문제 §7.3.10)들을 찾을 수 있다[28, Corollary 3.3.26].

**보충설명** 7.10

$T$가 $\mathcal{L}$에서 스콜렘 이론이면 따름정리 3.21에 의해, $T_\forall \vDash T$이다. 또한 정의에 의해 $T$를 포함하는 $\mathcal{L}$-이론도 스콜렘 이론이다. 하지만 $\mathcal{L}$보다 큰 언어에서 $T$가 스콜렘 이론임이 유지되지는 것은 아니다. 한편 $T$가 완전한 이론이어도 이의 스콜렘 이론이 완전할 필요는 없다(연습문제 §7.3.6). 스콜렘 이론은 당연히 모델-완전할 뿐 아니라 한정제거가 가능하다(연습문제 §7.3.5).

스콜렘의 정리를 사용하여 균질열로 생성되는 여러 가지 특정한 성질을 갖는 모델들을 찾을 수 있다.

**보조정리 7.11**

$T$는 완전한 이론이다. $M, N \vDash T$이고 $I(\subseteq M^1)$와 $J(\subseteq N^1)$은 균질열이며,

$$\{\mathrm{tp}_M(\bar{c}) \mid \bar{c}\text{는 } I\text{의 증가하는 } n\text{짝}, 1 \le n\} =$$
$$\{\mathrm{tp}_N(\bar{d}) \mid \bar{d}\text{는 } J\text{의 증가하는 } n\text{짝}, 1 \le n\}$$

(따라서 $D_M(I) = D_N(J)$)이라 가정하자. 그러면 다음이 성립한다.

(1) $D_M(\mathcal{H}(I)) = D_N(\mathcal{H}(J))$이다.

(2) $f : I \to J$를 순서를 보존하는 (따라서 1-1인) 함수라 하자.

(a) $f$를 유일하게 확대하는, 두 모델 $\mathcal{H}(I), \mathcal{H}(J)$ 사이의 매입 $f^* : \mathcal{H}(I) \to \mathcal{H}(J)$가 있다. 이때 항상 $f^*(\mathcal{H}(I)) = \mathcal{H}(f(I))$이다. 따라서 $f : I \to J$가 전단사함수라면, 이는 유일하게 동형사상 $f^* : \mathcal{H}(I) \to \mathcal{H}(J)$로 확대된다.

(b) $f : I(\subseteq M) \to N$와 $f^* : \mathcal{H}(I)(\subseteq M) \to N$는 모두 기본사상이다. 그러므로 $T$가 스콜렘 함수를 가지면, $f^* : \mathcal{H}(I) \to \mathcal{H}(J)$는 두 모델 사이의 기본매입이다.

증명 (1) 대칭성에 의해 $D_M(\mathcal{H}(I)) \subseteq D_N(\mathcal{H}(J))$임을 보이면 충분하다. 즉, 임의의 $n$짝 $\bar{a} = a_1 \dots a_n \in \mathcal{H}(I)$가 있고 $p(\bar{x}) := \mathrm{tp}_M(\bar{a})$라 하면, $p(\bar{x}) = \mathrm{tp}_N(\bar{b})$인 $n$짝 $\bar{b} \in \mathcal{H}(J)$를 찾으면 된다. 우선 보충설명 3.6(3)에 의해, 논리항 $t_i(\bar{x}_i)$과 증가하는 $n_i(= |\bar{x}_i|)$짝 $\bar{c}_i \in I$가 있어서 $(i = 1, \dots, n)$ $a_i = t_i^M(\bar{c}_i)$가 성립한다. 이때 $D(I) = D(J)$이고 $\bar{c}_1 \dots \bar{c}_n \in I$이기에 적당한 $\bar{d}_1 \dots \bar{d}_n \in J$이 있어 $\mathrm{tp}_M(\bar{c}_1 \dots \bar{c}_n) = \mathrm{tp}_N(\bar{d}_1 \dots \bar{d}_n)$이 성립한다. 여기서 $b_i := t_i^N(\bar{d}_i) \in N$라 하고 $\bar{b} := b_1 \dots b_n$이라 놓자.
이제 $\varphi(\bar{x}) \in p$이면, $M \models \varphi[\bar{a}]$이기에 필요시 변수를 변환하여 $M \models \varphi(t_1(\bar{z}_1), \dots, t_n(\bar{z}_n))[\bar{c}_1, \dots, \bar{c}_n]$이 성립한다(연습문제 §1.3.4 참조). 그러므로 $N \models \varphi(t_1(\bar{z}_1), \dots, t_n(\bar{z}_n))[\bar{d}_1, \dots, \bar{d}_n]$이고, $N \models \varphi(\bar{x})[\bar{b}]$임이 따른다. 이는 모든 $\varphi(\bar{x}) \in p$에 대하여 성립하므로, 원하던 대로 $p(\bar{x}) = \mathrm{tp}(\bar{b})$이다.

(2)(a)(b)를 동시에 증명할 것이다. 우선 $a \in \mathcal{H}(I)$이면 논리항 $t(\bar{x})$가 있고 증가하는 짝 $\bar{c} \in I$가 있어 $a = t^M(\bar{c})$이다. 한편 $J$가 균질열이기에 정리의 가정에 의해, $f : I(\subseteq M) \to N$는 기본사상이다. 따라서 $f^*(a)$를 $t^N(f(\bar{c}))$로 정의하

면, $f^* : \mathcal{H}(I) \to \mathcal{H}(J)$는 $f$를 확대한 잘 정의된 함수임을 알 수 있다. 뿐만 아니라 (1)의 증명에서처럼 $f^* : \mathcal{H}(I)(\subseteq M) \to N$는 기본사상이기도 하다. (이것이 $f^*$가 모델 $\mathcal{H}(I)$에서 $N$으로 가는 기본매입이란 뜻은 아니다!) 한편 $\mathcal{H}(I) \subseteq M$, $\mathcal{H}(J) \subseteq N$이기에, 한정기호 없는 논리식 $\psi(\bar{x})$와 $\bar{b} \in \mathcal{H}(I)$에 대하여 $\mathcal{H}(I) \models \psi(\bar{b})$이면이 $M \models \psi(\bar{b})$이면이 $N \models \psi(f^*(\bar{b}))$이면이 $\mathcal{H}(J) \models \psi(f^*(\bar{b}))$이다(†). 즉 $f^* : \mathcal{H}(I) \to \mathcal{H}(J)$는 매입이다. 또한 $f' : \mathcal{H}(I) \to \mathcal{H}(J)$가 $f$를 확대한 매입이면 $\mathcal{H}(I) \models y = t(\bar{x})[a, \bar{c}]$이면이 $\mathcal{H}(J) \models y = t(\bar{x})[f'(a), f(\bar{c})]$이기에, $f' = f^*$여야 한다. $f^*$의 정의에 의해 $f^*(\mathcal{H}(I)) = \mathcal{H}(f(I))$가 성립하고, (a)의 끝 문장도 따른다.
끝으로 $T$가 스콜렘 이론이면 $\mathcal{H}(I) \prec M$, $\mathcal{H}(J) \prec N$이기에, 위 (†)의 논법을 $\psi(\bar{x})$가 임의의 논리식인 경우까지 적용할 수 있고, 따라서 $f^* : \mathcal{H}(I) \to \mathcal{H}(J)$는 기본매입이다. □

**따름정리 7.12** **(에렌포이트Ehrenfeucht, 모스토프스키Mostowski)** $T$는 $\mathcal{L}$-이론으로 무한모델만 가진다. $(X, <)$는 공이 아닌 선형순서집합이다. 그러면 다음 두 조건을 만족하는 모델 $(X \subseteq) M \models T$이 존재한다. 첫째, $(X, <)$는 $M$의 원소들의 균질열이다. 둘째, $f : X \to X$가 순서를 보존하는 전단사함수이면 이는 $M$의 자기동형사상으로 확대된다.

증명 정리 7.9에 의해, $T$의 스콜렘 이론 $(T \subseteq) T^*$가 있다. $T^*$의 모델들이 무한하기에 ($T^*$를 포함하는 완전한 이론에서) 대수적이지 않은 완전한 1타입 $(T^* \cup \{\neg\sigma(x) \mid \sigma(x)$는 대수적$\} \subseteq) p(x)$가 존재한다. 따라서 정리 7.7에 의해 $(X \subseteq) M^* \models T^*$이 존재하여 $(X, <)$는 $M^*$에서 $p(x)$를 구현하는 원소들의 균질열이다($X$가 유한하더라도). 이제 $M^{**} := \mathcal{H}(X) \prec M^*$라 놓자. 그러면 보조정리 7.11(2)(a)에서 $J = I$인 경우에 의해, $f : X \to X$가 순서를 보존하는 전단사함수이면 이는 $M^{**}$의 자기동형사상 $f^*$로 확대된다. 이제 $M := M^{**} \restriction \mathcal{L}$로 두면, $M^{**} \models T^*$이기에 $M \models T$이고, $(X, <)$는 여전히 $\mathcal{L}$-모델 $M$에서의 균질열이다. 또한 $f^*$는 $M$의 자기동형사상이기도 하다. 따라서 $M$은 원하던 모델이다. □

**정리 7.13**

$T$는 가산인 $\mathcal{L}$의 완전한 이론이고 무한인 모델만 가진다. 그러면 가산의 $\mathcal{L}$-모델 $M \vDash T$이 존재하여, 임의의 무한기수 $\kappa$에 대하여 크기가 $\kappa$이고 $D(M) = D(N)$인 모델 $N \vDash T$을 항상 찾을 수 있다.

증명 가산인 $\mathcal{L}^*$-이론 $T^*$를 $T$의 스콜렘 이론이라 하자. 정리 7.7에 의해 $M^* \vDash T^*$가 있어, 이의 원소들의 균질열로 크기가 $\aleph_0$인 $I(\subseteq M^1)$가 존재한다. 이제 $M := \mathcal{H}(I) \upharpoonright \mathcal{L}$이라 놓으면 이는 $T$의 가산모델이다. $(J, <)$를 크기가 $\kappa(\geq \aleph_0)$인 임의의 선형순서집합이라 하자. 그러면 정리 7.4에 의해, 모델 $(J \subseteq)N^* \vDash T^*$으로, $J$가 $N^*$의 원소들의 균질열이 되며 $D_{M^*}(I) = D_{N^*}(J)$인 것이 있다. 이때 $\mathcal{H}(J) \prec N^*$이고, $N := \mathcal{H}(J) \upharpoonright \mathcal{L}$은 크기가 $\kappa$인 $T$의 모델이다. 한편 보조정리 7.11(1)에 의해 $\mathcal{L}^*$에서, $D_{M^*}(\mathcal{H}(I)) = D_{N^*}(\mathcal{H}(J))$이다. 따라서 $\mathcal{L}$에서 $D_M(M) = D_N(N)$이 성립한다. □

**보조정리 7.14**

(몰리Morley) $T$는 가산인 $\mathcal{L}$의 완전한 이론으로 무한모델만 가진다. 그러면 임의의 무한기수 $\kappa$에 대하여 $\kappa$ 크기의 모델 $M \vDash T$이 있어, 임의의 $A \subseteq M$에 대하여,

$$|\{\mathrm{tp}(\bar{a}/A) \mid \text{유한한 } \bar{a} \in M\}| \leq |A| + \aleph_0$$

이 성립한다.

증명 가산인 $(\mathcal{L} \subseteq)\mathcal{L}^*$의 이론 $T^*$를 $T$의 스콜렘 이론이라 하자. 그러면 정리 7.7에 의해 크기가 $\kappa$인 $M^* \vDash T^*$와, 이의 원소들의 균질열이고 $\kappa$-정렬된 $(I, <)$가 있어, $\mathcal{H}(I) = M^*$가 성립한다. 이제 $M := M^* \upharpoonright \mathcal{L}$이라 하고 이것이 원하는 모델임을 증명하자.

즉 $A$가 $M$의 부분집합일 때

$$|\{\mathrm{tp}(a/A) \mid a \in M^1\}| \le |A| + \aleph_0$$

임을 보일 것이다. (같은 방식으로 $|\{\mathrm{tp}(\bar{a}/A) \mid \bar{a} \in M^n\}| \le |A| + \aleph_0$임도 보일 수 있으니 시도해 보기 바란다.) 우선 적당한 $J \subseteq I$가 있어, $|J| \le |A| + \aleph_0$이고 $A \subseteq \mathcal{H}(J) \prec_{\mathcal{L}^*} M^*$가 성립함을 알 수 있다. 왜냐하면 임의의 $a \in A$에 대하여 $\mathcal{L}^*$-논리항 $t(\bar{x})$와 짝 $\bar{c}_a \in I$가 있어, $a = t^{M^*}(\bar{c}_a)$가 성립하기에, $J := \bigcup\{\bar{c}_a \mid a \in A\}$로 두면 된다.

이제 임의의 원소 $b, c \in M^*$에 대하여, 다음이 성립한다.

$$\begin{aligned} & \mathrm{tp}_{M^*}(b/J) = \mathrm{tp}_{M^*}(c/J) \\ \Rightarrow\ & \mathrm{tp}_{M^*}(b/A) = \mathrm{tp}_{M^*}(c/A) \quad \text{(임의의 } \mathcal{L}^*\text{-논리식 } \psi(y,\bar{x})\text{와 } a_i \in A\text{에 대하여} \\ & \qquad \bar{d}_i \in J\text{와 } \mathcal{L}^*\text{-논리항 } t_i(\bar{x}_i)\text{가 있어}(1 \le i \le m), \\ & \qquad M^* \vDash \psi(b, a_1 \ldots a_m)\text{이면이} \\ & \qquad M^* \vDash \psi(b, t_1(\bar{d}_1) \ldots t_m(\bar{d}_m))\text{이기 때문이다.)} \\ \Rightarrow\ & \mathrm{tp}_M(b/A) = \mathrm{tp}_M(c/A). \end{aligned}$$

따라서 $|\{\mathrm{tp}_{M^*}(a/J) \mid a \in M^*\}| \le |A| + \aleph_0$임을 증명하면 충분하다(†). 이제 증가하는 $n(\ge 1)$짝들의 집합 $[I]^n$에, $J$에 대하여 같은 순서타입임을 의미하는, 동등관계 $\sim_J$를 다음과 같이 준다. 즉, $\bar{c} = (c_1, \ldots, c_n)$, $\bar{d} = (d_1, \ldots, d_n) \in [I]^n$일 때 $\bar{c} \sim_J \bar{d}$는, 임의의 $k \in \{1, \ldots, n\}$와 $e \in J$에 대하여, $c_k < e$이면이 $d_k < e$이고 또한 $c_k = e$이면이 $d_k = e$라는 것이다.

중간요건 1 $[I]^n$에서 동등관계 $\sim_J$의 동등류의 개수는 $|A| + \aleph_0$ 이하이다.

중간요건 1 증명 $I$가 정렬된 것이 증명에 사용된다. $x \in I \setminus J$일 때,

$$x' := \begin{cases} \min\{z \in J \mid x < z\} : & \text{만일 } \{z \in J \mid x < z\} \neq \varnothing\text{이면} \\ \infty : & \text{그렇지 않으면} \end{cases}$$

로 두자. $J$가 정렬되었기에 이러한 $x'$이 유일하게 존재한다. 그러면 $x_i, y_i \in$

$I(1 \le i \le n)$에 대하여

$$x_1 < \cdots < x_n \sim_J y_1 < \cdots < y_n \text{이면이} \begin{cases} x_i \in J\text{이면, } y_i = x_i \\ x_i \notin J\text{이면, } y_i \notin J\text{이고 } x_i' = y_i' \end{cases}$$

임을 어렵지 않게 알 수 있다. 여기서 $x_i' \in J \cup \{\infty\}$이기에, $\sim_J$의 동등류의 개수는 $J \cup \{\infty\}$의 $n$짝의 각 성분들을 이해하는 위 두 가지 방법들의 전체 수 이하이다. 따라서 동등류의 개수는 여전히 $2^n \cdot (|A| + \aleph_0)^n = |A| + \aleph_0$ 이하임을 알 수 있다. 중간요건 1을 증명하였다. □

중간요건 2 $t(\bar{x})$가 $\mathcal{L}^*$-논리항이고$(|\bar{x}| = n)$, $\bar{c}, \bar{d} \in [I]^n$에 대하여 만일 $\bar{c} \sim_J \bar{d}$ 이면

$$\mathrm{tp}_{M^*}(t^{M^*}(\bar{c})/J) = \mathrm{tp}_{M^*}(t^{M^*}(\bar{d})/J)$$

가 성립한다.

중간요건 2 증명 $I$가 균질열이고 $J \subseteq I$이기에, $\bar{c} \sim_J \bar{d}$이면 $\mathrm{tp}_{M^*}(\bar{c}/J) = \mathrm{tp}_{M^*}(\bar{d}/J)$가 성립한다. 따라서 임의의 $\mathcal{L}^*(J)$-논리식 $\psi(x)$에 대하여, $M_J^* \models \psi(x)[t^{M^*}(\bar{c})]$이면이 $M_J^* \models \psi(t(\bar{x}))[\bar{c}]$이면이 $M_J^* \models \psi(x)[t^{M^*}(\bar{d})]$가 성립한다. 중간요건 2를 증명하였다. □

이제 중간요건 1,2에 의해 (†)가 따른다. 왜냐하면 임의의 $a \in M^* = \mathcal{H}(I)$는 중간요건 2에서처럼 $t^{M^*}(\bar{c})$ 형태로 표시되며, $\mathcal{L}^*$-논리항은 가산개 있기 때문이다. 보조정리 7.14의 증명을 완료하였다. □

스콜렘 이론 논법으로 얻은 위 정리에 의해, 다음 장의 주제인 범주성정리 증명의 기초가 되는 결과가 따른다.

**따름정리 7.15** 가산 언어의 완전한 이론 $T$가 $\kappa$-범주적이라 하자$(\kappa > \aleph_0)$. 그러면 임의의 모델 $M \models T$과 가산의 부분집합 $A \subseteq M$에 대하여 $|S_1(A)| \le \aleph_0$ 이다.

증명 $|S_1(A)| > \aleph_0$라 가정하자. 그러면 크기가 $\aleph_1$인 $S_1(A)$의 부분집합 $P$가 있다. 이때 정리 5.3에 의해 모든 $p \in P$를 만족하는 모델 $(M \prec)N \models T$이 있다. 또한 뢰벤하임-스콜렘 정리 3.31에 의해 $N \prec N'$이거나 $A \subseteq N' \prec N$이면서 역시 모든 $p \in P$를 만족하는 크기가 $\kappa(\geq \aleph_1)$인 $T$의 모델 $N'$이 있다. 즉 $N'$은 $\aleph_1$개 이상의, $A$ 위의 완전한 타입을 만족한다. 하지만 $T$가 $\kappa$-범주적이기에 이는 보조정리 7.14에 모순된다. 따라서 $|S_1(A)| \leq \aleph_0$여야만 한다. □

## 7.3 연습문제

1. 램지의 정리를 다음 단계를 통해 증명하라.

   (a) 우선 $(1 \leq)n$일 때 $\omega \to (\omega)^n_m$이 $(0 < m)$ 성립한다고 귀납가정하자($n = 1$일 땐 비둘기집 원리와 동일하다). $\omega \to (\omega)^{n+1}_m$을 보이기 위해 함수 $f : [\omega]^{n+1} \to m$가 주어졌다고 하자. 귀납가정을 사용하여 다음을 만족하는 무한집합들 $\ldots A_i \subset \cdots \subset A_2 \subset A_1 \subset A_0 = \omega$와 $k_i \in A_i \setminus A_{i+1}$를 $(i \in \omega)$ 찾을 수 있음을 보이라. $k_i$는 $A_i$의 첫째 수이고 $k_0 < k_1 < k_2 < \ldots$이며, 임의의 $i_1 < \cdots < i_{n+1} (\in \omega)$과 $j_1 < \cdots < j_{n+1} (\in \omega)$에 대하여 $i_1 = j_1$이면 $f(k_{i_1}, \ldots, k_{i_{n+1}}) = f(k_{j_1}, \ldots, k_{j_{n+1}})$이 성립한다.

   (b) 적당한 무한집합 $A(\subseteq \{k_i \mid i \in \omega\})$가 있어서 $f \restriction A$는 상수함수임을 논하라.

2. 무한인 선형순서집합 $(I, <)$가 $A$-균질열일 때 임의의 $J(\subset I)$와 $a \in I \setminus J$에 대하여 $a \notin \mathrm{acl}(A \cup J)$임을 논하라.

3. $A \subseteq M$이고 $I = \langle \bar{a}_i \mid i < \omega \rangle (\subseteq M)$는 $A$-균질열이라 하자($|\bar{a}_i| < \omega$).

   (a) 임의의 $p(\bar{x}) \in S(A)$가 있고, 모든 $\bar{a}_i$에 이름을 주었을 때

$$\begin{aligned} p(\bar{x}) \cup \{\varphi(\bar{a}_{i_0}, \ldots, \bar{a}_{i_m}, \bar{x}) \leftrightarrow\ & \varphi(\bar{a}_{j_0}, \ldots, \bar{a}_{j_m}, \bar{x}) \mid \\ & \varphi(\bar{y}_0, \ldots, \bar{y}_m, \bar{x})\text{는 } \mathcal{L}(A)\text{-논리식}, \\ & i_0 < \cdots < i_m,\ j_0 < \cdots < j_m,\ m \in \omega\} \end{aligned}$$

   가 일관적임을 램지의 정리를 사용하여 보이라.

   (b) $(|A| \leq)\kappa$는 무한기수고, 모델 $M$은 $\kappa^+$-포화되었다 하자. 크기가 $\kappa^+$ 이하인 임의의 $(A \subseteq)B(\subseteq M)$에 대하여 $f \restriction A = \mathrm{id}_A$인 기본사상 $f : B(\subseteq M) \to M$이 있어서, $I$가 $f(B)$-균질열이 됨을 보이라. 특히 $|\mathcal{L}| \leq \kappa^+$이면 $I$는 적당한 모델 $(A \subseteq)N(\prec M)$ 위의 균질열임을 논하라.

   (c) $I$가 $\mathrm{acl}(A)$-균질열임을 보이라.

   (d) $J = \langle \bar{b}_j \mid j \in \mathcal{J} \rangle$가 (집합으로) 무한의 $A$-균질열일 때 임의의 $J'(\subset J)$과 $\bar{b}_i \in J \setminus J'$에 대하여 $\bar{b}_i \notin \mathrm{acl}(AJ')$임을 논하라.

4. $p(\bar{x}, \bar{y})$는 완전한 이론 $T$의 타입으로($|\bar{x}| = |\bar{y}|$), 변수짝들을 모은 $\{\bar{x}_i \mid i < \omega\}$ 대하여 $T \cup \{p(\bar{x}_i, \bar{x}_j) \mid i < j \in \omega\}$가 일관적이라 하자. 램지의 정리를 사용하여, $T$의 모델 $M$과 이 안의 균질열 $\langle \bar{a}_i \mid i < \omega \rangle$가 있어서 임의의 $i < j \in \omega$에 대하여 $M \models p(\bar{x}, \bar{y})[\bar{a}_i, \bar{b}_j]$가 성립함을 보이라.

5. $\mathcal{L}$-이론 $T$는 스콜렘 이론이다. 아래를 논증하라.

   (a) $T$에서 한정제거가능하다.

   (b) 임의의 $\mathcal{L}$-논리식 $\varphi(\bar{x}, y)$와 $\bar{a} \in M \models T$에 대하여($|\bar{x}| \geq 1$), $M \models \exists y \varphi(\bar{a}, y)$이면 $\mathcal{L}$-논리항 $t(\bar{x})$가 있어서 $M \models \varphi(\bar{a}, t^M(\bar{a}))$가 성립한다.

6. $\varnothing$-이론 $\{\exists^{=n} x\}$의 $(0 < n)$ 스콜렘 이론을 $\mathcal{L}_f := \{f\}$에서 찾으라($f$는 1항 함수기호). 이는 모든 $(\mathcal{L}_f \subseteq)\mathcal{L}$에서 $\{\exists^{=n} x\}$의 스콜렘 이론임도 설명하라. 하지만 $T_\infty = \{\exists^{\geq n} x \mid 1 \leq n\}$의 스콜렘 이론이 $\mathcal{L}_f$에서는 없음을 논하라.

7. $\mathcal{L}$-이론이 $\varnothing$일 때 이의 스콜렘 이론을 $T^*_\varnothing$라 하자. 임의의 $\mathcal{L}$-이론 $T$에 대하여 $T \cup T^*_\varnothing$는 $T$의 스콜렘 이론임을 논하라.

8. $T$는 무한모델을 가지는 가산언어의 이론이다. $\mathrm{Aut}(N)$-궤도들이 가산개만 있는, 곧

$$|\{\{b \in N^1 \mid f(a) = b\text{인 } f \in \mathrm{Aut}(N)\text{가 있다}\} \mid a \in N^1\}| \leq \aleph_0$$

   이 성립하는, 크기가 $2^{\aleph_0}$인 $T$의 모델 $N$이 있음을 보이라.

9. $T$는 무한모델을 가지는 $\mathcal{L}$-이론이다. 임의의 무한기수 $\kappa(\geq |\mathcal{L}|)$에 대하여 크기가 $\kappa$인 $T$의 모델 $M$이 있어서, $|\mathrm{Aut}(M)| = 2^\kappa$가 성립함을 보이라. (힌트: 선형순서집합 $\mathbb{Z} \otimes \kappa$의 순서동형사상이 $2^\kappa$개 있음을 보이고 이를 사용하라.)

10. $\mathcal{L}$-이론 $T$가 정의가능한 스콜렘 함수를 가진다는 것은 임의의 $\mathcal{L}$-논리식 $\varphi(\bar{x}, y)$에 대하여($|\bar{x}| \geq 1$), 함수를 정의하는 $\mathcal{L}$-논리식 $\psi(\bar{x}, y)$가 있어서(즉 $T \models \forall \bar{x} \exists y (\psi(\bar{x}, y) \wedge \forall z (\psi(\bar{x}, z) \to z = y))$), $T \models \forall \bar{x} (\exists y \varphi(\bar{x}, y) \to \exists z (\varphi(\bar{x}, z) \wedge \psi(\bar{x}, z))$가 성립한다는 것이다. 만일 $T$가 정의가능한 스콜렘 함수를 가지면 $\mathcal{L}$에 함수기호들만 추가한 언어 $\mathcal{L}^*$의 이론 $(T \subseteq)T^*$가 있어서, 정의 7.8을 만족하며 추가로 (1)에서 $M$의 $\mathcal{L}^*$-확장 $M^*(\models T^*)$에 대하여 $\mathrm{Def}_{\mathcal{L}}(M) = \mathrm{Def}_{\mathcal{L}^*}(M^*)$가 성립함을 보이라.

# 8

# 몰리의 범주성정리

이 장에서는 이 책의 주요 주제인 몰리의 범주성정리[30]에 대하여 공부할 것이다.

**정리 8.1**

**(범주성Categoricity 정리)** $T$는 가산의 완전한 이론이다. 만일 한 무한기수 $\kappa > \aleph_0$에 대하여 $T$가 $\kappa$-범주적이면 $T$는 모든 셀 수 없는 무한기수 $\lambda$에 대하여 $\lambda$-범주적이다.

연습문제 §3.4.11,15,16과 따름정리 3.14에서 나온 것처럼 무한집합, 무한벡터공간, 대수적으로 닫힌 체 등의 이론은 범주성정리가 적용되는 대표적인 이론들이다. 이러한 가산의 완전한 이론들은 한 (모든) 비가산기수에 대하여 범주적이기에 비가산범주적인 이론이라 부른다. 범주성정리는 하나의 비가산기수에 대하여 범주적이기만 하면 모든 비가산기수에 범주적이라는 것으로, 예로 들은 이론들의 특성을 모든 비가산범주적 이론들이 가지고 있다는 것이다. 위 이론들이 모든 비가산기수에 대하여 범주적이 되는 기본 이유는 기저 개념이 존재하기 때문이다. 즉 벡터공간에서는 선형독립성으로 주어지는 기저 개념, 대수적으로 닫힌 체에서 대수적 독립성으로 주어지는 기저 개념이 있다. 또한 크기가 $\kappa(> \aleph_0)$인 구조에서 기저의 크기도 $\kappa$가 되고, 두 기저 사이의 전단사 함수가 두 구조의 동형사상으로 확대되기 때문에 $\kappa$-크기의 모델이 궁극적으로 하나만 있는 것이다. 몰리는 모든 비가산범주적 이론에서 이러한 기저 개념을 찾을 수 있음을 논증하였다. 그러한 이론에서 항상 '강한 극소성'을 가지는 논리식을 찾을 수 있고, 그 논리식으로 정의되는 집합에 원소들의 대수적 독립성을 통해 기저 개념과 차원 개념을 줄 수 있다는 것을 간파한 것이다. 또한 같은 비가산 크기의 두 모델에서 기저 사이의 전단사 함수가 두 모델의 동형사상으로 확대되는 것을 입증하여 최종 증명을 완료하였다.

범주성정리는 단지 이 결과로 끝나는 것이 아니라 새롭고 거대한 모델론의 큰 연구분야를 개척하는 역할을 하였다. 후속 연구가 10, 9장의 안정성, 단순성을 가지는 이론에 대한 연구로 확대되어 오늘날까지도 관련 연구가 지속되고 있는 것이다.

1-3절에 걸쳐 상세한 증명을 서술할 것이다. 따름정리 7.15에서 보인 것처럼 비가산범주적 이론은 $\omega$-안정성을 가진다. 1절에서는 $\omega$-안정성을 가지는 이론은, 임의의 모델의 부분집합에 대하여 이 위의 소모델을 가진다는 것을 증명할 것이다. 2절에서는 비가산범주적 이론이 보트의 짝을 가지지 않는다는 것을 보인다. 3절에서는 앞서 언급한 것처럼, 비가산범주적 이론에서 소모델의 원소들로 매개변수를 가지는 강한 극소성을 가지는 1변수 논리식을 찾을 수 있고, 이로 정의되는 집합에서 대수적으로 독립인 원소들로 구성된 기저를 찾을 수 있음을 논증할 것이다. 최종 증명은 두 모델의 기저 사이의 전단사 함수가 모델들의 동형사상으로 확대되는 것을 1,2절의 결과들을 사용하여 보이는 것으로 끝난다. 범주성정리는 몰리의 최초 증명 이후 여러 가지 논증 방식이 제시되었다. 이 책의 서술보다도 더 간략한 논법이 가능하지만, 단지 증명만 위한 것만 아니라 후계, 안정성 등 중요한 개념을 중간 과정에 도입하여 소개하고 논증 전체의 윤곽이 대수적, 기하적으로 좀 더 분명한 증명을 소개하는 것이다.

**표기 8.2** 이 장 전체에 필요한 기본 가정과 표기를 정하겠다. $T$는 가산언어 $\mathcal{L}$의 완전한 이론이다. ($\mathcal{L}$이 가산이라는 가정이 필요 없는 곳은 2.1절이고, 다른 곳도 있지만 편의상 이 가정을 유지한다.) 또한 $T$의 한 (모든) 모델은 무한이다. 이 장에서 다루는 모든 필요한 서수와 기수들보다 큰 $\bar{\kappa}$를 고정하고, $\bar{\kappa}$-포화되고 강하게 $\bar{\kappa}$-동질적인 $T$의 모델 $\mathfrak{M}$을 고정한다. 정리 5.14에 의해 그러한 모델이 존재한다. 또한 $\bar{\kappa}$는 언제든 더 충분히 큰 기수로 바꾸어 생각할 수 있기에 이론 전개에 제한을 주지 않는다. 이러한 가정은 고급 모델론 이론 전개에서 편의성을 위해 자주 사용한다. 다루려는 $T$의 ($<\bar{\kappa}$-크기의) 모든 모델의 동형이 $\mathfrak{M}$의 기본부분모델로 존재하기에(정리 5.13), $T$의 모델들을 따로따로 생각하지 않고 $\mathfrak{M}$과 그 내부의 부분기본모델들만 생각하면 되기에 편리한 것이다. 이 장에서 $A, B, \ldots$은 $\mathfrak{M}$의 작은 크기(즉 $<\bar{\kappa}$)의 부분집합을 의미하고, $\bar{a}, \bar{b}, \ldots$은 $\mathfrak{M}$의 원소들의 유한짝, $M, N, \ldots$은 $\mathfrak{M}$의 작은 크기의 기본부분모델을 표기한다. 따라서 임의의 집합 $A$에 대하여 $S(A)$의 모든 타입을 $\mathfrak{M}$이

만족하며, 임의의 $\bar{a}, \bar{b} \in \mathcal{M}$에 대하여 $\bar{a} \equiv_A \bar{b}$이면이 어떤 $f \in \mathrm{Aut}(\mathcal{M}/A)$가 있어 $f(\bar{a}) = \bar{b}$가 성립한다(물론 이때 $f \restriction \mathrm{dcl}(A) = \mathrm{id}_{\mathrm{dcl}(A)}$이고, 집합으로서 $f(\mathrm{acl}(A))$는 $\mathrm{acl}(A)$와 같다). 또한 표기 7.1을 확대하여, 집합 $B, C$에 대해서도 $B \equiv_A C$라 쓰기도 하는데 이는 $f(B) = C$인 $f \in \mathrm{Aut}(\mathcal{M}/A)$가 있음을 가리킨다. 또한 논리식들의 만족성이 $\mathcal{M}$ 내부에서 이루어 지기에, $\models \ldots$은 $\mathcal{M} \models \ldots$을 뜻한다.

때로 $A \cup B$를 간략히 $AB$로 표기한다. 특히 타입을 나타내는 $\mathrm{tp}(\bar{a}/AB)$는 $\mathrm{tp}(\bar{a}/A \cup B)$를 뜻한다. 마찬가지로 $\bar{c} = (c_1, \ldots, c_n)$에 대하여, $\mathrm{tp}(\bar{a}/A\bar{c})$는 $\mathrm{tp}(\bar{a}/A \cup \{c_1, \ldots, c_n\})$을 의미한다. 앞으로 다루는 논리식/타입들은 일반적으로 매개변수가 있는 (즉 적당한 $A$ 위의) 논리식/타입이고, 타입은 공이 아니다.

## 8.1 $\omega$-안정성과 소모델

이 절에서는 몰리의 범주성정리 증명의 1단계로, $T$가 $\omega$-안정이론이면 임의의 집합 $A$에 대하여 소모델이 존재하는 것을 보일 것이다. 우선 연관된 개념들을 정의하겠다.

**정의 8.3**

$T$가 $\omega$-안정적$^{stable}$(또는 $\omega$-안정이론)이라는 것은 임의의 가산인 집합 $A$에 대하여, $|S_1(A)| \leq \aleph_0$이라는 것이다.

따라서 따름정리 7.15는 $T$가 비가산범주적 이론이면 $\omega$-안정적이라는 것이다. $\omega$-안정이론의 예는 보기 8.34, 9.39, 10.13 등에서 더 살펴볼 것이다. $T$가 $\omega$-안정적이면이 임의의 가산집합 $A$에 대하여, $|S(A)| = \aleph_0$이다(연습문제 §8.6.1). 당연히 $T$가 $\omega$-안정적이면 작은 이론이고, $\mathrm{Th}(\mathbb{Q}, <)$은 역이 성립하지 않는 예이다.

**정의 8.4**

$A \subseteq M$이라 하자.

(1) 원소들의 열 $\{a_i \mid i < \gamma\}$가 $A$ 위의 구성적인 열이라는 것은, 임의의 $i < \gamma$에 대하여 $\mathrm{tp}(a_i/A \cup \{a_j \mid j < i\})$가 고립되었다는 것이다. $M$

이 $A$ 위의 구성적인 모델이라는 것은, $M$의 원소들 전체를 $A$ 위 구성적 열 $\{a_i \mid i < \gamma\}(= M)$이 되게 나열할 수 있다는 것이다.

(2) $M$이 $A$ 위의 소모델이라는 것은, 임의의 모델 $(A \subseteq)N$에 대하여 $f \restriction A = \mathrm{id}$인 기본매입 $f : M \to N$이 항상 있다는 것이다. 즉 $M$이 $T_A$의 소모델이라는 것이다.

(3) $M$이 $A$ 위의 원자모델이라는 것은, 임의의 짝 $\bar{c} \in M$에 대하여 $\mathrm{tp}(\bar{c}/A)$가 고립되었다는 것이다. 즉 $M$이 $T_A$의 원자모델이라는 것이다.

**정리 8.5**

$A \subseteq M$이라 하자.

(1) 만일 $M$이 $A$ 위의 구성적 모델이면, $M$은 $A$ 위의 소모델이고 또한 원자모델이다(이때 $M$의 크기는 $|A| + \aleph_0$이다).

(2) $T$가 $\omega$-안정이론이면 $A \subseteq N \prec M$인, $A$ 위의 구성적 모델 $N$이 있다.

증명 (1) $M = \langle c_\alpha \mid \alpha < \gamma \rangle$가 $A$ 위의 구성적 열이라 하자. 첫째로, $M$이 $A$ 위의 소모델임을 보일 것이다. 이를 위해 $A \subseteq N$이라 하자. 이제 $A$ 위의 구성적 열 $\langle d_\alpha \mid \alpha < \gamma \rangle (\subseteq N)$을 다음과 같이 귀납적으로 찾고, $c_\alpha \mapsto d_\alpha$로 대응시키는 함수 $f : M \to N$가 $f \restriction A = \mathrm{id}$인 기본매입임을 초한귀납법으로 보일 것이다. 우선 임의의 $\beta < \gamma$에 대하여, 그러한 $f$가 $I := \langle c_\alpha \mid \alpha < \beta \rangle$에 대하여 정의되어 있고, $f(I) = J := \langle d_\alpha \mid \alpha < \beta \rangle (\subseteq N)$라 하자. 즉 $c_\alpha (\in I) \mapsto d_\alpha$인 대응이, $c_\alpha \in A$이면 $d_\alpha = c_\alpha$인 기본사상이라 가정하자(*).
이제 $p(x) := \mathrm{tp}(c_\beta / A \cup I)$라 하자. 정의에 의해 이는 고립되어 있다. 그리고

$$q(x) := \{\psi(x, f(\bar{b}), \bar{a}) \mid \bar{a} \in A,\ \bar{b} \in I \setminus A,\ \psi(x, \bar{b}, \bar{a}) \in p(x)\}$$

로 두자. 그러면 가정 (*)에 의해, $q(x) \in S_1(AJ)$이고 $q(x)$도 역시 고립되었음을 알 수 있다. 따라서 이를 구현하는 원소가 $N$에 있어야 하고 그중 하나를

$d_\beta$로 놓는다. 그러면 (*)의 대응을 $c_\beta \mapsto d_\beta$로 확대한 것도 역시 기본사상이 된다. 왜냐하면 $\bar{c} \in I$에 대하여, $M \models \varphi(c_\beta, \bar{c})$이면이 $\varphi(x, \bar{c}) \in p(x)$이면이 $\varphi(x, f(\bar{c})) \in q(x)$이면이 $N \models \varphi(d_\beta, f(\bar{c}))$이기 때문이다. 또한 $c_\beta \in A$이면 $x = c_\beta \in q$이기에 $d_\beta = c_\beta$여야만 한다. 이 과정을 계속하여 정의역을 $M$ 전체로 확장한 기본매입을 찾을 수 있기에, $M$은 $A$ 위의 소모델이다.

둘째로 $M$이 $A$ 위의 원자모델임을 보이자. 역시 초한귀납법을 사용하기 위해, 주어진 $\beta < \gamma$와 $I = \langle c_\alpha \mid \alpha < \beta \rangle$가 있을 때, 모든 $\bar{c} \in I$에 대하여 $\mathrm{tp}(\bar{c}/A)$가 고립되었다고 가정하자(†). 이제 임의의 $\bar{c} \in I$에 대하여 $\mathrm{tp}(\bar{c}c_\beta/A)$가 고립되었음을 보이면 된다(**). 우선, 정의에 의해 $\mathrm{tp}(c_\beta/AI)$를 고립시키는 논리식 $\varphi(x, \bar{a}, \bar{d})$가 있다($\bar{a} \in A$, $\bar{d} \in I$). 따라서 임의의 짝 $(\bar{d} \subseteq)\bar{c}' \in I$에 대하여 $\mathrm{tp}(c_\beta/A\bar{c}')$도 $\varphi(x, \bar{a}, \bar{d})$로 고립되었다(***). 한편 (**)는 임의의 $(\bar{d} \subseteq)\bar{c}' \in I$에 대하여 $\mathrm{tp}(\bar{c}'c_\beta/A)$가 고립된 것을 확인하면 얻는다(연습문제 §4.3.9). 이는 (†)과 (***)을 역시 연습문제 §4.3.9에 적용함으로 확인된다. 따라서 (**)을 증명하였고, $M$은 $A$ 위의 원자모델이다.

끝으로 괄호 안의 문장은 $M$이 $A$ 위의 소모델이고, 뢰벤하임-스콜렘 3.31에 의해 크기가 $|A| + \aleph_0$이면서 $A$를 포함하는 모델이 있기 때문에 성립한다.

(2) $T$는 $\omega$-안정적이라 가정하고, 우선 다음 중간요건을 증명하자.

중간요건 $T_A$와 일관적인 $A$ 위의 논리식 $\phi(x)$가 있다. 그러면 고립된 $p(x) \in S_1(A)$로 $\phi(x) \in p(x)$인 것이 있다.

중간요건 증명 그렇지 않다고 가정하자(†). 그러면 $A$ 위 논리식들의 집합 $\{\psi_s(x) \mid s \in 2^{<\omega}\}$로 다음을 만족하는 것을 찾을 수 있다. 즉 $\psi_\varnothing(x)$는 $\phi(x)$이고, 임의의 열 $s \in 2^{<\omega}$에 대하여 $\psi_s(x)$는 $T_A$와 일관적이고, $\psi_{s0}(x)$와 $\psi_{s1}(x)$은 $T_A$에서 서로 모순적이며 또한 $T_A \models \psi_s(x) \leftrightarrow \psi_{s0}(x) \vee \psi_{s1}(x)$가 성립한다(‡). 이유를 설명하겠다. 만일 논리식 $\psi_s(x)$를 찾았다면, $T_A \models \psi_s(x) \to \phi(x)$이고, (†)에 의해 $\psi_s(x)$는 $A$ 위 주논리식이 아니어야 한다. 따라서 (‡)가 성립하는 $A$ 위의 논리식 $\psi_{s0}(x)$와 $\psi_{s1}(x)$를 찾을 수 있다(예제 4.4(2)(c)).

그렇다면, 모든 $\psi_s(x)$가 $A_0$ 위의 논리식이 되는 적당한 가산의 $A_0(\subseteq A)$가 존재한다. 하지만 각 무한열 $t \in 2^\omega$에 대하여 $p_t(x) := \{\psi_{t\restriction n}(x) \mid n < \omega\}$는 일관적이고, 서로 다른 $t, t' \in 2^\omega$에 대하여 $p_t(x)$와 $p_{t'}(x)$는 모순적이기에 $|S_1(A_0)| > \aleph_0$이다. 따라서 $T$가 $\omega$-안정이론이라는 가정에 모순된다. 그러므로

중간요건이 반드시 성립해야 한다. □

이제 초한귀납법과 중간요건을 사용하여 원하던 $A$ 위의 구성적인 모델 $N(\prec M)$을 찾으려 한다. 우선 $A$의 모든 원소를 나열하여 $\langle a_i \in A \mid i < \gamma \rangle$로 두면 이는 당연히 $A$ 위의 구성적 열이다(만일 $A = \varnothing$이면 $\gamma = 0$). 이제 귀납가정을 위해 $A$ 위 구성적인 열 $(A \subseteq) I = \langle a_i \mid i < \delta \rangle (\subseteq M)$이 있다고 하자($\gamma \leq \delta$). 만일 $I$ 자신이 이미 $M$의 한 기본부분모델의 영역이라면 이 모델을 $N$으로 취하면 된다. 그렇지 않다면 타르스키-보트 테스트 3.27에 의해, 적당한 $I$ 위의 논리식 $\phi(x)$가 있어 이는 $T_A$와 일관적이지만 $I$의 어떠한 원소로도 구현되지 않는다($\star$). 한편 중간요건에 의해, $T_A$와 일관적인 $I$ 위의 주논리식 $\psi(x)$가 있어 $T_A \models \psi(x) \rightarrow \phi(x)$가 성립한다. $\psi(x)$가 일관적이기에 이를 만족하는 원소 $a_\delta (\in M)$가 있다. 그러면 $\psi(x)$가 주논리식이기에 $\mathrm{tp}(a_\delta/I)$는 고립되어 있고, 따라서 $I = \langle a_i \mid i \leq \delta \rangle$는 $A$ 위의 구성적 열이다. ($\star$)에 의해 $a_\delta \notin I$이기에 이 과정은 언젠가는 끝나야 하고 원하는 $N$을 찾을 수 있다. □

## 8.2 보트의 짝

이 절에서는 범주성정리 증명의 2단계인 따름정리 8.17을 증명하는 것이 목표다. 즉 비가산범주적 이론은 보트의 짝을 갖지 않는다는 것이다. 보트의 짝이란 $M \precneqq N$인 모델들과, $M$ 안에만 있는 무한의 정의가능한 집합을 합하여 일컫는다. 증명의 과정은 우선 보트의 짝이 있으면 가산의 모델들로 입증되는 보트의 짝을 찾을 수 있다는 것을 콤팩트성정리를 사용하여 보인다(정리 8.15). 이후 $T$가 $\omega$-안정적이면 가산의 보트의 짝에서, 내부의 모델과 그 안의 정의가능한 집합을 고정한 상태에서 외부의 모델을 임의로 크게 키울 수 있음을 2.1절에서 공부할 후계 개념을 사용하여 증명한다(보조정리 8.16). 그러면 따름정리 7.15로 인해 원하던 2단계 결과를 곧바로 얻는다. 2단계 결과는 따름정리 8.18을 이끌고, 이를 통해 범주성정리 최종 증명 단계에서 두 모델의 기저 사이의 전단사함수가 동형사상으로 확대되는 것을 쉽게 보일 수 있다.

### 8.2.1 후계와 안정성

모델 위의 완전한 타입을 확대한 타입이 특정 조건을 만족할 때 후계/공후계라 부르는데 이들의 존재성과 성질에 대하여 공부할 것이다. 이 개념은 앞서 언급한 것처럼,

보조정리 8.16에서 보트의 짝의 외부 모델을 임의의 크기로 키울 때 사용한다. 이를 사용하지 않는 보조정리 증명도 가능하지만, 후계/공후계는 그 자체로도 모델론의 기본 개념으로 다양하게 쓰인다. 9, 10장에서도 이를 사용한 이론 전개를 목격할 것이다. 또한 10장에서 집중적으로 탐구할, 논리식 또는 완전한 이론의 안정성도 정의할 것이다. 특히 안정이론에서 후계와 공후계 개념이 같음을 보일 것이다(보조정리 8.12).

여기 2.1절에서 $\mathcal{L}$이 가산일 필요는 없다.

**정의 8.6**

$M$은 모델이고 $M \subseteq A$이다. 또한 $p(\bar{x}) \in S(M)$이고 $(p(\bar{x}) \subseteq) q(\bar{x}) \in S(A)$이다.

(1) $q(\bar{x})$가 다음을 만족하면 이를 $p(\bar{x})$의 후계$^{heir}$라 부른다. 즉 임의의 $M$ 위의 논리식 $\varphi(\bar{x}, \bar{y})$과 $\bar{a} \in A$에 대하여 만일 $\varphi(\bar{x}, \bar{a}) \in q(\bar{x})$이면 적당한 $\bar{m} \in M$이 있어 $\varphi(\bar{x}, \bar{m}) \in p(\bar{x})$가 성립한다.

(2) $q(\bar{x})$가 다음을 만족하면 이를 $p(\bar{x})$의 공후계$^{coheir}$라 부른다. 즉 임의의 $\varphi(\bar{x}, \bar{a}) \in q(\bar{x})$에 대하여($\bar{a} \in A$), 적당한 $\bar{m} \in M$이 있어 $\models \varphi(\bar{m}, \bar{a})$이 성립한다.

따라서, $\mathrm{tp}(\bar{a}/M\bar{b})$가 $\mathrm{tp}(\bar{a}/M)$의 후계이면이 $\mathrm{tp}(\bar{b}/M\bar{a})$가 $\mathrm{tp}(\bar{b}/M)$의 공후계이다.

**보조정리 8.7**

집합 $(M \subseteq) A \subseteq B$와 $p(\bar{x}) \in S(A)$가 있다. 만일 $p(\bar{x}) \in S(A)$가 $p'(\bar{x}) := p \upharpoonright M$의 후계이면 $p'(\bar{x})$의 후계인 $(p(\bar{x}) \subseteq) q(\bar{x}) \in S(B)$가 존재한다. 또한 $p(\bar{x})$가 $p'(\bar{x})$의 공후계이면 이의 공후계 $(p(\bar{x}) \subseteq) q'(\bar{x}) \in S(B)$도 존재한다.

증명 끝 문장만 증명할 것이다. 첫 주장도 비슷한 방식으로 콤팩트성을 사용하여 증명할 수 있다(연습문제 §8.6.6). 우선

$$\Sigma(\bar{x}) := \{\varphi(\bar{x})\text{는 } B \text{ 위 논리식} \mid \text{ 모든 } \bar{m} \in M\text{에 대하여 } \vDash \varphi(\bar{m})\text{가 성립}\}$$

라 놓고, $\Sigma(\bar{x}) \cup p(\bar{x})$가 일관적임을 보이자(*). 콤팩트성정리에 의해, 임의의 $\phi(\bar{x}) \in p$와 $\psi_0(\bar{x}), \ldots, \psi_n(\bar{x}) \in \Sigma$에 대하여 $\{\phi(\bar{x}), \psi_0(\bar{x}), \ldots, \psi_n(\bar{x})\}$가 일관적임을 보이면 충분하다. 우선 $(\phi(\bar{x}) \in)p$가 $p'$의 공후계이기에, 적당한 $\bar{m}_0 \in M$이 있어서 $\vDash \phi(\bar{m}_0)$가 성립한다. 이때 $\Sigma$의 정의에 의해 $\psi_i(\bar{m}_0)$이기도 하다 $(i \leq n)$. 따라서 (*)가 성립한다.

그러면 $\Sigma(\bar{x}) \cup p(\bar{x})$를 포함하는 $q'(\bar{x}) \in S(B)$가 존재한다(연습문제 §3.4.1). 이 $q'(\bar{x})$가 $p'(\bar{x})$의 공후계임을 증명하면 된다. 만일 그렇지 않으면 적당한 $\sigma(\bar{x}) \in q'(\bar{x})$가 있어, 이는 어떠한 $M$의 원소들의 $|\bar{x}|$짝으로도 구현되지 않는다. 이는 다시 말하면 $\neg\sigma(\bar{x}) \in \Sigma(\bar{x})$란 것을 의미한다. 그렇다면 $\sigma(\bar{x}), \neg\sigma(\bar{x})$ 모두 $q'(\bar{x})$에 있다는 것이어서 모순을 일으킨다. 따라서 원하던 대로, $q'(\bar{x})$는 $p(\bar{x})$의 공후계다. □

당연히 $p \in S(M)$는 자신의 후계고 동시에 ($M$이 모델이어서) 공후계이기에 다음이 곧장 따른다.

**따름정리 8.8** $p(\bar{x}) \in S(M)$와 집합 $(M \subseteq)A$에 대하여, $p(\bar{x})$의 후계인 $q(\bar{x}) \in S(A)$가 존재한다. 또한 $p(\bar{x})$의 공후계 $q'(\bar{x}) \in S(A)$도 존재한다.

이제 약속한 대로 한 논리식이나 완전한 이론의 안정성을 정의하겠다. $\omega$-안정성을 포함하는 이 개념은 10장에서 좀 더 세밀히 살펴볼 것이다.

**정의 8.9**

- $\mathcal{L}$-논리식 $\varphi(\bar{x}, \bar{y})$가 불안정하다[unstable]는 것은 가산개의 짝들 $\bar{a}_i, \bar{b}_j (i, j \in \omega)$가 있어서 $\vDash \varphi(\bar{a}_i, \bar{b}_j)$이면이 $i \leq j$가 성립한다는 것이다.
- $\varphi(\bar{x}, \bar{y})$가 안정적[stable]이라는 것은 $\varphi(\bar{x}, \bar{y})$가 불안정하지 않다는 것이다.

- $T$가 안정적이라는 (또는 안정이론이라는) 것은 불안정한 논리식이 없다는 것이다. 안정이론의 모델을 안정모델(구조)이라 부른다.

예를 들어 $\mathcal{L}$에 포함된 2항술어기호 $<$이 무한사슬을 가지는 순서관계이면, 논리식 $x < y$는 불안정하다. 또한 랜덤그래프에서 $xEy$도 불안정한 논리식이다(보기 9.39 (5)).

**예제 8.10**

다음을 보이라.

(1) 논리식 $\varphi(\bar{x}, \bar{y})$가 불안정할 필요충분조건은, 어떤 $\bar{a}_i, \bar{b}_j (i, j \in \omega)$가 있어서 $\models \varphi(\bar{a}_i, \bar{b}_j)$이면이 $i < j$인 것이다.

(2) 논리식 $\varphi(\bar{x}, \bar{y})$이 안정적이면이 $\neg\varphi(\bar{x}, \bar{y})$가 안정적이다(연습문제 §8.6.4).

(3) 논리식 $\varphi(\bar{x}, \bar{y})$가 안정적이라는 것은 $T$와 자유변수 $\bar{x}\bar{y}$를 어떻게 분할하는가에 의존한다. 예를 들어 $T = \mathrm{Th}(\mathbb{Q}, <)$에서 논리식 $x = x \wedge y < z$를 $\varphi(x, y, z)$로 표기할 때, $\varphi(xy; z)$는 불안정하지만, $\varphi(x; yz)$는 안정적이다.

(4) $\bar{a}$ 위 논리식 $\phi(\bar{x}; \bar{y}, \bar{a})$가 ($T_{\bar{a}}$에서) 불안정하면 $\mathcal{L}$-논리식 $\phi(\bar{x}; \bar{y}\bar{z})$는 ($T$에서) 불안정하다($|\bar{a}| = |\bar{z}|$). 따라서 임의의 집합 $A$에 대하여 $T$가 안정적이면이 $T_A$가 안정적이다.

**보조정리 8.11**

만일 $T$가 $\omega$-안정이론이면, $T$는 안정이론이다.

증명 이의 대우를 증명하겠다. 불안정한 논리식 $\varphi(\bar{x}, \bar{y})$가 있다고 하자 ($n = |\bar{x}|,\ m = |\bar{y}|$). 이제 상수기호 $\{\bar{c}_r, \bar{d}_s \mid r \in \mathbb{R}, s \in \mathbb{Q}\}$를 추가하여

$(\bar{c}_r = c_r^1, \ldots, c_r^n,\ \bar{d}_s = d_s^1, \ldots, d_s^m)$,

$$T' := T \cup \{\varphi(\bar{c}_r, \bar{d}_s) \mid r \in \mathbb{R}, s \in \mathbb{Q}, r \le s\} \cup \{\neg\varphi(\bar{c}_r, \bar{d}_s) \mid r \in \mathbb{R}, s \in \mathbb{Q}, s < r\}$$

라 하자. $\varphi(\bar{x}, \bar{y})$가 불안정하기에 $T'$은 유한만족가능하고(연습문제 §8.6.7), 따라서 콤팩트성정리에 의해 $T'$의 모델 $N'$이 있다. $N$을 $N'$의 $\mathcal{L}$-축약이라 하자. 그러면 $N \vDash T$이다. 이때 편의상 상수 열 $\bar{c}_r, \bar{d}_s$의 $N'$에서의 해석도 $\bar{c}_r, \bar{d}_s$로 표기하면, 서로 다른 $r, r' \in \mathbb{R}$에 대하여 $\mathrm{tp}_N(\bar{c}_r / \bigcup_{s\in\mathbb{Q}} \bar{d}_s) \neq \mathrm{tp}_N(\bar{c}_{r'} / \bigcup_{s\in\mathbb{Q}} \bar{d}_s)$가 성립한다. 따라서 $|S_n(\bigcup_{s\in\mathbb{Q}} \bar{d}_s)| \geq 2^{\aleph_0}$이기에 $T$는 $\omega$-안정적일 수 없다. □

안정이론의 예들에 대하여 보기 9.39와 10.13에서 살펴볼 것이다. 또한 10장에서 안정성에 대하여 더 탐구할 것이다.

**보조정리 8.12**

$T$가 안정적이면 후계와 공후계 개념이 같다. 즉 $M \subseteq A$일 때

$\mathrm{tp}(\bar{b}/A)$가 $\mathrm{tp}(\bar{b}/M)$의 후계이면이 $\mathrm{tp}(\bar{b}/A)$는 $\mathrm{tp}(\bar{b}/M)$의 공후계다.

증명 후계와 공후계 개념이 같지 않다면 대칭성에 의해, 어떤 유한짝 $\bar{b}, \bar{a}$가 있어서 $\mathrm{tp}(\bar{b}/M\bar{a})$는 $\mathrm{tp}(\bar{b}/M)$의 후계이지만(*) 공후계가 아닌 경우가 반드시 발생한다. 따라서 $\vDash \sigma(\bar{b}, \bar{a})$인 $\mathcal{L}(M)$-논리식 $\sigma(\bar{x}, \bar{y})$가 있어, 모든 $\bar{b}' \in M$에 대하여 $\neg\sigma(\bar{b}', \bar{a})$가 성립한다(**). 이제 예제 8.10(4)에 의해, 대우를 보이는 아래 요건을 증명하면 된다.

중간요건 $\sigma(\bar{x}, \bar{y})$는 불안정하다.

중간요건 증명 우선 (*)에 의해 적당한 $\bar{a}_0 \in M$이 있어서 $\sigma(\bar{b}, \bar{a}_0)$이 성립한다. 그러면 $M \vDash \exists\bar{x}\sigma(\bar{x}, \bar{a}_0)$이기에, $\vDash \sigma(\bar{b}_0, \bar{a}_0)$이 되는 적당한 $\bar{b}_0 \in M$이 있다. 이제 다음과 같은 귀납가정을 하자. 즉 임의의 $i \leq n$에 대하여 $\bar{a}_i, \bar{b}_i \in M$가 있어,

① 모든 $i \leq n$에 대하여, $\vDash \sigma(\bar{b}, \bar{a}_i)$이고

② $\models \sigma(\bar{b}_j, \bar{a}_i)$이면이 $i \le j \le n$이라 하자. ($n = 0$이면 앞 설명에 의해 이미 성립한다.)

귀납가정과 (**)에 의해, $\models \sigma(\bar{b}, \bar{a}) \wedge \bigwedge_{i \le n}(\sigma(\bar{b}, \bar{a}_i) \wedge \neg\sigma(\bar{b}_i, \bar{a}))$가 성립한다. 이때 $\bar{a}_i, \bar{b}_i \in M$이기에, (*)에 의해

$$\models \sigma(\bar{b}, \bar{a}_{n+1}) \wedge \bigwedge_{i \le n}(\sigma(\bar{b}, \bar{a}_i) \wedge \neg\sigma(\bar{b}_i, \bar{a}_{n+1}))$$

이 되는 적당한 $\bar{a}_{n+1} \in M$이 있다. 그러면 $M$이 모델이기에

$$\models \sigma(\bar{b}_{n+1}, \bar{a}_{n+1}) \wedge \bigwedge_{i \le n}(\sigma(\bar{b}_{n+1}, \bar{a}_i) \wedge \neg\sigma(\bar{b}_i, \bar{a}_{n+1}))$$

이 되는 $\bar{b}_{n+1} \in M$도 찾을 수 있다. 따라서 ①,②가 $\bar{a}_i, \bar{b}_i \in M$에 대하여($i \le n+1$) 성립한다. 이를 계속하여 $\bar{a}_i, \bar{b}_i \in M$를 찾으면($i < \omega$), ②에 의해 $\sigma(\bar{x}, \bar{y})$는 불안정하다. 중간요건과 보조정리 8.12의 증명을 완료하였다. □

**표기 8.13** $T$가 안정적이라 하자. 이때 $\bar{a} \mathop{\smile\!\!\!\!\!\!\mid}_M \bar{b}$는 $\mathrm{tp}(\bar{a}/M\bar{b})$가 $\mathrm{tp}(\bar{a}/M)$의 후계임을 표기한다. (이는 9장에서 배울 가름의 독립성 개념과 일치한다(따름정리 10.12).) 따름정리 8.8과 보조정리 8.12로 인해, 임의의 $\bar{a}, \bar{b}$에 대하여 다음이 따른다.

- (확대성) $\bar{a}' \equiv_M \bar{a}$가 있어서 $\bar{a}' \mathop{\smile\!\!\!\!\!\!\mid}_M \bar{b}$가 성립한다.
- (대칭성) $\bar{a} \mathop{\smile\!\!\!\!\!\!\mid}_M \bar{b}$이면이 $\bar{b} \mathop{\smile\!\!\!\!\!\!\mid}_M \bar{a}$이다.
- (추이성) $M \prec N$이라 하자. 그러면 $\bar{a} \mathop{\smile\!\!\!\!\!\!\mid}_M N\bar{b}$이면이, $\bar{a} \mathop{\smile\!\!\!\!\!\!\mid}_M N$이고 $\bar{a} \mathop{\smile\!\!\!\!\!\!\mid}_N \bar{b}$이다. (공후계 개념으로 우측이 따르고, 후계 개념으로 좌측이 유도된다.)

### 8.2.2 보트의 짝

이제 보트의 짝을 정의한 후, 본격적으로 범주성정리 증명의 2단계를 전개할 것이다.

**정의 8.14**

$T$가 보트의 짝을 허용한다는 것은, $M \precneqq N \models T$인 두 모델(즉 $N$은 $M$의 진 기본확대)과 대수적이지 않은 1변수의 $\mathcal{L}(M)$-논리식 $\varphi(x)$가 있어 $\varphi(M) = \varphi(N)(\subset M)$이 성립한다는 것이다. 이때 $(M, N, \varphi(x))$를 $T$의 보트의 짝이라 부른다.

보트의 짝을 허용하면 우선 이를 줄여서 가산의 짝을 찾을 수 있음을 콤팩트성을 사용하여 입증한다.

**정리 8.15**

만일 $T$가 보트의 짝을 허용하면 보트의 짝 $(M, N, \varphi(x))$으로 $M, N$이 가산인 것이 있다.

증명 이는 타르스키-보트 테스트 3.27을 이용한 기본적 방법으로 증명한다. 우선 $(M_0, N_0, \varphi(x, \bar{b}))$가 보트의 짝이라 하자(여기서 $\bar{b} = b_0 \ldots b_k \in M$). 또한 가산인 $\mathcal{L}$에 상수기호 $b_0, \ldots, b_k$와 1항술어기호 $P$를 새로이 첨가하여 $\mathcal{L}'$이라 하자. 이제 아래 ①~⑤를 합한 $\mathcal{L}'$-이론을 $T'$으로 놓자.

① $\mathrm{Th}(M_0, \bar{b})$;

② $P(b_i)$ $(i \leq k)$;

③ $\forall x(\varphi(x, \bar{b}) \rightarrow P(x))$;

④ $\exists x \neg P(x)$;

⑤ 끝으로, 각각의 $\mathcal{L}$-논리식 $\psi(x_0, x_1, \ldots, x_n)$에 대하여,

$$\forall x_1 \ldots \forall x_n (\bigwedge_{i=1}^{n} P(x_i) \wedge \exists x_0 \psi(x_0, \ldots, x_n) \rightarrow \exists y(P(y) \wedge \psi(y, x_1, \ldots, x_n)))$$

을 추가한다.

그러면 $\bar{b} \in M_0 \prec N_0$이기에, $(N_0, \bar{b})$에 $P$의 해석으로 $M_0$을 추가한 $\mathcal{L}'$-모델 $N_0'$은 (즉 $P^{N_0'} = M_0$) $T'$의 모델이 된다. 특히 $M_0$가 기본부분모델이기에, 3.27에 의해 $N'$은 ⑤를 만족한다. 따라서 뢰벤하임-스콜렘 1.20에 의해 $T'$을 만족하는 가산인 $\mathcal{L}'$-모델 $N'$이 존재한다. 이제 $N$을 $N'$의 $\mathcal{L}$-축약이라 하자. 또한 $M := P^{N'}(\subset N)$으로 두면, ④, ⑤와 다시 3.27에 의해 $M$은 $N$의 $\mathcal{L}$-진기본부분모델이 된다. 그러면 ②~④에 의해 $(M, N, \varphi)$는 가산인 보트의 짝이다. □

다음으로 $T$가 $\omega$-안정적이면, 위 정리로 찾은 줄어든 크기의 보트의 짝의 외부 모델을 임의의 크기로 키울 수 있음을 후계 확대를 사용하여 증명할 것이다.

**보조정리 8.16**

$T$는 $\omega$-안정이론이고 보트의 짝을 허용한다. 그러면 임의의 무한기수 $\lambda$에 대하여 $T$의 보트의 짝 $(M, N_0, \varphi)$으로, $N_0$의 크기는 $\lambda$이고 $|\varphi(N_0)(= \varphi(M))| = \aleph_0$인 것이 있다.

증명 정리 8.15에 의해 보트의 짝 $(M, N, \varphi)$으로, $M, N$ 모두 가산인 것이 있다. 이제 아래와 같이 $N$의 확대모델을 찾으려 한다. 이를 $\lambda$번 반복하여 $\lambda$ 길이의 기본사슬을 구성하고 그 합을 $N_0$로 두면, 이것이 원하는 모델로 증명이 완료된다.

중간요건 $N$의 진기본확대 $N'$으로, 크기는 $N$과 같고 $(M, N', \varphi)$은 보트의 짝이 되는 것이 있다.

중간요건 증명 $N$이 $M$의 진기본확대이기에 원소 $a \in N \setminus M$가 있다. 이제 $\text{tp}(a'/N)$을 $\text{tp}(a/M)$의 후계라 하자. 따라서 표기 8.13에서처럼 $a' \perp_M N$이고, $a \equiv_M a'$이다. 이때 논리식 $x = a'$을 생각하면 $a' \in N$일 수 없다. 한편 $T$가 $\omega$-안정적이기에 정리 8.5에 의해 $Na'$ 위의 소모델이고 또한 원자모델인 $(Na' \subseteq)N'(\prec \mathbb{M})$이 존재한다. 여기서 $N, N'$의 크기는 같지만 $a' \in N' \setminus N$이

기에, $N \precneqq N'$이다.

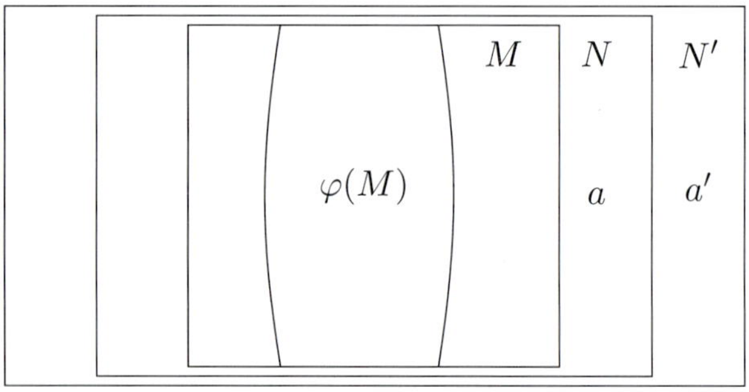


이제 $\varphi(M) = \varphi(N')$임을 보이기만 하면 된다. 만일 그렇지 않아 적당한 $c \in N' \setminus N$가 있어, $\models \varphi(c)$라 하자(†). ($c \in$)$N'$이 $Na'$ 위의 원자모델이기에, $\text{tp}(c/Na)$를 고립시키는 논리식 $\psi(x, \bar{b}, a')$이 있다($\bar{b} \in N$). 즉 $\models \psi(x, \bar{b}, a') \to \text{tp}(c/Na')$이다(*). 따라서 $a' \not\perp_N c$가 성립한다. 왜냐하면 만일 $a' \perp_N c$, 곧 $\text{tp}(a'/Nc)$가 $\text{tp}(a'/N)$의 후계라면, 적당한 $d \in N$가 있어 $\psi(d, \bar{b}, a')$이 성립한다. 그러면 (*)에 의해 $d \equiv_{Na} c$이지만, $x = d \in \text{tp}(d/Na)$이고 $x = d \notin \text{tp}(c/Na)$이기에 모순이 발생한다.

고로 표기 8.13의 추이성에 의해 $a' \not\perp_M Nc$이다. 즉 $\text{tp}(a'/Nc)$가 $\text{tp}(a'/M)$의 후계가 아니기에, 적당한 $\bar{n} \in N$와 $\mathcal{L}(M)$-논리식 $\phi(x, \bar{y}, z)$가 있어서 $\models \phi(a', \bar{n}, c)$이지만 어떠한 $\bar{m}, m_0 \in M$에 대하여도 $\phi(a', \bar{m}, m_0)$가 성립하지 않는다(**).

이때 $\mathcal{L}(M)$-논리식 $\exists z(\phi(x, \bar{y}, z) \wedge \varphi(z))$를 $\sigma(x, \bar{y})$로 쓰자. 그러면 $\varphi(c)$이기에 $\models \sigma(a', \bar{n})$이 성립한다. 이때 $a' \perp_M N$이기에 적당한 $\bar{m}' \in M$이 있어서 $\sigma(a', \bar{m}')$이 성립한다. 그래서 $\models \phi(a', \bar{m}', c') \wedge \varphi(c')$인 $c'$이 있다. 여기서 (**)에 의해 $a' \not\perp_M c'$이다. 한편 $a' \equiv_M a$이기에, ($f(a') = a$인 $f \in \text{Aut}(\mathcal{M}/M)$를 생각하면) $c''(= f(c'))$이 있어서 $a'c' \equiv_M ac''$이 성립한다. 따라서 $a \not\perp_M c''$이고(***), 또한 $\models \varphi(c'')$이다.

한편 $\mathcal{M} \models \delta(a, c'')$가 성립하는 임의의 $\mathcal{L}(M)$-논리식 $\delta(x, y)$에 대하여, ($a \in$)$N \prec \mathcal{M}$이기에

$$N \models \exists y(\delta(a, y) \wedge \varphi(y))$$

가 성립한다. 그러므로 $c_0 \in N$가 있어 $N \models \delta(a, c_0) \wedge \varphi(c_0)$이다. 그러면

$(M, N, \varphi)$가 보트의 짝이기에 $c_0 \in M$이다. 즉 이는 $a \downarrow_M c''$라는 얘기이다. 하지만 이는 (***)과 모순된다. 이는 잘못된 앞의 전제 (†)로 인한 것이기에, 결국 $\varphi(M) = \varphi(N')$이어야 한다. 이로써 중간요건을 보였고, 보조정리 8.16의 증명도 완료하였다. □

위 보조정리에서, $T$가 비기산범주적이면 보트의 짝이 없다는 범주성정리의 2단계가 곧장 따른다.

**따름정리 8.17** $T$가 $(\aleph_0 <)\kappa$-범주적이면 보트의 짝을 허용하지 않는다.

증명 $\bar{a}$ 위 논리식 $\varphi(x, \bar{a})$가 대수적이지 않다면 콤팩트성에 의해 이를 구현하는 원소들의 집합으로 크기가 $\kappa$인 $A$가 있다. 그러면 $A\bar{a} \subseteq M$인 $\kappa$ 크기의 모델 $M$이 있고 따라서 $|\varphi(M, \bar{a})| = \kappa$이다. 이때 $T$가 $\kappa$-범주적이기에 $M$은 (동형인 경우를 제외하면) $T$의 유일한 $\kappa$-크기의 모델이다. 또한 $T$는 $\omega$-안정적이다(따름정리 7.15). 따라서 보조정리 8.16의 결론의 경우가 생기지 않기에, 보트의 짝을 처음부터 허용하지 않는다. □

보트의 짝은 조밀한 무한선형순서구조에서 쉽게 찾을 수 있다. 하지만 실수체의 이론은 비가산범주적이 아니지만 보트의 짝이 없다(연습문제 §8.6.8). 비가산범주적 이론의 특성인 다음 따름정리는 범주성정리 증명의 마지막에 유용하게 사용된다.

**따름정리 8.18** $T$는 $(\aleph_0 <)\kappa$-범주적이다. 또한 $M$은 $T$의 모델이고, $\phi(x, \bar{a})$는 $\bar{a}(\in M)$ 위의 대수적이지 않은 논리식이다.

(1) 그러면 $M$과 $D := \phi(M, \bar{a})$의 크기는 같다.

(2) $I \subseteq D$이고 $D \subseteq \mathrm{acl}(I \cup \{\bar{a}\})$이면, $M$은 $I\bar{a}$ 위의 소모델이다.

증명 $T$는 $\omega$-안정이론이다. 따라서 $N \prec M$인 $I\bar{a}$ 위 소모델 ($I\bar{a} \subseteq$)$N$이 있다. 이때 $D \subseteq \mathrm{acl}(I\bar{a})$이기에 $D \subseteq N$이고, 따라서 $|N| = |D|$이다(정리 8.5(1)). 또한 따름정리 8.17에 의해 $M = N$이어야 하기에 (1), (2)가 성립한다. □

## 8.3 강한 극소성

이 절에서 범주성정리 증명의 3단계로, 비가산범주적 이론에서 소모델의 원소들로 매개변수를 가지는 강한 극소인 논리식이 존재하는 것을 증명할 것이다. 강한 극소인 논리식은 남은 증명의 핵심적 역할을 한다. 우선 이로 정의되는 집합에, 원소들의 대수적 독립성으로 정의되는 기저 개념을 줄 수 있다. 또한 이 논리식의 매개변수를 공통으로 가지는 두 모델의 기저 사이의 전단사함수는 기본사상이 된다. 이를 2절의 2단계 결과와 연결하여 최종 증명을 완료한다.

**정의 8.19**

대수적이지 않은 논리식 $\psi(\bar{x}, \bar{a})$가 강한 극소*strongly minimal*라는 것은, 임의의 논리식 $\varphi(\bar{x}, \bar{b})$에 대하여 $\varphi(\bar{x}, \bar{b}) \wedge \psi(\bar{x}, \bar{a})$나 $\varphi(\bar{x}, \bar{b}) \wedge \neg\psi(\bar{x}, \bar{a})$, 둘 중 하나가 대수적이라는 것이다.

4절에서 몰리 급수를 도입하고 이 급수 개념으로 강한 극소성을 다시 분석할 것이다.

**예제 8.20**

(1) $x = x$가 각각 $T_{\mathrm{ACF}_p}$($p = 0$ 또는 소수), $\mathrm{Th}(\mathbb{Z}, S)$, $\mathrm{Th}(\mathbb{Q}, +, 0)$, $T_{\mathrm{VS}/F} \cup \{\exists^{\geq n} x \mid 1 \leq n\}$($F$는 임의의 체)에서 강한 극소임을 논하라. 이는 한정기호제거로 어렵지 않게 보일 수 있는데 3장의 연습문제, 6장의 내용과 연습문제 등을 참조하기 바란다. 하지만 $\mathcal{L} = \{E\}$일 때, 동등관계 $E$의 동등류가 두 개만 있고 모두 무한인 구조 $M$의 이론에서 $x = x$는 당연히 강한극소가 아니고, $a \in M$에 대하여 $E(x, a)$는 강한 극소이다.

(2) $c$가 강한 극소인 논리식 $\psi(x, \bar{a})$를 구현하고, $c \notin \mathrm{acl}(A\bar{a})$라 하자. 그러

면 $p(x) := \mathrm{tp}(c/A\bar{a})$는 $\psi(x, \bar{a})$를 포함하는 $A\bar{a}$ 위의 유일한 비대수적인 완전한 1타입이다. 즉,

$$T \cup \{\psi(x, \bar{a})\} \cup \{\neg\delta(x) \mid \delta(x)\text{는 } A\bar{a} \text{ 위의 대수적 논리식}\} \vDash p(x)$$

가 성립함을 보이라. 이는 강한 극소성의 정의에서 쉽게 따른다.

### 8.3.1 존재성

비가산범주적 이론에서, 소모델 위의 1변수 논리식으로서 강한 극소인 것을 찾는 것이 3.1절의 목표다(정리 8.22). 먼저 이러한 이론이 가지는 다음 특성을 콤팩트성을 사용하여 보이고, 이와 $\omega$-안정성을 사용하여 목표하는 논리식을 찾을 것이다.

**보조정리 8.21**

$T$가 $(\aleph_0 <)\kappa$-범주적이고, $\varphi(x, \bar{y})$는 $\mathcal{L}$-논리식이다. 그러면 자연수 $n_0 \in \omega$이 있어, 임의의 $\bar{a} \in M$에 대하여 $\varphi(M, \bar{a})$는 무한이거나 $|\varphi(M, \bar{a})| \leq n_0$이다.

증명 결론을 부정하고 모순을 이끌 것이다. 즉 임의의 $n \in \omega$에 대하여, $\varphi(x, \bar{a}_n)$은 대수적이지만 $n < |\varphi(M_n, \bar{a}_n)|$인 원소들의 짝과 모델 $\bar{a}_n \in M_n$이 있다고 하자. 이때 $M_n \precneq N_n$인 진기본확대를 찾자. 여기서 $\varphi(x, \bar{a}_n)$이 대수적이기에 $\varphi(M_n, \bar{a}_n) = \varphi(N_n, \bar{a}_n)$이 성립한다(*). 이제 정리 8.15의 증명에 나온 방법을 사용할 것이다. 우선 가산인 $\mathcal{L}$에 상수기호 $c_1, \ldots, c_k$와($k = |\bar{y}|$, $\bar{c} := (c_1, \ldots, c_k)$), 1항술어기호 $P$를 새로이 첨가하여 $\mathcal{L}'$이라 하자. 이제 $T$에 아래 ①~⑤를 합한 $\mathcal{L}'$-이론을 $T'$으로 놓자.

① $P(c_i)$ $(i = 1, \ldots, k)$;

② $\forall x(\varphi(x, \bar{c}) \to P(x))$;

③ $\exists x \neg P(x)$;

④ $\{\exists^{\geq m} x \varphi(x, \bar{c}) \mid 0 < m \in \omega\}$;

⑤ 끝으로, 각각의 $\mathcal{L}$-논리식 $\psi(x_0, x_1, \ldots, x_\ell)$에 대하여,

$$\forall x_1 \ldots \forall x_\ell (\bigwedge_{i=1}^{\ell} P(x_i) \wedge \exists x_0 \psi(x_0, \ldots, x_\ell) \to \exists y(P(y) \wedge \psi(y, x_1, \ldots, x_\ell)))$$

을 추가한다.

그러면 (*)에 의해 $T'$이 유한만족가능한 것을 알 수 있다. 따라서 $T'$을 만족하는 모델 $N'$이 존재하고, $N$을 $N'$의 $\mathcal{L}$-축약이라 하자. 이때 $M := P^{N'}$이라 하면, ⑤에 의해 $\mathcal{L}$에서 $M \prec N$이 성립한다. 하지만 ①~④에 의해, $(M, N, \varphi)$는 보트의 짝이 된다. 이는 따름정리 8.17에 모순된다. 따라서 보조정리 8.21의 결론이 성립해야 한다. □

**정리 8.22**

$T$가 $(\aleph_0 <)\kappa$-범주적이라 하자. 이때 $T$의 소모델 $M_0$가 있고, 강한 극소인 논리식 $\psi(x, \bar{b})$가 있다($\bar{b} \in M_0$).

증명 우선 $T$는 $\omega$-안정적이고(따름정리 7.15), 따라서 따름정리 4.17(또는 정리 8.5)에 의해 가산의 소모델 $M_0$가 있다.

중간요건 1 대수적이지 않는 논리식 $\psi(x, \bar{b})$가 있어서($\bar{b} \in M_0$), 이는 $M_0$ 내에서 강한 극소다. 즉 임의의 $\mathcal{L}(M_0)$-논리식 $\phi(x)$에 대하여 $\psi(x, \bar{b}) \wedge \phi(x)$나 $\psi(x, \bar{b}) \wedge \neg\phi(x)$ 둘 중 하나는 대수적이다.

중간요건 1 증명 우선 논리식 $x = x$를 $\psi_\varnothing(x)$로 두자. 또한 주어진 열 $s \in 2^{<\omega}$에 대하여, 귀납가정으로 대수적이지 않은 $\mathcal{L}(M_0)$-논리식 $\psi_s(x)$가 주어졌다고 하자. 만일 $\psi_s(x)$가 $M_0$ 내에서 강한 극소라면 증명이 끝난다. 그렇지 않다면 계속해서 열 $s0, s1 \in 2^{<\omega}$에 대하여, 서로 모순적이지만 $\models \psi_s(x) \leftrightarrow (\psi_{s0}(x) \vee \psi_{s1}(x))$이 성립하는 대수적이지 않은 $\mathcal{L}(M_0)$-논리식 $\psi_{s0}(x)$와 $\psi_{s1}(x)$이 존재한다.

만일 이러한 과정을 계속할 수 있어서 모든 열 $s \in 2^{<\omega}$에 대하여, 대수적이지 않은 $\mathcal{L}(M_0)$-논리식 $\psi_s(x)$를 찾을 수 있다면 모순이 발생한다. 왜냐하면 각 무한열 $t \in 2^\omega$에 대하여 $p_t(x) := \{\psi_{t\restriction n}(x) \mid n < \omega\}$는 일관적이고, 서로 다른 $t, t' \in 2^\omega$에 대하여 $p_t(x)$와 $p_{t'}(x)$는 모순적이기에 $|S_1(M_0)| > \aleph_0$이다. 이는 $T$가 $\omega$-안정적인 것에 반한다. 따라서 이러한 과정은 유한 단계에서 멈춰야 한다. 즉 적당한 $t \in 2^{<\omega}$가 있어서, 대수적이지 않은 $\psi_t(x)$가 $M_0$ 내에서 강한 극소라는 것이다. 중간요건 1을 증명하였다. □

중간요건 2  중간요건 1의 논리식 $\psi(x, \bar{b})$는 강한 극소이다.

중간요건 2 증명  임의의 원소의 짝 $\bar{c}$와 논리식 $\sigma(x, \bar{c})$에 대하여 $\phi_0(x, \bar{b}\bar{c}) := \psi(x, \bar{b}) \wedge \sigma(x, \bar{c})$나 $\phi_1(x, \bar{b}\bar{c}) := \psi(x, \bar{b}) \wedge \neg\sigma(x, \bar{c})$가 대수적임을 보이면 된다 (*). 한편 보조정리 8.21에 의해, 어떤 자연수 $n_0$가 있어 임의의 짝 $\bar{d}$에 대하여, $|\phi_i(\mathcal{M}, \bar{b}, \bar{d})| > n_0$이면($i = 0, 1$) $\phi_i(x, \bar{b}, \bar{d})$는 대수적이 아니다(**).
이제 (*)를 부정하자. 그러면 $\mathcal{M} \models \exists^{>n_0} x \phi_0(x, \bar{b}, \bar{c}) \wedge \exists^{>n_0} x \phi_1(x, \bar{b}, \bar{c})$가 성립한다. 그러면

$$M_0 \models \exists \bar{y} (\exists^{>n_0} x \phi_0(x, \bar{b}, \bar{y}) \wedge \exists^{>n_0} x \phi_1(x, \bar{b}, \bar{y}))$$

이고, 따라서 적당한 $\bar{d}_0 \in M_0$이 있어 $\exists^{>n_0} x \phi_0(x, \bar{b}, \bar{d}_0) \wedge \exists^{>n_0} x \phi_1(x, \bar{b}, \bar{d}_0)$가 성립한다. 그러면 (**)에 의해 $\phi_i(x, \bar{b}, \bar{d}_0)$는($i = 0, 1$) 대수적이 아니다. 여기서 $\bar{d}_0 \in M_0$이기에 이는 중간요건 1과 모순된다. 그러므로 (*)가 성립해야 하고 중간요건 2와 정리 8.22를 증명하였다. □

### 8.3.2 기저

§8.3.1절의 결과와 독립적으로, 강한 극소인 논리식의 일반적 특성을 공부한다. 특히 강한 극소인 논리식으로 정의되는 집합에 대수적 독립성으로 주어지는 기저 개념을 줄 수 있음을 살펴볼 것이다.

**예제 8.23**

$a \in \mathrm{acl}(\bar{b})$라 하자. 이때 $p(x) := \mathrm{tp}(a/\bar{b})$이고 $n := |p(\mathcal{M})|$이라 놓자(즉 $n$은 $a$의 $\bar{b}$ 위의 켤레수). 그러면 $\models \forall \bar{y} \exists^{=n} x \phi(x, \bar{y})$가 성립하는 $\mathcal{L}$-논리식 $\phi(x, \bar{y}) \in \mathrm{tp}(a\bar{b})$가 있음을 보이라.

**보조정리 8.24**

$\psi(x, \bar{a})$는 강한 극소인 논리식이고 $\mathcal{D} := \psi(\mathcal{M}, \bar{a})$라 하자. (이는 작은 집합이 아니다!) 또한 $B \subset \mathcal{D}$이고 $b, c$는 $\mathcal{D}$의 원소라 하자. 이때 만일 $b \in \mathrm{acl}(Bc\bar{a}) \setminus \mathrm{acl}(B\bar{a})$이면, $c \in \mathrm{acl}(Bb\bar{a})$가 성립한다. (이를 교환공리라 하는데, 대수적 관계에서 $B\bar{a}$ 위로 $b, c$의 교환이 가능하다는 것이다.)

증명 ① $b \in \mathrm{acl}(Bc\bar{a}) \setminus \mathrm{acl}(B\bar{a})$이지만, ② $c \notin \mathrm{acl}(Bb\bar{a})$라 가정하여 모순을 이끌 것이다. ①에 의해 $\mathcal{L}(B\bar{a})$-논리식 $\sigma(x, y) \in \mathrm{tp}(bc/B\bar{a})$가 있어, 예제 8.23에서처럼 $\models \forall y \exists^{=n} x \sigma(x, y)$가 성립한다(*). 다시 ①에서 $b \notin \mathrm{acl}(B\bar{a})$이기에, $q(x) := \mathrm{tp}(b/B\bar{a})$에 대하여 $I \subset q(\mathcal{M})$인 무한집합 $I(\subset \mathcal{D})$가 있다. 또한 $\models \sigma(b, y) \wedge \psi(y, \bar{a})[c]$가 성립한다. 여기서 ②에 의해 논리식 $\sigma(b, y) \wedge \psi(y, \bar{a})$는 대수적이 아니다. 따라서 모든 $b' \in I$에 대하여 $\sigma(b', y) \wedge \psi(y, \bar{a})$도 대수적이 아니다. 그러면 $\psi(x, \bar{a})$가 강한 극소이기에, 유한개를 제외한 $\mathcal{D}$의 모든 원소 $d$에 대하여 $\sigma(b', d)$가 성립한다. 그러므로 서로 다른 임의의 $b_0, \ldots, b_n \in I$에 대하여 $\sigma(b_i, y)$를$(i \leq n)$ 만족하지 않는 $\mathcal{D}$의 유한개 원소들을 제외하더라도, $\mathcal{D}$가 무한이기에 $\sigma(b_0, y) \wedge \cdots \wedge \sigma(b_n, y)$를 구현하는 $\mathcal{D}$의 원소가 존재한다. 이는 (*)와 모순된다. 결론적으로 ①의 가정하에 $c \in \mathrm{acl}(Bb\bar{a})$이어야 한다. □

**정의 8.25**

논리식 $\psi(x, \bar{a})$는 강한 극소다. $D := \psi(M, \bar{a})$이고$(\bar{a} \in M)$, $I \subseteq D$라 하자.

- 만일 모든 원소 $c \in I$에 대하여 $c \notin \mathrm{acl}((I \setminus \{c\})\bar{a})$이면 $I$가 독립(적)이라 한다.

- 만일 $I$가 독립이고, $D \subseteq \mathrm{acl}(I\bar{a})(\subseteq M)$이면 $I$를 $D$에 대한 기저$^{basis}$라 부른다.

**따름정리 8.26** $\psi(x, \bar{a})$는 강한 극소고, $D := \psi(M, \bar{a})$이다$(\bar{a} \in M)$.

(1) $\{c_i \mid i < \alpha\}(\subseteq D)$가 독립적일 필요충분조건은 임의의 $i < \alpha$에 대하여 $c_i \notin \mathrm{acl}((c_j \mid j < i)\bar{a})$인 것이다. 따라서 $I'(\subseteq D)$가 독립적이고 $c \in D \setminus \mathrm{acl}(I'\bar{a})$이면 $I' \cup \{c\}$도 독립적이다.

(2) 만일 $I'(\subseteq D)$이 독립이면, $I' \subseteq I$인 $D$의 기저 $I$를 찾을 수 있다. 따라서 $D$의 기저가 존재한다.

(3) $I, J(\subseteq D)$가 $D$의 기저라 하자. 만일 $I' \subseteq I$이며 $J' \subseteq J$이고 $\mathrm{acl}(I'\bar{a}) = \mathrm{acl}(J'\bar{a})$라면, $|I \setminus I'| = |J \setminus J'|$이다. 특히 $|I| = |J|$이다. 기저의 크기를 $D$의 차원이라 부른다.

증명 (1) 첫째 문장만 증명하면 충분하다. 우선 왼쪽을 가정하면 당연히 오른쪽이 따른다. 이제 오른쪽을 가정하자. 왼쪽을 부정하여 어떤 $i_0 < i_1 < \cdots < i_n \in \alpha$가 $(0 < n)$ 있어 $c_{i_0} \in \mathrm{acl}((c_j \mid j < i_0)c_{i_1} \ldots c_{i_n}\bar{a})$라 하자. 이때 $c_{i_0} \notin \mathrm{acl}((c_j \mid j < i_0)c_{i_1} \ldots c_{i_{n-1}}\bar{a})$라 해도 일반성을 잃지 않는다. 그러면 교환 공리 8.24에 의해 $c_{i_n} \in \mathrm{acl}((c_j \mid j < i_n)\bar{a})$이 유도되어 가정과 모순을 일으킨다. 따라서 왼쪽이 성립해야 한다.

(2)의 둘째 문장은 첫째 문장을 증명하면, $\varnothing$이 정의에 의해 허무하게 독립이기에, 따라온다. 첫째 문장을 초른의 보조정리를 사용하여 증명하자. 즉 $\mathcal{S} := \{I' \subseteq J \subseteq D \mid J$는 독립이다$\}$로 두자. $I' \in \mathcal{S} \neq \varnothing$이다. 그러면 초른의 보조정리에 의해 포함관계로 극대인 원소 $I$가 $\mathcal{S}$에 있다. 이 $I$가 $D$의 기저가 아니라면, $c \in D \setminus \mathrm{acl}(I\bar{a})$가 있고 (1)에 의해 $I \cup \{c\}$는 독립적이어서 $I$의 극대성과 배치된다. 따라서 $I$는 $D$의 기저이어야 한다.

(3) 둘째 문장만 증명하면 된다. (셋째 문장은 $I' = J' = \varnothing$인 경우를 생각하면 성립한다.) 이의 증명은 기존의 기저 개념을 갖는 벡터공간, 대수적으로 닫힌 체 등에서의 방법과 같다. 구체적으로, 대칭성에 의해 ($\mathrm{acl}(I'\bar{a})$와 서로소인) $I \setminus I' = \{c_i \mid i < \lambda\}$에서 $J \setminus J' = \{d_i \mid i < \kappa\}$으로 가는 1-1함수를 찾으면 충분하다. 우선 주어진 $\alpha(< \lambda)$에 대하여 1-1함수 $f_\alpha : I_\alpha(:= \{c_i \mid i < \alpha\}) \to J \setminus J'$이 있어서, $L_\alpha := I_\alpha \cup (J \setminus f_\alpha(I_\alpha))$가 $D$의 기저라고 귀납가정하자($L_0 = J$이기에 $\alpha = 0$일 때 성립한다). 따라서 $c_\alpha \in \mathrm{acl}(L_\alpha\bar{a})$이다. 하지만 $c_\alpha \notin \mathrm{acl}(I'I_\alpha\bar{a})$이기에, $c_\alpha \in \mathrm{acl}(J'I_\alpha d_{i_0}, \ldots, d_{i_n}\bar{a}) = \mathrm{acl}(I'I_\alpha d_{i_0}, \ldots, d_{i_n}\bar{a})$이면서 $c_\alpha \notin \mathrm{acl}(I'I_\alpha d_{i_1}, \ldots, d_{i_n}\bar{a})$가 성립하는, 서로 다른 유한의 $d_{i_0}, \ldots, d_{i_n} \in J \setminus (J' \cup f_\alpha(I_\alpha))$를 찾을 수 있다(*). 이때 $f_{\alpha+1} := f_\alpha \cup \{(c_\alpha, d_{i_0})\}$라 두면, 당연히 $(f_\alpha \subset) f_{\alpha+1} : I_{\alpha+1}(:= \{c_i \mid i \leq \alpha\}) \to J \setminus J'$은 1-1함수다. 이제

$$L_{\alpha+1} := I_{\alpha+1} \cup (J \setminus (f_{\alpha+1}(I_{\alpha+1})) = (L_\alpha \setminus \{d_{i_0}\}) \cup \{c_\alpha\}$$

이 $D$의 기저가 됨을 확인하면 된다. (이 과정을 계속 반복하면 원하던 1-1함수 $f(:= \bigcup_{\alpha<\lambda} f_\alpha) : I \setminus I' \to J \setminus J'$를 찾을 수 있다. 사실 이렇게 얻는 $f$는 $I$가 이미 기저이기에 전단사함수이기도 하다.)

먼저 교환공리 8.24와 (*)에 의해, $d_{i_0} \in \mathrm{acl}(c_\alpha I'I_\alpha d_{i_1}, \ldots, d_{i_n}\bar{a}) = \mathrm{acl}(c_\alpha J'I_\alpha d_{i_1}, \ldots, d_{i_n}\bar{a})$가 성립한다(**). 고로 귀납가정에 의해 $D \subseteq \mathrm{acl}(L_{\alpha+1}\bar{a})$가 성립한다. 이제 $L_{\alpha+1}$이 독립임을 보이자. 귀납가정에 의해 $L_\alpha^- := I_\alpha \cup (J \setminus (f_{\alpha+1}(I_{\alpha+1})) = L_\alpha \setminus \{d_{i_0}\}$은 이미 독립적이다. 한편 $J'I_\alpha d_{i_1} \ldots d_{i_n} \subseteq L_\alpha^-$이어서, $c_\alpha \in \mathrm{acl}(L_\alpha^-\bar{a})$라고 하면 (**)에 의해 $d_{i_0} \in \mathrm{acl}(L_\alpha^-\bar{a})$가 되기에 귀납가정과 모순된다. 즉 $c_\alpha \notin \mathrm{acl}(L_\alpha^-\bar{a})$이다. 따라서 (1)에 의해, 원하던 대로 $L_{\alpha+1} = L_\alpha^- \cup \{c_\alpha\}$은 독립적이다. □

**보기 8.27**

무한벡터공간의 이론인 $T_{\mathrm{VS}/F} \cup \{\exists^{\geq n}x \mid 1 \leq n\}$에서 $x = x$는 강한 극소이고(예제 8.20), 정의 8.25와 따름정리 8.26의 기저와 차원 개념은 벡터공간의 기존 기저, 차원 개념과 일치한다. 또한 $T_{\mathrm{ACF}_p}$에서 역시 강한 극소인 $x = x$의 경우, 기저와 차원은 대수적 완전체의 소체에 대한 초월기저와 초월차수 개념

과 동일하다(이 경우 차원이 0일 수 있다). 이와 관련한 몰리 급수의 개념은 보기 8.34(3), 연습문제 §8.6.15 등을 참조하기 바란다. $\mathrm{Th}(\mathbb{Z}, S)$에서도 기저와 차원은 자연스러운 개념이다(연습문제 §8.6.9).

**정리 8.28**

$\psi(x, \bar{a})$는 강한 극소이고, $D_i := \psi(M_i, \bar{a})$이다($\bar{a} \in M_i$, $i = 0, 1$). 또한 $I_i(\subseteq D_i)$는 $D_i$ 안의 독립인 집합이다. $f : I_0 \cup \{\bar{a}\}(\subseteq M_0) \to M_1$가 $I_0, I_1$ 사이의 단사함수이고 $\bar{a}$를 고정하면, $f$는 기본사상이다. 따라서 $\psi(x, \bar{a})$를 구현하는 원소들의 집합이 독립이면 이는 $\bar{a}$-균질집합이다.

증명 $I_0$를 중복 없이 나열하여 $\{b_j \mid j < \lambda\}$라 하자. 주어진 $i < \lambda$에 대하여, $I_0^i := \{b_j \mid j < i\}$이고 $f_i := f \restriction I_0^i \cup \{\bar{a}\}$라 하고, $f_i$가 기본사상이라고 귀납가정을 하자. 이제 $b := b_i$, $d := f(b_i)$로 놓고, $f_i$에 대응 $(b, d)$를 추가한 것이 여전히 기본사상인 것을 보이면 충분하다. 이를 위해, 주어진 $\bar{u} \in I_0^i$와 임의의 논리식 $\varphi(x, \bar{u}, \bar{a})$에 대하여

$$M_0 \models \psi(x, \bar{a}) \wedge \varphi(x, \bar{u}, \bar{a})[b] \quad (*)$$

가 성립한다고 하자. 이때 $\bar{v} := f_i(\bar{u})$라 두면, $M_1 \models \psi(x, \bar{a}) \wedge \varphi(x, \bar{v}, \bar{a})[d]$가 성립하는 것을 보이면 된다.

우선 $I_0$가 독립이기에, $b \notin \mathrm{acl}(\bar{u}\bar{a})$이다. 따라서 $(*)$에 의해, $\psi(x, \bar{a}) \wedge \varphi(x, \bar{u}, \bar{a})$는 대수적이 아니다. 그러면 $\psi(x, \bar{a})$가 강한 극소이기에 $\psi(x, \bar{a}) \wedge \neg\varphi(x, \bar{u}, \bar{a})$는 대수적이어야 한다. 또한 귀납가정에 의해 $\bar{u}\bar{a} \equiv \bar{v}\bar{a}$이기에, $\psi(x, \bar{a}) \wedge \neg\varphi(x, \bar{v}, \bar{a})$도 대수적이다. 한편 $I_1$도 독립이기에 $d \notin \mathrm{acl}(\bar{v}\bar{a})$이다. 그러므로 $M_1 \not\models \psi(x, \bar{a}) \wedge \neg\varphi(x, \bar{v}, \bar{a})[d]$이고, 따라서 원하던 대로 $M_1 \models \psi(x, \bar{a}) \wedge \varphi(x, \bar{v}, \bar{a})[d]$가 성립한다.

마지막 문장은 해당 집합을 $I$라 할 때 이의 임의의 유한부분집합 $J$, 그리고 $\bar{a}$를 고정하는 임의의 단사함수 $f : J \to I$를 생각하면 앞 문장에서 ($I \subseteq M_0 = M_1$이고 $I_0 = J$, $I_1 = I$인 경우) 곧장 따른다. □

### 8.3.3 범주성정리 증명

다음은 이 장의 지금까지의 결과들을 종합한 요약이다.

**보충설명** 8.29

$T$는 $(\aleph_0 <)\kappa$-범주적이고, $M, N \models T$이라 하자($M, N \prec \mathbb{M}$). 따름정리 7.15에 의해 $T$는 $\omega$-안정이론이고, 따라서 정리 8.5에 의해 가산의 소모델 $M_0$가 있다. 이때 $M_0 \prec M, N$이라 가정해도 무방하다. 또한 정리 8.22에 의해 $\bar{a} \in M_0$와 강한 극소인 논리식 $\psi(x, \bar{a})$가 있고, 따름정리 8.26에 의해 $\psi(M, \bar{a})$에 대한 기저 $I$와, $\psi(N, \bar{a})$에 대한 기저 $J$가 존재한다.
이때 만일 $|I| = |J|$이면, $M, N$은 동형이다. 좀 더 구체적으로, 두 기저 사이의 전단사함수이고 $\bar{a}$를 고정하는 $f$는 동형사상 $\hat{f} : M \to N$으로 확대된다. 그 이유는 다음과 같다.
우선 정리 8.28에 의해 $f$는 기본사상이다. 한편 $M$은 $I \cup \{\bar{a}\}$ 위의 소모델이다(따름정리 8.18). 따라서 $f$의 정의역을 $M$으로 확대한 기본매입 $\hat{f} : M \to N$이 있다. $\hat{f}$가 전사함수임을 보이면 증명이 끝난다. 만일 아니라면, $N' := \hat{f}(M)$로 둘 때, $N' \precneqq N$이다. 한편 $J$가 $\psi(N, \bar{a})$의 기저이기에 $\psi(N, \bar{a}) \subseteq \mathrm{acl}(J\bar{a})$이 성립한다. 하지만 $J = \hat{f}(I)$이기에 $J\bar{a} \subseteq N'$이고 따라서 $\mathrm{acl}(J\bar{a}) \subseteq N'$이다. 이는 $(N', N, \psi(x, \bar{a}))$가 보트의 짝이라는 것이어서, 따름정리 8.17과 모순된다. 그러므로 $\hat{f}$는 동형사상이고, $M, N$은 동형이다.

이제 몰리의 범주성정리 8.1 증명을 완료할 수 있다. 즉 위 보충설명 8.29에서 $M, N$의 크기가 모두 $(\aleph_0 <)\lambda$라 할 때 $|I| = |J| = \lambda$임을 확인하면 충분하다. 이는 사실 당연하다. 왜냐하면 $I \subseteq \psi(M, \bar{a}) \subseteq \mathrm{acl}(I\bar{a})$이고 $\mathcal{L}$이 가산이기에,

$$|I| \leq |\psi(M, \bar{a})| \leq |I| + \aleph_0$$

이다(연습문제 §4.3.1). 그러므로 $|I| = |\psi(M, \bar{a})| = \lambda$이고(따름정리 8.18), 마찬가지로 $|I| = |J| = \lambda$이다. 결론으로, $T$는 $\lambda$-범주적이다.

## 8.4 몰리 급수

이 장의 남은 과제는 5절의 볼드윈-라클란 정리를 증명하는 것이다. 즉 비가산범주적 이론의 서로 동형이 아닌 가산모델의 개수는 1이거나 $\aleph_0$이라는 것이다. 이를 위해 이 절에서 몰리 급수 개념을 도입한다. 몰리 급수는 4장에서 정의한, $\mathcal{L}$-논리식들에 대한 칸토어-벤딕손 급수를 매개변수가 있는 논리식들을 대상으로 확대한 개념이다. 몰리 급수는 5절의 증명에서만 아니라 그 자체로 유용한 모델론의 기초 개념이다.

계속해서 이 장의 표기 8.2를 유지한다. 특히 이 절에서 다루는 논리식/타입들은 모두 매개변수가 있을 수 있고 타입은 공이 아니다.

**정의 8.30**

주어진 $n$변수 논리식 $\varphi(\bar{x})$의 ($T$에서의) 몰리 급수 $\mathrm{MR}_T(\varphi(\bar{x})) = \mathrm{MR}(\varphi(\bar{x}))$를 다음과 같이 정의한다.

(1) 먼저, 임의의 서수 $\alpha$에 대하여 $\mathrm{MR}(\varphi(\bar{x})) \geq \alpha$를 아래와 같이 재귀적으로 정의한다.

  (a) 만일 $\varphi(\bar{x})$가 $T$와 일관적이면, $\mathrm{MR}(\varphi(\bar{x})) \geq 0$이다.

  (b) 논리식 $\psi_i(\bar{x})$가 있어($i < \omega$), 각 2짝은 $T$와 모순되면서, 모든 $i \in \omega$에 대하여 $\mathrm{MR}(\varphi(\bar{x}) \wedge \psi_i(\bar{x})) \geq \alpha$이면, $\mathrm{MR}(\varphi(\bar{x})) \geq \alpha + 1$이다.

  (c) $\delta$가 극한서수일 때 만일 모든 $\alpha < \delta$에 대하여 $\mathrm{MR}(\varphi(\bar{x})) \geq \alpha$이면, $\mathrm{MR}(\varphi(\bar{x})) \geq \delta$이다.

(2) 이제 $\mathrm{MR}(\varphi(\bar{x})) = \alpha$라는 것은, $\mathrm{MR}(\varphi(\bar{x})) \geq \alpha$이지만 $\mathrm{MR}(\varphi(\bar{x})) \not\geq \alpha+1$인 것을 뜻한다.

(3) $\mathrm{MR}(\varphi(\bar{x})) = \infty$라는 것은 모든 서수 $\alpha$에 대하여 $\mathrm{MR}(\varphi(\bar{x})) \geq \alpha$임을 뜻한다.

(4) 만일 $p(\bar{x})$가 $T$의 타입이면

$$\mathrm{MR}(p(\bar{x})) := \min\{\mathrm{MR}(\varphi(\bar{x})) \mid T \cup p \vDash \varphi(\bar{x})\}$$

로 정한다. $\mathrm{MR}(\bar{a}/A)$, $\mathrm{MR}(\bar{a}/A)$는 각각 $\mathrm{MR}(\mathrm{tp}(\bar{a}))$, $\mathrm{MR}(\mathrm{tp}(\bar{a}/A))$를 뜻한다.

정의에 의해 당연히 몰리 급수는 자기동형사상에 불변한다(불변성). 즉 $f \in \mathrm{Aut}(\mathcal{M})$이면, 임의의 $A$ 위 타입 $p(\bar{x}, A)$에 대하여 이와 이의 켤레 타입 $p(\bar{x}, f(A))$의 몰리 급수는 같다. 이 외의 몰리 급수가 만족하는 성질을 아래에서 보일 것이다.

**보조정리 8.31**

$p(\bar{x}), q(\bar{x})$는 타입이고, $\varphi(\bar{x}), \psi(\bar{x})$는 논리식이다.

(1) $T \cup p(\bar{x}) \models q(\bar{x})$이면 $\mathrm{MR}(p) \leq \mathrm{MR}(q)$이다. 따라서

$$\mathrm{MR}(p(\bar{x})) := \min\{\mathrm{MR}(\varphi_0(\bar{x}) \wedge \cdots \wedge \varphi_n(\bar{x})) \mid \varphi_i(\bar{x}) \in p,\ i \leq n < \omega\}$$

이다.

(2) $\mathrm{MR}(\varphi \vee \psi) = \max\{\mathrm{MR}(\varphi), \mathrm{MR}(\psi)\}$이다.

(3) $\mathrm{MR}(p)$는 $\mathrm{MR}(p \cup \{\varphi\})$이거나 $\mathrm{MR}(p \cup \{\neg\varphi\})$이다.

(4) $p(\bar{x})$가 $A$ 위의 타입이면, $p \subseteq q$이고 $\mathrm{MR}(p) = \mathrm{MR}(q)$인 $q(\bar{x}) \in S_n(A)$가 있다.

(5) $\mathrm{MR}(p) = 0$이면이 $p$는 대수적이다.

(6) $p(\bar{x})$가 $A$ 위의 타입이고 $\mathrm{MR}(p) = \alpha$(서수)라 하자. 임의의 $(|A|+\aleph_0)^+$-포화모델 $(A \subseteq)N$에 대하여 $S_{p,N} := \{q(\bar{x}) \in S_n(N) \mid p \subseteq q$이고 $\mathrm{MR}(q) = \alpha\}$라 하면, $d := |S_{p,N}|$는 양의 자연수이다. 또한

$$\begin{aligned} d' := \ & \max\{n \mid 2\text{짝이 모순되는 논리식 } \delta_1(\bar{x}), \ldots, \delta_n(\bar{x})\text{이 존재하여} \\ & \mathrm{MR}(p \cup \{\delta_j\}) = \alpha \ (1 \leq j \leq n)\} \end{aligned}$$

로 두면 $d = d'$이기도 하다. 따라서 $d$는 $N$의 선택과 무관하며, 모든 $(N \subseteq)B$에 대해서도 $d = |\{q' \in S_n(B) \mid p \subseteq q'$이고 $\mathrm{MR}(q) = \alpha\}|$가 성립한다.

(7) $\bar{b} \in \mathrm{acl}(\bar{a}A)$이면 $\mathrm{MR}(\bar{b}/A) \leq \mathrm{MR}(\bar{a}/A)$이다.

증명 (1)-(5)의 증명은 보조정리 4.11(1)-(4),(7)의 증명과 기본적으로 동일하다. 자세한 증명은 연습문제 §8.6.11로 두었다.

(6) 여기서 $p$가 논리곱 $\wedge$에 닫혀 있다고 가정해도 일반성을 잃지 않는다. 우선 (4)에 의해 $1 \leq d = |S_{p,N}|$이다. 만일 $d$가 무한이라면, 연습문제 §4.3.8에 의해, $\{q_i \mid i < \omega\}(\subseteq S_{p,N})$와 각 2짝이 모순되는 $\psi_i^0 \in q_i$가 있다. 한편 (1)에 의해 $\psi_i^1(\in q_i)$와 $\varphi(\in p)$가 있어서, $\mathrm{MR}(\psi_i^1) = \mathrm{MR}(\varphi) = \alpha$이다($i < \omega$). 따라서 $\psi_i := \varphi \wedge \psi_i^0 \wedge \psi_i^1(\in q_i)$로 두면, 이들도 2짝이 모순되면서 $\mathrm{MR}(\psi_i) = \alpha$가 성립한다. 그러면 $\mathrm{MR}(\varphi) \geq \alpha + 1$이 되어야 하기에 모순이다. 그러므로 $d$는 양의 자연수여야만 한다.
이제 $S_{p,N} = \{q_1, \ldots, q_d\}$라 하자. 위와 동일한 논법으로, $\mathrm{MR}(\phi_j(\bar{x})) = \alpha$이면서 두 짝이 서로 모순되는 $\phi_j(\in q_j)$를 $(1 \leq j \leq d)$ 찾을 수 있다. 따라서 $\mathrm{MR}(p \cup \{\phi_j\}) = \alpha$이고, $d \leq d'$이다. 만일 $d < d'$이라면 이를 입증하는, 2짝이 모순되는 $\delta_j(\bar{x}, \bar{c}_j)$가 있어($j = 0, \ldots, d$) $\mathrm{MR}(p \cup \{\delta_j(\bar{x}, \bar{c}_j)\}) = \alpha$가 성립한다. 이때 $N$이 $(|A| + \aleph_0)^+$-포화모델이기에 $\bar{b}_0 \ldots \bar{b}_d \equiv_A \bar{c}_0 \ldots \bar{c}_d$인 $\bar{b}_0 \ldots \bar{b}_d \in N$이 있다. 따라서 불변성에 의해 $\mathrm{MR}(p \cup \{\delta_j(\bar{x}, \bar{b}_j)\}) = \alpha$이고($j \leq n$), (4)에 의해 $d + 1 \leq |S_{p,N}|$이 되어 모순이다. 결국 $d = d'$이어야 한다. 그러므로 마지막 문장도 따른다.

(7) $\mathrm{MR}(\bar{a}/A) = \infty$이면 보일 것이 없기에, $\mathrm{MR}(\bar{a}/A) = \alpha$라 하고 $\mathrm{MR}(\bar{b}/A) \leq \alpha$임을, 모든 $\beta(< \alpha)$에 대한 귀납가정하에서 보이면 된다. 우선 예제 8.23과 정의에 의해, $\models \varphi(\bar{b}, \bar{a})$이고 $\forall \bar{x} \exists^{=n} \bar{y} \varphi(\bar{y}, \bar{x})$이며($n$는 $\bar{b}$의 $\bar{a}A$ 위 켤레수) (*), $\mathrm{MR}(\exists \bar{y} \varphi(\bar{y}, \bar{x})) = \mathrm{MR}(\bar{a}/A)$ 가 성립하는 $\mathcal{L}(A)$-논리식 $\varphi(\bar{y}, \bar{x})$가 있다 (**). 이제 각 2짝이 모순되는 $(A \subseteq)B$ 위의 일관적인 논리식들 $\psi_i(\bar{y})(\cup T \models \exists \bar{x} \varphi(\bar{y}, \bar{x}) \in \mathrm{tp}(\bar{b}/A))$가 있다고 하자($i \in \omega$). 이때 항상 어떤 $i_0(\in \omega)$가 있어 $\mathrm{MR}(\psi_{i_0}(\bar{y})) < \alpha$임을 보이면 충분하다.
이를 위해 우선 $\phi_i(\bar{x}) := \exists \bar{y}(\psi_i(\bar{y}) \wedge \varphi(\bar{y}, \bar{x}))$라 두자. 이는 $T$와 일관적이고 또한 (4)에 의해 $\mathrm{MR}(\phi_i(\bar{x})) = \mathrm{MR}(q_i(\bar{x}))$인 $(\phi_i(\bar{x}) \in)q_i(\bar{x}) \in S(B)$가 있다. 이때 (*)에 의해 서로 같은 $q_i(\bar{x})$는 많아야 $n$개다. 따라서 무한의 $\tau(\subseteq \omega)$가 있어서 서로 다른 $i, i' \in \tau$에 대하여 $q_i \neq q_{i'}$이고 또한 (연습문제 §4.3.8에 의해) 각 2짝이 모순되는 $\phi'_j(\bar{x})(\models \phi_j(\bar{x})) \in q_j(\bar{x})$를 찾을 수 있다($j \in \tau$). 따라서 $\mathrm{MR}(\phi'_j(\bar{x})) = \mathrm{MR}(\phi_j(\bar{x})) = \mathrm{MR}(q_j)$이다. 이때 $\phi'_j(\bar{x}) \models \exists \bar{y} \varphi(\bar{y}, \bar{x})$이

기에 (**)에 의해 적당한 $i_0 \in \tau$가 있어서 $\mathrm{MR}(\phi'_{i_0}(\bar{x})) = \mathrm{MR}(\phi_{i_0}(\bar{x})) < \alpha$이다(***). 한편 $\mathrm{MR}(\psi_{i_0}(\bar{y})) = \mathrm{MR}(\bar{b}'/B)$인, $\psi_{i_0}(\bar{y})$를 구현하는 $\bar{b}'$이 있다. 그려면 $\models \psi_{i_0}(\bar{b}') \wedge \varphi(\bar{b}', \bar{a}')$, 따라서 $\models \phi_{i_0}(\bar{a}')$인 $\bar{a}'$이 있고 (*)에 의해 $\bar{b}' \in \mathrm{acl}(\bar{a}'A) \subseteq \mathrm{acl}(\bar{a}'B)$이다. 여기서 (***)을 $B$ 위의 귀납가정에 적용하면, 원하던 대로 $\mathrm{MR}(\psi_{i_0}(\bar{y})) = \mathrm{MR}(\bar{b}'/B) < \alpha$가 성립한다. □

**보충설명** 8.32

(1) $p$가 타입이고 $\mathrm{MR}(p) = \alpha$라 하자. 이때 보조정리 8.31(6)에서 정의된 $d$를 $p$의 몰리 차수라 부르고 $\mathrm{dM}(p)$로 표기한다. 예를 들어 $\mathcal{L} = \{E\}$에서, $T$는 동등관계 $E$의 동등류가 $n$개$(1 \leq n)$만 있고 모두 무한임을 서술하는 완전한 이론이라면, $p(x)$가 유일한 완전한 1타입이라 할 때 $\mathrm{MR}(x = x) = \mathrm{MR}(p) = 1$이고 $\mathrm{dM}(x = x) = \mathrm{dM}(p) = n$이다.

(2) 논리식 $\varphi(\bar{x})$가 강한 극소이면이 $\mathrm{MR}(\varphi) = \mathrm{dM}(\varphi) = 1$이다. 그 이유는 다음과 같다. 우선 $\varphi(\bar{x})$가 강한 극소이면 대수적이지 않기에, 보조정리 8.31(5)에 의해 $\mathrm{MR}(\varphi) \geq 1$이다. 또한 강한 극소성의 정의에 의해 $\mathrm{MR}(\varphi), \mathrm{dM}(\varphi) \geq 2$일 수 없기에 $\mathrm{MR}(\varphi) = \mathrm{dM}(\varphi) = 1$이다. 역으로 $\mathrm{MR}(\varphi) = \mathrm{dM}(\varphi) = 1$이라 하자. 임의의 논리식 $\psi(\bar{x})$에 대하여 보조정리 8.31(3)에 의해, $\varphi(\bar{x}) \wedge \psi(\bar{x})$나 $\varphi(\bar{x}) \wedge \neg\psi(\bar{x})$의 몰리 급수는 1이다. 이때 $\mathrm{dM}(\varphi) = 1$이기에, 두 논리식 모두 몰리 급수가 1일 수는 없다. 즉 그중 하나는 대수적이고, $\varphi$는 강한 극소다.

**정리 8.33**

(1) 다음 요건은 동등하다.

(a) $T$는 $\omega$-안정적이다.

(b) $T$의 모든 $n$타입이 (가산인) 서수의 몰리 급수를 가진다.

(c) $\mathrm{MR}_T(x = x) < \infty$.

(2) $T$가 $\omega$-안정이론이면, 임의의 $A$ 위 $n$타입 $p(\bar{x})$와 $(A\subseteq)B$에 대하여

$$1 \leq |\{q(\bar{x}) \in S(B) \mid p \subseteq q\text{이고 } \mathrm{MR}(p) = \mathrm{MR}(q)\}| \leq \mathrm{dM}(p)$$

가 성립한다.

증명 (1)의 증명은 보조정리 4.13의 증명과 비슷하다.
(a)⇒(b) $T$가 $\omega$-안정적이기에 $T$는 작고 정리 5.17에 의해 가산의 포화모델 $M$이 있다. 몰리 급수의 불변성에 의해, 모든 $\mathcal{L}(M)$-논리식들이 가산서수의 몰리 급수를 가지는 것을 보이면 충분하다. 이를 부정하면, 보조정리 4.12의 증명과 같은 방법을 사용하여 $|S(M)| \geq 2^{\aleph_0}$임이 유도되어 $\omega$-안정성과 모순된다. 자세한 논증은 연습문제 §8.6.13으로 남긴다.

(b)⇒(c)는 당연하다.

(c)⇒(a) (c)를 가정하고 가산집합 $A$에 대하여 $S_1(A)$가 가산임을 보이자. 임의의 $p(x) \in S_1(A)$에 대하여 논리식 $\psi(x) \in p$가 있어서, $\mathrm{MR}(p) = \mathrm{MR}(\psi) = \alpha$이다(보조정리 8.31(1)). 또한 보조정리 8.31(6)에 의해 $(p \in)\{q \in S_1(A) \mid \psi \in q\text{이고 } \mathrm{MR}(q) = \alpha\}$의 크기는 $\mathrm{dM}(\psi)$ 이하이다. 그러면 $A$ 위 논리식이 가산개만 있기에, $S_1(A)$는 가산이어야 한다.

(2) 이는 (1)과 보조정리 8.31(4),(6)에 의해 곧장 따른다. □

**보기 8.34**

(1) 보기 4.15(2)의 예에서 $\mathrm{CB}_T(x = x) = 0$이었지만, $\mathrm{MR}_T(x = x) = \alpha$이다. 즉, $T$의 가산모델 $M$에 대하여 $\mathrm{CB}_{T_M}(x = x) = \mathrm{MR}_T(x = x)$이다. 또한 $\mathrm{dM}_T(x = x) = 1$이다(연습문제 §8.6.14). 정리 8.33(1)에 의해 $T$는 $\omega$-안정적이다.

(2) 위의 예처럼 동등관계들로 구성되지만 섬세한 관계의 방향이 다른 예를 살펴보자. 곧, $\mathcal{L}$은 2항술어기호 $E_i$들로만 $(i < \omega)$ 구성되었고, $\mathcal{L}$-이론 $T$는 각 $E_i$가 동등관계이고 $E_i$-동등류는 무한개 있고, $i < j < \omega$에 대하여

$xE_jy \to xE_iy$가 성립하면서 각 $E_i$-동등류 안에 무한개의 $E_j$-동등류들이 있음을 기술한다. 그러면 역시 $T$가 완전한 이론임을 보일 수 있다. 이때 $\mathrm{CB}_T(x=x)=0$이다. 사실 $T$는 작은 이론이다. 하지만 $\mathrm{MR}(x=x)=\infty$이다. 따라서 $T$는 $\omega$-안정적이지 않지만(정리 8.33), 한정제거를 사용하면 $T$가 안정이론임을 보일 수 있다. 상세한 논증은 연습문제 §8.6.14에 남긴다.

(3) 보기 8.27에서 살펴 본 무한벡터공간과 대수적으로 닫힌 체에서 몰리 급수는 각각 벡터공간의 차원과 초월차수를 나타낸다. 좀 더 구체적으로 $V$가 무한벡터공간이고, $\bar{a} \in V$, $A \subseteq V$라면 $\mathrm{MR}(\bar{a}/A)$는 이들로 생성되는 부분벡터공간의 상대적 차원, 즉 $\dim(\langle aA\rangle/\langle A\rangle)$와 같다. 또한 $F$가 대수적으로 닫힌 체일 때, $\bar{c} \in F$, $B \subseteq F$라면 $\mathrm{MR}(\bar{c}/B)$는 $B$로 생성되는 체 $\langle B\rangle$에 대하여 $\mathrm{tr.deg}(\bar{c}/\langle B\rangle)$와 같다(연습문제 §8.6.15).

## 8.5 볼드윈-라클란 정리

예고한 대로 4절의 결과를 사용하여 볼드윈-라클란 정리를 증명할 것이다[3]. 범주성 정리로써, 비가산범주적 이론은 모든 비가산기수에 대하여 해당 크기의 모델이 하나만 있음을 알았는데, 그러면 '가산 크기'의 모델은 몇 개인지 자연스레 질문할 수 있다. 예를 들어 대표적 비가산범주적 이론인 체 $F$ 위 무한벡터공간의 이론 $T_{\mathrm{IVS}/F} := T_{\mathrm{VS}/F} \cup \{\exists^{\geq n}x \mid 1 \leq n \in \omega\}$와 대수적으로 닫힌 체의 이론 $T_{\mathrm{ACF}_p}(p=0$ 또는 소수)를 살펴보자(연습문제 §3.4.15,16(c), 따름정리 3.14). $F$가 유한체이면 $T_{\mathrm{IVS}/F}$는 $\aleph_0$-범주적이고, $\mathcal{L}=\varnothing$일 때 무한집합의 이론인 $\{\exists^{\geq n}x \mid 1 \leq n \in \omega\}$도 모든 무한기수 $\kappa$에 대하여 $\kappa$-범주적이다. 한편 $F$가 가산의 무한체일 때 $T_{\mathrm{IVS}/F}$의 가산모델의 개수는 (동형을 무시하면) $\aleph_0$이고, $T_{\mathrm{ACF}_p}$의 가산모델도 $\aleph_0$개 있다. 볼드윈-라클란 정리는 이것이 모든 가능한 경우라는 답이다.

**정리 8.35**

**(볼드윈[Baldwin]-라클란[Lachlan] 정리)** $T$가 비가산범주적이라 하자. 그러면 $T$의 (서로 동형이 아닌) 가산모델의 개수는 1이거나(즉 $\aleph_0$-범주적), $\aleph_0$이다.

이후로 **비가산범주적인** $T$를 **고정**하고, 표기 8.2를 유지하며 증명을 서술할 것이다. 일단 정리 8.22에 의해, $T$의 소모델 $M_0$가 있고, 강한 극소인 논리식 $\psi(x, \bar{a})$가 있다 ($\bar{a} \in M_0$). 이후에서 임의의 모델 $(M_0 \prec)N$에 대하여 $\dim_{\bar{a}}(N)$은 $\psi(N, \bar{a})$의 차원을 가리킨다(따름정리 8.26). 특히 $\psi(M_0, \bar{a})$의 기저 $I$가 있고 $|I| = \dim_{\bar{a}}(M_0)$이다.

여기서 범주성정리의 마지막 단계 증명을 적용하기 위해서는, 증명의 핵심인 차원의 동일성 즉 임의의 $\bar{a}'(\equiv \bar{a}) \in N$에 대하여, $\dim_{\bar{a}'}(N)(:= \psi(N, \bar{a}')$의 차원$) = \dim_{\bar{a}}(N)$임(보조정리 8.38)을 논증해야 한다. 이를 몰리 급수를 사용하여 보일 것인데, 우선 강한 극소인 논리식과 소모델 간의 관계에 대하여 살펴본다.

**보조정리 8.36**

$(I \subseteq)J(\subseteq \psi(\mathcal{M}, \bar{a}))$가 독립적이고 $N$은 $J\bar{a}$ 위의 소모델이다($T$가 $\omega$-안정이론이기에 이러한 모델이 있다). 그러면 $J$는 $\psi(N, \bar{a})$의 기저다. 특히 $\dim_{\bar{a}}(N) = |J|$이다.

증명 $\psi(N, \bar{a}) \subseteq \mathrm{acl}(J\bar{a})$임을 보이면 된다. 만일 그렇지 않다면, $c \in \psi(N, \bar{a})$이지만 $c \notin \mathrm{acl}(J\bar{a})$인 $c(\in N)$가 있다. $N$은 $J\bar{a}$ 위의 원자모델이기에(정리 8.5), $p(x) := \mathrm{tp}(c/J\bar{a})$를 고립시키는 논리식 $\sigma(x, \bar{b}, \bar{a})(\in p(x))$가 있다($\bar{b} \subseteq J$). 한편 $c \notin \mathrm{acl}(J\bar{a})$이기에, $\Delta(x) := \{\delta(x) \mid \delta(x)$는 $J\bar{a}$ 위의 대수적 논리식$\}$에 대하여

$$T \cup \{\psi(x, \bar{a})\} \cup \{\neg\delta(x) \mid \delta(x) \in \Delta(x)\} \vDash p(x)$$

가 성립한다(예제 8.20). 따라서 적당한 $\delta_0(x), \ldots, \delta_k(x) \in \Delta(x)$가 있어서

$$\vDash (\psi(x, \bar{a}) \wedge \bigwedge_{i \leq k} \neg\delta_i(x)) \rightarrow \sigma(x, \bar{b}, \bar{a})$$

이다. 한편 $\psi(M_0, \bar{a})$는 무한이고 각각의 $\delta_i(x)$는 $(i \leq k)$ 대수적이기에, $\psi(M_0, \bar{a})$의 원소로서 $\psi(x, \bar{a}) \wedge \bigwedge_{i \leq k} \neg\delta_i(x)$를 구현하는 $c'$을 찾을 수 있다. 따라서 $\vDash \sigma(x, \bar{b}, \bar{a})[c']$이고, $c' \equiv_{J\bar{a}} c$가 성립한다. 하지만 $I$는 $\psi(M_0, \bar{a})$의 기저이기에 $c' \in \mathrm{acl}(I\bar{a}) \subseteq \mathrm{acl}(J\bar{a})$이다. 그러므로 $c \in \mathrm{acl}(J\bar{a})$도 되어야 하기에 모순이 발생한다. 결국 $\psi(N, \bar{a}) \subseteq \mathrm{acl}(J\bar{a})$임을 보였다. □

**보조정리 8.37**

$(I \subseteq)J \sqcup \{c_1, c_2\}(\subseteq \psi(\mathcal{M}, \bar{a}))$가 독립이고 $N$은 $J\bar{a}$ 위의 소모델이다(따라서 $c_1, c_2 \notin N$이다). $(N \prec)N_1$을 $Nc_1\bar{a}$ 위의 소모델이라 하면 이는 $Jc_1\bar{a}$ 위의 소모델이다. 고로 $c_2 \notin N_1$이다.

증명 $N_1$이 $Jc_1\bar{a}$ 위의 소모델임을 보이자. (나머지는 보조정리 8.36에서 곧장 따른다.) 우선 $\omega$-안정성에 의해 $Jc_1\bar{a}$ 위의 소모델 $M_1$이 있다. 또한, $N$이 $J\bar{a}(\subset M_1)$ 위의 소모델이기에 $N \equiv_{J\bar{a}} M$이고 $M \prec M_1$인 모델 $M$이 있다. 이때 보조정리 8.36에 의해 $c_1 \notin N, M$이다. 따라서

$$N_1 c_1 N \equiv_{J\bar{a}} M_1' c_1' M \qquad (*)$$

이 성립하는 $M_1'c_1'$이 존재하고, $c_1' \in \psi(M_1', \bar{a}) \setminus M$이다. 여기서 $c_1' \equiv_M c_1$임을 알 수 있다. (왜냐하면 $\mathrm{tp}(c_1/M)$은 $\psi(x, \bar{a})$을 원소로 가지는, $M$ 위의 유일한 비대수적 완전한 1타입이기 때문이다(예제 8.20).) 그러면 $M_1'$이 $Mc_1'$ 위의 소모델이기에, $(J\bar{a} \subseteq)c_1 M \subseteq M_1''$이면서

$$M_1' c_1' \equiv_M M_1'' c_1 \qquad (**)$$

이 성립하는 $M_1''(\prec M_1)$이 존재한다.
한편, 역시 보조정리 8.36에 의해 $\psi(M_1, \bar{a}) \subseteq \mathrm{acl}(Jc_1\bar{a}) \subseteq M_1''$이다. 그러면 보트의 짝이 없기에 $M_1'' = M_1$이고 따라서 $M_1''$은 $Jc_1\bar{a}$ 위의 소모델이다. 이때 (*),(**)에 의해 $M_1'' \equiv_{Jc_1\bar{a}} N_1$이기에 원하던 대로 $N_1$은 $Jc_1\bar{a}$ 위의 소모델이다. □

**보조정리 8.38**

임의의 $\bar{a}_1(\equiv \bar{a}_0 = \bar{a})$과 $\bar{a}_0, \bar{a}_1 \in N$인 $T$의 가산모델 $N$에 대하여, $\dim_{\bar{a}_1}(N) = \dim_{\bar{a}_0}(N)$이다.

증명 $T$가 $\omega$-안정적이기에 $\bar{a}_0, \bar{a}_1 \in N_0$인 $\bar{a}_0\bar{a}_1$ 위의 가산의 소모델 $N_0(\prec N)$가 있다. 이제 $i \in \{0,1\}$에 대하여, 만일 $J_i$가 $\psi(N_0, \bar{a}_i)$의 기저이고, $J_i \sqcup J_i'$이 $\psi(N, \bar{a}_i)$의 기저라면(따라서 $J_i' \subseteq \psi(N, \bar{a}_i) \setminus \psi(N_0, \bar{a}_i)$), $\dim_{\bar{a}_i}(N/N_0) := |J_i'|(\leq \aleph_0)$로 정하자. 이는 따름정리 8.26에 의해 기저의 선택에 독립적이다. 특히 $\dim_{\bar{a}_i}(N) < \omega$이면 $\dim_{\bar{a}_i}(N/N_0) = \dim_{\bar{a}_i}(N) - \dim_{\bar{a}_i}(N_0)$이 성립한다. 사실 이 값은 아래와 같이 $\bar{a}_i$의 선택과도 상관없이 일정하다.

중간요건 $k_0(\leq \omega)$를 $\sup\{k \in \omega \mid N_0 \precneqq N_1 \precneqq \cdots \precneqq N_k = N$인 기본사슬이 있다$\}$로 정의하자. 그러면 $k_0 = \dim_{\bar{a}}(N/N_0)$이다. $k_0$의 정의는 $\bar{a}_i$의$(i = 0, 1)$ 선택에 무관하므로 $k_0 = \dim_{\bar{a}_i}(N/N_0)$이다.

중간요건 증명 $N_0 \precneqq N_1 \precneqq \cdots \precneqq N_k = N$인 기본사슬이 있다고 하자. 보트의 짝이 없기에, 임의의 $j < k$에 대하여 $\psi(N_j, \bar{a}_i) \subsetneq \psi(N_{j+1}, \bar{a}_i)$가 성립한다$(i = 0, 1)$. 이때 각각의 $j < k$에 대하여 $\psi(N_{j+1}, \bar{a}) \setminus \psi(N_j, \bar{a})$에서 뽑은 원소들은 독립이기에(따름정리 8.26(1)), $k \leq k_0 \leq \dim_{\bar{a}_i}(N/N_0)$이 성립한다. 한편 따름정리 8.18에 의해 사실 $N_0$는 앞에서 찾은 $J_0\bar{a}$ 위의 소모델이다. 또한 $M_0$는 $\bar{a}$ 위 소모델이기도 하기에(연습문제 §4.3.9), $M_0 \prec N_0$이고 $I \subseteq J_0$라 해도 무방하다. 이때 $J_0' = \{c_{j+1} \mid j < \dim_{\bar{a}}(N/N_0)\}$로 두자. 이제 $0 < j < \dim_{\bar{a}}(N/N_0)$에 대하여 $(N_0 \prec)N_j'(\prec N)$를 $N_{j-1}'c_j$ 위의 소모델이라 하자. 따라서 $N_0' := N_0 \prec N_1' \cdots \prec N_j' \prec \cdots \prec N$인 기본사슬을 구성한다. 그러면 보조정리 8.37에 의해, 사실 $N_j'$는 $J_0c_1 \ldots c_j\bar{a}$ 위의 소모델이고, $N_0 \precneqq N_1' \cdots \precneqq N_j' \precneqq \cdots \precneqq N$이 성립한다. 따라서 $\dim_{\bar{a}}(N/N_0) \leq k_0$이다. 같은 이유로 $\dim_{\bar{a}_1}(N/N_0) \leq k_0$이고, 결국 $k_0 = \dim_{\bar{a}_i}(N/N_0)$이기에 중간요건을 증명하였다. □

이제 $d(\bar{a}_0, \bar{a}_1) := \dim_{\bar{a}_0}(N) - \dim_{\bar{a}_1}(N)$으로 정의하자. 물론 $\omega - \omega = 0$, $\omega - k = \omega$, $k - \omega = -\omega$로$(k < \omega)$ 두어 항상 정의가 되게 한다. 이때 중간요건에 의해

$$\begin{aligned} d(\bar{a}_0, \bar{a}_1) = \; & \dim_{\bar{a}_0}(N_0) + \dim_{\bar{a}_0}(N/N_0) - (\dim_{\bar{a}_1}(N_0) + \dim_{\bar{a}_1}(N/N_0)) \\ = \; & \dim_{\bar{a}_0}(N_0) - \dim_{\bar{a}_1}(N_0) \end{aligned}$$

가 성립하기에, 결국 $d(\bar{a}_0, \bar{a}_1)$은 $\mathrm{tp}(\bar{a}_0\bar{a}_1)$에만 의존함을 알 수 있다. 또한 정의에 의해, $d(\bar{a}_0, \bar{a}_1) = -d(\bar{a}_1, \bar{a}_0)$이고, 임의의 $\bar{c}(\equiv \bar{a})$에 대하여 $(\bar{c}\bar{a}_0\bar{a}_1 \in N$인

모델을 생각하면) $d(\bar{a}_0, \bar{a}_1) = d(\bar{a}_0, \bar{c}) + d(\bar{c}, \bar{a}_1)$이다(*).
한편 $\bar{a}_0 \equiv \bar{a}_1$이기에 $\bar{a}_0\bar{a}_1 \equiv \bar{a}_i\bar{a}_{i+1}$이 모든 $i \in \omega$에 대하여 성립하는 열 $\langle \bar{a}_i \mid i < \omega \rangle$를 찾을 수 있고(**), $B := \{\bar{a}_i \mid i < \omega\}(\subset \mathcal{M})$라 두자. 이때 $T$가 $\omega$-안정적이기에, 정리 8.33(1)과 보조정리 8.31(4)에 의해, $\bar{a}'(\equiv \bar{a})$가 있어서 $\mathrm{MR}(\bar{a}'/B) = \alpha(:= \mathrm{MR}(\bar{a}') = \mathrm{MR}(\bar{a}))$가 성립한다. 그러면 적당한 $j_0 < j_1 \in \omega$이 있어 $\bar{a}'\bar{a}_{j_0} \equiv \bar{a}'\bar{a}_{j_1}$이어야 한다(***). 만일 그렇지 않아, 모든 $j \in \omega$에 대하여 $\mathrm{tp}(\bar{a}'\bar{a}_j)$이 다 다르다면, $q_j(\bar{x}) := \mathrm{tp}(\bar{a}'/\bar{a}_j)$라 할 때 $\mathrm{MR}(q_j(\bar{x})) = \alpha$이고 역시 보조정리 8.31(4)에 의해, $\mathrm{MR}(q'_j) = \alpha$인 $(q_j \subseteq) q'_j(\bar{x}) \in S(B)$가 있다. 이때 당연히 $q'_j$도 모두 다른 타입이다. 이는 정리 8.33(2)에 모순된다.
한편 (*)에서처럼, $d(\bar{a}_{j_0}, \bar{a}_{j_1}) = d(\bar{a}_{j_0}, \bar{a}') + d(\bar{a}', \bar{a}_{j_1}) = -d(\bar{a}', \bar{a}_{j_0}) + d(\bar{a}', \bar{a}_{j_1})$이 성립하고, (***)에 의해 $d(\bar{a}_{j_0}, \bar{a}_{j_1}) = 0$이다. 또한 (*)와 (**)에 의해, $d(\bar{a}_{j_0}, \bar{a}_{j_1}) = (j_1 - j_0)d(\bar{a}_0, \bar{a}_1)$이기에, $d(\bar{a}_0, \bar{a}_1)=0$이고 결국 $\dim_{\bar{a}_0}(N) = \dim_{\bar{a}_1}(N)$임을 증명하였다. □

이제 볼드윈-라클란 정리를 곧장 증명할 수 있다. 방법은 범주성정리의 증명과 기본적으로 동일하다.

**보조정리 8.39**

만일 $I$가 무한이면 $T$는 $\aleph_0$-범주적이다.

증명 이 경우의 증명은 범주성정리 증명과 동일하다. 즉, $M$이 $T$의 가산모델이면 $M_0$가 소모델이기에 $M_0 \prec M$이라 가정해도 일반성을 잃지 않는다. 이때 당연히 $\psi(M, \bar{a})$의 기저 $J$는 무한이어야 한다. 즉 $|I| = |J|(= \dim_{\bar{a}}(M)) = \aleph_0$이다. 따라서 보충설명 8.29에 의해 두 모델은 동형이다. 결론으로 $T$는 $\aleph_0$-범주적이다. □

위 보조정리에 의해, 나머지 증명을 위해 $n := |I| < \omega$라 가정하고 이 경우에 $T$의 가산모델의 개수가 $\aleph_0$임을 보일 것이다. 우선 (따름정리 8.26(2)의 증명에서처럼) 독립인 $(I \subset) I'(\subset \psi(\mathcal{M}, \bar{a}))$으로 크기가 $\aleph_0$인 것을 찾을 수 있다. 즉 $I = \{b_1, \ldots, b_n\}$

이라 하면($n = 0$이면 $I = \varnothing$), $I' = \{b_i \mid 1 \leq i < \omega\}$라 나열할 수 있다. 이제 주어진 $(n \leq)m(< \omega)$에 대하여, $M_m$을 $\{b_1, \ldots, b_m\}\bar{a}$ 위의 소모델이라 두고, $M_\omega$는 $I'\bar{a}$ 위의 소모델이라고 하자. 그러면 보조정리 8.36에 의해 모든 $(n \leq)m(\leq \omega)$에 대하여, $\dim_{\bar{a}}(M_m) = m$이다.

**보조정리 8.40**

주어진 $(n \leq)m < m'(\leq \omega)$에 대하여, $M_m$과 $M_{m'}$은 동형이 아니다.

증명 만일 동형사상 $f : M_m \to M_{m'}$가 $M_m$과 $M_{m'}$이 동형임을 입증한다면, $\bar{a}'(\in M_{m'}) := f(\bar{a})$에 대하여 $\dim_{\bar{a}}(M_{m'}) = m'$이지만 $\dim_{\bar{a}'}(M_{m'}) = m$이다. 이는 보조정리 8.38과 모순된다. 따라서 두 모델은 동형이 아니다. □

여기서 우리는 볼드윈-리클란 정리 증명을 완료할 수 있다. 만일 $N$이 $T$의 가산의 모델이라면 $M_0$가 소모델이기에 $M_0 \prec N$이라 해도 일반성을 잃지 않는다. 이때 $\dim_{\bar{a}}(N) = m$이라면($n \leq m \leq \omega$), $N$과 $M_m$은 동형이다(보충설명 8.29). 또한 보조정리 8.40에 의해, 이러한 $m$은 유일하다. 즉 동형인 경우를 제외하면 $\{M_m \mid n \leq m \leq \omega\}$이 $T$의 모든 가산모델을 중복 없이 나열한 것이다.

## 8.6 연습문제

1. $T$가 $\omega$-안정적이면 모든 가산집합 $A$에 대하여 $|S(A)| = \aleph_0$임을 보이라.

2. (a) $(A \subseteq)M, N(\prec \mathcal{M})$은 $A$ 위의 원자모델이고 $M \setminus A$, $N \setminus A$ 모두 가산이다. $M$이 $A$ 위로 동형임을 증명하라.

   (b) $M$은 $A(\subseteq M)$ 위의 구성적 모델이고 $M \setminus A$는 가산이다. $M$이 $A$ 위로 (동형인 경우를 무시하면) 유일한 소모델임을 증명하라.

3. 아래 요건들이 동등함을 보이라.

   (a) $\varphi(\bar{x}, \bar{y})$는 불안정하다.

   (b) 균질열 $\langle \bar{a}_i\bar{b}_i \mid i < \omega \rangle$가 있어서 $\models \varphi(\bar{a}_i, \bar{b}_j)$이면이 $i \leq j(\in \omega)$가 성립한다.

   (c) 어떤 $\bar{a}$와 균질열 $\langle \bar{b}_i \mid i \in \mathbb{Z} \rangle$가 있어서 모든 $i \in \mathbb{Z}$에 대하여, $0 \leq i$이면 $\varphi(\bar{a}, \bar{b}_i)$이고, $i < 0$이면 $\neg\varphi(\bar{a}, \bar{b}_i)$이다.

4. 다음을 보이라.

   (a) $\varphi(\bar{x}, \bar{y})$와 $\psi(\bar{x}, \bar{z})$가 안정적이라 하자. $\neg\varphi(\bar{x}, \bar{y})$, $\varphi^{-1}(\bar{y}, \bar{x})(:= \varphi(\bar{x}, \bar{y}))$, $(\varphi \wedge \psi)(\bar{x}, \bar{y}\bar{z})$, $(\varphi \vee \psi)(\bar{x}, \bar{y}\bar{z})$ 모두가 안정적이다.

   (b) $T$가 안정이론이 아닐 필요충분조건은 논리식 $\phi(\bar{x}, \bar{y})$와 $\bar{a}_i$가 있어서($|\bar{x}| = |\bar{y}|$, $i < \omega$), $T \models \phi(\bar{a}_i, \bar{a}_j)$이면이 $i < j$가 성립하는 것이다.

   (c) $T$가 안정적이면이 모든 균질열은 균질집합이다.

5. (a) $\text{tp}(\bar{a}/A)$가 $\text{tp}(\bar{a}/M)$의 공후계이고($M \subseteq A$), $\bar{b}, \bar{c} \in A$에 대하여 $\bar{b} \equiv_M \bar{c}$이다. $\bar{a}\bar{b} \equiv_M \bar{a}\bar{c}$가 성립함을 보이라.

   (b) $p(\bar{x}) \in S(M)$일 때, 모든 $i \in \omega$에 대하여 $\text{tp}(\bar{a}_i/M\bar{a}_0 \ldots \bar{a}_{i-1})$는 $p(\bar{x})$의 공후계이며 $\bar{a}_{i+1} \equiv_{M\bar{a}_0 \ldots \bar{a}_{i-1}} \bar{a}_i$이면, $I = \langle \bar{a}_i \mid i < \omega \rangle$를 ($p$ 안의, 또는 $M$ 위의) 공후계열이라 부른다. 이러한 공후계열 $I$를 항상 찾을 수 있고, $I$는 $M$-균질열임을 보이라. 또한 임의의 $(0 <)n < \omega$에 대하여 $\langle \bar{a}_{n \cdot i} \ldots \bar{a}_{n \cdot i+n-1} \mid i < \omega \rangle$도 $M$ 위의 공후계열임을 설명하라.

6. 보조정리 8.7의 첫 주장을 증명하라. 즉 집합 $(M \subseteq)A \subseteq B$와 $p(\bar{x}) \in S(A)$가 있고, $p(\bar{x}) \in S(A)$는 $p'(\bar{x}) := p \upharpoonright M$의 후계일 때 $p'(\bar{x})$의 후계인 $(p(\bar{x}) \subseteq)q(\bar{x}) \in S(B)$가 있음을 보이라.

7. $\varphi(\bar{x}, \bar{y})$는 $T$의 불안정한 논리식이다($n = |\bar{x}|,\ m = |\bar{y}|$). 상수기호 $\{\bar{c}_r, \bar{d}_s \mid r \in \mathbb{R}, s \in \mathbb{Q}\}$를 추가하여($\bar{c}_r = c_r^1, \ldots, c_r^n,\ \bar{d}_s = d_s^1, \ldots, d_s^m$),

$$T' := T \cup \{\varphi(\bar{c}_r, \bar{d}_s) \mid r \in \mathbb{R}, s \in \mathbb{Q}, r \leq s\} \cup \{\neg\varphi(\bar{c}_r, \bar{d}_s) \mid r \in \mathbb{R}, s \in \mathbb{Q}, s < r\}$$

라 하면, $T'$이 일관적임을 논하라.

8. 닫힌 실체의 이론에서 보트의 짝이 없음을 증명하라. (실수순서체의 이론이 o-극소임을 이용하라.)

9. 보기 8.27의 설명을 구체적으로 논증하라.

10. (a) $T$가 비가산범주적일 필요충분조건은 $T$가 $\omega$-안정적이고 보트의 짝을 갖지 않는 것임을, 범주성정리의 증명을 통해 확인하라.

    (b) $T$가 비가산범주적이면 임의의 가산집합 $A$에 대하여 $T_A$도 비가산범주적임을 논하라.

11. 보조정리 8.31(1)-(5)를 증명하라.

12. (a) $p(\bar{x})$가 $A$ 위 타입이고 $\mathrm{MR}(p) = \alpha$라 하자. 이때 적당한 $\varphi(\bar{x}) := \bigwedge_{i \leq n} \varphi_i(\bar{x})$가 있어서(여기서 $\varphi_i(\bar{x}) \in p(\bar{x}),\ i \leq n$), $\mathrm{MR}(\varphi(\bar{x})) = \mathrm{MR}(p)$이고 동시에 $\mathrm{dM}(\varphi) = \mathrm{dM}(p)$가 성립함을 증명하라. (힌트: $\mathrm{MR}(p) = \mathrm{MR}(\varphi') = \alpha$인 $p$ 안의 논리식들의 유한곱인 $\varphi'$을 택하고, 만일 $\mathrm{dM}(p) < \mathrm{dM}(\varphi')$이라면 보조정리 8.31(6)에서의 $S_{\varphi,N}$과 $S_{\varphi',N} \setminus S_{p,N}$이 서로소인 (따라서 $S_{\varphi,N} = S_{p,N}$) 원하던 $\varphi$를 찾으라.)

    (b) $T$가 $\omega$-안정적이고 $p(\bar{x}) \in S_n(A)$일 때,

$$\{p\} = \{q \in S_n(A) \mid \varphi \in q\text{이고},\ \mathrm{MR}(q) = \mathrm{MR}(\varphi),\ \mathrm{dM}(q) = \mathrm{dM}(\varphi)\}$$

    가 성립하는 $\varphi(\bar{x}) \in p$가 있음을 보이라.

13. 정리 8.33(1)(a)⇒(b) 증명을 완료하라.

14. 보기 8.34의 설명을 논증하라. 보기 4.15(2), 연습문제 §6.7.7 등을 참조하고 한정기호 제거 등을 사용하라.

15. 강한 극소인 $A$ 위 논리식 $\psi(x)$와 $I(\subseteq \psi(\mathcal{M}))$가 있다. 여기서 정의 8.25의 독립성을 $A$ 위에서 정의할 수 있다. 즉 $I$가 $A$ 위로 독립이라는 것은 각 $c \in I$에 대하여 $c \notin \operatorname{acl}((I \setminus \{c\})A)$라는 것이다. 이때

$$\dim_\psi(I/A) := \{|J| J(\subseteq I)\text{는 } A \text{ 위로 독립적이고 } I \subseteq \operatorname{acl}(JA)\text{이다}\}$$

라 정의한다. 이는 역시 따름정리 8.26(과 증명)에 의해 잘 정의되었다.

(a) $T_{\mathrm{IVS}/F}$에서, $\dim_{x=x}(I/A)$는 이들로 생성되는 부분벡터공간의 상대적 차원, 즉 $\dim(\langle IA\rangle/\langle A\rangle)$임을 설명하라. 또한 $T_{\mathrm{ACF}_p}$에서, $\dim_{x=x}(I/A) = \operatorname{tr.deg}(I/\langle A\rangle)$임을 논하라.

(b) $\{c_1, \ldots, c_n\}$, $\{c_1', \ldots, c_n'\}(\subset \psi(\mathcal{M}))$이 주어졌다. 이들이 각각 $A$ 위로 독립이라면 정리 8.28의 증명에 의해 $c_1 \ldots c_n \equiv_A c_1' \ldots c_n'$이 성립한다. 이를 바탕으로

$$\operatorname{MR}(c_1 \ldots c_n/A) = \dim_\psi(c_1 \ldots c_n/A)$$

임을 보이라. (힌트: 보조정리 8.31(7)에 의해, $\{c_1, \ldots, c_n\}$이 $A$ 위로 독립이라 해도 무방하다. 또한 $\operatorname{MR}(\psi(x_1) \wedge \cdots \wedge \psi(x_n)) = n$이고, 임의의 $\{d_1, \ldots, d_n\}(\subset \psi(\mathcal{M}))$에 대하여 $\operatorname{MR}(d_1 \ldots d_n/A) = n$이면이 $\{d_1, \ldots, d_n\}$이 $A$ 위로 독립임을 논증하면 충분하다. 먼저 ($Ac_n$ 위) 귀납가정하에서 $\operatorname{MR}(\psi(x_1) \wedge \cdots \wedge \psi(x_{n-1}) \wedge x_n = c_n) = n-1$이기에 $\operatorname{MR}(\psi(x_1) \wedge \cdots \wedge \psi(x_n)) \geq n$임을 논하라. 또한 $(A \subseteq)B$에 대하여 $\operatorname{MR}(d_1 \ldots d_n/B) \geq n$이면 귀납가정에 의해 $\{d_1, \ldots, d_n\}$은 $B$ 위로 독립적임을 논하라. 따라서 $\operatorname{MR}(\psi(x_1) \wedge \cdots \wedge \psi(x_n)) \not\geq n+1$, 즉 $\operatorname{MR}(\psi(x_1) \wedge \cdots \wedge \psi(x_n)) = n$을 얻는다.)

# 9 가름과 단순성

몰리의 범주성정리 이후 모델론 연구의 한 방향은, 정리의 증명 과정에서 밝힌 비가산범주적 이론들이 가지는 특성을 고찰하고 해석하여 더 큰 범위의 이론들에 대하여 적용하며 심화하는 것이었다. 특히 셸라흐는 강한 극소인 논리식에서 대수적으로 주어지는 원소들의 독립성을 좀 더 일반적으로 확대할 수 있을 것이라 생각하였고 이를 위해 논리식의 나눔과 가름 개념을 도입하였다. 그는 완전한 이론이 안정성을 가지면 가름 개념으로 주어지는 원소들의 독립성에 대칭성이 있음을 보였고 이후 30년 이상 안정성 이론 연구는 모델론 연구의 주요 주제로 자리 잡았다. 1990년대 중반 저자는 가름 개념으로 주어지는 원소들의 독립성이 단순성을 가지는 이론에서도 성립하는 것을 증명하여, 안정성을 포괄하는 단순성 이론에 대한 본격적 연구가 시작되었다[23].

곧 안정성 연구가 먼저 시작되었지만, 단순성은 안정성보다 더 일반적인 개념이기에 이 책에서는 먼저 9장에서 단순성에 대한 이론 전개를 진행하고 이를 바탕으로 10장에서 안정성의 특성에 대하여 조사할 것이다.

**이후 이 책의 나머지 모든 장에서 계속 표기 8.2를 유지한다. 다만 무한모델만 가지는 완전한 이론 $T$의 언어 $\mathcal{L}$은 (§9.5.2절을 제외하면) 가산일 필요가 없다.** (이러한 일부 추가/변경 사항은 각 장의 서두에서 알릴 것이다.) 특히 집합과 모델은 $\mathcal{M}(\models T)$ 내의 작은 집합과 기본부분모델을 의미한다. 고정된 $T$를 (정확히는 적당히 이름을 준 $T_A$) 염두에 두기에, 이를 종종 생략한다. 예를 들어 ① 논리식들의 집합 $\Gamma$가 일관적, 또는 모순적이라는 것은 $T_A \cup \Gamma$가 $(A := \mathrm{dom}(\Gamma))$ 각각 그렇다는 것이고, ② 논리식 $\varphi$에 대하여 $\Gamma \models \varphi$는 $T_B \cup \Gamma \models \varphi$를 의미한다($B := \mathrm{dom}(\Gamma) \cup \mathrm{dom}(\varphi)$). 이를 $\mathcal{M}$ 내에서 다시 해석하면, ①은 $\Gamma$의 해가 $\mathcal{M}$에 있거나 없다는 뜻이고, ②는 $\bar{a}(\in \mathcal{M})$가 $\Gamma$를 구현하면 $\varphi$도 구현한다는 것이다. 선형순서집합 $\Lambda$와 열 $\langle \bar{a}_i \mid i \in \Lambda \rangle$에 대하여 $\bar{a}_{<j}$는 $(j \in \Lambda)$ 부분열 $\langle \bar{a}_i \mid i(\in \Lambda) < j \rangle$를 뜻한다. 마찬가지로 $\bar{a}_{\leq j} := \langle \bar{a}_i \mid i \leq j \rangle$,

$\bar{a}_{>j} := \langle \bar{a}_i \mid i > j \rangle$, $\bar{a}_{\geq j} := \langle \bar{a}_i \mid i \geq j \rangle$이다. $\mathcal{M}^n$의 부분집합 $\mathcal{C}$가 $A$ 위 (또는 $A$-) 타입정의가능하다는 것은, $\mathcal{C} = \Gamma(\mathcal{M}) := \{\bar{c} \in \mathcal{M}^n \mid \mathcal{M} \models \Gamma[\bar{c}]\}$인 $A$ 위 논리식들의 집합 $\Gamma(\bar{x})$가 있다는 것이다. 마찬가지로, 변수의 짝 $\bar{x}$를 포함하는 서술이 $A$ 위 타입정의가능하다는 것은, $\bar{x}$에 대입하여 그 서술을 만족시키는 원소의 짝들을 모두 모은 집합이 $A$-타입정의된다는 것이다. 당연히 $A$ 위 정의가능한 집합은 $A$ 위 타입정의가능하다.

## 9.1 나눔과 가름

고급 모델론의 기본 개념인 나눔과 가름에 대하여 소개하고 그 특성을 살펴본다. 특히 이를 통해 원소들 사이의 독립성을 정의할 수 있다.

**정의 9.1**

- 자연수 $k(\geq 1)$에 대하여, 논리식 $\varphi(\bar{x}, \bar{c})$가 $A$ 위로 $k$-나눈다*divide*는 것은 $\bar{c}_i \equiv_A \bar{c}$인 $\{\bar{c}_i \mid i < \omega\}$가 있어서 $\{\varphi(\bar{x}, \bar{c}_i) \mid i < \omega\}$가 $k$-모순(즉 이의 모든 $k$ 크기의 부분집합이 모순)된다는 것이다. (따라서 논리식 $\varphi(\bar{x}, \bar{c})$가 모순되는 논리식이면, 이는 항상 $A$ 위로 1-나눈다.)

  논리식 $\varphi(\bar{x}, \bar{c})$가 $A$ 위로 나눈다*divide*는 것은, $A$ 위로 $k$-나누는 $k$가 있다는 것이다.

- $\varphi(\bar{x}, \bar{c})$가 $A$ 위로 가른다*fork*는 것은, $A$ 위로 나누는 논리식들 $\psi_i(\bar{x}, \bar{d}_i)$가 있어서$(i = 0, \ldots, n)$, $\varphi(\bar{x}, \bar{c}) \models \bigvee_{i \leq n} \psi_i(\bar{x}, \bar{d}_i)$가 성립한다는 것이다.

- 타입 $p(\bar{x})$가 $A$ 위로 나눈다/가른다는 것은, 이 타입이 $A$ 위로 나누는/가르는 논리식을 유도한다는 것이다. ($A = \varnothing$일 때, '$\varnothing$ 위로'를 생략할 수 있다.)

- $\bar{c} \mathop{\smile\!\!\!\!\!\!|}\,^{\mathrm{d}}_{A} B$는 $\mathrm{tp}(\bar{c}/AB)$가 $A$ 위로 나누지 않는다는 것을 표기한다. $\bar{c} \mathop{\smile\!\!\!\!\!\!|}\,_{A} B$는 $\mathrm{tp}(\bar{c}/AB)$가 $A$ 위로 가르지 않음을 표기한다. $C \mathop{\smile\!\!\!\!\!\!|}\,^{\mathrm{d}}_{A} B$, $C \mathop{\smile\!\!\!\!\!\!|}\,_{A} B$는 임의의 $\bar{c} \in C$에 대하여 각각 $\bar{c} \mathop{\smile\!\!\!\!\!\!|}\,^{\mathrm{d}}_{A} B$, $\bar{c} \mathop{\smile\!\!\!\!\!\!|}\,_{A} B$가 성립한다는 것을 뜻한다. ($C \mathop{\smile\!\!\!\!\!\!|}\, B$, $C \mathop{\smile\!\!\!\!\!\!|}\,^{\mathrm{d}} B$는 각각 $C \mathop{\smile\!\!\!\!\!\!|}\,_{\varnothing} B$, $C \mathop{\smile\!\!\!\!\!\!|}\,^{\mathrm{d}}_{\varnothing} B$를 표기한다.)

**보충설명** 9.2

(1) 당연히 동형사상은 나눔, 가름 개념을 보존한다. 즉 $\bar{c}A \equiv \bar{c}'A'$일 때, $\varphi(\bar{x}, \bar{c})$가 $A$ 위로 $k$-나누는 것과, $\varphi(\bar{x}, \bar{c}')$이 $A'$ 위로 $k$-나누는 것은 동등하다. 가름의 경우도 마찬가지다.

정의에 의해 각 $\varphi_i(\bar{x}, \bar{a}_i)$가 $(i = 0, \ldots, n)$ $A$ 위로 가르면 $\bigvee_{i \leq n} \varphi_i(\bar{x}, \bar{a}_i)$도 $A$ 위로 가른다. 나눔은 일반적으로 이런 성질이 없다(보기 9.3(1)).

한편 $A \subseteq B$라 하자. 당연히 한 논리식이 $B$ 위로 $k$-나누면, $A$ 위로 $k'(\geq k)$-나눈다. 역시 정의에 의해 한 논리식이 $B$ 위로 가르면, $A$ 위로도 가른다.

(2) $\varphi(\bar{x}, \bar{a}) \vDash \psi(\bar{x}, \bar{b})$라 하자. 이때 $\psi(\bar{x}, \bar{b})$가 $A$ 위로 $k$-나누면 $\varphi(\bar{x}, \bar{a})$도 $A$ 위로 $k$-나눔을 정의에 의해 쉽게 알 수 있다. 마찬가지로 $\psi(\bar{x}, \bar{b})$가 $A$ 위로 가르면 $\varphi(\bar{x}, \bar{a})$도 $A$ 위로 가른다. 따라서 타입 $p(\bar{x})$가 $A$ 위로 나누거나 가르면 $p(\bar{x})$ 안의 적당한 유한개의 논리식들의 논리곱이 이를 입증한다. 즉 $C \not\mathrel{\unicode{x2AEB}}^{\mathrm{d}}_A B$이면이, $\bar{c} \in C$와 논리식 $\varphi(\bar{x}, \bar{b}) \in \mathrm{tp}(\bar{c}/AB)$가 있어서 $\varphi(\bar{x}, \bar{b})$는 $A$ 위로 나눈다. $\not\mathrel{\unicode{x2AEB}}$의 경우도 마찬가지다.

또한 $A \mathrel{\unicode{x2AEB}}^{\mathrm{d}}_B C$이면이 $AB \mathrel{\unicode{x2AEB}}^{\mathrm{d}}_B BC$이다. $A \mathrel{\unicode{x2AEB}}_B C$이면이 $AB \mathrel{\unicode{x2AEB}}_B BC$임도 쉽게 따른다(연습문제 §9.6.1).

(3) 나눔과 가름은 타입의 해집합에만 의존한다. 곧 $p(\bar{x}) \vDash q(\bar{x})$이고 $q(\bar{x}) \vDash p(\bar{x})$라면, $p(\bar{x})$가 $A$ 위로 가르는/나누는 것은 $q(\bar{x})$가 $A$ 위로 가르는/나누는 것과 동등하다.

(4) 역시 정의에 의해 $B$ 위의 (일관적인) 타입 $p(\bar{x})$는 $B$ 위로 나누지 않는다. 즉 항상 $C \mathrel{\unicode{x2AEB}}^{\mathrm{d}}_B B$가 성립하며, $C \mathrel{\unicode{x2AEB}}^{\mathrm{d}}_B \mathrm{acl}(B)$도 성립한다(연습문제 §9.6.5). 또한 $p(\bar{x})$가 $A$ 위로 나누면 $A$ 위로 가른다. 따라서 $C \mathrel{\unicode{x2AEB}}_A B$이면 $C \mathrel{\unicode{x2AEB}}^{\mathrm{d}}_A B$이다. 다음에서 역이 성립하지 않는 예를 보일 것이다.

**보기 9.3**

(1) $C$는 원이고 이 위에 3항관계

$$\begin{aligned} R := \ & \{(x,y,z) \in C^3 \mid x,z\text{는 중점 기준 대칭점들이 아니고,} \\ & \text{y는 } x,z\text{를 연결하는 작은 호 안에 있다}\} \end{aligned}$$

이 있는 모델 $M = (C, R)$을 생각하자. 이때 당연히

$$M \models x = x \leftrightarrow R(a,x,b) \vee R(b,x,c) \vee R(c,x,a) \qquad (*)$$

가 성립하는 서로 다른 $a, b, c \in C$가 있다. 또한 $C$에서 대칭점들이 아닌 짝들 $(a_0, a_1), (b_0, b_1) \in C^2$에 대하여($a_0 \neq a_1$, $b_0 \neq b_1$), $f((a_0, a_1)) = (b_0, b_0)$인 $f \in \mathrm{Aut}(M)$를 찾을 수 있다. 곧 $\mathrm{tp}(a_0 a_1) = \mathrm{tp}(b_0 b_1)$이다. 따라서 논리식 $R(a,x,b), R(b,x,c), R(c,x,a)$ 각각은 $\varnothing$ 위로 2-나누는 것을 확인할 수 있다. 결국 $x = x$는 나누지는 않지만, 가른다. 따라서 $a \not\perp \varnothing$이지만 $a \perp^{\mathrm{d}} \varnothing$이다.

한편 임의의 $T$에서, 정의에 의해 각 $\varphi_i(\bar{x}, \bar{a}_i)$가 $(i \leq n)$ $A$ 위로 가르면 $\bigvee_{i \leq n} \varphi_i(\bar{x}, \bar{a}_i)$도 $A$ 위로 가른다. 하지만 $(*)$에서 보듯이, 나누는 논리식들의 논리합은 나누지 않을 수 있다.

(2) $(\mathbb{Q}, <)$에서 $a < b < c \in \mathbb{Q}$를 선택하면 논리식 $a < x < c$가 2-나누기에 $b \not\perp^{\mathrm{d}} ac$가 성립한다. 하지만 $ac \perp b$임을 한정기호 제거로 쉽게 보일 수 있다.

(3) 모델 $(\mathbb{Q}^2, P)$를 생각하자. 여기서 $P$는 2항관계이고, 임의의 $a = (a_0, a_1) \in \mathbb{Q}^2$, $b = (b_0, b_1) \in \mathbb{Q}^2$에 대하여, $P(a,b)$이면이 $a_0 = b_0$이거나 $a_1 = b_1$이다. 이때 논리식 $xPb$는 3-나누지만 2-나누지는 않음을 확인할 수 있다.

(4) 쉽고 전형적인 나눔의 예는, $\mathcal{L} = \{E\}$이고 $E$는 무한의 동등류들만 무한 개가지는 동등관계이다. 그러면 원소 $a$에 대하여 논리식 $xEa$ 는 2-나눈다. 특히 $bEa$이면 $b \not\perp^{\mathrm{d}} a$가 성립한다. 하지만 $\neg bEa$이면 $b \perp a$임을 보일 수 있다.

나눔 개념을 기하적으로 통찰해 보면, 곡면이 서로소인 곡선들로 나누어지고, 곡선은 점들로 나누어지는 것에 비유할 수 있다. 특히 위 예 9.3(4)에서 보듯이 나눔 개념으로 원소들 간의 연관성을 이해할 수 있나. $\bar{c} \not\perp^{\mathrm{d}}_{A} \bar{b}$라는 것은 $\bar{c}$가 $A$와 가지는 관련성보다 $A\bar{b}$와 상대적으로 더 밀접한 관련성이 있음을 나타낸다. 즉 $\bar{c}, \bar{b}$가 $A$ 위로 연관성이 있다는 것이다. 반대로 $\bar{c} \perp^{\mathrm{d}}_{A} \bar{b}$은 $\bar{c}, \bar{b}$가 $A$ 위로 서로 독립적이라는 것을 나타내려는 것이다. 곧 나눔 개념은 원소들 사이의 독립성, 또는 차원 개념을 부여하려는 의도(모든 이론에서 성공적인 것은 아니지만)로 정의된 것이다.

그렇다면 나눔 개념과 비슷한 가름 개념은 왜 도입된 것일까? 앞으로의 이론 전개에 매우 유용한, 가름의 확대성이 보장되는 것이 그 한 이유다.

**정리 9.4**

**($\perp$의 확대성)** $p(\bar{x})$가 $C$ 위의 타입으로, $A$ 위로 가르지 않는다고 하자. 그러면 $A$ 위로 가르지 않는 완전한 타입 $(p(\bar{x}) \subseteq) q(\bar{x}) \in S(C)$가 있다. 따라서 만일 $\bar{a} \perp_A B$이고 $A \subseteq B \subseteq C$이면 $\bar{a}' \equiv_B \bar{a}$가 있어 $\bar{a}' \perp_A C$가 성립한다.

증명 끝 문장은 $p(\bar{x}) = \mathrm{tp}(\bar{a}/B)$로 두면 이는 $C$ 위의 부분타입이기에 둘째 문장만 증명하면 성립한다. 둘째 문장 증명을 위해 $\Phi(\bar{x}) := \{\neg\varphi(\bar{x}, \bar{c}) \mid \bar{c} \in C$이고, $\varphi(\bar{x}, \bar{c})$는 $A$ 위로 가른다$\}$라 놓고, 우선 $\Gamma(\bar{x}) := p(\bar{x}) \cup \Phi(\bar{x})$가 일관적임을 보이자. 그렇지 않아서 $p(\bar{x})$와 $\Phi(\bar{x})$가 모순적이라면, $p(\bar{x}) \models \bigvee_{i \leq n} \varphi_i(\bar{x}, \bar{c}_i)$가 성립하는, $A$ 위로 가르는 $\varphi_i(\bar{x}, \bar{c}_i)$가 있어야 한다($\bar{c}_i \in C$, $i \leq n$). 하지만 그러면 정의에 의해 $p(\bar{x})$는 $A$ 위로 갈라야 하기에 모순이 발생한다. 따라서 $\Gamma(\bar{x})$는 일관적이다.
그러므로, $\Gamma(\bar{x})$를 포함하는 완전한 타입 $q(\bar{x}) \in S(B)$가 존재한다. 이것이 $A$ 위로 가르지 않음을 보이면 된다. 만일 가른다면, $A$ 위로 가르는 논리식 $\phi(\bar{x}, \bar{b}) \in q(\bar{x})$이 $(\bar{b} \in C)$ 있어야 한다. 이때 $\neg\phi(\bar{x}, \bar{b}) \in \Phi(\bar{x}) \subseteq q(\bar{x})$가 되기에 모순이다. 증명을 완료하였다. □

위 확대성정리의 증명은 실은 $\bar{a}$가 집합인 경우까지 커버한다(연습문제 §9.6.4). 보기 9.3(1)은 일반적으로 $\perp^{\mathrm{d}}$에 확대성이 없음을 보이는 예이기도 하다. 임의의 $d \in C$에 대하여 $d \perp^{\mathrm{d}} \varnothing$이지만, $(*)$로 인해 어떠한 $d'(\equiv d)$도 $d' \perp^{\mathrm{d}} abc$일 수 없다.

나눔과 가름의 추가적 기본성질은 아래와 같다.

**보충설명** 9.5

(1) $\varphi(\bar{x}, \bar{a}_0)$가 $A$ 위로 ($k$-)나누는 논리식이면이 $A$-균질열 $\langle \bar{a}_i \mid i < \omega \rangle$가 있어 $\{\varphi(\bar{x}, \bar{a}_i) \mid i < \omega\}$가 ($k$-)모순이다. 이는 램지의 정리 7.6(1)을 사용하여 쉽게 보일 수 있다(연습문제 §9.6.2). 따라서 연습문제 §7.3.3에 의해 $\varphi(\bar{x}, \bar{a}_0)$가 $A$ 위로 $k$-나누는 것과, $\mathrm{acl}(A)$ 위로 $k$-나누는 것은 동등한 요건이다.

(2) **(기저단조성**base monotonicity**)** 각각 $A \mathop{\smile\!\!\!\!\!\!|}^{\mathrm{d}}_B CD$, $A \mathop{\smile\!\!\!\!\!\!|}_B CD$이면 각각 $A \mathop{\smile\!\!\!\!\!\!|}^{\mathrm{d}}_{BC} D$, $A \mathop{\smile\!\!\!\!\!\!|}_{BC} D$이다. 이는 보충설명 9.2(1)에서 곧바로 따른다.

(3) **(유한특성)** $C \mathop{\smile\!\!\!\!\!\!|}_B A$이면이 모든 유한한 $\bar{c} \in C$, $\bar{a} \in A$에 대하여 $\bar{c} \mathop{\smile\!\!\!\!\!\!|}_B \bar{a}$이다. 같은 성질을 $\mathop{\smile\!\!\!\!\!\!|}^{\mathrm{d}}$도 가진다. 이는 정의에 의해 당연하다.

(4) 논리식의 $k$-나눔은 타입정의가능하다. 좀 더 구체적으로, 임의의 $\mathcal{L}$-논리식 $\varphi(\bar{x}, \bar{y})$과 $k \geq 1$에 대하여 $\mathcal{L}$-논리식들의 집합 $\Sigma^k_\varphi(\bar{y}, \bar{z})$가 있어서, $\models \Sigma^k_\varphi(\bar{b}, \bar{c})$이면이 $\varphi(\bar{x}, \bar{b})$가 $\bar{c}$ 위로 $k$-나눈다(연습문제 §9.6.6). 따라서 콤팩트성에 의해, $\varphi(\bar{x}, \bar{c})$가 $A$ 위로 $k$-나눌 필요충분조건은 임의의 유한한 $\bar{a} \in A$에 대하여 $\varphi(\bar{x}, \bar{c})$가 $\bar{a}$ 위로 $k$-나누는 것임을 알 수 있다.

(5) 주어진 논리식 $\psi(\bar{x})$를 $\bar{a}(\in A)$가 구현한다고 하자. 그러면 $\psi(\bar{x}) \models \bigvee_{i \leq n} \phi_i(\bar{x}, \bar{c}_i)$일 때, 어떤 $j \leq n$에 대하여 $\bar{a}$가 $\phi_j(\bar{x}, \bar{c}_j)$를 구현하고, 고로 모든 $\bar{c}' \equiv_A \bar{c}_j$에 대하여 $\bar{a}$가 $\phi_j(\bar{x}, \bar{c}')$도 구현하기에 $\phi_j(\bar{x}, \bar{c}_j)$가 $A$ 위로 나눌 수 없다. 곧, $\psi(\bar{x})$는 $A$ 위로 나눌 수도 가를 수도 없다.

따라서 타입 $p(\bar{x})$에 대하며 만일 임의의 $\varphi(\bar{x}) \in p$가 적당한 $\bar{c} \in A$로 구현된다면, $p(\bar{x})$는 $A$ 위로 나누지도, 가르지도 않는다. 특히 $p(\bar{x})$가 모델 $M$ 위의 타입이면 ($M$이 $p$를 거르는 경우라도) $M$ 위로 나누지 않고 가르지도 않는다. 또한 $p \in S(B)$, $M \subseteq B$이고 $p$가 $p \upharpoonright M$의 공후계일 때도 마찬가지다.

다음은 $\mathop{\smile\!\!\!\!\!\!|}^{\mathrm{d}}$를 다른 관점에서 이해하는 매우 중요한 성질로, 앞으로 계속 사용할 것이다.

**정리 9.6**

아래 요건들은 모두 동등하다.

(1) $A \mathop{\smile\!\!\!\!\!\!\;|}^{\mathrm{d}}_{B} \bar{c}$

(2) $\bar{c}_0 = \bar{c}$인 임의의 $B$-균질열 $I = \langle \bar{c}_i \mid i < \omega \rangle$에 대하여 $A' \equiv_{B\bar{c}} A$인 $A'$이 있어서, $I$는 $A'B$-균질열이다.

(3) $\bar{c}_0 = \bar{c}$인 임의의 $B$-균질열 $I = \langle \bar{c}_i \mid i < \omega \rangle$에 대하여, $J \equiv_{B\bar{c}} I$인 $AB$-균질열 $J$가 있다.

증명 (1)⇒(2) 우선 $\bar{a} \in A$라 하고, $q(\bar{x}, B\bar{c}) := \mathrm{tp}(\bar{a}/B\bar{c})$로 두자. 그리고 $\Gamma(\bar{x}) := \bigcup_{i<\omega} q(\bar{x}, B\bar{c}_i)$가 일관적임을 보이자. 그렇지 않다면, 적당한 논리식 $\phi(\bar{x}, \bar{b}, \bar{c}_0) \in q(\bar{x}, B\bar{c})$가 있어서($\bar{b} \in B$), $\{\varphi(\bar{x}, \bar{b}, \bar{c}_i) \mid i < \omega\}$가 모순된다. 즉 $\phi(\bar{x}, \bar{b}, \bar{c}_0)$는 $B$ 위로 나누고(보충설명 9.5(1)), 이는 (1)과 모순된다. 따라서 $\Gamma(\bar{x})$는 일관적이어야 한다.
그러면 $\Gamma(\bar{x})$를 구현하는 원소의 짝 $\bar{a}'$으로, $I$가 $B\bar{a}'$-균질열이 되는 $\bar{a}'$가 존재하는 것을 램지의 정리 7.6을 사용하여 찾을 수 있다(연습문제 §9.6.3). 이때 $\bar{a}'$이 $q(\bar{x}, B\bar{c})$를 만족하기에, $\bar{a}' \equiv_{B\bar{c}} \bar{a}$가 성립한다. 지금까지가 임의의 유한한 $\bar{a} \in A$에 대하여 성립하기에, 콤팩트성정리를 사용하면 (2)에서 원하는 $A'$을 찾을 수 있다.

(2)⇒(1) (2)를 가정하고 $\bar{a} \in A$라 할때, 임의의 논리식 $\varphi(\bar{x}, \bar{b}, \bar{c}) \in \mathrm{tp}(\bar{a}/B\bar{c})$가 ($\bar{b} \in B$) $B$ 위로 나누지 않음을 보이면 된다. 즉 보충설명 9.5(1)에 의해, 임의의 $B$-균질열 $I = \langle \bar{c}_i \mid i < \omega \rangle$에($\bar{c} = \bar{c}_0$) 대하여 $\Phi(\bar{x}) := \{\varphi(\bar{x}, \bar{b}, \bar{c}_i) \mid i < \omega\}$가 일관적임을 확인하면 된다. 한편 (2)에 의해 $\bar{a}' \equiv_{B\bar{c}} \bar{a}$인 $\bar{a}'$이 있어, $I$는 $B\bar{a}'$-균질열이다. 따라서 $\bar{a}'$은 $\Phi(\bar{x})$을 구현한다.

(2)⇒(3) 이는 $f(A') = A$인 $f \in \mathrm{Aut}(\mathcal{M}/B\bar{c})$에 대하여 $J := f(I)$로 두면 성립한다.

(3)⇒(2) 마찬가지로 $g(J) = I$인 $g \in \mathrm{Aut}(\mathcal{M}/B\bar{c})$에 대하여 $A' := f(A)$로 두면 된다. □

**정리 9.7**

**(좌추이성**[left transitivity]**)** $B \mathop{\smile\!\!\!\!\!\!\!\,|}\nolimits^{\mathrm{d}}_{C} D$이고 $A \mathop{\smile\!\!\!\!\!\!\!\,|}\nolimits^{\mathrm{d}}_{BC} D$이면, $AB \mathop{\smile\!\!\!\!\!\!\!\,|}\nolimits^{\mathrm{d}}_{C} D$이다.

증명 가정하에서, 임의의 유한한 $\bar{d} \in D$에 대하여 $AB \mathop{\smile\!\!\!\!\!\!\!\,|}\nolimits^{\mathrm{d}}_{C} \bar{d}$임을 보이면 충분하다. 즉 정리 9.6에서처럼, 임의의 $C$-균질열 $I = \langle \bar{d}_i \mid i < \omega \rangle$에 대하여($\bar{d} = \bar{d}_0$) $J \equiv_{C\bar{d}} I$인 $ABC$-균질열 $J$를 찾으면 된다. 우선 $B \mathop{\smile\!\!\!\!\!\!\!\,|}\nolimits^{\mathrm{d}}_{C} \bar{d}$이기에, 역시 정리 9.6에 의해 $J' \equiv_{C\bar{d}} I$인 $BC$-균질열 $J'$가 있다. 그러면 $A \mathop{\smile\!\!\!\!\!\!\!\,|}\nolimits^{\mathrm{d}}_{BC} D$이기에, 다시 정리 9.6을 $J'$에 적용하면, $J \equiv_{BC\bar{d}} J'$인 원하던 $ABC$-균질열 $J$가 있다. □

**보충설명** 9.8

$\mathop{\smile\!\!\!\!\!\!\!\,|}$도 좌추이성을 가진다(연습문제 §9.6.7). 정리 9.6에 의해, $\bar{a} \in \mathrm{acl}(A\bar{b}) \setminus \mathrm{acl}(A)$라면 $\bar{b} \not\mathop{\smile\!\!\!\!\!\!\!\,|}\nolimits^{\mathrm{d}}_{A} \bar{a}$임이 곧장 따른다.

## 9.2 단순성과 독립성

이 절에서는 이 장의 주제인 단순성을 정의하고, 단순성을 가지는 이론에서 $\mathop{\smile\!\!\!\!\!\!\!\,|}$가 매우 좋은 성질(정리 9.18)을 가지는 것을 보일 것이다.

**정의 9.9**

$T$가 단순*simple*하다는 (또는 단순이론이라는) 것은 $\mathop{\smile\!\!\!\!\!\!\!\,|}$가 국소성을 가진다는 것이다.

**(국소성)** 유한한 짝 $\bar{a}$와 집합 $A$에 대하여 항상 크기가 $\leq |T|$인 부분집합 $A_0 (\subseteq A)$가 있어 $\bar{a} \mathop{\smile\!\!\!\!\!\!\!\,|}_{A_0} A$가 성립한다.

단순성에 대하여 좀 더 공부한 후 단순이론들의 예를 보기 9.39와 보기 10.13에서 살펴볼 것이다. 특히 모든 안정이론은 단순이론이지만 역은 성립하지 않는다(따름정리 10.4).

### 9.2.1 몰리 열과 김의 보조정리

몰리 열을 정의하고, 단순이론에서 $\mathop{\smile\!\!\!\!\!\!|}$의 대칭성과 추이성 증명의 핵심이 되는 김의 보조정리 9.16을 증명한다.

**정의 9.10**

열 $I = \langle \bar{a}_i \mid i < \omega \rangle$가, $A$-몰리[Morley] 열(또는 $A$ 위 몰리 열)이라는 것은, $I$가 $A$-균질열이면서 임의의 $i < \omega$에 대하여 $\bar{a}_i \mathop{\smile\!\!\!\!\!\!|}_A \bar{a}_{<i}$가 성립한다는 것이다. $I$가 $A$-몰리 열이면 이를 $p(\bar{x})(:= \mathrm{tp}(\bar{a}_0/A))$ 안의 몰리 열이라고도 부른다.

**보충설명** 9.11

(1) $T$가 단순이론이면 (보기 9.3(1)과 다르게) 정의와 기저단조성 9.5(2)에 의해, $A$ 위의 임의의 타입은 $A$ 위로 가르지 않는다. 사실 해당 $T$에서 가름과 나눔 개념이 같기에 (따름정리 9.17) 그렇기도 하다.

(2) $\langle \bar{b}_i\bar{c}_i \mid i < \omega \rangle$가 $A$ 위 몰리 열이라 하자($|\bar{b}_i| = |\bar{b}_0|$). 그러면 정의에 의해 $\langle \bar{b}_i \mid i < \omega \rangle$도 $A$-몰리 열이다. 임의의 $\bar{a} \in A$에 대하여, $\langle \bar{b}_i\bar{c}_i\bar{a} \mid i < \omega \rangle$도 $A$-몰리 열이고(보충설명 9.2(2)), 무한집합 $\tau \subseteq \omega$에 대하여 $\langle \bar{b}_i\bar{c}_i \mid i \in \tau \rangle$도 $A$ 위 몰리 열이다. 또한 $\mathop{\smile\!\!\!\!\!\!|}$의 기저단조성과 좌추이성에 의해, 임의의 $(0 <)n < \omega$에 대하여 $\langle \bar{b}_{n\cdot i}\bar{c}_{n\cdot i} \ldots \bar{b}_{n\cdot i+n-1}\bar{c}_{n\cdot i+n-1} \mid i < \omega \rangle$도 $A$-몰리 열이다(연습문제 §9.6.7(c)).

단순이론의 모든 완전한 타입에 몰리 열이 있음을 증명하는 데 다음 보조정리를 사용한다. 이는 자체로도 흥미롭고 특히 균질열을 찾을 때 유용하다.

**보조정리 9.12**

무한기수 $\kappa$에 대하여 이에 의존하는 무한기수 $\lambda$가 있어 다음을 충족한다. 즉, 임의의 크기가 $\leq \kappa$인 집합 $A$와 열 $\langle \bar{a}_i \mid i < \lambda \rangle$에 대하여 항상 $A$-균질열 $\langle \bar{b}_i \mid i < \omega \rangle$가 존재하여, 모든 $n < \omega$에 대해 $\bar{b}_0 \ldots \bar{b}_n \equiv_A \bar{a}_{i_0} \ldots \bar{a}_{i_n}$이 성립하는 $i_0 < \cdots < i_n \in \lambda$을 찾을 수 있다.

증명 우선 $\delta := 2^{\kappa+|T|}$로 놓고 $\lambda := \beth_{\delta^+}$로 두자.

중간요건 각 $n \in \omega$에 대하여, $|\tau_n| = \delta^+$이고 $\tau_{n+1} \subseteq \tau_n$인 $\{\tau_n \subseteq \delta^+ \mid n \in \omega\}$가 있고 또한 $\{X^n_\gamma \subseteq \lambda \mid \gamma \in \tau_n\}$이 존재하여 다음을 만족한다.

① 임의의 $\gamma \in \tau_{n+1}$에 대하여 $X^{n+1}_\gamma \subseteq X^n_\gamma$가 성립한다.

② $\gamma$가 $\tau_n$의 $(0 <)\alpha(< \delta^+)$번째 서수라면 $|X^n_\gamma| > \beth_{\delta+\alpha}$이 성립한다.

③ 타입들을 모은 $\{p_n \in S(A) \mid 0 < n \in \omega\}$가 있어서, 각 $(0 <)n \in \omega$에 대하여 $p_n \subset p_{n+1}$이고 또한 모든 $\gamma \in \tau_n$과 $i_1 < \cdots < i_n \in X^n_\gamma$에 대하여 $p_n = \mathrm{tp}(\bar{a}_{i_1} \ldots \bar{a}_{i_n}/A)$이다.

중간요건 증명 귀납적으로 $\tau_n(\subseteq \delta^+)$과 $X^n_\gamma(\subseteq \lambda)$, $(\gamma \in \tau_n)$ 그리고 $p_n$을 정의할 것이다. 우선 $\tau_0 := \delta^+$, 모든 $\gamma \in \tau_0$에 대하여 $X^0_\gamma := \lambda$로 놓고 편의상 $p_0 := \varnothing$으로 둔다. 이제 조건들을 만족하는 $\tau_n, X^n_\gamma, p_n$을 찾았다고 귀납가정하고 $\tau_{n+1}, X^{n+1}_\gamma, p_{n+1}$을 찾자.

먼저 $\nu_n := \{\gamma \in \tau_n \mid |(\gamma \setminus \gamma') \cap \tau_n| = n$인 어떤 $\gamma' \in \tau_n$이 있다$\}$라 정의하자. 즉 $(0 <)\alpha(< \delta^+)$에 대하여, $\gamma$가 $\tau_n$의 $(\alpha + n)$번째 원소이면이 $\gamma$는 $\nu_n$의 $\alpha$번째 서수다. 또한 $|\nu_n| = \delta^+$이다(*). 이제 $j$가 $\nu_n(\subseteq \tau_n)$의 $\alpha$번째 원소라면, 귀납가정에 의해

$$|X^n_j| > \beth_{\delta+\alpha+n} = \beth_n(\beth_{\delta+\alpha})$$

가 성립한다. 이때 $X^{n+1}_j$를 정의하자. 주어진 $i_1 < \cdots < i_{n+1} \in X^n_j$에 대하여 $\mathrm{tp}(\bar{a}_{i_1} \ldots \bar{a}_{i_{n+1}}/A)$을 생각하면, 이러한 타입들은 $(|S(A)| \leq)\delta$개 이하로 있다 (**). 그러므로 에르되시-라도 7.6(2)에 의해

$$|X^{n+1}_j| > \beth_{\delta+\alpha} \qquad (\dagger)$$

인 $X^{n+1}_j(\subseteq X^n_j)$가 존재하여, 모든 $i_1 < \cdots < i_{n+1} \in X^{n+1}_j$에 대하여 대응되는 타입 $\mathrm{tp}(\bar{a}_{i_1} \ldots \bar{a}_{i_{n+1}}/A)$이 동일하다. 이 동일한 타입을 $p^j_{n+1}$이라 놓자$(j \in \nu_n)$. 여기서 귀납가정에 의해 $p_n \subset p^j_{n+1}$이 성립한다.

한편 (*),(**)에 의해, 크기가 $\delta^+$인 $\tau_{n+1}(\subseteq \nu_n \subseteq \tau_n)$이 존재하여 모든 $j \in \tau_{n+1}$에 대하여 $p^j_{n+1}$가 같다. 이를 $(p_n \subset)p_{n+1}$로 둔다. 이제 원하던

$\tau_{n+1}, X_j^{n+1}, p_{n+1}$을 다 찾았고, 이들은 $n+1$에 대한 ①, ③을 충족한다. 또한 $\gamma$가 $\tau_{n+1}$의 $\alpha$번째 서수이면 이는 $\nu_n$의 $\alpha'(\geq \alpha)$번째 원소이고 (†)에 의해 $|X_\gamma^{n+1}| > \beth_{\delta+\alpha'} \geq \beth_{\delta+\alpha}$가 성립하여 ②도 만족한다. 중간요건을 증명하였다. □

중간요건 ①, ③에 의해 $\bigcup_{n\in\omega} p_n$을 구현하는 열은 원하던 $A$-균질열이다. □

**보조정리 9.13**

$A \subseteq B$이고 $\bar{a}_0 \downarrow_A B$라 하자. 그러면 $B$-균질열 $I = \langle \bar{a}_i \mid i < \omega \rangle$가 존재하여 $\bar{a}_i \downarrow_A B\bar{a}_{<i}$가 성립한다(따라서, 이때 $I$는 $A$ 위 몰리 열이다). 특히 임의의 $p(\bar{x}) \in S(M)$ 안의 몰리 열이 있다.

증명 $\downarrow$의 확대성 9.4를 거듭 적용하면, 임의의 기수 $\lambda$에 대하여, $\bar{a}_i \downarrow_A B\bar{a}_{<i}$가 모든 $i < \lambda$에서 성립하면서 $\bar{a}_i \equiv_B \bar{a}_0$인 열 $I_\lambda = \langle \bar{a}_i \mid i < \lambda \rangle$을 찾을 수 있다. 그러면 보조정리 9.12에 의해 $\lambda$를 적당히 크게 잡으면, 모든 $i < \omega$에 대해 $\bar{a}'_i \downarrow_A B\bar{a}'_{<i}$인, $\mathrm{tp}(\bar{a}_0/B)$ 안의 $B$-균질열 $I = \langle \bar{a}'_i \mid i < \omega \rangle$를 찾을 수 있다. $\bar{a}'_0 \equiv_B \bar{a}_0$이기에 $\bar{a}'_0$와 $\bar{a}$를 ($B$를 고정하면서 이동하여) 같은 원소라 볼 수 있고, 그러면 $I$가 원하던 $B$-균질열이다. 마지막 문장은 $p$가 $M$ 위로 가르지 않기에 성립한다(보충설명 9.5(5)). □

보조정리 9.13에서, 예를 들어 $p(\bar{x}) \in S(M)$ 안의 공후계열(연습문제 §8.6.5(b))은 몰리 열이다. 하지만 모델 위의 몰리 열이 공후계열이 아닌 예를 조밀한 무한선형순서 등에서 쉽게 찾을 수 있다. 한편 보충설명 9.11(1)에 의해 다음이 곧바로 따른다.

**따름정리 9.14** $T$가 단순하면 임의의 $p(\bar{x}) \in S(A)$에 몰리 열이 있다.

**보조정리 9.15**

$I = \langle \bar{c}_i \mid i < \omega \rangle$는 $p(\bar{x}) \in S(A)$ 안의 균질열이고, $J = \langle \bar{a}_i \mid i < \omega \rangle$는 $p(\bar{x})$ 안의 몰리 열이라고 하자. 그러면 $A$-몰리 열 $J'(\equiv_A J)$가 있어서, 모든 $i < \omega$에 대하여 $\bar{c}_i J' \equiv_A J$이면서, $I$가 $AJ'$-균질열이 된다.

증명 수학적 귀납법을 사용하여, 주어진 $n < \omega$에 대하여 $\bar{a}'_0 \ldots \bar{a}'_{n-1} (= \bar{a}'_{<n})$이 있어서, $I$는 $A\bar{a}'_{<n}$-균질열이고 $\bar{c}_0 \bar{a}'_{<n} \equiv_A \bar{a}_{\leq n}$이(*) 성립한다고 가정하자(따라서 모든 $i < \omega$에 대하여, $\bar{c}_i \bar{a}'_{<n} \equiv_A \bar{c}_0 \bar{a}'_{<n} \equiv_A \bar{a}_{\leq n}$이다).
한편 $J$가 $A$-몰리 열이기에, $\bar{a}_{n+1} \mathop{\downarrow}^{\mathrm{d}}_A \bar{a}_{\leq n}$이다(**). 또한 귀납가정에 의해 $\langle \bar{c}_i \bar{a}'_{<n} \mid i < \omega \rangle$는 $A$-균질열이다. 또한 (*)에 의해 $\bar{a}''_n$이 있어서, $\bar{a}_{\leq n+1} (= \bar{a}_{\leq n} \bar{a}_{n+1}) \equiv_A \bar{c}_0 \bar{a}'_{<n} \bar{a}''_n$이 성립한다. 따라서 $\bar{a}''_n \mathop{\downarrow}^{\mathrm{d}}_A \bar{c}_0 \bar{a}'_{<n}$이고, 정리 9.6을 적용하면, 찾으려는 $\bar{a}'_n (\equiv_{A\bar{c}_0 \bar{a}'_{<n}} \bar{a}''_n)$이 있어서 $\langle \bar{c}_i \bar{a}'_{<n} \mid i < \omega \rangle$는 $A\bar{a}'_n$-균질열이 된다. 그러므로 다시, $I$는 $A\bar{a}'_{\leq n}$-균질열이 되고, $\bar{c}_0 \bar{a}'_{\leq n} \equiv_A \bar{c}_0 \bar{a}'_{<n} \bar{a}''_n \equiv_A \bar{a}_{\leq n+1}$이 성립한다. 이제 이 과정을 반복하여 $J'$을 구성할 수 있다. □

**보조정리 9.16**

**(김의 보조정리)** $T$는 단순이론이다. 이때 다음은 모두 동등하다.

(1) $\varphi(\bar{x}, \bar{a}_0)$는 $A$ 위로 나눈다.

(2) 모든 $A$ 위 몰리 열 $\langle \bar{a}_i \mid i < \omega \rangle$에 대하여, $\{\varphi(\bar{x}, \bar{a}_i) \mid i < \omega\}$에 모순이 있다.

(3) $\{\varphi(\bar{x}, \bar{a}_i) \mid i < \omega\}$가 모순되는 $A$-몰리 열 $\langle \bar{a}_i \mid i < \omega \rangle$이 있다.

증명 (1)⇒(2)만 증명하면 된다. ((2)⇒(3)⇒(1)은 따름정리 9.14와 보충설명 9.5(1)에 의해 곧장 따른다.) $A$-균질열 $I = \langle \bar{c}_i \mid i < \omega \rangle$가$(\bar{c}_0 = \bar{a}_0)$ (1)을 입증한다고 하자. 즉 $\{\varphi(\bar{x}, \bar{c}_i) \mid i < \omega\}$는 $k$-모순된다$(k \geq 1)$. 한편 주어진 $A$-몰리 열 $J = \langle \bar{a}_i \mid i < \omega \rangle$에 대하여, 보조정리 9.15에 의해 $A$-몰리 열

$J'(\equiv_A J)$가 있어서, $I$는 $AJ'$-균질열이고 모든 $i < \omega$에 대하여 $\bar{c}_i J' \equiv_A J'$가 성립한다. 따라서 $I$는 사실 $\varphi(\bar{x}, \bar{a}_0)$가 $AJ'$ 위로도 $k$-나누는 것을 입증한다. 또한 $J_0 := \langle \bar{a}_i \mid 0 < i < \omega \rangle$라 하면, $\bar{a}_0 J_0 (= J) \equiv_A \bar{a}_0 J'$이기에, $\varphi(\bar{x}, \bar{a}_0)$은 $AJ_0$ 위로 $k$-나눈다(*).

이제 (2)를 부정하여 $\{\varphi(\bar{x}, \bar{a}_i) \mid i < \omega\}$가 일관적이라 가정하고 모순을 유도할 것이다. 한편 콤팩트성정리에 의해, 임의의 $n < \omega$에 대하여 $\bar{a}'_{\leq n} = \bar{a}'_0 \ldots \bar{a}'_n \equiv_A \bar{a}_n \ldots \bar{a}_0$이 성립하는, 길이가 $|T|^+$인 $A$-균질열 $L = \langle \bar{a}'_i \mid i < |T|^+ \rangle$이 존재한다. 그러면 가정과 콤팩트성에 의해 $\{\varphi(\bar{x}, \bar{a}'_i) \mid i < |T|^+\}$는 일관적이고, 따라서 이를 구현하는 $\bar{d}$가 있다. 이때 보충설명 9.5(4)와 콤팩트성을 (*)에 적용하면, 모든 $i < |T|^+$에 대하여 $\varphi(\bar{x}, \bar{a}'_i)$가 $A\bar{a}'_{<i}$ 위로 $k$-나눔을 알 수 있다 (**). 이제 $\mathrm{tp}(\bar{d}/L)$을 생각하면, $T$가 단순하기에 크기가 $\leq |T|$인 $L_0 (\subset L)$이 있어서 $\bar{d} \mathop{\smile\!\!\!\!\!\!\,|}_{L_0} L$이 성립한다(***). 또한 적당한 서수 $i_0 < |T|^+$가 있어서, $L_0 \subseteq \{\bar{a}'_i \mid i < i_0\} = \bar{a}'_{<i_0}$가 성립한다. 이때 $\varphi(\bar{x}, \bar{a}'_{i_0}) \in \mathrm{tp}(\bar{d}/L)$이고, (**)에 의해 $\varphi(\bar{x}, \bar{a}'_{i_0})$는 $L_0$ 위로 나눈다. 이는 (***)와 모순된다. 따라서 (2)가 성립해야 한다. □

김의 보조정리 9.16은 단순이론에서 나눔 개념이 가지는 핵심 특성이다. 이로 인해 단순이론에서 나눔과 가름 개념의 동일함, 궁극적으론 $\mathop{\smile\!\!\!\!\!\!\,|}$의 대칭성과 추이성을 보일 수 있다.

**따름정리 9.17** $T$는 단순이론이다. 그러면 나눔과 가름 개념은 같다. 즉 다음은 동등하다.

(1) 논리식 $\varphi(\bar{x}, \bar{a}_0)$가 $A$ 위로 나눈다.

(2) $\varphi(\bar{x}, \bar{a}_0)$가 $A$ 위로 가른다.

증명 (1)⇒(2)는 당연하기에, (2)⇒(1)을 증명하자. $\varphi(\bar{x}, \bar{a}_0) \models \bigvee_{j \leq r} \psi_j(\bar{x}, \bar{b}_j)$이고 각각의 $\psi_j(\bar{x}, \bar{b}_j)$가 $A$ 위로 나눈다고 가정하자. 이제 $\bar{b}^0 := \bar{b}_0 \ldots \bar{b}_r$로 두자. 그리고 $\langle \bar{a}_i \bar{b}^i \mid i < \omega \rangle$를 $\mathrm{tp}(\bar{a}_0 \bar{b}^0 / A)$ 안의 몰리 열이라고 하자. 여기

서 $\langle \bar{a}_i \mid i < \omega \rangle$, $\langle \bar{b}^i \mid i < \omega \rangle$ 모두 $A$-몰리 열이다(보충설명 9.11(2)). 또한 $\bar{b}^i = \bar{b}^i_0 \ldots \bar{b}^i_r$ 라 두어 $j \leq r$에 대하여, $\langle \bar{b}^i_j \mid i < \omega \rangle$도 역시 $A$-몰리 열이다.
(1)을 보이기 위해, 김의 보조정리 9.16에 의해 $\{\varphi(\bar{x}, \bar{a}_i) \mid i < \omega\}$가 모순적임을 확인하면 된다. 그렇지 않다고 가정하여 이를 구현하는 $\bar{d}$가 있다고 하자. 이때 $\varphi(\bar{x}, \bar{a}_i) \vDash \bigvee_{j \leq r} \psi_j(\bar{x}, \bar{b}^i_j)$이기에, $\vDash \bigvee_{j \leq r} \psi_j(\bar{x}, \bar{b}^i_j)[\bar{d}]$가 성립한다. 따라서 비둘기집 원리에 의해 적당한 $j_0 (\leq r)$와 무한집합 $\tau (\subseteq \omega)$가 존재하여, $\vDash \psi_{j_0}(\bar{x}, \bar{b}^i_{j_0})[\bar{d}]$가 모든 $i \in \tau$에 대하여 성립한다(*). 이때 $\langle \bar{b}^i_{j_0} \mid i \in \tau \rangle$도 $A$-몰리 열이다. 그러면 $\psi_{j_0}(\bar{x}, \bar{b}^i_{j_0})$가 $A$ 위로 나누기에, 김의 보조정리 9.16에 의해 $\{\psi_{j_0}(\bar{x}, \bar{b}^i_{j_0}) \mid i \in \tau\}$는 모순적이어야 한다. 이는 (*)에 모순되기에, 결국 (1)이 성립해야 한다. □

### 9.2.2 대칭성과 추이성

단순이론에서 나눔과 가름이 같은 개념일 뿐 아니라 대칭성과 추이성이 성립한다. 따라서 해당 이론에서 $\mathrel{\raise0.2ex\hbox{$\smile$}\kern-0.9em\lower0.5ex\hbox{$\mid$}}$은 원소들 간의 독립성 개념을 제공한다.

**정리 9.18**

$T$는 단순이론이다.

(1) **(대칭성)** $A \downarrow_B C$이면이 $C \downarrow_B A$이다.

(2) **(추이성)** $B \subseteq C \subseteq D$라 하자. 이때 $A \downarrow_B D$이면이, $A \downarrow_B C$이고 $A \downarrow_C D$이다.

증명 (1) 보충설명 9.5 유한특성에 의해 $A, C$가 각각 유한짝 $\bar{a}_0, \bar{c}$인 경우에 증명하면 충분하다. 즉 $\bar{a}_0 \downarrow_B \bar{c}$라 가정하고, $\bar{c} \downarrow_B \bar{a}_0$임을 보이면 된다. 우선 가정과 보조정리 9.13에 의해, $B$-몰리 열이면서 $B\bar{c}$-균질열인 $\langle \bar{a}_i \mid i < \omega \rangle$가 존재한다.
이제 $\bar{c} \downarrow_B \bar{a}_0$임을 보이려면, 따름정리 9.17에 의해, 임의의 $\varphi(\bar{x}, \bar{b}, \bar{a}_0) \in \mathrm{tp}(\bar{c}/B\bar{a}_0)$가($\bar{b} \in B$) $B$ 위로 나누지 않는 것을 논증하면 된다. 한편 $\langle \bar{b}\bar{a}_i \mid i < \omega \rangle$도 $B$-몰리 열이고(보충설명 9.11(2)), $B\bar{c}$-균질열이다. 따라서 $\bar{c}$는

$\{\varphi(\bar{x}, \bar{b}, \bar{a}_i) \mid i < \omega\}$를 구현한다. 그러므로 김의 보조정리 9.16에 의해, 원하던 대로 $\varphi(\bar{x}, \bar{b}, \bar{a}_0) \in \mathrm{tp}(\bar{c}/B\bar{a}_0)$는 $B$ 위로 나누지 않는다.

(2) 가름의 정의(또는 보충설명 9.5(2),(3))에 의해, 오른쪽은 당연히 따른다. 왼쪽의 증명은 (1) 대칭성과, 정리 9.7, 따름정리 9.17(또는 보충설명 9.8)에 의해 곧바로 확인된다. □

위 정리의 역, 즉 나눔/가름의 대칭성과 추이성 각각이 단순성과 동등한 것을 정리 9.32에서 보일 것이다. 한편 추이성과 기저단조성을 다음과 같이 서술할 수 있다. 단순이론에서 $A \subseteq B \subseteq C$이고 $q \in S(C)$일 때, $q$가 $B$ 위로 가르지 않고 $q \restriction B$가 $A$ 위로 가르지 않을 필요충분조건은 $q$가 $A$ 위로 가르지 않는 것이다.

**따름정리 9.19** $T$는 단순하고, $p(\bar{x}) \in S(A)$이다.

(1) $\Gamma(\bar{x}, \bar{y}) :=$'$p(\bar{x}) \wedge \bar{y} \mathop{\smile\!\!\!\!\!\!\,|}_A \bar{x}$'는 $A$ 위 타입정의가능하다.

(2) $\Phi(\bar{x}_0, \bar{x}_1, \dots) :=$'$\langle \bar{x}_i \mid i < \omega \rangle$는 $p$ 안의 몰리 열이다'는 $A$-타입정의가능하다.

증명 (1) $\Gamma(\bar{x}, \bar{y})$는

$p(\bar{x}) \cup$ $\{\neg\varphi(\bar{y}, \bar{x})$는 $\mathcal{L}(A)$-논리식 $\mid p(\bar{x})$를 구현하는 하나의(또는 모든) $\bar{a}$에 대해, $\varphi(\bar{y}, \bar{a})$가 $A$ 위로 가른다$\}$

임을 쉽게 알 수 있다.

(2) $\mathop{\smile\!\!\!\!\!\!\,|}$의 대칭성에 의해, $I = \langle \bar{x}_i \mid i < \omega \rangle$가 $p$ 안의 몰리 열이면이, ① $I$는 $A$-균질열이고 ② 모든 $i < \omega$에 대하여 $p(\bar{x}_i)$이고 $\bar{x}_{<i} \mathop{\smile\!\!\!\!\!\!\,|}_A \bar{x}_i$가 성립한다. ①은 항상 $A$-타입정의가능하고, ②도 (1)에 의해 역시 $A$-타입정의가능하다. 그러므로 (2)가 성립한다. □

**정의 9.20**

$T$는 단순이론이다. 이때 $\{C_i \mid i \in \Lambda\}$가 $A$-독립(적)(또는 $A$ 위로 독립)이라는 것은, 모든 $i \in \Lambda$에 대하여 $C_i \downfree_A \{C_j \mid j(\neq i) \in \Lambda\}$가 성립한다는 것이다.

많은 경우, 단순이론을 갖는 특정 대수적 구조가 기존에 가지고 있는 원소들 간의 독립성은 가름 개념으로 주어지는 독립성과 일치한다(보기 10.13). 특히 벡터공간의 선형독립과 대수적으로 닫힌 체에서의 대수적 독립성을 포함하는, 강한 극소인 논리식을 구현하는 원소들 간의 독립성은 정의 9.20의 독립성 개념과 동일하다(연습문제 §9.6.8).

**예제 9.21**

$T$는 단순하고, $\Lambda$는 선형순서집합이다. 이때 $\{C_i \mid i \in \Lambda\}$가 $A$-독립일 필요충분조건은 모든 $i \in \Lambda$에 대하여 $C_i \downfree_A C_{<i}$가 성립하는 것임을 보이라. ($\downfree$의 대칭성과 추이성을 사용하여 증명할 수 있다.)

## 9.3 급수와 나무성질

단순성을 규정짓는 특질 중 하나가 한 논리식의 매개변수들을 변화하며 생기는 나무성질이다. 즉 단순성은 어느 논리식도 나무성질을 가지지 않는다는 것이고, 이러한 정도를 측정하는 급수 개념으로 역시 단순성을 판별할 수 있다. 뿐만 아니라 단순이론에서 급수의 차이가 가름으로 정의된 원소들 간의 독립성 여부를 결정한다(정리 9.29). 또한 나무성질은 이후 가름의 기본정리 9.32를 유도하는 데 핵심 역할을 한다.

**정의 9.22**

$\mathcal{L}$-논리식 $\varphi(\bar{x}, \bar{y})$와 $k \geq 2$가 있다. 타입 $p(\bar{x})$에 대하여 급수 $D(p(\bar{x}), \varphi(\bar{x}, \bar{y}), k) = D_{\varphi,k}(p)$를 다음과 같이 정의한다.

- $p(\bar{x})$가 일관적이면 $D(p(\bar{x}), \varphi(\bar{x}, \bar{y}), k) \geq 0$이다.
- $\bar{a}_i$가($i < \omega$) 있어서, 모든 $i < \omega$에 대하여 $D(p(\bar{x}) \cup \{\varphi(\bar{x}, \bar{a}_i)\}, \varphi, k) \geq n(\in \omega)$이고 $\{\varphi(\bar{x}, \bar{a}_i) \mid i < \omega\}$은 $k$-모순되면, $D(p(\bar{x}), \varphi, k) \geq n+1$이다.

- $D(p(\bar{x}),\varphi,k) = n$이란 것은 $D(p(\bar{x}),\varphi,k) \geq n$이지만 $D(p(\bar{x}),\varphi,k) \not\geq n+1$인 것을 의미한다.

  $D(p(\bar{x}),\varphi,k) = \infty$는, 모든 $n \in \omega$에 대하여 $D(p(\bar{x}),\varphi,k) \geq n$라는 뜻이다.

정의에 의해 동형사상은 $D_{\varphi,k}$-급수를 보존한다. 즉 $f \in \mathrm{Aut}(\mathcal{M})$에 대하여 $D_{\varphi,k}(p) \geq n$이면이 $D_{\varphi,k}(f(p)) \geq n$이다. 여기서 물론 타입 $p(\bar{x}) = \{\varphi_i(\bar{x},\bar{a}_i) \mid i \in I\}$라면 $f(p(\bar{x})) := \{\varphi_i(\bar{x}, f(\bar{a}_i)) \mid i \in I\}$이다. 이 외 $D_{\varphi,k}$-급수의 기본성질들을 면밀히 살펴보자.

**보조정리 9.23**

(1) 다음 두 조건은 동등하다.

(a) $D(p,\varphi,k) \geq n$.

(b) 원소 짝들의 집합 $\{\bar{a}_{\bar{v}} \mid \bar{v} \in \omega^{\leq n} \setminus \{\varnothing\}\}$이 있어(관련표기는 xvi쪽 참조),

① 모든 $\bar{v} \in \omega^{<n}$에 대하여, $\{\varphi(\bar{x},\bar{a}_{\bar{v}i}) \mid i < \omega\}$는 $k$-모순된다.

② 모든 $\bar{u} \in \omega^{n}$에 대하여, $p(\bar{x}) \cup \{\varphi(\bar{x},\bar{a}_{\bar{u}\restriction i}) \mid 0 < i \leq n\}$는 일관적이다.

(2) '$D(p(\bar{x}),\varphi(\bar{x},\bar{y}),k) \geq n$'은 타입정의가능하다. 좀 더 구체적으로 $p,\varphi,k,n$에 의존하는 타입 $\Gamma_{p,\varphi,k,n}(\bar{x}_{\bar{u}},\bar{y}_{\bar{v}} \mid \bar{u} \in \omega^n,\ \bar{v} \in \omega^{\leq n} \setminus \{\varnothing\})$이 존재하여($|\bar{x}_{\bar{u}}| = |\bar{x}|, |\bar{y}_{\bar{v}}| = |\bar{y}|$),

$$D(p,\varphi,k) \geq n\text{이면이 } \Gamma_{p,\varphi,k,n}\text{가 일관적이다.}$$

증명 (1) $n = 0$일 때 (a),(b)가 동등한 것은 자명하다. 이제 $n$일 때 (a),(b)가 동등하다고 귀납가정하고, $n+1$일 때 동등함을 보이면 된다.
우선 $D(p,\varphi,k) \geq n+1$라 하자. 정의에 의해, $\bar{a}_j$가($j < \omega$) 있어서, 모든 $j < \omega$에 대하여 $D(p(\bar{x}) \cup \{\varphi(\bar{x},\bar{a}_j)\},\varphi,k) \geq n$이고 $\{\varphi(\bar{x},\bar{a}_j) \mid i < \omega\}$은 $k$-모순된다.

그러면 귀납가정에 의해, 모든 $j < \omega$에 대하여 $\{\bar{a}_{j\bar{v}} \mid \bar{v} \in \omega^{\leq n} \setminus \{\varnothing\}\}$이 있어, 모든 $\bar{v} \in \omega^{<n}$에 대하여, $\{\varphi(\bar{x}, \bar{a}_{j\bar{v}i}) \mid i < \omega\}$는 $k$-모순적이면서, 모든 $\bar{u} \in \omega^n$에 대하여서는, $p(\bar{x}) \cup \{\varphi(\bar{x}, \bar{a}_j), \varphi(\bar{x}, \bar{a}_{j\bar{u}\restriction i}) \mid 0 < i \leq n\}$가 일관적이다. 여기서 $j\bar{v} \in \omega^{\leq n+1}$이기에, $\bigcup_{j\in\omega}\{\bar{a}_{j\bar{v}} \mid \bar{v} \in \omega^{\leq n} \setminus \{\varnothing\}\} = \{\bar{a}_{\bar{v}} \mid \bar{v} \in \omega^{\leq n+1} \setminus \{\varnothing\}\}$는 (b)가 $n+1$에 대해서 성립하는 것을 입증한다.
역으로, 주어진 $A = \{\bar{a}'_{\bar{v}} \mid \bar{v} \in \omega^{\leq n+1} \setminus \{\varnothing\}\}$에 의해 (b)가 $n+1$에 대해서 성립한다고 하자. 특히 ①에 의해, $\{\varphi(\bar{x}, \bar{a}'_j) \mid i < \omega\}$은 $k$-모순이다. 한편 $A = \bigcup_{j\in\omega}\{\bar{a}'_{j\bar{v}} \mid \bar{v} \in \omega^{\leq n} \setminus \{\varnothing\}\}$이고, 귀납가정에 의해 모든 $j < \omega$에 대하여 $D(p(\bar{x}) \cup \{\varphi(\bar{x}, \bar{a}'_j)\}, \varphi, k) \geq n$이다. 따라서 급수의 정의에 의해, $D(p, \varphi, k) \geq n+1$이다.

(2) 이는 (1)(b)를 설명하는 $\Gamma_{p,\varphi,k,n}$를 찾으면 된다. 즉 (b)의 원소 짝들을, 대응하는 변수 $\bar{y}_{\bar{v}}$들로 바꾼 후 ①을 표현하는 논리식들을 모은다. 여기에 ②를 묘사하기 위해, 각 $\bar{u} \in \omega^n$에 대하여 $p(\bar{x}_{\bar{u}}) \cup \{\varphi(\bar{x}_{\bar{u}}, \bar{y}_{\bar{u}\restriction i}) \mid 0 < i \leq n\}$를 첨가하여 $\Gamma_{p,\varphi,k,n}$를 구성하면 된다. □

**따름정리 9.24**

(1) 다음 두 조건은 동등하다.

(a) $D(p, \varphi, k) \geq n$.

(b) 임의의 무한기수 $\lambda$에 대하여 원소 짝들의 집합 $\{\bar{a}_{\bar{v}} \mid \bar{v} \in \lambda^{\leq n} \setminus \{\varnothing\}\}$이 있어,

① 모든 $\bar{v} \in \lambda^{<n}$에 대하여, $\{\varphi(\bar{x}, \bar{a}_{\bar{v}i}) \mid i < \lambda\}$는 $k$-모순된다.

② 모든 $\bar{u} \in \lambda^n$에 대하여, $p(\bar{x}) \cup \{\varphi(\bar{x}, \bar{a}_{\bar{u}\restriction i}) \mid 0 < i \leq n\}$는 일관적이다.

(2) 다음 두 조건은 동등하다.

(a) $D(p, \varphi, k) = \infty$.

(b) 임의의 무한기수 $\lambda, \kappa$에 대하여, 원소 짝들의 집합 $\{\bar{a}_\alpha \mid \alpha \in \lambda^{<\kappa} \setminus \{\varnothing\}\}$이 있어,

① 모든 $\alpha \in \lambda^{<\kappa}$에 대하여, $\{\varphi(\bar{x}, \bar{a}_{\alpha i}) \mid i < \lambda\}$는 $k$-모순된다.

② 모든 $\beta \in \lambda^{\kappa}$에 대하여, $p(\bar{x}) \cup \{\varphi(\bar{x}, \bar{a}_{\beta \upharpoonright i}) \mid 0 < i < \kappa\}$는 일관적이다.

(3) $D(p, \varphi, k) \geq n+1$이면이, $\bar{c}$가 있어서 $\varphi(\bar{x}, \bar{c})$는 $\mathrm{dom}(p)$ 위로 $k$-나누면서 $D(p \cup \{\varphi(\bar{x}, \bar{c})\}, \varphi, k) \geq n$이다.

증명 (1),(2)는 보조정리 9.23(2)의 증명에 콤팩트성정리를 적용하여 얻는다.

(3) 우선 왼쪽을 가정하자. $A = \mathrm{dom}(p)$라 하고 $\lambda := (2^{|T|+|A|})^{+}$라 하면, (1)에 의해, 모든 $i < \lambda$에 대하여 $D(p(\bar{x}) \cup \{\varphi(\bar{x}, \bar{c}_i)\}, \varphi, k) \geq n$이면서, $\{\varphi(\bar{x}, \bar{c}_i) \mid i < \lambda\}$는 $k$-모순되는 $\{\bar{c}_i \mid i < \lambda\}$가 있다. 이때 $|S(A)| \leq 2^{|T|+|A|}$이기에, 비둘기집 원리에 의해 모든 $i, j \in \tau$에 대하여 $\bar{c}_i \equiv_A \bar{c}_j$가 성립하는 무한집합 $\tau(\subseteq \lambda)$가 있다. 따라서 $\bar{c} = \bar{c}_{i_0}$로 두면($i_0 \in \tau$), 오른쪽이 성립한다.
왼쪽 방향의 증명은 급수가 동형사상에 불변이기에, 급수의 정의에 의해 곧장 따른다. □

**보조정리 9.25**

(1) $p_1(\bar{x}) \vDash p_2(\bar{x})$이고 $k_1 \leq k_2$이면, $D(p_1, \varphi, k_1) \leq D(p_2, \varphi, k_2)$이다.

(2) 주어진 타입 $p(\bar{x})$와 $\varphi, k$에 대하여, $\psi(\bar{x}) := \psi_0(\bar{x}) \wedge \cdots \wedge \psi_m(\bar{x})$($\psi_i(\bar{x}) \in p$, $i \leq m$)가 존재하여 $D(p, \varphi, k) = D(\psi, \varphi, k)$이 성립한다.

(3) $D(p(\bar{x}) \cup \{\phi_0(\bar{x}) \vee \cdots \vee \phi_m(\bar{x})\}, \varphi, k) = \max\{D(p \cup \{\phi_i\}, \varphi, k) \mid i \leq m\}$이다.

(4) $A$ 위 타입 $p(\bar{x})$와 $\varphi, k$에 대하여 $(p(\bar{x}) \subseteq) q(\bar{x}) \in S(A)$가 있어서, $D(p, \varphi, k) = D(q, \varphi, k)$가 성립한다.

(5) $B$ 위의 타입 $p(\bar{x})$가 $A(\subseteq B)$ 위로 가른다고 하자. 즉 $p(\bar{x}) \vDash \bigvee_{i \leq r} \psi_i(\bar{x}, \bar{b}_i)$이고, 각각의 $\psi_i(\bar{x}, \bar{b}_i)$는 $A$ 위로 $k_i$-나눈다($i \leq r$). 이때 $\psi(\bar{x}; \bar{z}, \bar{y})$는($\bar{y} := \bar{y}_0 \ldots \bar{y}_r$), $\{\psi_i(\bar{x}, \bar{y}_i) \mid i \leq r\}$의 코드논리식(연습문제

§9.6.9)이고, $k := \max\{k_i \mid i \leq r\}$라 하자. 만일 $D(p, \psi, k) < \omega$이면,

$$D(p, \psi, k) < D(p \restriction A, \psi, k)$$

이다. (물론 $r = 0$이어서 $p(\bar{x}) \vDash \psi_0(\bar{x}, \bar{b}_0)$가 $A$위로 $k_0$-나누면, $\psi = \psi_0$이고 $k = k_0$이다.)

증명 (1)은 귀납적으로 어렵지 않게 증명할 수 있고, (2)의 증명은 보조정리 9.23에 콤팩트성정리를 적용하면 된다.

(3) 모든 $i \leq m$에 대하여, $p(\bar{x}) \cup \{\phi_i(\bar{x})\} \vDash p(\bar{x}) \cup \{\bigvee_{i \leq m} \phi_i(\bar{x})\}$이기에,

$$D(p \cup \{\phi_i\}, \varphi, k) \leq D(p \cup \{\bigvee_{i \leq m} \phi_i\}, \varphi, k)$$

이다.

역을 보이기 위해 $D(p \cup \{\bigvee_{i \leq m} \phi_i\}, \varphi, k) \geq n+1$이라 전제하고, $\max\{D(p \cup \{\phi_i\}, \varphi, k) \mid i \leq m\} \geq n+1$임을 증명하자(물론 $n$일 때는 이것이 성립한다고 귀납가정한다). 전제에 의해 $\bar{b}_j (j < \omega)$가 존재하여, $\{\varphi(\bar{x}, \bar{b}_j) \mid j < \omega\}$는 $k$-모순적이고, 또한 모든 $j < \omega$에 대하여 $D(p \cup \{\bigvee_{i \leq m} \phi_i,\ \varphi(\bar{x}, \bar{b}_j)\}, \varphi, k) \geq n$이다. 그러면 귀납가정에 의해, 모든 $j < \omega$에 대하여 적당한 $i_j \leq m$이 있어서,

$$D(p \cup \{\phi_{i_j},\ \varphi(\bar{x}, \bar{b}_j)\}, \varphi, k) \geq n$$

이 성립한다. 따라서 비둘기집 원리에 의해 적당한 $i_0 \leq m$과 무한집합 $\tau (\subseteq \omega)$가 있어, 모든 $j \in \tau$에 대하여

$$D(p \cup \{\phi_{i_0},\ \varphi(\bar{x}, \bar{b}_j)\}, \varphi, k) \geq n$$

이다. 그러므로 $D(p \cup \{\phi_{i_0}\}, \varphi, k) \geq n+1$이고, 결국 $\max\{D(p \cup \{\phi_i\}, \varphi, k) \mid i \leq m\} \geq n+1$임을 증명하였다.

(4) $\bar{x}$를 변수로 가지는 $\mathcal{L}(A)$-논리식들을 나열하여 $\{\phi_i(\bar{x}) \mid i < |T| + |A|\}$라 두

자. $p(\bar{x})$는 $p(\bar{x})\cup\{\phi_0(\bar{x})\vee\neg\phi_0(\bar{x})\}$와 동등하기에, 우선 (1)에 의해 $D(p,\varphi,k) = D(p\cup\{\phi_0\vee\neg\phi_0\},\varphi,k)$이고, (3)에 의해 $D(p,\varphi,k) = D(p\cup\{\phi_0\},\varphi,k)$이거나, $D(p,\varphi,k) = D(p\cup\{\neg\phi_0\},\varphi,k)$이다. 이를 반복하여, 모든 $i < |T|+|A|$에 대하여 $\phi_i \in p_i$이거나 $\neg\phi_i \in p_i$이면서, $D(p,\varphi,k) = D(p_i,\varphi,k)$인 열 $p(\bar{x}) \subseteq p_0(\bar{x}) \subseteq \cdots \subseteq p_i(\bar{x}) \subseteq \ldots$을 구성할 수 있다. 이제 $q(\bar{x}) := \bigcup_i p_i(\bar{x})$로 두면, 이는 $p$를 포함하면서 ((2)에 의해) 급수를 보존하는 $A$ 위의 완전한 타입이다.

(5) $D(p,\psi,k) = n$이라 하자. 우선 $\psi$가 코드논리식이기에, 각 $i \le r$에 대하여, 적당한 $\bar{c}_i$가 있어서 $\psi(\bar{x},\bar{c}_i,\bar{b})(\leftrightarrow \psi_i(\bar{x},\bar{b}_i),\ \bar{b} := \bar{b}_0\ldots\bar{b}_r)$는 $A$ 위로 $k$-나눈다. 또한 $p(\bar{x}) \vDash \bigvee_{i\le r}\psi_i(\bar{x},\bar{b}_i)$이기에, $n = D(p\cup\{\bigvee_{i\le r}\psi_i(\bar{x},\bar{b}_i)\},\psi,k)$이고 (3)에 의해 적당한 $i_0 \le r$이 있어

$$\begin{aligned} n &= D(p\cup\{\psi_{i_0}(\bar{x},\bar{b}_{i_0})\},\psi,k) \le D(p\restriction A\cup\{\psi_{i_0}(\bar{x},\bar{b}_{i_0})\},\psi,k) \\ &= D(p\restriction A\cup\{\psi(\bar{x},\bar{c}_{i_0},\bar{b})\},\psi,k) \end{aligned}$$

이 성립한다. 따라서 따름정리 9.24(3)에 의해, $D(p\restriction A,\psi,k) \ge n+1$이다. □

이제 나무성질을 정의하고 이와 $D_{\varphi,k}$-급수, 단순성 등과의 관련성에 대하여 살펴볼 것이다.

**정의 9.26**

(1) $\mathcal{L}$-논리식 $\varphi(\bar{x},\bar{y})$가 $k$-나무성질을 가진다($k \ge 2$)는 것은, 짝들의 집합 $\{\bar{a}_\alpha \mid \alpha \in \omega^{<\omega}\}$가 있어, 아래 두 조건을 만족한다는 것이다.

- 모든 $\alpha \in \omega^{<\omega}$에 대하여 $\{\varphi(\bar{x},\bar{a}_{\alpha i}) \mid i < \omega\}$는 $k$-모순된다.
- 모든 $\beta \in \omega^\omega$에 대해서, $\{\varphi(\bar{x},\bar{a}_{\beta\restriction i}) \mid i < \omega\}$는 일관적이다.

$\varphi(\bar{x},\bar{y})$가 나무성질을 가진다는 것은 적당한 $k \ge 2$에 대하여 $\varphi$가 $k$-나무성질을 가진다는 것이다. $T$가 나무성질을 가진다는 것은, 나무성질을 가지는 논리식이 있다는 것이다.

(2) $\langle p_i(\bar{x}) \mid i < \kappa\rangle$이 증가하는 완전한 $n$타입들의 열이라 하자. 즉 모든 $i < j \in \kappa$에 대하여, $p_i \in S_n(A_i)$이고, $A_i \subseteq A_j$이다. 이때 항상 $p_j$가 $A_i$ 위로 나누면/가르면, $\langle p_i(\bar{x}) \mid i < \kappa\rangle$를 길이가 $\kappa$인 나눔/가름사슬이라 부른다.

**보충설명** 9.27

(1) $\mathrm{Th}(\mathbb{Q},<)$에서 논리식 $y_1 < x < y_2$(즉 $y_1 < x \wedge x < y_2$)는 2-나무성질을 갖는다. 왜냐하면 임의의 $p < q \in \mathbb{Q}(\prec \mathfrak{M})$에 대하여 $p < x < q$의 해집합인 구간 $(p,q)$는 무한히 많은 부분구간 $(p_i, p_{i+1})$을 품고 있고 ($p = p_0 < p_1 < \cdots < q$, $i \in \omega$), 이를 계속 반복할 수 있기 때문이다.

일반적으로 모델 $M = (|M|, <, \ldots)$에서 $<$이 순서관계를 의미하고, 무한인 사슬(즉 $<$이 선형순서를 주는 $|M|$의 무한부분집합)이 있다면, 콤팩트성에 의에 $\mathrm{Th}(M)$에서 논리식 $y_1 < x < y_2$는 2-나무성질을 갖는다. 특히 정수환, 유리수체, 실수체의 이론 모두가 2-나무성질을 가진다(보충설명 6.2(5) 참조).

(2) 논리식 $\varphi(\bar{x}, \bar{y})$가 $k$-나무성질을 갖는 것은 타입정의가능하다. 즉 어떤 논리식들의 집합 $\Gamma_{\varphi,k}$가 있어서, $\varphi(\bar{x}, \bar{y})$가 $k$-나무성질을 가질 필요충분조건은 $\Gamma_{\varphi,k}$가 일관적인 것이다. 이는 보조정리 9.23(2)의 증명처럼 논증하면 된다. 따라서 콤팩트성에 의해, 만일 $\varphi(\bar{x}, \bar{y})$가 $k$-나무성질을 가지면 임의의 무한기수 $\lambda, \kappa$에 대하여 짝들의 집합 $\{\bar{c}_\alpha \mid \alpha \in \lambda^{<\kappa}\}$이 있어서

(a) 모든 $\beta \in \lambda^\kappa$에 대해서, $\{\varphi(\bar{x}, \bar{c}_{\beta\restriction i}) \mid i < \kappa\}$는 일관적이고,

(b) 모든 $\alpha \in \lambda^{<\kappa}$에 대하여 $\{\varphi(\bar{x}, \bar{c}_{\alpha i}) \mid i < \lambda\}$는 $k$-모순된다.

(3) $T$에서 $\varphi(\bar{x}, \bar{y})$가 $k$-나무성질을 가지면, 당연히 완전한 $(\mathcal{L} \subseteq)\mathcal{L}'$-이론 $(T \subseteq)T'$에서도 $\varphi(\bar{x}, \bar{y})$가 $k$-나무성질을 가진다.

(4) 증가하는 완전한 $n$타입들의 열 $\langle p_i(\bar{x}) \mid i < \kappa\rangle$이 나눔/가름사슬이면이, 모든 $i \in \kappa$에 대하여 $p_{i+1}$은 $\mathrm{dom}(p_i)$ 위로 나눈다/가른다.

**정리 9.28**

아래 요건들은 모두 동등하다.

(1) $T$는 단순이론이다.

(2) 길이가 $|T|^+$인 가름사슬은 없다.

(3) 길이가 $|T|^+$인 나눔사슬이 없다.

(4) $\mathop{\smile\!\!\!\!\!\!\mid}\,^{\mathrm{d}}$가 국소성(정의 9.9)을 만족한다.

(5) $T$는 나무성질을 갖지 않는다.

(6) 임의의 타입 $p(\bar{x})$와 $\varphi(\bar{x}, \bar{y}), k$에 대하여 $D(p, \varphi, k)$는 유한값을 가진다.

(7) 모든 1타입 $p(x)$와 $\varphi(x, \bar{y}), k$에 대하여 $D(p(x), \varphi(x, \bar{y}), k) < \omega$이다.

(8) $\mathop{\smile\!\!\!\!\!\!\mid}\,$[(8)′ $\mathop{\smile\!\!\!\!\!\!\mid}\,^{\mathrm{d}}$]가 1국소성을 가진다. 즉 임의의 $c$와($|c| = 1$) $A$에 대하여, 크기가 $\leq |T|$인 적당한 $A_0(\subseteq A)$가 있어, $c \mathop{\smile\!\!\!\!\!\!\mid}_{A_0} A$[(8)′ $c \mathop{\smile\!\!\!\!\!\!\mid}^{\mathrm{d}}_{A_0} A$]가 성립한다.

(9) 길이가 $|T|^+$인 완전한 1타입들의 가름[(9)′ 나눔]사슬이 존재하지 않는다.

증명 (1)⇒(2) 대우를 증명할 것이다. $\langle p_i(\bar{x}) \in S_n(A_i) \mid i < |T|^+ \rangle$가 가름사슬이라면 $p := \bigcup_i p_i$, $A := \bigcup_i A_i$라 할때, $p \in S_n(A)$이다. 이때 크기가 $\leq |T|$인 임의의 $A'(\subseteq A)$에 대하여 ($|T|^+$가 정칙기수이기에) 항상 어떤 $\alpha \in |T|^+$가 있어서, $A' \subseteq A_\alpha$가 성립한다. 또한 $p_{\alpha+1}$이 $A_\alpha$위로 가르기에, $(p_{\alpha+1} \subseteq)p$도 $A'(\subseteq A_\alpha)$ 위로 가른다. 따라서 $T$는 단순이론이 아니다.

(2)⇒(1) 역시 대우를 증명한다. $T$가 단순하지 않아 $\mathop{\smile\!\!\!\!\!\!\mid}\,$가 국소성을 만족하지 않는다고 하자. 즉 $p(\bar{x}) \in S_n(A)$가 있고, 이는 크기가 $\leq |T|$인 $A$의 임의의 부분집합 위로 가른다고 가정하자. 그러면 다음과 같이, 가름사슬 $\langle p_i \in S_n(A_i) \mid i < |T|^+ \rangle$을 구성할 수 있다. 여기서 모든 $i < |T|^+$에 대하여 $A_i \subseteq A$, $p_i = p \restriction A_i$이고, $|A_i| \leq |T|$이며 $A_{i+1} \setminus A_i$는 유한이다(*). 우선 $A_0 = \varnothing$, $p_0 = p \restriction A_0$으로 둔다. $p_i = p \restriction A_i$를 찾았다면($|A_i| \leq |T|$), 가정에 의해 $p$는 $A_i$ 위로 가르고, 이를 입증하는 유한집합 $A'(\subseteq A)$ 위의 논리식이 $p$에 있다. 따라서 $A_{i+1} := A_i \cup A'$, $p_{i+1} := p \restriction A_{i+1}$으로 두면 $p_{i+1}$은 $A_i$ 위로 가른다. 또한 (*)도 만족한다. 만일 $i$가 극한서수이고 모든 $j < i$에 대하여, $p_j = p \restriction A_j$를 찾았다면, $A_i := \bigcup_{j<i} A_j (\subseteq A)$, $p_i := \bigcup_{j<i} p_j = p \restriction A_i$로 놓으면 된다. 이때 여전히 $|A_i| \leq |T|$이다.

(2)⇒(3)⇔(4) (2)⇒(3)은 당연하고, (3)⇔(4)의 증명은 위 (1)⇔(2)의 증명에서, 가름을 나눔으로 바꾸어 똑같이 논증하면 된다.

(3)⇒(5) 대우를 증명한다. $\varphi(\bar{x}, \bar{y})$가 $k$-나무성질을 가진다고 하자. 우선 $\kappa := |T|^+$, $\lambda := (2^{|T|})^+$로 두자. 보충설명 9.27(2)처럼 $\{\bar{c}_\alpha \mid \alpha \in \lambda^{<\kappa}\}$가 있어 (a), (b)를 만족한다. 이제, 모든 $i < \kappa$에 대하여 $\varphi(\bar{x}, \bar{c}_{\beta\restriction i+1})$이 $A_i := \{\bar{c}_{\beta\restriction j} \mid j \leq i\}$ 위로 $k$-나누는 $\beta \in \lambda^\kappa$를 초한귀납적으로 찾으려 한다.
주어진 $i \in \kappa$에 대하여 $\beta_i \in \lambda^i$가 있어서, $j(\leq i)$에 대하여 $A_j = \{\bar{c}_{\beta_i\restriction j'} \mid j' \leq j\}$라 둘 때, 모든 $j(< i)$에 대하여 $\varphi(\bar{x}, \bar{c}_{\beta_i\restriction j+1})$은 $A_j$ 위로 $k$-나눈다(*)고 귀납가정하자($i = 0$일 땐 $\beta_0 = \varnothing$으로 허무히 성립한다). 한편 $|A_i| < \kappa$, 즉 $|A_i| \leq |T|$이고, $|S(A_i)| \leq 2^{|T|+|A_i|} = 2^{|T|}$이다. 따라서 비둘기집 원리에 의해 $\bar{c}_{\beta_i\ell}$ $(\ell < \lambda)$ 중에서 $A_i$ 위로 같은 타입을 가지는 것들이 무한히 많이 있다. 그들 첨수 중 하나인 $\beta_i\ell_0(\in \lambda^{i+1})$를 $\beta_{i+1}$로 놓으면 (*)가 $i+1$에 대해서도 성립하고 당연히 $\beta_i \subset \beta_{i+1}$이다. 만일 $i'(\in \kappa)$이 극한서수일 때는 $\beta_{i'} := \bigcup_{i<i'} \beta_i$라 두고, 최종적으로 원하던 $\beta$를 $\bigcup_{i<\kappa} \beta_i(\in \lambda^\kappa)$로 놓으면 된다.
한편 $\{\varphi(\bar{x}, \bar{c}_{\beta\restriction i}) \mid i < \kappa\}$가 일관적이기에 이를 구현하는 $\bar{d}$를 잡으면, $\langle \mathrm{tp}(\bar{d}/A_i) \mid i \in |T|^+\rangle$는 나눔사슬이다.

(5)⇔(6)은 따름정리 9.24(2)에서 나온다.

(6)⇒(2) (6)을 전제하고, $\langle p_i(\bar{x}) \mid i < |T|^+\rangle$이 가름사슬이라고 가정하자. 그러면 $|T|$개의 $\mathcal{L}$-논리식이 있기에, 보조정리 9.25(5)와 비둘기집 원리에 의해, 다음을 만족하는 $\mathcal{L}$-논리식 $\psi(\bar{x}, \bar{y})$와 $k$, 그리고 크기가 $|T|^+$인 $\tau(\subseteq |T|^+)$가 있다. 즉 모든 $i < j$인 $i, j \in \tau$에 대하여 $D(p_j, \psi, k) < D(p_i, \psi, k)(< \omega)$이다. 이는 거짓이고, 따라서 (2)가 성립한다.

(6)⇒(7)은 자명하다.

(7),(8),(8)$'$,(9),(9)$'$가 모두 동등한 것은, 위 (1),(2),(3),(4),(6)이 모두 동등한 것의 증명에서 $n = 1$인 경우로 한정하여 증명하면 된다.

(9)$'$⇒(3) 대우를 증명하자. $\langle \mathrm{tp}(\bar{c}/A_i) \mid i \in |T|^+\rangle$가 나눔사슬이라고 하자. 즉, 모든 $i \in |T|^+$에 대하여 $\bar{c} \not\perp^{\mathrm{d}}_{A_i} A_{i+1}$이 성립한다. 따라서 $\bar{c} = c_0 \ldots c_m$이라 하면, 9.7 좌추이성에 의해 $c_{<m} \not\perp^{\mathrm{d}}_{A_i} A_{i+1}$이나 $c_m \not\perp^{\mathrm{d}}_{A_i c_{<m}} A_{i+1}$이 성립해야 한다. 그러므로 둘 중 하나가 $|T|^+$번 발생한다. 후자의 경우 길이가 $|T|^+$인 1타입들

의 나눔사슬을 형성하고, 전자의 경우 이 과정을 반복하면 결국 길이가 $|T|^+$인 1타입들의 나눔사슬을 얻을 수 있다. □

추가로, 논리식 $\varphi(\bar{x},\bar{y})$가 $k$-나무성질을 가지면 적당한 양의 수 $n$에 대하여 $\varphi(\bar{x},\bar{y}_1)\wedge \ldots \wedge\varphi(\bar{x},\bar{y}_n)$은 2-나무성질을 가진다. 이의 증명은 [23, Proposition 2.3.10]에서 확인할 수 있다. 따라서 $T$가 단순이론이면이 2-나무성질을 가지는 논리식이 없다. 한편 단순이론에서 $D_{\varphi,k}$-급수는 가름을 판별한다.

**정리 9.29**

$T$는 단순이론이다. $p(\bar{x})\in S(B)$이고 $A\subseteq B$이다. 이때 $p$가 $A$ 위로 가르지 않을 필요충분조건은 모든 $\varphi(\bar{x},\bar{y})$와 $k\geq 2$에 대하여, $D(p,\varphi,k)=D(p\restriction A,\varphi,k)$인 것이다.

증명 왼쪽 방향의 증명은 정리 9.28(6)과 보조정리 9.25(5)에서 곧장 나오므로 오른쪽 방향을 증명하면 된다.

$\bar{a}$가 $p$를 구현한다고 하여, $\bar{a}\mathop{\smile\!\!\!\!\!\mid}_A B$라 하자. 또한 $p'(\bar{x}):=p\restriction A=\mathrm{tp}(\bar{a}/A)$라 놓자. 우선 $p\vDash p'$이기에, $D(p',\varphi,k)\geq D(p,\varphi,k)$이다. 따라서 $D(p',\varphi,k)\geq n$이면 $D(p,\varphi,k)\geq n$임을 증명하면 된다. 우선 이것이 $n$일 때 성립한다고 귀납가정하고, 또한 $D(p',\varphi,k)\geq n+1$이라 전제한 후, $D(p,\varphi,k)\geq n+1$이 성립함을 보이면 된다. 전제와 따름정리 9.24(3)에 의해 적당한 $\bar{c}$가 있어서, $D(p'(\bar{x})\cup\{\varphi(\bar{x},\bar{c})\},\varphi,k)\geq n$이고 $\varphi(\bar{x},\bar{c})$는 $A$ 위로 $k$-나눈다. 이 $k$-나눔을, $A$-균질열 $I=\langle\bar{c}_i\mid i<\omega\rangle$가 입증한다고 하자($\bar{c}_0=\bar{c}$). 한편 보조정리 9.25(4)에 의해 $(p'(\bar{x})\cup\{\varphi(\bar{x},\bar{c})\}\subseteq)q(\bar{x})\in S(A\bar{c})$가 있어서 $D(q(\bar{x}),\varphi,k)\geq n$이 성립한다. 이때 $A$를 고정하고 $\bar{c}$를 이동하여, (정확히는 $\bar{a}'$이 $q(\bar{x})$을 구현하면 $\bar{a}'\equiv_A\bar{a}$이기에 $\bar{a}\bar{c}'\equiv_A\bar{a}'\bar{c}$인 $\bar{c}'$가 있고 이를 다시 $\bar{c}$라 명하여) $\bar{a}$가 $q(\bar{x})$을 구현한다고 해도 일반성을 잃지 않는다. 즉 $q(\bar{x})=\mathrm{tp}(\bar{a}/A\bar{c})$이고 따라서 $\bar{a}\not\mathop{\smile\!\!\!\!\!\mid}_A\bar{c}$이다. 또한 9.4 확대성에 의해, ($\bar{a}A$를 고정하고 $\bar{c}$를 이동하여) $\bar{c}\mathop{\smile\!\!\!\!\!\mid}_{\bar{a}A}B$라 해도 일반성을 잃지 않는다. 추이성과 대칭성, 기저단조성에 의해 $\bar{a}\bar{c}\mathop{\smile\!\!\!\!\!\mid}_A B$이고 $\bar{a}\mathop{\smile\!\!\!\!\!\mid}_{\bar{c}A}B$가 성립한다. 따라서 귀납가정에 의해 $D(\mathrm{tp}(\bar{a}/B\bar{c}),\varphi,k)\geq n$이다. 한편 $B\mathop{\smile\!\!\!\!\!\mid}_A\bar{c}$

이기에 정리 9.6에 의해, $I'(\equiv_{A\bar{c}} I)$가 있어서 $I'$은 $B$-균질열이다. 따라서 $I'$은, $\varphi(\bar{x}, \bar{c})(\in \mathrm{tp}(\bar{a}/B\bar{c}))$가 $B$ 위로 $k$-나누는 것을 입증한다. 그러므로 따름정리 9.24(3)에 의해 원하던 대로 $D(\mathrm{tp}(\bar{a}/B), \varphi, k) \geq n+1$이 성립한다. □

## 9.4 가름의 기본정리

나무성질을 사용하여 정리 9.18의 역, 즉 가름의 기본정리 9.32를 증명하는 것이 이 절의 목표다.

**보조정리 9.30**

다음 조건들은 동등하다.

(1) 논리식 $\varphi(\bar{x}, \bar{y})$가 $k$-나무성질을 갖는다.

(2) 균질열 $\langle \bar{c}_i \bar{b}_i \mid i < \omega \rangle$가 있어, 모든 $j \leq i < \omega$에 대하여 $\varphi(\bar{c}_i, \bar{b}_j)$가 성립하고, $\varphi(\bar{x}, \bar{b}_i)$는 $(\bar{c}\bar{b})_{<i}$ 위로 $k$-나눈다.

(3) $\bar{c}$-균질열 $\langle \bar{b}_i \mid i \leq \omega \rangle$가 있어서, $\models \varphi(\bar{c}, \bar{b}_0)$이고 $\varphi(\bar{x}, \bar{b}_\omega)$는 $\bar{b}_{<\omega}$ 위로 $k$-나눈다.

증명 (1)⇒(2) $\lambda := (2^{|T|})^+$라 놓고 $\{\varphi(\bar{x}, \bar{a}_\alpha) \mid \alpha \in \lambda^{<\omega}\}$가 $k$-나무성질을 입증한다고 하자.

중간요건 $\beta \in \lambda^\omega$와 어떤 $\bar{d}_i$가 $(0 < i < \omega)$ 있어서, 임의의 $(0 <)n < \omega$에 대하여 $\bar{d}_n$은 $\{\varphi(\bar{x}, \bar{a}_{\beta\restriction i}) \mid 0 < i \leq n\}$을 구현하고 $\varphi(\bar{x}, \bar{a}_{\beta\restriction n})$은 $\{\bar{d}_i \bar{a}_{\beta\restriction i} \mid 0 < i < n\}$ 위로 $k$-나눈다.

중간요건 증명 $\gamma = \gamma_{n-1} \in \lambda^{n-1}$과 $\bar{d}_m(0 < m < n)$이 있어서 임의의 $0 < m < n$에 대하여, $\bar{d}_m$은 $\{\varphi(\bar{x}, \bar{a}_{\gamma\restriction i}) \mid 0 < i \leq m\}$을 구현하고 $\varphi(\bar{x}, \bar{a}_{\gamma\restriction m})$은 $\{\bar{d}_i \bar{a}_{\gamma\restriction i} \mid 0 < i < m\}$ 위로 $k$-나눈다고 귀납가정을 하자($n = 1$일 때 성립하는 것은 자명하다). 한편 $\lambda > 2^{|T|}$이기에 비둘기집 원리에 의해 적당한 무한집합 $\tau \subseteq \lambda$가 있어서 모든 $j \in \tau$에 대하여 $\mathrm{tp}(\bar{a}_{\gamma j}/\{\bar{d}_i \bar{a}_{\gamma\restriction i} \mid 0 < i < n\})$이 같

다. 따라서 $j_0 \in \tau$라 하고 $\gamma_n := \gamma j_0 \in \lambda^n$로 두면, 당연히 $\gamma_n \upharpoonright n = \gamma_n$이고 $\varphi(\bar{x}, \bar{a}_{\gamma_n})$은 $\{\bar{d}_i \bar{a}_{\gamma_n \upharpoonright i} \mid 0 < i < n\} (= \{\bar{d}_i \bar{a}_{\gamma \upharpoonright i} \mid 0 < i < n\})$ 위로 $k$-나눈다. 또한 $\{\varphi(\bar{x}, \bar{a}_{\gamma \upharpoonright i}) \mid 0 < i \leq n\}$이 일관적이기에 이를 구현하는 $\bar{d}_n$을 찾는다. 이렇게 귀납적으로 $\bar{d}_i (0 < i < \omega)$를 찾고, $\beta := \bigcup_{n<\omega} \gamma_n$로 놓으면 $\beta \in \lambda^\omega$이고 중간요건이 충족된다. □

$i < \omega$에 대하여, 중간요건의 $\bar{d}_{i+1} \bar{a}_{\beta \upharpoonright i+1}$를 (2)의 $\bar{c}_i \bar{b}_i$로 두면 $\langle \bar{c}_i \bar{b}_i \mid i < \omega \rangle$는 균질열이라는 것을 제외하면 나머지 조건들을 만족한다. 또한 이 조건들이 타입정의가능하기에 콤팩트성정리와 램지의 정리를 사용하면, $\langle \bar{c}_i \bar{b}_i \mid i < \omega \rangle$를 (2)를 만족하는 균질열로 찾을 수 있다.

(2)⇒(3) (2)를 가정하면, 콤팩트성정리에 의해 이를 만족하는 균질열 $\langle \bar{c}_i \bar{b}_i \mid i \leq \omega + 1 \rangle$ 이 있다. 이때 $\bar{c} := \bar{c}_{\omega+1}$로 놓으면 (3)이 성립한다.

(3)⇒(1) (3)을 가정하자. $\langle \bar{b}_i \mid i \leq \omega \rangle$가 균질열이기에 임의의 $m \leq \omega$에 대하여 $\varphi(\bar{x}, \bar{b}_m)$는 $\bar{b}_{<m}$ 위로 $k$-나눈다. 이제 따름정리 9.24(2)에 의해 $D(\mathrm{tp}(\bar{c}), \varphi, k) = \infty$임을 보이면 충분하다. 이를 부정하여 $D(\mathrm{tp}(\bar{c}), \varphi, k) = n < \omega$라 하자. 그러면 $\varphi(\bar{x}, \bar{b}_m) \in \mathrm{tp}(\bar{c}/\bar{b}_{\leq m})$이기에 보조정리 9.25(5)에 의해

$$\cdots < D(\mathrm{tp}(\bar{c}/\bar{b}_0 \bar{b}_1 \bar{b}_2), \varphi, k) < D(\mathrm{tp}(\bar{c}/\bar{b}_0 \bar{b}_1), \varphi, k) < D(\mathrm{tp}(\bar{c}/\bar{b}_0), \varphi, k) < n$$

가 성립해야 하기에 모순이다. 결국 $D(\mathrm{tp}(\bar{c}), \varphi, k) = \infty$이어야 한다. □

**보충설명** 9.31

$\langle \bar{a}_i \mid i \leq \omega \rangle$가 $B$-균질열이라 하자. 이때 $I = \langle \bar{a}_i \mid i \in \omega \rangle$에 대하여 $\mathrm{tp}(\bar{a}_\omega / IB)$ 안의 임의의 논리식은 $\varphi(\bar{x}, \bar{a}_n \ldots \bar{a}_0 \bar{b})$ 꼴이고($\bar{b} \in B$), 이는 $\bar{a}_\omega$로 구현되기에 $\bar{a}_{n+1}$로도 구현된다. 그러므로 보충설명 9.5(5)에 의해 $\bar{a}_\omega \downarrow_I B$이고 또한 $\bar{a}_\omega \downarrow^{\mathrm{d}}_I B$이다. 같은 이유로 $I^\frown \langle \ldots, \bar{a}'_2, \bar{a}'_1, \bar{a}'_0 \rangle$가 $B$-균질열일 때 $\langle \bar{a}'_0, \bar{a}'_1, \bar{a}'_2, \ldots \rangle$는 $BI$-몰리 열이다.

다음 정리는 단순성이 각각 가름(나눔)의 대칭성, 추이성과 동등함을 가리킨다.

**정리 9.32**

**(가름의 기본정리)** 다음 성질들은 모두 동등하다.

(1) **(국소성)** 유한한 짝 $\bar{a}$와 집합 $A$에 대하여 항상 크기가 $\leq |T|$인 부분집합 $A_0(\subseteq A)$가 있어 $\bar{a} \mathop{\smile\!\!\!\!\!\mid}_{A_0} A$가 성립한다. [(1)$'$은 $\mathop{\smile\!\!\!\!\!\mid}^{\mathrm{d}}$에 대한 국소성.]

(2) **(대칭성)** $A \mathop{\smile\!\!\!\!\!\mid}_B C$이면이 $C \mathop{\smile\!\!\!\!\!\mid}_B A$이다. [(2)$'$은 $\mathop{\smile\!\!\!\!\!\mid}^{\mathrm{d}}$에 대한 대칭성.]

(3) **(추이성)** $B \subseteq C \subseteq D$라 하자. 이때 $A \mathop{\smile\!\!\!\!\!\mid}_B D$이면이, $A \mathop{\smile\!\!\!\!\!\mid}_B C$이고 $A \mathop{\smile\!\!\!\!\!\mid}_C D$이다. [(3)$'$은 $\mathop{\smile\!\!\!\!\!\mid}^{\mathrm{d}}$에 대한 추이성.]

(4) 논리식 $\varphi(\bar{x}, \bar{a})$가 $A$ 위로 가름 [(4)$'$ 나눌] 필요충분조건은 $\mathrm{tp}(\bar{a}/A)$안의 임의의 몰리 열 $\{\bar{a}_i \mid i < \omega\}$에 대하여 $\{\varphi(\bar{x}, \bar{a}_i) \mid i < \omega\}$가 모순적인 것이다.

증명 (1)⇔(1)$'$⇒(2),(2)$'$,(3),(3)$'$,(4),(4)$'$는 이미 정리 9.28, 정리 9.18, 따름정리 9.17, 보조정리 9.16에서 증명하였다.

(2) 또는 (2)$'$⇒(1) 대우를 증명하자. $T$가 단순하지 않으면 정리 9.28과 보조정리 9.30(3)에 의해, $\bar{c}$-균질열 $\langle \bar{b}_i \mid i \leq \omega \rangle$가 있어서, $\models \varphi(\bar{c}, \bar{b}_\omega)$이고 $\varphi(\bar{x}, \bar{b}_\omega)$는 $\bar{b}_{<\omega}$ 위로 나눈다. 따라서 $\bar{c} \not\mathop{\smile\!\!\!\!\!\mid}^{\mathrm{d}}_{\bar{b}_{<\omega}} \bar{b}_\omega$이고 $\bar{c} \not\mathop{\smile\!\!\!\!\!\mid}_{\bar{b}_{<\omega}} \bar{b}_\omega$이다. 하지만 보충설명 9.31에 의해 $\bar{b}_\omega \mathop{\smile\!\!\!\!\!\mid}_{\bar{b}_{<\omega}} \bar{c}$이고 $\bar{b}_\omega \mathop{\smile\!\!\!\!\!\mid}^{\mathrm{d}}_{\bar{b}_{<\omega}} \bar{c}$이다. 따라서 (2), (2)$'$ 모두 성립하지 않는다.

(3) 또는 (3)$'$⇒(1) 역시 대우를 증명한다. $T$가 단순이론이 아니면 보조정리 9.30(2)와 콤팩트성정리에 의해, 균질열 $\langle \bar{c}_i \bar{b}_i \mid i < \omega + 2 + \omega^* \rangle$이 있어 모든 $i$에 대하여, $\varphi(\bar{c}_i, \bar{b}_0)$이고 $\varphi(\bar{x}, \bar{b}_i)$는 $(\bar{c}\bar{b})_{<i}$ 위로 나눈다. (여기서 $\omega^*$는 $\omega$의 역순인 선형순서집합이다. 즉 $\omega^* = \{\cdots < 2^* < 1^* < 0^*\}$. 또한 $+$는 순서합이다(xiv쪽 참조).) 이제 $I := \{\bar{c}_i \mid i < \omega\}$, $J := \{\bar{c}_i \mid i \in \omega^*\}$로 두면, 보충설명 9.31에 의해 $\bar{c}_{\omega+1} \mathop{\smile\!\!\!\!\!\mid}_I J$와 $\bar{c}_{\omega+1} \mathop{\smile\!\!\!\!\!\mid}_J I\bar{b}_\omega$가 성립한다. 따라서 $\bar{c}_{\omega+1} \mathop{\smile\!\!\!\!\!\mid}_{IJ} \bar{b}_\omega$이다. 하지만 $\bar{c}_{\omega+1}$이 구현하는 $\varphi(\bar{x}, \bar{b}_\omega)$는 $I$ 위로 나누기에, $\bar{c}_{\omega+1} \not\mathop{\smile\!\!\!\!\!\mid}^{\mathrm{d}}_I J\bar{b}_\omega$이다. 따라서 $\mathop{\smile\!\!\!\!\!\mid}$와 $\mathop{\smile\!\!\!\!\!\mid}^{\mathrm{d}}$의 추이성이 성립하지 않는다.

(4) 또는 (4)$'$⇒(1) $T$가 단순하지 않으면 역시 보조정리 9.30(3)에 의해 $\bar{c}$-균질열 $\langle \bar{b}_i \mid i < \omega + \omega^* \rangle$가 있어서, 모든 $i$에 대하여 $\models \varphi(\bar{c}, \bar{b}_i)$이고 $\varphi(\bar{x}, \bar{b}_i)$는 $\bar{b}_{<i}$

위로 나눈다. 특히 $\varphi(\bar{x}, \bar{b}_{0^*})$는 $\bar{b}_{<\omega}$ 위로 나눈다. 이때 $J := \langle b_{0^*}, b_{1^*}, b_{2^*}, \ldots \rangle$라 하면, 이는 보충설명 9.31에서처럼 $\mathrm{tp}(\bar{b}_{0^*}/\bar{b}_{<\omega})$ 안의 몰리 열이다. 하지만 $\bar{c}$는 $\{\varphi(\bar{x}, \bar{b}_i) \mid i \in \omega^*\}$를 구현하기에 (4), (4)′ 모두 성립하지 않는다. □

## 9.5 슈퍼단순성

슈퍼단순성은 단순성보다 강한 특질로서 상대적으로 단순성보다 더 좋은 여러 성질을 가지고 있다. 여기에선 그 중 하나인 가산 슈퍼단순모델의 개수와 관련한 결과인 정리 9.50을 공부한다. 이는 볼드윈-라클란 정리 8.35의 확장으로 볼 수 있다. 또한 슈퍼단순성과 관련한 급수 개념을 소개한다.

**정의 9.33**

- $T$가 슈퍼단순*supersimple*하다는 (또는 슈퍼단순이론이라는) 것은, 임의의 유한한 짝 $\bar{a}$와 집합 $A$에 대하여 항상 유한한 부분집합 $A_0 (\subseteq A)$가 있어 $\bar{a} \perp_{A_0} A$가 성립한다는 것이다. 슈퍼단순이론의 모델을 슈퍼단순모델(구조)이라 부른다.
- $T$가 슈퍼안정적*superstable*이라는 (또는 슈퍼안정이론이라는) 것은 $T$가 안정이론이면서 슈퍼단순하다는 것이다. 슈퍼안정이론의 모델을 슈퍼안정모델(구조)이라 부른다.

따라서 당연히 슈퍼단순이론은 단순이론이다. 또한 $\omega$-안정이론은 슈퍼안정이론이다(따름정리 9.38). 관련한 여러 예들은 보기 9.39, 10.13 등에서 확인할 수 있다.

### 9.5.1 급수

슈퍼단순성을 판별하는 급수들을 정의하고 연관성, 특성 등을 살펴본다.

**정의 9.34**

매개변수가 있는 논리식 $\psi(\bar{x})$에 대하여, 급수 $D(\psi(\bar{x}))$를 다음과 같이 정의한다.

- $\psi(\bar{x})$가 일관적이면 $D(\psi(\bar{x})) \geq 0$이다. 또한 $\alpha$가 극한서수일 때 $D(\psi) \geq \alpha$라는 것은, 모든 $\beta < \alpha$에 대하여 $D(\psi) \geq \beta$임을 의미한다.
- 서수 $\alpha$에 대하여 $D(\psi) \geq \alpha + 1$이라는 것은, $\mathrm{dom}(\psi)$ 위로 나누는 논리식 $\phi(\bar{x}, \bar{c})$가 있어서 $D(\psi(\bar{x}) \wedge \phi(\bar{x}, \bar{c})) \geq \alpha$라는 것을 의미한다.
- $D(\psi(\bar{x})) = \alpha$란 것은, $D(\psi(\bar{x})) \geq \alpha$이지만 $D(\psi(\bar{x})) \not\geq \alpha + 1$인 것을 뜻한다.

  $D(\psi(\bar{x})) = \infty$는, 모든 서수 $\alpha$에 대해서 $D(\psi(\bar{x})) \geq \alpha$라는 것이다.
- 타입 $p(\bar{x})$가 있을 때, $D(p(\bar{x})) := \min\{D(\psi_0 \wedge \cdots \wedge \psi_n) \mid \psi_i \in p,\ i \leq n \in \omega\}$로 정의한다.

**보조정리 9.35**

$A$ 위의 논리식 $\psi(\bar{x})$와 타입 $p(\bar{x})$가 있다.

(1) 아래 두 조건은 동등하다.

(a) $D(\psi(\bar{x})) \geq \alpha + 1$.

(b) $A$ 위로 나누는 논리식 $\theta(\bar{x})$가 있어서, $D(\psi(\bar{x}) \wedge \theta(\bar{x})) \geq \alpha$이다.

(2) 타입 $p(\bar{x}) \vDash q(\bar{x})$가 있으면 $D(p) \leq D(q)$가 성립한다.

(3) (1)의 조건들은, $A$ 위로 나누는 논리식 $\theta_0(\bar{x})(\vDash \psi(\bar{x}))$가 있어 $D(\theta_0(\bar{x})) \geq \alpha$가 성립하는 것과도 동등하다.

(4) 임의의 논리식 $\phi_0(\bar{x}), \phi_1(\bar{x})$에 대하여

$$D(p(\bar{x}) \cup \{\phi_0(\bar{x}) \vee \phi_1(\bar{x})\}) = \max\{D(p(\bar{x}) \cup \{\phi_0(\bar{x})\}), D(p(\bar{x}) \cup \{\phi_1(\bar{x})\})\}$$

이다. 따라서 $D(p(\bar{x})) = D(p'(\bar{x}))$인 $(p(\bar{x}) \subseteq) p'(\bar{x}) \in S(A)$가 있다.

(5) 항상 $D(\psi) \leq \mathrm{MR}(\psi)$가 성립한다.

증명 (1) 정의 9.34에 의해 (b)⇒(a)는 자명하기에, (a)⇒(b)를 증명하자. 우선 $A_0 := \mathrm{dom}(\psi)$라 하면 $A_0 \subseteq A$이다. 정의에 의해 $A_0$ 위로 나누는 논리식 $\phi(\bar{x}, \bar{c}_0)$가 있어(이를 $A_0$-균질열 $I = \langle \bar{c}_i \mid i < \omega \rangle$이 입증한다고 하자), $D(\psi(\bar{x}) \wedge \phi(\bar{x}, \bar{c}_0)) \geq \alpha$이다. 한편 연습문제 §7.3.3에 의해, $A$-균질열 $J (\equiv_{A_0} I)$가 존재한다. 따라서 $J = \langle \bar{c}'_i \mid i < \omega \rangle$라 하면, $\phi(\bar{x}, \bar{c}'_0)$는 $A$ 위로 나눈다. 또한 정의에 의해 동형사상은 $D$-급수를 보존하기에, $D(\psi(\bar{x}) \wedge \phi(\bar{x}, \bar{c}'_0)) \geq \alpha$이다. 이제 $\phi(\bar{x}, \bar{c}'_0)$를 $\theta(\bar{x})$로 두면 (b)가 성립한다.

(2)는 $p, q$가 각각 하나의 논리식이라면 (1)을 사용하여 서수에 대한 귀납법으로 쉽게 확인할 수 있다. 이 경우와 정의에 의해, 타입일 때도 성립한다.

(3) (1)(b)를 가정하고 $\psi(\bar{x}) \wedge \theta(\bar{x})$를 $\theta_0(\bar{x})$로 두면 (3)이 성립한다. 또한 (3)을 가정하면 정의 9.34와 (2)에 의해 (1)(a)가 성립한다.

(4) 이의 증명은 기존의 급수에서의 증명(예를 들어 보조정리 4.11(2),(4)의 증명)과 같은 방식으로 가능하기에 연습문제 §9.6.12에 남긴다.

(5) 임의의 논리식 $\psi$에 대하여, $D(\psi) \geq \alpha$이면 $\mathrm{MR}(\psi) \geq \alpha$라 귀납가정하자. 이제 $D(\psi) \geq \alpha+1$이라 전제하고, $\mathrm{MR}(\psi) \geq \alpha+1$임을 보이면 된다. (3)에 의해 $A$-균질열 $\langle \bar{c}_i \mid i < \omega \rangle$와 논리식 $\theta(\bar{x}, \bar{c}_i) (\models \psi(\bar{x}))$가 있어서, $\{\theta(\bar{x}, \bar{c}_i) \mid i < \omega\}$는 $k$-모순적이고($k \geq 2$ (*)), 모든 $i < \omega$에 대하여 $D(\theta(\bar{x}, \bar{c}_i)) = D(\theta(\bar{x}, \bar{c}_0) \geq \alpha$이다. 이제 $B := A\bar{c}_{<\omega}$라 두면, (4)에 의해 $D(\theta(\bar{x}, \bar{c}_i)) = D(p_i)$인 $(\theta(\bar{x}, \bar{c}_i) \in) p_i(\bar{x}) \in S(B)$가 있다. 이때 (*)와 비둘기집 원리에 의해 $\{p_i(\bar{x}) \mid i < \omega\}$는 유한집합일 수 없다. 따라서 연습문제 §4.3.8에 의해 적당한 무한집합 $\tau (\subseteq \omega)$와 임의의 $i \in \tau$에 대하여 $\phi_i (\in p_i)$가 있어서, 서로 다른 $i, j \in \tau$에 대하여 $\{\phi_i, \phi_j\}$는 모순적이다. 이때 모든 $i \in \tau$에 대하여 당연히 $\psi \wedge \phi_i \in p_i$이고, 귀납가정에 의해 $\mathrm{MR}(\psi \wedge \phi_i) \geq \alpha$이기에 원하던 대로 $\mathrm{MR}(\psi) \geq \alpha + 1$이다. □

**보조정리 9.36**

(1) 만일 논리식 $\theta_i(\bar{x})$가 있어($i < \alpha$), $\{\psi(\bar{x})\} \cup \{\theta_i(\bar{x}) \mid i < \alpha\}$가 일관적이고, 임의의 $i < \alpha$에 대하여 $\theta_i(\bar{x})$가 $\mathrm{dom}(\psi) \cup \bigcup_{i<j<\alpha} \mathrm{dom}(\theta_j)$ 위로 나누면 $D(\psi(\bar{x})) \geq \alpha$이다. 또한 $\alpha < \omega$이면 역도 성립한다.

(2) $A$ 위의 논리식 $\psi(\bar{x})$에 대하여 다음 조건들은 동등하다.

(a) $D(\psi(\bar{x})) = \infty$.

(b) $A$ 위로 나누는 논리식 $\theta(\bar{x})(\models \psi(\bar{x}))$가 있어서, $D(\theta(\bar{x})) = \infty$이다.

(c) 임의의 $i < \omega$에 대하여 일관적인 $A_i$ 위의 논리식 $\theta_i(\bar{x})$가 있어서 $(\psi = \theta_0,\ A = A_0)$, $A_i \subseteq A_{i+1}$이고, $\theta_{i+1} \models \theta_i$이며, $\theta_{i+1}$은 $A_i$ 위로 나눈다.

증명 (1) 우선 $\alpha$일 때 (1)이 성립한다고 귀납가정하고, $\alpha+1$일 때도 성립함을 보이자. 즉 논리식 $\theta_i(\bar{x})$가 있어$(i < \alpha+1)$, $\{\psi(\bar{x})\} \cup \{\theta_i(\bar{x}) \mid i \le \alpha\}$가 일관적이고, 임의의 $i \le \alpha$에 대하여 $\theta_i(\bar{x})$가 $\mathrm{dom}(\psi) \cup \bigcup_{i<j\le\alpha} \mathrm{dom}(\theta_j)$ 위로 나눈다고 하자. 그러면 귀납가정에 의해 $D(\psi(\bar{x}) \wedge \theta_\alpha(\bar{x})) \ge \alpha$이고, 따라서 정의에 의해 $D(\psi(\bar{x})) \ge \alpha+1$이 성립한다. 또한 $\alpha$가 극한서수일 때 모든 $\beta(< \alpha)$에 대하여 (1)이 성립한다고 가정하면, $\alpha$일 때도 (1)이 성립하는 것이 자동적으로 따른다.
이제 $\alpha = n(< \omega)$일 때 역이 성립하는 논리식 $\theta_i(\bar{x})$를$(i < n)$ 찾을 수 있다고 귀납가정하고, $D(\psi(\bar{x})) \ge n+1$이라 하자. 정의에 의해 $\mathrm{dom}(\psi(\bar{x}))$ 위로 나누는 $\phi_n(\bar{x})$가 있어서 $D(\psi(\bar{x}) \wedge \phi_n(\bar{x})) \ge n$이 성립한다. 귀납가정을 $\psi(\bar{x}) \wedge \phi_n(\bar{x})$에 적용하여 찾은 $\phi_i(\bar{x})$와$(i < n)$ $\phi_n(\bar{x})$은 $\alpha = n+1$일 때도 역이 성립함을 입증한다.

(2)(a)$\Rightarrow$(b) 모든 서수 $\alpha$에 대하여 $D(\psi(\bar{x})) \ge \alpha+1$이기에 보조정리 9.35(3)에 의해 $A$ 위로 나누는 $\theta_\alpha(\bar{x}, \bar{a}_\alpha)(\models \psi(\bar{x}))$가 있어 $D(\theta_\alpha(\bar{x}, \bar{a}_\alpha)) \ge \alpha$이다. 여기서 $\theta_\alpha$의 이러한 성질은 $\mathrm{tp}(\bar{a}_\alpha/A)$에만 의존한다. 따라서 비둘기집 원리에 의해 중복되어 나타나는 $\theta(\bar{x})$가 존재하여 (b)를 만족한다.

(b)$\Rightarrow$(c) (c)는 (b)를 계속 반복하여 논리식 $\theta_i(\bar{x})$를 찾고, $A_i := \bigcup_{j<i} A_j \cup \mathrm{dom}(\theta_i)$로 두어 얻을 수 있다.

(c)$\Rightarrow$(a) (c)를 가정하자. 또한 임의의 서수 $\alpha$에 대하여 $D(\theta_i) \ge \alpha$라$(i < \omega)$ 가정하자. 모든 $i < \omega$에 대하여 $D(\theta_i) \ge \alpha+1$임을 증명하면 충분하다. 이는 보조정리 9.35(3)을 (c)에 적용하면 곧장 따른다. □

슈퍼단순성을 판별하는 아래 특성들은, 단순성을 판별하는 정리 9.28의 특성들과 비교된다.

**정리 9.37**

아래 요건들은 모두 동등하다.

(1) $T$는 슈퍼단순이론이다.

(2) 길이가 $\aleph_0$인 가름[(2)$'$ 나눔]사슬이 존재하지 않는다.

(3) 임의의 $p \in S_n(A)$는, $A$의 적당한 유한부분집합 위로 나누지 않는다.

(4) 임의의 $p \in S_1(A)$는, $A$의 적당한 유한부분집합 위로 가르지 [(4)$'$ 나누지] 않는다.

(5) 모든 논리식 $\psi(\bar{x})$에 대하여 $D(\psi)$는 서수값을 갖는다.

(6) $D(x = x) < \infty$이다.

증명 (1)$\Leftrightarrow$(2)$\Rightarrow$(2)$'\Leftrightarrow$(3)은 정리 9.28(1)$\Leftrightarrow$(2)의 논증 방법을 따라 증명하면 된다.

(2)$'\Rightarrow$(2) (2)$'$을 가정하면 정리 9.28에 의해 $T$는 단순하다. 따라서 따름정리 9.17에 의해 (2)가 성립한다.

(1)$\Rightarrow$(4)$\Rightarrow$(4)$'$은 자명하다.

(4)$'\Rightarrow$(2)$'$은 정리 9.28(8)$'\Rightarrow$(9)$'\Rightarrow$(3)의 증명 방식에 따라 유도된다.

(2)$'\Leftrightarrow$(5) 만일 $D(\psi) = \infty$라면 보조정리 9.36(2)에 의해 임의의 $i < \omega$에 대하여 $A_i$ 위의 일관적인 논리식 $\theta_i(\bar{x})$가 있어서($\psi = \theta_0$, $A_0 = \mathrm{dom}(\psi)$), $A_i \subseteq A_{i+1}$이고, $\theta_{i+1} \vDash \theta_i$이며, $\theta_{i+1}$은 $A_i$ 위로 나눈다. 따라서 $\{\theta_i(\bar{x}) \mid i < \omega\}$는 일관적이고 이를 포함하는 완전한 타입 $p \in S(A)$가($A := \bigcup_{i<\omega} A_i$) 있다. 그러면 $\langle p \upharpoonright A_i \mid i < \omega \rangle$는 길이가 $\omega$인 나눔사슬이다.
역으로 $\langle p_i(\bar{x}) \mid i < \omega \rangle$가 나눔사슬이면 임의의 $i < \omega$에 대하여 $\phi_{i+1}(\bar{x})(\in p_{i+1})$가 있어, $\mathrm{dom}(p_i)$ 위로 나눈다. 이제 $\theta_{i+1}(\bar{x}) := \bigwedge_{1 \le j \le i+1} \phi_j$로 두면, 보조정리

9.36(2)에 의해 $D(\bar{x} = \bar{x}) = \infty$임을 알 수 있다.

(5)⇒(6)은 자명하다.

(6)⇒(4)′은 지금까지의 방법으로 비슷하게 보일 수 있다. □

이제 정리 8.33, 9.37, 보조정리 8.11, 9.35(5)에서 다음이 곧장 따른다.

**따름정리 9.38** 가산언어에서 $\omega$-안정이론은 슈퍼안정이론이다.

정리 9.37은 아래 관련한 여러 예들에서 슈퍼단순성을 판별하는 데 유용하다. 이들은 단순성을 가지는 체에 대하여 분류한 보기 10.13과 비교하여 보면 좋을 것이다.

**보기 9.39**

여기서 안정성이나 단순성을 가지는 여러 예를 제시한다. 각 항목의 서술에 대한 자세한 논증은 연습문제 §9.6.13으로 남긴다.

(1) 따름정리 9.24(3)을 사용하면 $D_{\varphi,k}(p) \leq D(p)$임을 서수에 대한 귀납법으로 쉽게 알 수 있다. 단순이론에서 왼쪽 급수의 값은 항상 자연수지만 $D(x = x)$는 무한서수값을 가질 수 있다. 예를 들어 보기 4.15(2)의 $T$에서 몰리 급수와 $D$-급수는 같기에 $D(x = x) = \alpha$다.

(2) 보기 8.34(2)의 안정이론 $T$에서 $D(x = x) = (\mathrm{MR}(x = x) =)\infty$임을 보조정리 9.36(2)를 통해 알 수 있다. 따라서 $T$는 슈퍼안정이론도 슈퍼단순이론도 아니다(정리 9.37).

이를 변형한 다음 $T'$은 슈퍼안정이론이지만 $\omega$-안정이론은 아니다. 곧, $\mathcal{L}$은 역시 2항술어기호 $E_i$들로만 $(i < \omega)$ 구성되었고, $\mathcal{L}$-이론 $T'$은 각 $E_i$가 동등관계이고 $E_0$-동등류는 두 개 있고, 각 $i < \omega$에 대하여 $xE_{i+1}y \to xE_iy$가 성립하면서 각 $E_i$-동등류 안에 두 개의 $E_{i+1}$-동등류들이 있음을 기술한다. 그러면 역시 $T'$이 완전한 이론임을 보일 수 있다. 이때 $\mathrm{CB}_{T'}(x = x) = 0$이고 $\mathrm{MR}_{T'}(x = x) = \infty$이다. 하지만 $D_{T'}(x = x) = 1$임을 보일 수 있다.

(3) 보기 4.15(2)를 변형한 다음 예에서 $D(x = x) = \mathrm{MR}(x = x) = \omega$이지만 보조정리 9.36(1)을 만족하는 논리식 $\theta_i(x)$는 $(i < \omega)$ 찾을 수 없다.

임의의 $(2 \leq)n(< \omega)$에 대하여, $\mathcal{L}$은 1항술어기호 $P_n$과 2항술어기호 $E_i^n$들로 $(0 < i < n)$ 구성되었다. 이때 $\mathcal{L}$-이론 $T$는 다음을 묘사하는 완전한 이론이다. 각 $P_m, P_n$은 $(m \neq n)$ 서로소이고, 각 $E_i^n$가 $P_n$에서 (즉 $xE_i^n y \to P(x) \wedge P(y)$) 동등관계이며 $E_i^n$-동등류는 무한개 있고, 모든 $E_i^n$-동등류는 무한집합이다. 또한 $0 < i < j < n$에 대하여 $xE_i^n y \to xE_j^n y$가 성립하고 각 $E_j$-동등류 안에 무한개의 $E_i$-동등류들이 있다.

(4) 이미 (2)에서 $D$-급수와 몰리 급수가 다른 예를 찾았지만, (3)의 예를 변형하면 $\omega$-안정이론으로 이러한 예를 찾을 수 있다.

임의의 $n(< \omega)$에 대하여, $\mathcal{L}$은 1항술어기호 $P_n$과 2항술어기호 $E_n$들로 구성되었고, $\mathcal{L}$-이론 $T$는 다음을 묘사하는 완전한 이론이다. 서로 다른 $m, n$에 대하여 $P_m, P_n$은 서로소이고, 각 $E_n$은 $P_n$에서 동등관계이며 $E_n$-동등류는 무한개 있고, 모든 $E_n$-동등류는 무한집합이다. 이때 $D(x = x) = 2 < \mathrm{MR}(x = x) = 3$임을 확인할 수 있다.

(5) 랜덤그래프는 슈퍼단순성을 가지지만 안정성을 가지지 않는 대표적인 구조다. 랜덤그래프의 존재성과 $\aleph_0$-크기 랜덤그래프의 (동형인 경우를 제외한) 유일성은 정리 6.50에서 서술하고 있다. 특히 보기 6.49의 랜덤그래프에 대한 정의를 $\mathcal{L}(= \{E\})$-명제들로 표현한 것은 완전한 이론이다. 랜덤그래프의 특성으로 인해 $xEy$가 불안정함을 입증하는 원소들을 쉽게 찾을 수 있다. 또한 랜덤그래프 이론에서 한정제거로 인해 $D(x = x) = 1$임도 쉽게 확인할 수 있다. 즉 랜덤그래프는 안정구조는 아니고 슈퍼단순구조이다.

랜덤그래프를 변형한 이분랜덤그래프*bipartite random graph*도 슈퍼단순성을 가지지만 안정성을 갖지 않는 대표적 예다. 이분랜덤그래프는 역시 2항관계 $E$로 구성된 무한그래프에 1항관계 (또는 부분집합) $P$가 추가된 구조로서 다음을 만족하는 것이다. 각 $P$와 이의 여집합 $P^c$는 무한이고, 임의의 서로소인 유한부분집합 $X, Y(\subseteq P)$에 대하여 어떤 원소 $z \in P^c$가 존재하여, 모든 $x \in X$에 대하여 $xEz$가 성립하고 모든 $y \in Y$에 대하여

$\neg yEz$가 성립한다. 역으로 임의의 서로소인 유한부분집합 $Z, W(\subseteq P^c)$에 대하여 어떤 원소 $x \in P$가 존재하여, 모든 $z \in Z$에 대하여 $xEz$가 성립하고 모든 $w \in W$에 대하여 $\neg xEw$가 성립한다. 또한 임의의 $x, x' \in P$와 $z, z' \in P^c$에 대하여, $\neg xEx'$이고 $\neg zEz'$이다. 이를 $\{E, P\}$(또는 $P^c$에 대응하는 $Q$를 추가한 $\{E, P, Q\}$)의 언어에서 묘사한 명제들을 모은 이론은 $\aleph_0$-범주적이고 따라서 완전한 이론임을 알 수 있다. 여기서도 랜덤그래프의 경우와 마찬가지로 한정제거를 통해 $D(x = x) = 1$임을 보일 수 있다.

**보조정리 9.40**

$A \subseteq B$이고 $p(\bar{x})(\in S(A)) \subseteq q(\bar{x}) \in S_n(B)$라 하자.

- $(D(q) < \infty)$ $q$가 $A$위로 나누면, $D(q) < D(p)$가 성립한다.
- $(\mathrm{MR}(q) < \infty)$ $q$가 $A$위로 나누면, $\mathrm{MR}(q) < \mathrm{MR}(p)$이다.

증명 보조정리 8.31과 9.35를 사용한다. 먼저 $D$-급수에 대하여 증명하자. $D(q) \geq \alpha$라 하자. 이때 $D(p) \geq \alpha + 1$임을 보이면 충분하다. 따라서 임의의 $\psi(\bar{x}) \in p$에 대하여 $D(\psi) \geq \alpha + 1$임을 논증하자. $q$가 $A$ 위로 나누기에, $A$ 위로 나누는 어떤 $\theta(\bar{x}, \bar{b}_0) \in q$가 $(\bar{b}_0 \in B)$ 있어서 $\theta(\bar{x}, \bar{b}_0) \vDash \psi(\bar{x})$가 성립한다. 이때 $D(\theta) \geq D(q) \geq \alpha$이기에 $D(\psi) \geq \alpha + 1$이 성립한다.
몰리 급수의 경우, 위 문단에서 $D$를 MR로 바꾸어 $\mathrm{MR}(\psi) \geq \alpha + 1$을 보이면 된다. 마찬가지로 $A$ 위로 나누는 $\theta(\bar{x}, \bar{b}_0)(\vDash \psi(\bar{x}))$가 $q$에 있고 $\mathrm{MR}(\theta(\bar{x}, \bar{b}_0)) \geq \alpha$이다. 따라서 $A$-균질열 $I = \langle \bar{b}_i \mid i < \omega \rangle$가 있어서, $\{\theta(\bar{x}, \bar{b}_i) \mid i < \omega\}$는 $k$-모순적이다(*). 또한 $\mathrm{MR}(\theta(\bar{x}, \bar{b}_i)) \geq \alpha$이며 $\theta(\bar{x}, \bar{b}_i) \vDash \psi(\bar{x})$이다. 한편 $(\theta(\bar{x}, \bar{b}_i) \in )p_i(\bar{x}) \in S(AI)$가 있어서, $\mathrm{MR}(\theta(\bar{x}, \bar{b}_i)) = \mathrm{MR}(p_i)$가 성립한다. 여기서 (*)에 의해 $\{p_i \mid i < \omega\}$는 무한집합이다. 이때 $\psi \in p_i$이기에 연습문제 §4.3.8에 의해, 원하던 대로 $\mathrm{MR}(\psi) \geq \alpha + 1$이 성립한다. □

$T$가 안정적이면 보조정리 9.40의 역도 성립한다(정리 10.31). 하지만 일반적으로

단순이론에서 역은 성립하지 않는다([23, Example 6.3.4]). 즉 $D$-급수는 슈퍼안정이론에서 가름을 결정하지만(따름정리 10.32), 슈퍼단순이론에서는 그렇지 않을 수 있다. 한편 아래에서 소개할 $SU$-급수는 완전한 타입들에 대하여 정의되는데, 이는 슈퍼단순이론에서 완전한 타입의 가름을 판별한다.

**정의 9.41**

완전한 타입 $p(\bar{x}) \in S(A)$가 있다. $p$의 $SU$-급수를 다음과 같이 재귀적으로 정의한다. 서수 $\alpha$에 대하여, $SU(p) \geq \alpha + 1$이라는 것은 $A$ 위로 가르는 $(p(\bar{x}) \subseteq) q(\bar{x}) \in S(B)$가 있어($A \subseteq B$), $SU(q) \geq \alpha$라는 것이다. 이 외의 경우는 기존 급수에서 정의했던 것과 같은 방식으로 한다. 끝으로 $SU(\bar{a}/A)$는 $SU(\mathrm{tp}(\bar{a}/A))$를 의미한다.

**보조정리 9.42**

(1) 만일 $p(\bar{x}) \subseteq q(\bar{x})$가 완전한 타입들이라면, $SU(q) \leq SU(p)$가 성립한다.

(2) $p(\bar{x}) \subseteq q(\bar{x})$가 완전한 타입들이고 $q(\bar{x})$가 $\mathrm{dom}(p)$ 위로 가른다면, $SU(p) < \infty$일 때 $SU(q) < SU(p)$가 성립한다.

(3) $p(\bar{x}) \in S(A)$라 하자. 아래 조건들은 동등하다.

(a) $SU(p) = \infty$.

(b) 적당한 $(A \subseteq) B$와 $A$ 위로 가르는 $(p(\bar{x}) \subseteq) q(\bar{x}) \in S(B)$가 있어, $SU(q) = \infty$이다.

(c) $p$로 시작하는 길이가 $\aleph_0$인 가름사슬이 있다.

증명 이의 증명은 $SU$-급수의 정의를 사용하여 어렵지 않게 증명할 수 있기에 연습문제 §9.6.14에 남긴다. □

**정리 9.43**

(1) $T$가 슈퍼단순이론이면이, 임의의 완전한 타입 $p(\bar{x}) \in S_n(A)$의 $SU$-급수가 서수값을 가진다.

(2) $p(\bar{x}) \in S(A)$이고 $A \subseteq B$이며, $(p(\bar{x}) \subseteq) q(\bar{x}) \in S(B)$라 하자. 만일 $SU(p) = SU(q) < \infty$이면 $q$는 $A$ 위로 가르지 않는다. $T$가 단순하면 역도 성립하여, 만일 $q$가 $A$ 위로 가르지 않으면 $SU(p) = SU(q) (= \infty$일 수도 있다)이 성립한다.

증명 (1) 정리 9.37과 보조정리 9.42(3)에서 곧장 나온다.

(2) 첫째 요건은 $SU$-급수의 정의에서 바로 따른다(보조정리 9.42(2)). 둘째 요건을 증명하기 위해 $T$는 단순이론이고, $q$는 $A$ 위로 가르지 않는 $p$의 확대라 하자. 즉 $\bar{d}$가 $q$를 구현한다고 하면, $\bar{d} \downarrow_A B$이다. 이제 $\alpha$에 대한 귀납가정하에서, $SU(p) \geq \alpha + 1$라 전제할 때 $SU(q) \geq \alpha + 1$가 성립함을 보이면 충분하다 (보조정리 9.42(1) 참조). 전제와 급수의 정의에 의해, 어떤 $(A \subset) C$가 있고 $A$ 위로 가르는 $(p(\bar{x}) \subset) p'(\bar{x}) \in S(C)$가 있어, $SU(p') \geq \alpha$이다. 또한 확대성(정리 9.4)에 의해, $C \downarrow_{A\bar{d}} B$이면서 $\bar{d}$가 $p'$도 구현한다고 해도 무방하다(따라서 $\bar{d} \not\downarrow_A C$ (*)). 그러면 추이성에 의해 $C\bar{d} \downarrow_A B$이고 대칭성과 기저단조성에 의해 $\bar{d} \downarrow_C B$가 성립한다. 이때 $p'(\bar{x}) = \mathrm{tp}(\bar{d}/C)$이기에 $\alpha$에 대한 귀납가정에 의해, $SU(\bar{d}/BC) \geq \alpha$가 성립한다. 한편 (*)와 추이성에 의해 $\bar{d} \not\downarrow_B C$이어야 하고, 따라서 원하던 대로 $SU(q) = SU(\bar{d}/B) \geq \alpha + 1$이다. □

**보기 9.44**

$SU$-급수의 정의를 사용하면, 임의의 완전한 타입 $p$에 대하여 $SU(p) \leq D(p) (\leq \mathrm{MR}(p)$ 보조정리 9.35(5))가 항상 성립함을 쉽게 보일 수 있다. 보기 9.39(4)에서 $\{\neg P_n(x) \mid n < \omega\}$를 포함하는 유일한 완전한 1타입 $p(x) \in S_1(\varnothing)$를 생각하면, $SU(p) = 1 < D(p) = 2 < \mathrm{MR}(p) = 3$임을 확인할 수 있다(연습문제 §9.6.15).

### 9.5.2 가산 슈퍼단순모델

서로 동형이 아닌 $(1 <)$유한개의 가산모델을 가지는 완전한 가산이론의 알려진 예는 모두 안정이론이 아니다(예를 들어 보기 5.24(2)). 라클란은 이를 가산 슈퍼안정이론에 대하여 확증하였다. 즉 해당 이론은 1보다 큰 유한개의 가산모델을 가질 수 없다는 것이다. 여기서는 이를 슈퍼단순이론으로 확장한 결과를 소개한다(정리 9.50). 이는 또한, 비가산범주적 이론이 슈퍼단순이론이기에, 볼드윈-라클란 정리 8.35를 확장한 결과로 이해할 수도 있다. 관련 문헌은 [23]을 참조하기 바란다.

이 절의 끝까지 $\mathcal{L}$은 가산언어다. 우선 단순이론에서 타입의 고립성과 가름의 관계를 살펴볼 것이다.

**정의 9.45**

$\text{tp}(\bar{b}/\bar{a})$가 거의 고립되었다는 것은, 논리식 $\varphi(\bar{x}, \bar{a}) \in \text{tp}(\bar{b}/\bar{a})$가 있어서 $\varphi(\bar{x}, \bar{a}) \models \text{tp}(\bar{b})$가 성립한다는 것이다.

**보충설명** 9.46

(1) 만일 $\text{tp}(\bar{b}/\bar{a})$가 고립됐다면, 이는 거의 고립된 타입이다.

(2) 거의 고립됐다는 개념은 추이적이다. 곧, 만일 $\text{tp}(\bar{c}/\bar{b})$와 $\text{tp}(\bar{b}/\bar{a})$가 모두 거의 고립된 타입이면 $\text{tp}(\bar{c}/\bar{a})$도 거의 고립되었다.

(3) $\mathcal{L} := \{E_i \mid i < \omega\}$이고 $T$는 각 $E_i$는 $(i < \omega)$ 동등관계이고, $E_0$는 두 개의 무한 동등류만을 가지며, $E_{i+1}$는 $E_i$보다 섬세하여서 각 $E_i$-동등류를 두 개의 무한 $E_{i+1}$-동등류로 세분함을 묘사한다고 하자. 이제 모든 $i < \omega$에 대하여 $aE_ic$가 성립하는 $a \neq c$와, $\neg bE_0a$인 $b$를 생각하자. 이때 한정제거에 의해서 $\text{tp}(c/b)$, $\text{tp}(b/a)$는 각각 $\neg xE_0b$, $\neg xE_0a$로 고립되었지만 $\text{tp}(c/a)$는 고립되지 않았음을 알 수 있다. 하지만 $|S_1(\varnothing)| = 1$이기에 $\text{tp}(c/a)$는 거의 고립된 타입이다.

**보조정리 9.47**

만일 $\mathrm{tp}(\bar{b}/\bar{a})$가 고립된 타입이지만 $\mathrm{tp}(\bar{a}/\bar{b})$는 고립되지 않았다면, $\mathrm{tp}(\bar{a}/\bar{b})$는 거의 고립된 타입이 아니다.

증명 우선 $\mathrm{tp}(\bar{b}/\bar{a})$가 그 안의 논리식 $\varphi(\bar{x}, \bar{a})$으로 고립되었다고 하자(*). 결론을 부정하여 $\mathrm{tp}(\bar{a}/\bar{b})$가 논리식 $\psi(\bar{b}, \bar{y})$로 거의 고립되었다고 하자(**). 한편 $\mathrm{tp}(\bar{a}/\bar{b})$는 고립되지 않았기에 $\mathcal{L}$-논리식 $\phi(\bar{x}, \bar{y})$가 있어, $\sigma_0(\bar{b}, \bar{y}) := \varphi(\bar{b}, \bar{y}) \wedge \psi(\bar{b}, \bar{y}) \wedge \phi(\bar{b}, \bar{y})$와 $\sigma_1(\bar{b}, \bar{y}) := \varphi(\bar{b}, \bar{y}) \wedge \psi(\bar{b}, \bar{y}) \wedge \neg\phi(\bar{b}, \bar{y})$가 모두 일관적이다. 또한 (**)에 의해 두 논리식 모두 $\mathrm{tp}(\bar{a})$를 유도한다. 즉 $\bar{a}_i (\equiv \bar{a})$가 있어서 $\sigma_i(\bar{b}, \bar{a}_i)$가 $(i = 0, 1)$ 성립한다. 따라서 $\sigma_i(\bar{x}, \bar{a})$는 일관적이고, 특히 $\varphi(\bar{x}, \bar{a}) \wedge \phi(\bar{x}, \bar{a})$와 $\varphi(\bar{x}, \bar{a}) \wedge \neg\phi(\bar{x}, \bar{a})$ 모두 일관적이다. 이는 (*)과 모순된다. 따라서 결론이 성립해야 한다. □

**정리 9.48**

$T$는 단순이론이고 $\bar{a} \equiv \bar{b}$라 하자. 만일 $\mathrm{tp}(\bar{b}/\bar{a})$는 거의 고립된 타입이고, $\mathrm{tp}(\bar{a}/\bar{b})$는 거의 고립된 타입이 아니라면 $\bar{a} \not\mathop{\smile}\!\!\!\!\!\!\,\,\,| \; \bar{b}$가 성립한다.

증명 $\mathrm{tp}(\bar{b}/\bar{a})$가 그 안의 논리식 $\varphi(\bar{x}, \bar{a})$로써 거의 고립되었다고 하자. 이제 $\bar{c}$를 $\bar{c}\bar{b} \equiv \bar{b}\bar{a}$가 성립하는 임의의 짝이라 하자($\bar{a} \equiv \bar{b}$이기에 이러한 $\bar{c}$가 있다).

중간요건 $\varphi(\bar{c}, \bar{x}) \wedge \varphi(\bar{x}, \bar{a})$는 $\varnothing$ 위로 2-나눈다. 따라서 $\bar{b} \not\mathop{\smile}\!\!\!\!\!\!\,\,\,| \; \bar{a}\bar{c}$이다.

중간요건 증명 우선 $\bar{c}_0 := \bar{c}$, $\bar{b}_0 := \bar{b}$, $\bar{a}_0 := \bar{a}$라 놓자. 이때 $\bar{c}_i\bar{b}_i\bar{a}_i \equiv \bar{c}\bar{b}\bar{a}$이고 $\bar{a}_{i+1}\bar{c}_i \equiv \bar{b}\bar{a}$가 성립하는 열 $\langle \bar{c}_i\bar{b}_i\bar{a}_i \mid i < \omega \rangle$을 찾을 수 있다. 따라서 보충설명 9.46(2)에 의해, 모든 $j \geq i$에 대하여 $\mathrm{tp}(\bar{a}_j/\bar{a}_i)$는 거의 고립된 타입이다(*). 이제 $\{\varphi(\bar{c}_i, \bar{x}) \wedge \varphi(\bar{x}, \bar{a}_i) \mid i < \omega\}$가 2-모순적임을 보이면 충분하다. 이를 부정하면 적당한 $j_0 > i_0$와 $\bar{d}$가 있어, $\varphi(\bar{d}, \bar{a}_{j_0})$와 $\varphi(\bar{c}_{i_0}, \bar{d})$가 성립한다. 따라서 $\mathrm{tp}(\bar{d}/\bar{a}_{j_0})$, $\mathrm{tp}(\bar{c}_{i_0}/\bar{d})$ 모두 거의 고립되었다. 따라서 다시 보충설명 9.46(2)에 의해, $\mathrm{tp}(\bar{c}_{i_0}/\bar{a}_{j_0})$는 거의 고립된 타입이다. 한편 (*)에 의해

$\text{tp}(\bar{a}_{j_0}/\bar{a}_{i_0+1})$이 거의 고립됐기에, 역시 보충설명 9.46(2)에 의해 $\text{tp}(\bar{c}_{i_0}/\bar{a}_{i_0+1})$는 거의 고립된 타입이다. 하지만 $\bar{c}_{i_0}\bar{a}_{i_0+1} \equiv \bar{a}\bar{b}$이기에 모순이 발생한다. 따라서 $\{\varphi(\bar{c}_i, \bar{x}) \wedge \varphi(\bar{x}, \bar{a}_i) \mid i < \omega\}$는 2-모순적이고, 중간요건이 성립한다. □

이제 $\bar{b} \not\downarrow \bar{a}$임을 논증하자. 만일 아니라고 하면 확대성에 의해 $\bar{c}'\bar{b} \equiv \bar{b}\bar{a}$이면서 $\bar{c}' \downarrow \bar{b}\bar{a}$인 $\bar{c}'$이 있고, 대칭성과 추이성에 의해 $\bar{b} \downarrow \bar{c}'\bar{a}$임을 알 수 있다. 이는 중간요건과 모순되고 따라서 $\bar{b} \not\downarrow \bar{a}$임을 증명하였다. □

보조정리 9.47과 정리 9.48에 의해 다음을 바로 얻는다.

**따름정리 9.49** $T$는 단순이론이고 $\bar{a} \equiv \bar{b}$라 하자. 만일 $\text{tp}(\bar{b}/\bar{a})$는 고립된 타입이고, $\text{tp}(\bar{a}/\bar{b})$는 고립된 타입이 아니라면 $\bar{a} \not\downarrow \bar{b}$가 성립한다.

이제 이 절의 목표를 증명할 수 있다.

**정리 9.50**

$T$는 가산인 슈퍼단순이론이다. 그러면 $T$의 (서로 동형이 아닌) 가산모델의 개수는 1이거나 $\geq \aleph_0$이다.

증명 $T$가 가산슈퍼단순이론일 때, 보조정리 5.22에서 묘사된 형태의 $T$의 가산모델이 존재하지 않음을 보이면 충분하다. (모순을 이끌기 위해) 이를 부정하여 가산인 모델 $M(\models T)$이 있어, 이는 $\bar{a}(\in M)$ 위의 소모델이고 $S(T)$의 모든 완전한 타입을 만족하면서 $p(\bar{x}) := \text{tp}(\bar{a})$는 고립되지 않았다고 하자. 따라서 $T$는 $\aleph_0$-범주적이지 않다(정리 5.21).

중간요건 1 $\text{tp}(\bar{b}/\bar{a})$는 고립되었지만 $\text{tp}(\bar{a}/\bar{b})$는 고립되지 않은, $(\bar{a} \equiv)\bar{b}$가 $M$에 있다.

중간요건 1 증명 정리 5.21(3)에 의해 $T_{\bar{a}}$도 $\aleph_0$-범주적이 아니기에, 고립되지 않는 $\text{tp}(\bar{s}/\bar{a})$가 (여기서 $\bar{s} \in \mathbb{M}$) 있다(*). 이때 $M$이 $\text{tp}(\bar{s}\bar{a})$를 만족하기에 $\bar{s}'\bar{b}(\equiv \bar{s}\bar{a})$를 $M$에서 찾을 수 있다. 따라서 $\bar{b} \equiv \bar{a}$고, $\text{tp}(\bar{s}'\bar{b}/\bar{a})$는 고립되었다. 그러면 연

습문제 §4.3.9에서처럼 $\text{tp}(\bar{s}'/\bar{b}\bar{a})$와 $\text{tp}(\bar{b}/\bar{a})$ 모두 고립되었다. 이제 $\text{tp}(\bar{a}/\bar{b})$는 고립되지 않았음을 보이면 된다. 만일 고립됐다면 역시 연습문제 §4.3.9에 의해 $\text{tp}(\bar{s}'\bar{a}/\bar{b})$와 $\text{tp}(\bar{s}'/\bar{b})$도 고립된 타입들이다. 이는 (*)와 모순된다. 따라서 중간요건 1이 성립한다. □

중간요건 2 각각 $p$를 구현하는 $\bar{a}_0, \bar{a}_1$이 $M$에 있어서, $\text{tp}(\bar{a}_0/\bar{a}_1)$은 거의 고립된 타입이 아니면서 $\bar{a}_0 \downarrow \bar{a}_1$이 성립한다.

중간요건 2 증명 확대성에 의해 $\bar{c} \downarrow \bar{a}\bar{b}$가 성립하는, $p$를 구현하는 $\bar{c}(\in \mathfrak{M})$가 있다. 한편 보조정리 9.47에 의해, $\text{tp}(\bar{a}/\bar{b})$는 거의 고립된 타입이 아니다. 따라서 보충설명 9.46(2)에 의해, $\text{tp}(\bar{a}/\bar{c})$나 $\text{tp}(\bar{c}/\bar{b})$ 둘 중 하나는 거의 고립된 타입이 아니어야 한다. 그러므로 $\bar{a}, \bar{c}$나 $\bar{c}, \bar{b}$ 둘 중 하나는, $M$에 있어야 한다는 것만 제외하면, 중간요건 2를 충족하는 짝들이다. 하지만 $M$은 모든 완전한 타입을 만족하기에 원하는 $\bar{a}_0, \bar{a}_1$을 $M$에서 찾을 수 있다. 중간요건 2를 증명하였다. □

이제 정리 9.48에 의해 $\text{tp}(\bar{a}_1/\bar{a}_0)$도 거의 고립되지 않았음을 알 수 있다. 한편 $\bar{a}_0\bar{a}_1 \in M$이기에 $\text{tp}(\bar{a}_i/\bar{a})$는 고립되었다$(i = 0, 1)$. 따라서 보충설명 9.46(2)에 의해, $\text{tp}(\bar{a}/\bar{a}_i)$는 거의 고립되지 않았고(**), 다시 정리 9.48에 의해 $\bar{a} \not\downarrow \bar{a}_i$가 성립한다.

중간요건 3 $\bar{a} = \bar{a}_\varnothing$이라 놓자. 임의의 $n \in \omega$에 대하여 $p$를 구현하는 $\bar{a}_{0^{n+1}}, \bar{a}_{0^n 1}$가 ($\mathfrak{M}$에) 있어서(여기서 $0^n := \langle \underbrace{0, \ldots, 0}_{n} \rangle$, xvi쪽 표기 참조),

① $\bar{a}_{0^n}\bar{a}_{0^{n+1}}\bar{a}_{0^n 1} \equiv \bar{a}\bar{a}_0\bar{a}_1$이고,

② $\bar{a}_{0^n}\bar{a}_{0^{n+1}}\bar{a}_{0^n 1} \downarrow \{\bar{a}_{0^i 1} \mid i < n\}$, $\bar{a}_{0^{n+1}} \downarrow \{\bar{a}_{0^i 1} \mid i \leq n\}$이며,

③ $\text{tp}(\bar{a}_{0^{n+1}}/\bar{a})$, $\text{tp}(\bar{a}_{0^n 1}/\bar{a})$ 모두 거의 고립됐지만, $\text{tp}(\bar{a}/\bar{a}_{0^{n+1}})$, $\text{tp}(\bar{a}/\bar{a}_{0^n 1})$는 모두 거의 고립된 타입이 아니다. 따라서 $\bar{a} \not\downarrow \bar{a}_{0^{n+1}}$이고, $\bar{a} \not\downarrow \bar{a}_{0^n 1}$이다.

중간요건 3 증명 $n = 0$일 때 앞에서 선택한 $\bar{a}_\varnothing = \bar{a}, \bar{a}_0, \bar{a}_1$은 ①,②,③을 이미 충족한다. 중간요건 3이 $n$일 때 성립한다고 귀납가정하고, $n+1$일 때 성립하는 짝들을 찾자. $n$일 때의 귀납가정 ②와 확대성에 의해 $\bar{a}_{0^{n+1}}\bar{a}_{0^{n+2}}\bar{a}_{0^{n+1}1} \equiv$

$\bar{a}\bar{a}_0\bar{a}_1$이면서 $\bar{a}_{0^{n+1}}\bar{a}_{0^{n+2}}\bar{a}_{0^{n+1}1} \mathop{\smile\!\!\!\!\!\!|}\, \{\bar{a}_{0^i 1} \mid i \leq n\}$가 성립하는 $\bar{a}_{0^{n+2}}, \bar{a}_{0^{n+1}1}$가 존재한다. $\bar{a}_0 \mathop{\smile\!\!\!\!\!\!|}\, \bar{a}_1$이기에 $\bar{a}_{0^{n+2}} \mathop{\smile\!\!\!\!\!\!|}\, \bar{a}_{0^{n+1}1}$이고, 대칭성과 추이성에 의해 $\bar{a}_{0^{n+2}} \mathop{\smile\!\!\!\!\!\!|}\, \{\bar{a}_{0^i 1} \mid i \leq n+1\}$도 성립한다. 또한 귀납가정 ③과 보충설명 9.46 (2)에 의해 $\mathrm{tp}(\bar{a}_{0^{n+2}}/\bar{a})$, $\mathrm{tp}(\bar{a}_{0^{n+1}1}/\bar{a})$는 모두 거의 고립되었다. 하지만 만일 $\mathrm{tp}(\bar{a}/\bar{a}_{0^{n+2}})$가 거의 고립됐다면, 다시 귀납가정 ③과 보충설명 9.46(2)에 의해 $\mathrm{tp}(\bar{a}_{0^{n+1}}/\bar{a}_{0^{n+2}})$는 거의 고립된 타입이다. 이때 $\bar{a}_{0^{n+1}}\bar{a}_{0^{n+2}} \equiv \bar{a}\bar{a}_0$이기에 앞의 (**)와 모순된다. 마찬가지로 $\mathrm{tp}(\bar{a}/\bar{a}_{0^{n+1}1})$도 거의 고립된 타입이 아님을 보일 수 있다. 중간요건 3의 증명을 완료했다. □

이제 $\bar{b}_n$을($n \in \omega$) 중간요건 3의 $\bar{a}_{0^n 1}$로 두자. 그러면 모든 $n$에 대하여, $\bar{b}_n \mathop{\smile\!\!\!\!\!\!|}\, \bar{b}_{<n}$이다. 또한 $\bar{a} \not\mathop{\smile\!\!\!\!\!\!|}\, \bar{b}_n$이기도 하다. 따라서 대칭성과 추이성에 의해, 모든 $n$에 대하여 $\bar{a} \not\mathop{\smile\!\!\!\!\!\!|}_{\bar{b}_{<n}} \bar{b}_n$이 성립해야 한다. 그러면 $\langle \mathrm{tp}(\bar{a}/\bar{b}_{<n}) \mid n < \omega \rangle$가 길이가 $\aleph_0$인 가름사슬이기에, 정리 9.37에 의해 $T$가 슈퍼단순이론이라는 것에 위배된다. 따라서 정리 9.50이 성립해야 한다. □

## 9.6 연습문제

1. $A \mathop{\smile\!\!\!\!\!\!\mid}^{\mathrm{d}}_B C$이면이 $AB \mathop{\smile\!\!\!\!\!\!\mid}^{\mathrm{d}}_B BC$임과, $A \mathop{\smile\!\!\!\!\!\!\mid}_B C$이면이 $AB \mathop{\smile\!\!\!\!\!\!\mid}_B BC$임을 확인하라.

2. $\varphi(\bar{x}, \bar{a}_0)$가 $A$ 위로 $k$-나누는 논리식이면이 $\{\varphi(\bar{x}, \bar{a}_i) \mid i < \omega\}$가 $k$-모순인 $A$-균질열 $\langle \bar{a}_i \mid i < \omega \rangle$가 있음을 보이라.

3. $p(\bar{x}, A\bar{a}_0)$는 $A\bar{a}_0$ 위 타입이고 $I = \langle \bar{a}_i \mid i < \omega \rangle$는 $A$-균질열이다. 만일 $\bigcup_{i\in\omega} p(\bar{x}, A\bar{a}_i)$가 일관적이면, 이를 구현하는 어떤 $\bar{c}$가 있어서 $I$는 $A\bar{c}$-균질열임을 램지의 정리를 사용하여 보이라.

4. 정리 9.4의 증명이 (변수를 추가하여) $\bar{x}$의 길이가 무한인 경우에도 성립함을 확인하라. 따라서 $A \subseteq B \subseteq C$이고 $A_0 \mathop{\smile\!\!\!\!\!\!\mid}_A B$일 때 $A_0 \equiv_A A_1$인 $A_1$이 있어서 $A_1 \mathop{\smile\!\!\!\!\!\!\mid}_A C$가 성립함을 논하라.

5. $\bar{a} \mathop{\smile\!\!\!\!\!\!\mid}^{\mathrm{d}}_A B$이면이, $\bar{a} \mathop{\smile\!\!\!\!\!\!\mid}^{\mathrm{d}}_{\mathrm{acl}(A)} B$이면이, $\bar{a} \mathop{\smile\!\!\!\!\!\!\mid}^{\mathrm{d}}_A \mathrm{acl}(B)$이면이, $\bar{a} \mathop{\smile\!\!\!\!\!\!\mid}^{\mathrm{d}}_{\mathrm{acl}(A)} \mathrm{acl}(B)$가 성립함을 논증하라. 따라서 $C \mathop{\smile\!\!\!\!\!\!\mid}^{\mathrm{d}}_A B$이면 $\mathrm{acl}(A) = \mathrm{acl}(CA) \cap \mathrm{acl}(BA)$임을 논하라. 같은 결과들이 $\mathop{\smile\!\!\!\!\!\!\mid}$에 대해서도 성립함을 보이라.

6. 보충설명 9.5(4)의 $\Sigma^k_\varphi(\bar{y}, \bar{z})$를 구체적으로 찾으라.

7. (a) $(C \subset)M$이 $(|C|^+ + \aleph_0)$-포화모델일 때, $B \mathop{\smile\!\!\!\!\!\!\mid}^{\mathrm{d}}_C M$이면이 $B \mathop{\smile\!\!\!\!\!\!\mid}_C M$임을 보이라.

   (b) $A \mathop{\smile\!\!\!\!\!\!\mid}_{BC} D$이고 $B \mathop{\smile\!\!\!\!\!\!\mid}_C D$이면 $AB \mathop{\smile\!\!\!\!\!\!\mid}_C D$임을 보이라. (힌트: $\mathop{\smile\!\!\!\!\!\!\mid}$의 확대성에 의해 $B \mathop{\smile\!\!\!\!\!\!\mid}_C N$인 $(|C| + \aleph_0)^+$-포화모델 $(C \cup D \subseteq)N$을 찾고 (a)와 $\mathop{\smile\!\!\!\!\!\!\mid}^{\mathrm{d}}$의 좌추이성을 사용하라.)

   (c) $I = \langle \bar{a}_i \mid i < \omega \rangle$가 $A$-몰리 열일 때 임의의 $i \in \omega$에 대하여, $\bar{a}_{\geq i} \mathop{\smile\!\!\!\!\!\!\mid}_A \bar{a}_{<i}$가 성립함을 논하라. 또한 $I$가 $A$-$\mathop{\smile\!\!\!\!\!\!\mid}^{\mathrm{d}}$-몰리 열(즉 $I$가 $A$-균질열이면서 임의의 $i < \omega$에 대하여 $\bar{a}_i \mathop{\smile\!\!\!\!\!\!\mid}^{\mathrm{d}}_A \bar{a}_{<i}$)일 때도 $\bar{a}_{\geq i} \mathop{\smile\!\!\!\!\!\!\mid}^{\mathrm{d}}_A \bar{a}_{<i}$가 성립함을 설명하라.

8. $T$는 단순이론이다. 또한 $A$ 위 논리식 $\psi(x)$는 강한 극소이고 $I \subset \psi(\mathcal{M})$이다. 이때 연습문제 §8.6.15의 "$I$가 $A$ 위로 독립"이라는 개념이 정의 9.20에서 "$I$가 $A$ 위로 독립"이라는 개념과 일치함을 논증하라. 또한 §8.6.15(b)에서 $\mathrm{MR}(\bar{c}(:= c_1 \ldots c_n)/A)(= \dim_\psi(\bar{c}/A)) = SU(\bar{c}/A)$이며, 따라서 임의의 $(A \subseteq)B$에 대하여, $\bar{c} \mathop{\smile\!\!\!\!\!\!\mid}_A B$이면이 $\dim_\psi(\bar{c}/A) = \dim_\psi(\bar{c}/B)$임을 논하라.

9. $\mathcal{L}$-논리식 $\psi_0(\bar{x}, \bar{y}_0), \ldots, \psi_n(\bar{x}, \bar{y}_n)$가 있을 때 이들의 코드논리식, 즉 임의의 $i \leq n$에 대하여 $\bar{c}_i$가 있어서 $\models \psi(\bar{x}, \bar{c}_i, \bar{y}) \leftrightarrow \psi_i(\bar{x}, \bar{y}_i)$가 성립하는, $\mathcal{L}$-논리식 $\psi(\bar{x}; \bar{z}, \bar{y})$를 $(\bar{y} := \bar{y}_0 \ldots \bar{y}_r)$ 찾으라.

10. 다음이 동등함을 보이라.

    (a) $T$는 단순이론이다.

    (b) 임의의 $\bar{a}$와 모델 $M$에 대하여 크기가 $|T|$ 이하인 $B(\subseteq M)$가 있어 $\bar{a} \mathop{\smile\!\!\!\!\!|}_B M$이다.

    (c) 임의의 $\bar{a}$와 모델 $M$에 대하여 크기가 $|T|$ 이하인 $B(\subseteq M)$가 있어 $\bar{a} \mathop{\smile\!\!\!\!\!|}^{\mathrm{d}}_B M$이다.

    (힌트: $T$에 나무성질이 있다면 이의 스콜렘 이론에도 나무성질이 있고(보충설명 9.27(3)), 보조정리 9.30(3)을 사용하여 (c)⇒(a)의 대우를 보이라.)

11. $T$가 각각 단순이론/슈퍼단순이론이면이 $T_A$가 각각 단순이론/슈퍼단순이론임을 논하라. (따라서 예제 8.10(4)에 의해 슈퍼안정이론에 대해서도 같은 결과가 성립한다.)

12. 보조정리 9.35(4)를 증명하라.

13. (a) 보기 9.39(1)의 서술을 보기 8.34(1)과 보조정리 9.36(1) 등을 참조하여 논증하라.

    (b) 보기 9.39(2)-(5)의 서술을 논증하라.

14. 보조정리 9.42를 증명하라.

15. 보기 9.44의 서술을 논증하라.

16. $\mathcal{D}(\subseteq \mathcal{M}^n)$가 $A$-불변이라는 것은 임의의 $f \in \mathrm{Aut}(\mathcal{M}/A)$에 대하여 $\mathcal{D} = f(\mathcal{D})(:= \{f(\bar{a}) \mid \bar{a} \in \mathcal{D}\})$라는 것이다. 다음을 증명하라.

    (a) $\mathcal{D}$가 $A$-불변이면이 적당한 $P \subseteq S_n(A)$가 있어서 $\mathcal{D} = \bigcup_{p \in P} p(\mathcal{M})$이 성립한다.

    (b) $\mathcal{D}$가 $A$-타입정의가능하고 $B$-불변이면 $\mathcal{D}$는 $B$-타입정의가능하다.

    (c) $\mathcal{D}$가 $A$-정의가능하고 $B$-불변이면 $\mathcal{D}$는 $B$-정의가능하다.

17. (라스카) $T$가 단순이론일 때 아래 부등식을 증명하라(표기는 xiv쪽 참조).

    (a) $SU(\bar{a}/\bar{b}A) + SU(\bar{b}/A) \le SU(\bar{a}\bar{b}/A) \le SU(\bar{a}/\bar{b}A) \oplus SU(\bar{b}/A)$이다. 따라서 급수값이 유한이라면, $SU(\bar{a}/\bar{b}A) + SU(\bar{b}/A) = SU(\bar{a}\bar{b}/A)$이다.

    (b) $\bar{a} \mathop{\smile\!\!\!\!\!|}_A \bar{b}$이면 $SU(\bar{a}\bar{b}/A) = SU(\bar{a}/A) \oplus SU(\bar{b}/A)$이다.

18. 무한모델 $M$에 대하여 다음이 성립하는, 모두 동형인 모델들 $N_i$가 $(i \in \omega)$ 있음을 보이라. 즉, $M \precneqq \cdots \precneqq N_i \precneqq \cdots \precneqq N_2 \precneqq N_1 \precneqq N_0$이고 $M = \bigcap_{i\in\omega} N_i$이다. (힌트 $M$에 이름을 주고 스콜렘 이론을 취한 후 $M$-몰리 열 $\langle a_i \mid i < \omega \rangle$를 생각하라. 위 연습문제 5와 7(c)를 활용하라.)

# 10

# 안정성

9장의 도입부에서 설명한 것같이 몰리의 범주성정리 증명 이후 모델론의 연구 방향은 비가산범주적 이론들이 가지는 속성을 공유하는 더 포괄적인 범위의 이론들에 대한 연구로 발전하였다. 특히 셸라흐는 안정성을 가지는 이론들에 주목하여 이후로 안정이론에 대한 연구가 모델론의 주 연구주제로 자리 잡았다. 전술한 대로 1990년대 중반 안정이론을 포함하는 단순이론에서 셸라흐의 가름 개념이 완벽한 특성을 발휘한다는 것이 밝혀졌고 따라서 안정이론은 단순이론들 중에서 더 특정한 부류의 이론으로 이해할 수 있게 되었다. 이러한 관점에서 이 책에서는 9장에서 먼저 단순이론이 보편적으로 가지는 성질을 고찰하였고, 10장에서는 단순이론들 중에서 특정한 성질을 가지는 안정이론에 대하여 본격적으로 살펴볼 것이다. 특히 가름과 나눔 개념이 안정이론에서 나타내는 좀 더 강한 면모를 공부할 것이다. 이 장의 표기는 **9장의 도입부에 서술한 표기 방침을 유지**한다. 추가로 이 장에서 $\lambda, \kappa, \ldots$는 **무한기수**를 나타낸다.

안정이론에 대한 연구는 모델론 연구의 시작과 더불어 매우 오랜 기간 지속했기에 다양한 주제의 연구가 이루어졌고[40],[35],[36],[39],[42], 여기서 소개하는 기초적인 내용은 극히 일부에 지나지 않는다. 특히 안정이론을 가지는 군에 대한 연구와 강한 극소성에 대한 심도 있는 연구는 안정이론의 대수적, 정수론적 응용으로 이어졌는데 그중 대수기하 및 정수론의 문제인 몰델[Mordell]-랑[Lang] 예상을 흐루쇼브스키[Hrushovski]가 해결한 것이 손꼽히는 결과다[18][4].

## 10.1 안정성과 정의가능성

**정의 10.1**

$\mathcal{L}$-논리식 $\varphi(\bar{x},\bar{y})$가 있다.

- $A$ 위의 완전한 $\varphi$-타입이란 $\varphi(\bar{x},\bar{a})$나 $\neg\varphi(\bar{x},\bar{a})$ 꼴의 $(\bar{a}\in A)$ 논리식들을 모은 일관적인 타입들 중, 포함관계로 극대인 것을 뜻한다.[1](편의상 항상 $\bar{x}=\bar{x}$가 들어있는 것으로 간주하여, 완전한 $\varphi$-타입은 공이 아니다.) 이때 $A$ 위의 완전한 $\varphi$-타입을 모두 모은 집합을 $S_\varphi(A)$로 표기한다. 즉 $n=|\bar{x}|$이고 $p(\bar{x})\in S_n(A)$일 때

  $$p(\bar{x})\restriction\varphi := \{\varphi(\bar{x},\bar{a}) \mid \varphi(\bar{x},\bar{a})\in p\}\cup\{\neg\varphi(\bar{x},\bar{a}') \mid \neg\varphi(\bar{x},\bar{a}')\in p\}\cup\{\bar{x}=\bar{x}\}$$

  라 표기하면,

  $$S_\varphi(A)=\{p(\bar{x})\restriction\varphi \mid p(\bar{x})\in S_n(A)\}$$

  이다.

- $p(\bar{x})\in S_\varphi(A)$가 $B$ 위로 정의가능하다는 것은, $B$ 위의 논리식 $\psi(\bar{y})(=\psi_{p,\varphi}(\bar{y}))$가 있어서, 임의의 $\bar{a}\in A$에 대하여

  $$\varphi(\bar{x},\bar{a})\in p\text{이면이 } \models\psi(\bar{a})$$

  가 성립한다는 것이다. (이를, $\psi_{p,\varphi}(\bar{y})$가 $p$를 정의한다고도 말한다.) 만일 $\psi(\bar{y})$가 $A$ 위의 논리식이면 $p(\bar{x})$가 정의가능하다고 한다.

  $q(\bar{x})\in S_n(A)$가 $B$ 위로 정의가능하다는 것은 임의의 $\mathcal{L}$-논리식 $\varphi(\bar{x},\bar{y})$에 대하여 $q\restriction\varphi$가 $B$ 위로 정의가능하다는 것, 즉 $B$ 위의 논리식 $\psi_{q,\varphi}(\bar{y})$가 있어서, 임의의 $\bar{a}\in A$에 대하여 $\varphi(\bar{x},\bar{a})\in p(\bar{x})$이면이 $\models\psi_{q,\varphi}(\bar{a})$이라는 것이다. 모든 $\psi_{q,\varphi}(\bar{y})$가 $A$ 위의 논리식이면, $q(\bar{x})$가 정의가능하다고 한다.

---

[1]이는 이 장의 이론 전개를 위해서는 충분한 정의이지만 일반적 정의와는 차이가 있다([23] 참조).

**보충설명** 10.2

(1) $p \in S_\varphi(A)$는 $\{\bar{b} \in A^{|\bar{y}|} \mid \varphi(\bar{x}, \bar{b}) \in p\}$로 결정된다. 따라서 서로 다른 $p_1, p_2 \in S_\varphi(A)$가 각각 $\psi_1(\bar{y}), \psi_2(\bar{y})$로써 정의되면 당연히 $\models \psi_1(\bar{y}) \leftrightarrow \psi_2(\bar{y})$가 성립할 수 없다. 또한 모든 $p \in S_\varphi(A)$가 정의가능하다면 $|S_\varphi(A)| \leq |T| + |A|$이어야 한다.

(2) 마찬가지로 모델 $M$ 위의 논리식 $\psi(\bar{y})$와 $\psi'(\bar{y})$가 있어서, $q \in S_\varphi(M)$가 $\psi(\bar{y})$로 정의되고 $\psi'(\bar{y})$로도 정의된다면 $\forall \bar{y}(\psi(\bar{y}) \leftrightarrow \psi'(\bar{y})) \in \mathrm{Th}(M)$, 곧 $\models \psi(\bar{y}) \leftrightarrow \psi'(\bar{y})$이 성립한다.

(3) $p(\bar{x}) \in S(A)$가 정의가능하다면, 주어진 $C(\subseteq A)$에 이름을 준 $\mathcal{L}(C)$에서도 $p$는 정의가능하다.

이제 논리식의 안정성(정의 8.9)과 동등한 요건들, 특히 정의가능성과의 연관에 대하여 살펴본다.

**정리 10.3**

$\mathcal{L}$-논리식 $\varphi(\bar{x}, \bar{y})$에 대하여 다음 조건들은 모두 동등하다.

(1) $\varphi(\bar{x}, \bar{y})$는 안정적이다.

(2) 모든 무한집합 $B$에 대해여 $|S_\varphi(B)| \leq |B|$가 성립한다.

(3) 임의의 가산인 집합 $B$에 대하여 $|S_\varphi(B)| \leq \aleph_0$이다.

(4) 무한기수 $\lambda$가 존재하여, 크기가 $\lambda$ 이하인 모든 집합 $B$에 대해여 $|S_\varphi(B)| \leq \lambda$가 성립한다.

(5) 임의의 열 $\sigma \in 2^\omega$에 대하여 $\{\varphi^{\sigma(n)}(\bar{x}, \bar{b}_{\sigma \restriction n}) \mid n \in \omega\}$이 항상 일관적인 (여기서 $\varphi^1$은 $\varphi$, $\varphi^0$은 $\neg\varphi$를 뜻한다), 유한짝들의 집합 $\{\bar{b}_s \mid s \in 2^{<\omega}\}$은 존재하지 않는다.

(6) 모든 완전한 $\varphi$-타입은 정의가능하다.

증명 (1)⇒(2) 대우를 증명할 것이다. 크기가 $\lambda$인 무한집합 $B$가 있어 $|S_\varphi(B)| > \lambda$라 하자. $m := |\bar{y}| (\geq 1)$라 할 때, $p \in S_\varphi(B)$는 $P_p := \{\bar{b} \in B^m \mid \varphi(\bar{x}, \bar{b}) \in p\}$로 결정된다. 이제 $\mathcal{P} := \{P_p \subseteq B^m \mid p \in S_\varphi(B)\}$라 두면, $|\mathcal{P}| = |S_\varphi(B)| > \lambda$이다. 이때 크기가 $\lambda$인 $\mathcal{P}'(\subset \mathcal{P})$으로 다음 조건을 충족하는 것이 존재한다. 즉 $B^m$의 임의의 유한부분집합 $F$와, $\mathcal{P}$의 임의의 원소 $P$에 대하여 $F \cap P = F \cap P'$인 $P'$이 반드시 $\mathcal{P}'$에 있다(*). 이는 $F \cap P$ 꼴의 유한부분집합들이 $\lambda$개 있기에 가능하다. 한편 $\mathcal{P}'$ 원소들의 유한 부울 결합을 다 모은 집합도 크기가 $\lambda$이기에, 이러한 부울 결합으로 나타나지 않는 $P^* \in \mathcal{P}$가 있다. (특히 $P^*$는 $\varnothing$이 아니고 $B^m$도 아니다.)

중간요건 1 $\{\bar{b}'_i \mid i < \omega\} \subseteq P^*$와 $\{\bar{b}''_i \mid i < \omega\} \subseteq B^m \setminus P^*$, $\{Q_n \subset \mathcal{P}' \mid n \in \omega\}$이 있어서 다음을 충족한다.

(a) 모든 $n \in \omega$에 대하여 $\{\bar{b}'_0, \ldots, \bar{b}'_n\} \subseteq Q_n$, $\{\bar{b}''_0, \ldots, \bar{b}''_n\} \subseteq B^m \setminus Q_n$이고,

(b) 각 $i < n$에 대하여 $\bar{b}'_n, \bar{b}''_n \in Q_i$이거나 $\bar{b}'_n, \bar{b}''_n \notin Q_i$이다.

중간요건 1 증명 (a),(b)를 만족하는 $\bar{b}'_i \in P^*$와 $\bar{b}''_i \in B^m \setminus P^*$, 그리고 $Q_i \in \mathcal{P}'$를 찾았다고 하자($i = 0, \ldots, n-1$). $P^*$가 $Q_0, \ldots, Q_{n-1}$의 유한 부울 결합으로 표시되지 않기에, 각 $i(< n)$에 대하여 $\bar{b}'_n, \bar{b}''_n \in Q_i$이거나 $\bar{b}'_n, \bar{b}''_n \notin Q_i$가 성립하는, $\bar{b}'_n \in P^*$과 $\bar{b}''_n \in B^m \setminus P^*$을 찾을 수 있다(연습문제 §10.4.1). 이제 위 (*)에 의해, (a)가 $n$에서 성립하는 $Q_n \in \mathcal{P}'$을 찾으면 된다. □

중간요건 2 (에르되시-마카이[Makkai]) $\{\bar{b}_i \in B^m \mid i < \omega\}$와 $\{P_i \in \mathcal{P}' \mid i \in \omega\}$가 있어서,

① 모든 $i, n \in \omega$에 대하여, $\bar{b}_n \in P_i$이면이 $i < n$이거나,

② 모든 $i, n \in \omega$에 대하여, $\bar{b}_n \in P_i$이면이 $n < i$이다.

중간요건 2 증명 중간요건 1(b)를 램지의 정리($\omega \to (\omega)^2_2$)에 적용하면 가산 무한집합 $\tau(\subseteq \omega)$가 있어서 (i) $i < n$인 모든 $i, n \in \tau$에 대하여 $\bar{b}'_n, \bar{b}''_n \in Q_i$가 성립하거나, (ii) $i < n$인 모든 $i, n \in \tau$에 대하여 $\bar{b}'_n, \bar{b}''_n \notin Q_i$가 성립한다. 이제 $f : \omega \to \tau$를 순서를 보존하는 전단사함수라고 하면 $P_i := Q_{f(i)}$라 놓는다. 또한 만일 (i)이 성립하면 모든 $i < \omega$에 대하여 $\bar{b}_i := \bar{b}''_{f(i)}$로 놓아 (중간요건 1(a)에

의해) ①이 성립하고, (ii)가 성립하면 모든 $i < \omega$에 대하여 $\bar{b}_i := \bar{b}'_{f(i+1)}$로 놓아 ②가 성립한다. □

중간요건 2의 $P_i$가 $p_i \in S_\varphi(B)$를 결정한다고 하고, $\bar{a}_i$가 $p_i$를 구현한다고 하자. 만일 ①이 성립하면, $\models \varphi(\bar{a}_i, \bar{b}_n)$이면이 $\bar{b}_n \in P_i$이면이 $i < n$이다. 만일 ②가 성립하면, $\models \varphi(\bar{a}_i, \bar{b}_n)$이면이 $\bar{b}_n \in P_i$이면이 $n < i$이다. 두 경우 모두 $\varphi$는 불안정하다.

(2)⇒(3)⇒(4)는 자명하다.

(4)⇒(5) 대우를 증명하자. 즉 (5)에서 기술한 유한짝들의 집합이 있다고 가정하자. 이제 임의의 무한기수 $\lambda$에 대하여 $\kappa$가 $\lambda < 2^\kappa$가 성립하는 가장 작은 기수라고 하자. 그러면 $\kappa \le \lambda$이고, $2^{<\kappa} \le \lambda \cdot \lambda = \lambda$이다. 한편 가정에 콤팩트성을 적용하면 임의의 열 $\sigma \in 2^\kappa$에 대하여 $p_\sigma(x) := \{\varphi^{\sigma(i)}(\bar{x}, \bar{b}_{\sigma\restriction i}) \mid i \in \kappa\}$이 일관적인, 유한짝들의 집합 $B = \{\bar{b}_s \mid s \in 2^{<\kappa}\}$를 찾을 수 있다. 이때 $(p_\sigma(\bar{x}) \subseteq) p'_\sigma(\bar{x}) \in S_\varphi(B)$가 있다. 여기서 $|B| \le 2^{<\kappa} \le \lambda$이다. 하지만 $\sigma \ne \sigma' \in 2^\kappa$라면 $\sigma(j) \ne \sigma'(j)$이 성립하는 가장 작은 서수 $j < \kappa$가 있고, 따라서 $\bar{b}' := \sigma \restriction j = \sigma' \restriction j$라 두면, $(\varphi^{\sigma(j)}(\bar{x}, \bar{b}') \in) p'_\sigma(\bar{x}) \ne (\varphi^{\sigma'(j)}(\bar{x}, \bar{b}') \in) p'_{\sigma'}(\bar{x})$이다. 그러므로 $|S_\varphi(B)| \ge 2^\kappa > \lambda$이기에 (4)가 성립하지 않는다.

(5)⇒(1) 우선 $2^{<\omega}$에 다음과 같은 순서를 준다. 즉 임의의 $s, t, t' \in 2^{<\omega}$에 대하여 $s0t < s < s1t'$라고 정하면(표기는 xvi쪽 참조), $<$은 $2^{<\omega}$에 조밀한 선형순서를 주는 것을 알 수 있다. 특히 임의의 $\sigma \in 2^\omega$에 대하여,

$$I^1_\sigma := \{\sigma \restriction n \mid \sigma(n) = 1,\ n \in \omega\} < I^0_\sigma := \{\sigma \restriction m \mid \sigma(m) = 0,\ m \in \omega\}$$

가 성립한다. 이제 $\varphi(\bar{x}, \bar{y})$가 불안정하다면 콤팩트성에 의해 $\{\bar{a}_\sigma \mid \sigma \in 2^\omega\}$와 $\{\bar{b}_s \mid s \in 2^{<\omega}\}$가 존재하여, $\bar{a}_\sigma$가

$$\{\varphi(\bar{x}, \bar{b}_s) \mid s \in I^1_\sigma\} \cup \{\neg\varphi(\bar{x}, \bar{b}_t) \mid t \in I^0_\sigma\} = \{\varphi^{\sigma(n)}(\bar{x}, \bar{b}_{\sigma\restriction n}) \mid n \in \omega\}$$

를 구현한다. 곧, 대우를 증명하였다.

(5)⇒(6) 매개변수가 있는 임의의 논리식 $\alpha(\bar{x})$에 대하여

$$D_\varphi(\alpha) := \max\{n \in \omega \mid \{\bar{b}_s \mid s \in 2^{<n}\}\text{이 존재하여 모든 } \sigma \in 2^n\text{에 대하여 } \{\alpha(\bar{x}) \wedge \varphi^{\sigma(m)}(\bar{x}, \bar{b}_{\sigma\restriction m}) \mid m < n\}\text{이 일관적이다}\}$$

라 정하자. (5)와 콤팩트성에 의해 $D_\varphi(\alpha)$는 항상 자연수인 값이다. 또한 $\alpha(\bar{x}) \vDash \alpha'(\bar{x})$이면 당연히 $D_\varphi(\alpha') \geq D_\varphi(\alpha)$이다.

이제 $p(\bar{x})(\neq \varnothing) \in S_\varphi(A)$라 하자. 이때 $\theta(\bar{x})$를 $p(\bar{x})$의 원소인 논리식들을 유한 논리곱한 것으로, $D_\varphi(\theta) = n$이 최소인 것을 잡자. 그러면 임의의 $\bar{b} \in A$에 대하여, $\varphi(\bar{x}, \bar{b}) \in p$이면이 $D_\varphi(\theta(\bar{x}) \wedge \varphi(\bar{x}, \bar{b})) \geq n$이다. 왜냐하면 우선 오른쪽 방향은, 최소 $n$의 선택과 전자에 의해 당연히 성립한다. 역으로 후자가 성립하고 $\{\bar{c}_s \mid s \in 2^{<n}\}$가 이를 입증한다고 하자. 만일 $\varphi(\bar{x}, \bar{b}) \notin p$이라면, $\neg\varphi(\bar{x}, \bar{b}) \in p$이기에

$$n \leq D_\varphi(\theta(\bar{x}) \wedge \neg\varphi(\bar{x}, \bar{b})) \leq D_\varphi(\theta(\bar{x})) = n,$$

곧 $D_\varphi(\theta(\bar{x}) \wedge \neg\varphi(\bar{x}, \bar{b})) = n$이 성립한다. 따라서 이를 입증하는 $\{\bar{c}'_s \mid s \in 2^{<n}\}$이 있다. 그러면 우선 $\bar{b}_\varnothing := \bar{b}$로 두자. 또한 $s \in 2^{\leq n} \setminus \{\varnothing\}$에 대하여 $s = s(0)s'$인 $s' \in 2^{<n}$이 있다. 이때 $s(0) = 1$이면 $\bar{b}_s := \bar{c}_{s'}$, $s(0) = 0$이면 $\bar{b}_s := \bar{c}'_{s'}$로 두면, $\{\bar{b}_s \mid s \in 2^{\leq n}\}$은 $D_\varphi(\theta) \geq n+1$을 입증하게 되어 모순이 발생한다. 따라서 전, 후자는 동등하다. 한편 $D_\varphi$의 정의에 의해, 후자는 $\mathrm{dom}(\theta)(\subseteq A)$ 위의 논리식 $\psi(\bar{y})$로 표현이 가능하다. 즉 모든 $\bar{b} \in A$에 대하여, ($\varphi(\bar{x}, \bar{b}) \in p$이면이) $D_\varphi(\theta(\bar{x}) \wedge \varphi(\bar{x}, \bar{b})) \geq n$이면이 $\vDash \psi(\bar{b})$이다. 다시 말해 $p(\bar{x})$는 정의가능하다.

(6)⇒(4) (6)을 가정하고, 크기가 $|T|$ 이하인 집합 $B$에 대하여, 항상 $|S_\varphi(B)| \leq |T|$임을 확인하면 된다. 이는 보충설명 10.2에서 언급하였다. □

위 정리를 사용하면 안정이론이 단순이론임을 알 수 있다. 보기 9.39(5)에서 밝힌 바와 같이 랜덤그래프는 슈퍼단순구조이고 안정구조는 아니다.

**따름정리 10.4** $T$가 안정적이면 단순하다.

증명 대우를 증명하기 위해 $T$가 단순이론이 아니라고 하자. 따라서 정리 9.28에 의해 $k$-나무성질을 $(k \geq 2)$ 갖는 $\mathcal{L}$-논리식 $\varphi(\bar{x}, \bar{y})$가 있다. 이제 $\lambda := \beth_\omega$라 하자. 콤팩트성에 의해 크기가 $\lambda^{<\omega}$ 이하인 집합 $C$와 $\{\bar{c}_\alpha \in C \mid \alpha \in \lambda^{<\omega}\}$가 있어서 보충설명 9.27(2)(a),(b)를 충족한다. 여기서 $\beta \in \lambda^\omega$에 대해서, $p_\beta := \{\varphi(\bar{x}, \bar{c}_{\beta\restriction i}) \mid i < \omega\}$라 두고 $F := \{p_\beta \mid \beta \in \lambda^\omega\}$라 하자. 그러면 $k$-모순성에 의해, $F$의 원소들로 많아야 $(k-1)^\omega (\leq 2^\omega < \lambda^\omega)$개의 타입들을 합한 것이 일관적이다. 따라서 $F$의 원소들을 합한 것들 중 일관적이면서 포함관계로 극대인 타입들을 모아 $\{q_i \mid i < \lambda^\omega\}$로 열거할 수 있다. 이때 극대성에 의해 $i \neq j \in \lambda^\omega$이면 $q_i \cup q_j$는 모순적이다. 또한 각 $q_i$를 포함하는 $q_i' \in S_\varphi(C)$를 찾을 수 있다. 따라서 $|S_\varphi(C)| \geq \lambda^\omega$이고, 정리 0.3에 의해 $\lambda^\omega > \lambda^{<\omega} = \lambda \geq |C|$가 성립한다. 그러면 정리 10.3(2)에 따라 $\varphi$는 불안정하다. □

이제 $\omega$-안정성을 일반화한 $\lambda$-안정성을 정의하고 안정이론과의 관계를 살피려 한다.

**정의 10.5**

$T$가 $\lambda$-안정적*stable*이라는 것은, 크기가 $\lambda$ 이하인 임의의 집합 $A$에 대하여, 항상 $|S_1(A)| \leq \lambda$라는 것이다.

**보충설명** 10.6

(1) $T$가 $\lambda$-안정적이면이, 크기가 $\lambda$ 이하인 임의의 집합 $A$에 대하여, 항상 $|S(A)| \leq \lambda$이다(연습문제 §10.4.3).

(2) 또한 $T$가 $\aleph_0$-안정이론이면 이는 $\lambda \geq |T|$인 모든 $\lambda$에 대하여 $\lambda$-안정적이다. 그 이유는 다음과 같다. 만일 그렇지 않아 어떤 $\lambda \geq |T|$에 대하여 $|S_n(A)| > \lambda$인, 크기가 $\lambda$ 이하인 집합 $A$가 있다고 가정하자. 이때

$$\mathcal{B} := \{\mathcal{L}(A)\text{-논리식 } \psi(\bar{x}) \mid |\bar{x}| = n\text{이고 } |\mathcal{O}_\psi(= \{p \in S_n(A) \mid \psi \in p\})| > \lambda\}$$

라 두자. 가정에 의해 $\bar{x} = \bar{x} \in \mathcal{B} \neq \varnothing$이다. 이제 임의의 $\phi(\bar{x}) \in \mathcal{B}$에

대하여 서로 모순적인 $\mathcal{L}(A)$-논리식 $\phi_0(\bar{x}), \phi_1(\bar{x})(\models \phi(\bar{x}))$가 $\mathcal{B}$에 있음을 보이자. (그러면 정리 8.5 증명의 중간요건 증명에서처럼, $\omega$-안정성을 부정하는 논리식들의 집합 $\{\phi_s(\bar{x}) \mid s \in 2^{<\omega}\}$을 구성할 수 있다.) $\mathcal{L}(A)$-논리식은 $\lambda$개 이하로 있기에, 모든 $\varphi(\bar{x}) \in p$가 $\mathcal{B}$에 있는 $p \in \mathcal{O}_\phi$는 $\lambda^+$개 이상 있어야 한다. 그런 것들 중 서로 다른 $p_0, p_1 \in \mathcal{O}_\phi$를 택하면 원하던 $\phi_i(\bar{x}) \in p_i$를 $(i = 0, 1)$ 찾을 수 있다.

**정리 10.7**

아래 요건들은 모두 동등하다.

(1) $T$는 $\lambda^{|T|} = \lambda$인 모든 무한기수 $\lambda$에 대하여 $\lambda$-안정적이다.

(2) $T$가 $\lambda$-안정적인 무한기수 $\lambda$가 있다.

(3) $T$는 안정적이다.

(4) 모든 $\mathcal{L}$-논리식 $\varphi(x, \bar{y})$는 $(|x| = 1)$ 안정적이다.

(5) 모든 $p \in S(A)$는 정의가능하다.

(6) 모든 모델 $M$에 대하여 $p \in S(M)$는 정의가능하다.

증명 (1)⇒(2)는 $\lambda = 2^{|T|}$라 두면 성립한다.

(2)⇒(3)은 정리 10.3(3)에서 곧장 따르며, (3)⇒(4)는 당연하다.

(4)⇒(1) 집합 $A$의 크기가 $\lambda$이고 $\lambda^{|T|} = \lambda$가 성립한다고 하자. $|S_1(A)| \leq \lambda$임을 보이면 된다. 이제 $\mathcal{F}_1 := \{\mathcal{L}\text{-논리식 } \varphi(x, \bar{y}) \mid |x| = 1\}$라 놓고 $\mathcal{S} := \Pi_{\varphi \in \mathcal{F}_1} S_\varphi(A)$라 두자. 이제

$$p(\in S_1(A)) \mapsto (p \upharpoonright \varphi \mid \varphi \in \mathcal{F}) \in \mathcal{S}$$

인 대응을 생각하면 이는 1-1함수이다. 한편 (4)와 정리 10.3(2)에 의해 $|\mathcal{S}| \leq$

$\lambda^{|T|} = \lambda$가 성립한다. 따라서 원하던 대로, $|S_1(A)| \le \lambda$이다.

(3)⇒(5)⇒(6)도 정리 10.3(6)에서 바로 나온다.

(6)⇒(3) (6)을 가정하고 모든 $\mathcal{L}$-논리식이 안정적임을 보이자. 임의의 집합 $A$의 크기가 $|T|$ 이하라면, $A$를 포함하는 $|T|$ 크기의 모델 $M$이 있고 당연히 $|S_\varphi(A)| \le |S_\varphi(M)|$이다. 따라서 정리 10.3(4)에 의해, $|S_\varphi(M)| = |T|$임을 보이면 충분하다. 이는 보충설명 10.2(1)에서 이미 설명하였다. □

나눔 개념과 밀접한 연관을 가지는 강한 정의가능성에 대하여 공부할 것이다. 이 개념은 모델 위에서는 정의가능성과 동일하다.

**정의 10.8**

$p(\bar{x}) \in S_n(A)$가 $B$ 위로 잘 정의된다는 것은, 아래를 만족하는 $B$ 위의 논리식의 집합 $\{\psi_\varphi(\bar{y}) \mid \varphi(\bar{x}, \bar{y})$는 $\mathcal{L}$-논리식$\}$이 있다는 것이다.

(1) $\psi_\varphi(\bar{y})$는 $p \restriction \varphi$를 정의한다.

(2) 임의의 $\mathcal{L}$-논리식 $\varphi_1(\bar{x}, \bar{y}_1), \ldots, \varphi_n(\bar{x}, \bar{y}_n)$에 대하여 ($1 \le n$이고 중복 허용)

$$\models \forall \bar{y}_1 \ldots \bar{y}_n(\psi_{\varphi_1}(\bar{y}_1) \wedge \cdots \wedge \psi_{\varphi_n}(\bar{y}_n) \rightarrow \exists \bar{x}(\varphi_1(\bar{x}, \bar{y}_1) \wedge \cdots \wedge \varphi_n(\bar{x}, \bar{y}_n)))\text{이고,}$$

(3) 임의의 $\mathcal{L}$-논리식 $\varphi(\bar{x}, \bar{y})$에 대하여 $\models \psi_{\neg\varphi}(\bar{y}) \leftrightarrow \neg\psi_\varphi(\bar{y})$이다.

$p(\bar{x}) \in S_n(A)$가 잘 정의된다는 것은, $A$ 위로 잘 정의된다는 것이다.

**보조정리 10.9**

$p(\bar{x}) \in S(A)$에 대하여, 다음은 동등하다.

(1) $p(\bar{x})$는 잘 정의된다.

(2) 모든 $(A \subseteq)B$에 대하여, $A$ 위로 잘 정의되는 $(p(\bar{x}) \subseteq)q(\bar{x}) \in S(B)$가

있다.

(3) 모든 모델 $(A \subseteq)M$에 대하여, $A$ 위로 잘 정의되는 $(p(\bar{x}) \subseteq)q(\bar{x}) \in S(M)$가 있다.

(4) 모델 $(A \subseteq)M$이 있어서, $A$ 위로 정의가능한 $(p(\bar{x}) \subseteq)q(\bar{x}) \in S(M)$가 있다.

증명 (1)⇒(2) (1)을 가정하고 $q(\bar{x}) := \{\varphi(\bar{x}, \bar{b}) \mid \varphi(\bar{x}, \bar{y})$는 $\mathcal{L}$-논리식, $\bar{b} \in B$, $\models \psi_\varphi(\bar{b})\}$라 두면 $q$는 $A$ 위로 잘 정의된다. 또한 정의 10.8(1)에 의해 $p \subseteq q$이고, 정의 10.8(2)에 의해 $q$는 일관적이며, 정의 10.8(3)에 의해 $q$는 완전하다.

(2)⇒(3)⇒(4)는 당연하다.

(4)⇒(1) $q(\bar{x})$가 $A$ 위로 정의되기에 임의의 $\varphi(\bar{x}, \bar{y})$에 대하여 $q \restriction \varphi$를 정의하는 $A$ 위의 논리식 $\psi_\varphi(\bar{y})$가 있다. 이 논리식들은 당연히 정의 10.8(1)을 충족하고, (2),(3) 또한 만족한다. 왜냐하면 $M$이 모델이기에 (2),(3)의 전칭한정을 $M$의 원소들의 짝으로 한정해도 되고, 그 경우 $q(\bar{x})$가 $M$ 위의 완전한 타입이기에 성립한다. □

$p \in S(A)$가 $B$ 위로 정의되면 정의 10.8(1),(3)을 충족하는 $B$ 위의 논리식들을 찾을 수 있다. 그러나 안정이론에서도, 완전한 타입은 항상 정의가능하지만 잘 정의되지 않을 수 있다(따름정리 10.26, 보충설명 10.27 참조). 한편으론, 모델 위 완전한 타입의 정의가능성은 잘 정의됨, 후계의 유일성 등과 언제나 동일하다.

**정리 10.10**

$M \subseteq B$와 $p(\bar{x}) \in S(B)$, $p' := p \restriction M$에 대하여 다음은 동등하다.

(1) $p(\bar{x})$는 $M$ 위로 정의가능하다.

(2) 임의의 $M \subseteq C$에 대하여, $M$ 위로 (잘) 정의되는 유일한 $(p'(\bar{x}) \subseteq)q(\bar{x}) \in S(C)$가 있고 이는 $p'(\bar{x})$의 $C$ 위 유일한 후계이기도 하다.

(3) $p(\bar{x})$는 $M$ 위로 잘 정의된다.

(4) 임의의 $M \subseteq C$에 대하여, $p'(\bar{x})$는 유일한 후계 $q(\bar{x}) \in S(C)$를 가진다.

증명 (1)⇒(2) (1)을 가정하면 $p'(\bar{x})$는 정의가능하다. 이때 보조정리 10.9(4)⇒(1)에서 $A$를 $M$으로 두면, $p'(\bar{x})$는 잘 정의된다. 이를 입증하는 $M$ 위의 논리식의 집합 $\{\psi_\varphi(\bar{y}) \mid \varphi(\bar{x},\bar{y})$는 $\mathcal{L}$-논리식$\}$을 생각하고, $q(\bar{x}) := \{\varphi(\bar{x},\bar{b}) \mid \varphi(\bar{x},\bar{y})$는 $\mathcal{L}$-논리식, $\bar{b} \in C$, $\models \psi_\varphi(\bar{b})\}$라 두자. 보조정리 10.9(1)⇒(2) 증명에서처럼, $q \in S(C)$이고 $M$ 위로 잘 정의된다. 또한 $q$는 $p'$의 후계임을 쉽게 알 수 있다.

한편, $(p'(\bar{x}) \subseteq) q'(\bar{x}) \in S(C)$를 $M$ 위로 정의할 수 있어서, $q \restriction \varphi$를 정의하는 $M$ 위의 $\psi'_\varphi(\bar{y})$가 있다면, $M \models \psi_\varphi(\bar{y}) \leftrightarrow \psi'_\varphi(\bar{y})$가 성립해야 한다. 따라서 $\forall \bar{y}(\psi_\varphi(\bar{y}) \leftrightarrow \psi'_\varphi(\bar{y})) \in T_M$이기에 $q = q'$이어야 한다.

또한 $(p(\bar{x}) \subseteq) q''(\bar{x}) \in S(C)$이고 $q'' \neq q$라면 한 논리식 $\sigma(\bar{x},\bar{y})$와 $\bar{a} \in C$가 있어, $\sigma(\bar{x},\bar{a}) \in q''$이지만 $\neg\psi_\sigma(\bar{a})$가 성립한다. 이때 모든 $\bar{m} \in M$에 대하여 $\sigma(\bar{x},\bar{m}) \wedge \neg\psi_\sigma(\bar{m}) \notin p'(\bar{x})$이기에 $q''$은 $p'$의 후계가 아니다.

(1)⇒(3) (1)을 가정하면 위 증명에 의해 (2)도 가정할 수 있다. 특히 (2)에서 $C = B$일 때를 생각하면, $p$는 $M$ 위로 잘 정의된다.

(3)⇒(1)과 (2)⇒(4)는 당연하다.

(4)⇒(1) 각 $\mathcal{L}(M)$-논리식 $\varphi(\bar{x},\bar{y})$에 $(n = |\bar{x}|)$ 대하여, 새 $|\bar{y}|$항술어기호 $P_\varphi$를 $\mathcal{L}(M)$에 모두 첨가한 언어를 $\mathcal{L}'$이라 놓자. 이때 $M'$을 $M$의 모든 원소에 이름을 주고

$$P_\varphi^{M'} := \{\bar{b} \in M^{|\bar{y}|} \mid \varphi(\bar{x},\bar{b}) \in p\}$$

로 둔 $\mathcal{L}'$-모델이라 하자. ($|\bar{y}| = 0$이면 $\varphi(\bar{x}) \in p$의 여부에 따라, $P_\varphi$는 $\{\varnothing\}$이거나 $\varnothing$이다.)

정리 5.14에 의해, $M'$의 $\mathcal{L}'$-기본확대로서 $\omega$-포화된 $N'$이 있어서 $N := N' \restriction \mathcal{L}(M)$은 ($\mathcal{L}(M)$에서) 강하게 $\omega$-동질적이다. 한편

$$q_N(\bar{x}) := \bigcup\{\{\varphi(\bar{x},\bar{a}) \mid \bar{a} \in P_\varphi^{N'}\} \cup \{\neg\varphi(\bar{x},\bar{b}) \mid \bar{b} \notin P_\varphi^{N'}\} \mid \varphi(\bar{x},\bar{y})\text{는 } \mathcal{L}(M)\text{-논리식}\}$$

이라 두면 $M' \prec N'$이기에, ($\mathcal{L}(M)$에서) $q_N \in S_n(N)$이고 이는 $p$의 ($N$ 위의 유일한) 후계임을 쉽게 알 수 있다. 한편 $N$의 임의의 $\mathcal{L}(M)$-자기동형사상 $f$에 대하여 $P_\varphi^{N'} = f(P_\varphi^{N'})$이 성립해야 한다. 왜냐하면 $f \restriction M = \mathrm{id}_M$이기에 $f(q_N)$도 $p$의 후계이고 따라서 유일성에 의해 $f(q_N) = q_N$이기 때문이다. 그러므로 연습문제 §5.4.6에 의해, $P_\varphi^{N'}$은 이를 정의하는 $\mathcal{L}(M)$-논리식 $\psi_\varphi(\bar{y})$가 있다. 특히, 모든 $\bar{a} \in M$에 대하여 $\varphi(\bar{x}, \bar{a}) \in p$이면이 $\psi_\varphi(\bar{a})$이기에, (1)이 성립한다.

□

다음 정리는 보조정리 8.12의 역이 성립함을 말하고 있다.

**정리 10.11**

다음은 동등하다.

(1) $T$는 안정적이다.

(2) 임의의 $M \subseteq A$에 대하여, 각 $p(\bar{x}) \in S(M)$는 유일한 후계 $q(\bar{x}) \in S(A)$를 가진다.

(3) 임의의 $M \subseteq A$에 대하여, $p(\bar{x}) \in S(M)$는 유일한 공후계 $q(\bar{x}) \in S(A)$를 가진다.

(4) 임의의 $M \subseteq A$에 대하여, $q(\bar{x}) \in S(A)$가 $p(\bar{x}) \in S(M)$의 후계이면이 공후계이다.

증명 (1)⇔(2) 이는 정리 10.7(3)⇔(6)과 정리 10.10에서 $B = M$일 때를 생각하면 된다.

(2)⇔(3) (2)를 가정하자. (3)을 부정하여 $\mathrm{tp}(\bar{c}/A)$, $\mathrm{tp}(\bar{c}'/A)$가 $p(\bar{x}) := \mathrm{tp}(\bar{c}/M) = \mathrm{tp}(\bar{c}'/M)$의 서로 다른 공후계라 하자. 따라서 유한한 $\bar{a} \in A$가 있어서, $\mathrm{tp}(\bar{c}/M\bar{a})$, $\mathrm{tp}(\bar{c}'/M\bar{a})$는 $p(\bar{x})$의 서로 다른 공후계이다.
이때 $\bar{c}'\bar{a} \equiv_M \bar{c}\bar{a}'$인 $\bar{a}'$이 있다. 그러면 $\mathrm{tp}(\bar{a}/M\bar{c})$와 $\mathrm{tp}(\bar{a}'/M\bar{c})$는 $\mathrm{tp}(\bar{a}/M) = \mathrm{tp}(\bar{a}'/M)$의 서로 다른 후계가 되어 모순이다. 역도 쌍대적으로 증명하면 된다.

(1)⇒(4)는 보조정리 8.12에서 이미 서술하였다.

(4)⇒(3) (4)를 가정하자. 모순을 유도하기 위해 $q(\bar{x}) := \mathrm{tp}(\bar{c}/M\bar{a})$, $q'(\bar{x}) := \mathrm{tp}(\bar{c}'/M\bar{a})$가 $\mathrm{tp}(\bar{c}/M) = \mathrm{tp}(\bar{c}'/M)$의 서로 다른 공후계라고 하자. 따라서 $M$ 위의 논리식 $\delta(\bar{x}, \bar{z})$가 있어 $\models \delta(\bar{c}, \bar{a})$, $\models \neg\delta(\bar{c}', \bar{a})$가 성립한다. 이제

$$\begin{aligned}\Gamma(\bar{x}, \bar{y}) := \ & \{M\bar{a} \text{ 위 논리식 } \sigma(\bar{x}, \bar{y})\ (|\bar{x}| = |\bar{y}|) \mid \\ & \text{모든 } \bar{m}, \bar{m}' \in M\text{에 대하여 } \models \sigma(\bar{m}, \bar{m}')\}\end{aligned}$$

라 놓으면, $q, q'$이 각각 공후계이기에 $\Gamma'(\bar{x}, \bar{y}) := q(\bar{x}) \cup q'(\bar{y}) \cup \Gamma(\bar{x}, \bar{y})$가 일관적임을 쉽게 알 수 있다. 그러므로 $(\Gamma'(\bar{x}, \bar{y}) \subseteq) r(\bar{x}, \bar{y}) \in S(M\bar{a})$가 있다. 이때 $r = \mathrm{tp}(\bar{c}_0\bar{c}_1/M\bar{a})$은 $r' := \mathrm{tp}(\bar{c}_0\bar{c}_1/M)$의 공후계임을 쉽게 보일 수 있다. 따라서 (4)에 의해 $(\delta(\bar{x}, \bar{a}) \wedge \neg\delta(\bar{y}, \bar{a}) \in) r$은 $r'$의 후계이기에, 적당한 $\bar{m}_0 \in M$이 있어, $\models \delta(\bar{c}, \bar{m}_0) \wedge \neg\delta(\bar{c}', \bar{m}_0)$가 성립한다. 그러면 $\mathrm{tp}_{\bar{x}}(\bar{c}/M) \neq \mathrm{tp}_{\bar{x}}(\bar{c}'/M)$이기에 모순이 생긴다. 결국 (3)이 성립한다. □

이제 정의가능성과 나눔 개념과의 연관성을 살펴본다.

**따름정리 10.12**

(1) 만일 $p \in S(B)$가 $A$ 위로 잘 정의되면, $p$는 $A$ 위로 나누지 않는다.

(2) $T$가 안정이론이고, $M \subseteq C$이며 $p \in S(C)$라 하자. 다음은 동등하다.

(a) $p$는 $M$ 위로 가르지 않는다.

(b) $p$는 $p \restriction M$의 유일한 후계이다.

(c) $p$는 $p \restriction M$의 유일한 공후계다.

(d) $p$는 $M$ 위로 정의할 수 있다.

(e) $p$는 $M$ 위로 잘 정의된다.

증명 (1) 전제에 의해 $\varphi(\bar{x}, \bar{b}_0) \in p$이면, $\vDash \psi(\bar{b}_0)$인 $A$ 위 논리식 $\psi(\bar{y})$가 있어,

$$\vDash \forall \bar{y}_1 \ldots \bar{y}_n(\psi(\bar{y}_1) \wedge \cdots \wedge \psi(\bar{y}_n) \rightarrow \exists \bar{x}(\varphi(\bar{x}, \bar{y}_1) \wedge \cdots \wedge \varphi(\bar{x}, \bar{y}_n))$$

이 성립한다. 특히 $\langle \bar{b}_i \mid i < \omega \rangle$가 $A$-균질열이면 $\{\varphi(\bar{x}, \bar{a}_i) \mid i < \omega\}$는 일관적이다. 즉 $p$는 $A$ 위로 나누지 않는다.

(2) (a)⇒(b) (a)를 가정하자. 정리 10.11에 의해, $p$가 후계임을 보이면 충분하다. $\varphi(\bar{x}, \bar{a}_0) \in p$라 ($\varphi(\bar{x}, \bar{y})$는 $\mathcal{L}(M)$-논리식) 하고 $I := \langle \bar{a}_i \mid i < \omega \rangle$를 $M$ 위의 공후계열(연습문제 §8.6.5(b))이라 하자. 가정에 의해 ($\varphi(\bar{x}, \bar{a}_0) \in$)$p'(\bar{x}, \bar{a}_0) := p \restriction M\bar{a}_0$가 $M$ 위로 나누지 않기에, $\bigcup_{i<\omega} p'(\bar{x}, \bar{a}_i)$를 구현하는 $\bar{c}$가 있다. $q(\bar{x}) := \mathrm{tp}(\bar{c}/MI)$라 두면, $T_M$이 안정적이기에 $q \restriction \varphi(\bar{x}, \bar{y})$를 정의하는 $M\bar{a}_{<n}$ 위의 논리식 $\psi(\bar{y})$가 있다. $\varphi(\bar{x}, \bar{a}_n) \in q$이기에 $\vDash \psi(\bar{a}_n)$, 즉 $\psi(\bar{y}) \in \mathrm{tp}_{\bar{y}}(\bar{a}_n/M\bar{a}_{<n})$이다. $\mathrm{tp}_{\bar{y}}(\bar{a}_n/M\bar{a}_{<n})$이 공후계이기에, 적당한 $\bar{m} \in M$에 대하여 $\psi(\bar{m})$이 성립한다. 따라서 $\varphi(\bar{x}, \bar{m}) \in q \restriction M = p \restriction M$이기에, $p$는 $p \restriction M$의 후계다.

(b)⇔(c)는 정리 10.11에서 따른다.

(b)⇒(d)⇔(e) $T$가 안정이론이기에 $p \restriction M$은 정의가능하다. 따라서 (b)⇒(d)는 정리 10.10에서 ($B = M$인 경우로써) 얻는다. 이는 또한 이미 (d)⇔(e)를 언급하고 있다.

(e)⇒(a)는 $T$가 단순하여 (따름정리 10.4) 나눔과 가름 개념이 같기에, (1)에서 나온다. □

$T$가 안정이론이면 임의의 유한짝 $\bar{a}$와 모델 $M$에 대하여, 정리 10.7, 10.10과 위 따름정리 10.12(1)에 의해 $\bar{a} \mathop{\smile\!\!\!\!\!|}^{\mathrm{d}}_{A} M$이 성립하는 크기가 $|T|$ 이하인 $A(\subseteq M)$를 항상 찾을 수 있다. 따라서 연습문제 §9.6.10으로 인해, 이는 안정이론이 단순이론임을 보이는 (따름정리 10.4의 증명과는) 다른 방법이다.

한편 따름정리 10.12(1)에서 '잘 정의된다'는 전제는 '정의된다'는 것으로 약화할 수 없다. 보충설명 10.27을 보라.

안정성, 단순성을 갖는 대수적 구조들을 소개하며 이 절을 마칠 것이다. 아래 예들을 보기 9.39와 견주어 보기 바란다.

**보기 10.13**

- $K$가 대수적으로 닫힌 체일 때 이의 이론은 비가산범주적이기에 $\aleph_0$-안정적이다(따름정리 3.14, 7.15). 보기 8.34(3)에서 살핀 바와 같이 $\bar{a} \in K$, $A \subseteq K$라면 $\mathrm{MR}(\bar{a}/A) = \mathrm{tr.deg}(\bar{a}/\langle A \rangle)$가 성립한다. 따라서 $B_0, B_1 \subseteq K$에 대하여, $B_0 \downarrow_A B_1$이면이 부분체 $\langle AB_0 \rangle$와 $\langle AB_1 \rangle$이 $A$ 위로 대수적으로 독립이다(따름정리 10.32). 마찬가지로 무한벡터공간 $V$의 이론 $T_{\mathrm{IVS}/F}$도 ($F$의 크기와 무관하게 보조정리 9.35(5), 정리 9.37, 보충설명 10.6(2)의 논법에 의해) 슈퍼안정적이고, $A \subseteq B_0, B_1 \subseteq V$에 대하여 $B_0 \downarrow_A B_1$이면이 임의의 $\bar{b} \in B_0$에 대하여 $\dim(\bar{b}/\langle A \rangle) = \dim(\bar{b}/\langle B_1 \rangle)$이다.

  슈퍼안정이론을 가지는 무한체는 모두 대수적으로 닫힌 체임이 알려져 있다[7].

- 이 항목에서 다루는 체는 모두 표수가 0이다.

  $F$가 체이고 $\delta : F \to F$가 덧셈의 준동형사상^homomorphism^일 때 추가로 $F(xy) = x\delta(y) + y\delta(x)$가 성립하면 $(F, \delta)$를 미분체*differential field*라 부른다. 이를 묘사하는 이론을 $T_{\mathrm{DF}_0}$라 한다. 즉 이는 $\mathcal{L} := \mathcal{L}_{\mathrm{fd}} \cup \{\delta\}$에서, (표수가 0인) 체의 공리들에 $\forall xy(\delta(x+y) = \delta(x) + \delta(y))$와 $\forall xy(\delta(xy) = \delta(x)y + x\delta(y))$를 추가한 것이다. 유리수체 $\mathbb{Q}$에서 $(\mathbb{Q}, \delta) \models T_{\mathrm{DF}_0}$이면 $\delta$는 0함수이어야 함을 쉽게 알 수 있다.

  미분체 $(F, \delta)$가 다음을 만족하면 이를 닫힌 미분체*differentially closed field*라 부른다. 곧 임의의 다항식 $f \in F[x_0, \ldots, x_n] \setminus F[x_0, \ldots, x_{n-1}]$와$(0 \leq n)$, $g(\neq 0) \in F[x_0, \ldots, x_{n-1}]$에 대하여, $f(a, \delta(a), \ldots, \delta^n(a)) = 0$이고 $g(a, \delta(a), \ldots, \delta^{n-1}(a)) \neq 0$인 $a \in F$가 있다. 당연히 닫힌 미분체는 대수적으로 닫혀 있다. ($T_{\mathrm{DF}_0} \cup T_{\mathrm{ACF}_0}$를 포함하는) $T_{\mathrm{DCF}_0}$는 이러한 닫힌 미분체를 기술하는 이론이다. 이 이론에서 한정제가가 가능하기에, 이는 완전한 이론이다(정리 6.3). 또한 임의의 미분체는 닫힌 미분체로 확대된다. 따라서 $T_{\mathrm{DCF}_0}$는 $T_{\mathrm{DF}_0}$의 (유일한) 모델-동반이다(연습문제 §6.7.19).

  $T_{\mathrm{DCF}_0}$는 $\aleph_0$-안정이론이지만 비가산범주적이진 않다. 특히, $K$가 닫힌 미분체이고 $a$는 $K$의 원소이고 $A \subseteq K$일 때, $\mathrm{MR}(a/A)$는, $A$로 생성되는 미분체 $F$와 $F\{a\}(:= F$와 $\{\delta^n(a) \mid n \in \omega\}$로 생성되는 미분체)에 대하

여 $\mathrm{tr.deg}(F\{a\}/F)$ 이하이다. 특히 $\mathrm{MR}(x = x) = \omega$이다. 또한 임의의 $B_0, B_1 \subseteq K$에 대하여 $B_0 \perp_A B_1$이면이, $AB_i$로 생성되는 미분체 $F_i$에 대하여 $(i = 0, 1)$ $F_0$과 $F_1$이 $F$ 위로 대수적으로 독립이다. 자세한 논증은 [28],[29] 등을 참조하라.

닫힌 미분체에 대한 모델론적 연구는 현대 모델론의 정수론 등에의 응용에 크게 기여하였다[4].

- $(\mathbb{Z}, +, 0)$의 이론은 슈퍼안정적이지만 $\aleph_0$-안정적이진 않다[2].

- $K$가 체일 때, 다항식 $f(x) \in K[x] \smallsetminus K$가 분해가능*separable*하다는 것은 이의 ($K^{\mathrm{alg}}$에서의) 해가 모두 서로 다르다는 것이다. 동등한 조건은 $f(x)$와 이를 형식적으로 미분한 함수 $f'(x)$가 서로소(즉 $f(x)$와 $f'(x)$를 동시에 나누는 $g(x)$가 $K[x] \smallsetminus K$에 없다)라는 것이다. 임의의 분해가능한 다항식 $f(x) \in K[x] \smallsetminus K$가 $K$에 해가 있으면 $K$를 분해성이 닫힌 체*separably closed field*라고 한다. (따라서 동등한 조건은, 도함수가 영이 아닌 임의의 다항식 $f(x) \in K[x]$의 해가 $K$에 있는 것이다.) 표수가 0이면, $K$가 분해성이 닫힌 체이면이 대수적으로 닫힌 체이다. 따라서 체 $K$의 표수가 $p > 0$인 경우를 생각하자. $K$의 부분체 $K^p := \{a^p \mid a \in K\}$에 대하여, $[K : K^p]$는 $p^e$ 형태이거나$(e \in \omega)$, 무한이다. 또한 $e = 0$이면 (곧 $K = K^p$) $K$는 대수적으로 닫힌 체이기에, $0 < e \in \omega$이거나 $e = \infty$라 가정하자. $T_{\mathrm{SCF}_{p,e}}$는 이러한 $e$를 가지는 분해성이 닫힌 체를 묘사하는 $\mathcal{L}_{\mathrm{fd}}$-논리식들을 모은 것이다. 이는 ($\mathcal{L}_{\mathrm{fd}}$에서) 완전한 안정이론이다. 하지만 슈퍼안정적이지는 않다.

  안정이론을 가지는 체는 반드시 분해성이 닫힌 체라는 예상은, 많은 부분 결과가 있지만 현재 해결되지 않은 상태다. 분해성이 닫힌 체에 대한 다양한 모델론 연구는 [29] 등을 참조하기 바란다.

- 체 $K$가 $PAC$*pseudo-algebraically closed*라는 것은, $K$ 위로 정의된 임의의 아핀Affine 다양체(즉 $K^{\mathrm{alg}}$에서 기약irreducible인, 유한개 다변수 다항식들의 공이 아닌 해집합)가 항상 $K$에 해가 있다는 것이다. 임의의 체 $K$가 유계*bounded*라는 것은 $K^{\mathrm{alg}}$에서, 임의의 자연수 $n > 1$에 대하여 차수가 $n$인 $K$의 확대체가 유한개만 있다는 것이다.

$K$가 PAC체일 때 이의 $\mathcal{L}_{\mathrm{fd}}$-이론 $T = \mathrm{Th}(K)$의 단순성과 관련하여 다음이 알려져 있다[23]. $T$가 단순이론이면이 $K$는 유계다. $T$가 슈퍼단순이론이면이 $K$는 유계이고 완전$^{\mathrm{perfect}}$체이다. $T$가 안정이론이면이 $K$는 분해성이 닫혀 있다. 따라서 PAC체의 이론으로서, 불안정하고 슈퍼단순한 것이 있고, 슈퍼단순하지 않고 불안정하면서 단순한 것, 단순하지 않는 것 등이 있다. 특히 $\mathrm{Th}(\{F \mid F$는 유한체$\})$을 만족하는 무한체는 불안정하고 슈퍼단순한 PAC체임이 알려져 있다.

PAC체에 대한 심도 있는 모델론 연구는 [12] 등에서 찾을 수 있다.

- $\mathcal{L}_{\mathrm{fd}} \cup \{\sigma\}$에서 $\mathrm{Th}(\{(F, \sigma) \mid F$는 체이고 $\sigma$는 $F$의 자기동형사상이다$\})$는 모델-동반이 있고 이 모델-동반의 모델을 *ACFA*라 부른다. $(K, \hat{\sigma})$가 ACFA이면 $K$는 대수적으로 닫힌 체이고, 모든 ACFA는 불안정한 슈퍼단순이론을 가진다. 흐루쇼브스키는 ACFA에 대한 모델론 연구를 시작하였고 이를 정수론에 응용하였다[19].

## 10.2 허원과 $T^{\mathrm{eq}}$

모델의 심도 있는 분석을 위해서 모델에서 논리식으로 정의되는 동등관계의 동등류를 원소로 다룰 필요성이 제기된다. 셸라흐는 이를 위해 다음과 같이, 완전한 이론 $T$의 언어 $\mathcal{L}$을 확대한 다종언어 (연습문제 §1.3.15 참조) $\mathcal{L}^{\mathrm{eq}}$를 생각하고 이 언어의 논리식들을 $T$에 첨가한 이론 $T^{\mathrm{eq}}$를 도입할 것을 제안하였다. 우선 $T$에서 동등관계를 정의하는 $\mathcal{L}$-논리식들을 다 모아 $\{E_i(\bar{x}_i, \bar{y}_i) \mid i \in I\}$라 $(n_i := |\bar{x}_i| = |\bar{y}_i|)$ 하자($T$에서 동등한 것들은 그중 하나만 선택한다). 그리고 종들의 집합 $\{S_i(= S_{E_i}) \mid i \in I\}$를 구성한다. 여기서 동등관계 $x = y$에 대한 종을 $S_=$로 표기하며, $\mathcal{L}$의 변수들은 $S_=$의 변수들로 이해한다. 또한 각 $i \in I$에 대하여 $(S_=)^{n_i}$에서 $S_i$로 가는 함수기호 $f_i(= f_{E_i})$를 추가하여 $\mathcal{L}^{\mathrm{eq}}$를 구성한다.

이제 $M$이 $\mathcal{L}$-모델일 때 $\mathcal{L}^{\mathrm{eq}}$-모델 $M^{\mathrm{eq}}$를 다음과 같이 정의한다. 우선 각 종 $S_i$의 해석은 등등류들의 집합 $M^{n_i}/E_i$로 한다. 특히 $S_=$의 해석은 $M$의 영역이고, $\mathcal{L}$의 해석은 기존 $M$에서와 같기에 종 $S_=$에서 이루어진다. $f_i$의 해석은 $\bar{a} \in M^{n_i}$에 대하여 $f_i(\bar{a}) := \bar{a}/E_i$로 정한다. $M^{\mathrm{eq}}$의 원소를 ($T$의, 또는 $M$의) 허원$^{虛員}$이라 부른다. 즉 허원은 $E_i$-동등류이다. 예를 들어 유리수는 정수환 $\mathbb{Z}$의 허원이다. 더 많은 예는

보충설명 10.17(4)를 참조하기 바란다.

$T$가 완전한 $\mathcal{L}$-이론일 때, $\mathcal{L}^{\mathrm{eq}}$-이론 $T^{\mathrm{eq}}$는 $T$에 다음 $\mathcal{L}^{\mathrm{eq}}$-논리식들을 추가한 것이다. 아래에서 $z$는 $S_i$-변수이고 $\bar{x}, \bar{y}$는 $S_=$-변수들의 짝이다.

$$\forall z \exists \bar{x}(f_i(\bar{x}) = z), \ \forall \bar{x}\bar{y}(f_i(\bar{x}) = f_i(\bar{y}) \leftrightarrow E_i(\bar{x}, \bar{y})).$$

연습문제 §1.3.15에서 설명한 것 같이 $\mathcal{L}^{\mathrm{eq}}$를 $\mathcal{L}$을 확대한 1종언어로 바꿔서 이해할 수 있기에, 이 책에서 진행한 모델론의 개념들이 $T^{\mathrm{eq}}$에도 그대로 적용된다. 특히 다음이 성립한다. 자세한 증명은 어렵지 않기에 연습문제 §10.4.4에 남긴다.

**보조정리 10.14**

(1) 완전한 $\mathcal{L}$-이론 $T$에 대하여, $M \models T$이면이 $M^{\mathrm{eq}} \models T^{\mathrm{eq}}$이다. 한편 임의의 $f \in \mathrm{Aut}(M)$는 유일하게 $\hat{f} \in \mathrm{Aut}(M^{\mathrm{eq}})$로 확대된다. 따라서 $T^{\mathrm{eq}}$는 완전한 $\mathcal{L}^{\mathrm{eq}}$이론이다.

(2) $\varphi(x_0, \ldots, x_k)$가 $\mathcal{L}^{\mathrm{eq}}$-논리식이라 하자. (각 $x_i$는 $S_i$-변수이고, 표기 편의상 $S_i = S_j$일 수 있다고 하자.) 이때 $\mathcal{L}$-논리식 $\psi(\bar{y}_0, \ldots, \bar{y}_k)$가 있어서,

$$T^{\mathrm{eq}} \models \forall \bar{y}_0 \ldots \bar{y}_k(\psi(\bar{y}_0, \ldots, \bar{y}_k) \leftrightarrow \varphi(f_0(\bar{y}_0), \ldots, f_k(\bar{y}_k))$$

가 성립한다. 그러므로 $X \subseteq M^n$가 매개변수가 있는 $\mathcal{L}^{\mathrm{eq}}$-논리식으로 정의되는 집합이면 이는 $M$ 위의 $\mathcal{L}$-논리식으로 정의된다. 특히 임의의 $\bar{a}, \bar{b} \in M$와 $A \subseteq M$에 대하여

$$\mathrm{tp}_M(\bar{a}/A) = \mathrm{tp}_M(\bar{b}/A) \text{이면이 } \mathrm{tp}_{M^{\mathrm{eq}}}(\bar{a}/A) = \mathrm{tp}_{M^{\mathrm{eq}}}(\bar{b}/A)$$

이다. 따라서 $T$에서의 나눔/가름 개념은 $T^{\mathrm{eq}}$에서 측정해도 동일하다. 또한 $M \prec N$이면이 $M^{\mathrm{eq}} \prec N^{\mathrm{eq}}$이다.

$T^{\mathrm{eq}}$를 도입하는 핵심적 이유는 여기서 허원을 제거할 수 있다는 것이다.

**정의 10.15**

(1) $A \subseteq M^{\mathrm{eq}}$일 때, $\mathrm{dcl}^{\mathrm{eq}}(A), \mathrm{acl}^{\mathrm{eq}}(A)$는 dcl과 acl을 $M^{\mathrm{eq}}$에서 측정한 것이다. 곧,

$$\mathrm{dcl}^{\mathrm{eq}}(A) := \{a \in M^{\mathrm{eq}} \mid \mathrm{tp}_{M^{\mathrm{eq}}}(a/A)\text{의 해가 } a\text{뿐이다}\}$$

이고,

$$\mathrm{acl}^{\mathrm{eq}}(A) := \{a \in M^{\mathrm{eq}} \mid \mathrm{tp}_{M^{\mathrm{eq}}}(a/A)\text{의 해가 유한개만 있다}\}$$

이다. 특히 집합으로서, $M^{\mathrm{eq}} = \mathrm{dcl}^{\mathrm{eq}}(M) = \mathrm{acl}^{\mathrm{eq}}(M)$이 성립한다.

(2) $T$에서 허원을 제거할 수 있다(또는 $T$는 허원제거가능*elimination of imaginaries*하다)는 것은 임의의 $\mathcal{M}^{\mathrm{eq}}$의 원소 $a$에 대하여 $\bar{c} \in \mathrm{dcl}^{\mathrm{eq}}(a)$이고 $a \in \mathrm{dcl}^{\mathrm{eq}}(\bar{c})$가 성립하는 유한 짝 $\bar{c} \in \mathcal{M}$가 있다는 것이다.

(3) $\mathcal{D} \subseteq \mathcal{M}^n$가 $\mathcal{M}$ 위로 정의가능한 집합일 때, $\bar{d}(\in \mathcal{M})$가 $\mathcal{D}$의 (또는 이를 정의하는 논리식의) 코드라는 것은, 임의의 $f \in \mathrm{Aut}(\mathcal{M})$에 대하여, (집합으로서) $f(\mathcal{D}) = \mathcal{D}$이면이 (유한열로서) $f(\bar{d}) = \bar{d}$가 성립한다는 것이다.

**보조정리 10.16**

(1) (a) $\mathcal{D} \subseteq \mathcal{M}^n$가 $A$ 위로 정의가능한 집합일 때, $\bar{d}_0$와 $\bar{d}_1$이 각각 $\mathcal{D}$의 코드이면 $\mathrm{dcl}(\bar{d}_0) = \mathrm{dcl}(\bar{d}_1) \subseteq \mathrm{dcl}(A)$가 성립한다.

(b) $\mathcal{D} \subseteq \mathcal{M}^n$가 $\mathcal{M}$ 위로 정의가능한 집합일 때, $\bar{d}$가 $\mathcal{D}$의 코드이면이, $\mathcal{D}$를 정의하는 $\bar{d}$ 위 논리식 $\psi(\bar{x}, \bar{d})$가 있어서 $\bar{d} \neq \bar{d}'$이면 $\psi(\bar{x}, \bar{d}')$는 $\mathcal{D}$를 정의하지 않는다.

(2) 다음 요건은 동등하다.

(a) $T$에서 허원을 제거할 수 있다.

(b) $\mathcal{L}$-논리식 $E(\bar{x}, \bar{y})$가 $T$에서 동등관계이면 $\mathcal{M}^{|\bar{x}|}$에서 $E$의 모든 동등류는 코드를 가진다.

(c) 임의의 $\mathcal{M}$-정의가능한 $\mathcal{D} \subseteq \mathcal{M}^n$의 코드가 있다.

(3) $T^{\mathrm{eq}}$에서는 허원을 제거할 수 있다.

증명 (1)(a) 코드의 정의에 의해 $\bar{d}_0, \bar{d}_1 \in \mathrm{dcl}(A)$이고, 또한 $\bar{d}_0 \in \mathrm{dcl}(\bar{d}_1)$, $\bar{d}_1 \in \mathrm{dcl}(\bar{d}_0)$이기에 성립한다.

(b)($\Rightarrow$) $\bar{d}$가 $\mathcal{D}$의 코드이기에, 연습문제 §9.6.16에 의해 $\bar{d}$ 위 논리식 $\psi'(\bar{x}, \bar{d})$가 있어서 $\mathcal{D} = \psi'(\mathcal{M}, \bar{d})$가 성립한다. 또한 $\bar{d}' \equiv \bar{d}$이고 $\bar{d}' \neq \bar{d}$이면 (역시 $\bar{d}$가 $\mathcal{D}$의 코드이기에) $\mathcal{D} \neq \psi'(\mathcal{M}, \bar{d}')$이다. 그러면 콤팩드성에 의해 어떤 $\sigma(\bar{y}) \in \mathrm{tp}(\bar{d})$가 있어서, $\psi(\bar{x}, \bar{y}) := \psi'(\bar{x}, \bar{y}) \wedge \sigma(\bar{y})$에 대하여 (1)(b)의 후자 절이 성립한다.

($\Leftarrow$) $\mathcal{D} = \psi(\mathcal{M}, \bar{d})$이기에 임의의 $f \in \mathrm{Aut}(\mathcal{M})$에 대하여, $f(\bar{d}) = \bar{d}$이면 $f(\mathcal{D}) = \mathcal{D}$이다. 또한 $\bar{d}' := f(\bar{d}) \neq \bar{d}$이면, 조건에 의해 $\psi(\bar{x}, \bar{d}')$는 $\mathcal{D}$를 정의하지 않는다. 곧 $f(\mathcal{D}) \neq \mathcal{D}$이다.

(2) 아래 증명에서 임의의 $f \in \mathrm{Aut}(\mathcal{M})$에 대하여, $\hat{f} \in \mathrm{Aut}(\mathcal{M}^{\mathrm{eq}})$은 $f$를 유일하게 확장한 것이다(보조정리 10.14(1)).

(a)$\Rightarrow$(b) $\bar{b} \in \mathcal{M}$에 대하여 $a \in S_E(\subset \mathcal{M}^{\mathrm{eq}})$를 $E$-동등류 $\bar{b}/E(= E(\mathcal{M}, \bar{b}))$라 하자. (a)에 의해 $\mathrm{dcl}^{\mathrm{eq}}(\bar{c}) = \mathrm{dcl}^{\mathrm{eq}}(a)$인 $\bar{c} \in \mathcal{M}$가 있다. 따라서 임의의 $f \in \mathrm{Aut}(\mathcal{M})$에 대하여, $f(\bar{c}) = \bar{c}$이면이, $\hat{f}(a) = a$이면이, ($\mathcal{M}$의 부분집합으로서) $f(\bar{b}/E) = \bar{b}/E$가 성립한다. 그러므로 $\bar{c}$는 $E(\mathcal{M}, \bar{b})$의 코드다.

(b)$\Rightarrow$(a) $d(\in \mathcal{M}^{\mathrm{eq}})$를 종 $S_{E_i}$의 원소라 하자. 이때, 어떤 $\bar{a} \in \mathcal{M}$가 있어서 $f_{E_i}(\bar{a}) = d$이다. (b)에 의해 동등류 $\bar{a}/E_i$의 코드 $\bar{b}(\in \mathcal{M})$가 있다. 따라서 임의의 $f \in \mathrm{Aut}(\mathcal{M})$에 대하여, $f(\bar{b}) = \bar{b}$이면이 $f(\bar{b}/E) = \bar{b}/E$이면이 $\hat{f}(a) = a$이다. 곧, (a)가 성립한다.

(b)$\Rightarrow$(c) $\bar{b} \in \mathcal{M}$와 $\mathcal{L}$-논리식 $\varphi(\bar{z}, \bar{x})$가 있어, $\mathcal{D} = \varphi(\mathcal{M}, \bar{b})$라 하자. 이때 $\mathcal{L}$-논리식

$$E(\bar{x}, \bar{y}) := \forall \bar{z}(\varphi(\bar{z}, \bar{x}) \leftrightarrow \varphi(\bar{z}, \bar{y}))$$

는 동등관계를 정의한다. 따라서 (b)에 의해 $\bar{b}/E$의 코드가 있고, 이는 $\mathcal{D}$의 코드임도 앞의 방식으로 쉽게 알 수 있다.

(c)⇒(b)는 당연하다.

(3) $\mathcal{L}^{\text{eq}}$-논리식 $F(x_0, \ldots, x_k; y_0, \ldots, y_k)$가 ($i \le k$에 대하여, $x_i, y_i$는 $S_i$-종의 변수) $T^{\text{eq}}$에서 동등관계를 정의한다면, 보조정리 10.14(2)에 의해

$$T^{\text{eq}} \models \forall \bar{z}_0, \ldots, \bar{z}_k, \bar{w}_0, \ldots, \bar{w}_k(\psi(\bar{z}_0, \ldots, \bar{z}_k; \bar{w}_0, \ldots, \bar{w}_k) \leftrightarrow F(f_0(\bar{z}_0), \ldots, f_k(\bar{z}_k); f_0(\bar{w}_0), \ldots, f_k(\bar{w}_k))$$

가 성립하는 $\mathcal{L}$-논리식 $\psi$가 있다. 그러므로 $\psi$는 $T$에서 동등관계이다. 또한 임의의 $F$-동등류는, 종 $S_\psi$의 적당한 원소를 코드로 가지는 것을 알 수 있다. 따라서 (2)에 의해 (3)을 얻는다. □

**보충설명** 10.17

(1) $T$에서 허원을 제거할 수 있다면 $T^{\text{eq}}$로 확대하지 않아도 $T$의 모델에서 허원을 다룰 수 있다. 특히 보조정리 10.16(3)이나 이의 증명을 보면, $(M^{\text{eq}})^{\text{eq}}$의 종은 이미 $M^{\text{eq}}$ 내의 종에서 반영하고 있기에 두 구조는 다를 것이 없다. 마찬가지로 집합 $A(\subseteq M)$에 대하여 $(M_A)^{\text{eq}}$와 $(M^{\text{eq}})_A$는 같은 구조라 볼 수 있다(연습문제 §10.4.6 참조).

(2) 안정성, 단순성은 $T^{\text{eq}}$에서 보존된다. 구체적으로 다음이 성립한다.

(a) $T$가 $\kappa$-범주적이면이 (다종이론으로서) $T^{\text{eq}}$가 $\kappa$-범주적이다. 이는 $T^{\text{eq}}$의 정의를 생각하면 자동적으로 얻는다.

(b) $T$가 각각 $\lambda(\ge |T|)$-안정적, 슈퍼안정적, 안정적이면이 $T^{\text{eq}}$가 각각 그러하다.

(c) $T$가 각각 슈퍼단순이론, 단순이론이면이 $T^{\text{eq}}$가 각각 그러하다.

(b),(c)는 여러 방식으로 확인할 수 있다. 만일 불안정한 $\mathcal{L}^{\text{eq}}$-논리식(정의 8.9)이 있으면, 보조정리 10.14(2)를 사용하여 불안정한 $\mathcal{L}$-논리식을 찾을 수 있다. 마찬가지로 $\mathcal{L}^{\text{eq}}$-논리식이 나무성질을 가진다면, 보조정리 10.14 (2)를 통해 $\mathcal{M}$에서 나무성질을 입증하는 $\mathcal{L}$-논리식을 찾을 수 있다. 또한 $D$-급수가 $\infty$이기에 슈퍼단순성을 부정하는 $\mathcal{L}^{\text{eq}}$-논리식이 있다면(보조정

리 9.36(2)), 역시 보조정리 10.14(2)로 인해 $D$-급수가 $\infty$인 $\mathcal{L}$-논리식이 존재한다. 이상의 자세한 증명은 연습문제로 남긴다(연습문제 §10.4.8).

끝으로 $T$가 $\lambda(\geq |T|)$-안정적일 때 $T^{\mathrm{eq}}$도 $\lambda$-안정적임은 다음과 같은 단계로 보일 수 있다(역이 성립하는 것은 당연하다). 임의의 $\lambda$ 이하 크기의 집합 $B \subset \mathcal{M}^{\mathrm{eq}}$에 대하여 $\lambda$ 이하 크기의 집합 $B_0(\subset \mathcal{M})$이 있어서 $B \subseteq \mathrm{dcl}^{\mathrm{eq}}(B_0)$가 성립한다. 이때, 임의의 $p \in S_{T^{\mathrm{eq}}}(B_0)$에 대하여 이의 유일한 확대 $p' \in S_{T^{\mathrm{eq}}}(\mathrm{dcl}^{\mathrm{eq}}(B_0))$가 있고(연습문제 §4.3.1(c)), $p \mapsto p' \upharpoonright B$인 대응은 $S_{T^{\mathrm{eq}}}(B_0)$에서 $S_{T^{\mathrm{eq}}}(B)$로 가는 전사함수이다. 즉 $|S_{T^{\mathrm{eq}}}(B_0)| \geq |S_{T^{\mathrm{eq}}}(B)|$가 성립한다. 한편 $|T^{\mathrm{eq}}| = |T|$이기에, 주어진 $p(\in S_T(B_0))$를 구현하는 유한짝 $\bar{c} \in \mathcal{M}$에 대하여 $\mathrm{dcl}^{\mathrm{eq}}(c)$에 있는 $\mathcal{M}^{\mathrm{eq}}$의 원소들의 유한짝 $\bar{a}$들의 수도 $\leq |T|(\leq \lambda)$이다. 이때 $p$에 대하여 타입 $\mathrm{tp}(\bar{a}/B_0)(\in S_{T^{\mathrm{eq}}}(B_0))$들을 선택하는 것은, $\bar{c}$의 선택에 무관하게 $p$를 $|T|$개 이하의 $S_{T^{\mathrm{eq}}}(B_0)$의 원소들에 대응시킨다. 역으로 임의의 $q \in S_{T^{\mathrm{eq}}}(B_0)$는 이러한 대응의 값으로 나타난다. 따라서 $|S_{T^{\mathrm{eq}}}(B_0)| \leq |S_T(B_0)| \cdot |T|$가 성립한다. 한편 $T$가 $\lambda$-안정적이기에 $|S_T(B_0)| \leq \lambda$이어서 논증이 완료된다.

(3) $\mathcal{L}_{\mathrm{fd}}$-이론 $T_{\mathrm{RCF}}$에서 허원을 제거할 수 있고[15], $T_{\mathrm{ACF}_p}(p = 0$ 또는 소수)에서도 그러하다(연습문제 §10.4.5(d)). 하지만 $T_{\mathrm{SCF}_{p,e}}$($p$는 소수)에선 허원제거가 가능하지 않다. 한편 $\mathcal{L}_{\mathrm{fd}} \cup \{\delta\}$-이론 $T_{\mathrm{DCF}_0}$에서는 허원제거가 가능하다[41].

(4) $N$이 $\mathcal{L}_0$-모델이고 $M$이 $\mathcal{L}$-모델일 때, $N$을 $M$에서 해석할 수 있다*interpretable*는 것은 $N$이 정의가능하게 $M$의 허원으로서 존재한다는 것이다. 좀 더 정확히는, 우선 적당한 $\mathcal{L}^{\mathrm{eq}}(M)$-논리식 $\psi(x)$가 있어($x$는 종 $S_i$의 변수), 이로 정의되는 $D := \psi(M^{\mathrm{eq}})(\subseteq S_i)$가 있다(보충설명 10.17(1) 참조). 또한 $\mathcal{L}_0$의 모든 기호를 $\mathcal{L}^{\mathrm{eq}}(M)$-정의가능한, $D$의 원소나 $D^n$의 부분집합 또는 이 위의 함수로 해석할 수 있으며(물론 $=$의 해석은 $D$에서의 $=$), 이렇게 $D$를 $\mathcal{L}_0$-모델로 이해한 것이 $N$과 동형이라는 것이다.

예를 들어 유리수 $\frac{n}{m}$를 $(n, m)(\in \mathbb{Z} \times (\mathbb{Z} \setminus \{0\}))$의 동등류 $(n, m)/\approx$로 이해하면(여기서 $(n', m') \approx (n, m)$이면이 $n \cdot m' = m \cdot n'$), 유리수체

$\mathbb{Q}$를 정수환 $\mathbb{Z}$에서 해석할 수 있다. 특히 유리수는 정수환의 허원이다. 역으로 집합으로서 $\mathbb{Z}$가 유리수체 $\mathbb{Q}$에서 정의가능하기에(보충설명 6.2 (5)), 정수환 $\mathbb{Z}$는 유리수체 $\mathbb{Q}$에서 해석할 수 있다. 또한 당연히 복소추체 $\mathbb{C}(= \mathbb{R} \times \mathbb{R})$는 실수체 $\mathbb{C}$에서 해석가능하다.

일반적으로 $F$가 체이고 $\alpha \in F^{\text{alg}}$일 때 확대체 $F[\alpha]$는 $F$에서 해석가능하다. 이는 $p(x) \in F[x]$가 $\alpha$의 $F$ 위 기약다항식일 때, $F[\alpha]$를 $F[x]/\langle p(x) \rangle$로 이해하는 방법을 사용하면 된다. 먼저, $p(x)$의 차수가 $n(\geq 1)$일 때 임의의 $\bar{a} = (a_0, \ldots, a_{n-1}) \in F^n$에 대하여 $p_{\bar{a}}(x) := x^n + a_{n-1}x^{n-1} + \cdots + a_1x + a_0 \in F[x]$라 정의하자. 이때 임의의 $\bar{b}, \bar{c} \in F^n$에 대하여 $E(\bar{b}, \bar{c})$를, $p(x)$가 $p_{\bar{b}}(x) - p_{\bar{c}}(x)$를 나누는 것으로 정의하면 $E$는 $\mathcal{L}_{\text{fd}}(F)$-논리식으로 정의되는 동등관계다. 따라서 $F[\alpha]$를 집합으로서 종 $S_E$로 두고, 여기에 ($F[\bar{x}]/\langle p(x) \rangle$에서와 같이) $\mathcal{L}_{\text{fd}}(F)^{\text{eq}}$-정의가능한 연산을 주어 $F[\alpha]$와 동형인 체를 구성한다(연습문제 §10.4.7(c)).

또한 체 $F$의 사영공간 $\mathbb{P}^n(F)$와 여기의 사영다양체 $V$에 대하여 $(\mathbb{P}^n(F), V)$는 $F$에서 해석가능하다[28]. 한편 임의의 유한언어의 구조는 이를 해석하는 2항관계만의 구조인 그래프를 찾을 수 있다[14]. 더 다양한 해석의 예는 [28],[14] 등을 참조하기 바란다.

다음 절과 다음 장에서 중요한 역할을 하는 강타입에 대하여 살펴보며 이 절을 마치려 한다. 편의상, 남은 이 장에서 **집합 $A$에 대하여** $\widetilde{A} := \text{acl}^{\text{eq}}(A)$**로 표기**한다.

**정의 10.18**

$\bar{a}$, $\bar{b}$가 $A$ 위로 같은 강타입*strong type*을 가진다는 것은, 유한동등관계를 정의하는 모든 $\mathcal{L}(A)$-논리식 $E(\bar{x}, \bar{y})$에 대하여 $\models E(\bar{a}, \bar{b})$가 성립한다는 것이다. 이를 $\bar{a} \equiv^s_A \bar{b}$ 또는 $\text{stp}(\bar{a}/A) = \text{stp}(\bar{b}/A)$로 표기한다.

**보조정리 10.19**

(1) $\bar{a} \equiv^s_A \bar{b}$이면 $\bar{a} \equiv_A \bar{b}$이다.

(2) $\bar{a} \equiv^s_A \bar{b}$이면이 $\bar{a} \equiv_{\widetilde{A}} \bar{b}$이다. 따라서 $\bar{a} \equiv_M \bar{b}$이면($A \subseteq M$), $\bar{a} \equiv^s_A \bar{b}$이다.

증명 (1) 이는, $\mathcal{L}(A)$-논리식 $\varphi(\bar{x})$에 대하여 $\varphi(\bar{x}) \leftrightarrow \varphi(\bar{y})$가 동등류가 두 개 이하인 유한동등관계이기에 성립한다.

(2) $\widetilde{A} \subseteq M^{\mathrm{eq}} = \mathrm{dcl}^{\mathrm{eq}}(M)$이기에 첫째 문장만 증명하면 된다.

($\Rightarrow$) $\bar{a} \equiv^s_A \bar{b}$라 가정하자. 이제 $\bar{c} \in A$, $\bar{c}'_0 \in \widetilde{A} \setminus A$에 대하여, $\mathcal{L}^{\mathrm{eq}}(\bar{c}, \bar{c}'_0)$-논리식 $\varphi(\bar{x}, \bar{c}\bar{c}'_0)$을 $\bar{a}$가 구현한다고 하자. 이를 $\bar{b}$도 구현하는 것을 보이면 된다. 이제 $\{\bar{c}'_i \mid i < n\}$이($0 < n$), $\mathrm{tp}_{\mathcal{M}^{\mathrm{eq}}}(\bar{c}'_0/A)$를 구현하는 모든 짝들을 모은 것이라 하자. 이때

$$\bigwedge_{i<n} (\varphi(\bar{x}, \bar{c}, \bar{c}_i) \leftrightarrow \varphi(\bar{y}, \bar{c}, \bar{c}_i))$$

은 $2^n$개 이하의 동등류를 가지는 유한동등관계를 정의한다. 또한 연습문제 §9.6.16(c)에 의해 이는 $A$ 위 논리식으로 정의할 수 있다. 따라서 가정에 의해, 원하던 대로 $\models \varphi(\bar{b}, \bar{c}\bar{c}'_0)$가 성립한다.

($\Leftarrow$) 오른쪽을 가정하자. 곧, $f \in \mathrm{Aut}(\mathcal{M}^{\mathrm{eq}}/\widetilde{A})$가 있어서 $f(\bar{a}) = \bar{b}$이다. 이제 임의의 $A$ 위 논리식 $E(\bar{x}, \bar{y})$가 유한동등관계를 정의한다고 하고, $E(\bar{a}, \bar{b})$임을 보이면 된다. 이때 $E(\mathcal{M}, \bar{a})$의 코드를 $c(\in \mathcal{M}^{\mathrm{eq}})$라 하면 $\mathrm{tp}_{\mathcal{M}^{\mathrm{eq}}}(c/A)$는 대수적이다. 왜냐하면 $c' \equiv_A c$이면 $c'$은, 상응하는 $\bar{a}'(\equiv_A \bar{a})$이 있어 $E(\mathcal{M}, \bar{a}')$의 코드이기 때문이다.
따라서 $c \in \widetilde{A}$이고, 가정에 의해 $\bar{b} = f(\bar{a}) \in E(\mathcal{M}, \bar{a})$, 즉 원하던 $E(\bar{a}, \bar{b})$가 성립한다.

위 보조정리로 인해 $\mathrm{stp}(\bar{a}/A)$를 $\mathrm{tp}(\bar{a}/\widetilde{A})$로 이해해도 무방하다.

## 10.3 가름과 안정성

안정이론에서, 모델 $M$에 대하여 $\bar{c} \downfree_M B$의 의미를 따름정리 10.12(2)에서 정의가능성 등과 관련한 여러 관점에서 살펴보았다. 이 절에서는 안정이론에서, 좀 더 일반적인 $\bar{c} \downfree_A B$의 의미가 정의가능성과 가지는 연관성에 대하여 공부한다. 이를 위해서는 앞 절에서 도입한 $T^{\mathrm{eq}}$의 이해가 필수적이다.

**보충설명** 10.20

(1) 정의 10.8을 $\mathcal{L}^{\mathrm{eq}}$에서 이해할 때 주의할 점을 설명하겠다. $\mathcal{L}^{\mathrm{eq}}$에서도 마찬가지로 (1)-(3)을 만족하는 $\mathcal{L}^{\mathrm{eq}}(B)$-논리식들의 집합 $\Psi$가 있다는 것이다. 다만 $\mathcal{L}^{\mathrm{eq}}$- 논리식 $\varphi(\bar{x},\bar{y})$의 자유변수 $\bar{y}$가 속하는 종이 $A$와 서로소라면 의미가 없기에, $\mathrm{St}(A)$를 $A$의 원소들이 속한 종들의 집합이라 할 때

$$\begin{aligned}\Psi = \ & \{\psi_\varphi(\bar{y})\text{는 } \mathcal{L}^{\mathrm{eq}}(B)\text{-논리식} \mid \varphi(\bar{x},\bar{y})\text{는 } \mathcal{L}^{\mathrm{eq}} - \text{논리식이고} \\ & \mathrm{St}(\bar{y}) \subseteq \mathrm{St}(A)\text{이다}\}\end{aligned}$$

인 제약이 있다. 이렇게 이해하면 보조정리 10.9 등 관련 결과가 $\mathcal{L}^{\mathrm{eq}}$에서도 성립한다.

또한 $\mathcal{L}$에서 $p(\bar{x}) \in S(A)$가 $B$ 위로 잘 정의되면, $\mathcal{L}^{\mathrm{eq}}$에서도 $p(\bar{x})$가 $B$ 위로 잘 정의되는 것을 보조정리 10.14(2)를 통해 보일 수 있다(연습문제 §10.4.9).

(2) 안정이론에서, 각 $i \in I(\neq \varnothing)$에 대하여 $M_i \prec M(\prec \mathbb{M})$이고 $p(\bar{x}) \in S_n(M)$는 $M_i$ 위로 가르지 않는다고 하자. 그러면 따름정리 10.12(2)와 정리 10.10에 의해, $p$는 $p_i = p \restriction M_i$를 확대한, $M_i$ 위로 잘 정의되는 유일한 $S_n(M)$의 원소다. 이때 $M_i$ 위의 논리식 집합 $\{\psi^i_\varphi(\bar{y}) \mid \varphi(\bar{x},\bar{y})\text{는 } \mathcal{L}\text{-논리식}\}$가 $p$를 잘 정의한다면, 모든 $i,j \in I$와 모든 $\bar{b} \in M$에 대하여, $\psi^i_\varphi(\bar{b})$이면이 $\varphi(\bar{x},\bar{b}) \in p$이면이 $\psi^j_\varphi(\bar{b})$이다. 즉 $\forall \bar{y}(\psi^i_\varphi(\bar{y}) \leftrightarrow \psi^j_\varphi(\bar{y})) \in T_M$이기에, $\mathcal{D}^i_\varphi := \psi^i_\varphi(\mathbb{M})$이라 하면 $\mathcal{D}^i_\varphi = \mathcal{D}^j_\varphi$이다. 따라서 보조정리 10.16에 의해, $p$는 $\bigcap_{i\in I} M^{\mathrm{eq}}_i (\subset \mathbb{M}^{\mathrm{eq}})$ 위로 잘 정의된다. 왜냐하면, $\mathcal{D}^i_\varphi$의 코드 $\bar{d}_i$가 $M^{\mathrm{eq}}_i$에 있기에 $\mathrm{dcl}^{\mathrm{eq}}(\bar{d}_i) \subseteq M^{\mathrm{eq}}_i$이고, 또한 $\mathrm{dcl}^{\mathrm{eq}}(\bar{d}_i) = \mathrm{dcl}^{\mathrm{eq}}(\bar{d}_j)$이기 때문이다.

이 장의 (연습문제를 제외한) 남은 서술에서, 별도의 언급이 없으면 $T$는 **안정이론이다.** 또한 통상대로 $A, B, \ldots$는 $\mathcal{M}$의 작은 부분집합이다. 하지만 (다루는 이론이 $T^{\mathrm{eq}}$라고 생각하여) $\mathcal{M}^{\mathrm{eq}}$의 부분집합이라고 보아도 관련 논증에 차질이 없다.

**정리 10.21**

$p \in S_n(B)$이고, $A \subseteq B$이다. 이때 아래 요건은 동등하다.

(1) $p$는 $A$ 위로 가르지 않는다.

(2) $p$는 $\mathrm{acl}^{\mathrm{eq}}(A)$ 위로 잘 정의된다.

증명 (1)⇒(2) $|T| = |T^{\mathrm{eq}}|$이기에 $|\widetilde{A}(= \mathrm{acl}^{\mathrm{eq}}(A))| \leq \kappa := |T| + |A|$이다. 이때 $\widetilde{A} \subseteq M^{\mathrm{eq}}$이고 크기가 $\kappa$인 $M^{\mathrm{eq}}$가 있다. $M_0 := M$이라 두고 $M_0^{\mathrm{eq}} \smallsetminus \widetilde{A}$의 모든 원소를 나열하여 $\{c_i \mid 0 < i < \lambda(\leq \kappa)\}$라 놓자. 각 $q_i := \mathrm{tp}(c_i/\widetilde{A})$는 대수적이 아니기에 $q_i$를 구현하지만 $M_0^{\mathrm{eq}}$의 원소가 아닌 $c_i' \in \mathcal{M}^{\mathrm{eq}}$가 있다. 이때 $\widetilde{A}$를 고정하고 $c_i'$를 $c_i$로 보내는 자기동형사상 $f_i$가 있다. $M_i := f_i(M_0)$라 두면 $c_i' \notin M_0^{\mathrm{eq}}$이기에, $c_i \notin M_i^{\mathrm{eq}}$이다. 따라서 $\widetilde{A} = \bigcap_{i<\lambda} M_i^{\mathrm{eq}}$가 성립한다.
이제 $B \subseteq N$이며, 모든 $i < \lambda$에 대하여 $M_i \prec N$인 모델 $N$이 있다. $p$가 $A$ 위로 가르지 않기에 가름의 확대성에 의해 $A$ 위로 가르지 않는 $(p \subseteq)p' \in S_n(N)$이 있다. 그러면 가름의 기저단조성에 의해 $p'$은 $M_i$ 위로도 가르지 않는다. 따라서 위 보충설명 10.20(2)에서처럼, $p'$은 $\widetilde{A}$위로 잘 정의된다. $p \subseteq p'$이기에 당연히 $p$도 $\widetilde{A}$위로 잘 정의된다.

(2)⇒(1) 따름정리 10.12(1)에 의해 $p$는 $\widetilde{A}$ 위로 나누지 않는다. 따라서 $p$는 $A$ 위로 나누지 않는다(보충설명 9.5(1)). $T$가 단순하기에 나눔과 가름 개념이 같고, (1)이 성립한다. □

정리 10.21(2)에서, '잘 정의된다'를 '정의된다'로 약화할 수 없고 또한 acl을 $T^{\mathrm{eq}}$에서 취하는 것도 필수적이다. 보충설명 10.27을 보라. 이제 안정이론에서 중요한, 일정한 완전한 타입과 이의 표준기저에 대하여 공부할 것이다.

**정의 10.22**

$p(\bar{x}) \in S(A)$일 때 $p$가 일정하다$^{stationary}$는 것은, 임의의 $(A \subseteq)B$에 대하여 $A$ 위로 가르지 않는 $(p(\bar{x}) \subseteq)q(\bar{x}) \in S(B)$가 유일하게 있다는 것이다.

가름의 추이성으로 인해, $p(\bar{x}) \in S(A)$가 일정하고 $(p(\bar{x}) \subseteq)q(\bar{x}) \in S(C)$가 $A(\subseteq C)$ 위로 가르지 않으면, $q$도 일정하며 또한 임의의 $(A \subseteq)B_0(\subseteq C)$에 대하여 $q \restriction B_0$도 일정하다. 더불어, 임의의 $\mathcal{M}^{\mathrm{eq}}$의 작은 부분집합은 $\mathrm{dcl}^{\mathrm{eq}}(D)$에 포함되기에$(D \subset \mathcal{M})$, 위 정의 10.22는 $B$가 $\mathcal{M}^{\mathrm{eq}}$의 부분집합인 경우까지도 커버함을 쉽게 알 수 있다(연습문제 §10.4.10). 다음 보조정리는 정의가능성과 관련하여 안정이론이 가지는 매우 독특한 성질이다. 이를 이용하여 안정이론에서 가름의 대칭성을 직접 보일 수도 있다(연습문제 §10.4.11).

**보조정리 10.23**

$p(\bar{x}) \in S(M)$, $q(\bar{y}) \in S(M)$라 하자. $p(\bar{x})$를 정의하는 $M$ 위 논리식들의 집합 $\{\psi_{p,\varphi}(\bar{y}) \mid \varphi(\bar{x},\bar{y})$는 $\mathcal{L}$-논리식$\}$과, $q(\bar{y})$를 정의하는 $M$ 위 논리식들의 집합 $\{\psi_{q,\varphi^{-1}}(\bar{x}) \mid \varphi^{-1}(\bar{y},\bar{x})(:= \varphi(\bar{x},\bar{y}))$는 $\mathcal{L}$-논리식$\}$ 간에 다음 관계가 성립한다.

$$\psi_{p,\varphi}(\bar{y}) \in q(\bar{y})\text{이면이 } \psi_{q,\varphi^{-1}}(\bar{x}) \in p(\bar{x})\text{이다.}$$

증명 $\bar{b}$가 $q(\bar{y})$를 구현한다고 하자. 확대성에 의해 $p(\bar{x}) \subseteq p'(\bar{x}) := \mathrm{tp}(\bar{a}/M\bar{b})$이고 $\bar{a} \mathop{\smile\!\!\!\!\!\!|}_M \bar{b}$인 $\bar{a}$가 있다. 따름정리 10.12(2)에 의해, $p'(\bar{x})$는 $p(\bar{x})$의 후계이자 공후계다.
이제 $\psi(\bar{y}) := \psi_{p,\varphi}(\bar{y}) \in q(\bar{y})$이면 $\models \varphi(\bar{a},\bar{b}) \wedge \psi(\bar{b})$가 성립한다. 만일 그렇지 않아 $\models \neg\varphi(\bar{a},\bar{b}) \wedge \psi(\bar{b})$이면 $\models \neg\varphi(\bar{a},\bar{m}) \wedge \psi(\bar{m})$인 $\bar{m} \in M$이 있어 모순되기 때문이다. 그러면 역시 $\psi'(\bar{x}) := \psi_{q,\varphi^{-1}}$에 대하여 $\models \varphi(\bar{a},\bar{b}) \wedge \psi'(\bar{a})$가 성립해야한다. 왜냐하면 그렇지 않아 $\models \varphi(\bar{a},\bar{b}) \wedge \neg\psi'(\bar{a})$라면 $\models \varphi(\bar{m}',\bar{b}) \wedge \neg\psi'(\bar{m}')$인 $\bar{m}' \in M$이 있어 모순된다. 그러므로 원하던 대로 $\psi'(\bar{x}) \in p(\bar{x})$이다.
역도 대칭적이기에 성립한다. □

**따름정리 10.24** 모든 $p \in S(M)$는 일정하다. 또한 모든 $q \in S(\mathrm{acl}^{\mathrm{eq}}(A))$ (즉 모든 강타입)은 일정하다.

증명 따름정리 10.12(2)에 의해, 모든 $p \in S(M)$는 일정하다. 이제 $q(\bar{x}) \in S(\widetilde{A})$가 일정함을 보이자. 확대성에 의해, 모든 $\widetilde{A} \subseteq M^{\mathrm{eq}}$와 $\widetilde{A}$ 위로 가르지 않는 ($q \subseteq$ )$q_0, q_1 \in S(M^{\mathrm{eq}})$에 대하여 $q_0 = q_1$임을 보이면 된다. 정리 10.21을 $\mathcal{L}^{\mathrm{eq}}$에 적용하면, $q_i(\bar{x})$를 정의하는 $\widetilde{A}$ 위 논리식들의 집합 $\{\psi^i_\varphi(\bar{y}) \mid \varphi(\bar{x}, \bar{y})$는 $\mathcal{L}^{\mathrm{eq}}$-논리식$\}$가 있다($i = 0, 1$).
한편 주어진 $\bar{b} \in M^{\mathrm{eq}}$에 대하여, $\widetilde{A}$ 위로 가르지 않는 $(\mathrm{tp}(\bar{b}/\widetilde{A}) \subseteq) p'(y) \in S(M^{\mathrm{eq}})$이 있고, 역시 정리 10.21에 의해 $p'(\bar{y})$를 정의하는 $\widetilde{A}$ 위 논리식들의 집합 $\{\psi'_{\varphi^{-1}}(\bar{x}) \mid \varphi^{-1}(\bar{y}, \bar{x})$는 $\mathcal{L}^{\mathrm{eq}}$-논리식$\}$가 있다. 이때 보조정리 10.23에 의해,

$\varphi(\bar{x}, \bar{b}) \in q_0(\bar{x})$이면이
$\models \psi^0_\varphi(\bar{b})$이면이 $\psi^0_\varphi(\bar{y}) \in p'(\bar{y})$이면이 $\psi'_{\varphi^{-1}}(\bar{x}) \in q_0(\bar{x})$이면이
$\psi'_{\varphi^{-1}}(\bar{x}) \in q(\bar{x})$이면이 $\psi'_{\varphi^{-1}}(\bar{y}) \in q_1(\bar{x})$이면이 $\psi^1_\varphi(\bar{y}) \in p'(\bar{y})$이면이
$\models \psi^1_\varphi(\bar{b})$이면이 $\varphi(\bar{x}, \bar{b}) \in q_1(\bar{x})$이다.

즉 $q_0 = q_1$이고, $q$는 일정하다. □

**보충설명** 10.25

정리 10.11에 의해, $T$가 안정적이라는 것은 위 따름정리 10.24의 두 문장 각각과 동등하다. 특히 둘째 문장으로 인해 (안정이론에서) 다음이 성립한다(연습문제 §10.4.13).

(1) $\bar{a}_0 \equiv^s_A \bar{a}_1$이고 $\bar{a}_i \mathop{\smile\!\!\!\!\!\!|}_A B$이면($i = 0, 1,\ A \subseteq B$), $\bar{a}_0 \equiv^s_B \bar{b}_0$이다.

(2) $\bar{a}_0 \equiv^s_A \bar{a}_1$이면이, $A \subseteq M$이고 $\bar{a}_0 \equiv_M \bar{a}_1$인 모델 $M$이 있다.

**따름정리 10.26** $p(\bar{x}) \in S(A)$일 때 다음은 동등하다.

(1) $p(\bar{x})$가 일정하다.

(2) $p(\bar{x}) \subseteq p'(\bar{x}) \in S(\mathrm{acl}^{\mathrm{eq}}(A))$인 $p'$이 유일하게 있다. 즉 $p$를 구현하는 모든 $\bar{a}, \bar{b}$에 대하여 $\bar{a} \equiv_{\mathrm{acl}^{\mathrm{eq}}(A)} \bar{b}$가 성립한다.

(3) $p(\bar{x})$는 잘 정의된다.

증명 (1)⇔(2) 모든 $(p(\bar{x}) \subseteq)p'(\bar{x}) \in S(\widetilde{A})$은 $A$ 위로 나누지 않는다(보충설명 9.5(1)). 따라서 $p$가 일정하면 이러한 $p'$은 유일하게 있어야 한다. 또한 $A \subseteq B$일 때 $B \cup \widetilde{A}$를 생각하면 가름의 확대성, 추이성과 따름정리 10.24에 의해 역도 성립한다.

(1)⇒(3) 이는 $T$가 단순이론이면 성립하는데, 정리 10.10(4)⇒(1)의 증명 방법을 사용한다. 우선 $\mathcal{L}$-모델 $(A \subseteq)M$을 생각하자. 이때 $q(\bar{x}) \in S(M)$가 $A$ 위로 가르지 않는 $p(\bar{x})$의 (유일한) 확대라고 하자. 한편 각 $\mathcal{L}(M)$-논리식 $\varphi(\bar{x}, \bar{y})$에 대하여, 새 $|\bar{y}|$항술어기호 $P_\varphi$를 $\mathcal{L}(M)$에 모두 첨가한 언어를 $\mathcal{L}'$이라 놓자. 이때 $M'$을 $M$에 이름을 주고, 각 $P_\varphi^{M'} := \{\bar{b} \in M^{|\bar{y}|} \mid \varphi(\bar{x}, \bar{b}) \in q\}$로 둔 $\mathcal{L}'$-모델이라 하자. 그러면 정리 5.14에 의해, $M'$의 $\mathcal{L}'$-기본확대로서 $\omega$-포화된 $N'$이 있어서, $N := N' \restriction \mathcal{L}(A)$은 강하게 $\omega$-동질적이다. 한편

$$
\begin{aligned}
q_N(\bar{x}) := \; & \bigcup \{\{\varphi(\bar{x}, \bar{a}) \mid \bar{a} \in P_\varphi^{N'}\} \cup \{\neg\varphi(\bar{x}, \bar{b}) \mid \bar{b} \notin P_\varphi^{N'}\} \mid \\
& \varphi(\bar{x}, \bar{y})\text{는 } \mathcal{L}(M)\text{-논리식}\}
\end{aligned}
$$

이라 두면 $M' \prec N'$이기에, ($\mathcal{L}(M)$에서) $q_N \in S(N)$이고 이는 $q$의 후계다. 따라서 ($T$가 단순하기에 가름의 대칭성에 의해, $\mathcal{L}$에서) $q_N$은 $M$ 위로 나누지 않고, 추이성에 의해 $A$ 위로도 나누지 않는다.
한편 $N$의 임의의 $\mathcal{L}(A)$-자기동형사상 $f$에 대하여 $P_\varphi^{N'} = f(P_\varphi^{N'})$이 성립해야 한다. 왜냐하면 $f \restriction A = \mathrm{id}_A$이기에 $(p \subseteq)f(q_N)$도 $A$ 위로 가르지 않고, 따라서 유일성에 의해 $f(q_N) = q_N$이기 때문이다. 그러므로 연습문제 §5.4.6에 의해, $P_\varphi^{N'}$은 이를 정의하는 $\mathcal{L}(A)$-논리식 $\psi_\varphi$가 있다. 특히, 모든 $\bar{a} \in M$에 대하여

$\varphi(\bar{x}, \bar{a}) \in q$이면이 $\psi_\varphi(\bar{a})$이기에, 보조정리 10.9에 의해 $p$는 잘 정의된다.

(3)⇒(2) 우선 $p(\bar{x})$가 $\mathcal{L}$에서 잘 정의되면 보충설명 10.20(1)에 의해 $\mathcal{L}^{\mathrm{eq}}$에서도 잘 정의된다. 따라서 보조정리 10.9에 의해, $\mathcal{L}^{\mathrm{eq}}(A)$-논리식들을 모은 $\Phi(\bar{y}) = \{\psi_\varphi(\bar{y}) \mid \varphi(\bar{x}, \bar{y})$는 $\mathcal{L}^{\mathrm{eq}}$-논리식$\}$로 잘 정의되는 $(p(\bar{x}) \subseteq) p'(\bar{x}) \in S(\widetilde{A})$가 있다. 이제 $(p(\bar{x}) \subseteq) p''(\bar{x}) \in S(\widetilde{A})$이 있으면, $f \in \mathrm{Aut}(\mathcal{M}^{\mathrm{eq}}/A)$가 있어서 $p'' = f(p')$이 성립한다(연습문제 §5.4.10). 따라서 $p''$은 $f(\Phi) = \Phi$로 정의되기에 $p'' = p'$이다. □

**보충설명** 10.27

(1) 따름정리 10.12(1)이나 정리 10.21(2)에서, '잘 정의된다'는 조건은 '정의된다'는 것으로 완화할 수 없다. 예를 들어, 안정이론일지라도 $p \in S(B)$가 $\varnothing$ 위로 정의되지만, $\varnothing$ 위로 나눌 수 있다. 공인 언어에서 무한집합의 이론을 생각하면, $\mathrm{tp}(a/a)$는 $\varnothing$ 위로 정의되지만 그 위로 나누기에, $\mathrm{acl}^{\mathrm{eq}}(\varnothing)$ 위로 잘 정의되지는 않는다(하지만 $a$ 위로는 잘 정의된다).

또한 정리 10.21(2)에서 acl을 $T^{\mathrm{eq}}$에서 취하는 것도 필수적이다. $\mathcal{L} = \{E\}$이고 $\mathcal{L}$-모델 $M = (|M|, E)$에서 $E$는 동등관계이고 동등류는 무한크기인 것 두 개만 있다고 하자. 그러면 $T := \mathrm{Th}(M)$는 $\omega$-범주적이고 $\omega$-안정적이다. 한편 $\neg aEb$이고 $aEc$이며 $a \neq c$인 $a, b, c \in M$에 대하여 $p(x) := \mathrm{tp}(c/ab)$라 하자. 이때 $p$는 $\varnothing$ 위로 가르지 않지만 $\mathrm{acl}(\varnothing) = \varnothing$ 위로 정의되지 않는다. 하지만 $(a/E,\ b/E \in) \mathrm{acl}^{\mathrm{eq}}(\varnothing)$ 위로 $p$는 잘 정의된다. 특히 $p \upharpoonright \varnothing = \mathrm{tp}(c)$는 일정하지 않다.

$T$가 안정이론이 아니면 따름정리 10.26(3)⇒(1)은 일반적으로 성립하지 않는다. $T$를 랜덤그래프의 이론이라 하고 $M$을 가산 랜덤그래프라고 하자. 이때 $p(x), p'(x) \in S_1(M)$이 각각 $\{xEa \mid a \in M\}$과 $\{\neg xEa \mid a \in M\}$로 결정된다고 하자. 그러면 $p(x), p'(x)$ 모두 $\varnothing$ 위로 정의가능하며, $\varnothing$ 위로 가르지 않는다. 따라서 $p(x) \upharpoonright \varnothing (= p'(x) \upharpoonright \varnothing)$은 잘 정의되지만(보조정리 10.9), 일정하지는 않다. $T_{\mathrm{DLO}} \cup \{\forall x \exists y (x < y) \wedge \forall x \exists y (y < x)\}$에서도 비슷한 상황을 찾을 수 있다.

(2) $p(\bar{x}) \in S(A)$가 일정하다고 하자. 따름정리 10.26에 의해 이를 잘 정의하는 $A$ 위 논리식들을 모은 $\{\psi^0_\varphi(\bar{y}) \mid \varphi(\bar{x}, \bar{y})$는 $\mathcal{L}$-논리식$\}$이 있다. 만일 $A$ 위 논리식들의 집합 $\{\psi^1_\varphi(\bar{y}) \mid \varphi(\bar{x}, \bar{y})$는 $\mathcal{L}$-논리식$\}$도 $p$를 잘 정의한다면 임의의 모델 $(A \subseteq)M$에 대하여

$$q_i(\bar{x}) := \bigcup\{\{\varphi(\bar{x}, \bar{a}) \mid \models \psi^i_\varphi(\bar{a})\} \cup \{\neg\varphi(\bar{x}, \bar{b}) \mid \models \neg\psi^i_\varphi(\bar{b})\} \mid \varphi(\bar{x}, \bar{y})\text{는 } \mathcal{L}\text{-논리식}\}$$

는 $(i = 0, 1)$ $p$를 포함하는 $M$ 위의 완전한 타입이고 $A$ 위로 가르지 않는다(따름정리 10.12(1)). 따라서 $q_0 = q_1$이기에, 각 $\varphi$에 대하여 $\models \psi^0_\varphi(\bar{y}) \leftrightarrow \psi^1_\varphi(\bar{y})$이 성립하고 이의 코드는 $\mathrm{dcl}^{\mathrm{eq}}(A)$에 있다.

한편 $(p \subseteq)p'(\bar{x}) \in S(B)$가 $A(\subseteq B)$ 위로 가르지 않는다면 $p'$도 일정하고, 이를 잘 정의하는 $\{\psi'_\varphi(\bar{y}) \mid \varphi(\bar{x}, \bar{y})$는 $\mathcal{L}$-논리식$\}$에 대하여 같은 이유로 $\models \psi^0_\varphi(\bar{y})(\leftrightarrow \psi^1_\varphi(\bar{y})) \leftrightarrow \psi'_\varphi(\bar{y})$이 성립한다.

보충설명 10.27(2)로 인해 다음 정의가 가능하다.

**정의 10.28**

일정한 $p(\bar{x}) \in S(A)$가 있다. $\mathcal{L}$-논리식들을 나열하여 $\{\varphi_i(\bar{x}, \bar{y}_i) \mid i \in I\}$라 하고 $A$ 위 논리식들의 집합 $\{\psi_{\varphi_i}(\bar{y}_i) \mid i \in I\}$이 $p$를 잘 정의하면

$$\{\psi_{\varphi_i}(\bar{y}_i)\text{의 코드} \in \mathrm{dcl}^{\mathrm{eq}}(A) \mid i \in I\}$$

를 $\mathrm{Cb}(p)$로 표기하고 $p$의 표준기저*canonical base*라 부른다.

$C_0, C_1$ 각각이 일정한 $p(\bar{x}) \in S(A)$의 표준기저이면, 보조정리 10.16(1)에 의해 $\mathrm{dcl}^{\mathrm{eq}}(C_0) = \mathrm{dcl}^{\mathrm{eq}}(C_1) \subseteq \mathrm{dcl}^{\mathrm{eq}}(A)$이 성립한다. 따라서 정의 10.28에서 $\mathrm{dcl}^{\mathrm{eq}}(\mathrm{Cb}(p))$를 표준기저라 부르기도 한다. 어느 경우든 표준기저의 크기는 $|T|$ 이하다. 표준기저와 관련하여 성립하는 다음 보조정리는 보충설명 10.27(2)와 따름정리 10.24, 10.12(1) 등을 사용하여 쉽게 입증할 수 있다. 자세한 증명은 연습문제 §10.4.16으로 남긴다.

**보조정리 10.29**

$p(\bar{x}) \in S(B)$가 일정하다. 이때 다음이 성립한다.

(1) 임의의 $B \subseteq C$에 대하여, $(p \subseteq)p'(\bar{x}) \in S(C)$가 $B$ 위로 가르지 않으면 $\mathrm{Cb}(p') = \mathrm{Cb}(p)(\subseteq \mathrm{dcl}^{\mathrm{eq}}(B))$이다.

(2) 임의의 $A \subseteq B$에 대하여, $\mathrm{Cb}(p) \subseteq \mathrm{acl}^{\mathrm{eq}}(A)$이면이 $p$가 $A$ 위로 가르지 않는다.

(3) 임의의 $A \subseteq B$에 대하여, $\mathrm{Cb}(p) \subseteq \mathrm{dcl}^{\mathrm{eq}}(A)$이면이, $p$가 $A$ 위로 가르지 않고 $p \restriction A$는 일정하다.

(4) $B$가 모델 $M$의 영역이라 하자. 이때 임의의 $f \in \mathrm{Aut}(M)$와 이를 $M^{\mathrm{eq}}$로 유일하게 확대한 $\hat{f}$에 대하여, $f(p) = p$이면이 $\hat{f} \restriction \mathrm{Cb}(p) = \mathrm{id}$이다.

안정이론이 아닌 단순이론에서는, 안정이론의 일정한 타입 개념과 대응되는 라스카 타입이 개념이 있음을 다음 장에서 공부할 것이다. 또한 단순이론에서 라스카 타입에도, 보조정리 10.29와 대응하는 성질을 만족하는 표준기저가 초허원 형태, 즉 $\varnothing$-타입정의할 수 있는 동등관계의 동등류로서 존재한다. 이의 증명은 §9.3절의 $D_{\varphi,k}$-급수를 사용하는데, 이 책에서는 다루지 않는다. 관련한 좀 더 자세한 사항은 [23]을 참고하기 바란다.

### 10.3.1 급수와 안정성

정리 8.33과 9.37에서, 몰리 급수와 $D$-급수 각각이 $\omega$-안정성과 슈퍼단순성을 규정함을 살펴보았다. $SU$-급수는 슈퍼단순이론을 규정할 뿐 아니라, 거기서 가름을 결정하는 것도 공부하였다(정리 9.43).

여기서는 몰리 급수가 $\omega$-안정이론에서 가름을 반영하며, $D$-급수는 슈퍼안정이론에서 그러한 것을 증명한다(따름정리 10.32). 이의 증명에 핵심 역할을 하는 열린 사상정리를 우선 소개한다. (하지만 보조정리 9.40 이후에 언급한 것처럼, $D$-급수가 가름을 결정하지 않는 슈퍼단순이론이 있다.)

**정리 10.30**

**(열린 사상정리**[open mapping theorem]**)** $A \subseteq B$이고

$$X := \{p'(\bar{x}) \in S_n(B) \mid p'\text{은 } A \text{ 위로 가르지 않는다}\}$$

라 하자. 그러면 $f : X \to S_n(A)(p' \mapsto p' \restriction A)$는 스톤 위상공간 사이에서 열린 사상이다. 즉 $\phi(\bar{x}, \bar{b})$가 $(\bar{b} \in)B$ 위의 논리식이면 대응하는 $\psi(\bar{x}, \bar{a})$가 있어$(\bar{a} \in A)$, 임의의 $p(\bar{x}) \in S_n(A)$에 대하여 $\psi(\bar{x}, \bar{a}) \in p$이면이, $p' \restriction A = p$이고 $\phi(\bar{x}, \bar{b}) \in p'$인 $p' \in X$이 있다.

증명 일반적으로 단순이론에서, $f$가 열린 사상인 것과 마지막 문장은 동등하다(연습문제 §10.4.17).
한편 $q_0(\bar{y}) := \mathrm{tp}(\bar{b}/\widetilde{A})$라 두면 이를 잘 정의하는 $\widetilde{A}$ 위의 논리식들이 있다(따름정리 10.26). 특히 $\phi^{-1}(\bar{y}, \bar{x})$에 대응하는 논리식 $\psi_{q_0, \phi^{-1}}(\bar{x}, \bar{c}\bar{c}_0)$가 있고 $(\bar{c} \in A,\ \bar{c}_0 \in \widetilde{A} \smallsetminus A)$, $\{\bar{c}_0, \ldots, \bar{c}_n\}$은 $\mathrm{tp}(\bar{c}_0/A)$를 구현하는 짝들을 다 모은 것이라 하자. 이때 $f_i(\bar{c}_0) = \bar{c}_i$인 $f_i \in \mathrm{Aut}(\mathcal{M}^{\mathrm{eq}}/A)$가 있고, $q_i := f_i(q_0)$라 하자. 그러면 $\psi_{q_0, \phi^{-1}}(\bar{x}, \bar{c}\bar{c}_0) \vee \cdots \vee \psi_{q_n, \phi^{-1}}(\bar{x}, \bar{c}\bar{c}_n)$과 동등한 $A$ 위 논리식이 있다(연습문제 §9.6.16(c)). 이를 우리가 찾던 $\psi(\bar{x}, \bar{a})$라 하고 마지막 절을 증명하자.
우선 $\psi(\bar{x}, \bar{a}) \in p(\bar{x}) \in S_n(A)$이고 $\bar{d}$가 $p(\bar{x})$를 구현한다고 하자. 그러면 $i \leq n$가 있어서, $\bar{d}$는 $\psi_{q_i, \phi^{-1}}(\bar{x}, \bar{c}\bar{c}_i)$를 구현한다(*). 한편 가름의 확대성에 의해 $q_i(\bar{y}) \in S(\tilde{A})$를 구현하는 $\bar{b}'$이 있어 $\bar{b}' \mathop{\smile\!\!\!\!\!\mid}_{\tilde{A}} \bar{d}$이 성립한다. 이때 (*)에 의해 보충설명 10.27(2)에서처럼 $\phi^{-1}(\bar{y}, \bar{d}) \in \mathrm{tp}(\bar{b}'/A\bar{d})$이다. 또한 $\bar{b}' \equiv_A \bar{b}$이기에, $\bar{d}'\bar{b} \equiv_A \bar{d}\bar{b}'$인 $\bar{d}'$이 있다. 다시 가름의 확대성에 의해, $A$ 위로 가르지 않는 $(\mathrm{tp}(\bar{d}'/A\bar{b}) \subseteq) p' \in S_n(B)$이 있다. 따라서 $p' \in X$이고 $p = p' \restriction A$이다. 또한 $\models \phi^{-1}(\bar{y}, \bar{x})[\bar{b}, \bar{d}']$이기에 $\phi(\bar{x}, \bar{b}) \in p'$이 성립한다.
역도 마찬가지로 곧장 따른다. □

열린 사상정리는 단순이론에서는 일반적으로 성립하지 않는다(연습문제 §10.4.18). 이제 이 정리를 사용하여, 약속한 대로 (각각 $\omega$-안정이론과 슈퍼안정이론에서) 몰리 급수와 $D$-급수가 가름을 결정하는 것을 보이겠다.

**정리 10.31**

$A \subseteq B$이고 $p(\bar{x})(\in S(A)) \subseteq q(\bar{x}) \in S(B)$이며, $q$가 $A$ 위로 가르지 않는다고 하자. 그러면 $D(p) = D(q)$이고, 또한 $\mathrm{MR}(p) = \mathrm{MR}(q)$이다.

증명 우선 $D$-급수에 대하여 증명하자. 증명에서 보조정리 9.35를 자유롭게 사용한다. $q \models p$이기에 $D(q) \leq D(p)$이다. 따라서 $D(p) \leq D(q)$임을 보이면 된다. 이를 위해 $D(p) \geq \alpha$이면 $D(q) \geq \alpha$라는 귀납가정하에서, $D(p) \geq \alpha + 1$이라 가정하고 $D(q) \geq \alpha + 1$임을 보이자. 우선 $(2^{|T|})^+$-포화된 모델 $(A \subseteq)M$과, $D(p) = D(p')$인 $(p \subseteq)p'(\bar{x}) \in S_n(M)$을 찾을 수 있다. 이제 $\bar{c}$가 $p'$을 구현한다고 하자. 가름의 확대성에 의해 (필요시 $A$를 고정하고 $M\bar{c}$를 이동하여) $M \mathrel{\raise0.2ex\hbox{$\smile$}\kern-0.8em\lower0.5ex\hbox{$|$}}_{A\bar{c}} B$가 성립하면서 $\mathrm{tp}(\bar{c}/B) = q$라 해도 무방하다. 가름의 대칭성과 추이성, 기저단조성에 의해 $\bar{c} \mathrel{\raise0.2ex\hbox{$\smile$}\kern-0.8em\lower0.5ex\hbox{$|$}}_M B$가 성립한다. 이때 $q' := \mathrm{tp}(\bar{c}/MB)$라 두자.
한편 $D(q) = D(\phi(\bar{x}, \bar{b}))$인 $\phi(\bar{x}, \bar{b}) \in q(\subseteq q')$가 있다($\bar{b} \in B$). 따라서 $q'$과 $q' \upharpoonright M = p'$에 대한 열린 사상정리 10.30이 성립하는 (*) $\psi(\bar{x}, \bar{m})(\in p')$이 있다($\bar{m} \in M$). 이때 $D(\psi(\bar{x}, \bar{m})) \geq D(p') = D(p) \geq \alpha + 1$이다. 그러면 이를 입증하는 $\bar{m}$-균질열 $\langle \bar{d}_i \mid i < (2^{|T|})^+ \rangle$와 논리식 $\varphi(\bar{x}, \bar{d}_i)(\models \psi(\bar{x}, \bar{m}))$가 있어서 $D(\varphi(\bar{x}, \bar{d}_i)) \geq \alpha$이고 $\{\varphi(\bar{x}, \bar{d}_i) \mid i < (2^{|T|})^+\}$는 $k$-모순적이다. 여기서 포화성으로 인해 $\{\bar{d}_i \mid i < (2^{|T|})^+\} \subseteq M$이라 볼 수 있다. 또한 비둘기집 원리에 의해, 어떤 $\bar{d}' := \bar{d}_{i_0}$가 있어서 $\varphi(\bar{x}, \bar{d}')$은 $\bar{b}$ 위로 나눈다(**). 이때에 $\varphi(\bar{x}, \bar{d}') \in p'_0(\bar{x}) \in S(M)$이 있어서, $D(\varphi(\bar{x}, \bar{d}')) = D(p'_0(\bar{x})) \geq \alpha$가 성립한다.
이제 (*)에 의해, $M$ 위로 가르지 않는 $(p'_0 \subseteq)q'_0 \in S(MB)$가 있어서 $\phi(\bar{x}, \bar{b}) \in q'_0$가 성립한다. 곧, $\phi(\bar{x}, \bar{b}) \wedge \varphi(\bar{x}, \bar{d}') \in q'_0$이다. 또한 $R(p'_0(\bar{x})) \geq \alpha$이기에, 귀납가정에 의해 $R(q'_0(\bar{x})) \geq \alpha$이다. 그러므로 (**)에 의해, 원하던 대로 $D(\phi(\bar{x}, \bar{b})) = D(q) \geq \alpha + 1$이다.
몰리 급수의 경우에는 보조정리 8.31을 사용하면, 이 증명 첫 문단의 $D$를 MR로 바꾼 것이 그대로 성립한다. 나머지 증명도 비슷한 방법으로 더 쉽게 증명할 수 있다(연습문제 §10.4.19). □

정리 8.33, 9.37, 10.31, 보조정리 8.31, 9.40에서 다음이 곧장 따른다.

**따름정리 10.32** $A \subseteq B$이고 $p(\bar{x})(\in S(A)) \subseteq q(\bar{x}) \in S(B)$라 하자.

(1) $T$는 $\omega$-안정이론이다. 이때 $\mathrm{MR}(p) = \mathrm{MR}(q)$이면이 $q$는 $A$ 위로 가르지 않는다. 또한 $\mathrm{dM}(p) = 1$이면이 $p$는 일정하다.

(2) $T$가 슈퍼안정이론이면, $D(p) = D(q)$이면이 $q$는 $A$ 위로 가르지 않는다.

## 10.4 연습문제

1. 정리 10.3(1)⇒(2) 증명의 중간요건 1 증명에서 요구하는 $\bar{b}'_n \in P^*$과 $\bar{b}''_n \in B^m \setminus P^*$을 찾을 수 있음을 설명하라.

2. $\theta(\bar{x})$는 $\mathrm{MR}(\theta(\bar{x})) = \alpha$(서수)이고 $\mathrm{dM}(\theta(\bar{x})) = d(< \omega)$인 $\bar{a}$ 위 논리식이다. 안정적인 $\mathcal{L}$-논리식 $\delta(\bar{x}, \bar{y})$에 대하여, $\{\bar{b} \in \mathcal{M} \mid \mathrm{MR}(\theta(\bar{x}) \wedge \delta(\bar{x}, \bar{b})) = \alpha\}$와

$$\{\bar{b} \in \mathcal{M} \mid \mathrm{MR}(\theta(\bar{x}) \wedge \delta(\bar{x}, \bar{b})) = \alpha\text{이고 } \mathrm{dM}(\theta(\bar{x}) \wedge \delta(\bar{x}, \bar{b})) = d\}$$

는 각각 $\bar{a}$ 위로 정의가능함을 보이라. (힌트: 우선 $\mathrm{dM}(\theta(\bar{x})) = 1$일 때, $\omega$-포화된 모델 $(\bar{a} \in)M$과 $\mathrm{MR}(p) = \alpha$인 $(\theta(\bar{x}) \in)p(\bar{x}) \in S(M)$에 대하여 $p \upharpoonright \delta$를 정의하는 $M$ 위의 논리식 $\psi_\delta(\bar{y})$를 생각하면, 임의의 $\bar{b} \in M$에 대하여 $\models \psi_\delta(\bar{b})$이면이 $\mathrm{MR}(\theta(\bar{x}) \wedge \delta(\bar{x}, \bar{b})) = \alpha$임을 논하라.)

3. 보충설명 10.6(1)을 논증하라.

4. 보조정리 10.14를 논증하라.

5. (a) $T$에서 약하게 허원제거가능weak elimination of imaginaries하다는 것은, 임의의 원소 $a \in \mathcal{M}^{\mathrm{eq}}$에 대하여 $\bar{c} \in \mathrm{acl}^{\mathrm{eq}}(a)$이고 $a \in \mathrm{dcl}^{\mathrm{eq}}(\bar{c})$가 성립하는 유한 짝 $\bar{c} \in \mathcal{M}$가 있다는 것이다. $T$에서 약하게 허원제거가능할 필요충분조건은, 임의의 $A \subset \mathcal{M}^{\mathrm{eq}}$에 대하여 $A_0 \subset \mathcal{M}$이 있어서 $\mathrm{acl}^{\mathrm{eq}}(A) = \mathrm{dcl}^{\mathrm{eq}}(A_0)$이 성립하는 것임을 보이라.

   (b) $T$에서 허원제거가능할 필요충분조건은, 약하게 허원제거가 가능하고 임의의 $\{\bar{a}_0, \ldots, \bar{a}_k\} \subset \mathcal{M}^n$에 대하여 이의 코드 $\bar{d} \in \mathcal{M}^m$가 있는 것임을 보이라.

   (c) (라스카-필레이) 만일 $T$에서 $x = x$가 강한 극소이고 $\mathrm{acl}(\varnothing)$이 무한이면 $T$에서 약하게 허원제거가능함을 증명하라. (힌트: $d \in \mathcal{M}^{\mathrm{eq}}$가 $\mathcal{M}$ 위 정의가능한 집합 $\mathcal{D}(\neq \varnothing) \subseteq \mathcal{M}^n$의 코드일 때 $\mathcal{D} \cap \mathrm{acl}^{\mathrm{eq}}(d) \neq \varnothing$임을 보이면 충분하다. $n = 1$일 때 전제에 의해 이가 성립함을 논하고 이후 귀납적으로 보이면 된다.)

   (d) $T_{\mathrm{ACF}_p}$에서 ($p = 0$ 또는 소수) 허원제거가 가능함을 보이라. (힌트: 일반

적으로 $F$가 체이고 $\bar{a}_i = (a_{i1}, \ldots, a_{in}) \in F^n$일 때($i \leq k$), 다항식

$$\prod_{i \leq k}(x - \sum_{1 \leq j \leq n} a_{ij}y_j) \in F[x, y_1, \ldots, y_n]$$

의 계수열은 $\{\bar{a}_0, \ldots, \bar{a}_k\}$의 코드임을 논하라.)

6. $\bar{a} \in M^m$이고 $\mathcal{L}(\bar{a})$-논리식 $E(\bar{x}, \bar{y}, \bar{a})$는 $M^n$에서 ($|\bar{x}| = |\bar{y}| = n$) 동등관계를 정의한다. 이때 $M^{n+m}$에서 동등관계를 정의하는 $\mathcal{L}$-논리식

$$F(\bar{y}\bar{z}, \bar{y}'\bar{z}') := \forall\bar{x}(E(\bar{x}, \bar{y}, \bar{z}) \leftrightarrow E(\bar{x}, \bar{y}', \bar{z}'))$$

를 생각하면, 임의의 $\bar{b} \in M^n$와 $f \in \mathrm{Aut}(M)$에 대하여, $f(\bar{b}/E)(= \{f(\bar{c}) \mid E(\bar{c}, \bar{b}, \bar{a})\}) = \bar{b}/E$이면이 $f(\bar{b}\bar{a}/F) = \bar{b}\bar{a}/F$임을 논하라.

7. (a) $M$은 공인 언어에서 가산인 무한집합이고, $\mathcal{L}(:= \{E\})$-가산모델 $N$에서 $E$는 무한의 동등류들만 무한개 있는 동등관계다. $N$이 $M$에서 해석가능함을 보이라. (힌트: 동등관계 $\{((a, b), (c, d)) \in M^2 \times M^2 \mid a = c\}$를 생각하라.)

   (b) 군 $G$와 이의 가환정규부분군 $N$이 있고 몫군 $G/N$은 유한군이다. $N$에서 $G$를 해석할 수 있음을 보이라.

   (c) 보충설명 10.17(4) 셋째 문단의 끝에서, $S_E$에서 체 $F[\alpha]$를 구성하는 방법을 (연산과 상수를 정의하는 논리식들을 찾아) 구체적으로 설명하라.

8. $\mathcal{L}^{\mathrm{eq}}$-논리식이 각각 불안정하거나, 나무성질을 가지거나, $D$-급수가 $\infty$라면 각각 동일한 성질을 가지는 $\mathcal{L}$-논리식을 찾을 수 있음을 보이라.

9. $\mathcal{L}$에서 $p(\bar{x}) \in S(A)$가 $B$ 위로 (잘) 정의되면($A, B \subset \mathcal{M}$), $\mathcal{L}^{\mathrm{eq}}$에서도 $p(\bar{x}) \in S(A)$가 $B$ 위로 (잘) 정의됨을 논하라.

10. $p(\bar{x}) \in A(\subset \mathcal{M})$가 $\mathcal{M}$에서 일정하면, $\mathcal{M}^{\mathrm{eq}}$에서도 임의의 $(A \subseteq)B(\subset \mathcal{M}^{\mathrm{eq}})$에 대하여 $A$ 위로 가르지 않는 유일한 $(p(\bar{x}) \subseteq)q(\bar{x}) \in S(B)$가 있음을 논하라.

11. 안정이론에서 가름의 대칭성을 정리 10.21과 보조정리 10.23을 사용하여 직접 증명하라.

12. 안정이론에서 서로 다른 $p(\bar{x}), q(\bar{x}) \in S_n(B)$가 모두 $A(\subseteq B)$로 가르지 않으면,

유한동등관계를 정의하는 $\mathcal{L}(A)$-논리식 $E(\bar{x},\bar{y})$가 있어서 $p(\bar{x})\cup q(\bar{y})\models\neg E(\bar{x},\bar{y})$가 성립함을 보이라.

13. 안정이론에서 보충설명 10.25(1),(2)가 성립함을 설명하라.

14. $T$가 슈퍼안정적이면이, $T$는 임의의 무한기수 $\lambda(\geq 2^{|T|})$에 대하여 $\lambda$-안정적임을 증명하라. (힌트: $T$가 슈퍼안정적이면 $|S(A)| \leq |\bigcup\{S(\mathrm{acl}^{\mathrm{eq}}(\bar{a})) \mid$ 유한짝 $\bar{a} \in A\}|$임을 논하라. $T$가 슈퍼안정적이 아닐 때는 보조정리 9.36(2)와 따름정리 10.4 증명의 아이디어를 사용하라.)

15. 안정이론에서 일정한 $p(\bar{x}) \in S(A)$가 있다. 만일 $p(\bar{x})$를 구현하는 짝들의 열 $I = \langle \bar{a}_i \mid i < \omega\rangle$가 $A$-독립이면(즉 모든 $i < \omega$에 대하여, $\bar{a}_i \mathop{\smile\!\!\!\!\!\!\mid}_A \bar{a}_{<i}$), $I$는 $A$ 위 균질집합임을 보이라.

16. 보조정리 10.29를 입증하라.

17. (a) $T$가 단순이론일 때, 정리 10.30에서 $X$는 $S_n(B)$의 닫힌 집합이고 $f$는 항상 닫힌 사상임을 증명하라. (힌트: 따름정리 9.19(1)을 사용하라.)
    (b) $T$가 단순이론일 때, 정리 10.30에서 $f$가 열린 사상인 것과 마지막 문장이 동등함을 설명하라.
    (c) $T$가 안정이론일 때 정리 10.30을 사용하여, $q(\bar{x}) \in S(B)$가 고립됐고 $A(\subseteq B)$ 위로 가르지 않으면 $q \restriction A$도 고립됐음을 보이라.

18. 이분랜덤그래프에서 열린 사상정리가 성립하지 않음을 보이라. 특히 위 문제 17(c)가 성립하지 않음을 보이라.

19. 정리 10.31의 증명에서 몰리 급수에 대한 부분을 완료하라.

# 11

# 라스카 군과 타입

이 장에서는 모델의 자기동형군에서 파생되는 개념들에 대하여 본격적으로 공부한다. 특히 현대 모델론 연구의 주요 대상인 라스카 자기동형군과 관련한 주제들에 대하여 살펴볼 것이다. 체론에서 갈루아 이론은 체의 자기동형군에 대한 분석을 통하여 체의 구조를 이해하는 정보를 제공한다. 라스카 군 연구는 이러한 갈아 이론을 일반적인 모델에서 모델론적 관점으로 전개하려는 시도라 할 수 있다[25],[23],[5].

우선 자기동형군 $\mathrm{Aut}(\mathcal{M})$의 특정 정규부분군 $\mathrm{Autf}(\mathcal{M})$을 정의하고, 이의 궤도로 주어지는 동등관계를 라스카 타입으로 정의한다. 1절에서 이 라스카 타입의 일반적인 성질을 조사한다. 2절에서는 단순이론에서 라스카 타입의 핵심적 특성을 공부한다. 특히 타입융합이 성립하여 라스카 타입이 안정이론에서의 강타입에 상응하는 역할을 단순이론에서 하는 것을 확인할 것이다. 3절에서는 낮은 단순이론에서 강타입과 라스카 타입이 같은 개념임을 증명한다. 4절에서 라스카 군을 $\mathrm{Aut}(\mathcal{M})/\mathrm{Autf}(\mathcal{M})$으로 정의하고 이를 집중 탐구한다. 라스카 군이 $T$에만 의존하여 모델 $\mathcal{M}$의 선택에 독립적이라는 것을 설명하고, 스톤 공간에서 유래된 위상으로 준콤팩트한 위상군이 됨을 보이는 것이 주요 목표다. 나아가 라스카 군의 몫군과 강타입의 관계, 또 어떠한 경우에 라스카 군이 콤팩트군이 되는지 등을 조사할 것이다.

이 장에서도 **9장의 도입부에 서술한 표기 원칙을 유지**한다. 다만 이 장에서 편의상 **짝 $\bar{x}, \bar{a}$ 등은 무한열인 경우를 허용**한다. 물론 $\bar{a}$의 길이 $\alpha$는 작고(즉 $< \bar{\kappa}$), $\mathcal{M}^\alpha$는 길이가 $\alpha$인 무한짝들을 모은 것이다. 짝의 길이가 유한인지 무한인지 여부는 문맥에서 파악할 수 있다. 일반적으론 무한인 경우를 포함하지만, 예를 들어 논리식 $\varphi(\bar{x}, \bar{a})$에서 $\bar{x}, \bar{a}$는 명백히 유한짝이다. 길이가 비가산인 무한열 $\bar{a}$에 대하여 $\mathrm{tp}(\bar{a}/A)$를 정의하기 위해서는 사실 변수가 가산개 이상으로 많다는 가정이 필요하다. 따라서 이 장에서는 이러한 가정을 받아들여서, 원소짝 $\bar{a}$와 같은 길이의 변수짝 $\bar{x}$ 간에 1-1대응이 있을

때

$$\mathrm{tp}(\bar{a}/A) = \mathrm{tp}_{\bar{x}}(\bar{a}/A) := \{\varphi(\bar{x}', \bar{c})\text{는 } A \text{ 위 논리식} \mid \mathcal{M} \models \varphi(\bar{x}', \bar{c})[\bar{a}'],\ \text{유한짝 } \bar{c} \in A,\ \bar{x}'(\subset \bar{x})\text{은 유한짝 } \bar{a}'(\subset \bar{a})\text{에 대응하는 유한변수짝}\}$$

으로 정의한다. 이러한 설명은 이론 전개의 일관성을 해치지 않는다. (이것이 1장의 1계논리 언어의 설명과 배치된다고 생각한다면 변수기호 대신에 상수기호를 추가하여 $\mathrm{tp}(\bar{a}/A)$를 정의할 수 있고, 두 정의는 궁극적인 차이가 없다.)

따라서 1-1대응이 있는 임의의 길이의 짝 $\bar{a}, \bar{b}$에 대하여, $\bar{a}'(\subseteq \bar{a})$은 임의의 유한짝이고 $\bar{b}'(\subseteq \bar{b})$은 이에 대응하는 유한짝이라면 다음이 성립한다. $\mathrm{tp}(\bar{a}/A) = \mathrm{tp}(\bar{b}/A)$(역시 $\bar{a} \equiv_A \bar{b}$로 표기한다)이면이, 임의의 유한부분짝 $\bar{a}'$과 대응하는 $\bar{b}'$에 대하여 $\bar{a}' \equiv_A \bar{b}'$이면이, $f(\bar{a}) = \bar{b}$인 $f \in \mathrm{Aut}(\mathcal{M}/A)$가 있다. 또한 정의 10.18을 일반화하여, $\bar{a} \equiv^s_A \bar{b}$를 유한동등관계를 정의하는 모든 $\mathcal{L}(A)$-논리식 $E(\bar{x}', \bar{y}')$에 대하여 $\models E(\bar{a}', \bar{b}')$가 성립하는 것이라 정의한다. 당연히, $\bar{a} \equiv^s_A \bar{b}$이면이 임의의 $\bar{a}'$과 대응하는 $\bar{b}'$에 대하여 $\bar{a}' \equiv^s_A \bar{b}'$이다. 이때 상응하는 보조정리 10.19도 성립한다.

이외에도 짝의 길이가 무한인 경우에 상응하는 앞 장들의 정의, 정리들을 이 장에서 자유로이 사용할 것이다. 예를 들어 임의의 변수짝 $\bar{x}, \bar{y}$와 타입 $p(\bar{x}, \bar{y})$에 대하여, $\exists \bar{x} p(\bar{x}, \bar{y})$의 의미는 연습문제 §3.4.9에서 이미 설명하였다. 또한 $S_{\bar{x}}(A)$는, $\bar{x}$를 자유변수로 갖는 $A$ 위 완전한 타입들을 다 모은 것이다. 여기서도 유한짝인 때와 마찬가지로, 기본 열린 집합을 임의의 $\mathcal{L}(A)$-논리식 $\varphi(\bar{x}')$에 (유한짝 $\bar{x}' \subseteq \bar{x}$) 대하여 $\mathcal{O}_\varphi := \{p(\bar{x}) \in S_{\bar{x}}(A) \mid \varphi(\bar{x}') \in p\}$로 두어, $S_{\bar{x}}(A)$는 콤팩트위상공간이 된다. $p(\bar{x}, \bar{a})$의 나눔, 가름의 정의나, 이에 따른 $\perp$의 확대성 (정리 9.4) 등도 마찬가지로, 기존 정의나 증명을 적용하면 된다.

## 11.1 라스카 타입

이 절에서 라스카 타입을 특정 자기동형군의 궤도로 주어지는 동등관계로 정의하고, 이의 일반적인 특성을 살필 것이다. 특히 라스카 타입이, 불변이면서 유계인 동등관계 중 가장 섬세함을 보일 것이다(보조정리 11.3).

우선 아래에서 $A$가 (작은) 집합일 때 이를 고정하는 자기동형사상들을 모은 자기동형군 $\mathrm{Aut}(\mathcal{M}/A) = \{f \in \mathrm{Aut}(\mathcal{M}) \mid f \restriction A = \mathrm{id}_A\}$와 관련한 개념을 정의하려 한다. 상용하는 표기/표현을 소환하면, $f, g \in \mathrm{Aut}(\mathcal{M}/A)$일 때 물론 $fg$는 합성함수 $f \circ g \in \mathrm{Aut}(\mathcal{M}/A)$를 표기한다. 또한 $\mathcal{D}(\subseteq \mathcal{M}^\alpha)$가 $A$-불변이라는 것은 $\mathrm{Aut}(\mathcal{M}/A)$-불

변, 즉 임의의 $f \in \mathrm{Aut}(\mathcal{M}/A)$에 대하여 $f(\mathcal{D}) = \mathcal{D}$라는 것이고, 이때 $\mathcal{D}$는 $A$ 위 (완전한) 타입들의 해집합을 합한 집합이다(연습문제 §9.6.16). 마찬가지로 주어진 관계 $R(\bar{x}, \bar{y})$가 $A$-불변이라는 것은, 임의의 짝 $\bar{a}, \bar{b}$와 $f \in \mathrm{Aut}(\mathcal{M}/A)$에 대하여, $R(\bar{a}, \bar{b})$이면이 $R(f(\bar{a}), f(\bar{b}))$가 성립한다는 것이다. 이제 $E(\bar{x}, \bar{y})$가 $\mathcal{M}^\alpha$에서 $A$-불변인 동등관계라 하자. $E$가 유계$^{bounded}$라는 것은 $E$의 동등류의 개수가 작다(즉 $< \bar{\kappa}$)는 것이다. 좀 더 구체적으로, $E$는 $A$ 위 타입들의 합으로 표현되기에 $E$는 $\mathcal{M}$의 선택에 무관하게 표현된다. 따라서 $E$가 유계라는 것은, 적당한 $\kappa$가 있어서 모델의 선택에 무관하게 동등류의 개수가 $\kappa$ 이하라는 것이다. 보조정리 11.3에서, 이와 동일한 조건은 동등류의 수가 $\leq 2^{|T|+|A|+|\alpha|}$임을 보일 것이다.

**정의 11.1**

- $\mathrm{Autf}(\mathcal{M}/A)$은 $\Gamma_A = \{f \in \mathrm{Aut}(\mathcal{M}/A) \mid f \in \mathrm{Aut}(\mathcal{M}/M)$인 모델 $(A \subseteq)M(\prec \mathcal{M})$이 있다$\}$로 생성되는 $\mathrm{Aut}(\mathcal{M}/A)$의 부분군이다. 즉

  $$\mathrm{Autf}(\mathcal{M}/A) = \{f \in \mathrm{Aut}(\mathcal{M}/A) \mid f = f_1 \cdots f_n \text{이고 } f_i \in \Gamma_A \ (1 \leq i \leq n)\}$$

  이다.

- $\equiv^{\mathrm{L}}_A$은 $\mathrm{Autf}(\mathcal{M}/A)$-궤도 동등관계를 의미한다. 즉 $\bar{a} \equiv^{\mathrm{L}}_A \bar{b}$란, $f(\bar{a}) = \bar{b}$인 $f \in \mathrm{Autf}(\mathcal{M}/A)$가 있다는 것이다. $\bar{a} \equiv^{\mathrm{L}}_A \bar{b}$을 $\mathrm{Ltp}(\bar{a}/A) = \mathrm{Ltp}(\bar{b}/A)$로도 표기하며, '$\bar{a}, \bar{b}$의 $A$ 위 라스카$^{\mathrm{Lascar}}$ 타입이 같다'고 읽는다.

- $\bar{a} \equiv_A \bar{b}$라 하자. $\bar{a}, \bar{b}$의 $A$ 위 라스카 거리$^{distance}$($\mathrm{d_L}(\bar{a}, \bar{b}/A)$로 표기)는, 다음 조건을 만족하는 양의 자연수 $n$ 중 최소 수이다. 즉, 열들 $I_1, \ldots, I_n$과 $\bar{a} = \bar{a}_0, \ldots, \bar{a}_n = \bar{b}$가 있어, 모든 $i = 1, \ldots, n$에 대하여 $\bar{a}_{i-1}I_i$, $\bar{a}_iI_i$가 모두 $A$-균질열이다. 이러한 $n$이 없으면 $\mathrm{d_L}(\bar{a}, \bar{b}/A) = \infty$라 둔다.

**보충설명** 11.2

(1) $\mathrm{Autf}(\mathcal{M}/A) \lhd \mathrm{Aut}(\mathcal{M}/A)$임을 쉽게 알 수 있다. 따라서 $\equiv^{\mathrm{L}}_A$가 $A$-불변인 동등관계임도 쉽게 확인할 수 있다(연습문제 §11.5.1).

(2) 정의에 의해, $\bar{a} \equiv^{\mathrm{L}}_{A} \bar{b}$이면이 $\bar{a} = \bar{a}_0, \ldots, \bar{a}_n = \bar{b}$와 모델 $(A \subseteq) M_1, \ldots, M_n (\prec \mathcal{M})$이 존재하여 $\bar{a}_{i-1} \equiv_{M_i} \bar{a}_i$가 $(i = 1, \ldots, n)$ 성립한다. 특히 모델 $M$에 대하여, $\bar{a} \equiv^{\mathrm{L}}_{M} \bar{b}$이면이 $\bar{a} \equiv_M \bar{b}$이다.

(3) $E(\bar{x}, \bar{y})$가 $A$-불변이고, 유계인 $\mathcal{M}^{\alpha}$에서의 동등관계라 하자. 만일 $\mathcal{I}$가 무한이고 $I = \langle \bar{a}_i \mid i \in \mathcal{I} \rangle$가 ($\mathcal{M}^{\alpha}$ 원소들의) $A$-균질열이라면 모든 $i, j \in \mathcal{I}$에 대하여 $E(\bar{a}_i, \bar{a}_j)$가 성립한다. 왜냐하면 우선 $E$의 동등류의 개수가 $\kappa$라 하면(*), 콤팩트성정리에 의해 $\kappa < |\mathcal{J}|$인 $(\mathcal{I} \subseteq)\mathcal{J}$와 $\mathcal{J}$로 첨수가 주어진 $A$-균질열 $(I \subseteq) J$가 존재한다. 따라서 만일 $i_0 < j_0 \in \mathcal{I}$가 있어, $\neg E(\bar{a}_{i_0}, \bar{a}_{j_0})$라면 $A$-균질성에 의해, 모든 $i < j \in \mathcal{J}$에 대하여 $\bar{a}_i$와 $\bar{a}_j$의 $E$-동등류가 달라야 하기에 (*)에 모순된다.

**보조정리 11.3**

(1) $\bar{a}, \bar{b} \in \mathcal{M}^{\alpha}$일 때, 아래 요건들은 모두 동등하다.

(a) $\bar{a} \equiv^{\mathrm{L}}_{A} \bar{b}$.

(b) $\mathrm{d_L}(\bar{a}, \bar{b}/A) < \omega$.

(c) $\mathcal{M}^{\alpha}$에서의 임의의 $A$-불변이고, 유계인 동등관계 $E(\bar{x}, \bar{y})$에 대하여, $E(\bar{a}, \bar{b})$가 성립한다.

(2) $\bar{x} \equiv^{\mathrm{L}}_{A} \bar{y}$는 $\mathcal{M}^{\alpha}$에서의 가장 섬세한 $A$-불변이고 유계(정확히는 동등류의 수가 $\leq 2^{|T|+|A|+|\alpha|}$)인 동등관계이다.

증명 (1)(a)⇒(b) 보충설명 11.2(2)에 의해, 모델 $(A \subseteq) M$에 대하여 $\bar{a} \equiv_M \bar{b}$이면 $\mathrm{d_L}(\bar{a}, \bar{b}/M) = 1$임을 증명하면 충분하다. 이제 $p(\bar{x}) := \mathrm{tp}(\bar{a}/M)$이라 놓자. 그러면 보조정리 8.7에 의하여, 모든 $i < \omega$에 대하여 $\mathrm{tp}(\bar{a}_i/M\bar{a}\bar{b}\bar{a}_{<i})$는 $p$의 공후계이면서 $\bar{a}_{i+1} \equiv_{M\bar{a}_0\bar{b}_0\bar{a}_{<i}} \bar{a}_i$이 성립하는 공후계열 $I = \langle \bar{a}_i \mid i < \omega \rangle$이 존재한다. 이때 $\bar{a}I$, $\bar{b}I$ 모두 $M$-균질열이기에(연습문제 §8.6.5(b)), $\mathrm{d_L}(\bar{a}, \bar{b}/M) = 1$이다.

(b)⇒(c) $\mathrm{d_L}(\bar{a}, \bar{b}/A) = 1$, 즉 $\bar{a}I$, $\bar{b}I$ 모두 $A$-균질열이 되는 $I = \langle \bar{c}_i \mid i < \omega \rangle$가 있다고 하자. (나머지 경우는 비슷하게 귀납적으로 보이면 된다.) 보충설명 11.2(3)에 의해 $E(\bar{a}, \bar{c}_0)$, $E(\bar{c}_0, \bar{b})$가 성립하기에 $E(\bar{a}, \bar{b})$이다.

(c)⇒(a) $\bar{x} \equiv^{\mathrm{L}}_A \bar{y}$가 $\mathcal{M}^\alpha$에서의 $A$-불변이고 유계인 동등관계임을 보이면 충분하다. 이미 보충설명11.2(1)에서 살펴보았기에, 유계인 것만 보이면 된다. 한편 뢰벤하임-스콜렘에 의해 크기가 $\lambda := |T| + |A|$인 모델 $(A \subseteq)M$이 있다. 이제 $\kappa := \lambda + |\bar{x}|$라 하자. 그러면 동등류의 개수는 $\leq 2^\kappa$이다. 왜냐하면 우선 $M$ 위의 $\bar{x}$를 자유변수로 가지는 완전한 타입들의 개수는 $\leq 2^\kappa$이다. 따라서 만일 동등류의 수가 $> 2^\kappa$여서 그만큼의 대표원소들이 있다면 비둘기집 원리에 의해 그들 중 서로 다른 $\bar{a}, \bar{b}$는 $M$ 위로 같은 타입을 가져야 한다. 그러면 정의에 의해 $\bar{a} \equiv^{\mathrm{L}}_A \bar{b}$가 성립하여, 서로 다른 대표원소라는 가정에 모순된다.

(2) 이는 위 (1)(c)⇒(a) 증명과 (1)(a)⇒(c)인 것에서 곧장 따른다. □

보조정리 11.3(1)에 의해, $\bar{a} \equiv^{\mathrm{L}}_A \bar{b}$이고 $\bar{b}' \equiv_{A\bar{a}} \bar{b}$이면 $\bar{a} \equiv^{\mathrm{L}}_A \bar{b}'$이다. KP-타입을 정의하고 라스카 타입, 강타입과의 관계를 살펴보며 이 절을 마친다.

**정의 11.4**

($\mathcal{M}^\alpha$에서) $A$-타입정의가능한 유계의 동등관계 중 가장 섬세한 것을 $\bar{x} \equiv^{\mathrm{KP}}_A \bar{y}$로 표기한다. $\bar{a} \equiv^{\mathrm{KP}}_A \bar{b}$(또는 $\mathrm{KPtp}(\bar{a}/A) = \mathrm{KPtp}(\bar{b}/A)$로도 표시)일 때, $\bar{a}, \bar{b}$의 $A$ 위 KP(또는 김-필레이[Pillay])-타입이 같다고 한다.

$\mathcal{M}^\alpha$에서 $A$-타입정의가능한 유계의 동등관계는 $2^{|T|+|A|+|\alpha|}$개 이하로 있고, 이들을 모두 논리곱한 것 또한 유계의 동등관계이며 $\bar{x} \equiv^{\mathrm{KP}}_A \bar{y}$를 $A$-타입정의한다. 보조정리 11.3과 $\equiv^s_A$의 정의에 의해, $\bar{a} \equiv^{\mathrm{L}}_A \bar{b} \Rightarrow \bar{a} \equiv^{\mathrm{KP}}_A \bar{b} \Rightarrow \bar{a} \equiv^s_A \bar{b} \Rightarrow \bar{a} \equiv_A \bar{b}$가 성립한다. 일반적으로 역은 성립하지 않지만($\bar{a} \equiv^{\mathrm{KP}}_A \bar{b} \not\Rightarrow \bar{a} \equiv^{\mathrm{L}}_A \bar{b}$인 예는 [5], $\bar{a} \equiv^s_A \bar{b} \not\Rightarrow \bar{a} \equiv^{\mathrm{KP}}_A \bar{b}$인 예는 연습문제 §11.5.2 참조), $T$가 안정이론이면 $\bar{a} \equiv^{\mathrm{L}}_A \bar{b} \Leftrightarrow \bar{a} \equiv^{\mathrm{KP}}_A \bar{b} \Leftrightarrow \bar{a} \equiv^s_A \bar{b}$가 성립한다(보충설명 10.25(2)). 다음 절에서 $T$가 단순이론이면 $\bar{a} \equiv^{\mathrm{L}}_A \bar{b} \Leftrightarrow \bar{a} \equiv^{\mathrm{KP}}_A \bar{b}$가 성립함도 확인할 것이다(따름정리 11.11).

## 11.2 타입융합

이 절에서 다른 언급이 없으면, $T$는 **단순이론**이다. 모델 위 완전한 타입, 좀 더 일반적으로 강타입의 일정성은 $T$의 안정성을 결정한다(보충설명 10.25). 이 절에서는 불안정한 단순이론에서 모델 위 완전한 타입이 일정성 대신 가지는 특성에 대하여 탐구한다. 곧, 단순이론에서 이러한 타입들의 타입융합이 성립하는 것을 증명하는 것이 이 절의 목표다(따름정리 11.10). 또한 라스카 타입들의 타입융합도 성립한다. 이의 결과로 단순이론에서 라스카 타입과 KP-타입의 동일함이 따른다. 하지만 라스카 타입과 강타입이 같은지는 아직 미해결이다. 또한 타입융합/일정성과 독립성 개념의 기본성질들이 합하여, 각각 단순성/안정성을 결정하는 것을 보일 것이다(정리 11.12). 즉, 단순이론에서 라스카 타입의 타입융합은, 안정이론에서 강타입의 일정성에 대응한다.

**보조정리 11.5**

(Ltp**에 대한** $\downarrow$**의 확대성**) 임의의 $\bar{c}$와 $A \subseteq B$가 있을 때, $\bar{c}' \equiv^{\mathrm{L}}_A \bar{c}$이고 $\bar{c}' \downarrow_A B$인 $\bar{c}'$가 존재한다.

증명 확대성에 의해 $\bar{c} \downarrow_A M$가 성립하는 모델 $(A \subseteq)M$이 있다. 역시 확대성에 의해 $\bar{c}' \equiv_M \bar{c}$이고 $\bar{c}' \downarrow_M B$인 $\bar{c}'$이 있다. 따라서 $\bar{c}' \equiv^{\mathrm{L}}_A \bar{c}$이고 추이성에 의해 $\bar{c}' \downarrow_A B$가 성립한다. □

**정리 11.6**

$p(\bar{x}, \bar{a}_0)$가 $A\bar{a}_0$ 위의 타입으로, $A$ 위로 가르지 못한다고 하자. 만일 $I = \langle \bar{a}_i \mid i < \omega \rangle$가 $A$-균질열이면 $\bigcup_{i<\omega} p(\bar{x}, \bar{a}_i)$도 $A$ 위로 가르지 않는다.

증명 우선 다음을 증명하자.

중간요건 만일 $I$가 $A$-몰리 열이면 정리가 성립한다.

중간요건 증명 $\downfree$의 확대성에 의해 $p$를 구현하고 $\bar{c} \downfree_A \bar{a}_0$인 $\bar{c}$를 찾을 수 있다. 또한 정리 9.6과 따름정리 9.17에 의해 $I$가 $A\bar{c}$-균질열이라고 해도 일반성을 잃지 않는다(*). 한편 임의의 $(0 <)n < \omega$에 대하여 $\langle \bar{a}_{n\cdot i} \ldots \bar{a}_{n\cdot i+n-1} \mid i < \omega \rangle$도 $A$-몰리 열이다(보충설명 9.11(2)). 따라서 김의 보조정리 9.16과 (*)에 의해 $\bar{c} \downfree_A \bar{a}_{<n}$이 성립하고, 결국 $\bar{c} \downfree_A I$이 성립한다. 다시 (*)에 의해 $\bigcup_{i<\omega} p(\bar{x}, \bar{a}_i) \subseteq \mathrm{tp}(\bar{c}/AI)$이기에 정리가 성립하여 중간요건을 증명하였다. □

이제 일반적으로, $I$가 $A$-균질열일 때 정리를 증명하자. 우선 콤팩트성에 의해 $II'$이 $A$-균질열이 되는 $I' = \langle \bar{a}_{\omega+i} \mid i < \omega \rangle$이 있다. 이때 임의의 $0 < n$에 대하여 $\bar{a}_\omega \ldots \bar{a}_{\omega+n-1} \downfree_{AI} \bar{a}_{\omega+n}$이 성립하고(보충설명 9.31), 대칭성에 의해 $I'$은 $\mathrm{tp}(\bar{a}_\omega/AI)$ 안의 몰리 열이다. 한편 $p(\bar{x}, \bar{a}_\omega)$가 $A$ 위로 가르지 않기에, 확대성에 의해 $AI\bar{a}_\omega$ 위 완전한 타입 $(p(\bar{x}, \bar{a}_\omega) \subseteq) p'(\bar{x}, I\bar{a}_\omega)$가 있어(**) $A$ 위로 가르지 않는다(***). 따라서 기저단조성에 의해 $p'(\bar{x}, I\bar{a}_\omega)$은 $AI$ 위로도 가르지 않는다. 그러면 위 중간요건을 $p'$과 $I'$에 적용할 수 있기에, $\bigcup_{i<\omega} p'(\bar{x}, I\bar{a}_{\omega+i})$을 구현하는 $\bar{b}$가 있어서 $\bar{b} \downfree_{AI} I'$이 성립한다. 한편 (***)에 의해 $\bar{b} \downfree_A I\bar{a}_\omega$이고 $\bar{b} \downfree_A I$이다. 그러므로 추이성에 의해 $\bar{b} \downfree_A II'$이다. 또한 (**)에 의해 $\bigcup_{i<\omega} p(\bar{x}, \bar{a}_{\omega+i}) \subseteq \mathrm{tp}(\bar{b}/AII')$이기에, $\bigcup_{i<\omega} p(\bar{x}, \bar{a}_{\omega+i})$은 $A$ 위로 가르지 않는다. 이때 $I \equiv_A I'$이기에 원하던 대로 $\bigcup_{i<\omega} p(\bar{x}, \bar{a}_i)$도 $A$ 위로 가르지 않는다. 정리 11.6의 증명을 완료하였다. □

**따름정리 11.7** $A$-균질열 $\langle \bar{d}_i \mid i \in \mathbb{Z} \rangle$과 $\bar{c}$가 있어서, 임의의 $i > 0$에 대하여 $\bar{c}\bar{d}_1 \equiv_A \bar{c}\bar{d}_i$이고 임의의 $j \leq 0$에 대하여서는 $\bar{c}\bar{d}_0 \equiv_A \bar{c}\bar{d}_j$이다. 이제 $p(\bar{x}, \bar{c})$, $q(\bar{x}, \bar{d}_0)$가 각각 $A\bar{c}$, $A\bar{d}_0$ 위 타입일 때, $p(\bar{x}, \bar{c}) \cup q(\bar{x}, \bar{d}_0)$이 $A$ 위로 가를 필요충분조건은 $p(\bar{x}, \bar{c}) \cup q(\bar{x}, \bar{d}_1)$이 $A$ 위로 가르는 것이다.

증명 $p(\bar{x}, \bar{c}) \cup q(\bar{x}, \bar{d}_0)$이 $A$ 위로 가르지 않는다고 가정하고, $p(\bar{x}, \bar{c}) \cup q(\bar{x}, \bar{d}_1)$도 $A$ 위로 가르지 않는 것을 보이자. (그러면 $\langle \bar{d}_{1-i} \mid i \in \mathbb{Z} \rangle$도 $A$-균질열이기에 역도 성립한다.)

우선 모든 $n, i \in \mathbb{Z}$에 대하여 $h_i(\bar{d}_n) = \bar{d}_{n+i}$가 성립하는 $h_i \in \mathrm{Aut}(\mathcal{M}/A)$가 있다. 이제 $\bar{c}_i := h_i(\bar{c})$라 놓자(따라서 $\bar{c}_0 = \bar{c}$). 그러므로 모든 $i \geq j \in \mathbb{Z}$에 대하여 $\bar{c}_i\bar{d}_j \equiv_A \bar{c}\bar{d}_0$이고, 모든 $i < j \in \mathbb{Z}$에 대하여 $\bar{c}_i\bar{d}_j \equiv_A \bar{c}\bar{d}_1$이 성립한다(†). 콤팩트성과 램지 정리를 적용하면 $\langle \bar{c}_i\bar{d}_i \mid i < \mathbb{Z}\rangle$가 (†)를 만족하는 $A$-균질열이라고 해도 무방하다. 그러면 가정과 정리 11.6에 의해, $p(\bar{x}, \bar{c}_0) \cup q(\bar{x}, \bar{d}_0) \cup p(\bar{x}, \bar{c}_1) \cup q(\bar{x}, \bar{d}_1)$은 $A$ 위로 가르지 않아야 한다. 그러므로 $p(\bar{x}, \bar{c}_0) \cup q(\bar{x}, \bar{d}_1)$도 $A$ 위로 가르지 않는다. 증명을 완료하였다. □

이제 라스카 타입융합 증명에 필요한 핵심 보조정리를 증명할 수 있다.

**보조정리 11.8**

$p(\bar{x}, \bar{a})$, $q(\bar{x}, \bar{b})$는 각각 $A\bar{a}$, $A\bar{b}$ 위 타입이다. 또한 $\bar{a} \mathop{\smile\!\!\!\!\!\!\;|}_A \bar{b}$, $\bar{a} \mathop{\smile\!\!\!\!\!\!\;|}_A \bar{b}'$이고 $\bar{b} \equiv^{\mathrm{L}}_A \bar{b}'$이라 하자. 이때 타입 $p(\bar{x}, \bar{a}) \cup q(\bar{x}, \bar{b})$가 $A$ 위로 가르지 않는 것과 $p(\bar{x}, \bar{a}) \cup q(\bar{x}, \bar{b}')$이 $A$ 위로 가르지 않는 것은 동등하다.

증명 대칭적 조건이기에 $p(\bar{x}, \bar{a}) \cup q(\bar{x}, \bar{b})$가 $A$ 위로 가르지 않는다고 전제하고, $p(\bar{x}, \bar{a}) \cup q(\bar{x}, \bar{b}')$도 그러한 것을 증명하면 충분하다. 한편 보조정리 11.5에 의해 $\bar{b}_0 \mathop{\smile\!\!\!\!\!\!\;|}_{A\bar{a}} \bar{b}'$인 $\bar{b}_0(\equiv^{\mathrm{L}}_{A\bar{a}} \bar{b})$가 존재한다(*). 따라서 대칭성, 추이성에 의해 $\{\bar{b}_0, \bar{a}, \bar{b}'\}$는 $A$-독립임을 알 수 있다(**). 또한 $\bar{b}_0 \equiv^{\mathrm{L}}_A \bar{b}$이기에 보조정리 11.3에 의해, $\bar{b}_0$와 같은 $A$ 위의 라스카 타입을 가지는 $\bar{b}_1, \ldots, \bar{b}_n = \bar{b}'$이 있어서 모든 $i < n$에 대하여 $\bar{b}_i, \bar{b}_{i+1}$로 시작하는 $A$-균질열이 존재한다(†). 이때 확대성과, (**)에 적용한 추이성에 의해, $\bar{a}' \mathop{\smile\!\!\!\!\!\!\;|}_A \bar{b}_{\leq n}$이 성립하는 $\bar{a}'(\equiv_{A\bar{b}_0\bar{b}_n} \bar{a})$을 찾을 수 있다(***). 그러면 (*)와 증명의 처음 전제에 의해 $p(\bar{x}, \bar{a}') \cup q(\bar{x}, \bar{b}_0)$는 $A$ 위로 가르지 않는다. 또한 $\bar{a}\bar{b}' \equiv_A \bar{a}'\bar{b}_n$이기에, 임의의 $i < n$에 대하여 '$p(\bar{x}, \bar{a}') \cup q(\bar{x}, \bar{b}_i)$가 $A$ 위로 가르지 않는다'고 가정하고, '$p(\bar{x}, \bar{a}') \cup q(\bar{x}, \bar{b}_{i+1})$도 $A$ 위로 가르지 않음'을 보이면 충분하다.

우선 (†)에 의해, $\bar{c}_0 = \bar{b}_i$, $\bar{c}_1 = \bar{b}_{i+1}$인 $A$-균질열 $\langle \bar{c}_m \mid m \in \mathbb{Z}\rangle$이 존재한다. 또한 (***)에 의해 $\bar{a}' \mathop{\smile\!\!\!\!\!\!\;|}_A \bar{c}_0\bar{c}_1$이고, 당연히 $I = \langle \bar{c}_{2m}\bar{c}_{2m+1} \mid m \in \mathbb{Z}\rangle$도 $A$-균질열이기에, 정리 9.6에 의해 $I$가 $A\bar{a}'$-균질열이라 해도 된다. 따라

서 모든 $m \geq 0$에 대하여 $\bar{a}'\bar{c}_0 \equiv_A \bar{a}'\bar{c}_{-2m}$이고 $\bar{a}'\bar{c}_1 \equiv_A \bar{a}'\bar{c}_{2m+1}$이다. 또한 $\langle \ldots, \bar{c}_{-4}, \bar{c}_{-2}, \bar{c}_0, \bar{c}_1, \bar{c}_3, \bar{c}_5, \ldots \rangle$도 물론 $A$-균질열이다. 그러므로 보조정리 11.7을 여기에 적용하면, 가정에 의해 $p(\bar{x}, \bar{a}') \cup q(\bar{x}, \bar{c}_0)$가 $A$ 위로 가르지 않기에 $p(\bar{x}, \bar{a}') \cup q(\bar{x}, \bar{c}_1)$, 즉 $p(\bar{x}, \bar{a}') \cup q(\bar{x}, \bar{b}_{i+1})$도 $A$ 위로 가르지 않아야 한다. □

**정리 11.9**

**(라스카 타입융합)** $B_1 \mathop{\smile\!\!\!\!\!\!\;|}_A B_2$이고 $\bar{d}_i \mathop{\smile\!\!\!\!\!\!\;|}_A B_i$이며$(i = 1, 2)$, $\bar{d}_1 \equiv^{\mathrm{L}}_A \bar{d}_2$라 하자. 그러면 $\bar{d} \mathop{\smile\!\!\!\!\!\!\;|}_A B_1 B_2$인 $\bar{d}(\equiv^{\mathrm{L}}_{AB_i} \bar{d}_i)$가 있다$(i = 1, 2)$.

증명 우선 다음을 증명하자.

중간요건 $p_i(\bar{x}, B_i) := \mathrm{tp}(\bar{d}_i / AB_i)$라 하면$(i = 1, 2)$, $p_1(\bar{x}, B_1) \cup p_2(\bar{x}, B_2)$는 $A$ 위로 가르지 않는다.

중간요건 증명 우선 $\bar{d}_1 \equiv^{\mathrm{L}}_A \bar{d}_2$이기에, $f(\bar{d}_2) = \bar{d}_1$인 $f \in \mathrm{Autf}(\mathcal{M}/A)$가 있다. 따라서 $B_2' := f(B_2)$에 대하여, $\bar{d}_2 B_2 \equiv^{\mathrm{L}}_A \bar{d}_1 B_2'$이 성립하고(*), 또한 $\bar{d}_1 \mathop{\smile\!\!\!\!\!\!\;|}_A B_2'$이다. 한편 보조정리 11.5에 의해 $B_2''(\equiv^{\mathrm{L}}_{A\bar{d}_1} B_2')$가 있어서(**), $B_2'' \mathop{\smile\!\!\!\!\!\!\;|}_{A\bar{d}_1} B_1$이 성립한다. 그러므로 $\{\bar{d}_1, B_1, B_2''\}$은 $A$-독립임을 알 수 있다. 특히 $\bar{d}_1 \mathop{\smile\!\!\!\!\!\!\;|}_A B_1 B_2''$가 성립한다. 이때 $\mathrm{tp}(\bar{d}_1/AB_1) = p_1(\bar{x}, B_1)$이고, (**)에 의해 $\mathrm{tp}(\bar{d}_1/AB_2'') = p_2(\bar{x}, B_2'')$이기에, $p_1(\bar{x}, B_1) \cup p_2(\bar{x}, B_2'')$는 $A$ 위로 가르지 않는다. 또한 (*),(**)에서 $B_2 \equiv^{\mathrm{L}}_A B_2''$임이 따르고, 이미 $B_1 \mathop{\smile\!\!\!\!\!\!\;|}_A B_2$이며 $B_1 \mathop{\smile\!\!\!\!\!\!\;|}_A B_2''$이다. 즉 보조정리 11.8을 $B_1, B_2, B_2''$에 적용할 수 있고, $p_1(\bar{x}, B_1) \cup p_2(\bar{x}, B_2)$도 $A$ 위로 가르지 않는다. □

한편 Ltp에 대한 확대성에 의해, $\bar{c}_1 \mathop{\smile\!\!\!\!\!\!\;|}_{AB_1} \bar{d}_1 B_2$가 성립하는 $\bar{c}_1(\equiv^{\mathrm{L}}_{AB_1} \bar{d}_1)$가 있다. 마찬가지로 $\bar{c}_2(\equiv^{\mathrm{L}}_{AB_2} \bar{d}_2)$가 있어 $\bar{c}_2 \mathop{\smile\!\!\!\!\!\!\;|}_{AB_2} \bar{c}_1 \bar{d}_2 B_1$이 성립한다. 그러면 대칭성, 추이성에 의해 $\bar{c}_1 B_1 \mathop{\smile\!\!\!\!\!\!\;|}_A \bar{c}_2 B_2$이고 $\bar{d}_i \mathop{\smile\!\!\!\!\!\!\;|}_A \bar{c}_i B_i$임이 쉽게 따른다$(i = 0, 1)$. 이제 중간요건을 $\mathrm{tp}(\bar{d}_i / A\bar{c}_i B_i)$에 적용하면$(i = 1, 2)$, $\mathrm{tp}(\bar{d}_i / \bar{c}_i B_i)$를 동시에 구현하는 $\bar{d}$가 있어, $\bar{d} \mathop{\smile\!\!\!\!\!\!\;|}_A \bar{c}_1 \bar{c}_2 B_1 B_2$가 성립한다. 이때 $\bar{d} \equiv_{A\bar{c}_i B_i} \bar{d}_i$이고 $\bar{c}_i \equiv^{\mathrm{L}}_{AB_i} \bar{d}_i$이기에, $\bar{d} \equiv^{\mathrm{L}}_{AB_i} \bar{d}_i$를 얻는다(보조정리 11.3 뒤 설명). 즉 $\bar{d}$는 정리의 요구 조건을 충족한다. □

라스카 타입융합에서 아래 결과가 곧장 나온다.

**따름정리 11.10** **(모델 위 타입융합)** 모델 $M$이 있어, $\bar{d}_1 \equiv_M \bar{d}_2$, $B_1 \mathop{\smile\!\!\!\!\!\mid}_M B_2$이고 $\bar{d}_i \mathop{\smile\!\!\!\!\!\mid}_M B_i$라 하자($i = 1, 2$). 그러면 $\bar{d} \mathop{\smile\!\!\!\!\!\mid}_M B_1B_2$인 $\bar{d}(\equiv^{\mathrm{L}}_{MB_i} \bar{d}_i)$가 있다($i = 1, 2$).

타입융합을 사용하여 다음 정리를 얻는다.

**따름정리 11.11**

(1) $\bar{a}_0 \mathop{\smile\!\!\!\!\!\mid}_A \bar{a}_1$이고 $\bar{a}_0 \equiv^{\mathrm{L}}_A \bar{a}_1$이라 하자. 그러면 $A$-몰리 열 $\langle \bar{a}_i \mid i < \omega \rangle$이 존재한다.

(2) $\bar{x} \equiv^{\mathrm{L}}_A \bar{y}$이면이, $\mathrm{d_L}(\bar{x}, \bar{y}/A) \leq 2$이면이, $\bar{x} \equiv^{\mathrm{KP}}_A \bar{y}$이다.

증명 (1) 우선 모든 $i < j (\in \omega)$에 대하여 $\bar{a}_j\bar{a}_i \equiv_A \bar{a}_1\bar{a}_0$이면서, $\bar{a}_i \mathop{\smile\!\!\!\!\!\mid}_A \bar{a}_{<i}$이고 $\bar{a}_i \equiv^{\mathrm{L}}_A \bar{a}_0$인 열 $I = \langle \bar{a}_i \mid i < \omega \rangle$가 존재한다. 이는 귀납법으로 보일 수 있다. 이러한 열 $\langle \bar{a}_i \mid i \leq n \rangle$을 찾았다고 가정하자($1 \leq n$). 가정에 의해 $\bar{a}_n \mathop{\smile\!\!\!\!\!\mid}_A \bar{a}_{<n}$이고 $\bar{a}_n \equiv^{\mathrm{L}}_A \bar{a}_0$이다. 따라서 $\bar{a}'_{n+1}\bar{a}_n \equiv^{\mathrm{L}}_A \bar{a}_1\bar{a}_0$인 $\bar{a}'_{n+1}$이 있고, $\bar{a}'_{n+1} \equiv^{\mathrm{L}}_A \bar{a}_0$도 성립한다. 이제 라스카 타입융합에 의해, $\mathrm{tp}(\bar{a}'_{n+1}/A\bar{a}_n) \cup \mathrm{tp}(\bar{a}_n/A\bar{a}_{<n})$을 구현하는 $\bar{a}_{n+1}$으로, $\bar{a}_{n+1} \mathop{\smile\!\!\!\!\!\mid}_A \bar{a}_{\leq n}$이고 $\bar{a}_{n+1} \equiv^{\mathrm{L}}_A \bar{a}_0$인 것이 있다. 따라서 $\langle \bar{a}_i \mid i \leq n+1 \rangle$도 조건들을 충족하기에 이를 반복하여 원하던 $I$를 찾는다.
이제 램지의 정리를 사용하여 $I$에 $A$-균질성을 부과할 수 있다.

(2) $\bar{a} \equiv^{\mathrm{L}}_A \bar{b}$라 하자. 확대성에 의해 $\bar{c} \mathop{\smile\!\!\!\!\!\mid}_A \bar{a}\bar{b}$인 $\bar{c}(\equiv^{\mathrm{L}}_A \bar{a})$가 있다. 그러면 (1)에 의해서 $\mathrm{d_L}(\bar{a}, \bar{c}/A) = \mathrm{d_L}(\bar{b}, \bar{c}/A) = 1$이 성립한다. 따라서 $\mathrm{d_L}(\bar{a}, \bar{b}/A) \leq 2$이다. 역도 보조정리 11.3에서 따른다. 한편 $\mathrm{d_L}(\bar{x}, \bar{y}/A) \leq 2$는 $A$-타입정의가능하기에, 두 요건의 동등함은 $\bar{x} \equiv^{\mathrm{L}}_A \bar{y}$가 $A$-타입정의가능하다는 (동시에 $\mathrm{d_L}(\bar{x}, \bar{y}/A) \leq 2$가 추이적이라는) 것이기에, $\bar{x} \equiv^{\mathrm{KP}}_A \bar{y}$와도 동등하다. □

다음 정리는 독립성 개념의 기본성질과 타입융합이 가름과 단순성을 결정함을 얘기하고 있다. 또한 독립성 개념이 기본성질을 만족하고 모델 위 일정성을 가지면 역시 가름과 동일하고, 이론은 안정이론임도 언급한다.

**정리 11.12**

($T$는 임의의 완전한 이론이다.) (작은) 집합들 간의 3항관계 $\downfree^*$가 불변이고 (즉 임의의 $f \in \mathrm{Aut}(\mathcal{M})$에 대하여 $A \downfree^*_B C$이면이 $f(A) \downfree^*_{f(B)} f(C)$), 또한 $A \downfree^*_B C$이면이 $A \downfree^*_B BC$가 성립한다. 이제 $\downfree^*$가 아래 5가지 기본성질을 만족한다고 하자.

- (유한특성) $A \downfree^*_B C$이면이, 임의의 유한짝 $\bar{a} \in A$, $\bar{c} \in C$에 대하여 $\bar{a} \downfree^*_B \bar{c}$이다.
- (확대성) $A \downfree^*_B C$이면 임의의 $(C \subseteq)D$에 대하여, $A'(\equiv_{BC} A)$가 있어서 $A' \downfree^*_B D$가 성립한다.
- (대칭성) $A \downfree^*_B C$이면이 $C \downfree^*_B A$이다.
- (추이성) $B \subseteq C \subseteq D$에 대하여, $A \downfree^*_B D$이면이, $A \downfree^*_B C$이고 $A \downfree^*_C D$이다.
- (국소성) 적당한 기수 $\kappa$가 있어, 임의의 $A$와 유한한 $\bar{c}$에 대하여 항상 크기가 $\kappa$ 이하인 $A_0(\subseteq A)$가 있어서 $\bar{c} \downfree^*_{A_0} A$가 성립한다.

(1) 위 5가지 기본성질 외 추가로 $\downfree^*$가 다음을 만족하면 $\downfree^*$는 $\downfree$와 일치 (곧, 임의의 $A, B, C$에 대하여 $A \downfree^*_B C$이면이 $A \downfree_B C$)하고, $T$는 단순이론이다.

- (모델 위 타입융합) 임의의 모델 $M$에 대하여, $B_0 \downfree^*_M B_1$이고 $A_0 \equiv_M A_1$이면서 $A_i \downfree^*_M B_i$가 성립하면$(i = 0, 1)$, $A \downfree^*_M B_0B_1$이 성립하는 $A(\equiv_{MB_i} A_i)$가 존재한다.

(2) 위 5가지 성질에 추가하여 $\downfree^*$가 다음을 만족하면 $\downfree^*$는 $\downfree$와 일치하고, $T$는 안정이론이다.

- (모델 위 일정성) 임의의 모델 $M$에 대하여, $A_0 \equiv_M A_1$이고 $A_i \downfree^*_M B$이면$(i = 0, 1)$, $A_0 \equiv_{MB} A_1$이 성립한다.

증명 (1) $\mathop{\smile\!\!\!\!\!\!|}^*$가 기본성질과 모델 위 타입융합을 다 만족한다고 하자. 임의의 유한짝 $\bar{c}, \bar{b}$에 대하여 다음을 증명한다.

중간요건 1 $\bar{c} \not\mathop{\smile\!\!\!\!\!\!|}^*_A \bar{b}$라 하자. 그러면 $\bar{c} \not\mathop{\smile\!\!\!\!\!\!|}^{\mathrm{d}}_A \bar{b}$가 성립한다.

중간요건 1 증명 우선 국소성과 추이성에 의해 $\bar{b} \mathop{\smile\!\!\!\!\!\!|}^*_A A$가 성립한다. 이제 $\bar{b} = \bar{b}_0$로 놓자. 확대성과 불변성, 유한특성에 의해 보조정리 9.13 증명에서처럼(보조정리 9.12 사용), 임의의 $i < \omega$에 대하여 $\bar{b}_i \mathop{\smile\!\!\!\!\!\!|}^*_A \bar{b}_{<i}$가 성립하는 $A$-균질열 $I = \langle \bar{b}_i \mid i < \omega \rangle$을 찾을 수 있다. 이제 $p(\bar{x}, \bar{b}_0) := \mathrm{tp}(\bar{c}/A\bar{b}_0)$라 할 때, $\bigcup_{i<\omega} p(\bar{x}, \bar{b}_i)$가 모순적임(*)을 보이면 충분하다. 한편 국소성이 성립하는 (무한)기수 $\kappa$에 대하여, 콤팩트성을 사용하여 $I$를 늘린 $A$-균질열 $I_{\kappa^+} := \langle \bar{b}_i \mid i < \kappa^+ \rangle$를 생각하자. 역시 불변성과 유한특성에 의해, 임의의 $i < \kappa^+$에 대하여 $\bar{b}_i \mathop{\smile\!\!\!\!\!\!|}^*_A \bar{b}_{<i}$이다. 여기서 모순을 이끌기 위해, (*)를 부정하자. 그러면 콤팩트성에 의해 $\bigcup_{i<\kappa^+} p(\bar{x}, \bar{b}_i)$를 구현하는 $\bar{c}'$이 있다. 역시 불변성에 의해, 모든 $i < \kappa^+$에 대하여, $\bar{c}' \not\mathop{\smile\!\!\!\!\!\!|}^*_A \bar{b}_i$이다. 이때 대칭성과 추이성에 의해, 모든 $i < \kappa^+$에 대하여, $\bar{c}' \not\mathop{\smile\!\!\!\!\!\!|}^*_{A\bar{b}_{<i}} \bar{b}_i$가 성립함(**)을 쉽게 알 수 있다. 한편 국소성에 의해, 크기가 $\kappa$ 이하인 $A_0 (\subseteq AI_{\kappa^+})$가 있어서 $\bar{c}' \mathop{\smile\!\!\!\!\!\!|}^*_{A_0} AI_{\kappa^+}$가 성립한다. $\kappa^+$는 정칙기수이기에, $i_0 (< \kappa^+)$가 있어서 $A_0 \subseteq A\bar{b}_{<i_0}$이고, 추이성에 의해 $\bar{c}' \mathop{\smile\!\!\!\!\!\!|}^*_{A\bar{b}_{<i_0}} \bar{b}_{i_0}$가 되기에 (**)와 모순된다. 결국 (*)가 성립해야 하고, 중간요건 1을 증명하였다. □

중간요건 2 $\bar{c} \mathop{\smile\!\!\!\!\!\!|}^*_A \bar{b}$라 하자. 그러면 $\bar{c} \mathop{\smile\!\!\!\!\!\!|}^{\mathrm{d}}_A \bar{b}$이다.

중간요건 2 증명 $\bar{b} = \bar{d}_0$로 두자. $p(\bar{x}, \bar{d}_0) = \mathrm{tp}(\bar{c}/A\bar{d}_0)$와 임의의 $A$-균질열 $J = \langle \bar{d}_i \mid i < \omega \rangle$에 대하여 $\bigcup_{i<\omega} p(\bar{x}, \bar{d}_i)$가 일관적임을 보이면 된다. 국소성이 성립하는 무한기수 $\kappa$에 대하여, 콤팩트성으로 $J$를 늘린 $A$-균질열 $J_{\kappa^+} := \langle \bar{d}_i \mid i \leq \kappa^+ \rangle$를 고려하자. 이때 연습문제 §7.3.3(b)를 반복해서 사용하면 다음과 같은 모델들의 기본사슬 $\langle M_i \mid i < \kappa^+ \rangle$을 어렵지 않게 찾을 수 있다. 즉 임의의 $i < \kappa^+$에 대하여,

- $AM_{<i}\bar{d}_{<i} \subseteq M_i$이고, $\langle \bar{d}_j \mid i \leq j \leq \kappa^+ \rangle$는 $M_i$-균질열이다.

여기서 $M$을 위 기본사슬의 합이라 하자. 따라서 $A \subseteq M_{<\kappa^+}\bar{d}_{<\kappa^+} \subseteq M$이다. 이제 국소성에 의해, 크기가 $\kappa$ 이하인 $A_0 (\subseteq M)$이 있어서 $\bar{d}_{\kappa^+} \mathop{\smile\!\!\!\!\!\!|}^*_{A_0} M$이 성립한다. 그러면 어떤 $i_0 (< \kappa^+)$에 대하여 $A_0 \subseteq M_{i_0}$이고, 추이성에 의해

$\bar{d}_{\kappa^+} \mathop{\smile\!\!\!\!\!\!\mid}^*_{M_{i_0}} M$이 된다. 또한 유한특성에 의해

$$\bar{d}_{\kappa^+} \mathop{\smile\!\!\!\!\!\!\mid}^*_{M_{i_0}} \langle \bar{d}_j \mid i_0 \le j < \kappa^+ \rangle$$

도 성립한다. 이때 $\langle \bar{d}_j \mid i_0 \le j \le \kappa^+ \rangle$가 $(A \subseteq)M_{i_0}$-균질열이기에, 불변성에 의해 사실 임의의 $(i_0 \le)j < \kappa^+$에 대하여 $\bar{d}_j \mathop{\smile\!\!\!\!\!\!\mid}^*_{M_{i_0}} \langle \bar{d}_{j'} \mid i_0 \le j' < j \rangle$이다. 따라서 역시 $A$-불변성에 의해 ($A$를 고정하며 $M_{i_0}$을 이동한) 모델 $(A \subseteq)N$이 있어서, $J$는 $N$-균질열이면서 모든 $i < \omega$에 대하여 $\bar{d}_i \mathop{\smile\!\!\!\!\!\!\mid}^*_N \bar{d}_{<i}$가 성립한다. 한편 $\bar{c} \mathop{\smile\!\!\!\!\!\!\mid}^*_A \bar{d}_0$이기에 확대성에 의해 $\bar{c}'(\equiv_{A\bar{d}_0} \bar{c})$가 있어서 $\bar{c}' \mathop{\smile\!\!\!\!\!\!\mid}^*_A N\bar{d}_0$가 성립한다. 그러면 추이성에 의해 $\bar{c}' \mathop{\smile\!\!\!\!\!\!\mid}^*_N \bar{d}_0$도 된다. 이제 $(p(\bar{x}, \bar{d}_0) \subseteq) p'(\bar{x}, \bar{d}_0) := \mathrm{tp}(\bar{c}'/N\bar{d}_0)$로 놓고 $N$ 위 타입융합을 반복하면(연습문제 §11.5.5), $\bigcup_{i<\omega} p'(\bar{x}, \bar{d}_i)$를 구현하는 $\bar{c}''$이 있어서 $\bar{c}'' \mathop{\smile\!\!\!\!\!\!\mid}^*_N J$가 성립한다. 특히 $\bar{c}''$가 $\bigcup_{i<\omega} p(\bar{x}, \bar{d}_i)$를 구현하기에, 중간요건 2를 증명하였다. □

위 두 중간요건과 유한특성에 의해 $\mathop{\smile\!\!\!\!\!\!\mid}^*$는 $\mathop{\smile\!\!\!\!\!\!\mid}^{\mathrm{d}}$와 일치하고 국소성을 만족한다. 따라서 가름의 기본정리 9.32에 의해 $T$는 단순이론이고, $\mathop{\smile\!\!\!\!\!\!\mid}^*$는 $\mathop{\smile\!\!\!\!\!\!\mid}$와도 동일하다. (1)을 증명하였다.

(2) 기본성질과 모델 위 일정성을 $\mathop{\smile\!\!\!\!\!\!\mid}^*$가 모두 충족한다고 하자. 모델 위 일정성과 확대성이 타입융합을 곧장 유도하는 것을 쉽게 확인할 수 있다(연습문제 §11.5.5). 따라서 (1)에 의해 $\mathop{\smile\!\!\!\!\!\!\mid}^*$는 $\mathop{\smile\!\!\!\!\!\!\mid}$와 동일하고 $T$는 단순이론이다. 이때 보충설명 10.25에 의해 $T$는 안정적이다. □

## 11.3 낮은 이론

앞 절에서, 단순이론에서 라스카 타입과 KP-타입이 같다는 것을 확인하였다. 그러면 모든 단순이론에서 라스카 타입이 강타입과도 일치하는지 물을 수 있다. 이 질문은 아직 해결되지 않았다. 이 절에서는 이 문제의 부분 결과를 살펴볼 것이다. 곧, 낮은 단순이론에서는 강타입이 라스카 타입임을 증명할 것이다.

**정의 11.13**

$\mathcal{L}$-논리식 $\varphi(\bar{x}, \bar{y})$가 낮다$^{low}$는 것은, $(0 <)k < \omega$가 존재하여 임의의 균질열 $\langle \bar{a}_i \mid i < \omega \rangle$에 대하여 만일 $\{\varphi(\bar{x}, \bar{a}_i) \mid i < \omega\}$가 모순되면 항상 $k$-모순된다는 것이다. $T$가 낮다는 것은 $T$에서 모든 $\mathcal{L}$-논리식이 낮다는 것이다.

**보충설명** 11.14

$\varphi(\bar{x}, \bar{y})$가 낮으면, 모든 기수 $\kappa$에 대하여 $\varnothing$ 위의 타입 $\Phi_\varphi(\bar{y}, \bar{z})$가($|\bar{z}| = \kappa$) 존재하여, 모든 $\kappa$-크기의 $A$에 대해여, $\models \Phi_\varphi(\bar{b}, A)$이면이 $\varphi(\bar{x}, \bar{b})$는 $A$ 위로 나눈다. 왜냐하면 낮음의 정의에 의해 존재하는 상계 $k$로 인해, '$\varphi(\bar{x}, \bar{u}_0)$가 $\bar{v}$ 위로 나눈다'는 것은 '$\bar{v}$-균질열 $\langle \bar{u}_i \mid i < \omega \rangle$가 있어 $\{\varphi(\bar{x}, \bar{u}_i) \mid i < \omega\}$는 $k$-모순적이다'는 것과 동등하고, 후자는 변수가 $\bar{u}_0\bar{v}$인 $\varnothing$ 위의 타입으로 묘사가 가능하기 때문이다. $T$가 단순하면, 아래 정리와 같이 역도 성립한다.

**정리 11.15**

$T$가 단순이론이면 다음은 동등하다.

(1) $\mathcal{L}$-논리식 $\varphi(\bar{x}, \bar{y})$가 낮다.

(2) $\varnothing$ 위의 타입 $\Phi_\varphi(\bar{y}, \bar{z})$가 존재하여, $\models \Phi_\varphi(\bar{b}, A)$이면이 $\varphi(\bar{x}, \bar{b})$는 $A$ 위로 나눈다.

증명 (1)⇒(2)는 모든 이론에서 성립한다고, 이미 보충설명 11.14에서 언급하였다.

(2)⇒(1) (2)를 가정하고 (1)을 부정하여 모순을 이끌자. 즉, $\varphi(\bar{x}, \bar{y})$가 낮지 않기에, 모든 $k \geq 2$에 대하여, $\{\varphi(\bar{x}, \bar{b}_k^i) \mid i \in \omega + \omega^*\}$는 모순적이지만 $k$-일관적인, 균질열 $\langle \bar{b}_k^i \mid i \in \omega + \omega^* \rangle$가 있다($\omega^* := \{\cdots < 2^* < 1^* < 0^*\}$, 즉 $\omega + \omega^* = \{0 < 1 < 2 < \cdots < 2^* < 1^* < 0^*\}$). 여기서 $I_k := \langle \bar{b}_k^i \mid i \in \omega \rangle$, $J_k := \langle \bar{b}_k^i \mid i \in \omega^* \rangle$라 놓자. 그러면 $J_k$는 $I_k$-균질열이기에 나눔의 정의에 의해

$\varphi(\bar{x}, \bar{b}_k^{0^*})$는 $I_k$위로 나눈다. 따라서 (2)에 의해, $\Phi_\varphi(\bar{b}_k^{0^*}, I_k)$가 성립한다.
그러면 균질열 $\langle \bar{u}_i \mid i \in \omega + \omega^* \rangle$가 있어서 $\{\varphi(\bar{x}, \bar{u}_i) \mid i \in \omega + \omega^*\}$는 일관적이면서, $I := \langle \bar{u}_i \mid i \in \omega \rangle$에 대하여 $\Phi_\varphi(\bar{u}_{0^*}, I)$가 성립한다. 왜냐하면 앞 문장은 $\bar{u}_i$ $(i \in \omega)$를 변수로 볼 때 이들에 대한 타입으로 묘사가 가능하기에, 콤팩트성에 의해 임의의 $k \geq 2$에 대하여, 앞 문장의 $\{\varphi(\bar{x}, \bar{u}_i) \mid i \in \omega + \omega^*\}$이 $k$-일관적인 경우를 구현하는 열을 찾으면 충분하다. 이는 위 문단의 $I_k J_k$가 보장한다.
따라서 다시 (2)에 의해 $\varphi(\bar{x}, \bar{u}_{0^*})$는 $I$ 위로 나눈다. 하지만 $J := \langle \bar{u}_i \mid i \in \omega^* \rangle$는 ($\omega^*$의 역순으로 보면) $I$-몰리 열이기에(보충설명 9.5(5)), 이는 김의 보조정리 9.16에 모순된다. 그러므로 (2)⇒(1)이 성립해야 한다. □

**정리 11.16**

$T$는 낮은 단순이론이다. 그러면 모든 $\bar{a}, \bar{b}, A$에 대하여, $\bar{a} \equiv_A^{\mathrm{L}} \bar{b}$이면이 $\bar{a} \equiv_A^s \bar{b}$이다.

증명 $T$가 단순하기에, 따름정리 11.11(2)에 의해 $\bar{a} \equiv_A^{\mathrm{L}} \bar{b}$이면이 $\bar{a} \equiv_A^{\mathrm{KP}} \bar{b}$이면이 $\mathrm{d_L}(\bar{a}, \bar{b}/A) \leq 2$가 성립한다. 한편 $\mathrm{d_L}(\bar{x}, \bar{y}/A) \leq 2$는 $A$-타입정의가능하다. 또한 콤팩트성에 의해, $\mathrm{d_L}(\bar{x}, \bar{y}/A) \leq 2$ 이면이, 임의의 유한짝 $\bar{x}'(\subseteq \bar{x})$과 대응하는 $\bar{y}'(\subseteq \bar{y})$에 대하여 $\mathrm{d_L}(\bar{x}', \bar{y}'/A) \leq 2$이다. 또한 $A$에 이름을 준 $T_A$도 단순이론이기에, 일반성을 잃지 않고 $A = \varnothing$이고 $\bar{a}, \bar{b}$가 유한짝일 때, $\bar{a} \equiv_A^s \bar{b}$이면 $\bar{a} \equiv_A^{\mathrm{L}} \bar{b}$임을 증명하면 충분하다.
이제 $r(\bar{x}, \bar{y})$를 $\bar{x} \equiv^{\mathrm{KP}} \bar{y}$을 나타내는($|\bar{x}| = |\bar{y}| = n$), $\varnothing$ 위의 타입(즉 $\mathrm{d_L}(\bar{x}, \bar{y}) \leq 2$)이라 하자. 일반성을 잃지 않고, $r(\bar{x}, \bar{y})$은 논리곱에 닫혀 있다고 할 수 있다. 또한 각 $\psi(\bar{x}, \bar{y}) \in r$을 $\psi(\bar{x}, \bar{y}) \wedge \psi(\bar{y}, \bar{x})$로 바꾸어도, $r$과 같은 동등관계를 $\varnothing$-타입정의한다. 따라서 임의의 $\varphi(\bar{x}, \bar{y}) \in r$은 대칭적($\models \varphi(\bar{x}, \bar{y}) \leftrightarrow \varphi(\bar{y}, \bar{x})$)이라 가정할 수 있다. 여기서 $p(\bar{x}) \in S_n(\varnothing)$과 $\varphi(\bar{x}, \bar{y}) \in r$을 고정하고, 이에 의존하는 다음 두 관계를 정의하자.

$$R_\varphi(\bar{u}, \bar{v}) := \quad p(\bar{u}) \wedge p(\bar{v}) \wedge \ \bar{v}'(\perp \bar{u})\text{가 있어서, } \bar{v}' \equiv^{\mathrm{L}} \bar{v}\text{이고}$$
$$\varphi(\bar{x}, \bar{u}) \wedge \varphi(\bar{x}, \bar{v}')\text{는 } \varnothing \text{ 위로 나누지 않는다.}$$

$$S_\varphi(\bar{u},\bar{v}) := \quad p(\bar{u}) \wedge p(\bar{y}) \wedge \ \bar{v}'(\downarrow \bar{u})\text{가 있어서, } \bar{v}' \equiv^{\mathrm{L}} \bar{v}\text{이고}$$
$$\varphi(\bar{x},\bar{u}) \wedge \varphi(\bar{x},\bar{v}')\text{는 } \varnothing \text{ 위로 나눈다.}$$

여기서 $R_\varphi(\bar{u},\bar{v})$는 $\varnothing$ 위의 타입이라고 할 수 있다. 왜냐하면 우선 첫 줄은, $\bar{v}' \equiv^{\mathrm{L}} \bar{v}$가 $r(\bar{v}',\bar{v})$이고 나머지는 따름정리 9.19에 의해 타입정의가능하다. 또한 김의 보조정리 9.16에 의해, 둘째 줄은 '$I = \langle \bar{u}_i\bar{v}'_i \mid i < \omega\rangle$는 $(\bar{u}_0\bar{v}'_0 = \bar{u}\bar{v}')$ 몰리 열이다(*)'가 변수 $\bar{u}_i\bar{v}'_i$들로 타입정의가능한 것을 확인하면 된다. 여기서 $\bar{u} \downarrow \bar{v}'$이기에 대칭성과 추이성에 의해, (*)는 '$I$가 균질열이고, 모든 $i < \omega$에 대하여 $\bar{u}_i \downarrow \bar{u}_{<i}\bar{v}'_{<i}$이고 $\bar{v}'_i \downarrow \bar{u}_{\le i}\bar{v}'_{<i}$'라는 것과 일치한다. 이는, $p(\bar{u}_i), p(\bar{v}'_i)$이기에, 역시 따름정리 9.19에 의해 타입정의가능하다.
마찬가지로 $T$가 낮기에, 보충설명 11.14에 의해 $S_\varphi(\bar{u},\bar{v})$도 $\varnothing$ 위의 타입이다.

중간요건 $R_\varphi(\bar{u},\bar{v})$와 $S_\varphi(\bar{u},\bar{v})$는 $p(\bar{u}) \wedge p(\bar{v})$를 분할한다. 또한 $\bar{c}$가 $p$를 구현하면 $R_\varphi(\bar{c},\bar{c})$가 성립한다.

중간요건 증명 $p$를 구현하는 임의의 $\bar{c}, \bar{d}$에 대하여, 보조정리 11.5에 의해 $\bar{d}' \equiv^{\mathrm{L}} \bar{d}$인 $\bar{d}'(\downarrow \bar{c})$이 있기에 $R_\varphi(\bar{c},\bar{d})$나 $S_\varphi(\bar{c},\bar{d})$가 성립한다. 또한 $R_\varphi(\bar{c},\bar{d})$라면, 보조정리 11.8에 의해 $S_\varphi(\bar{c},\bar{d})$가 성립하지 않는다. 역시 보조정리 11.5에 의해 둘째 문장도 성립한다(연습문제 §11.5.6). 중간요건을 증명하였다. □

$R_\varphi(\bar{u},\bar{v})$와 $S_\varphi(\bar{u},\bar{v})$ 모두 타입이기에, 콤팩트성을 중간요건에 적용하면

$$\text{①} \quad p(\bar{u}) \wedge p(\bar{v}) \vDash R_\varphi(\bar{u},\bar{v}) \leftrightarrow \sigma_\varphi(\bar{u},\bar{v})$$

이 성립하는 $\mathcal{L}$-논리식 $\sigma_\varphi(\bar{x},\bar{y})$를 찾을 수 있다(연습문제 §4.3.6). 특히 $R_\varphi$의 정의에 의해

$$p(\bar{u}) \wedge p(\bar{v}) \wedge \sigma_\varphi(\bar{u},\bar{v}) \wedge r(\bar{v},\bar{w}) \vDash \sigma_\varphi(\bar{u},\bar{w})$$

이다. 따라서 콤팩트성에 의해, ($\varphi$에 의존하는) 논리식 $\delta(\bar{u})(\in p(\bar{u}))$가 있어

$$\text{②} \quad \delta(\bar{u}) \wedge \delta(\bar{v}) \wedge \sigma_\varphi(\bar{u},\bar{v}) \wedge r(\bar{v},\bar{w}) \vDash \sigma_\varphi(\bar{u},\bar{w})$$

이 성립한다. 이제

$$E_\varphi(\bar{x},\bar{y}) := [\neg\delta(\bar{x}) \wedge \neg\delta(\bar{y})] \vee [\delta(\bar{x}) \wedge \delta(\bar{y}) \wedge \forall \bar{z}(\delta(\bar{z}) \to (\sigma_\varphi(\bar{z},\bar{x}) \leftrightarrow \sigma_\varphi(\bar{z},\bar{y}))]$$

라 하면, $E_\varphi$는 $\varnothing$ 위 정의가능한 동등관계임을 알 수 있다. 또한 $r(\bar{x},\bar{y})$, 즉 $\bar{x} \equiv^{\mathrm{L}} \bar{y}$이면 물론 $\bar{x} \equiv \bar{y}$이기에, ②에 의해 $r(\bar{x},\bar{y}) \vDash E_\varphi(\bar{x},\bar{y})$가 성립한다. 그러면 $r(\bar{x},\bar{y})$가 유계이기에, (콤팩트성에 의해) $E_\varphi(\bar{x},\bar{y})$는 유한동등관계이다.
한편 $\bar{c},\bar{d}$가 $p$를 구현하지만, $\bar{c} \not\equiv^{\mathrm{L}} \bar{d}$라 하자. 따라서 어떤 $\phi(\bar{x},\bar{y}) \in r$가 있어서, $\neg\phi(\bar{c},\bar{d})$이다(**). 한편 $\equiv^{\mathrm{L}}$이 추이적이기에, 또한 $\psi(\bar{x},\bar{y}) \in r$가 있어

$$③ \quad \exists \bar{x}, \bar{x}'(\psi(\bar{x},\bar{y}) \wedge \psi(\bar{x},\bar{x}') \wedge \psi(\bar{x}',\bar{z})) \vDash \phi(\bar{y},\bar{z})$$

가 성립한다. 그러면 $\neg E_\psi(\bar{c},\bar{d})$이어야 한다. 이유를 설명하겠다. 우선 중간요건과 ①에 의해 $\sigma_\psi(\bar{c},\bar{c})$이기에, 만일 $E_\psi(\bar{c},\bar{d})$라면, $\sigma_\psi(\bar{c},\bar{d})$가 성립한다. 다시 ①에 의해 $R_\psi(\bar{c},\bar{d})$이기에, $\bar{d}'(\equiv^{\mathrm{L}} \bar{d})$가 있어 $\psi(\bar{x},\bar{c}) \wedge \psi(\bar{x},\bar{d}')$은 나누지 않는다. 따라서 일관적이고, $\exists \bar{x}(\psi(\bar{x},\bar{c}) \wedge \psi(\bar{x},\bar{d}') \wedge \psi(\bar{d}',\bar{d}))$가 성립한다. 그러므로 ③에 의해 $\phi(\bar{c},\bar{d})$가 되기에 (**)와 모순된다.
종합해서, $p(\bar{x}) \wedge p(\bar{y}) \vDash r(\bar{x},\bar{y}) \leftrightarrow \bigwedge_{\varphi \in r} E_\varphi(\bar{x},\bar{y})$를 증명하였다. 따라서 임의의 $\bar{a} \equiv^{s} \bar{b}$에 대하여, $p(\bar{x}) = \mathrm{tp}(\bar{a}) = \mathrm{tp}(\bar{b})$라 하면, $\bigwedge_{\varphi \in r} E_\varphi(\bar{a},\bar{b})$이기에 $\bar{a} \equiv^{\mathrm{L}} \bar{b}$ 라는 결론을 얻는다. □

**보충설명** 11.17

이미 정의 11.4 뒤에서, $T$가 안정이론이면 라스카 타입과 강타입이 같은 개념임을 설명하였다. 사실 모든 안정이론은 낮다(연습문제 §11.5.7). 따라서 정리 11.16은 안정이론에서 라스카 타입과 강타입이 동일함을 재입증한다. 슈퍼단순하지만 낮지 않은 이론은 존재한다. 하지만 모든 슈퍼단순이론에서도 라스카 타입과 강타입이 같음이 알려져 있다. 또한 작은 단순이론에서도 같은 결과가 성립한다[23].

## 11.4 라스카 위상군

이 절에서 자기동형군의 몫군으로 주어지는 라스카 군을 정의하고 관련 성질을 고찰할 것이다. 라스카 타입들에 작용하는 라스카 군은 현대 모델론의 주요 주제 중 하나이기에 이와 관련한 많은 연구가 이루어졌다[25],[5],[23],[44]. 이 절에서는 라스카 군 이

해에 필요한 기본 결과들을 소개할 것이다. 특히 라스카 군이 $T$에만 의존하는 군임을 증명하고, 스톤 위상공간에서 부여되는 몫위상으로, 준콤팩트한 위상군이 되는 것을 보이는 것이 목표다. 또한 라스카 위상군이 콤팩트 (따라서 하우스도르프) 위상군이 될 필요충분조건에 대하여 조사할 것이다. 그중 하나는 라스카 타입과 KP-타입이 일치하는 것이어서, 단순이론에서는 라스카 군이 콤팩트하다는 결론을 얻는다.

이 절에서 논의 전개를 위해, (작은) 집합 $A(\subset \mathcal{M})$를 고정하자.

**정의 11.18**

보충설명 11.2(1)에서처럼 $\mathrm{Autf}(\mathcal{M}/A) \lhd \mathrm{Aut}(\mathcal{M}/A)$이다. 이때 $T$의 $A$ 위 라스카 (자기동형)군 $\mathrm{Gal_L}(\mathcal{M}/A)$을 다음과 같이 $\mathrm{Aut}(\mathcal{M}/A)$의 몫군으로 정의한다.

$$\mathrm{Gal_L}(\mathcal{M}/A) := \mathrm{Aut}(\mathcal{M}/A)/\,\mathrm{Autf}(\mathcal{M}/A).$$

라스카 군이 $\mathcal{M}$의 선택에 의존하지 않고 $T_A$에만 의존하는 것을 곧 확인할 것이다.

**보충설명 11.19**

(1) 정의에 의해 $\mathrm{Gal_L}(\mathcal{M}/A)$는 $\mathcal{M}^\alpha/\bar{x} \equiv^{\mathrm{L}}_A \bar{y}$, 즉 $A$-위 라스카 타입들에 작용한다.

(2) $A \subseteq M \prec \mathcal{M}$라 하자. 임의의 $f, g \in \mathrm{Aut}(\mathcal{M}/A)$에 대하여, 만일 $f(M) \equiv_M g(M)$이라면 $f\,\mathrm{Autf}(\mathcal{M}/A) = g\,\mathrm{Autf}(\mathcal{M}/A) \in \mathrm{Gal_L}(\mathcal{M}/A)$이 성립한다. 왜냐하면 $f(M) \equiv_M g(M)$이기에, $h \in \mathrm{Aut}(\mathcal{M}/M) \leq \mathrm{Autf}(\mathcal{M}/A)$가 있어서 $h(f(M)) = g(M)$이 성립한다. 그러면 $s := g^{-1}hf$에 대하여 $s \restriction M = \mathrm{id}_M$이기에 $s \in \mathrm{Autf}(\mathcal{M}/A)$이다. 따라서 $gs = hf = fh'$인 $h'$이 $\mathrm{Autf}(\mathcal{M}/A)(\lhd \mathrm{Aut}(\mathcal{M}/A))$에 있기 때문이다.

그러므로 $f \in \mathrm{Autf}(\mathcal{M}/A)$이면이, 임의 길이의 $\bar{a}$에 대하여 $\bar{a} \equiv^{\mathrm{L}}_A f(\bar{a})$가 성립한다. 오른쪽 방향: $A$ 위 라스카 타입의 정의에 의해 당연하다. 왼쪽 방향: $\bar{a}$가 $(A \subseteq)M$의 영역을 나열한 짝일 때를 생각하여 $M \equiv^{\mathrm{L}}_A f(M)$이라면, $g \in \mathrm{Autf}(\mathcal{M}/A)$가 있어서 $g(M) = f(M)$이기에, 위 문단에 의해 $f \in g\,\mathrm{Autf}(\mathcal{M}/A) = \mathrm{Autf}(\mathcal{M}/A)$이다.

(주의: $f \in \mathrm{Aut}\,(\mathcal{M}/A)$일 때, 임의의 유한짝 $\bar{a}$에 대하여 $\bar{a} \equiv^{\mathrm{L}}_{A} f(\bar{a})$가 성립해도 $f \notin \mathrm{Autf}\,(\mathcal{M}/A)$일 수 있다[5].)

(3) 뢰벤하임-스콜렘 정리에 의해 (2)의 첫 문단에서 $M$을, 크기가 $\leq |T|+|A|$인 것으로 잡을 수 있다. 그러면 (2)에 의해

$$|\,\mathrm{Gal_L}(\mathcal{M}/A)| \leq |\{\mathrm{tp}(f(M)/M) \mid f \in \mathrm{Aut}(\mathcal{M}/A)\}|$$

이고 따라서

$$|\,\mathrm{Gal_L}(\mathcal{M}/A)| \leq 2^{|T|+|A|}$$

이 성립한다.

이제 이 절의 남은 전개에서, 표기의 **편의상** $A = \varnothing$**이라 가정**하자. 이는 $A$에 이름을 주어 가능하기에 일반성을 잃지 않는다. 따라서 이후의 모델 $M, N(\prec \mathcal{M})$ 등은 사실 $A$를 포함하는 모델들로 이해해야 한다. 다음으로 역시 이 절 끝까지 **모델** $(A \subseteq)M \prec \mathcal{M}$**을 고정**하고, 이 위의 스톤 공간에서 유래하는 위상을 $\mathrm{Gal_L}(\mathcal{M})$에 주려 한다. 또한 이 위상이 $M$의 선택에 무관함을 보일 것이다.

**정의 11.20**

보충설명 11.19(3)에서 사용한 타입들의 집합을

$$S_M(M) := \{\mathrm{tp}(f(M)/M) \mid f \in \mathrm{Aut}(\mathcal{M})\}$$

으로 표기하자. $S_M(M)$에는 이미 $M$ 위의 스톤 위상이 주어져 있다(이 장 도입부 끝 문단). 또한 $\pi : \mathrm{Aut}\,(\mathcal{M}) \to \mathrm{Gal_L}(\mathcal{M})$을 사영이라 하고(즉 $\pi(f) = f\,\mathrm{Autf}\,(\mathcal{M})$),

$$\mu = \mu_M : \mathrm{Aut}\,(\mathcal{M}) \to S_M(M)$$

을 $\mu(f) = \mathrm{tp}(f(M)/M)$인 전사함수라 정의하자. 그러면 보충설명 11.19(2)에 의해, $\pi = \nu \circ \mu$가 성립하는 전사함수 $\nu = \nu_M : S_M(M) \to \mathrm{Gal_L}(\mathcal{M})$가 존재한다. 즉 임의의 $f \in \mathrm{Aut}\,(\mathcal{M})$에 대하여, $\nu(\mathrm{tp}(f(M)/M)) = f\,\mathrm{Autf}\,(\mathcal{M})(\in$

$\mathrm{Gal_L}(\mathcal{M})$)이다.

$$\begin{array}{ccc} \mathrm{Aut}(\mathcal{M}) & \xrightarrow{\mu=\mu_M} & S_M(M) \\ \downarrow{\scriptstyle \pi} & \swarrow{\scriptstyle \nu=\nu_M} & \\ \mathrm{Gal_L}(\mathcal{M}) & & \end{array}$$

이때 $\mathrm{Gal_L}(\mathcal{M})$에 $\nu$로 주어지는 몫위상을 준다. 즉 $C(\subseteq \mathrm{Gal_L}(\mathcal{M}))$가 닫힌 집합이면이 $\nu^{-1}(C)$가 $S_M(M)$에서 타입정의가능하다.

**보조정리 11.21**

$\mathrm{Gal_L}(\mathcal{M})$에 주어진, 정의 11.20의 위상은 $M$의 선택에 의존하지 않는다.

증명 두 모델이 공통으로 기본매입되는 모델이 항상 있기에, 모델 $(M \prec)N \prec \mathcal{M}$에 대하여, $\nu_N : S_N(N) \to \mathrm{Gal_L}(\mathcal{M})$도 $\mathrm{Gal_L}(\mathcal{M})$에 같은 몫위상을 만드는 것을 확인하면 충분하다. 우선 $f \in \mathrm{Aut}\,(\mathcal{M})$에 대하여, $\mathrm{tp}(f(N)/N)(\in S_N(N)) \mapsto \mathrm{tp}(f(M)/M)(\in S_M(M))$인 대응은 $M \prec N$이기에 잘 정의되고 이를 $r : S_N(M) \to S_M(M)$로 두자. 그러면 $\nu_N = \nu_M \circ r$이 성립한다. 한편 $X$가 $S_M(M)$의 닫힌 집합이라면, $M$ 위의 타입 $\Phi(\bar{x})$로 타입정의가능하다. 이때 당연히 $r^{-1}(X) = \{p(\vec{x}) \in S_N(N) \mid \Phi(\bar{x}) \subseteq p(\vec{x})\}$도 $S_N(N)$에서 닫힌 집합이다. 따라서 전사함수 $r$은 콤팩트 스톤 공간 사이에서 연속함수이다(*). 고로 $r$은 닫힌 함수이다(xx쪽 참조).

$$\begin{array}{ccc} S_N(N) & \xrightarrow{\nu_N} & \mathrm{Gal_L}(\mathcal{M}) \\ \downarrow{\scriptstyle r} & \nearrow{\scriptstyle \nu_M} & \\ S_M(M) & & \end{array}$$

이제 $C(\subseteq \mathrm{Gal_L}(\mathcal{M}))$가 $\nu_M$으로 주어진 몫위상의 닫힌 집합이라면, $D := \nu_M^{-1}(C)$는 $S_M(M)$에서 닫힌 집합이다. 따라서 (*)에 의해, $r^{-1}(D)$도 $S_N(N)$에서 닫힌 집합이다. 또한 $r^{-1}(D) = \nu_N^{-1}(C)$이기에, $C$는 $\nu_N$으로 주어진 몫위상의 닫힌 집합도 된다.

역으로 $C$가 $\nu_N$의 몫위상의 닫힌 집합이고, $D' := \nu_N^{-1}(C)$라 하면 이는 $S_N(N)$

에서 닫힌 집합이다. 이때 $r$이 닫힌 함수이기에 $r(D') = \nu_M^{-1}(C)$도 $S_M(M)$에서 닫힌 집합이다. 따라서 $\nu_N$과 $\nu_M$은 $\mathrm{Gal_L}(\mathcal{M})$에 같은 몫위상을 부여한다. □

이제 라스카 군과 이에 주어진 위상이 $T$에만 의존하는 것을 확인하려 한다.

**보조정리 11.22**

$(\mathcal{M} \prec)\mathcal{M}'$이 $|\mathcal{M}|^+$-포화모델이면서 강한 $|\mathcal{M}|^+$-동질모델이라 하자(정리 5.14에 의해 이러한 모델이 있다). 그러면 두 라스카 군 $\mathrm{Gal_L}(\mathcal{M})$와 $\mathrm{Gal_L}(\mathcal{M}')$ 사이에 자연스러운 군동형사상이 있다. 또한 이 군동형사상은 두 군에 주어진 위상 사이의 위상동형사상이기도 하다.

증명 $f \in \mathrm{Aut}\,(\mathcal{M})$라 하자. $\mathcal{M}'$이 강한 $|\mathcal{M}|^+$-동질모델이기에, $f' \restriction \mathcal{M} = f$인 $f' \in \mathrm{Aut}(\mathcal{M}')$이 있다. 또한 역시 $f'' \restriction \mathcal{M} = f$인 또 다른 $f'' \in \mathrm{Aut}(\mathcal{M}')$이 있다면, 당연히 $f'\,\mathrm{Autf}(\mathcal{M}') = f''\,\mathrm{Autf}(\mathcal{M}')(\in \mathrm{Gal_L}(\mathcal{M}'))$이다. 이러한 성질로 인해

$$\alpha : \mathrm{Aut}\,(\mathcal{M}) \to \mathrm{Gal_L}(\mathcal{M}')(f \mapsto f'\,\mathrm{Autf}(\mathcal{M}'))$$

는, 두 자기동형군 사이의 잘 정의된 준동형사상이다.

중간요건 ① $\alpha$는 전사함수이다. ② $\mathrm{Ker}(\alpha) = \mathrm{Autf}\,(\mathcal{M})$이다.

중간요건 증명 ① $g' \in \mathrm{Aut}(\mathcal{M}')$이라 하자. 또한 모델 $M(\prec \mathcal{M})$에 대하여, ($\mathcal{M}$이 적당히 포화되었기에) $M'(\prec \mathcal{M})$이 있어 $g'(M) \equiv_M M'$이 성립한다. 따라서 $M \equiv M'$이기에, $f(M) = M'$인 $f \in \mathrm{Aut}(\mathcal{M})$가 있다. 이제, $\alpha(f) = f'\,\mathrm{Autf}(\mathcal{M}')$라 하면($f' \in \mathrm{Aut}(\mathcal{M}')$이고 $f' \restriction \mathcal{M} = f$), ($\mathcal{M}'$에 대한) 보충설명 11.19(2)에 의해, $f'\,\mathrm{Autf}(\mathcal{M}') = g'\,\mathrm{Autf}(\mathcal{M}')$이다. ①을 증명하였다.
② 우선 $g \in \mathrm{Ker}(\alpha)$라 하자. 즉 $g' \restriction \mathcal{M} = g$인 $g' \in \mathrm{Autf}(\mathcal{M}')$가 있다. 이제 한 모델 $M(\prec \mathcal{M})$을 선택하면, $M \equiv^{\mathrm{L}} g'(M) = g(M) \prec \mathcal{M}$이 성립한다. 따라서 적당한 $h \in \mathrm{Autf}\,(\mathcal{M})$이 있어, $g(M) = h(M)$이다. 그러면 $h^{-1}g \restriction M = \mathrm{id}_M$이기에, $h^{-1}g \in \mathrm{Autf}\,(\mathcal{M})$이다. 그러므로 $g \in \mathrm{Autf}\,(\mathcal{M})$이다. 즉 $\mathrm{Ker}(\alpha) \leq \mathrm{Autf}\,(\mathcal{M})$이다.

역으로 $g \in \mathrm{Autf}(\mathcal{M})$이면, $g$를 확대한 $g'$이 $\mathrm{Autf}(\mathcal{M}')$에 있기에 $\mathrm{Autf}(\mathcal{M}) \leq \mathrm{Ker}(\alpha)$이 성립한다. 중간요건을 증명하였다. □

중간요건과 준동형사상정리에 의해 $\alpha$로 생성되는 군동형사상

$$\hat{\alpha} : \mathrm{Gal_L}(\mathcal{M}) \to \mathrm{Gal_L}(\mathcal{M}')$$

이 있다. 이때

$$\begin{aligned} &\mathrm{tp}(f(M)/M) = \mathrm{tp}(f'(M)/M)(\in S_M(M)) \mapsto \\ &f\,\mathrm{Aut}(\mathcal{M}) \mapsto \hat{\alpha}(f\,\mathrm{Aut}(\mathcal{M})) = f'\,\mathrm{Autf}(\mathcal{M}'), \end{aligned}$$

곧 $\hat{\alpha} \circ \nu_{M,\mathcal{M}} = \nu_{M,\mathcal{M}'}$이다. 따라서 $\hat{\alpha}$는 또한, $\mathrm{Gal_L}(\mathcal{M})$과 $\mathrm{Gal_L}(\mathcal{M}')$에 주어진 몫위상의 위상동형사상이다. □

주어진 두 모델이 공통으로 기본매입되는 모델을 항상 찾을 수 있기에, 위 보조정리에서 다음 따름정리를 바로 얻는다.

**따름정리 11.23** 라스카 군 $\mathrm{Gal_L}(\mathcal{M})$과 이의 위상은 $\mathcal{M}$의 선택에 의존하지 않는다.

따라서 앞으로 $\mathrm{Gal_L}(\mathcal{M}/A)$나 $\mathrm{Gal_L}(\mathcal{M})$ 대신에, $\mathrm{Gal_L}(T_A)$나 $\mathrm{Gal_L}(T)$를 사용한다. 이 절의 주 목표는 다음 정리를 증명하는 것이다.

**정리 11.24**

$\mathrm{Gal_L}(T)$는 정의 11.20의 위상에 의해, 준콤팩트quasi-compact한 위상군이 된다.

$\nu : S_M(M) \to \mathrm{Gal_L}(T)$가 연속함수이고 $S_M(M)$은 콤팩트공간이기에 $\mathrm{Gal_L}(T)$의 위상은 준콤팩트하다. 하지만 일반적으로 하우스도르프가 아니어서 콤팩트하지 않을 수 있다[5]. 이제 정리 11.30의 증명까지, $G := \mathrm{Gal_L}(T)$라 놓자. 또한 $f \in \mathrm{Aut}(\mathcal{M})$에 대하여, $f\,\mathrm{Autf}(\mathcal{M}) \in \mathrm{Gal_L}(T)$를 $\overline{f}$로 표기하자. 차례로 $G$의 역사상과 연산이 연속임을 보일 것이다.

**보조정리 11.25**

$G$에서 역사상, 즉 $\overline{f}(\in G) \mapsto \overline{f^{-1}}(\in G)$인 대응은 연속이다.

증명 $C(\subseteq G)$를 $G$의 임의의 닫힌 집합이라 하자. $B := \{\overline{f} \in G \mid \overline{f^{-1}} \in C\}$가 $G$에서 닫힌 집합임을 보이면 된다. 우선 $\nu^{-1}(C)$가 $S_M(M)$의 닫힌 집합이기에, 이는 적당한 $M$ 위의 타입 $\Phi(\bar{y})$에 의해 타입정의된다.
한편 $\Psi(\bar{x}) := \exists \bar{y}(\Phi(\bar{y}) \ \wedge \ \bar{x}M \equiv M\bar{y})$라 놓자. 그러면 $\Psi(\bar{x})$도 $M$ 위의 타입이기에

$$B_0 := \{p(\bar{x}) \in S_M(M) \mid \Psi(\bar{x}) \subseteq p(\bar{x})\}$$

라 하면, 이는 $S_M(M)$의 닫힌 집합이다. 이제 $B_0 = \nu^{-1}(B)$인 것을 보이면 충분하다.
만일 $q(\bar{x}) = \mathrm{tp}(M_0/M) \in B_0$라면, $M_0$은 $\Psi(\bar{x})$를 구현하기에, $\Phi(\bar{y})$를 구현 하는 $M_1$이 있어서 $M_0M \equiv MM_1$이 성립한다. 그러면 $\mathrm{tp}(M_1/M) \in \nu^{-1}(C)$이고, 또한 $f(MM_1) = M_0M$인 $f(\in \mathrm{Aut}\,(\mathcal{M}))$가 있다. 따라서 $f^{-1}(M) = M_1$이기에, $\overline{f^{-1}} = \nu(\mathrm{tp}(f^{-1}(M)/M)) \in \nu(\nu^{-1}(C)) = C$이다. 그러므로 $\overline{f} \in B$이고, $q(\bar{x}) = \mathrm{tp}(f(M)/M)$이기에 $q \in \nu^{-1}(B)$가 성립한다.
역으로 $q'(\bar{x}) = \mathrm{tp}(M'/M) \in \nu^{-1}(B)$라 하자. 이때 $g(M) = M'$인 $g \in \mathrm{Aut}\,(\mathcal{M})$에 대하여, $\overline{g} \in B$이다. 따라서 $\overline{g^{-1}} \in C$이고 $g^{-1}(M)$은 $\Phi(\bar{y})$를 구현한다. 그러면 $g^{-1}(M'M) = Mg^{-1}(M)$이기에 $M'M \equiv Mg^{-1}(M)$이고, $M'$은 $\Psi(\bar{x})$를 구현한다. 따라서 $\mathrm{tp}(M'/M) = q' \in B_0$이다. □

지금부터 $G$의 연산$((\overline{f}, \overline{g})(\in G \times G) \mapsto \overline{fg})$이 연속임을 증명하려는 준비 과정을 거칠 것이다.

**보충설명** 11.26

(1) $\Gamma(\bar{x}_0, \bar{x}_1)$을, $\bar{x}_0, \bar{x}_1$으로 시작하는 균질열이 있다는 것을 의미하는 $\varnothing$ 위의

타입이라 하자. 즉,

$$\Gamma(\bar{x}_0, \bar{x}_1) := \exists \bar{x}_2, \bar{x}_3, \dots (\bar{x}_0 \dots \bar{x}_n \equiv \bar{x}_{i_0} \dots \bar{x}_{i_n} \mid i_0 < \cdots < i_n \in \omega,\ 1 \le n)$$

이다. 그러면 보조정리 11.3에서와 같이, $\bar{x} \equiv^{\mathrm{L}} \bar{y}$는 $\Gamma(\bar{x}, \bar{y})$의 추이적 폐포(즉, $\bar{x} \equiv^{\mathrm{L}} \bar{y}$이면이 $\bigvee_{0<m<\omega} \exists \bar{x}_0 \dots \bar{x}_m(\bar{x} = \bar{x}_0 \wedge \Gamma(\bar{x}_0, \bar{x}_1) \wedge \cdots \wedge \Gamma(\bar{x}_{m-1}, \bar{x}_m) \wedge \bar{x}_m = \bar{y})$)이다. 한편 임의의 논리식 $\varphi(\bar{x}', \bar{y}') \in \Gamma(\bar{x}, \bar{y})$에 대하여, ($x = x$, $y = y$ 등을 논리곱으로 붙여도 되기에) $\bar{y}'$은 유한짝 $\bar{x}'$에 상응하는 같은 길이의 짝이라 해도 무방하다. 또한 $\Gamma$는 유한논리곱에 닫혀 있으며, 임의의 $\varphi \in \Gamma(\bar{x}, \bar{y})$는 반사적(곧 $\models \varphi(\bar{x}', \bar{x}')$)이고 대칭적이라 할 수 있다(정리 11.16 증명 둘째 문단 참조).

(2) 이제 $\delta(\bar{x}', \bar{y}') \in \Gamma$라 하자. 그러면 다음이 성립하는 $k = k_\delta \in \omega$가 있다. 즉, 만일 임의의 $\bar{c}_0, \dots, \bar{c}_m$에 대하여, $i < j \le m$이면 언제나 $\neg\delta(\bar{c}_i, \bar{c}_j)$가 성립한다면, $m \le k$이다. 왜냐하면, 이러한 $k$가 없다면, 콤팩트성과 램지 정리를 통해 $\neg\delta(\bar{b}'_0, \bar{b}'_1)$이 성립하는 균질열 $\langle \bar{b}_i \mid i < \omega \rangle$을 ($\bar{b}'_i \subseteq \bar{b}_i$, $i = 0, 1$) 찾을 수 있다. 그러면 $\Gamma(\bar{b}_0, \bar{b}_1)$이 성립해야 하기에 모순이 발생한다.

(3) 주어진 $p_0, p_1 \in S_M(M)$에 대하여, $\nu(p_0) = \nu(p_1)$임을 $p_0 \approx p_1$로 표기하자. 그러면 다음은 동등하다.

(a) $p_0 \approx p_1$.

(b) $p_i$를 구현하는 $M_i$가 있어($i = 0, 1$), $M_0 \equiv^{\mathrm{L}} M_1$가 성립한다.

(c) $p_i$를 구현하는 임의의 $M_i$에 대하여($i = 0, 1$), $M_0 \equiv^{\mathrm{L}} M_1$이다.

간략히 이유를 살펴보자. 만일 $M_i$가 $p_i$를 구현하면($i = 0, 1$), $f_i(M) = M_i$인 $f_i \in \mathrm{Aut}\,(\mathcal{M})$가 있다. 우선 $p_0 \approx p_1$라면, $\overline{f_0} = \overline{f}_1$이기에 $f_0 = gf_1$인 $g \in \mathrm{Autf}\,(\mathcal{M})$가 있다. 따라서 $M_0 = f_0(M) = g(f_1(M)) = g(M_1)$이기에 $M_0 \equiv^{\mathrm{L}} M_1$이다. 나머지와 역도 같은 이유로 곧장 성립한다(연습문제 §11.5.8).

(4) 주어진 $p \in S_M(M)$에 대하여,

$$D[p] := \{q(\bar{x}) \in S_M(M) \mid \exists \bar{y}(p(\bar{y}) \wedge \Gamma(\bar{x}, \bar{y})) \subseteq q(\bar{x})\}$$

라 정의하자. 그러면 $D[p]$는 $S_M(M)$의 닫힌 집합이고 따라서 콤팩트하다. 또한 $q \in D[p]$이면, (3)에 의해 $p \approx q$, 즉 $\nu(p) = \nu(q)$이 성립한다.

(5) 논리식 $\delta(\bar{x}', \bar{y}') \in \Gamma(\bar{x}, \bar{y})$에 대하여,

$$D_\delta[p] := \{q(\bar{x}) \in S_M(M) \mid \exists \bar{y}(p(\bar{y}) \wedge \delta(\bar{x}', \bar{y}')) \subseteq q(\bar{x})\}$$

라 하자. 당연히 $p \in D[p] = \bigcap_{\delta \in \Gamma} D_\delta[p]$가 성립한다(연습문제 §3.4.9 참조). 따라서 콤팩트성에 의해, 만일 $O$가 $S_M(M)$의 열린 부분집합이라면, $D[p] \subseteq O$이면이 적당한 $\delta \in \Gamma$에 대하여 $D_\delta[p] \subseteq O$가 성립한다(연습문제 §11.5.8).

(6)

$$S_{M^2}(M) := \{\mathrm{tp}(f(M), g(M)/M) \mid f, g \in \mathrm{Aut}\,(\mathcal{M})\}$$

이라 두자. 그러면 $r(\mathrm{tp}(M_0 M_1/M)) = (\mathrm{tp}(M_0/M), \mathrm{tp}(M_1/M))$로 정의된 함수

$$r : S_{M^2}(M) \to S_M(M) \times S_M(M)$$

은, 두 콤팩트 공간 사이의 연속함수이기에, 닫힌 함수이다(xx쪽 참조).

**보조정리 11.27**

$p(\bar{x}) \in S_M(M)$일 때, 모든 $\delta \in \Gamma$에 대하여 $p \in \mathrm{int}(D_\delta[p])$이다.

증명 보충설명 11.26(2)에 의해, $p$를 구현하는 $M_0, \ldots, M_k$가 있어서, $p$를 구현하는 모든 $M'$에 대하여 적당한 $i \leq k$가 있어 $\delta(\bar{m}_i, \bar{m}')$이 성립한다($\bar{m}_i \in M_i$,

$\bar{m}' \in M'$). 즉

$$p(\bar{x}) \models \bigvee_{i \le k} \delta(\bar{m}_i, \bar{x}')$$

이 성립한다. 따라서 논리식 $\psi(\bar{x}') \in p$이 있어서 $\psi(\bar{x}') \models \bigvee_{i \le k} \delta(\bar{m}_i, \bar{x}')$이다 (*).

그러면 $p$를 원소로 가지는 열린 집합 $[\psi](= \{q \in S_M(M) \mid \psi \in q\})$는 $D_\delta[p]$의 부분집합이다. 왜냐하면 만일 $q \in [\psi]$이면, (*)에 의해 $q$를 구현하는 임의의 모델 $N$에 대하여 $j \le k$가 있어 $\delta(\bar{m}_j, \bar{n})$이 성립한다($\bar{n} \in N$). 따라서 $q \in D_\delta[p]$이기에, 결국 $p \in \mathrm{int}(D_\delta[p])$임을 증명하였다. □

$S_M(M)$의 특정 열린 집합에 대한 다음 보조정리의 분석은 정리 11.30의 증명에 결정적 역할을 한다.

**보조정리 11.28**

주어진 $W(\subseteq S_M(M))$가 $\approx$에 닫혀 있다고 하자. 즉 $W = \nu^{-1}(\nu(W))$이다. 이때 $O := \mathrm{int}(W)$, $U := \{p \in S_M(M) \mid D[p] \subseteq O\}(\subseteq O)$라 두면, 다음이 성립한다.

(1) 임의의 $p \in O$에 대하여, 아래 요건들은 동등하다.

  (a) $\nu^{-1}(\nu(p)) \subseteq O$이다. 즉 $p' \approx p$이면 $p' \in O$이다.

  (b) $D[p] \subseteq O$이다.

  (c) $D_\delta[p] \subseteq O$인 $\delta \in \Gamma$가 있다.

(2) $U = \{p \in S_M(M) \mid \nu^{-1}(\nu(p)) \subseteq O\}$가 성립한다. 따라서 $U = \nu^{-1}(\nu(U))$이다. 또한 $U$는 열린 집합이다.

증명 (1) 보충설명 11.26(4),(5)에 의해 이미 (a)⇒(b)⇔(c)가 성립한다. 이제 (b)를 가정하고 (a)를 보이자. 우선 $p(\bar{x}) = \mathrm{tp}(N/M)$이라 하자. 가정에 의해 $D_\delta[p] \subseteq O$인 $\delta \in \Gamma$가 있다(*). 임의의 $p'(\bar{x}) = \mathrm{tp}(N'/M)(\approx p)$에 대하여,

$p' \in O$임을 논증하자.

중간요건 $D_\delta[p'] \subseteq W$가 성립한다.

중간요건 증명 보충설명 11.26(3)에 의해 $N \equiv^{\mathrm{L}} N'$이기에, $f(N') = N$이 되는 $f \in \mathrm{Autf}(\mathcal{M})$이 있다. 이제 $q' \in D_\delta[p']$라 하고 $q' \in W$임을 보이면 된다. 우선 $q'$를 구현하는 모델 $(\bar{\ell}' \in)L'$과 $\bar{n}' \in N'$이 있어서 $\delta(\bar{n}', \bar{\ell}')$이 성립한다. 따라서 $\delta(f(\bar{n}'), f(\bar{\ell}'))$도 성립한다. 여기서 $L := f(L')$로 두고(고로 $f(\bar{n}') \in N$, $f(\bar{\ell}') \in L$), $q := \mathrm{tp}(L/M)$이라 하자(**). 그러면 $q \in D_\delta[p]$이고, (*)에 의해 $q \in W$이다. 또한 (**)와 보충설명 11.26(3)에 의해 $q' \approx q$이고, $W$가 $\approx$에 닫혀 있기에 $q' \in W$이다. 중간요건을 증명하였다. □

중간요건과 보조정리 11.27에 의해, 원하던 대로 $p' \in \mathrm{int}(D_\delta[p']) \subseteq O = \mathrm{int}(W)$가 성립한다.

(2) 나머지는 (1)에서 따르기에, $U$가 열린 집합인 것만 증명하면 된다. 우선 열린 집합 $O$가 $M$ 위의 논리식들 $\psi_i$에 대하여 $\bigcup_{i<\lambda}[\psi_i]$로 주어졌다고 하자. 따라서

$$S_M(M) \smallsetminus O = \{r \in S_M(M) \mid \{\neg\psi_i \mid i < \lambda\} \subseteq r\}$$

이다. 한편 $U$의 정의에 의해, 임의의 $q \in S_M(M)$에 대하여

$q \notin U$이면이, $D[q] \not\subseteq O$이면이, $q(\bar{x}) \wedge \Gamma(\bar{x}, \bar{y}) \wedge \{\neg\psi_i(\bar{y})\}_{i<\lambda}$이 일관적이다.

따라서

$$S_M(M) \smallsetminus U = \{q \in S_M(M) \mid \exists \bar{y}(\Gamma(\bar{x}, \bar{y}) \wedge \{\neg\psi_i(\bar{y}) \mid i < \lambda\}) \subseteq q(\bar{x})\}$$

는 닫힌 집합이다. □

**따름정리 11.29** $O$가 $S_M(M)$의 열린 부분집합일 때, 만일 $(p \in)D[p] \subseteq O$이면 $\nu(p) \in \mathrm{int}(\nu(O)) \subseteq G$이다.

증명 $W := \nu^{-1}(\nu(O))$라 하자. 그러면 $W$는 $\approx$에 닫혀 있고, 당연히 $O \subseteq \text{int}(W)$이다. 그러면 보조정리 11.28에 의해 $(p \in)U := \{q \in S_M(M) \mid D[q] \subseteq \text{int}(W)\}$는 열린 집합이고 $\nu^{-1}(\nu(U)) = U$이다. 따라서 $\nu(U)$는 $G$의 열린 부분집합이다. 또한 $\nu(p) \in \nu(U) \subseteq \nu(W) = \nu(O)(\subseteq G)$이기에, $\nu(p) \in \text{int}(\nu(O))$가 성립한다. □

이제 정리 11.24의 증명을 완결하는 다음 정리를 증명할 수 있다.

**정리 11.30**

군 $G = \text{Gal}_{\text{L}}(T)$의 연산은 연속이다.

증명 $C$가 $G = (G, \circ)$의 닫힌 부분집합이라 하자. $B := \circ^{-1}(C) = \{(\overline{f}, \overline{g}) \in G \times G \mid \overline{fg} \in C\}$가 $G^2$에서 닫힌 집합임을 보이면 된다. $C$가 닫힌 집합이기에 $\nu^{-1}(C)(\subseteq S_M(M))$를 타입정의하는 $M$ 위의 타입 $\Phi(\bar{x})$가 있다. 이제 $B_0 := \{(p, q) \in S_M(M)^2 \mid (\nu(p), \nu(q)) \in B\}$라 하자.

중간요건

① $B_0$는 $\approx$에 닫혀 있다. 즉, $(p_0, p_1) \in B_0$이고 $q_i \approx p_i$이면$(i = 0, 1)$, $(q_0, q_1) \in B_0$이다.

② $B_0$는 $S_M(M)^2$의 닫힌 집합이다.

중간요건 증명 ①은 $B_0$의 정의에 의해 자연히 따른다.

② 우선 $\Psi(\bar{x}, \bar{y}) := \exists \bar{z}(\bar{x}\bar{z} \equiv M\bar{y} \wedge M \equiv \bar{y} \wedge \Phi(\bar{z}))$라 놓고 $B_1(\subseteq S_{M^2}(M))$을 $\Psi(\bar{x}, \bar{y})$로 타입정의되는 닫힌 집합이라 하자. 즉

$$B_1 := \{p(\bar{x}, \bar{y}) \in S_{M^2}(M) \mid \Psi(\bar{x}, \bar{y}) \subseteq p(\bar{x}, \bar{y})\}$$

이다. 이제 보충설명 11.26(6)에 의해, $r(B_1) = B_0$임을 증명하면 충분하다. 먼저 $r(B_1) \subseteq B_0$을 보이기 위해, $\text{tp}(M_0M_1/M) \in B_1$이라 가정하자. 따라서 $M \equiv M_1$이고, $M_0M_2 \equiv MM_1$이면서 $\text{tp}(M_2/M) \in \nu^{-1}(C)$인 $M_2$가 있다.

그러면 $f, g \in \mathrm{Aut}(\mathcal{M})$이 있어서, $g(M) = M_1$이고 $f(MM_1) = M_0M_2$가 성립한다. 따라서 $fg(M) = f(M_1) = M_2$이고 $\overline{fg} \in C$이다. 그러므로 원하던 대로,

$$\begin{aligned} r(\mathrm{tp}(M_0M_1/M)) &= (\mathrm{tp}(M_0/M), \mathrm{tp}(M_1/M)) \\ &= (\mathrm{tp}(f(M)/M), \mathrm{tp}(g(M)/M)) \in B_0 \end{aligned}$$

이다.

역으로 $B_0 \subseteq r(B_1)$을 보이기 위해, $(\mathrm{tp}(M_0/M), \mathrm{tp}(M_1/M)) \in B_0$이라 하고, $M_0 = f(M)$, $M_1 = g(M)$이라 하자($f, g \in \mathrm{Aut}(\mathcal{M})$). 따라서 $(\overline{f}, \overline{g}) \in B$이고 $\overline{fg} \in C$이다. 그러므로 $fg(M) = M_2$라 놓으면 $M_2$는 $\Phi(\bar{x})$를 구현한다. 또한 $M_0M_2 = f(Mg(M)) = f(MM_1) \equiv MM_1$이기에 $M_0M_1$은 $\Psi(\bar{x}, \bar{y})$를 구현하고, $\mathrm{tp}(M_0M_1/M) \in B_1$이다. 결국 $B_0 \subseteq r(B_1)$도 성립하여 중간요건 증명을 완료하였다. □

이제 $B$가 $G^2$의 닫힌 집합임을 증명할 준비가 되었다. 먼저 $(\overline{f_0}, \overline{f_1}) \in G^2 \setminus B$라 하고($f_0, f_1 \in \mathrm{Aut}(\mathcal{M})$), $W := \{(p, q) \in S_M(M)^2 \mid \nu(p) = \overline{f_0},\ \nu(q) = \overline{f_1}\}$라 하자. 따라서 $B_0 \cap W = \varnothing$이고, $W$는 $\approx$에 닫혀 있다. 이제 $(p_0, p_1) \in W$을 고정하자. 그러면 보충설명 11.26(4)에 의해, $D[p_0] \times D[p_1] \subseteq W$이다. 이때 $D[p_0] \times D[p_1]$와 (중간요건에 의해) $B_0$ 모두 $S_M(M)^2$의 닫힌 집합이기에 콤팩트하다. 따라서 $B_0 \cap (U_0 \times U_1) = \varnothing$이 성립하는 열린 집합 $(D[p_i] \subseteq) U_i (\subseteq S_M(M))$가 $(i = 0, 1)$ 있다(xx쪽 참조). 그러면 따름정리 11.29에 의해, $O_i := \mathrm{int}(\nu(U_i)) \subseteq G$라 할 때, $\nu(p_i) = \overline{f_i} \in O_i$가 성립한다. 특히 $(\overline{f_0}, \overline{f_1}) \in O_0 \times O_1$이다. 또한 중간요건 ①에 의해,

$$B_0 \cap [\nu^{-1}(\nu(U_0)) \times \nu^{-1}(\nu(U_0))] = \varnothing$$

도 성립한다. 따라서 $B \cap (O_0 \times O_1) = \varnothing$이어야 하기에, $B$는 닫힌 집합이고 증명을 완료하였다. □

### 11.4.1 라스카 군의 몫군

여기서는 KP-타입, 강타입과 연관성을 가지는, 라스카 군의 부분군 또는 몫군들에 대하여 조사한다. 예를 들어 라스카 군의 닫힌 정규부분군에서 생성되는 궤도동등관

계가 타입정의가능함을 보일 것이다. 이를 KP-타입에 적용하여, 라스카 군이 콤팩트 위상군이 되는 여러 조건들을 얻는다. 여기서 자유롭게 사용할 위상군에 대한 기본 사실들은 xx쪽이나 [20],[16] 등을 참고하기 바란다.

**정의 11.31**

(1) 위상군 $\mathrm{Gal_L}(T)$의 항등원 id는 물론 $\mathrm{Autf}\,(\mathcal{M})$을 의미하고, 이의 폐포closure인 $\overline{\{\mathrm{id}\}}$는 $\mathrm{Gal_L}(T)$의 닫힌 정규부분군normal subgroup이다.

(2) $\mathrm{Gal_L}(T)$에서 id를 포함하는 연결성분connected component을 $\mathrm{Gal^0_L}(T)$로 표기한다. 따라서 $\overline{\{\mathrm{id}\}} \lhd \mathrm{Gal^0_L}(T)$이고, $\mathrm{Gal^0_L}(T)$ 또한 $\mathrm{Gal_L}(T)$의 닫힌 정규부분군이다.

(3) 사영 $\pi : \mathrm{Aut}\,(\mathcal{M}) \to \mathrm{Gal_L}(T)$를 다시 생각하자. 이때 각각

$$\mathrm{Autf_{KP}}\,(\mathcal{M}) := \pi^{-1}(\overline{\{\mathrm{id}\}}),\ \ \mathrm{Autf_S}\,(\mathcal{M}) := \pi^{-1}(\mathrm{Gal^0_L}(T))$$

라 정의한다. 따라서 $\mathrm{Autf}\,(\mathcal{M}) \lhd \mathrm{Autf_{KP}}\,(\mathcal{M}) \lhd \mathrm{Autf_S}\,(\mathcal{M})$이 성립하고, 모두는 $\mathrm{Aut}\,(\mathcal{M})$의 정규부분군이다.

(3) 또한 라스카 위상군의 몫군

$$\mathrm{Gal_{KP}}(T) := \mathrm{Gal_L}(T)/\overline{\{\mathrm{id}\}} = \mathrm{Aut}\,(\mathcal{M})/\,\mathrm{Autf_{KP}}\,(\mathcal{M}),$$

$$\mathrm{Gal_S}(T) := \mathrm{Gal_L}(T)/\,\mathrm{Gal^0_L}(T) = \mathrm{Aut}\,(\mathcal{M})/\,\mathrm{Autf_S}\,(\mathcal{M})$$

을 정의한다.

(4) $T$가 $(A = \varnothing$ 위로) G-콤팩트하다는 것은 $\mathrm{Gal_L}(T)$가 콤팩트(즉, 하우스도르프 준콤팩트)위상군이라는 것이다.

**보충설명** 11.32

위상군 $H \lhd G$가 있을 때, $G/H$가 하우스도르프일 필요충분조건은 $H$가 $G$의 닫힌 부분군인 것이다. 따라서 $\mathrm{Gal}_{\mathrm{KP}}(T)$, $\mathrm{Gal}_{\mathrm{S}}(T)$ 모두 콤팩트위상군이다. 특히 $\mathrm{Gal}_{\mathrm{S}}(T)$는 완전분리[totally disconnected]되었기에 사영유한군[profinite group]이다.

따라서 $T$가 G-콤팩트이면이, $\{\mathrm{id}\}$는 $\mathrm{Gal}_{\mathrm{L}}(T)$의 닫힌 집합이면이, $\mathrm{Autf}(\mathcal{M}) = \mathrm{Autf}_{\mathrm{KP}}(\mathcal{M})$이면이, $\mathrm{Gal}_{\mathrm{L}}(T)$와 $\mathrm{Gal}_{\mathrm{KP}}(T)$는 동형인 위상군이다. 모든 단순이론은 G-콤팩트하다(따름정리 11.11, 11.38).

여기서 이 절의 남은 전개를 위해, $\mathrm{Gal}_{\mathrm{L}}(T)$의 닫힌 정규부분군 $H'$을 고정하자. 그리고 $H = \pi^{-1}(H')$를 $\mathrm{Aut}(\mathcal{M})$의 정규부분군이라 하자. 이때 $H$-궤도동등관계를 $\equiv^H$로 표기하자. 즉 $\bar{a}, \bar{b} \in \mathcal{M}^\alpha$에 대하여 $\bar{a} \equiv^H \bar{b}$란 $\bar{b} = f(\bar{a})$인 동형사상 $f \in H$가 있다는 것이다. 우선 알 수 있는 것은 $H \lhd \mathrm{Aut}(\mathcal{M})$이기에 $\equiv^H$는 $\varnothing$-불변이다(연습문제 §11.5.1). 이외 $\bar{x} \equiv^H \bar{y}$의 여러 특성(정리 11.34, 11.36)을 고찰할 것이다. 특히 $H$가 $\mathrm{Autf}_{\mathrm{KP}}(\mathcal{M})$이거나 $\mathrm{Autf}_{\mathrm{S}}(\mathcal{M})$일 때, $\equiv^H$가 각각 $\equiv^{\mathrm{KP}}$, $\equiv^s$와 같음을 보일 것이다(따름정리 11.37, 11.40). 이는 $\mathrm{Autf}_{\mathrm{KP}}(\mathcal{M})$와 $\mathrm{Autf}_{\mathrm{S}}(\mathcal{M})$의 표기에 정당성을 부여한다. $E(\bar{x}, \bar{y})$가 $\mathcal{M}^\alpha$에서 불변인 동등관계일 때 $\mathrm{Aut}(\mathcal{M}/\bar{a}_E)$는 물론, 동등류 $\bar{a}/E$를 고정하는 자기동형사상을 다 모은 $\{f \in \mathrm{Aut}(\mathcal{M}) \mid E(\bar{a}, f(\bar{a}))\}$를 뜻한다.

**보조정리 11.33**

$\bar{a} \in \mathcal{M}^\alpha$이고, $G \le \mathrm{Aut}(\mathcal{M})$이며, $\mathcal{X}(\subseteq \mathcal{M}^\alpha)$는 $\bar{a}$의 $G$-궤도라 하자. 다음 조건들은 동등하다.

(1) $G = \mathrm{Aut}(\mathcal{M}/\bar{a}_E)$인, $\varnothing$-타입정의되는 $\mathcal{M}^\alpha$에서의 동등관계 $E(\bar{x}, \bar{y})$가 있다.

(2) $\mathrm{Aut}(\mathcal{M}/\bar{a}) \le G$이고, $\mathcal{X}$는 타입정의가능하다.

증명 (1)⇒(2) 우선 당연하게 $\mathrm{Aut}(\mathcal{M}/\bar{a}) \le \mathrm{Aut}(\mathcal{M}/\bar{a}_E)$가 성립한다. 또한 (1)에 의해, $\mathcal{X}$는 $\mathrm{tp}_{\bar{x}}(\bar{a}) \wedge E(\bar{x}, \bar{a})$로 타입정의된다.

(2)⇒(1) 우선 $\mathcal{X}$는 $G$-불변(즉 모든 $g \in G$에 대하여 $\mathcal{X} = \{g(\bar{a}) \mid \bar{a} \in \mathcal{X}\}$)이기에, (2)에 의해 $\mathcal{X}$는 $\bar{a}$-불변이고, 따라서 $\bar{a}$-타입정의가능하다(연습문제 §9.6.16). 즉 예를 들어 $\mathcal{X}$가 $\Gamma(\bar{x}, \bar{a})$로 타입정의된다고 하자. 물론 그러면 $\Gamma(\bar{x}, \bar{y})$는 $\varnothing$ 위의 타입이고 $\bar{x}, \bar{y}$의 길이는 모두 $\alpha$다.

중간요건 $\Gamma(\bar{x}, \bar{y})$는 $p(\bar{x}) := \mathrm{tp}(\bar{a})$ 안에서 $\varnothing$-타입정의되는 동등관계다.

중간요건 증명 ① 당연히 $\bar{a} \in \mathcal{X}$이기에, $\Gamma(\bar{a}, \bar{a})$가 성립하고, 따라서 $p(\bar{x})$를 구현하는 모든 $\bar{c}$에 대하여 $\models \Gamma(\bar{c}, \bar{c})$이다. 즉 반사성이 성립한다.
② $p(\bar{x})$를 구현하는 $\bar{c}, \bar{d}$에 대하여. $\Gamma(\bar{c}, \bar{d})$라 하자. 그러면 $p$를 구현하는 $\bar{c}'$이 있어, $\bar{c}\bar{d} \equiv \bar{c}'\bar{a}$가 성립한다. 따라서 $\Gamma(\bar{c}', \bar{a})$, 즉 $\bar{c}' \in \mathcal{X}$이기에 $\bar{c}' = g(\bar{a})$인 $g \in G$가 있다. 이때 $g^{-1}(\bar{a}) \in \mathcal{X}$, 즉 $\Gamma(g^{-1}(\bar{a}), \bar{a})$가 성립하기에 $\Gamma(\bar{a}, g(\bar{a}))$도 성립한다. 곧, $\Gamma(\bar{a}, \bar{c}')$이기에 $\Gamma(\bar{d}, \bar{c})$가 성립하여 대칭성을 증명하였다.
③ $p(\bar{x})$를 구현하는 $\bar{b}, \bar{c}, \bar{d}$에 대하여 $\Gamma(\bar{b}, \bar{c})$이고 $\Gamma(\bar{c}, \bar{d})$라 하자. 이때 $p$를 구현하는 $\bar{b}', \bar{c}'$이 있어, $\bar{b}'\bar{c}'\bar{a} \equiv \bar{b}\bar{c}\bar{d}$가 성립한다. 따라서 $\Gamma(\bar{b}', \bar{c}')$, $\Gamma(\bar{c}', \bar{a})$이고, $f \in G$가 있어 $\bar{c}' = f(\bar{a})$이다. 그러면 $\Gamma(f^{-1}(\bar{b}'), f^{-1}(\bar{c}'))$, 곧 $\Gamma(f^{-1}(\bar{b}'), \bar{a})$이고 $g(\bar{a}) = f^{-1}(\bar{b}')$인 $g \in G$가 있다. 따라서 $\bar{b}' = fg(\bar{a}) \in \mathcal{X}$이고, $\Gamma(\bar{b}', \bar{a})$가 성립하기에, $\Gamma(\bar{b}, \bar{d})$도 성립하여 추이성을 증명하였다. □

이제 $E(\bar{x}, \bar{y}) := (p(\bar{x}) \wedge p(\bar{y}) \wedge \Gamma(\bar{x}, \bar{y})) \vee \bar{x} = \bar{y}$라 두면, $E$는 $\mathcal{M}^{\alpha}$에서 $\varnothing$-타입정의되는 동등관계이다. 그러면, $G = \mathrm{Aut}(\mathcal{M}/\bar{a}_E)$이어야 한다. 이유는, 우선 $f \in G$라면 $\Gamma(f(\bar{a}), \bar{a})$이기에 $E(f(\bar{a}), \bar{a})$이고, 따라서 $f \in \mathrm{Aut}(\mathcal{M}/\bar{a}_E)$이다. 역으로 $f \in \mathrm{Aut}(\mathcal{M}/\bar{a}_E)$이면, $E(f(\bar{a}), \bar{a})$이고 $\Gamma(f(\bar{a}), \bar{a})$이기에, 적당한 $g \in G$가 있어 $g(\bar{a}) = f(\bar{a})$이다. 즉 $g^{-1}f(\bar{a}) = \bar{a}$이고, (2)에 의해 $g^{-1}f \in G$이기에 $f \in G$가 성립한다. □

**정리 11.34**

$\bar{x} \equiv^{H} \bar{y}$는 ($\mathcal{M}^{\alpha}$에서) $\varnothing$-타입정의가능한 유계의 동등관계다.

증명 $H'$이 $\mathrm{Gal_L}(T)$의 닫힌 부분군이기에, $\nu^{-1}(H') = \{\mathrm{tp}(h(M)/M) \mid h \in H\}$는 $S_M(M)$의 닫힌 집합이다. 즉 $\mathrm{Card}(M) = \kappa$라 할 때, $M$의 $H$-궤도 $\{h(M) \mid h \in H\}(\subseteq \mathcal{M}^\kappa)$는 $M$-타입정의가능하다. 또한 당연히 $\mathrm{Aut}(\mathcal{M}/M) \leq \mathrm{Autf}(\mathcal{M}) \leq H$가 성립한다. 따라서 보조정리 11.33에 의해, $H = \mathrm{Aut}(\mathcal{M}/M_E)$가 되는, $\varnothing$-타입정의가능한 동등관계 $E(\bar{z}, \bar{w})$가 있다(각 $\bar{z}$, $\bar{w}$의 길이는 $\kappa$). 그러면 (길이가 $\alpha$인 $\bar{x}$, $\bar{y}$에 대하여)

$$\bar{x} \equiv^H \bar{y}\text{이면이, } \exists \bar{w}(E(M, \bar{w}) \wedge \bar{x}M \equiv \bar{y}\bar{w})$$

가 성립함이 곧장 따른다. 따라서 $H$-궤도동등관계 $\bar{x} \equiv^H \bar{y}$는 $M$-타입정의된다. 뿐만 아니라, $\mathrm{Autf}(\mathcal{M}) \leq H$이기에 $\equiv^H$-동등류의 개수는 $\equiv^{\mathrm{L}}$-동등류의 개수 이하이다. 따라서 $\equiv^H$는 유계인 동등관계이다. 끝으로, 앞서 언급한 것처럼 $\equiv^H$는 $\varnothing$-불변이다. 따라서 $\equiv^H$는 $\varnothing$-타입정의가능하다(연습문제 §9.6.16). □

계속해서 $\equiv^H$의 속성을 살펴보려 한다. 이를 위해 다음 보조정리가 필요하다. 여기서 보충설명 11.39까지 $\mathrm{Aut}(\mathcal{M})$에는 기본 열린 집합이, 임의의 유한짝 $\bar{a}, \bar{b}$에 대하여 $\{f \in \mathrm{Aut}(\mathcal{M}) \mid f(\bar{a}) = \bar{b}\}$ 꼴인 위상을 준다.

**보조정리 11.35**

사영 $\pi : \mathrm{Aut}(\mathcal{M}) \to \mathrm{Gal_L}(T)$는 연속이다.

증명 $f \in \mathrm{Aut}(\mathcal{M})$이라 하고, $U$를 $\mathrm{Gal_L}(T)$에서 $\pi(f) = f\,\mathrm{Autf}(\mathcal{M})$의 열린 근방neighborhood이라 하자. $\nu$가 연속이기에, $M$ 위의 논리식 $\varphi(\bar{x}')$와 $\mu(f) = \mathrm{tp}(f(M)/M)$의 기본 열린 근방

$$V_{\varphi(\bar{x}')} := \{\varphi(\bar{x}') \in \mathrm{tp}(g(M)/M) \mid g \in \mathrm{Aut}(\mathcal{M})\}$$

가 있어서 $V_{\varphi(\bar{x}')} \subseteq \nu^{-1}(U)(\subseteq S_M(M))$가 성립한다. 이제 $\bar{a}(\in M)$가 $\bar{x}'$에 대

응하는 유한짝이라 하면,

$$f \in \mu^{-1}(V_\varphi(\bar{x}')) = \{g \in \mathrm{Aut}\,(\mathcal{M}) \mid \models \varphi(\bar{x}')[g(\bar{a})]\}$$

가 성립한다. 따라서 $\models \varphi(f(\bar{a}))$이다. 그러면 $\mathrm{Aut}\,(\mathcal{M})$에서 $f$의 기본 열린 근방인 $\{h \in \mathrm{Aut}\,(\mathcal{M}) \mid h(\bar{a}) = f(\bar{a})\}$가 $\mu^{-1}(V_\varphi)$의 부분집합이 되기에, $\pi$는 연속함수다. □

**정리 11.36**

(1) (앞의 $H = \pi^{-1}(H') \lhd \mathrm{Aut}\,(\mathcal{M})$에 대하여)

$$\begin{aligned} H &= \{f \in \mathrm{Aut}\,(\mathcal{M}) \mid \ f\text{는 임의 길이 짝의 } \equiv^H\text{-동등류를 고정한다}\} \\ &= \{f \in \mathrm{Aut}\,(\mathcal{M}) \mid \ f\text{는 임의의 유한짝의 } \equiv^H\text{-동등류를 고정한다}\} \end{aligned}$$

이다.

(2) 임의 길이의 짝 $\bar{d}_0, \bar{d}_1$에 대하여, $\bar{d}_0 \equiv^H \bar{d}_1$이면이, $\bar{d}_0, \bar{d}_1$의 서로 대응하는 모든 유한부분짝 $\bar{d}_0', \bar{d}_1'$에 대하여 $\bar{d}_0' \equiv^H \bar{d}_1'$이 성립한다. 즉, $\bar{x} \equiv^H \bar{y}$는

$$\bigwedge\{\bar{x}' \equiv^H \bar{y}' \mid \ \bar{x}', \bar{y}'\text{은 각각 } \bar{x}, \bar{y}\text{의 대응하는 유한부분짝이다}\}$$

로 $\varnothing$-타입정의된다.

증명 (1) $\mathrm{Aut}\,(\mathcal{M})$에 주어진 위상에 의해

$$\overline{H} = \{f \in \mathrm{Aut}\,(\mathcal{M}) \mid \ \text{임의의 유한짝 } \bar{a}(\in \mathcal{M})\text{에 대하여, } \bar{a} \equiv^H f(\bar{a})\text{이다}\}$$

이다. 한편 보조정리 11.35에 의해 $H$는 $\mathrm{Aut}\,(\mathcal{M})$의 닫힌 부분군이고 $H = \overline{H}$이다. 따라서 (1)이 성립한다.

(2) 둘째 문장은 첫째 문장과 정리 11.34에서 따르기에, 첫 문장의 왼쪽 방향을 증명하면 충분하다. 우선 $\bar{d}_i = (d_j^i \mid j \in \alpha)$라 놓고($i = 0, 1$), $\bar{d}_0 \in M_0$인 모

델 $M_0$를 선택하자. 또한 $\equiv^H$가 유계이기에, 임의의 유한짝 $\bar{b}(\in \mathcal{M})$에 대하여, $\bar{c} \equiv^H \bar{b}$인 $\bar{c}$가 $M_0$에 있다고 가정해도 된다(*).
한편 $M_0 \setminus \{d_j^0 \mid j \in \alpha\}$를 나열하여 $(m_k \mid k \in \kappa)$라 하면, $M_0$의 영역을 $(m_k \mid k \in \kappa) \sqcup (d_j^0 \mid j \in \alpha)$라 둘 수 있다. 여기서 정리 11.34와 콤팩트성정리를 오른쪽 가정에 적용하면, $(m'_k \mid k \in \lambda) \sqcup (d_j^1 \mid j \in \kappa)$를 영역으로 가지는 모델 $M_1$이 있어서, 임의의 $k_0 < \cdots < k_n \in \kappa$와 $j_0 < \cdots < j_m \in \alpha$에 대하여

$$m_{k_0} \ldots m_{k_n} d_{j_0}^0 \ldots d_{j_m}^0 \equiv^H m'_{k_0} \ldots m'_{k_n} d_{j_0}^1 \ldots d_{j_m}^1$$

이 성립한다(**). 특히 $M_1 \equiv M_0$이다. 따라서 $f(M_0) = M_1$인 $f \in \mathrm{Aut}\,(\mathcal{M})$가 있다. 이제 $f \in H$임을 보이면 되는데, 이는 (1)에 의해 임의의 유한짝 $\bar{b}(\in \mathcal{M})$에 대하여 $\bar{b} \equiv^H f(\bar{b})$가 성립하는 것을 보이면 충분하다. 우선 (*)에 의해 $\bar{c} \in M_0$가 있어 $\bar{c} \equiv^H \bar{b}$이고, 따라서 $f(\bar{c}) \equiv^H f(\bar{b})$이다. 또한 (**)에 의해 $f(\bar{c}) \equiv^H \bar{c}$이기에, 원하던 대로 $\bar{b} \equiv^H f(\bar{b})$임을 보였다. □

지금까지 논의를 종합하여 $\mathrm{Gal_{KP}}$, $\mathrm{Gal_S}$가 각각 $\mathcal{M}^\alpha/\bar{x} \equiv^{\mathrm{KP}} \bar{y}$, $\mathcal{M}^\alpha/\bar{x} \equiv^s \bar{y}$에 작용함을 논증하려 한다.

**따름정리 11.37**

(1) (a) $H = \mathrm{Autf_{KP}}\,(\mathcal{M})$일 때, $\bar{x} \equiv^H \bar{y}$는 ($\mathcal{M}^\alpha$에서) 유계의 $\varnothing$-타입정의되는 동등관계들 중 가장 섬세하다. 따라서 $\bar{x} \equiv^H \bar{y}$는 $\bar{x} \equiv^{\mathrm{KP}} \bar{y}$와 동일하다.

(b) $\bar{d}_0 \equiv^{\mathrm{KP}} \bar{d}_1$이면이, $\bar{d}_i$의$(i = 0, 1)$ 서로 대응하는 모든 유한부분짝 $\bar{d}'_i$에 대하여, $\bar{d}'_0 \equiv^{\mathrm{KP}} \bar{d}'_1$이 성립한다.

(2)

$$
\begin{aligned}
\mathrm{Autf}_{\mathrm{KP}}(\mathcal{M}) &= \{f \in \mathrm{Aut}(\mathcal{M}) \mid f\text{는, 유계이고 } \varnothing\text{-타입정의되는 임의의 길이 동등관계의 모든 동등류를 고정한다}\} \\
&= \{f \in \mathrm{Aut}(\mathcal{M}) \mid f\text{는, 유계이고 } \varnothing\text{-타입정의되는 임의의 유한짝의 동등관계의 모든 동등류를 고정한다 (즉 임의의 유한짝 } \bar{a}\text{에 대하여, } \bar{a} \equiv^{\mathrm{KP}} f(\bar{a}))\}.
\end{aligned}
$$

증명 정리 11.36에서 이미 논증하였기에, 정의 11.4에 의해 (1)(a) 첫 문장을 증명하면 충분하다. $H = \mathrm{Autf}_{\mathrm{KP}}(\mathcal{M})$라 하자. 우선 $\equiv^H$는 $\varnothing$-타입정의가능하고 유계인 동등관계다(정리 11.34). 따라서 $E(\bar{x}, \bar{y})$가 임의의 $\varnothing$-타입정의가능한 유계의 동등관계일 때, 주어진 $\bar{b}(\in \mathcal{M})$에 대하여, $\bar{x} \equiv^H \bar{b} \vDash E(\bar{x}, \bar{b})$임을 보이면 된다.

한편 보조정리 11.21에 의해, $\bar{b} \in M$이라 가정해도 무방하다. 이때

$$C := \{p(\bar{x}, M) \in S_M(M) \mid E(\bar{x}, \bar{b}) \subseteq p(\bar{x}, M)\}$$

라 두면, $C$는 $S_M(M)$의 닫힌 부분집합이다. 이제

$$
\begin{aligned}
F :\ &= \mu^{-1}(C) = \{f \in \mathrm{Aut}(\mathcal{M}) \mid \mathrm{tp}(f(M)/M) \in C\} \\
&= \{f \in \mathrm{Aut}(\mathcal{M}) \mid \vDash E(f(\bar{b}), \bar{b})\}
\end{aligned}
$$

라고 놓자. 그러면 보조정리 11.3에 의해, $\bar{x} \equiv^{\mathrm{L}} \bar{y}$이 $E(\bar{x}, \bar{y})$보다 섬세하기에(†), $\mathrm{Autf}(\mathcal{M}) \subseteq F$가 성립한다. 역시 (†)에 의해, 만일 $g \in F$이면 $g\,\mathrm{Autf}(\mathcal{M}) = \mathrm{Autf}(\mathcal{M})g \subseteq F$가 성립한다. 따라서 $\pi^{-1}(\pi(F)) = F$이고, $\mu^{-1}(\nu^{-1}(\pi(F))) = F = \mu^{-1}(C)$이기에 $\nu^{-1}(\pi(F)) = C$이다. 즉 $\pi(F)$는 $\mathrm{Gal}_{\mathrm{L}}(T)$의 닫힌 집합이기에 $\overline{\{\mathrm{id}\}} \subseteq \pi(F)$가 성립한다. 양쪽을 $\pi^{-1}$로 보내면, $\mathrm{Autf}_{\mathrm{KP}}(\mathcal{M}) \subseteq F$임이 따른다. 그러므로 $\bar{d} \equiv^H \bar{b}$라면 $f \in \mathrm{Autf}_{\mathrm{KP}}(\mathcal{M})$가 있어 $\bar{d} = f(\bar{b})$이기에, 원하던 대로 $E(f(\bar{b}), \bar{b})$ 즉 $E(\bar{d}, \bar{b})$가 성립한다. □

**따름정리 11.38** 다음 요건들은 모두 동등하다.

(1) $T$는 ($\varnothing$ 위로) G-콤팩트하다.

(2) 앞서 $\mathrm{Aut}\,(\mathcal{M})$에 주어진 위상에서 $\mathrm{Autf}\,(\mathcal{M})$은 닫힌 부분군이다. 또한 임의의 유한짝 $\bar{x}$, $\bar{y}$에 대하여 $\bar{x} \equiv^{\mathrm{L}} \bar{y}$는 $\varnothing$-타입정의가능하다.

(3) 임의의 길이의 짝 $\bar{a}$, $\bar{b}$에 대하여, $\bar{a} \equiv^{\mathrm{L}} \bar{b}$이면이 $\bar{a} \equiv^{\mathrm{KP}} \bar{b}$가 성립한다.

(4) 임의의 길이의 $\bar{x}$, $\bar{y}$에 대하여 $\bar{x} \equiv^{\mathrm{L}} \bar{y}$는 $\varnothing$-타입정의가능하다.

증명 (1)⇒(2)와 (1)⇒(3)은 보충설명 11.32와 보조정리11.35, 따름정리 11.37 (1)에서 곧장 따른다.

(2)⇒(1) $f \in \mathrm{Autf_{KP}}\,(\mathcal{M})$이라 하자. 그러면 (2)와 따름정리 11.37(1)에 의해, $f$는 임의의 유한짝의 모든 $\equiv^{\mathrm{L}}$-동등류를 고정한다. 또한 $\mathrm{Autf}\,(\mathcal{M})$이 $\mathrm{Aut}\,(\mathcal{M})$의 닫힌 부분군이기에

$$\mathrm{Autf}\,(\mathcal{M}) = \{h \in \mathrm{Aut}\,(\mathcal{M}) \mid \text{ 임의의 유한짝 } \bar{a}(\in \mathcal{M})\text{에 대하여, } \bar{a} \equiv^{\mathrm{L}} h(\bar{a})\text{이다}\}$$

가 성립한다(정리 11.36(1) 증명 참조). 따라서 $f \in \mathrm{Autf}\,(\mathcal{M})$이기에, $\mathrm{Autf}\,(\mathcal{M}) = \mathrm{Autf_{KP}}\,(\mathcal{M})$이고 보충설명 11.32에 의해 (1)을 얻는다.

(3)⇒(1) $f \in \mathrm{Autf_{KP}}\,(\mathcal{M})$이라 하자. 그러면 따름정리 11.37(1)에 의해, 고정한 모델 $M$에 대하여 $M \equiv^{\mathrm{KP}} f(M)$이고, (3)에 의해 $M \equiv^{\mathrm{L}} f(M)$이다. 따라서 $f(M) = g(M)$이 성립하는 $g \in \mathrm{Autf}\,(\mathcal{M})$가 있다. 당연히 $f(M) \equiv_M g(M)$이기에 보충설명 11.19(2)에 따라 $f \in \mathrm{Autf}\,(\mathcal{M})$이 성립한다. 즉 $\mathrm{Autf}\,(\mathcal{M}) = \mathrm{Autf_{KP}}\,(\mathcal{M})$이고, 보충설명 11.32에서 (1)이 따른다.

(3)⇔(4)는 $\equiv^{\mathrm{KP}}$의 정의에서 곧장 나온다. □

**보충설명** 11.39

- 위 따름정리에 의해 모든 단순이론은 G-콤팩트하다(따름정리 11.11).
- G-콤팩트하지 않는 예는 [5],[33] 등에서 찾을 수 있다. 일반적으로 $\varnothing$ 위로 G-콤팩트한 이론이 모든 집합 $B$ 위로 G-콤팩트한 것은 아니다. 또한 일반적으로 따름정리 11.37의 (1)(b)와 (2)가 $\mathrm{Autf}\,(\mathcal{M})$에서는 성립하지 않는다. 즉 G-콤팩트하지 않으면 $\mathrm{Autf}\,(\mathcal{M})$가 $\mathrm{Aut}\,(\mathcal{M})$의 닫힌 부분군이 아닐 수 있으며, 임의의 상응하는 유한부분짝 $\bar{a}_i'(\subseteq \bar{a}_i)$에 $(i=0,1)$ 대해서는 $\bar{a}_0' \equiv^{\mathrm{L}} \bar{a}_1'$이지만 $\bar{a}_0 \not\equiv^{\mathrm{L}} \bar{a}_1$일 수 있다(연습문제 §11.5.9 참조).

  한편으론 임의의 콤팩트군에 대하여 이를 라스카 군으로 가지는 G-콤팩트한 이론을 찾을 수 있다[44].
- 증명을 서술하진 않지만, $T$가 ($\varnothing$ 위로) G-콤팩트할 또 하나의 필요충분조건은, 어떤 양의 수 $k$가 있어서 임의 길이의 짝 $\bar{a}, \bar{b}$에 대하여 $\bar{a} \equiv^{\mathrm{L}} \bar{b}$이면이 $\mathrm{d_L}(\bar{a}, \bar{b}) \leq k$인 것이다[32][33].

이제 $\mathrm{Autf_S}\,(\mathcal{M})$에 대하여 따름정리 11.37에 상응하는 결과를 살펴볼 차례다. 이의 증명을 위해 xx쪽에 요약한 위상군의 기본성질들을 사용할 것이다.

**따름정리 11.40**

(1) $H = \mathrm{Autf_S}\,(\mathcal{M})$일 때 다음이 성립한다.

임의의 유한짝 $\bar{u}, \bar{v} \in \mathcal{M}^n$에 대하여, $\bar{v} \equiv^H \bar{u}$이면이 모든 $\varnothing$-정의되는 $\mathcal{M}^n$에서의 유한동등관계 $E(\bar{x}, \bar{y})$에 대하여 $E(\bar{v}, \bar{u})$가 성립한다.

따라서 이때, 임의 길이 $\bar{x}, \bar{y}$에 대하여 $\bar{x} \equiv^H \bar{y}$는 $\bar{x} \equiv^s \bar{y}$와 동일하다.

(2) $\mathrm{Autf_S}\,(\mathcal{M}) = \{f \in \mathrm{Aut}\,(\mathcal{M}) \mid$ 임의의 유한짝 $\bar{a}$에 대하여, $\bar{a} \equiv^s f(\bar{a})$이다$\}$.

증명 $H = \mathrm{Autf_S}(\mathcal{M})$라 하고, (1)의 둘째 문장을 증명하면 된다(나머지는 정리 11.36과, 이 장 도입부 $\bar{x} \equiv^s \bar{y}$의 정의에서 바로 나온다).

($\Rightarrow$) 보조정리 11.21에 의해, 유한짝 $\bar{u} \in M^n$이라 가정해도 일반성을 잃지 않는다. $\mathcal{L}$-논리식 $E(\bar{x}, \bar{y})$가 유한동등관계를 정의한다고 하자($|\bar{x}| = |\bar{y}| = n$). 남은 증명은 따름정리 11.37의 증명 방식과 유사하다.
이제 $C := \{p(\bar{x}, M) \in S_M(M) \mid E(\bar{x}, \bar{u}) \subseteq p(\bar{x}, M)\}$라 두면, $C$는 $S_M(M)$의 열린 닫힌clopen 부분집합이다. 또한

$$\begin{aligned} F: &= \mu^{-1}(C) = \{f \in \mathrm{Aut}(\mathcal{M}) \mid \mathrm{tp}(f(M)/M) \in C\} \\ &= \{f \in \mathrm{Aut}(\mathcal{M}) \mid \models E(f(\bar{u}), \bar{u})\} \end{aligned}$$

라 놓자. 그러면 따름정리 11.37 증명에서처럼, $\mathrm{Autf}(\mathcal{M}) \subseteq F$이고 $\pi^{-1}(\pi(F)) = F$임을 쉽게 알 수 있다. 따라서 $\nu^{-1}(\pi(F)) = C$임도 따른다. 즉 $\pi(F)$는 $\mathrm{Gal_L}(T)$의 열린 닫힌 집합이기에 $\mathrm{Gal}^0_\mathrm{L}(T) \subseteq \pi(F)$가 성립하고, $\mathrm{Autf_S}(\mathcal{M})(= H) \subseteq F$이다. 그러므로 $\bar{v} \equiv^H \bar{u}$라면 $f \in \mathrm{Autf_S}(\mathcal{M})$가 있어 $\bar{v} = f(\bar{u})$이기에 $E(\bar{v}, \bar{u})$가 성립한다.

($\Leftarrow$) $\mathrm{Gal_L}(T)$의 닫힌 정규부분군으로 지표index가 유한인 것들을 다 모아 $\{H'_i \mid i \in I\}$라 두면 $\mathrm{Gal}^0_\mathrm{L}(T) = \bigcap_{i \in I} H'_i$이다. 이때 각 $H'_i$는 열린 부분군이기도 하다. 한편 앞의 증명에서와 같이 주어진 유한짝 $\bar{u} \in M^n$이라 가정해도 된다. 이제

$$C_i := \nu^{-1}(H'_i) = \{\mathrm{tp}(f(M)/M) \in S_M(M) \mid f \in H_i\}$$

라 두면 이는 $S_M(M)$의 열린 닫힌 부분집합이다. 따라서 이에 대응하는 $\mathcal{L}$-논리식 $\xi_i(\bar{x}_i, \bar{y}_i)$가 있다. 좀 더 구체적으로 일반성을 잃지 않고, $|\bar{x}_0| = |\bar{y}_0| = n \le m(= m_i) = |\bar{x}| = |\bar{y}|$인 $\bar{x}(= \bar{x}_i) = \bar{x}_0\bar{x}_1$, $\bar{y}(= \bar{y}_i) = \bar{y}_0\bar{y}_1$와 $\bar{u}\bar{u}'(= \bar{u}\bar{u}'_i \in M^m)$가 있어서

$$C_i = \{\mathrm{tp}(f(M)/M) \mid f \in \mathrm{Aut}(\mathcal{M}),\ \xi_i(f(\bar{u}\bar{u}'), \bar{u}\bar{u}')\}$$

라 할 수 있다(연습문제 §4.3.6). 따라서

$$H_i := \pi^{-1}(H'_i) = \mu^{-1}(C_i) = \{f \in \mathrm{Aut}(\mathcal{M}) \mid \xi_i(f(\bar{u}\bar{u}'), \bar{u}\bar{u}')\}(\lhd \mathrm{Aut}(\mathcal{M}))$$

이다(*). 물론 이때 $\bigcap_{i\in I} H_i = \mathrm{Autf_S}(\mathcal{M}) = H$이다. 이제 $q_i(\bar{x}) := \mathrm{tp}(\bar{u}\bar{u}')$이라 놓자. 그러면 (*)에 의해

$$q_i(\bar{x}) \wedge q_i(\bar{y}) \vDash \xi_i(\bar{x},\bar{y}) \leftrightarrow \bar{x} \equiv^{H_i} \bar{y}$$

가 성립함을 쉽게 알 수 있고, 고로 $q_i(\bar{x})$ 안에서 $\xi_i(\bar{x},\bar{y})$는 유한동등관계이다(정리 11.34). 그러므로 $p(\bar{x}_0) := \mathrm{tp}(\bar{u})$,

$$\Sigma_i(\bar{x}_0,\bar{y}_0) := \exists \bar{x}_1\bar{y}_1(q_i(\bar{x}_0\bar{x}_1) \wedge q_i(\bar{y}_0\bar{y}_1) \wedge \xi_i(\bar{x}_0\bar{x}_1, \bar{y}_0\bar{y}_1))$$

라 할 때 $p(\bar{x}_0) \wedge p(\bar{y}_0) \vDash \Sigma_i(\bar{x}_0,\bar{y}_0) \leftrightarrow \bar{x}_0 \equiv^{H_i} \bar{y}_0$ 또한 성립한다. 따라서 $\Sigma_i(\bar{x}_0,\bar{y}_0)$는 ($\bar{x}_0 \equiv^{H_i} \bar{y}_0$가 그러하기에) $p(\bar{x}_0)$ 안에서 동등관계이다(주의: 연습문제 §11.5.10). 뿐만 아니라 $\xi_i(\bar{x},\bar{y})$가 $q_i$ 안에서 유한동등관계이기에, $\Sigma_i(\bar{x}_0,\bar{y}_0)$도 $p(\bar{x}_0)$ 안에서 유한동등관계이어야 한다. 이때 콤팩트성에 의해(연습문제 §11.5.11),

$$p(\bar{x}_0) \wedge p(\bar{y}_0) \vDash \Sigma_i(\bar{x}_0,\bar{y}_0) \leftrightarrow E_i(\bar{x}_0,\bar{y}_0)$$

가 되는 $\mathcal{L}$-논리식 $E_i(\bar{x}_0,\bar{y}_0)$가 있다(**). 그러면 역시 콤팩트성에 의해 $\delta(\bar{x}_0) \in p(\bar{x}_0)$가 있어서, $E_i'(\bar{x}_0,\bar{y}_0) := (\delta(\bar{x}_0) \wedge \delta(\bar{y}_0) \wedge E_i(\bar{x}_0,\bar{y}_0)) \vee (\neg\delta(\bar{x}_0) \wedge \neg\delta(\bar{y}_0))$는 $\mathcal{M}^n$에서 $\varnothing$-정의되는 유한동등관계가 된다. 또한 $p(\bar{x}_0) \wedge p(\bar{y}_0) \vDash E_i'(\bar{x}_0,\bar{y}_0) \leftrightarrow E_i(\bar{x}_0,\bar{y}_0)$가 성립한다(***).

이제 증명을 완료할 수 있다. 즉, $\bar{u},\bar{v}$가 모든 $\varnothing$-정의되는 $\mathcal{M}^n$에서의 유한동등관계에 대하여 동등하다고 가정하자. 그러면 임의의 $n$변수 $\mathcal{L}$-논리식을 $\bar{u},\bar{v}$가 동시에 만족하거나 그렇지 않거나 하기에, $\bar{u} \equiv \bar{v}$이고 $\bar{v}$는 $p$를 구현한다. 또한 가정과 (***)에 의해 $\vDash \bigwedge_{i\in I} E_i(\bar{u},\bar{v})$이다. 다시 (**)에 의해 $\vDash \bigwedge_{i\in I} \Sigma_i(\bar{u},\bar{v})$이다. 따라서 콤팩트성에 의해 $(\bar{u}_i'' \mid i \in I), (\bar{v}_i'' \mid i \in I)$를 찾을 수 있어서, $\bar{u}(\bar{u}_i'' \mid i \in I) \equiv \bar{v}(\bar{v}_i'' \mid i \in I)$이고 $\bar{u}\bar{u}_i'', \bar{v}\bar{v}_i''$는 각각 $q_i$를 구현하면서 $\vDash \xi_i(\bar{u}\bar{u}_i'', \bar{v}\bar{v}_i'')$가 성립한다(연습문제 §11.5.12). 이제 $\bar{v}(\bar{u}_i'' \mid i \in I) = f(\bar{u}(\bar{u}_i'' \mid i \in I))$인 $f \in \mathrm{Aut}(\mathcal{M})$을 생각하면, (*)에 의해 $f \in \bigcap_{i\in I} H_i = H$이다. 따라서 원하던 대로 $\bar{v} \equiv^H \bar{u}$임을 증명하였다. □

## 11.5 연습문제

1. 보충설명 11.2(1)의 두 문장을 입증하라.

2. $M = (C, U_n \mid 2 \leq n \in \omega)$은 반지름이 1인 원 $C$에, $a, b \in C$에 대하여 $U_n(a, b)$이면이 $a$에서 $b$로 가는 짧은 호의 길이가 $\frac{\pi}{n}$ 이하인 2항관계 $U_n$이 붙은 구조다. $\mathrm{Th}(M)$에서 $\bigwedge_{2\leq n} U_n(x, y)$가 $\varnothing$-타입정의되는 유계인 동등관계임을 논하고 이를 이용하여 $\equiv^{\mathrm{KP}}$와 $\equiv^{s}$가 다름을 논증하라.

3. 단순이론에서 $\{A_i \mid i \in I\}$가 모델 $M$ 위로 독립이다. 만일 각 $p_i \in S_n(MA_i)$가 $M$ 위로 가르지 않으면, $M$ 위로 가르지 않는 $(\bigcup_{i\in I} p_i \subseteq)p \in S_n(M \cup \bigcup_{i\in I} A_i)$가 있음을 보이라.

4. $T$가 단순이론일 때 아래 요건들이 동등함을 보이라.

   (a) 임의 길이의 짝 $\bar{a}, \bar{b}$에 대하여 $\bar{a} \equiv^{\mathrm{L}}_A \bar{b}$이면이 $\bar{a} \equiv^{s}_A \bar{b}$이다.

   (b) 임의의 유한짝 $\bar{a}, \bar{b}$에 대하여 $\bar{a} \equiv^{\mathrm{L}}_A \bar{b}$이면이 $\bar{a} \equiv^{s}_A \bar{b}$이다.

   (c) $A$ 위로 강타입융합이 성립한다. 곧, $B_1 \mathop{\smile\!\!\!\!\!\!\,|}_A B_2$이고 $\bar{d}_i \mathop{\smile\!\!\!\!\!\!\,|}_A B_i$이며$(i = 1, 2)$, $\bar{d}_1 \equiv^{s}_A \bar{d}_2$라 하자. 그러면 $\bar{d} \mathop{\smile\!\!\!\!\!\!\,|}_A B_1B_2$인 $\bar{d}(\equiv^{s}_{AB_i} \bar{d}_i)$가 있다$(i = 1, 2)$.

   (d) $\bar{a}_0 \equiv^{s}_A \bar{a}_1$인 유한짝 $\bar{a}_0, \bar{a}_1$ 대하여 만일 $\bar{a}_0 \mathop{\smile\!\!\!\!\!\!\,|}_A \bar{a}_1$이면 $A$-균질열 $\langle \bar{a}_i \mid i < \omega\rangle$을 찾을 수 있다.

5. 정리 11.12 증명에서 다음을 보충하라.

   (a) 중간요건 2 증명 마지막에서, $\mathop{\smile\!\!\!\!\!\!\,|}^{*}$의 모델 위 타입융합을 사용하여 $\bigcup_{i<\omega} p'(\bar{x}, \bar{d}_i)$를 구현하는 $\bar{c}''$을 찾는 방법을 설명하라(위 문제 3 참조).

   (b) 증명 (2)의 둘째 문장, 즉 $\mathop{\smile\!\!\!\!\!\!\,|}^{*}$의 확대성과 모델 위 일정성이 모델 위 타입융합을 유도하는 것을 보이라.

6. 정리 11.16 증명 중간요건의 둘째 문장이 성립하는 것을 구체적으로 설명하라.

7. $\mathcal{L}$-논리식 $\varphi(\bar{x}, \bar{y})$가 안정적이면 낮음을 증명하라.

8. 보충설명 11.26에서 (3)의 남은 논증을 완료하고, (5)의 마지막 문장을 증명하라.

9. (a) $f \in \mathrm{Autf}(\mathcal{M}/A)$일 필요충분조건은 임의의 $\bar{a}(\in \mathcal{M})$에 대하여$(|\bar{a}| \leq |T| + |A|)$, $\bar{a} \equiv^{\mathrm{L}}_A f(\bar{a})$인 것임을 보이라.

(b) $\mathrm{d_L}(\bar{a}_i, \bar{b}_i) = k_i (< \omega)$이고 $k_0 < k_1 < \cdots < k_i < k_{i+1} < \ldots$이라면$(i \in \omega)$, $\bar{a} := (\bar{a}_i \mid i < \omega)$, $\bar{b} := (\bar{b}_i \mid i < \omega)$라 할 때, $\bar{a} \not\equiv^{\mathrm{L}} \bar{b}$임을 논증하라. 따라서 이 경우 $T$는 G-콤팩트하지 않음을 설명하라.

10. $\mathcal{L}$-논리식 $E(\bar{x}_0\bar{x}_1, \bar{y}_0\bar{y}_1)$가 타입 $q(\bar{x}_0\bar{x}_1) \in S(T)$ 안에서 (유한)동등관계를 정의하더라도

$$\Sigma_i(\bar{x}_0, \bar{y}_0) := \exists \bar{x}_1\bar{y}_1(q(\bar{x}_0\bar{x}_1) \wedge q(\bar{y}_0\bar{y}_1) \wedge E(\bar{x}_0\bar{x}_1, \bar{y}_0\bar{y}_1))$$

는 일반적으로 $p(\bar{x}_0)(:= \exists \bar{x}_1 q(\bar{x}_0\bar{x}_1))$ 안에서 동등관계일 필요가 없음을 설명하라.

11. $\varnothing$ 위 $n$타입 $p(\bar{x})$ 안에서 $\Sigma(\bar{x}, \bar{y})$는 유한동등관계를 $\varnothing$-타입정의한다. 그러면 $\varnothing$ 위 논리식 $E(\bar{x}, \bar{y})$가 있어서 $p(\bar{x}) \wedge p(\bar{y}) \models \Sigma(\bar{x}, \bar{y}) \leftrightarrow E(\bar{x}, \bar{y})$가 성립함을 보이라. (주의: $\Sigma$가 $p$ 안에서 동등관계를 $\varnothing$-타입정의하는 것만으로는 결과가 성립하지 않는다(위 문제 2 참조).)

12. 따름정리 11.40 증명의 마지막 문단에서, 콤팩트성을 사용하여 해당 $(\bar{u}''_i \mid i \in I), (\bar{v}''_i \mid i \in I)$를 찾을 수 있는 이유를 좀 더 구체적으로 설명하라.

# 참고문헌


[1] 정주희, 수리논리와 집합론 입문 (경문사, 서울, 2012).

[2] John Baldwin, Andreas Blass, Andrew Glass, and David Kueker, A 'natural' theory without a prime model, *Algebra Universalis* 3 (1973), 152-155.

[3] John Baldwin and Alistair Lachlan, On strongly minimal sets, *Journal of Symbolic Logic* 36 (1971), 79-96.

[4] Elisabeth Bouscaren, eds., *Model Theory and Algebraic Geometry* (Springer, New York, 1998).

[5] Enrique Casanovas, Daniel Lascar, Anand Pillay, and Martin Ziegler, Galois groups of first order theories, *Journal of Mathematical Logic* 1 (2001), 305-319.

[6] Chen Chung Chang and H. Jerome Keisler, *Model Theory*, 3rd ed. (North-Holland, Amsterdam, 1990).

[7] Gregory Cherlin and Saharon Shelah, Supersimple fields and groups, *Annals of Mathematical Logic* 18 (1980), 227-270.

[8] Lou van den Dries, Angus Macintyre, and David Marker, The elementary theory of restricted analytic fields with exponentiation, *Annals of Mathematics* 140 (1994), 183-205.

[9] Heinz-Dieter Ebbinghaus and Jörg Flum, *Finite Model Theory*, 2nd ed. (Springer, New York, 2005).

[10] Herbert Enderton, *A Mathematical Introduction to Logic* (Academic Press, San Diego, 2001).

[11] John Fraleigh, *A First Course in Abstract Algebra*, 7th ed. (Pearson, Harlow, 2002).

[12] Michael Fried and Moshe Jarden, *Field Arithmetic*, 3rd ed. (Springer, Berlin, 2008).

[13] Isaac Goldbring, Hilbert's fifth problem for local groups, *Annals of Mathematics* 172 (2010), 1269-1314.

[14] Wilfrid Hodges, *Model Theory* (Cambridge Univ. Press, Cambridge,1993).

[15] Wilfrid Hodges, *A Shorter Model Theory* (Cambridge Univ. Press, Cambridge,1997).

[16] Karl Hofmann and Sidney Morris, *The Structure of Compact Groups* (De Gruyter, Berlin, 2013).

[17] Karel Hrbacek and Thomas Jech, *Introduction to Set Theory*, 3rd ed. (Marcel Dekker, New York, 1999).

[18] Ehud Hrushovski, The Mordell-Lang conjecture for function fields, *Journal of American Mathematical Society* 9 (1996), 667-690.

[19] Ehud Hrushovski, The Manin-Mumford conjecture and the model theory of difference fields, *Annals of Pure and Applied Logic* 112 (2001), 43-115.

[20] Taqdir Husain, *Introduction to Topological Groups* (Dover, Mineola, 2018).

[21] Gareth Jones and Alex Wilkie, eds., *O-minimality and Diophantine Geometry* (Cambridge University Press, Cambridge, 2015).

[22] Askold Khovanskii, On a class systems of transcendental equations, *Soviet Mathematics Doklady* 22 (1980), 762-765.

[23] Byunghan Kim, *Simplicity Theory* (Oxford Univ. Press, Oxford, 2014).

[24] Serge Lang, *Algebra*, 3rd ed. (Springer, New York, 2002).

[25] Daniel Lascar, On the category of models of a complete theory, *Journal of Symbolic Logic* 47 (1982), 249-266.

[26] Junguk Lee, Some arithmetical properties on nonstandard number fields, *Journal of Korean Mathematical Society* 54 (2017), 1345-1356.

[27] David Marker, Model theory and exponentiation, *Notices of American Mathematical Society* 43 (1996), 753-759.

[28] David Marker, *Model Theory: An Introduction* (Springer, New York, 2002).

[29] David Marker, Margit Messmer, and Anand Pillay, *Model Theory of Fields* (Springer, Berlin, 1996).

[30] Michael Morley, Catagoricity in power, *Transactions of American Mathematical Society* 114 (1965), 514-538.

[31] Michael Morley, The number of countable models, *Journal of Symbolic Logic* 35 (1970), 14-18.

[32] Ludomir Newelski, The diameter of a Lascar strong type, *Fundamenta Mathematicae* 176 (2003), 157-170.

[33] Rodrigo Peláez, *About the Lascar group*, (Dissertation, Univ. of Barcelona, 2008).

[34] Jonathan Pila, Ananth Shankar, Jacob Tsimerman, Hélène Esnault, and Michael Groechenig, Canonical heights on Shimura varieties and the André-Oort conjecture, (arXiv:2109.08788).

[35] Anand Pillay, *An Introduction to Stability Thery* (Oxford Univ. Press, Oxford, 1983).

[36] Anand Pillay, *Geometric Stability Thery* (Oxford Univ. Press, Oxford, 1996).

[37] Anand Pillay and Charles Steinhorn, Definable sets in ordered structures III, *Transactions of American Mathematical Society* 309 (1988), 469-476.

[38] Charles Pinter, *A Book of Set Theory* (Dover, New York, 2014).

[39] Bruno Poizat, *A Course in Model Theory* (Springer, New York, 2000).

[40] Saharon Shelah, *Classification Theory* (North Hollad, Amsterdam, 1978).

[41] Katrin Tent and Martin Ziegler, *A Course in Model Theory* (Cambridge Univ. Press, Cambridge, 2012).

[42] Frank O. Wagner, *Stable groups* (Cambridge Univ. Press, Cambridge, 1997).

[43] Alex Wilkie, Model completeness results for expansions of the ordered field of real numbers by restricted Pfaffian functions and the exponential function, *Journal of American Mathematical Society* 9 (1996), 1051-1094.

[44] Martin Ziegler, Introduction to the Lascar group, *Tits buildings and the model theory of groups*, London Mathematical Society Lecture Note Series 291 (Cambridge Univ. Press, 2002), 279-298.

# 찾아보기

【 기호 】


$\vdash_{\mathcal{L}}$, $\vdash$ ........ 13
$\models_{\mathcal{L}}$, $\models$ ........ 13
$\Sigma \vdash \alpha$ ........ 13
$\Sigma \models \alpha$, $\Sigma \models \Gamma$ ........ 10
$\alpha + \beta$ ........ xiv
$\alpha \oplus \beta$ ........ xiv, 252
$\alpha \cdot \beta$ ........ xiv
$\alpha^{\beta}$ ........ xiv
$\kappa + \lambda$ ........ xv
$\kappa \cdot \lambda$ ........ xv
$\kappa^{+}$ ........ xv
$\kappa^{\lambda}$ ........ xv
$\kappa^{<\lambda}$ ........ xvi
$\bar{\kappa}$ ........ 170
$\mathrm{cf}(\kappa)$ ........ xvi
$\mathrm{Aut}(M)$, $\mathrm{Aut}(M/A)$ ........ 38, 39, 100
$\mathcal{M}$ ........ 170
$\mathrm{Autf_{KP}}(\mathcal{M})$ ........ 320, 325, 327
$\mathrm{Autf}(\mathcal{M})$ ........ 291, 293
$\mathrm{Autf_{S}}(\mathcal{M})$ ........ 320, 328
$\exists$ ........ 2
$\forall$ ........ 4
$\mathrm{Gal_{KP}}(T)$ ........ 320
$\mathrm{Gal_{L}}(T)$ ........ 312
$\mathrm{Gal^{0}_{L}}(T)$ ........ 320, 329
$\mathrm{Gal_{S}}(T)$ ........ 320
$\mathrm{Gal_{L}}(\mathcal{M}/A)$ ........ 308
$\perp$ ........ 208
$\perp^{\mathrm{d}}$ ........ 208
$\leftrightarrow$ ........ 4
$\neg$ ........ 2
§ ........ vi
$\rightarrow$ ........ 4
$\vee$ ........ 4
$\wedge$ ........ 2
$\bigvee$ ........ 17
$\bigwedge$ ........ 17
$(\omega, \in)$ ........ xii
$\mathrm{CB}(-)$ ........ 76, 197
$\mathrm{MR}(-)$193, 240, 242, 244, 267, 286–288
$\mathrm{dM}(-)$ ........ 196, 288
$\mathcal{P}(A)$ ........ x
$\mathrm{acl}(A)$ ........ 84, 166
$\mathrm{dcl}(A)$ ........ 84
$\mathrm{acl^{eq}}(A)$ ........ 271, 278
$\mathrm{dcl^{eq}}(A)$ ........ 271
$\dim_{\psi}(-/A)$ ........ 206, 250
$\dim_{\bar{a}}(N)$ ........ 199
$\inf_A B$ ........ xii
$\sup_A B$ ........ xii
$\mathrm{int}(A)$ ........ xix
$\mathrm{tr.deg}(K/F)$ ........ xix, 267
$\mathcal{H}(A)$, $\langle A \rangle$ ........ 40, 158, 160
$(G : H)$ ........ xvii
$\mathrm{Card}(M)$, $|M|$ ........ 7
$\mathrm{Def}_{\mathcal{L}}(M)$, $\mathrm{Def}(M)$ ........ 110, 149
$\mathrm{Diag}_M(A)$, $\mathrm{Diag}(M)$ ........ 48
$\mathrm{Mod}(S)$ ........ 36
$\mathrm{Pr}$ ........ xi
$\mathrm{Th}(M)$ ........ 10
$\mathrm{Th}(\mathcal{K})$ ........ 36
$\mathrm{Thm}(T)$ ........ 35
$\varphi(M)$, $\varphi(M, \bar{a})$ ........ 8, 110
$\mathrm{d_L}(\bar{a}, \bar{b}/A)$ ........ 293, 295
$\mathrm{KPtp}(\bar{a}/A)$ ........ 295

$\mathrm{Ltp}(\bar{a}/A)$ ... 293
$\mathrm{stp}(\bar{a}/A)$ ... 275
$\mathrm{tp}(\bar{a}/A)$, $\mathrm{tp}(\bar{a})$ ... 66, 171
$\mathrm{dom}(f)$ ... x
$\mathrm{Ker}(f)$ ... xvii
$\mathrm{ran}(f)$ ... x
$\mathrm{dom}(p)$ ... 66, 225
$\varphi(\bar{x})$ ... 6
$\mathcal{L}$, $\mathcal{L}(A)$ ... 2, 47
$\mathcal{L}_{\mathrm{VS}/F}$ ... 61, 84
$\mathcal{L}_{\mathrm{gp}}$ ... 3
$\mathcal{L}_{\mathrm{or}}$, $\mathcal{L}_{\mathrm{ofd}}$ ... 3, 119
$\mathcal{L}_{\mathrm{r}}$, $\mathcal{L}_{\mathrm{fd}}$ ... 3, 37
$\mathcal{L}^{\mathrm{eq}}$ ... 269
$\mathcal{L}_{\omega_1,\omega}$ ... 57
$\mu$, $\mu_M$ ... 309
$\nu$, $\nu_M$ ... 309
$0^n$ ... xvi, 248
$:=$ ... vi
$=$ ... 2
$=^M$ ... 7
$\mathbb{C}$ ... xii
$\mathbb{F}_{p^n}$ ... xvii
$\mathbb{N}$ ... xii
$\mathbb{Q}$ ... xii
$\mathbb{R}$ ... xii
$\mathbb{R}_{\mathrm{exp}}$ ... 138
$\mathbb{Z}$ ... xii
$\bigcap A$ ... x
$\bigcup A$ ... x
$\overline{A}$ ... xix, 104
$|A|$, $\mathrm{Card}(A)$ ... xiv
$A/E$ ... xi
$A \cap B$ ... ix
$A \setminus B$ ... ix
$A \times B$ ... x
$A \cup B$, $A \sqcup B$ ... ix, x
$A \subseteq B$, $A \subsetneq B$, $A \subset B$ ... ix
$AB$, $A\bar{c}$ ... 171
$A \subseteq M$ ... 37
$A^{<\alpha}$ ... xvi
$A^c$ ... xi
$A^n$ ... x
$A_0 < A_1$ ... xii
$D(-)$ ... 235, 240, 242, 244, 286, 287
$D(-, \varphi, k)$, $D_{\varphi,k}(-)$ ... 222, 240
$D[p]$, $D_\delta[p]$ ... 315
$D_M(A)$, $D(A)$ ... 91
$F \leq K$ ... xviii
$F[\bar{x}]/S$ ... xviii, 135
$F[x]/\langle p(x)\rangle$ ... xviii, 275
$F[x_1, \ldots, x_n]$ ... xvii
$F^{\mathrm{alg}}$ ... xvii, 268
$G/H$ ... xvii
$G^0$ ... xxi
$H \leq G$ ... xvii
$H \lhd G$ ... xvii
$I \oplus J$ ... xiv
$I \otimes J$ ... xiv
$|M|$ ... 6
$M \upharpoonright \mathcal{L}$ ... 7
$M \vDash \varphi(\bar{a})$ ... 38
$M \cong N$ ... 38, 97
$M \equiv N$ ... 10
$M \subseteq N$ ... 39
$M \prec N$, $M \precneq N$ ... 51
$M \vDash \varphi[\bar{a}]$ ... 8
$M \vDash \Sigma[a_0, a_1, \ldots]$ ... 8
$M^{\mathrm{eq}}$ ... 269
$M_A$, $(M, A)$ ... 47
$M \subseteq_{\mathrm{e.c.}} N$ ... 130, 132
$N^I/\mathfrak{U}$ ... 28
$P^M(a_1, \ldots, a_n)$ ... 6
$R(\bar{x})$ ... 136
$S(A)$ ... 66
$S(T)$ ... 66, 100

$SU(-)$ 243, 244, 252
$S_\varphi(A)$ 254, 255
$S_M(M)$ 309
$S_{M^2}(M)$ 315
$S_n(A)$ 66
$S_n(T)$ 66, 100
$S_{\bar{x}}(A)$ 292
$T$ 35
$T \models \sigma$ 36
$|T|$ 49
$T_{\mathrm{ACF}}$ 37, 45, 117, 119
$T_{\mathrm{ACF}_p}$ 37, 45, 118, 119
$T_{\mathrm{DCF}_0}$ 267
$T_{\mathrm{DF}_0}$ 267
$T_{\mathrm{DLO}}$ 37, 61, 117
$T_{\mathrm{IVS}/F}$ 198, 267
$T_{\mathrm{OF}}$ 119, 122
$T_{\mathrm{RCF}}$ 122, 124
$T_{\mathrm{RCOF}}$ 113, 122, 124, 136
$T_{\mathrm{SCF}_{p,e}}$ 268
$T_{\mathrm{VS}/F}$ 61, 84, 150
$T_{\mathrm{fd}}$ 12
$T_{\mathrm{gp}}$ 11
$T_{\mathrm{ring}}$ 11
$T^{\mathrm{eq}}$ 269, 270, 278
$T_\forall$ 35, 49, 159
$T_\exists$ 35
$T_{\forall\exists}$ 132
$T_\infty$ 37
$T_A$ 67
$Z(S)$ xviii, 135
$[K:F]$ xviii
$\{X_i\}_{i\in I}$ x
$\bigcup\{\bar{u}_i \mid i \in I\}$ xvi
$\{x \mid P(x)\}$ ix
${}^A B$ x
$\tau^M$ 7, 29
$\exists^{\geq n} x$ 18
$\exists^{\geq n}\bar{x}\varphi(\bar{x},\bar{y})$ 18
$\varphi_t^x$ 12
$\mathcal{O}_\varphi$ 68, 85
$\sim_{\mathcal{U}}$ 27
$\aleph_\alpha,\ \omega_\alpha$ xv
$\aleph_\alpha(\kappa)$ xv
$\beth_\alpha(\kappa)$ xv
$\prod_{\mathcal{U}} A_i,\ \prod_{i\in I} A_i/\mathcal{U}$ 27
$\prod_{\mathcal{U}} M_i,\ \prod_{\mathcal{U}} M_i/\mathcal{U}$ 27
$\bigcap_{i\in I} X_i$ x
$\bigcup_{i\in I} X_i$ x
$\bigsqcup_{i\in I} X_i$ x
$\prod_{i\in I} X_i$ x
$\bigcup_{i\in I} M_i$ 57
$\Pi_n$ 126
$\Sigma_n$ 126
$a/E,\ a_E$ xi
$a \in A,\ \bar{a} \in A$ ix, 38
$a \in M,\ \bar{a} \in M$ 37
$\bar{a}_{<j}$ 208
$\bar{a} \equiv_A^{\mathrm{KP}} \bar{b}$ 295, 300
$\bar{a} \equiv_A^{\mathrm{L}} \bar{b}$ 293
$\bar{a} \equiv_A^{s} \bar{b}$ 275, 305
$\bar{a} \equiv_A \bar{b},\ \bar{a} \equiv \bar{b}$ 153, 171
$\bar{a} \equiv^H \bar{b}$ 321
$c^M$ 7, 28
$e^x$ 138
$\overline{f}$ 312
$f(C)$ x
$f(a)$ x
$f/\mathcal{U}$ 27
$f : A(\subseteq M) \to N$ 51
$f : A \to B(a \mapsto f(a))$ x
$f : M \to N$ 37
$f \restriction C$ x
$f^{-1}$ x
$f^M$ 7
$f \circ g$ x

$p(\bar{x})$ ........ 66
$p(\bar{x}) \upharpoonright \varphi$ ........ 254
$p \upharpoonright B$ ........ 67
$p_0 \approx p_1$ ........ 314
$\bar{u}^\frown\langle i\rangle$, $\bar{u}i$ ........ xvi, 223
$\bar{u}^\frown\bar{v}$, $\bar{u}\bar{v}$ ........ xvi
$v_0, v_1, v_2,$ ........ 2
$\exists\vec{x}\Sigma(\vec{x}, \bar{y})$ ........ 60
$\bar{x} = \bar{y}$ ........ 18

【 숫자 】
0-1법칙 ........ 146, 148
1계논리 ........ 1
  1계무한논리 ........ 58
  다종1계논리 ........ 21

【 A 】
ACFA ........ 269

【 O 】
o-극소성 ........ 113, 136, 138, 151, 205

【 ㄱ 】
가름 ........ 207, 208, 219, 265
  가름사슬 ........ 227, 228, 239, 249
가름의 기본정리 ........ 234
갈루아, 에바리스트 ........ 291
강한 극소성 ........ 169, 184, 189
같음관계 ........ 7, 21
결정가능 ........ 112, 119, 124, 149
계산가능성이론 ........ iii
공종도 ........ xvi
공후계 ........ 175, 178, 264
  공후계열 ........ 204, 217
괴델, 쿠르트 ........ 14, 15
교환공리 ........ 188
구간 ........ xx
구성가능 집합 ........ 119, 150
구성적인 열 ........ 171
구조 ........ iv, 6
국소성 ........ 214, 229, 234, 301
군 ........ xvii, 3, 11
  가환군 ........ 11, 61, 289
  단순군 ........ xvii
  몫군 ........ xvii, 319
  부분군 ........ xvii
  자기동형군 ........ 38, 291, 292, 307
  정규부분군 ........ xvii, 289
  지표 ........ xvii, 329
  항등원 ........ xvii
궤도 ........ 39, 100, 293, 321
균질열 154, 156, 166, 204, 232, 250, 294, 297
균질집합 ........ 154, 191, 290
그래프 ........ 145, 275
  랜덤그래프 ........ 145, 177, 241, 258, 282
  이분랜덤그래프 ........ 241, 290
급수 ........ 76, 193, 222, 235, 284
  $D$-급수 ........ 235, 241, 274
  $D_{\varphi,k}$-급수 ........ 223, 284
  $SU$-급수 ........ 243
  몰리 급수 ........ 193, 196, 241, 290
  칸도어-벤딕손 급수 ........ 76
기본사상 ........ 51
기수 ........ xiv
  극한기수 ........ xv
  다음기수 ........ xv
  정칙기수 ........ xvi
기저 ........ 187, 189, 190, 199
기저단조성 ........ 212, 215, 231
길이 ........ xvi, 90
김의 보조정리 ........ 215, 218
껍질 ........ 40

【 ㄴ 】

나눔 207, 219, 242, 265
  $k$-나눔 208
  나눔사슬 227, 229, 239
나무성질 222, 227
  $k$-나무성질 227, 231
논리곱 2
논리식 3
  $\exists\forall$-논리식 127
  $\forall\exists$-논리식 127
  $A$ 위 논리식 47
  $\Pi_n$-논리식 127
  $\Sigma_n$-논리식 127
  강한 극소 184, 186, 189, 196
  낮은 논리식 304
  대수적 84
  불안정한 논리식 176, 204, 205
  안정적 논리식 176, 204, 255
  원자논리식 3
  전칭논리식 5, 127
  존재논리식 5, 127
  주논리식 68
  코드논리식 226, 251
  한정기호 없는 논리식 5, 41, 48, 50, 109, 125
논리적 공리 12
논리적 동등 11, 128
논리적 유도 10
논리합 4
논리항 3, 29
  대입 12, 19

【 ㄷ 】

다항식 xvii
  근 xvii
  기약다항식 xviii, 268
  다항식환 xvii, 56
  분해가능 268
  차수 xvii, 47
단순성 iv, 207, 214, 221, 266, 296
  슈퍼단순성 235
대칭성 179, 220, 231, 234, 289, 301
대칭적 xi
도해 48
  로빈슨 도해 48
  타입도해 91
  한정기호가 없는 도해 48
독립 188, 191, 199, 206, 207, 222, 250
동등관계 xi
  $E$-동등 xi
  대표원소 xi
  동등류 xi, 269
  섬세하다 xi, 294
  유계 293, 294, 322
  유한동등관계 xi, 290
동등기호 4
동형사상 38, 75
  자기동형사상 38, 97
등호 2, 28

【 ㄹ 】

라그랑주의 제곱수 정리 111, 149
라도, 리하르트 155
라스카 거리 293
라스카 군 291, 307, 319
라스카, 다니엘 252, 288, 291
라클란, 알리스터 105, 198
램지, 프랭크 155
램지의 정리 153, 155, 166, 250
러셀의 역리 ix
로빈슨, 에이브러햄 iv, 48, 62, 133
로빈슨, 쥴리아 111
뢰벤하임-스콜렘 정리 15, 74
  기본 뢰벤하임-스콜렘 정리 56, 173
린덴바움 정리 59

【 ㅁ 】
만족가능하다 9
  유한만족가능하다 9, 33
매입 38
  기본매입 51, 75, 97
명제 6
모델 iii, 6
  $A$ 위의 구성적 모델 171, 172
  e.c.-모델 130, 133, 150
  강한 동질모델 91, 96, 99
  거른다 68
  거짓이다 8
  구현한다 8, 68
  기본동등 10, 32, 36
  기본부분모델(구조) 51
    진기본부분모델 51
  기본확대 51
    진기본확대 51
  기호의 해석 6, 27, 85
  논리식들의 모델 9
  단순모델
    슈퍼단순모델 235, 245
  대수적 원소 84
  동질모델 90, 95, 97
  동형 38, 74, 140
  만족한다 8, 68
  모델의 이론 35
  무한모델 7
  보편모델 90, 95
  부분모델(구조) 39
    생성된 부분모델 40
    유한생성 40
    진부분모델 39
  비표준모델 17
  사슬 57, 132, 150
    기본사슬 57, 89, 201
    사슬의 합 57, 90, 150
  소모델 65, 73, 82, 98, 186
    $A$ 위의 소모델 172
  안정모델 177
    슈퍼안정모델 235
  영역 6, 27
  울트라동질적 139, 144, 151
  원자모델 65, 73, 99, 100
    $A$ 위의 원자모델 172
  유한모델 7
  참이다 8
  축약 7
  포화모델 87, 95, 97
  해집합 8, 48, 110
  확대 39
    진확대 39
  확장 7
모델-동반 151, 267, 269
모델-완비 151
모델-완전성 126, 132, 134, 138
모델론 iii
모순 13
  $k$-모순 208, 222, 227, 304
몰델-랑 예상 253
몰리 열 215, 217, 221, 252, 296
몰리 차수 196
몰리, 마이클 iv, 105, 162, 169, 193

【 ㅂ 】
반대칭적 xi
반사적 xi
반증 13
범주성정리 iv, 105, 164, 169, 192
벡터공간 xviii, 61
  기저 xviii
  차원 xviii
변수 2
  자유변수 5, 33
보트, 로버트 iv, 44, 53, 103, 174
보트의 예상 105

보트의 짝 ...... 170, 174, 180, 181, 205
볼드윈, 존 ...... 105, 198
볼드윈-라클란 정리 v, 105, 193, 198, 203, 245
부울 결합 ...... xi, 125
부정기호 ...... 2
분할 ...... xi
불변성 ...... 194, 225, 294, 301
불변인 집합 ...... 251, 294
비둘기집 원리 ...... xvi, 46, 78, 225
비반사적 ...... xi
비표준해석학 ...... iv

【 ㅅ 】
사상 ...... x, 35
  닫힌 사상 ...... 290
  열린 사상 ...... 285, 290
  포함사상 ...... xii, 39, 51
사영다양체 ...... 275
상수기호 ...... 2, 28
섀뉴얼 예상 ...... iv
서수 ...... xiii, 78, 80
  극한서수 ...... xiii, 78
  다음서수 ...... xiii
선택공리 ...... xii
셸라흐, 사하론 ...... iv, 33, 207, 253
수리논리학 ...... iii
순서관계 ...... xi
  극대원소 ...... xii
  극소원소 ...... xii
  사슬 ...... xi
  상계 ...... xii, 104
  선형순서 ...... xi
    조밀한 선형순서 ...... 37, 61
  순서동형 ...... xii
  역사전식순서 ...... xiv
  정렬 ...... xii
  최대원소 ...... xii, 37
  최소원소 ...... xii, 37
  하계 ...... xii
순서극소 ...... 137
순서쌍 ...... x
술어기호 ...... 2, 27
슈발레의 정리 ...... 113, 119, 150
슈타이니츠 정리 ...... 45
스콜렘 이론 ...... 153, 157, 167, 252
스콜렘 함수 ...... 157
  정의가능한 스콜렘 함수 ...... 159, 167
스콜렘, 토랄프 ...... 15, 158
스콧, 다나 ...... 58
스콧의 동형사상정리 ...... 58
시무라 다양체 ...... 139
쌍 ...... x

【 ㅇ 】
아르틴, 에밀 ...... 121, 136
아르틴-슈레이어 정리 ...... 121
아핀 다양체 ...... 268
안드레-울트 예상 ...... 139
안전성정리 ...... 14
안정성 . iv, 174, 177, 207, 253, 266, 284, 296
  $\omega$-안정성 ...... 170, 171, 174
액스, 제임스 ...... iv, 46
양화사 ...... 2
언어 ...... 2
  공통기호 ...... 2, 4
  논리기호 ...... 2
  다종언어 ...... 21, 269
  특정기호 ...... 2
에렌포이트-모스토프스키 정리 ...... 161
에르되시, 팔 ...... 155
에르되시-마카이 정리 ...... 256
엥겔러, 릴-나르제브스키, 스벤오니우스 정리 ...... 100
연결기호 ...... 2, 4

연속체 가설 . . . . . . . xv
열 . . . . . . . xvi
열린 사상정리 . . . . . . . 285, 290
완전성정리 . . . . . . . 14
울트라곱 . . . . . . . 27
　울트라곱의 기본정리 . . . . . . . 29
워시, 예지 . . . . . . . 44, 50
워시-보트 테스트 . . . . . . . 44
워시-타르스키 정리 . . . . . . . 50
원소 . . . . . . . ix
　대입 . . . . . . . 10, 33
위상공간 . . . . . . . xix
　곱위상 . . . . . . . xx
　근방 . . . . . . . xix
　닫힌 집합 . . . . . . . xix
　몫위상 . . . . . . . xx
　순서위상 . . . . . . . xx
　스톤 위상공간 . . . . . . . 68, 285, 309
　연결된 공간 . . . . . . . xx
　연결성분 . . . . . . . xx, 320
　열린 닫힌 집합 . . . . xix, xxi, 68, 329
　열린 집합 . . . . . . . xix
　완전분리공간 . . . . . . . xx, 68, 321
　위상동형사상 . . . . . . . xx
　이산위상 . . . . . . . xix
　준콤팩트공간 . . . . . . . xix
　콤팩트공간 . . . . . . . xix, 68
　티코노프 곱정리 . . . . . . . xx
　폐포 . . . . . . . xix, 320
　하우스도르프 공간 . . . . . . . xix
위상군 . . . . . . . xx
　라스카 위상군 . . . . . . . 307, 319
　사영유한군 . . . . . . . xxi, 321
　준콤팩트위상군 . . . . . . . 312
　콤팩트위상군 . . . . . . . 320
윌키, 알렉스 . . . . . . . 138
유도기호 . . . . . . . 4
유한교차성 . . . . . . . 24
유한생성 . . . . . . . 40
유한특성 . . . . . . . 212
융합성질 . . . . . . . 151
이론 . . . . . . . 35
　$\exists\forall$-이론 . . . . . . . 128
　$\forall\exists$-이론 . . . . . . . 128, 134
　$\Pi_n$-이론 . . . . . . . 127
　$\Sigma_n$-이론 . . . . . . . 127
　G-콤팩트 . . . . . . . 320, 327
　공리 . . . . . . . 50
　낮은 이론 . . . . . . . 303–305
　단순이론 . . . 214, 220, 253, 258, 296
　　슈퍼단순이론 . . 235, 239, 244, 249
　모델의 이론 . . . . . . . 35
　범주적 이론 . 44, 100, 134, 144, 169, 183, 186, 198, 202
　안정이론 . . . 174, 177, 204, 253, 258, 260, 278, 296
　　$\lambda$-안정이론 . . . . . . . 259, 290
　　$\omega$-안정이론 . . . . 171, 177, 181, 196, 235, 240, 287
　　슈퍼안정이론 . . 235, 240, 287, 290
　완전한 이론 . . . . . . . 35, 124
　이론의 공리 . . . . . . . 35
　　유한공리 . . . . . . . 35
　작은 이론 . . . . . . . 81, 83, 98
이름 . . . . . . . 47, 81, 104, 255
이면이 . . . . . . . vii
일관적이다 . . . . . . . 13, 35, 227
일정성 . . . . . . . 279, 296, 301


【 ㅈ 】


자리스키 폐집합 . . . . . . . 118
자연수 . . . . . . . xii
작용 . . . . . . . 39, 308
잘 정의되었다 . . . . . . . xi
재귀함수이론 . . . . . . . iii
전건긍정 . . . . . . . 13

정렬원리 ............ xiii
정역 ............ xvii, 12
정의가능한 집합 .. 8, 110, 125, 251, 264
　　코드 ............ 271
존재한정에 닫힘 ............ 129
종 ............ 21, 269
좌추이성 ............ 214
준대수적 집합 ............ 113, 125
준동형사상 ............ xvii, 267
증명 ............ 13
증명론 ............ iii
집단 ............ ix, 36
집합 ............ ix
　　가산집합 ............ xv
　　곱 ............ x
　　공집합 ............ ix
　　교집합 ............ ix
　　멱집합 ............ x
　　무한집합 ............ xv
　　부분집합 ............ ix
　　　진부분집합 ............ ix
　　비가산집합 ............ xv
　　서로소 ............ ix
　　셀 수 있는 집합 ............ xv
　　여집합 ............ xi
　　유한집합 ............ xv
　　첨수집합 ............ x
　　합집합 ............ ix
집합론 ............ iii
짝 ............ x

【 ㅊ 】
차원 ............ 189, 190, 198, 199
첨수 ............ x
체 ............ xvii, 3, 12
　　PAC체 ............ 268
　　대수적 ............ xix
　　대수적 폐포 ............ xvii, 59
　　대수적 확대체 ............ xvii
　　대수적으로 닫힌 체 ... xvii, 37, 117, 121, 267
　　대수적으로 독립 ............ xix, 268
　　몫체 ............ xvii
　　미분체 ............ 267
　　　닫힌 미분체 ............ 267
　　분해성이 닫힌 체 ............ 268
　　소체 ............ xvii, 45
　　순서체 ............ 3, 119
　　실수순서체 ............ 119, 205
　　실수체 ............ 119
　　실체 ............ 120
　　　닫힌 실체 ............ 120, 121
　　　실순서체 ............ 120
　　실폐포 ............ 120
　　완전체 ............ xvii, 269
　　유계 ............ 268
　　유리수체 ............ 41
　　유리함수체 ............ 136
　　차수 ............ xix
　　초월기저 ............ xix
　　초월적 ............ xix
　　초월차수 ............ xix
　　표수 ............ xvii, 37, 267
　　확대체 ............ xviii
초른의 보조정리 ............ xiii, 26
초월수 ............ xix, 10, 154
초한귀납법 ............ xiii, 78, 106
추이성 ............ 179, 220, 231, 234, 301
추이적 ............ xi

【 ㅋ 】
칸토어, 게오르크 ............ xiv, xv, 61, 76
칸토어-베른슈타인 정리 ............ xv
켤레 ............ 188, 194, 195
코반스키의 정리 ............ 138
콤팩트성정리 ............ 15, 28, 32

쾨니그의 정리 ..... xvi
크기 ..... xiv
크레이그의 정리 ..... 63
클래스 ..... ix
키슬러, H. 제롬 ..... 33

【 ㅌ 】
타르스키, 알프레드 ..... iv, 50, 53, 122
타르스키-보트 테스트 . 53, 130, 159, 180
타원곡선의 급수 ..... 17
타입 ..... 65
  $A$ 위 타입 ..... 66
  $\bar{a}$의 타입 ..... 66
  EM-타입 ..... 91, 154
  KP-타입 ..... 295, 303
  강타입 ..... 275, 280, 303
  거른다 ..... 68
  고립된 타입 68, 74, 77, 85, 100, 152
    거의 고립된 타입 ..... 245
    조밀하게 있다 ..... 73, 82
  구현한다 ..... 68
  김-필레이 타입 ..... 295
  대수적 ..... 84
  라스카 타입 ..... 291, 303
    라스카 타입융합 ..... 299
  만족한다 ..... 68, 97
  매개변수가 있는 타입 ..... 66
  부분타입 ..... 65
  완전한 타입 ..... 65
    완전한 $\varphi$-타입 ..... 254
  일정한 타입 ..... 279, 280, 283
  정의가능한 타입 ..... 254, 260, 278
    잘 정의되는 타입 ... 261, 265, 266, 278, 281, 282
  타입도해 ..... 91
타입누락정리 ..... 70, 74
타입융합 ..... 296, 300, 301
타입정의가능 ... 208, 212, 221, 251, 321, 322
튜링 차수 ..... iii

【 ㅍ 】
포함관계 ..... xii
포함한다 ..... xii
표기 xvi, 2, 4, 9, 18, 37, 47, 49, 60, 170, 207, 253, 275, 291, 309, 321
표준기저 ..... 278, 283
프로베니우스 사상 ..... xvii
프리넥스 표준형 ..... 126
  프리넥스 표준형정리 ..... 126
프헤쓰 극한 ..... 139, 141, 145, 152
필라, 조나단 ..... 139
필레이, 아난드 ..... 288
필터 ..... 23
  $\mathcal{S}$가 생성하는 필터 ..... 24
  울트라필터 ..... 24–34
  주필터 ..... 24

【 ㅎ 】
하디의 예상 ..... 17
한정기호 ..... 2, 4
  전칭한정기호 ..... 4
  존재한정기호 ..... 2
한정기호 제거 ..... 109, 112
  한정기호 제거 판별 ..... 113
한정제거가능 ... 109, 122, 145, 150, 152
함수 ..... x
  0함수 ..... x
  1-1대응, 일대일대응 ..... x, 78
  1-1함수, 단사함수 ..... x
  그래프 ..... x, 125, 145
  닫힌 함수 ..... xx, 290
  사영 ..... xi, 113, 119
  상수함수 ..... x
  열린 함수 ..... xx, 285, 290

전단사함수 ........................ x
전사함수 .......................... x
정의역 ............................ x
지수함수 ........................ 138
치역 .............................. x
함수값 ............................ x
합성함수 .......................... x
함수기호 ...................... 2, 28
항진 .............................. 8
해석가능 ........................ 274
허무하게 ......................... ix
허원 ............................ 269
허원제거 ................... 271, 288
헨킨, 리언 .................. 14, 70
확대성 ........... 179, 211, 296, 301
환 ................... xvii, 3, 11
다항식환 ................. xvii, 56
몫환 .......................... xviii
순서환 ................ xvii, 3, 120
아이디얼 ...................... xviii
후계 ......... 174, 175, 178, 204, 264
흐루쇼브스키, 에후드 ........ iv, 253
힐베르트 17번 문제 .............. 136
힐베르트 5번 문제 ................ 17
힐베르트 기저정리 ......... xviii, 135
힐베르트 영점정리 ............... 135
힐베르트, 다비트 ............... xviii

# 모델론의 기초

지은이 김병한
펴낸이 조경희
펴낸곳 경문사
펴낸날 2024년 5월 31일 1판 1쇄
등 록 1979년 11월 9일 제1979-000023호
주 소 04057, 서울특별시 마포구 와우산로 174
전 화 (02)332-2004 팩스 (02)336-5193
이메일 kyungmoon@kyungmoon.com

값 26,000원

ISBN 979-11-6073-712-7